# ÉLÉMENTS

# DE ZOOLOGIE

# OUVRAGES DE M. PAUL BERT

PUBLIÉS A LA MÊME LIBRAIRIE

---

**Premières notions de Zoologie.** Ouvrage rédigé conformément aux programmes. 1 vol. in-18 avec 345 figures dans le texte, cartonné. . . 2 fr. 50

**Anatomie et physiologie animales.** Ouvrage rédigé conformément aux programmes. 1 vol. in-18 avec 270 figures dans le texte, cartonné. . . 3 fr. 50

**La pression barométrique.** Recherches de physiologie expérimentale. 1 vol. grand in-8 de VIII-1103 pages avec 89 figures dans le texte, cartonné à l'anglaise. . . . . . . . . . . . . . . . . . . . . . . . . . . . . . . . 25 fr.

**Revues scientifiques,** publiées par le journal *la République française* sous la direction de M. PAUL BERT, professeur à la Faculté des sciences, membre de la Chambre des députés.

Les *Revues Scientifiques* sont publiées en volumes depuis 1870. Chaque année forme 1 volume in-8 avec figures dans le texte. En vente 7 années (1878-1884). Prix de chaque année. . . . . . . . . . . . . . . . . . . . . . . . . . . . 6 fr.

---

6556. — Imprimerie A. Lahure, rue de Fleurus, 9, à Paris.

# ÉLÉMENTS
# DE ZOOLOGIE

PAR

**PAUL BERT**

MEMBRE DE L'INSTITUT

PROFESSEUR A LA FACULTÉ DES SCIENCES DE PARIS

ET

**RAPHAËL BLANCHARD**

PROFESSEUR AGRÉGÉ A LA FACULTÉ DE MÉDECINE

Avec 613 figures dans le texte

PARIS

G. MASSON, ÉDITEUR

LIBRAIRE DE L'ACADÉMIE DE MÉDECINE

BOULEVARD SAINT-GERMAIN, 120

M DCCC LXXXV

# ÉLÉMENTS
# DE ZOOLOGIE

## GÉNÉRALITÉS

### DÉFINITION DE L'ANIMAL

Notre premier soin, en nous occupant de l'histoire des Animaux, doit être de nous entendre sur la valeur du mot *Animal*, de définir l'Animal. Nous avons déjà, quand nous nous sommes, dans la classe de Huitième, occupés pour la première fois de Zoologie[1], indiqué les caractères qui distinguent les Animaux des Végétaux ; mais il est nécessaire que nous y revenions avec plus de détails.

Sans doute, pour beaucoup de personnes, la question paraît un peu oiseuse. Quoi de plus simple, en effet? Un Chien, un Rat, un Perroquet, une Carpe, une Mouche, un Limaçon, un Ver de terre, une Huître, voilà des animaux ; personne n'hésite à leur donner ce nom, auquel il semble inutile de chercher alors une signification plus précise.

La chose n'est cependant pas aussi aisée qu'elle en a l'air tout d'abord : nous le verrons lorsque, arrivés à la fin de ces leçons, nous nous occuperons des animaux les plus simples

[1] Voy. Paul Bert, *Premières notions de zoologie.* Paris, G. Masson.

de structure, et, comme on dit volontiers, les plus inférieurs,
les plus bas placés dans l'*échelle zoologique*. Aujourd'hui,
parmi toutes les difficultés que ce problème rencontre, je ne veux
vous en citer qu'une seule. Je mets sous vos yeux (fig. 1) une
sorte de pierre arborescente qui n'est autre chose que ce *Corail* dont on fait les parures. Pendant longtemps on le considéra comme une pierre ; mais la faculté de grandir, que lui avaient reconnue les pêcheurs, lui faisait attribuer quelque chose de la nature végétale. Or, au commencement du siècle dernier, un naturaliste italien, L. de Marsigli, ayant placé dans de l'eau de mer une branche de Corail qu'on venait de pêcher, la vit se

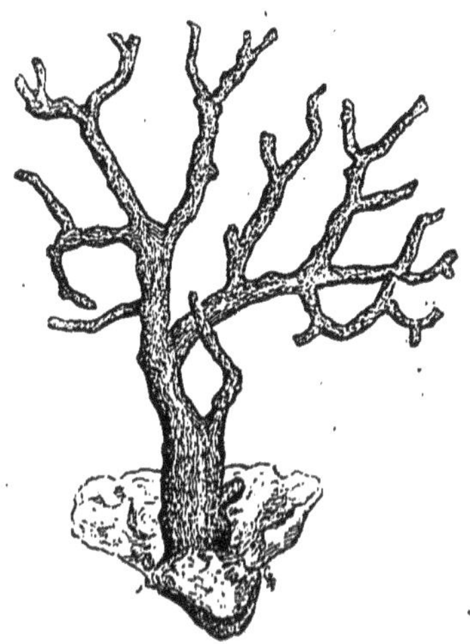

Fig. 1. — Corail réduit à sa partie pierreuse.

recouvrir de petits corps blancs (fig. 2), étalant huit petits
bras dentelés, semblables à des fleurs (fig. 3). Dès lors, le
Corail fut déclaré une véritable plante.

Cependant, quelques années plus tard, un Français, Peyssonnel, déclara que ces prétendues fleurs étaient autant de
petits animaux. Grand émoi, discussions, querelles mêmes :
Réaumur et Bernard de Jussieu prirent parti contre Peyssonnel ;
et cependant Peyssonnel avait raison, et personne aujourd'hui
n'hésite plus à lui rendre justice. Voilà donc un corps qui fut
successivement considéré comme un Minéral, comme un Végétal, comme un Animal.

Laissons là l'idée du minéral, elle n'était pas soutenable, et
demandons-nous quelles raisons ont décidé les naturalistes à déclarer enfin que les *fleurs du Corail* sont de vrais animaux.

Mais pourquoi, je vous prie, déclarez-vous sans hésitation qu'un Oiseau est un animal, qu'un Papillon est un animal? Pour plusieurs motifs; j'indiquerai les principaux. D'abord cet être va, vient, s'agite dans l'espace; puis, si vous avancez la main pour le saisir, il s'enfuit; enfin, s'il se laisse prendre, vous constatez qu'un pincement entraîne un mouvement, qu'il

Fig. 2. — Corail dont les animalcules se sont étalés.   Fig. 3.— Un animalcule du Corail, très grossi.

est, en un mot, sensible. Ce n'est pas tout; livré à lui-même, cet être errant et libre paraît avoir dans ses actions un but principal : poursuivre et saisir un corps, chercher, comme on dit, sa nourriture, et l'introduire dans une cavité dont nous étudierons plus tard la structure, mais que chacun connaît sous le nom d'appareil ou de tube digestif, et qui, tout le monde le sait aussi, n'existe pas chez les plantes.

Il est enfin un autre caractère auquel on ne songe pas d'habitude, et dont l'importance est grande cependant.

Lorsqu'un de ces êtres que nous appelons, sans hésiter, un animal, a été frappé de mort, son corps devient bientôt le siège de phénomènes destructeurs qui en entraînent, au bout d'un temps, la complète disparition. Pendant ce temps, une odeur odieuse, mais bien caractéristique, s'échappe de ce corps qu'on dit être en *putréfaction*; tandis que rien de semblable n'arrive pour un arbre mort, pour une plante morte. Or, ces odeurs dépendent de la formation de substances gazeuses dans lesquelles entre l'ammoniaque, un des composés de l'azote, ce corps simple dont on vous a parlé dès vos premières leçons de chimie; elles sont la preuve que la matière qui constitue le corps des animaux contient une énorme quantité de cet azote, dont des traces seulement se rencontrent chez la plupart des végétaux.

Récapitulons : 1° matières premières, constituantes, fortement azotées ; 2° existence d'un appareil digestif ; recherche et poursuite d'aliments ; 3° mouvements, sensibilité et, par-dessus tout, volonté, recherche intelligente de ce qui est bon et utile, terreur de ce qui est mauvais et nuisible ; tels sont les trois ordres de caractères auxquels nous reconnaissons l'animal. Le dernier, à coup sûr, est le plus important, et c'est lui qui a fait donner son nom à l'animal, à l'être *animé*.

Or, ces trois ordres de caractères, les fleurs du Corail les possèdent. Si faibles que soient les mouvements de leurs parties libres, des pétales, comme on les appelait autrefois, on voit qu'elles ont pour rôle d'attirer et de saisir les aliments ; on voit qu'elles s'allongent vers la proie et se replient devant le danger. Ces prétendues fleurs sont donc des animaux.

Mais nous allons, d'un autre côté, rencontrer des difficultés nouvelles. Il existe une plante dont le nom vous est bien connu, nom qui exprime ses étranges facultés : la *Sensitive*. C'est comme un petit acacia dont les feuilles étalent au soleil les folioles dont elles sont composées (fig. 4; 1). Vient-on à toucher une de ces folioles, aussitôt elle se redresse ; celle qui lui est opposée en fait autant, et le mouvement gagne de proche en proche jusqu'à la base de la feuille (fig. 4 ; 2) ; si l'excitation a été assez vive, la feuille elle-même s'abat brusquement (fig. 4 ; 3), et d'autres feuilles situées plus ou moins loin sur la tige s'abattent après elle. Nous avons donc là aussi mouvement et sensibilité.

Est-ce à dire que la sensitive soit une sorte d'animal ? Nous

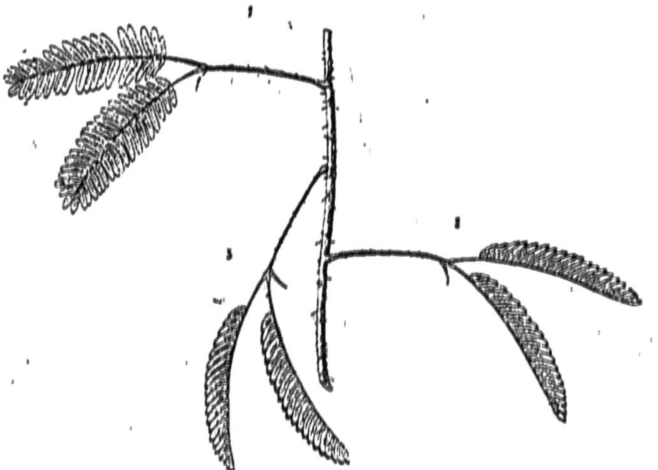

Fig. 4. — Branche de Sensitive portant trois feuilles : 1, ouverte au vent, dressée, folioles étalées. — 2, ayant fermé ses folioles après une excitation légère. — 3, s'étant en outre complètement abaissée après une excitation forte.

n'hésiterons pas à dire non ; d'abord, sa composition chimique est identique à celle des autres plantes ; ensuite, pas plus qu'elles, elle ne possède rien qui ressemble à un tube digestif. Enfin, et surtout, ses mouvements sont toujours provoqués par une excitation extérieure ; tout en eux est fatal ; il ne dépend de la sensitive ni de les produire ni de les empêcher : la volonté fait complètement défaut.

C'est ici le caractère véritable ; en effet, il existe des êtres tellement petits que le microscope seul a pu révéler leur pré-

sence, et qui ne possèdent pas de tube digestif. Ils s'agitent
dans le liquide où ils vivent ; mais certains d'entre eux se
meuvent comme au hasard, entraînés par les circonstances
extérieures ; d'autres, au contraire, exécutent manifestement
des actes volontaires : aux premiers nous n'hésitons pas à attribuer le nom de végétaux, aux seconds celui d'animaux. L'ani-
malité, à vrai dire, c'est donc la volonté.

Nous savons maintenant ce que c'est qu'un animal ; nous
pouvons aller en avant.

# CLASSIFICATION

**Principes de la classification.** — Si nous jetons les yeux
autour de nous, nous voyons que les formes animées sont
extrêmement nombreuses. C'est par milliards d'individus,
sans nul doute, qu'il faudrait compter la population zoologique
du globe. Comment nous y reconnaître dans cette foule innombrable ? Comment imposer des noms à tous ces êtres, en telle
sorte que le nom étant prononcé, nous pensions de suite à
l'être, ou que, réciproquement, celui-ci nous étant présenté,
nous trouvions de suite son nom ? C'est cependant, de toute
évidence, la première question à résoudre : il faut savoir de qui
on veut parler. Un examen un peu attentif va nous permettre
d'abord de simplifier la question.

Il y a certainement, dans Paris, des millions de Moineaux,
et, cependant, il n'est pas nécessaire de leur donner à chacun
un nom. Le mot seul de *Moineau* rappelle suffisamment à
notre esprit cette petite forme vive, intelligente, impertinente.
Pourquoi cela ? C'est, me répondrez-vous, par ce que tous les
Moineaux se ressemblent.

Mais la réponse est vague ; essayons de lui donner plus de
précision. Il y a aussi, dans Paris, durant la belle saison, des
millions d'Hirondelles, et le langage vulgaire les rassemble
toutes sous un même nom. Or, supposons que nous ayons en
main un grand nombre de ces Oiseaux. Nous verrons immé-

diatement que certains d'entre eux ont sous la gorge une large
bande rousse, tandis que chez les autres la gorge est blanche.
Nous sommes donc amenés à faire deux catégories et à distinguer, avec les zoologistes, des Hirondelles de cheminée (gorge
rousse) (fig. 5, B)
et des Hirondelles
de fenêtre (gorge
blanche) (fig. 5,
A). Or, si nous
observons le nid
d'un couple de
ces dernières,
nous verrons que
des œufs qu'il
contient sortiront
des petits qui tous
auront la gorge
blanche. Et ceci,

Fig. 5. — A, hirondelle de fenêtre. — B, hirondelle de cheminée.

sans nulle exception : jamais dans un nid d'Hirondelle à
gorge rousse ne seront nourries de petites Hirondelles à gorge
blanche, et réciproquement.

Cette ressemblance complète des petits avec leurs parents
caractérise ce qu'on appelle, en histoire naturelle, L'ESPÈCE.
Nous disons donc que l'espèce est une réunion d'animaux qui
se ressemblent assez pour qu'on puisse supposer qu'ils descendent tous de parents communs.

Il nous suffit donc de donner un nom à l'espèce, puisque
tous les individus qui la composent ne sont en quelque sorte
que des effigies de la même empreinte. Notre travail est sim-
plifié ; mais ne chantons pas encore victoire.

En effet, le nombre des espèces que l'on a reconnues et
décrites dans ce qu'on appelle le RÈGNE ANIMAL, dépasse aujour-
d'hui 500 000. Il est évident que s'il fallait donner à chacune
d'elles un nom, la mémoire la plus riche ne suffirait pas à le

retenir. D'autre part, si ces 500 000 espèces ne sont pas rangées d'une certaine façon, leur ensemble présentera un véritable chaos dans lequel il faut pourtant que nous parvenions à nous reconnaître. Il faut donc que nous établissions des groupes, et ce qu'on appelle une *classification*.

Déjà le bon sens universel a fait, en certains points, la besogne. Il existe dans toutes les langues des mots d'acception générale qui désignent toute une catégorie d'êtres ; ainsi, l'on dit partout : Oiseaux, Serpents, Papillons, etc. Mais cette espèce de groupement instinctif n'a pas de précision, et contient même des disparates choquantes. Sous le nom d'*Insecte*, par exemple, le langage vulgaire comprend parfois des êtres bien différents les uns des autres, une Mouche, une Araignée, une Écrevisse, et La Fontaine a même dit en parlant d'un Serpent : « l'insecte sautillant ». De même, le nom de *Poisson* indique, pour beaucoup de personnes, avec les vrais Poissons, les Baleines, les Mollusques, et, en général, tout ce qui vit dans l'eau. En outre, tous ces noms génériques ne se groupent pas, ne se hiérarchisent pas ; nous ne pouvons pas nous contenter de ces tentatives vulgaires.

Les naturalistes ont établi une sorte de *cadre*, comme on dit dans l'armée, c'est-à-dire des catégories portant des noms divers, et qui sont de plus en plus larges, s'emboîtant, pour ainsi dire, les unes dans les autres. Permettez-moi, pour bien faire sentir ma pensée, d'employer une comparaison vulgaire.

Comment arrive-t-on à faire parvenir à destination une lettre, au milieu même d'une ville populeuse ? En établissant une série de catégories de plus en plus petites, et dont l'énoncé commande la direction à suivre. Ainsi l'on dit, par exemple : Europe, France, Seine, Paris, rue ......, n° ..... On dira encore : Amérique, États-Unis, Massachusetts, Boston, rue....., n°.... Et grâce à cette série de catégories : continent, nation, département, ville, rue, numéro, on arrive à composer l'adresse de la lettre.

Or, comment les zoologistes s'y prennent-ils pour composer *l'adresse d'un animal*, de façon qu'on arrive facilement jusqu'à lui? Voici les noms des catégories qu'ils ont instituées; c'est une hiérarchie dont je vous prie de retenir tous les degrés, avec leur valeur réciproque. Dans le langage de chaque jour, on confond souvent ces valeurs, et il importe de ne pas tomber dans ces fautes de langage, qui entraînent facilement des fautes de logique.

On dit donc successivement :

Embranchement, Classe, Ordre, Famille, Genre, Espèce.

Remarquez la valeur du mot Embranchement; il correspond réellement, dans l'adresse d'une lettre, au mot Continent. C'est-à-dire que les divers Embranchements ne peuvent être réunis l'un à l'autre que par le terme universel de Règne animal, de même que les divers continents ne peuvent être réunis que par le terme universel de Terre, car ils sont séparés complètement les uns des autres par les abîmes, les océans. Pour les autres termes, sans poursuivre une comparaison qui deviendrait aisément puérile, je dirai seulement qu'ils n'ont pas de valeur absolue, mais seulement une valeur relative, qu'il y a de grandes familles comme il y a de grandes villes, de petits genres comme il y a de petites rues, etc.

**Établissement de la classification.** — Voilà donc notre plan fait. Comment l'exécuter maintenant? Nous avons devant nous, je suppose, 200 000 espèces animales; comment les faire entrer dans le cadre que nous venons de tracer?

Prenons un premier exemple parmi les Oiseaux. Voici plusieurs Oiseaux appartenant à des espèces différentes, mais tellement voisines l'une de l'autre que le même nom vulgaire leur a été donné : on les a tous appelés **Canards**; ce sont le **Canard** *ordinaire*, le **Canard** *milouin*, le **Canard** *eider*, le **Canard** *sarcelle*, etc. (fig. 6). Veuillez remarquer ce premier point : un seul mot, le mot Canard, suffit pour désigner tout cet ensemble d'êtres. Pour les distinguer maintenant

Fig. 6. — A, Canard eider. — B, C. ordinaire. — C, C. milouin. — D, C. macreuse. —
E, C. de la Chine. — F, C. sarcelle.

l'un de l'autre, on lui ajoute seulement un autre nom, comme dans une même famille on ajoute au nom commun de la famille des noms de baptême qui caractérisent les individus.

Fig. 7. — A, oie. — B, cygne.

Deux naturalistes français, Pierre Belon et Tournefort, ont généralisé cet acte du bon sens et ont fondé ce qu'on appelle maintenant la *nomenclature binaire*. Dans cette nomenclature, chaque animal a deux noms : un nom propre, ou *spécifique*, qui le caractérise, et un nom *générique* qui indique ses relations avec le reste des animaux.

Ce mot **Canard** sera le nom du **Genre**. Mais à côté de ces Canards, nous trouvons d'autres Oiseaux avec lesquels on a formé le genre **Cygne** ; d'autres qui appartiennent au genre **Oie**, etc. (fig. 7). Or tous ces Oiseaux se ressemblent beaucoup. Ils ont tous,

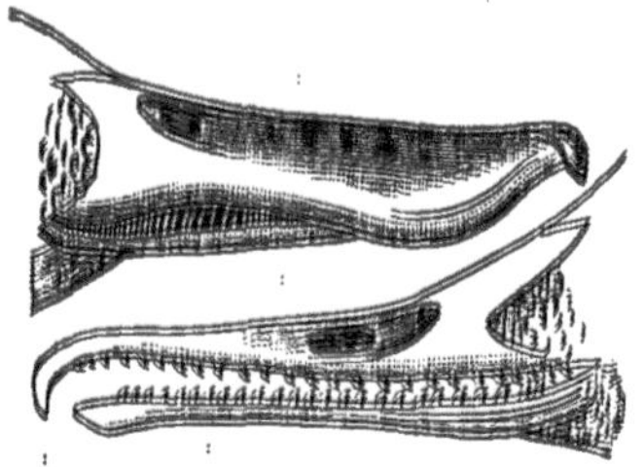

Fig. 8. — Becs d'oiseaux lamellirostres.

par exemple, le bec plat et garni de dents ou de lamelles.

Fig. 9. — A, Pélican. — B, Manchot. — C, Goéland.

Nous pouvons les rapprocher dans un même groupe et les désigner sous un même nom. Nous constituerons ainsi la **FAMILLE DES LAMELLIROSTRES** (de *rostrum*, bec ; bec à lamelles) (fig. 8).

A côté de cette famille, nous arriverons, par un travail semblable, à constituer une famille pour les **PÉLICANS**, une pour les **GOÉLANDS**, une pour les **MANCHOTS**, etc. (fig. 9). Remarquant maintenant que tous ces animaux ont des caractères communs, qu'ils ont, par exemple, les doigts des pieds réunis par une membrane ou, comme on dit, les pieds *palmés* (fig. 10), nous serons amenés à les réunir en un seul ordre qui aura bien mérité le nom d'**ORDRE DES PALMIPÈDES**.

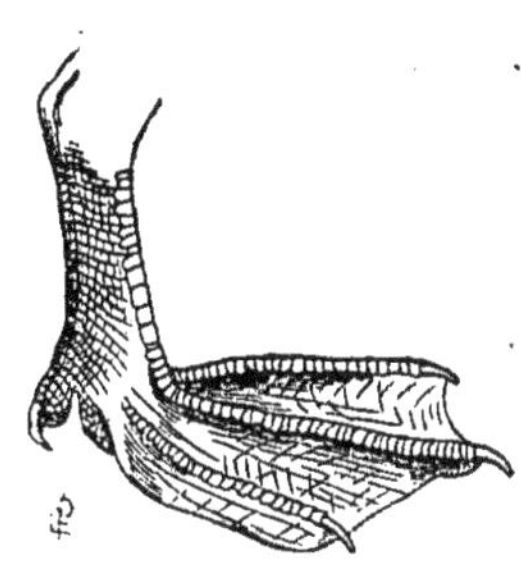

Fig. 10. — Pied d'oiseau palmipède.

Enfin, voici d'autres êtres, des **OISEAUX DE PROIE**, des **GALLINACÉS**, des **PERROQUETS**, des **ÉCHASSIERS**, etc. (fig. 11), qui constituent autant d'Ordres. Tous ces animaux ont manifestement beaucoup de caractères communs; tous ont un bec, deux pattes, deux ailes, des plumes; tous, en un mot, sont des Oiseaux. Voici donc notre classe toute trouvée : ce sera la CLASSE DES OISEAUX.

Prenons un autre exemple. Il existe un grand nombre d'animaux appartenant à des espèces tellement voisines de l'espèce du Chat domestique que personne n'hésite à leur donner aussi le nom de chat : nous avons le Chat ordinaire (fig. 12), le Chat cafre, le Chat ganté, la Panthère, etc., un genre **Chat**, en un mot. A côté de lui, les genres Lion (fig. 13), Lynx, Guépard, nous serviront à former la famille des **FÉLINS**; les Félins, joints à la famille des Chiens, à celle des Hyènes, à celle des Martes, etc., nous donneront l'Ordre des **CARNASSIERS**; puis, en réunissant à cet ordre celui des Singes, celui des animaux Ruminants, celui des animaux Rongeurs, celui des animaux Marsupiaux, etc., nous arrivons à une grande catégorie d'êtres ayant quatre pattes, étant revêtus de poils, et que nous pouvons appeler pour ces raisons Classe des QUADRUPÈDES PILIFÈRES (*pilus ; ferre*).

Troisième et dernier exemple : parmi les Papillons qui visitent nos fleurs, il s'en trouve qui se ressemblent complètement, sauf la taille et les couleurs ; nous ferons avec eux le Genre **Papillon**; d'autres en diffèrent par la forme des ailes,

Fig. 11. — A, Pigeon. — B, Gallinacé. = C, Oiseau de proie. = D, Perroquet.
E, Passereau. — F, Autruche. — G, Échassier.

leurs échancrures, etc. ; ce seront, par exemple, les genres Co-

Fig. 13. — Chat.

liade, Satyre, Vanesse, etc. (fig. 14). Tous ces genres réunis

Fig. 15. = Lion.

constitueront une famille, dont les ailes brillantes ne s'étalent
qu'au grand jour, et que nous appellerons pour cette raison

Famille des **DIURNES**; avec celle-ci, deux autres familles, les Crépusculaires (fig. 15) et les Nocturnes (fig. 16), viendront

Fig. 14. — Vanesse paon de nuit.

composer un Ordre des **LÉPIDOPTÈRES** (λεπίς, écaille; πτέρον, aile), ainsi nommés à cause des petites écailles qui recouvrent, chez tous, leurs quatre ailes. En rangeant à côté des Lépidoptères les Scarabées (fig. 17), les Abeilles (fig. 18), les Mou-

Fig. 15. — Sphinx de la vigne.

ches, etc., nous arrivons à un grand nombre d'animaux présentant entre autres caractères communs celui d'avoir trois paires de pattes; nous les désignerons tous sous le nom de Classe des INSECTES.

Mais veuillez le remarquer, nous ne sommes arrivés, par

Fig. 16. — Noctuelle du chou.

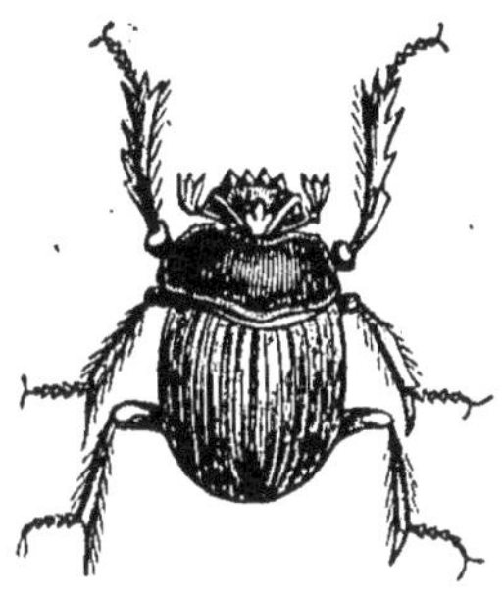
Fig. 17. — Scarabée.

cette voie graduelle, en envisageant les seuls caractères extérieurs, et, pour ainsi dire, en ne nous aidant que du seul bon sens, qu'à établir des Classes. Mais comment, maintenant, nous élever de la Classe à l'Embranchement? L'apparence générale ne nous suffit plus. A première vue, un Chat diffère autant d'un Canard qu'un Canard d'un Papillon. Que dis-je? aux yeux de beaucoup de personnes, un Oiseau-mouche se rapprochera singulièrement d'un Papillon !

Fig. 18. — Abeille.

Mais nous n'avons jusqu'à présent considéré que les caractères extérieurs : la forme générale, le nombre des membres, le revêtement qui protège la peau. Pourquoi donc nous en tenir là? Sous cette peau est caché l'être, et c'est l'être lui-même qu'il faut connaître. Dans l'étude des mécanismes animés si divers que nous allons rencontrer, nous trouverons, sans doute, des caractères pour rapprocher ou éloigner les animaux, et ces caractères seront les meilleurs, puisqu'ils seront pris dans l'organisation intime de l'être, et tirés, c'est bien le cas de le dire, des entrailles du sujet.

**Anatomie et Physiologie**. — Nous sentons donc la nécessité de prendre un scalpel, d'ouvrir le corps des animaux, d'en scruter les organes, d'en faire, en un mot, l'Anatomie (ἀνατέμνω, couper, inciser). Mais que serait, je vous prie, une science qui consisterait à décrire ici des leviers plus ou moins solides, là des cavités plus ou moins contournées, ailleurs des tubes, des filaments plus ou moins complexes, sans que nous puissions savoir à quoi servent ces leviers, ces cavités, ces tubes, ces filaments? Vous le comprenez, l'étude de l'usage des parties doit suivre immédiatement leur description et, à vrai dire, sans la connaissance au moins générale de ces usages, nous ne pourrions pas nous entendre; du reste, les noms d'organes digestifs, d'organes respiratoires, etc., indiquent bien l'union étroite de la science des organes ou *Anatomie*, et de la science de leurs usages ou *Physiologie* (φύσις, nature; λόγος, discours)

Mais revenons à notre sujet; nous avons là un Pilifère, un Oiseau, un Insecte. Ouvrons-les, faisons-en, ensemble, une *dissection* grossière. Or, je trouve immédiatement, dans les deux premiers, un cœur, des poumons, que l'Insecte ne nous présente pas! en revanche voici, dans celui-ci, des parties que nous chercherions en vain dans le Pilifère et dans l'Oiseau. Mais entre toutes différences, il en est une qui doit surtout nous frapper. En dedans du corps de l'Insecte, nous ne trouvons que des parties molles, que nous pouvons sans effort broyer et enlever. Dans le Pilifère, dans l'Oiseau, au contraire, voici tout un ensemble de parties dures, d'os, comme on les appelle, et ces os constituent un *squelette*, un squelette intérieur (fig. 19). Parmi ces os, il en est de particulièrement remarquables; c'est une sorte de chapelet de petites parties se ressemblant beaucoup les unes aux autres, et qui règnent à la région supérieure du corps. Ces parties, on les nomme *vertèbres*; leur ensemble constitue la *colonne vertébrale*. Elles sont, ai-je dit, particulièrement remarquables; c'est qu'en effet, chez certains animaux, elles constituent à elles seules le squelette intérieur, comme il arrive chez les Serpents, par exemple.

Or, l'existence ou l'absence des vertèbres est en rapport constant avec un grand nombre de caractères intérieurs et extérieurs, qu'elles dominent, pour ainsi dire. Vous ne serez donc pas étonnés d'apprendre que ces vertèbres aient donné

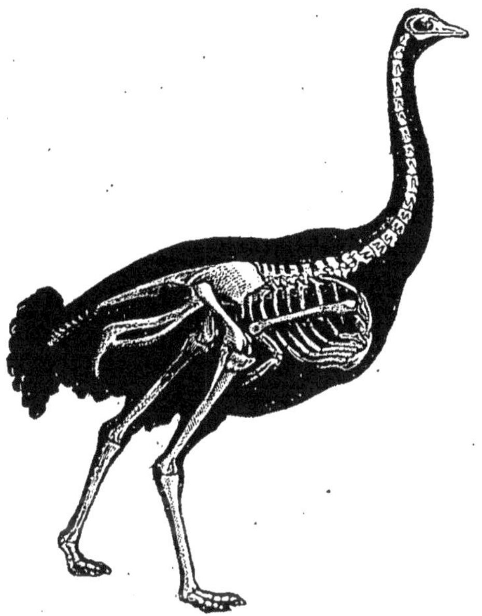

Fig. 19. — Squelette d'un Oiseau (Autruche).

leur nom à l'embranchement des êtres qui les possèdent. Ainsi notre Pilifère et notre Oiseau seront réunis l'un à l'autre dans l'EMBRANCHEMENT DES VERTÉBRÉS, tandis que l'Insecte restera, en attendant une étude plus approfondie, dans le grand ensemble des animaux *Invertébrés*.

Voici un exemple, et le plus saisissant peut-être, de la nécessité des études anatomiques pour l'établissement de la

classification ; mais je dois vous dire maintenant que l'anatomie
elle-même ne suffit pas toujours.

**Embryologie.** — Examinons, en effet, une Chenille et un
Papillon (fig. 20, A, B) ; au point de vue anatomique, comme

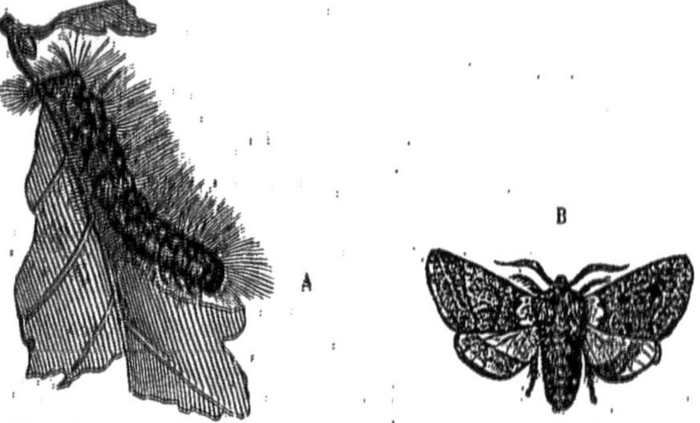

Fig. 20. — Bombyx processionnaire. — A, Chenille. — B, Papillon.

sous le rapport des formes extérieures, nous serons amenés à
séparer notablement l'un de l'autre ces deux êtres si différents.
Nous en ferions autant en comparant une Grenouille avec un

Fig. 21. — Métamorphoses de la Grenouille.

Têtard (fig. 21). Et cependant la Chenille deviendra Papillon,
le Têtard deviendra Grenouille. Vous voyez donc qu'il est nécessaire de suivre l'animal dans toutes les phases de sa vie,
d'étudier ses formes extérieures et son anatomie à toutes les

périodes de son existence. Nous verrons ainsi d'abord que les êtres changent notablement aux différentes phases de leur vie ; ensuite, que des êtres qui se ressemblent beaucoup à une certaine époque de leur développement diffèrent l'un de l'autre à une époque soit antérieure, soit postérieure.

Cette étude, qu'il faut poursuivre jusque dans l'œuf même où se cache la première apparition de l'animal, cette étude, dont je ne puis ici qu'indiquer le nom et faire sentir en quelques mots l'importance, s'appelle l'histoire de l'embryon, l'*Embryologie* (Ἔμϐρυον, embryon), ou l'histoire de l'évolution.

Voici donc notre difficile problème enfin résolu. Nous avons en main trois moyens d'action, avec lesquels nous pouvons établir les groupes de premier rang, les embranchements, et aussi les groupes inférieurs, sur des bases solides. Ces trois moyens sont, pour nous résumer :

L'étude des caractères extérieurs, ou la **morphologie** (de μορφή, forme) ;

L'étude des caractères intérieurs, ou l'**anatomie** ;

L'étude de l'évolution, ou l'**embryologie**.

Telle est la marche qui a mené à établir la classification animale, en commençant par les groupes de moindre valeur. Le bon sens a suffi pour faire rapprocher les uns des autres les êtres qui se ressemblent le plus, en empruntant, pour la mesure de ces ressemblances, des notions aux formes extérieures, aux formes transitoires.

**Paléontologie.** — C'est une grossière erreur de croire que notre globe s'est formé tout d'un coup, comme par un effet magique. Les données les plus positives de la science nous démontrent au contraire, de la façon la plus indiscutable, que sa formation a été lente et progressive, et qu'il lui a fallu peut-être des millions d'années pour arriver à l'état où nous le voyons maintenant. Les diverses couches de terrain qui le constituent se sont accumulées et superposées d'une manière insensible, nonobstant certains cataclysmes qui sont venus en bouleverser l'ordre et l'agencement. La vie est apparue à la surface de la terre dès les époques les plus reculées de la formation de celle-ci; il est impossible de dire exactement à quelle date remontent ses premières manifestations, mais on peut cependant l'évaluer à plusieurs centaines de milliers d'années.

Les animaux qui se montrèrent les premiers étaient fort simples et fort peu variés; par la suite des temps, les espèces animales se multiplièrent, grâce à des modifications insensibles qu'elles eurent à subir, et on les vit acquérir une organisation plus élevée, en même temps qu'augmenter de nombre. Rien n'indique donc qu'il y ait eu, à un certain moment, création simultanée de toutes les formes animales qui peuplent actuellement la terre; tout démontre au contraire que ces formes si diverses et si distinctes descendent toutes les unes des autres ou même d'une souche commune, et qu'elles n'ont acquis leurs caractères différentiels que par suite de modifications insensibles, déterminées par le climat, le genre de vie, etc., et s'accusant de plus en plus à travers un très grand nombre de siècles.

Durant ces immenses périodes, et pendant que certaines espèces animales se constituaient de la façon que nous venons d'indiquer sommairement, d'autres, différenciées plus tôt, s'éteignaient et disparaissaient : car c'est une loi générale, à laquelle est soumise l'espèce elle-même aussi bien que chacun des individus qui la composent, que, après une existence plus ou moins longue, elle finit par s'éteindre et disparaître à tout jamais. Les parties dures des espèces ainsi anéanties se retrouvent dans le sein de la terre, et l'étude de ces restes *fossiles*, de ces ossements (fig. 22), de ces coquilles (fig. 23), constitue une science nouvelle que l'on a appelée la **Paléontologie** (παλαιός, ancien; ὤν, ὄντος, être ; λόγος, discours) et qui, vous le comprenez, a les plus grands rapports avec la zoologie, dont elle n'est à proprement parler qu'une branche. Je devais attirer

encore votre attention sur ce point parce que, dans la suite de
ces leçons, j'aurai plus d'une fois l'occasion de vous parler
d'espèces animales qui ont habité autrefois la surface du globe,
mais qui ne s'y retrouvent plus de nos jours. Bien plus, je
vous ferai assister à l'extinction graduelle d'animaux qui,
autrefois fort nombreux, diminuent rapidement de nombre et
tendent manifestement à disparaître.

Il résulte de là que les classifications établies en ne tenant
compte que des animaux actuellement vivants sont nécessaire-

Fig. 22. — Mégathérium.

ment très imparfaites, et que, pour y voir bien clair dans la
distribution d'ensemble des êtres animés, il faut embrasser
d'un coup d'œil les vivants et les morts.

. Aussi, les anciennes classifications, celles de Cuvier, par
exemple, ne doivent être considérées que comme des tentatives.
Cependant, leurs traits les plus généraux sont demeurés exacts.
Aucun animal fossile n'a été découvert, qui ne puisse prendre
place dans l'un des embranchements établis par Cuvier. Ils
étaient au nombre de quatre :

1° Les Vertébrés, comprenant les Mammifères, les Oiseaux,
les Reptiles, etc.

2° Les MOLLUSQUES, comprenant les Poulpes, les Limaces, les Huitres, etc.

3° Les ARTICULÉS, comprenant les Insectes, les Écrevisses, les Vers de terre, les Annélides, etc.

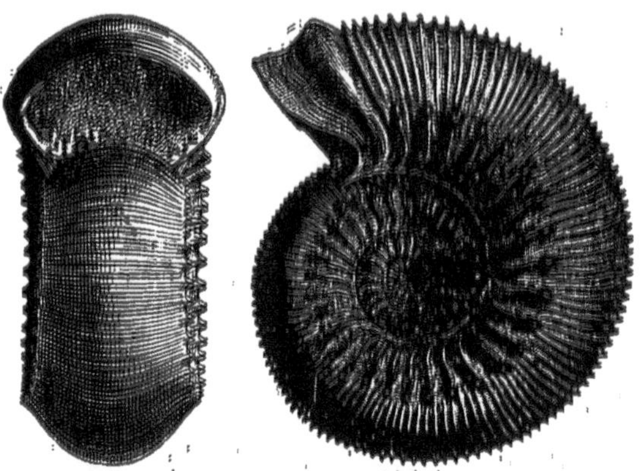

Fig. 23. — Ammonite.

4° Les RAYONNÉS, comprenant les Etoiles de mer, les Actinies, les Méduses, les Polypiers, etc.

Fig. 24. — Tortue rayonnée.

Je vous donnerai plus tard les caractères complets de chacun de ces embranchements; je veux seulement dès maintenant appeler votre attention sur un caractère extérieur d'une grande importance.

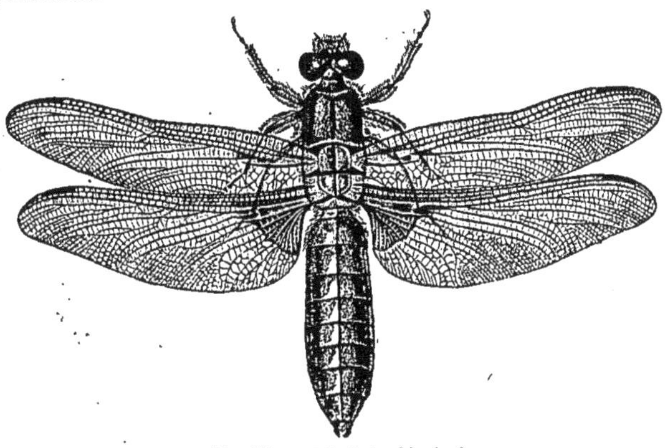

Fig. 25. — Libellule déprimée.

Je vous présente un individu de chacun des trois premiers embranchements : une Tortue (fig. 24), une Libellule (fig. 25),

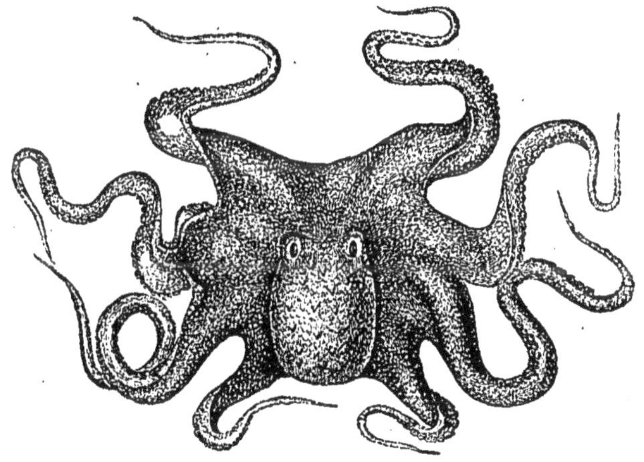

Fig. 26. — Poulpe.

un Poulpe (fig. 26). Remarquez que je puis avec un couteau couper un quelconque de ces animaux en deux parties sensiblement égales; chacune d'elles, il s'agit de la Tortue, par exemple, possédera un œil, une patte antérieure et une postérieure; s'il s'agit de l'Insecte, une antenne, un œil, deux ailes, trois pattes, etc..... Mais, pour obtenir ce résultat, je dois faire la section dans un certain sens, dans un seul. En un mot, ce sont des animaux *symétriques par rapport à un seul plan médian.*

Mais voici une Étoile de mer (fig. 27), avec ses cinq bras allongés. Je puis aussi la couper de manière à avoir deux moitiés semblables; mais, plus heureux que pour les animaux dont je viens de parler, je puis la couper de différentes manières, et chaque section qui, ayant coupé un bras dans toute sa longueur, tombera dans l'intervalle de deux autres bras, la divisera en deux parties sensiblement égales; je puis faire cinq semblables sections. Voici d'autre part une fleur du Corail,

Fig. 27. — Étoile de mer.

Fig. 28. — Un animalcule du Corail très grossi.

avec ses huit bras (fig. 28); je puis y faire huit sections. Ces animaux ont donc plusieurs plans de symétrie. C'est cette disposition qui leur a valu le nom de *Radiaires* (*radius*, rayon) ou *Rayonnés*, tandis que les précédents auraient pu être appelés *Binaires* ou doubles.

Mais il est un bon nombre d'êtres dont la forme ne se

laisse réduire à rien de géométrique, qui ne sont ni symétriques binaires, ni symétriques radiaires, et que Cuvier confondait à tort parmi ces derniers.

Fig. 29. = Éponge.

Les études plus récentes ont montré qu'il fallait les en séparer pour en faire deux embranchements nouveaux. Le premier comprend les *Éponges* (fig. 29), l'autre les animalcules extrêmement petits qui peuplent en nombre infini les liquides où ont pourri des matières animales ou végétales, ce qu'on nomme souvent des infusions organiques; on les appelle, pour cette raison des *Infusoires*.

On a ainsi constitué l'embranchement des SPONGIAIRES; puis l'embranchement des PROTOZOAIRES (πρῶτος, premier; ζῶον, animal), ainsi nommé à cause de la simplicité de l'organisation des êtres qui le composent.

Enfin, un examen plus approfondi des animaux que Cuvier avait réunis dans l'embranchement des Articulés, a déterminé les naturalistes à le diviser en deux : Arthropodes et Vers.

Nous avons donc à étudier successivement l'histoire des embranchements : *Vertébrés*, *Arthropodes*, *Mollusques*, *Vers*, *Rayonnés*, *Spongiaires*, *Protozoaires*.


# EMBRANCHEMENT DES VERTÉBRÉS

Nous allons commencer par l'étude de l'**embranchement des Vertébrés**. Vous savez déjà que ces animaux sont caractérisés par l'existence d'un squelette dont la partie fondamentale est la *colonne vertébrale*. J'ajoute qu'un autre caractère qui leur est commun à tous, et que ne possède aucun autre animal, est la présence d'un *sang rouge*, circulant dans des canaux ou *vaisseaux* très compliqués, très nombreux et parfaitement clos : cette circulation est déterminée par le jeu d'une espèce de pompe appelée le *cœur*. Nous aurons à revenir là-dessus.

Nous avons déjà appris en Huitième les Classes dans lesquelles on divise les Vertébrés, et nous savons quelque chose de leurs principaux caractères. Ce sont les **Mammifères,** les **Oiseaux,** les **Reptiles,** les **Batraciens,** les **Poissons.** Nous allons successivement les étudier, puis nous résumerons ce qu'ils ont tous de commun, pour en tirer les caractères généraux de tous les Vertébrés.

## CLASSE DES MAMMIFÈRES

Commençons par les Mammifères (fig. 30), que quelques na-

Fig. 30. — Renard, type de Mammifère.

turalistes ont aussi appelés *Pilifères*. Ces deux noms sont l'expression des deux caractères les plus remarquables et les plus constants de la classe.

La forme de ces animaux varie en effet considérablement : un Éléphant et une Souris, une Girafe et un Singe, un Cheval et un Phoque, une Chauve-souris et une Baleine ne se ressemblent guère. Corps et membres, tout diffère : la conformation des uns leur permet de courir ; d'autres semblent faits pour nager, pour voler.

Mais tous nourrissent leurs petits avec du lait, liquide blanc et sucré, formé dans les organes qui ont donné leur nom à la classe.

Tous ont aussi le corps plus ou moins couvert de poils. L'Éléphant et la Baleine elle-même en ont dans leur jeune âge.

**Caractères extérieurs.** — Généralement, la tête est supportée par un cou d'une longueur moyenne, mais bien nettement accentué. Sur cette tête, deux oreilles saillantes, mobiles ; en avant, deux yeux que protègent deux paupières mobiles, l'une supérieure, l'autre inférieure ; plus en avant encore, deux orifices nasaux ; enfin, au-dessous, la gueule, où se voit une langue charnue très mobile, au milieu de mâchoires dont les arcades sont garnies de dents : la mâchoire supérieure est immobile, l'inférieure seule se meut dans le sens vertical.

Le corps, souvent terminé par une queue plus ou moins longue, est supporté par deux paires de membres, l'une antérieure, l'autre postérieure. Chacun de ces membres se compose d'une partie fixe et d'une partie libre et mobile. Au membre antérieur, la partie fixe se nomme l'*épaule ;* la partie libre est elle-même composée de trois segments : le *bras*, l'*avant-bras*, la *main*. Au membre postérieur, la partie fixe est le *bassin ;* la partie libre a aussi trois segments : la *cuisse*, la *jambe*, le *pied*. Il est à remarquer que le bras et l'avant-bras, d'un côté, la cuisse et la jambe de l'autre côté, se dirigent dans un sens inverse, de telle sorte que le *coude* est tourné en arrière, le *genou* en avant ; mais pour la main et le pied, la disposition devient semblable et révèle une analogie que l'étude du squelette viendra compléter.

La main et le pied se terminent par des *doigts*, et ces doigts par des *ongles*. Il n'y a jamais plus de cinq doigts. Certains Mammifères, les Singes et l'Homme, en particulier, présentent cinq doigts aux quatre membres. D'autres n'en ont que trois, comme les Rhinocéros, ou que deux, comme les Bœufs, ou même qu'un, comme les Chevaux (fig. 31).

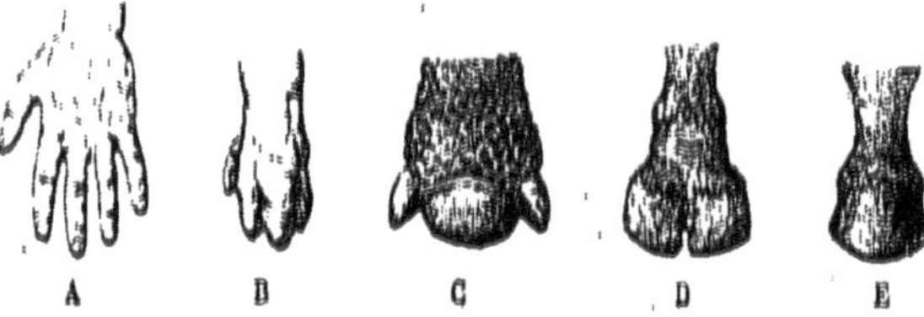


Fig. 31. — A, main à cinq doigts (Homme). — B, à quatre doigts (Sanglier). — C, à trois doigts (Rhinocéros). — D, à deux doigts (Bœuf). — E, à un doigt (Cheval).

Le doigt placé au côté interne du pied ou de la main, c'est-à-dire au côté le plus rapproché du milieu du corps, est appelé *pouce* ; les autres sont numérotés à partir du pouce : 2ᵉ, 3ᵉ, 4ᵉ, 5ᵉ doigt. Or, l'ordre suivant lequel ces doigts disparaissent quand la main se simplifie, en passant, par exemple, du type à cinq doigts (Homme) au type à un doigt (Cheval), est toujours le même, fait fort remarquable. Le premier doigt qui disparaît est le pouce, qui manque à la patte postérieure de notre Chat ;

Fig. 32. — Phoque.

puis s'en va le 5 doigt ; puis le 2ᵉ et le 4ᵉ enfin ; de sorte que le doigt unique des chevaux est le 3ᵉ doigt, le doigt du milieu.

Le nombre des membres eux-mêmes n'est pas absolument constant. Il est, en effet, des Mammifères qui n'ont que deux paires de membres, les membres postérieurs ayant disparu : ce sont les Baleines, les Marsouins, etc., dont on a fait l'ordre des Cétacés ; chez eux, le corps qui ressemble à celui d'un Poisson, se termine par une nageoire transversale, et les pattes de devant, aplaties, sont transformées en une sorte de rame.

Cette transformation des membres en nageoires se remarque chez d'autres Mammifères, comme chez les Phoques (fig. 32) et autres nageurs. Il est encore plus curieux de voir que certains Mammifères sont munis d'ailes membraneuses qui leur permettent de voler assez bien. Les modifications des membres antérieurs et postérieurs nécessaires pour arriver à ce résultat sont à leur maximum de développement chez les Chauves-souris. Mais je ne pourrais insister davantage sans empiéter sur une autre partie de nos leçons. J'en ai dit assez aujourd'hui pour vous montrer combien est grande la variété des formes des animaux Mammifères.

**Poils**. — Il y a à considérer dans un poil la *racine*, implantée obliquement dans la peau, et la *tige* ou partie libre (fig. 33).

Les poils s'usent sans cesse par leur extrémité et croissent sans cesse par leur base. Chez certains, la croissance marche plus vite que l'usure, et ils grandissent plus ou moins ; tels sont les cheveux, les poils de la barbe chez l'Homme. Les parties dites *nues* de la peau humaine sont toutes couvertes en réalité de petits poils, sauf la plante des pieds et la paume des mains ; mais il faut regarder de près pour les voir. Des excitations incessantes, comme celles du rasoir, les déterminent à grossir ; ils grossissent aussi tout seuls avec l'âge, sur certains points, comme à la figure. Mais il ne faudrait pas croire que la barbe qui vous poussera bientôt au menton sera composée de poils nouveaux : c'est le duvet de vos joues d'enfant, dont chaque poil aura grossi. On a vu des Hommes, et il s'en faisait une exhibition récemment à Paris, sous le nom d'*Hommes-chiens*, dont tout le duvet avait ainsi grossi, et qui étaient couverts de poils, sans en avoir cependant un de plus que le commun des mortels (fig. 54).

Quand on arrache un poil, il repousse, son follicule continuant à former des cellules : jamais l'épilation ne détruira le poil. Chez beaucoup d'animaux, il se fait des chutes spontanées des poils, des *mues ;* ils repoussent ensuite, généralement plus gros et plus longs en hiver. Nous verrons, à propos des diverses espèces de Mammifères, l'utilité que nous tirons de l'usage industriel de certains poils.

Le poil est vivant, au moins dans une grande partie de sa longueur. Quand il blanchit naturellement, par les progrès de l'âge, — ce qui peut arriver quelquefois dans la jeunesse, — c'est toujours par son extrémité libre.

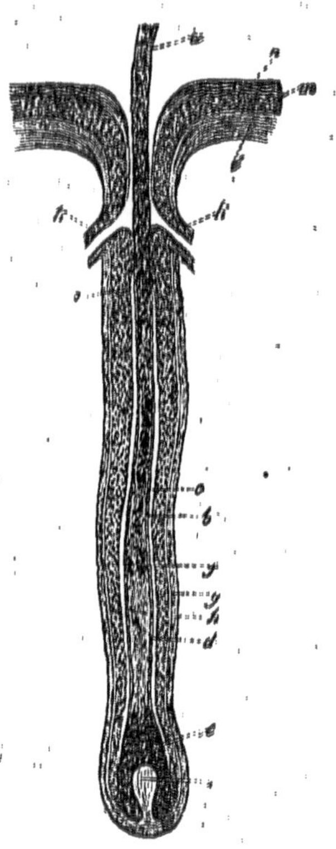

Fig. 33. — Structure du poil et du follicule qui le porte (grossi 80 fois). *a*, tige du poil. — *b*, sa racine. — *c*, sa papille. — *d*, conduits excréteurs des glandes sébacées. — *e*, derme. — *f*, épiderme.

Les poils présentent les plus grandes variations de forme d'un point du corps à l'autre chez le même animal, et les variations sont encore plus considérables quand on passe d'une

espèce à une autre. Rappelez-vous et comparez le cheveu de
l'Homme, ses sourcils, la laine frisée du Mouton, le poil sec et
dur du Chien, le crin long et flexible du Cheval, etc. Parfois,
les changements sont plus étonnants encore : les piquants du

Fig. 34. — Une famille velue en Birmanie : Shwe-Maon, sa fille et son petit-fils.

Hérisson, les dards du Porc-épic (fig. 35) ne sont que des poils
modifiés. Ce sont des poils dont la réunion, la soudure forme
les écailles du Pangolin (fig. 36), et c'est encore de poils agglutinés qu'est composée la corne du Rhinocéros.

Chez la plupart des Mammifères, il y a deux espèces de poils, le poil long, ou *jarre*, et le *duvet*, caché sous le premier. D'ordinaire, les poils sont d'autant plus longs et plus serrés que l'animal habite un pays plus froid. Aussi est-ce des pays froids, comme la Sibérie, le Canada, que nous viennent les *fourrures* les plus recherchées.

Fig. 55. — Porc-épic.

Souvent, les poils d'hiver diffèrent beaucoup par les dimensions et les couleurs de ceux qui poussent au printemps. Ainsi l'Hermine, qu'a rendue célèbre la blancheur de sa robe d'hiver,

Fig. 56. — Pangolin.

est rousse en été. Les Mammifères n'ont jamais de couleurs brillantes, analogues à celles des Oiseaux : le gris, le brun, le roux, avec le blanc et le noir, forment leurs livrées habituelles.

Nous avons étudié, jusqu'ici, les caractères extérieurs des Mammifères. Pénétrons maintenant dans l'intérieur de leur corps, faisons leur *anatomie*, et en même temps étudions rapidement l'usage des parties que nous avons décrites à grands traits, faisons leur *physiologie*.

**Squelette.** — Le squelette d'abord (fig. 37). Nous savons déjà qu'il est composé de trois parties, la *colonne vertébrale*, avec le *crâne* qui la termine, et les *os des membres*. Voyons cela d'un peu plus près.

En laissant pour un moment les membres de côté, du premier coup d'œil nous reconnaissons dans la colonne vertébrale plusieurs régions bien distinctes : 1° la région *cervicale*, composée de sept vertèbres, nombre qui se retrouve chez tous les Mammifères, chez la Girafe au long cou, comme chez l'Ours et même la Baleine, où les vertèbres sont tout à fait aplaties ; 2° la région *dorsale*, composée généralement de douze à quinze vertèbres, dont chacune porte une paire de *côtes* ; 3° la région *lombaire* (5 ou 6 vertèbres) ; 4° le *sacrum*, où les vertèbres soudées en un seul os forment un appui solide pour le membre postérieur ; 5° la région *caudale*, très longue chez beaucoup de Mammifères, mais qui chez l'Homme est réduite presque à rien, et prend le nom de *coccyx*.

Au-dessous de la région dorsale, vous apercevez une série d'os qui forment une sorte de pendant à la colonne vertébrale ; c'est le *sternum* (*sternum*, bouclier) ; il est relié avec la plus grande partie des côtes par des pièces qui ressemblent aux côtes, mais ne sont pas dures comme elles ; on les nomme *cartilages costaux*. L'ensemble des vertèbres dorsales, des côtes, du sternum et des cartilages costaux forme une sorte de cage à claire-voie sur le squelette, cage à deux ouvertures, la supérieure étroite, l'inférieure très large. On lui donne le nom de *thorax* (θωραξ, poitrine) ; c'est cette région qu'on nomme vulgairement la *poitrine*.

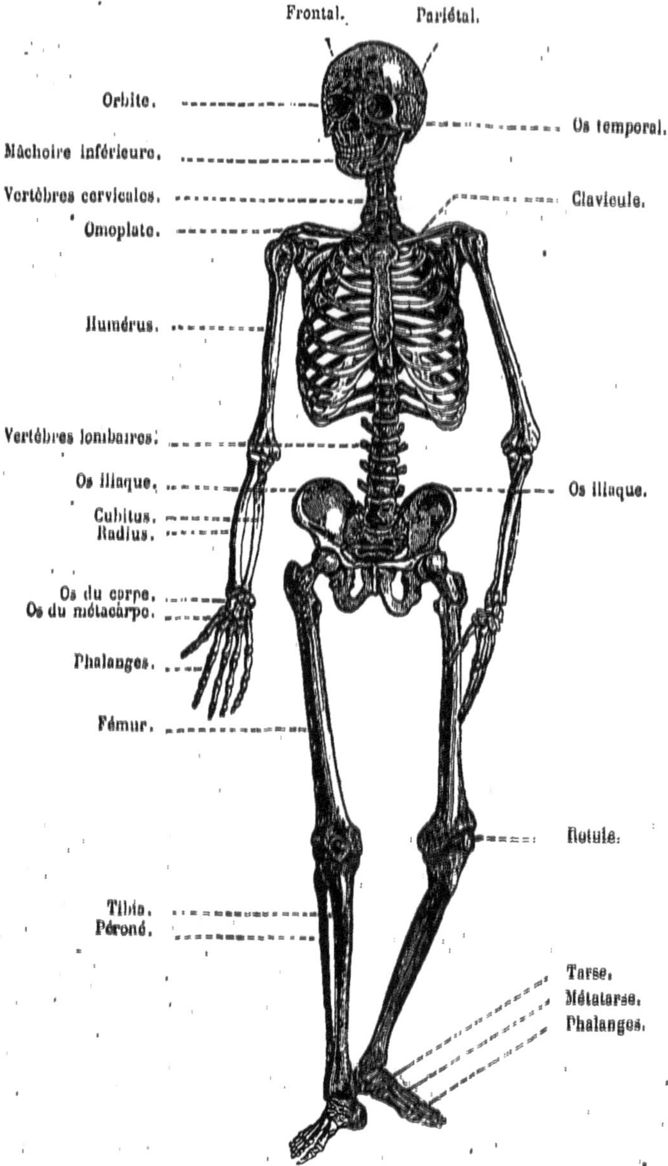


Fig. 37. — Squelette de l'Homme.

Chaque vertèbre se compose d'un *corps* et d'un *arc supé-rieur* à ce corps, avec lequel il forme une sorte d'anneau ; la série de tous ces anneaux détermine ainsi un canal qu'on nomme le *canal vertébral*. C'est dans ce canal que se loge la partie centrale du *système nerveux*, la *moelle épinière*.

Au-dessus de la colonne vertébrale se voit le *crâne* (fig. 38),

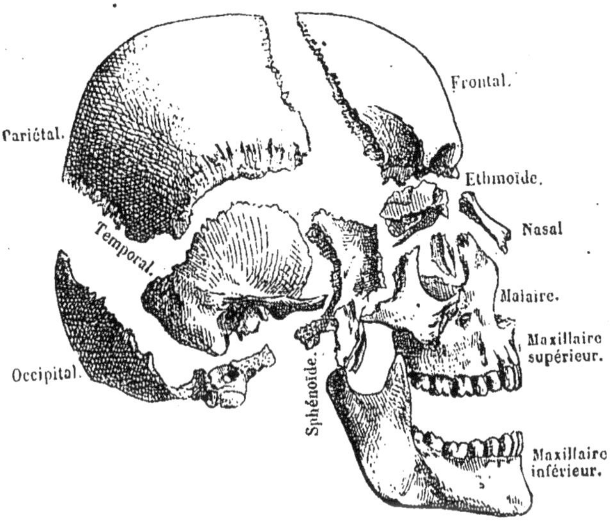


Fig. 38. — Os de la tête de l'Homme.

sorte de boîte osseuse dont la cavité se continue avec le canal vertébral, et loge le *cerveau*, qui tient à la moelle épinière. Cette boîte est composée d'un grand nombre d'os, très bizarres de formes, et dont je ne puis vous donner les noms et la description. Je vous dirai seulement qu'elle est formée en avant par le *frontal*, en haut par les *pariétaux*, en arrière par l'*occipital*, sur les côtés par les *temporaux*.

Un des os du crâne porte des *dents :* on l'appelle le *maxillaire supérieur*. Il est absolument fixe. Au-dessous de lui pend, soutenu seulement par des parties molles, un autre os garni de dents, c'est le *maxillaire inférieur*. Celui-ci est mobile, et c'est en s'élevant et en frappant contre le maxillaire supérieur qu'il produit la *mastication*.

Ces dents, formées d'une *racine* implantée dans un creux de l'os ou *alvéole*, et d'une *couronne* libre, sont composées d'*ivoire* et revêtues d'*émail*. Nous reviendrons dans un instant sur leurs apparences diverses.

Passons aux os des membres. Le bras contient un os, l'*humérus*; l'avant-bras en contient deux, le *cubitus* (coude) et le *radius* (rayon); ce dernier est ainsi nommé parce que chez l'Homme et les Singes il tourne autour du cubitus dans les mouvements de rotation du poignet. Le poignet ou *carpe* est composé de plusieurs petits os; et il y en a un pour chaque doigt dans la paume ou *métacarpe*.

Le membre supérieur ainsi formé est rattaché au tronc par les os de l'épaule qui sont : en arrière l'*omoplate*, en avant la *clavicule*. L'omoplate est un os plat, qui n'est soutenu que par des parties molles. La clavicule est au contraire fixée au sternum; elle manque, du reste, chez tous les Mammifères coureurs.

Au membre inférieur nous trouvons un os dans la cuisse, le *fémur*; deux dans la jambe, le *tibia* et le *péroné*; puis la voûte osseuse du cou-de-pied (*tarse*) et de la plante (*métatarse*) et les os des phalanges.

Ce membre est suspendu à la vaste et solide ceinture osseuse du *bassin*. En arrière de celle-ci, la région sacrée de la colonne vertébrale s'enfonce comme un coin, et soutient le corps tout entier.

Ces différents os se meuvent les uns sur les autres en des régions nommées *articulations* : genou, coude, etc. Ils sont mis en action par les *muscles*, qu'on appelle vulgairement la *chair*, la *viande*. Les muscles ont la propriété très extraordinaire de se raccourcir, de se *contracter*, comme on dit, et par suite de faire mouvoir les os auxquels ils s'attachent. Empoignez votre bras gauche avec votre main droite, et faites mouvoir l'articulation du coude gauche. Vous sentirez se raccourcir et en même temps grossir sous votre main le muscle qui produit ce mouvement.

En voilà assez sur les os et les muscles ; nous y reviendrons dans le cours de Philosophie.

**Organes intérieurs.** — Vous savez tous que nous digérons et que nous respirons. Ne pensez-vous pas qu'il soit intéressant d'examiner en gros les organes qui nous servent à accomplir ces indispensables fonctions?

L'organe de la **digestion** est un long tube, ouvert aux deux extrémités, qui va d'un bout à l'autre du corps. Ce tube est

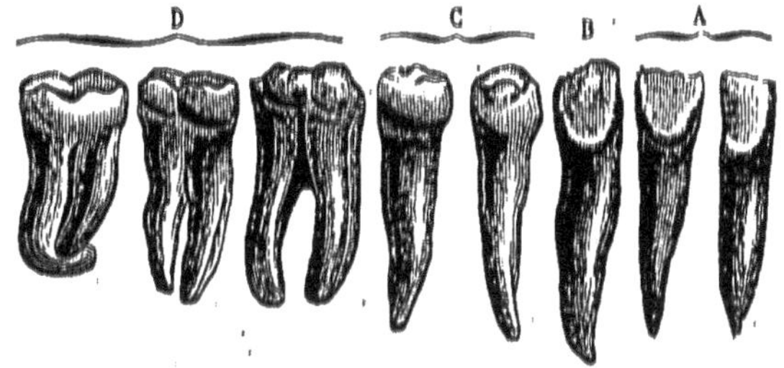


Fig. 39. — Dentition de l'Homme : A, incisives. — B, canine. — C, petites molaires, — D, grosses molaires.

beaucoup plus long que le corps, et s'enroule en maints circuits dans l'abdomen. En route, il se renfle, et forme l'*estomac*, lequel est placé immédiatement au-dessous de la poitrine.

En avant, le *tube digestif* s'ouvre dans la bouche, et reçoit les aliments mastiqués par les dents (fig. 39). Je vous ai dit que la forme de celles-ci est extrêmement variée ; il en est de même de leur nombre. Nous possédons, nous, en avant, 8 *incisives*, tranchantes ; puis 4 *canines*, plus pointues ; enfin 20 *molaires*, aplaties et broyeuses ; en tout, 32 dents. Je dis nous, en supposant que nous ayons complète notre deuxième dentition ; car lors de la première, il y a quelques années, vous n'aviez que 8 molaires, soit 20 dents seulement.

D'un animal à l'autre, les variations de forme et de nombre sont bien plus étendues encore. Voyez ces dents molaires de Cheval, animal herbivore ( fig. 40 ) : ce sont de véritables

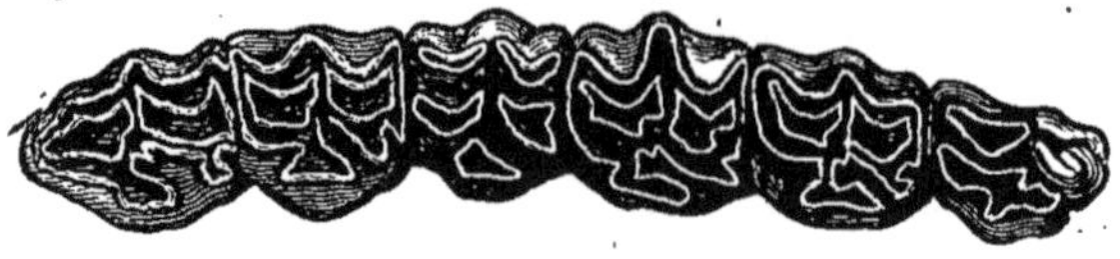

Fig. 40. — Dents molaires du Cheval.

meules plates et hérissées de saillies tranchantes; tout y est en rapport avec l'acte de broyer et hacher les herbes ou les grains.

Voyez au contraire la mâchoire de ce Tigre (fig. 41): les canines y sont longues et pointues, les molaires tranchantes; on voit que l'animal saisira une proie vivante et déchirera sa chair. Mais souvent ces variations ne s'expliquent pas. A quoi servent à l'Éléphant ou à l'Hippopotame leurs énormes dents, au Narval sa dent longue et droite, etc.?

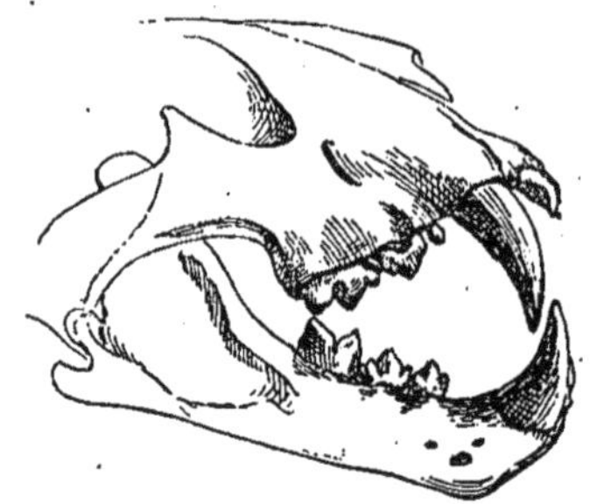

Fig. 41. — Mâchoire de carnivore (Tigre).

Au fond de la bouche (fig. 42), s'ouvre la première partie du tube digestif, l'*œsophage*, qui descend tout droit jusqu'à l'*estomac*. Plus loin vient l'*intestin grêle*, tout enroulé sur lui-même, et enfin le *gros intestin*.

Les aliments se dissolvent et se digèrent, dans ces cavités, sous l'influence de liquides que forment et versent sur eux des organes appelés *glandes*. Autour de la bouche sont les *glandes salivaires*; dans l'intestin débouchent les liquides du *pancréas* et du *foie*; et tout le tube *intestinal*, d'un bout à l'autre, est garni de petites glandes qui prennent une part très active à la digestion, c'est-à-dire à la dissolution des aliments.

Il y aurait beaucoup à dire là-dessus. Mais pour y comprendre quelque chose, il faudrait connaître plus de chimie que vous n'en savez. Nous verrons cela plus tard.

La **respiration** consiste, comme vous l'observez aisément sur vous - même , à introduire régulière-ment dans l'intérieur de votre corps, et à en expulser une cer-taine quantité d'air. Cet air entre par la bouche et le nez et de là va dans la poitrine, dans les *poumons*.

Ces organes (fig. 43) sont une masse spon-gicuse, composée de petites vésicules qui

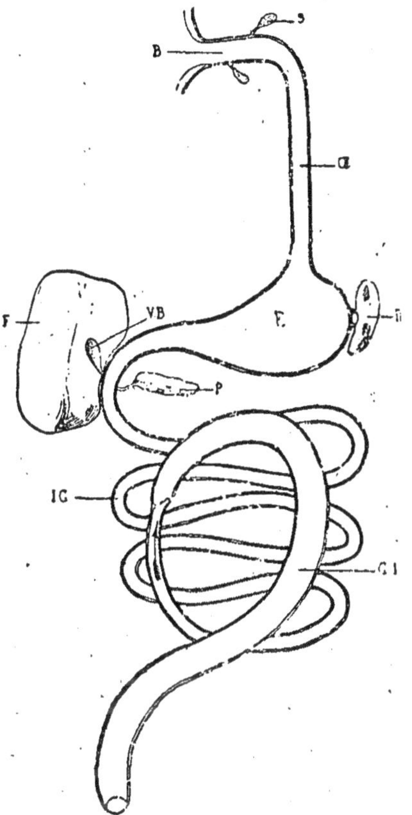


Fig. 42. — Schéma de l'appareil digestif : B, bouche.— S, glandes salivaires — Œ, œsophage. — E, estomac. — R, rate. — F, foie. — VB, vésicule biliaire. — P, pancréas. — IG, intestin grêle. — GI, gros intestin.

communiquent entre elles par l'intermédiaire de tubes appelés *bronches*. Ces bronches viennent d'un gros tronc commun placé au-devant du cou, nommé *trachée*, qui débouche dans l'arrière-gorge, où il communique à la fois avec la bouche et avec le nez.

Tout de suite avant d'entrer dans l'arrière-bouche, la trachée se renfle et forme le *larynx*, organe dans lequel se produit la *voix*, par le choc de l'air expiré sur deux replis tendus appelés *cordes vocales*. Le son ainsi produit est ensuite modifié par l'arrière-gorge, la bouche et le nez. L'homme l'articule par le jeu intelligent des lèvres et de la langue, et en fait la *parole*, qui lui sert à communiquer sa pensée.

Comment l'air entre-t-il et comment en sort-il? Cela est assez compliqué; mais nous nous en tiendrons aux choses simples. Je vous ai dit tout à l'heure comment est constitué

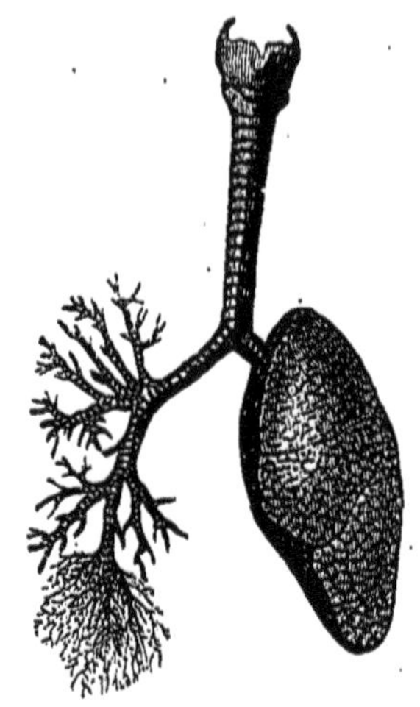

Fig. 45. — Appareil respiratoire. — Le tissu pulmonaire a été détruit à gauche, de manière à montrer les ramifications des bronches.

le thorax. C'est une boîte mobile, formée par la colonne vertébrale, les côtes, les cartilages costaux et le sternum. Les côtés et l'orifice supérieur de cette boîte à claire-voie sont fermés par des muscles et la peau. L'ouverture inférieure, de beaucoup la plus grande, est, elle, fermée par une espèce de cloison transversale qui la sépare de l'abdomen. Cette cloison est un muscle, appelé *diaphragme*. Dans son état de repos, ce muscle a la forme d'une voûte qui remonte dans le thorax. Quand il se contracte, cette voûte s'aplatit en partie, et la cavité du thorax s'agrandit. Naturellement, l'air y entre alors par la trachée : c'est là l'*inspiration*. Quand le muscle se relâche, les poumons, qui sont très élastiques, reviennent sur eux-mêmes, et chassent une partie de l'air qu'ils contenaient : c'est l'*expiration* (fig. 44).

L'air qui sort des poumons n'est plus de l'air pur; il n'est plus bon à respirer. Et si on laisse un animal renfermé sous une cloche, il ne tarde pas à périr *asphyxié*, parce qu'il n'a plus à sa disposition que de l'air qui a traversé ses poumons.

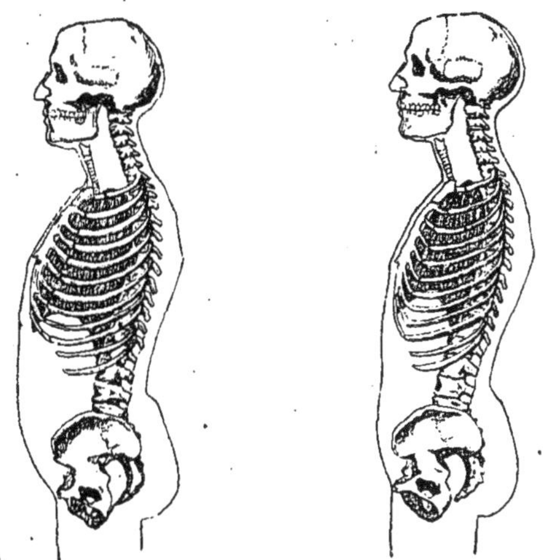


Fig. 44. — A, état d'inspiration. — B, état d'expiration.

Nous étudierons plus tard avec détails les importantes modifications que la respiration fait subir à l'air. Je me contenterai pour aujourd'hui de vous dire que l'oxygène y a diminué, et qu'il y a été remplacé par de l'acide carbonique.

Cet acide, nous l'avons déjà appris, est composé de charbon et d'oxygène. L'oxygène vient de l'air; mais le charbon? Il vient de nos aliments et de nos tissus, qui sont ainsi *oxydés, comburés, brûlés*, dans les profondeurs de notre corps.

De cette combustion, comparable, malgré de graves différences, et notamment malgré sa lenteur, à celle qui se fait dans nos cheminées, résultent deux choses principales : d'abord, formation de chaleur, et cette formation est chez nous et chez les Mammifères assez forte pour élever la température de notre corps à près de 40°, quel que soit le froid extérieur;

puis, consommation, enlèvement de matières, d'où nécessité de manger pour réparer des pertes incessantes.

Il faut maintenant que je vous dise quelque chose du sang, et de sa **circulation**.

C'est un liquide rouge, nous le savons, et je vous ai dit, dès

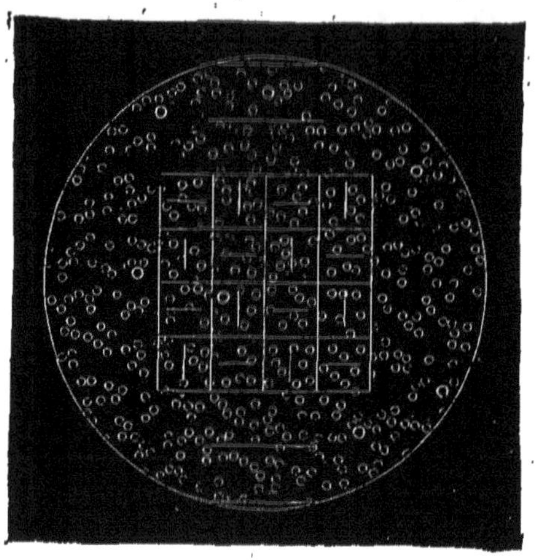

Fig. 45. — Numération des globules du sang. — Goutte de sang vue au microscope. Le côté du carré représente un cinquième de millimètre.

la Huitième, que cette couleur rouge est due à la présence dans ce liquide, à peu près incolore, de petits corps rouges appelés *globules sanguins*. Ces globules existent en quantité innombrable (fig. 45); il y en a environ cinq millions dans un millimètre cube de sang, et je ne puis mieux faire, pour vous donner une idée de leur nombre, que de vous répéter ce que je vous ai déjà dit, à savoir que, si l'on mettait au bout l'un de l'autre tous ceux qui existent dans le sang d'un homme, on aurait une chaîne capable de faire plus de quatre fois le tour de la terre !

Ce sang, sur lequel il y aurait très long à dire, *circule* dans des tubes clos, où il est poussé par une espèce de muscle creux appelé *cœur*. Le cœur, qui est situé dans le thôrax, entre les poumons (fig. 46) a une structure compliquée. Il est, chez les Mammifères, composé de quatre cavités.

En se contractant, il pousse le sang avec une grande force dans des tubes appelés *artères*; celles-ci se ramifient, et deviennent de plus en plus nombreuses et de plus en plus petites à mesure qu'elles s'éloignent du cœur; elles arrivent alors à un réseau de tubes si fins qu'on les a appelés *capillaires*, comparaison bien au-dessous de la vérité, car ils sont beaucoup plus fins que des cheveux (fig. 47). Il y a de ces capillaires partout, et c'est ce qui fait qu'on ne peut piquer un Mammifère avec l'aiguille la plus déliée sans amener une gouttelette de sang. Des ca

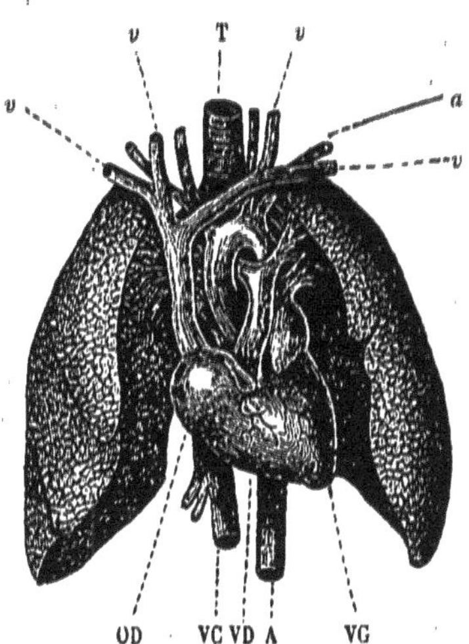


Fig. 46. — Cœur et poumons de l'Homme : T. trachée.—OD, oreillette droite.—VC, veine cave. — VD, ventricule droit. — A, aorte. — VG, ventricule gauche. — *a*, artères. — *v*, veines.

pillaires, le sang, toujours poussé par le cœur, passe dans des vaisseaux plus gros, appelés *veines*; celles-ci se réunissent en tubes de plus en plus gros et finalement ramènent le sang au cœur.

Cette promenade du sang dans le corps est bien plus compliquée que je ne vous le dis. Mais nous ne pouvons cette année nous arrêter sur ces détails, si importants qu'ils soient. Qu'il nous suffise de savoir que le sang court ainsi avec une grande vitesse, allant successivement aux poumons prendre de l'oxygène et rendre de l'acide carbonique, aux intestins recueillir les aliments digérés, portant dans tout le corps et ces aliments et l'oxygène, et emmenant l'acide carbonique et tous les pro-

duits de décomposition qui sortent du corps, par l'urine,
par la sueur, etc. On a bien fait, vous le voyez, de le comparer à la fois à un égout collecteur et à un fleuve vivifiant.

Je veux, avant de quitter ces notions sommaires d'anatomie et
de physiologie, vous dire quelque chose
du **système nerveux**.

Ce système nerveux, qui constitue,
peut-on dire, l'animal même, puisqu'il
est l'organe de la sensibilité et de l'intelligence et qu'il commande au mouvement, se compose de trois parties :
les *centres nerveux*, les *nerfs*, les *organes des sens*.

Ceux-ci, vous les connaissez de vue
et de nom : l'*œil*, organe de la *vue* ;
l'*oreille*, organe de l'*ouïe* ; les *fosses
nasales*, organe de l'*odorat* ; les parois
de la *bouche* et la *langue*, organe du
*goût* ; la *peau*, organe du *toucher*.

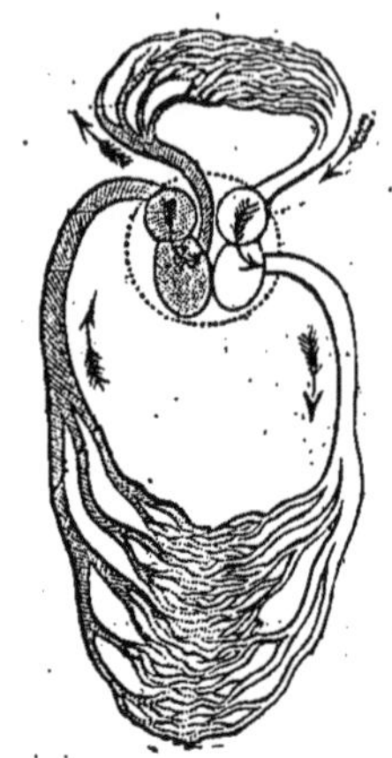

Fig. 47. — Figure théorique
de la circulation.

Contentons-nous cette année de cette énumération.

Les nerfs sont des espèces de cordons blancs qui partent des
centres nerveux et se rendent dans tout le corps. Les uns emportent des centres aux muscles l'ordre de se contracter, d'agir :
ce sont les nerfs *moteurs*. Les autres conduisent aux centres
les sensations ; ce sont les nerfs *sensibles*. De ceux-ci, il y en a
partout, et la preuve en est que vous ne pouvez vous piquer un
point du corps sans amener une sensation douloureuse (fig. 48).

Enfin les centres sont des masses cachées dans la cavité du
crâne et dans le canal vertébral. Les premières s'appellent
*encéphale* (ἐν, dans ; κεφαλή, tête), les autres *moelle épinière*.

La partie la plus importante de l'encéphale est le *cerveau*,
organe de l'intelligence. Otez le cerveau à un animal, — et
il en est qui supportent très-bien cette mutilation, — il
continue à manger, à digérer, à respirer, à vivre ; mais

il est incapable de toute idée et de tout mouvement volontaire.

Je ne vous en dirai pas davantage sur la structure du corps des Mammifères et les usages de leurs organes. Nous aurons à y revenir en Philosophie, et nous verrons de près ces choses si intéressantes. Mais il fallait bien que je vous en disse quelque chose cette année. De même, mais plus rapidement encore, je vous parlerai de l'anatomie des autres grands groupes du règne animal, au fur et à mesure que nous aborderons leur étude.

Nous allons maintenant étudier les divers *Ordres* dans lesquels se divise la Classe des Mammifères.

### ORDRE DES BIMANES : L'HOMME

La plupart d'entre vous ont vu des Nègres aux lèvres épaisses et aux cheveux crépus, des Arabes au teint bronzé, des Chinois à l'œil fendu obliquement : bien évidemment tous sont des Hommes, et, d'autre part, vous les distinguerez facilement, les uns des autres ; vous reconnaîtrez aisément qu'ils n'appartiennent point tous à une seule et même *race*. Vous ne les confondrez point entre eux, pas plus que vous ne confondez un basset avec un lévrier ou avec un dogue.

L'étude de ces diverses races d'Hommes, considérées dans le temps et dans l'état présent, constitue une science spéciale qu'on appelle l'ANTHROPOLOGIE.

« Il est hors de doute, dit Darwin, que les diverses races humaines, comparées et mesurées avec soin, diffèrent considérablement les unes des autres, par la texture des cheveux ; par les proportions relatives de toutes les parties du corps, par l'étendue des poumons, par la forme et la capacité du crâne, et même par les circonvolutions du cerveau. Ce serait d'ailleurs une tâche sans fin que de vouloir spécifier les nombreux points de différence dans la conformation. Les races diffèrent encore par leur constitution, par leur aptitude variable à s'ac-

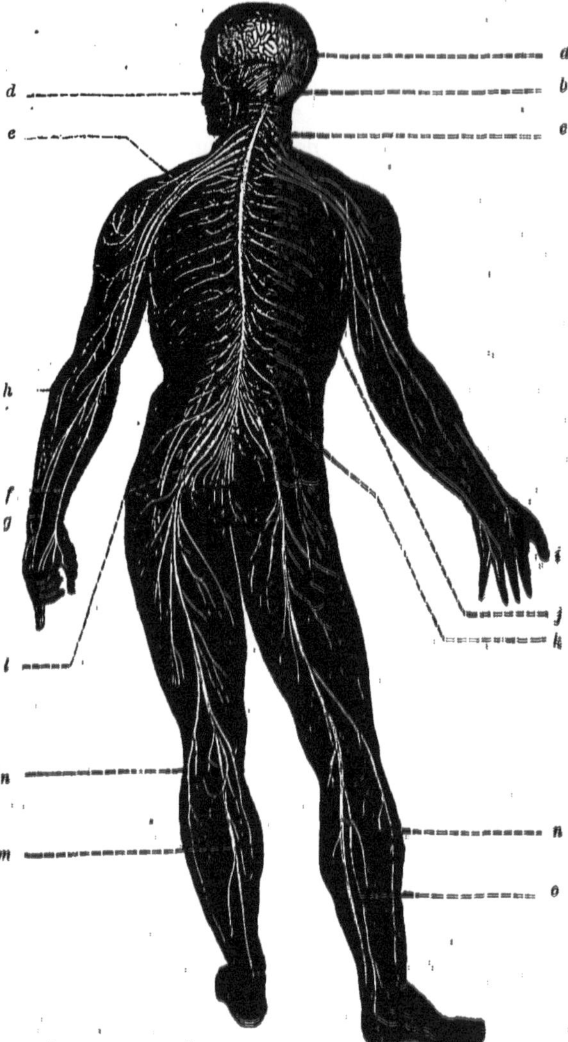



Fig. 48. — Système nerveux de l'Homme : *a*, cerveau. — *b*, cervelet. — *c*, moelle épinière. — *d*, nerf facial. — *e*, plexus brachial formé par la réunion de plusieurs
nerfs qui proviennent de la moelle épinière. — *f*, nerf médian du bras. — *g*, nerf
cubital. — *h*, nerf cutané interne du bras. — *i*, nerf radial et nerf muscule-cutané

climater et par leur prédisposition à contracter certaines maladies. Au moral, elles présentent des caractères également
fort distincts; ces différences se remarquent quand il s'agit
de l'émotion, mais elles existent aussi dans les facultés intellectuelles [1]. »

Les diverses races humaines diffèrent donc les unes des
autres non point seulement par la couleur ou la taille, mais
encore par la conformation de certaines parties du corps et par
leurs qualités affectives et morales. Reprenons quelques-uns
des exemples que nous venons de citer d'après Darwin et
voyons quels caractères on en peut tirer pour séparer les unes
des autres les différentes races.

Les Européens ont généralement les cheveux lisses ou ondulés, rarement frisés; comme vous le savez, les Nègres ont
au contraire les cheveux crépus ou laineux. Cette différence
importante tient à ce que les cheveux du Nègre et ceux de
l'Européen n'ont point la même conformation : les cheveux
des Nègres sont aplatis, tandis que ceux des Européens sont
presque cylindriques, et que ceux des Polynésiens, des Malais,
des Japonais et des sauvages d'Amérique sont tout à fait cylindriques.

Les races humaines diffèrent par la longueur du corps. Vous
savez que les Lapons ont la réputation d'être les plus petits
des hommes. A côté d'eux et en manière de contraste, il faut
placer les Patagons de l'Amérique du Sud, dont la taille atteint
assez souvent 2 mètres. Bien entendu, nous ne parlons point
ici des anomalies de développement que l'on observe chez les
nains ou chez les géants, et qui ne se rencontrent que chez les
individus isolés d'une même race.

Les caractères des plus importants sur lesquels se fondent les

---

[1] Darwin, *La descéndance de l'homme*, I, p. 239.

du bras. — *j*, nerfs intercostaux. — *k*, plexus fémoral formé par plusieurs nerfs
lombaires et donnant naissance au nerf crural. — *l*, plexus sciatique donnant naissance au nerf principal des membres inférieurs, lequel se divise ensuite pour former
le nerf tibial, *m*, le nerf péronier externe, *n*, le nerf saphène externe, *o*, etc.

anthropologistes pour établir des distinctions entre les différentes races humaines reposent sur la forme et la capacité du crâne ; on tire également de précieux renseignements de l'étude de la face et spécialement de l'étude de l'*angle facial*.

La **craniologie** forme une des branches les plus importantes de l'anthropologie : le crâne, où se trouve le cerveau, siège de l'intelligence, est en effet très utile à connaître et son étude fournit des renseignements d'une haute valeur. Le diamètre antéro-postérieur et le diamètre transversal du crâne varient considérablement suivant les races. Si l'on désigne par 100 le diamètre antéro-postérieur, le diamètre transversal sera égal à 85 chez les Lapons, à 71 chez les Groënlandais, à 62 chez les Néo-Calédoniens.

Ces chiffres indiquent que le Néo-Calédonien a le crâne relativement étroit et allongé, tandis que le Lapon l'a relativement large et arrondi ; le Groënlandais est intermédiaire. On a appelé crânes *dolichocéphales* (δολιχὸς, long ; κεφαλὴ, tête) les crânes qui sont allongés comme ceux des Néo-Calédoniens (fig. 49) et crânes *brachycéphales* (βραχὺς, large ; κεφαλὴ, tête) ceux qui sont courts et arrondis comme le crâne du Lapon (fig. 50).

La mensuration de la capacité crânienne est encore fort importante à connaître pour l'anthropologiste. Pour déterminer cette capacité, on remplit très exactement la cavité crânienne avec du plomb de chasse dont on mesure ensuite le volume. De cette manière, on constate que les races inférieures ont une capacité crânienne moindre que les supérieures : les Australiens, par exemple, ont une capacité crânienne égale à 1224 centimètres cubes, tandis que le crâne des Parisiens jauge 1457 centimètres cubes. Dans toutes les races, la différence à cet égard est notable d'un sexe à l'autre ; elle est au moins de 100 centimètres cubes au profit de l'homme. La capacité du crâne dans une même race augmente du reste avec le temps, à mesure que l'instruction se répand et que la civilisation progresse :

en effet, le crâne des Parisiens d'aujourd'hui est plus spacieux que celui des Parisiens du douzième siècle.

L'étude de l'*angle facial* donne encore les résultats les plus précieux, relativement à la détermination des races humaines. L'angle facial est déterminé par deux lignes droites qui se croi-

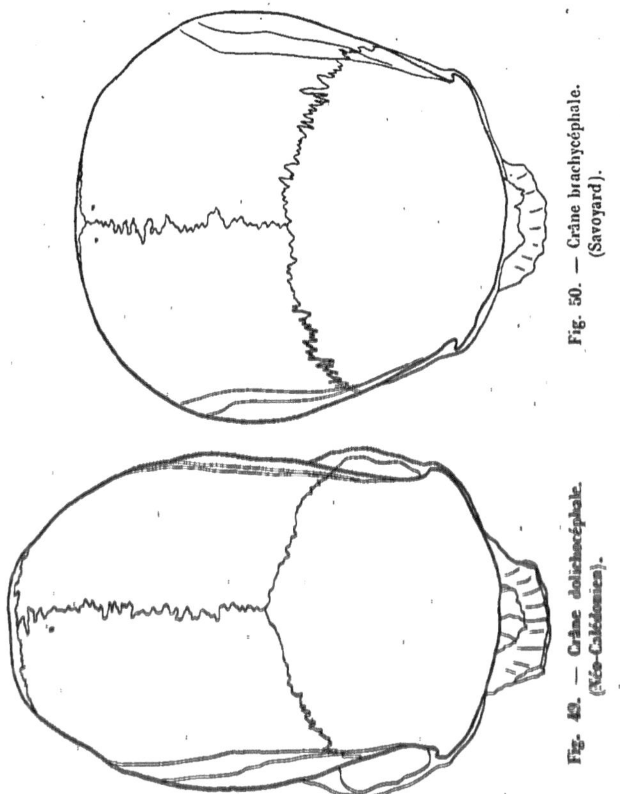


seraient au sommet du bord alvéolaire de la mâchoire supérieure, entre les deux dents incisives de chaque côté, et qui aboutiraient d'autre part, l'une au centre du conduit auditif externe, l'autre entre les deux sourcils.

L'ouverture de cet angle fournit, avons-nous dit, de bons

cáractères pour la détermination et la classification des races. Cet angle est d'autant plus grand que la capacité crânienne est elle-même plus considérable et, par conséquent, que l'intelligence est plus développée : un angle facial très ouvert est donc un signe de supériorité. Les statuaires avaient déjà parfaitement bien vu ce caractère, et Phidias, voulant donner à son Jupiter Olympien un air majestueux, lui avait fait un angle facial de 90 degrés.

Toutefois, l'angle droit ne se rencontre pas dans la nature, sauf dans les cas de malformation du crâne. Mais chez les races supérieures l'angle facial tend à se rapprocher de l'angle droit, tandis que dans les races inférieures il s'en éloigne considérablement. C'est ainsi que l'angle facial, qui chez le Bas-Breton est égal à 85 degrés, n'est plus que de 62 degrés chez le Nègre namaquois.

L'ouverture plus ou moins grande de l'angle facial tient, en somme, à ce que les mâchoires font en avant une saillie plus ou moins considérable. Vous concevrez sans peine que l'angle facial tende à diminuer chez les races dont la mâchoire supérieure fait une forte saillie en avant, tandis qu'il augmentera chez celles dont la mâchoire ne saille pas. Les races à mâchoire saillante, et par conséquent à angle facial moindre, sont donc des races inférieures; les races à mâchoire non proéminente et dont l'angle facial tend à se rapprocher de l'angle droit sont donc des races supérieures. On désigne les premières sous le nom de *prognathes* (πρὸ, en avant; γνάθος, mâchoire) (fig. 51), et les secondes sous le nom d'*orthognathes* (ὀρθὸς, droit; γνάθος, mâchoire) (fig. 52). Pour ne vous citer que quelques exemples, les Néo-Calédoniens, les Australiens, les Nègres, etc., sont prognathes; les Européens, les Juifs, les Indiens, etc., sont orthognathes.

Nous allons maintenant passer en revue les principales races humaines en commençant par celle à laquelle nous appartenons, c'est-à-dire par la RACE BLANCHE, EUROPÉENNE OU CAUCASIQUE.

1° La RACE EUROPÉENNE (fig. 53) porte ce nom parce qu'elle

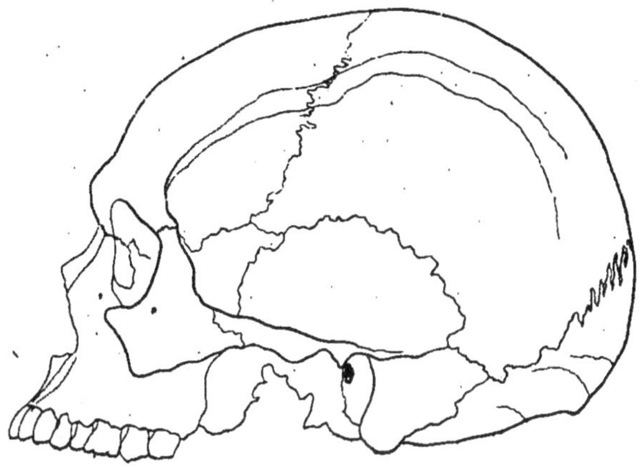

Fig. 51. — Face prognathe (Néo-Calédonien).

habite l'Europe tout entière. Mais elle peuple encore le nord de l'Afrique et l'ouest de l'Asie jusqu'au Gange. On l'appelle

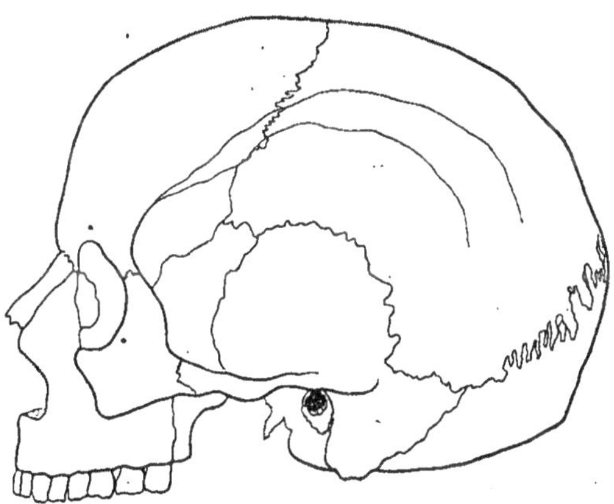

Fig. 52. — Face orthognathe (Parisien).

encore race caucasique, parce que c'est dans les régions au

sud du Caucase, aux confins de l'Europe et de l'Asie, qu'on suppose qu'elle a pris naissance. Les principaux caractères de la race européenne sont les suivants : peau toujours blanche (c'est-à-dire d'un jaunâtre rosé par le sang) chez les enfants, parfois basanée jusqu'au brun chez les adultes, mais jamais noire ; front développé, visage ovale, bouche petite, moyenne, lèvres minces ; orthognathisme manifeste, angle facial de 80 degrés en moyenne ; la capacité de la cavité crânienne est plus grande que dans toute autre race ; les pommettes sont peu saillantes, le nez est étroit et proéminent ; les cheveux sont blonds ou bruns, longs, lisses ou bouclés ; la barbe est abondante aux lèvres, au menton et aux joues.

. Le *type celtique* habite la France, l'Irlande et plusieurs régions de la Grande-Bretagne. Il était primitivement répandu entre le Rhône, la Garonne et la Belgique.

Fig. 53. — Race caucasique.

Aujourd'hui il a presque entièrement disparu, par suite du croisement des races, mais on le retrouve encore cependant assez intact en Auvergne, en Savoie et dans la Basse-Bretagne. Les Bas-Bretons parlent même actuellement une langue celtique. Ce type est brachycéphale et possède une capacité crânienne assez grande. Il a les yeux et les cheveux foncés.

Le *type germain* est caractérisé par des yeux bleus ou clairs, des cheveux blonds et une peau d'un blanc mat rosé. C'est en Islande, dans la presqu'île Scandinave, la Laponie exceptée, et le Danemark que ce type s'est conservé le plus pur. On le trouve encore en Hollande, dans l'Allemagne du Nord, en Saxe, en Belgique, dans les Iles Britanniques. En France, on le rencontre dans le nord et dans l'est.

Le *type hindou*, qui habite l'Hindoustan, mais qui tend à disparaître, par suite de son mélange avec les autres races, appartient manifestement à la catégorie des Européens bruns : la couleur foncée de sa peau tient uniquement à l'action du soleil.

Le *type sémite*, dont faisaient partie les Assyriens, les Syriens, les Phéniciens et les Carthaginois, comprend actuellement les Juifs et les Arabes. Le front est droit, mais peu élevé, le nez aquilin, l'œil noir et allongé en amande, la barbe et les cheveux sont lisses et d'un noir de jais. Les Juifs se sont dispersés sur tout le globe, sans rien perdre de leurs caractères originaires et sans se mélanger aux autres races. Les Arabes sont répandus au nord et au nord-est de l'Afrique; on les trouve encore dans tout le sud-ouest de l'Asie.

D'autres types européens forment une transition avec ceux de la race jaune ou mongolique.

Tel est d'abord le *type slave*, comprenant les Russes, les Polonais, les Serbes, les Bohémiens, etc. Les populations slaves présentent d'importants caractères communs, comme par exemple d'être brachycéphales, d'avoir les pommettes saillantes et de parler des langues très semblables les unes aux autres. Mais elles ont pris naissance par suite du mélange de diverses races plus ou moins bien définies et par conséquent ne sauraient être regardées comme représentant elles-mêmes des races primitives.

Le *type finnois* se rencontre au nord de l'Europe. Les Finnois ont les cheveux longs, d'un blond doré, roux ou blanchâtre, rarement châtains. Leur barbe, médiocrement fournie, est aussi généralement rousse. D'épais sourcils ombragent leurs yeux, enfoncés, bleus-gris, verdâtres ou châtains, légèrement

fendus en amande. Leur nez est droit, leurs pommettes saillantes, leurs lèvres petites. Leur taille, pour être plus élevée
que celle des Lapons, leurs voisins, est cependant encore au-
dessous de la moyenne.

Le *type lapon*, qui habite les parties les plus septentrionales
de la Russie, de la Suède et de la Norvège, se reconnaît à sa
très petite taille. La tête est grosse, la poitrine large, la taille
grêle, les jambes courtes, les extrémités fines. Le front est large
et bas, ainsi que la face,
les yeux grands, bruns
et profonds ; le nez court
et plat, élargi à la racine ;
les cheveux durs, courts
et noirs ; la barbe peu
abondante ; les pommet-
tes saillantes ; les yeux
fendus obliquement.

2° La RACE JAUNE, ASIA-
TIQUE OU MONGOLIQUE (fig.
54) offre les caractères
suivants : la peau pré-
sente une coloration
blanc-jaunâtre, plus ou
moins basanée, sans mé-
lange de rouge ou de

Fig. 54. — Race mongolique.

brun. Les cheveux sont droits, raides, plus ou moins cylindriques. La barbe, rare, presque nulle, se réduit à deux pinceaux grêles à la lèvre supérieure. La tête est grosse ; la
capacité crânienne tient le milieu entre celle du nègre et de
l'Européen. La face est aplatie dans son ensemble, et plus large
au niveau des pommettes, par suite de la saillie marquée de
celles-ci. Les paupières sont fendues obliquement en haut et en
dehors. Le prognathisme est peu accentué. La taille est notablement au-dessous de la moyenne de nos pays ; le cou est court

et les membres trapus. La race jaune peuple toute l'Asie centrale et méridionale et les régions glaciaires des deux mondes. Plusieurs des peuples qu'elle a formés ont établi de puissants empires et des civilisations remarquables. Mais cette race ne semble pas, comme la race blanche, capable d'un progrès spontané indéfini.

Les principaux types sont l'esquimau, le samoyède, qui se rapprochent beaucoup du finnois et du lapon, le thibétain, les divers types mongols, chinois et japonais.

Le *type malais* mérite une mention spéciale.

La peau est d'un brun clair, quelquefois cuivrée. Les cheveux, droits ou ondulés, longs et abondants, sont d'un noir de jais. La barbe est très peu abondante. Le nez, court, mince et aplati, est large à l'extrémité et les narines sont dilatées. Les pommettes sont saillantes et écartées, en sorte que le visage est presque aussi large que long. La bouche est grande, les lèvres fortes. Le prognathisme est très accentué ; la brachycéphalie est elle-même très marquée. Les Malais sont de très petite taille, grêles, médiocrement musclés.

Le *type polynésien* ou *canaque* s'étend actuellement des îles Tonga et de la Nouvelle-Zélande à l'île de Pâques, dans l'océan Pacifique. Le crâne est *en carène*, c'est-à-dire qu'il présente une crête longitudinale dirigée d'avant en arrière. Les os des pommettes sont forts, mais peu écartés. La face, de forme ovale, est moins aplatie que celle des types précédents. La tête est élevée ; les cheveux sont noirs, épais et rudes quelquefois ; la barbe est rare. Les yeux sont noirs, bien fendus, plus ou moins ouverts, mais non obliques. Le teint, assez variable, est cuivré, jauné-olivâtre ou basané-jaunâtre.

3° A côté des races blanche et jaune, il faut encore admettre, en outre de la race nègre, qui va nous occuper tout à l'heure, une RACE ROUGE, surtout répandue en Amérique.

Elle habitait les deux Amériques avant l'arrivée des Européens, et y avait fondé de grands empires (Mexique, Pérou) qu'ont détruits les envahisseurs. La coloration de la peau est d'un brun cuivré et plus foncé chez les indigènes de l'Amérique du Sud. Les cheveux, longs, lisses et noirs, sont d'une rigidité telle qu'on les compare ordinairement à des crins de cheval. Les sourcils et les cils sont épais, mais la barbe et la moustache sont rares. Les yeux sont petits et enfoncés derrière des paupières de forme et de direction assez variables. Le nez est le plus souvent proéminent, recourbé et aquilin, à narines dilatées. Les pommettes sont saillantes, les mâchoires un peu prognathes, les dents fortes et peu sujettes à la carie. La taille est généralement bien au-dessus de la moyenne.

4° La RACE NÈGRE se rencontre en Afrique, où elle se partage en types guinéen, cafre et hottentot, et en Océanie, où elle présente les types papou et négrito.

Les nègres vivent en tribus peu nombreuses, quelquefois groupées sous un chef tyrannique. Ils n'ont jamais fondé de véritables empires, pas même de villes, et leur manière de vivre est très voisine de l'état de nature : les superstitions grossières qui les troublent beaucoup ne méritent pas le nom de religions.

Le *type guinéen* peut être considéré comme type nègre général. La peau est veloutée, fraîche au toucher, luisante, exhalant une odeur forte, et variant du noir rougeâtre et jaunâtre au bleuâtre ou au noir de jais. La paume des mains et la plante des pieds sont plus clairs que le reste du corps. La barbe est rare et pousse tardivement. Le crâne est dolichocéphale. L'ensemble du visage est ordinairement allongé comme le crâne. Le prognathisme est très marqué; les dents sont écartées les unes des autres, d'une blancheur éclatante, bien plantées et saines. Les cheveux et la barbe sont crépus et laineux. Le nez est épaté, à base grosse et écrasée.

Le *type hottentot* est caractérisé par une peau jaune-brun ou jaune-gris, par des cheveux noirs, longs, laineux, des pommettes saillantes, grosses et écartées, des yeux fendus obliquement et très écartés. Les Hottentots sont plus dolichocéphales que les Nègres occidentaux, et très prognathes. Leur nez est affreusement épaté, leur front étroit et élevé. Ils sont peu barbus et ont la peau glabre. Leur taille est au-dessous de la moyenne.

Le *type papou* (fig. 55) est répandu dans toute la Méla-

Fig. 55. — Mélanésien des îles Fidji.

nésie, sauf l'Australie; c'est dans les îles Salomon et les Nouvelles-Hébrides qu'il se présente dans sa plus grande pureté. Les caractères sont les suivants : la taille est ordinaire, le corps athlétique, la peau noire ou couleur chocolat, le nez gros et large à sa base, mais saillant et recourbé. Les cheveux sont noirs, secs, crépus. La dolichocéphalie et le prognathisme sont très considérables.

Les Néo-Calédoniens doivent être rattachés au type papou, mais ils sont mélangés de polynésiens.

Le *type négrito* se rencontre aux îles Andaman, dans la presqu'île de Malacca et aux îles Philippines. Il présente une petite taille, des cheveux laineux, un teint noir et est presque brachycéphale. Les cheveux sont noirs, crépus, et roulés en spirales serrées comme ceux des Papous et des Hottentots. La barbe est rare et la peau est luisante et d'un noir de jais.

Le *type australien* est caractérisé par un système pileux très développé, des cheveux et de la barbe longs, touffus, noirs et droits. Le teint est noir foncé, chocolat et quelquefois rougeâtre; les yeux sont profonds, le nez gros et large à sa base, mais moins écrasé que chez les Nègres d'Afrique et les Hottentots. Les Australiens ont une des plus faibles capacités crâniennes observées; ils sont dolichocéphales (71,4) et des plus prognathes (68°,2). Celui de tous leurs caractères qui autorise leur séparation en un type distinct tient à leurs cheveux lisses, qui contrastent avec tous les autres caractères du nègre le plus parfait.

La longue énumération qui précède est destinée à vous faire connaître les différentes divisions qu'on peut dès maintenant établir parmi les races humaines : dans l'état actuel de la science, il est impossible de déterminer exactement le nombre des races humaines et surtout de trancher l'importante question de savoir s'il y a une ou plusieurs espèces humaines. L'Homme, par la confusion des types primitifs résultant des croisements et déterminée soit par les invasions, soit par les déplacements des peuplades nomades, a embrouillé sa propre histoire. C'est aux savants à rechercher maintenant la filiation des diverses races, et, lorsque l'anthropologie aura fait de plus grands progrès, lorsque surtout les sciences qui lui prêtent leur concours, comme la linguistique, l'ethnographie, la préhistoire, seront plus avancées, il y a lieu d'espérer que le jour se fera sur toutes ces questions encore bien obscures.

Sans préjuger ce que découvrira plus tard la science, on peut toutefois dès à présent faire quelques rapprochements qui sont suffisamment autorisés par nos connaissances actuelles. Comme nous le verrons plus tard, les zoologistes admettent un genre Chien, par exemple, dans lequel on fait rentrer le Chien domestique, le Loup, le Chacal, etc. Que tous ces animaux représentent des espèces bien distinctes, cela ne fait de doute pour personne : or, les différences sur lesquelles on se base pour les distinguer ne sont assurément pas plus grandes que celles qui séparent l'Australien du Lapon ou du Chinois.

Nous venons de dire tout à l'heure que d'autres sciences, telles que la linguistique, la préhistoire et l'ethnographie, venaient au secours de l'anthropologie. En effet, l'anthropologiste ne recherche point seulement les caractères anatomiques présentés par les différentes races humaines, pour parvenir à déterminer leurs ressemblances ou leurs différences, mais, par exemple, en ce qui concerne la **linguistique**, les analogies ou les différences des langues parlées par les types qu'il étudie, lui indiquent si ces types sont ou non apparentés, s'ils descendent ou non d'une souche commune.

L'**ethnographie** rend aussi à l'anthropologue de grands et signalés services. Cette science lui montre ce qu'est l'Homme au point de vue biologique et sociologique; elle lui enseigne ce que sont sa morale, sa religion, ses qualités sociales; elle lui dit de quelle manière il se nourrit, s'habille, se loge, de quels instruments il se sert, s'il a su domestiquer certains animaux, s'il cultive la terre ou bien s'il vit de chasse et de pêche, etc. Vous le voyez, l'ethnographie est, en somme, l'histoire des mœurs de l'Homme.

L'Homme préhistorique. — La **préhistoire** ou étude de l'Homme préhistorique n'est, pour ainsi dire, qu'un chapitre de l'ethnographie et ne saurait être regardée comme une science spéciale. Elle montre que l'existence de l'Homme remonte à des époques reculées de l'histoire de la terre ; et elle nous renseigne aussi sur la nature et l'usage d'objets ayant appartenu aux premiers Hommes, objets dont nous allons parler tout à l'heure, son rôle est alors le même que celui de l'ethnographie.

L'histoire des peuples nous montre que l'Homme, avant d'arriver à l'état de civilisation qu'ont atteint certaines de ses races, a dû rester longtemps dans un état de barbarie profonde, d'où il n'est sorti que lentement et peu à peu, à mesure que naissaient la science, l'industrie, le commerce, et que son intelligence se développait davantage. Mais avant cet âge barbare, dont le récit est parvenu jusqu'à nous, l'Homme avait existé sur la terre, pendant des périodes considérables, dont il est impossible d'évaluer la durée.

L'existence de l'Homme sur la terre, il y a des centaines de milliers d'années, a longtemps été méconnue, et il y a quelques années encore, on eût considéré comme un fou celui qui serait venu l'annoncer. Mais actuellement personne ne doute plus de ce fait.

Il est absolument impossible de dire jusqu'à quelle époque de l'histoire du globe remonte l'Homme, mais ce qu'on sait bien, c'est qu'il vivait déjà pendant la période que les géologues ont désignée sous le nom d'*époque quaternaire*.

Pour l'*époque tertiaire*, on discute encore, bien qu'il y ait beaucoup de vraisemblance relativement au terrain pliocène.

La preuve de l'existence de l'Homme se tire, soit de la présence des ossements humains eux-mêmes, soit de celle des restes de son industrie. Les silex taillés forment, ainsi que nous allons le voir, la partie la plus importante de celle-ci.

L'Homme a certainement vécu à la période glaciaire, qui a servi de transition entre l'époque tertiaire et l'époque quaternaire : à Wookey, dans une grotte qui date de cette période, on a trouvé des ustensiles en silex, d'une nature particulière, qui démontrent l'existence de l'Homme.

Vers la même époque, l'Homme vivait aussi en Suède, comme

l'atteste la découverte faite à Södertelje, non loin de Stockholm, d'une hutte en bois avec fondations en pierre, qui, à l'époque glaciaire, se trouvait bâtie sur les bords mêmes de la mer. L'Homme glaciaire connaissait bien le feu, car, dans l'intérieur de cette hutte, on a trouvé un foyer grossier où il y avait encore des charbons, et à côté se trouvaient quelques branches de sapin brisé, évidemment destinées à entretenir le feu.

A partir de cette époque, les traces laissées par l'homme deviennent plus fréquentes. Il vivait alors en Europe en compagnie d'animaux actuellement ou éteints, comme le Mammouth ou Éléphant laineux et l'Ours des cavernes, ou émigrés, comme le Renne et l'Hippopotame, ou existant encore, comme le Cheval et le Bœuf. C'est surtout sur le bord des fleuves, que, à l'*âge du Mammouth*, comme on dit, se rencontrent des instruments taillés, des ossements portant des traces non équivoques de l'action humaine, des débris de l'Homme lui-même.

Les instruments taillés, faits toujours en silex éclaté, prennent une plus grande diversité de forme : ou bien ils sont façonnés sur leurs deux faces, comme les haches (fig. 56), les haches à talon, les ciseaux, les disques ou rondelles, les scies (fig. 57), les pointes de lances ou de flèches (fig. 59); ou bien ils ne portent que d'un côté les traces du travail humain, comme les couteaux ou lames (fig. 58), les grattoirs.

Le nombre des stations dans lesquelles on retrouve tous ces débris devient considérable; l'une des plus célèbres est celle de Saint-Acheul, dans la Somme.

Les monuments de l'histoire de l'homme quaternaire ancien sont extrêmement abondants, on vient de le voir; pourtant ses restes sont extrêmement rares. Cela tient en grande partie aux causes multiples qui s'unissent pour détruire les débris organiques. On a cependant rencontré des crânes sur plusieurs points : les uns sont dolichocéphales, d'autres brachycéphales, quoique contemporains. Ainsi ces deux types existaient dès ces époques si reculées.

En même temps que les instruments de silex et que les

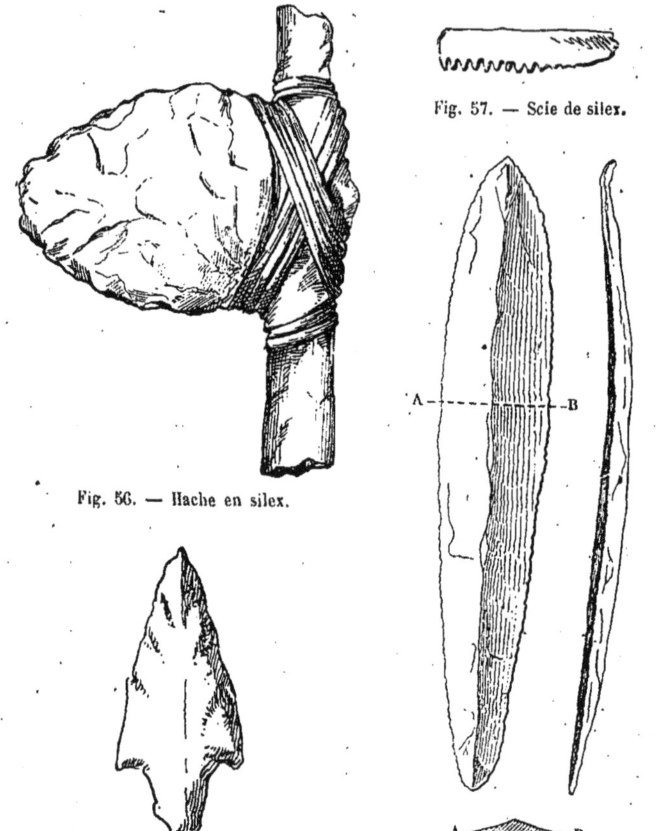

Fig. 57. — Scie de silex.

Fig. 56. — Hache en silex.

Fig. 59. — Pointe de lance.

Fig. 58. — Lame de silex.

ossements humains, on rencontre parfois dans les alluvions certaines pierres et certaines coquilles qui étaient utilisées tantôt comme ornements et tantôt comme instruments. Ces derniers sont généralement des cailloux naturellement percés, dans la cavité desquels l'Homme primitif introduit un manche et qu'il transforme ainsi en marteaux. Les ornements sont des pièces d'enfilage, fabriquées avec des cailloux ou avec des coquilles,percées d'un trou, et qui servaient sans doute de bracelets ou de colliers.

A l'âge du Mammouth, ainsi que nous venons de le voir, l'Homme vivait donc de préférence sur le bord même des fleuves. Mais il habitait aussi des cavernes creusées naturellement dans le flanc ou au pied des montagnes. Dans la vallée de la Vézère (Lot), au Moustier, M. Lartet a découvert une grotte qui, à côté d'ossements nombreux du Mammouth, de l'Hyène des cavernes et du Renne, renfermait tout un arsenal d'instruments en silex de forme très variée, identiques à ceux de Saint-Acheul.

A une époque plus récente, on a trouvé à Grenelle des ossements, et à côté d'eux des instruments en silex et en os. A Aurignac (Haute-Garonne), on a rencontré une grotte funéraire qui ne renfermait pas moins de dix-sept squelettes, auprès desquels étaient accumulés des débris de Cheval, de Renne. d'Aurochs, de Chevreuil, de Cerf, de Loup, de Blaireau, de Putois; un Ours des cavernes avait subi l'action du feu. Avec ces os, on a trouvé une certaine quantité d'objets en silex, façonnés pour la plupart en couteaux, et quelques os tailladés et couverts d'encoches ou ayant servi à fabriquer divers instruments, tels que des poinçons, des lances ou dards, des flèches. La sépulture d'Aurignac renfermait en outre des fragments de poterie grossière. Nous assistons donc à cette époque à la naissance de la céramique.

Dans l'abri de Cro-Magnon, sur les bords de la Vézère, M. Lartet a trouvé diverses formes d'instruments en os et en silex taillé, et il a rencontré en outre cinq squelettes humains (fig. 60).

Vers la fin de l'âge du Mammouth, des habitants des cavernes vivaient encore à la Chaise, dans la Charente, et à Bize, près

Narbonne. Ces Hommes, qui ont laissé des os travaillés et des silex taillés, s'exerçaient déjà avec un certain succès dans l'art du dessin : à la Chaise, par exemple, on a découvert deux fragments de bois de Renne sur lesquels il n'est pas difficile de reconnaître des dessins de Chevaux et de Rennes.

Vers cette époque, le Mammouth devient de plus en plus rare en Europe et ne va pas tarder à disparaître : c'est l'aurore de l'âge du Renne, pendant lequel l'Homme va encore se perfectionner et, en même temps qu'il fabriquera des instruments d'os et de silex plus parfaits, arrivera, dans

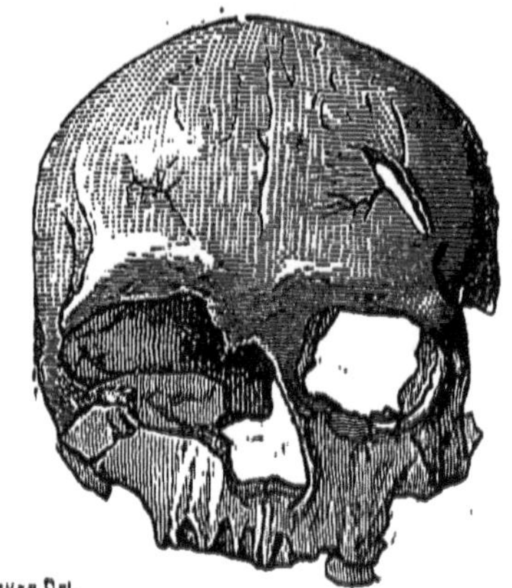

Fig. 60. — Crâne de la femme de Cro-Magnon vu de face.

l'art de la représentation de ce qui l'entoure, à des résultats

Fig. 61. — Grand Ours des cavernes. Galet provenant de la grotte de Massat.

vraiment fort surprenants. Dans la grotte des Eyzies, voisine de Cro-Magnon, on a découvert par exemple un fragment de schiste quartzifère sur lequel était gravé, avec une grande assurance de trait, une figure de Bœuf. A Massat, dans l'Ariège, on a rencontré également un morceau de schiste sur lequel est gravé l'Ours des cavernes : « Les lignes du profil, dit M. Lartet, paraissent avoir été tirées d'un seul trait et avec une grande sûreté de main, et l'emploi des hachures pour marquer les ombres témoigne de notions assez avancées dans les artifices du dessin » (fig. 61). La grotte de la Vache, à Alliat, dans l'Ariège, a fourni encore diverses gravures, dont quelques-unes sont particulièrement intéressantes à cause des signes qu'elles portent, signes qui, peut-être, étaient une sorte d'écriture. Dans d'autres grottes de la vallée du Lot et de ses affluents, on rencontre

Fig. 62. — Fragment de bâton de commandement trouvé à la Madeleine.

les premières sculptures de l'Homme préhistorique : ce sont des Rennes ou des Mammouths sculptés sur des manches de poignard en os de Renne ou en ivoire ; quelques-unes de ces sculptures représentent même la figure humaine (fig. 62).

Une pièce d'un intérêt tout particulier a été trouvée à Lauge-

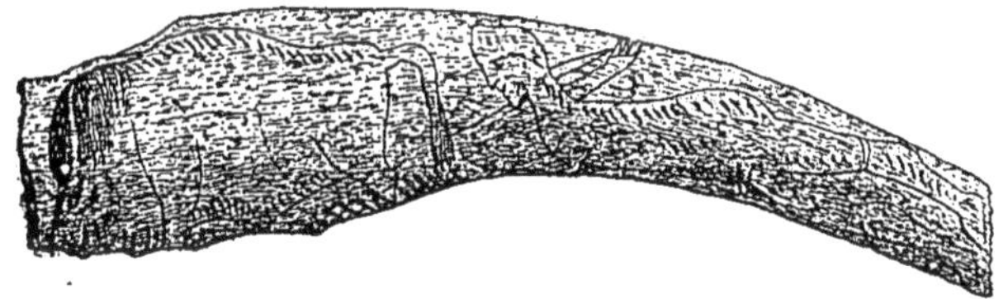

Fig. 63. — Jeune homme chassant l'Aurochs, trouvé à Laugerie-Basse.

rie-Basse : c'est une gravure sur bois de Renne, représentant une chasse à l'Aurochs (fig. 63). L'animal est bien dessiné l'Homme au contraire est sans proportions et sans vérité. Mais, pour être mal fait, ce dessin n'en est pas moins très important, car il nous montre le sauvage du Périgord chassant complètement nu, les cheveux dressés en touffe sur le haut de la tête et portant une longue barbiche pointue.

Tels sont les principales stations connues en France de l'Homme pendant la *période paléolithique* (παλαιὸς, ancien; λίθος, pierre) ou période de la pierre brute.

Pendant la période suivante, dite *période néolithique* (νέος,

Fig. 64. — Dolmen.

nouveau; λίθος, pierre), la pierre brute disparaît devant la pierre polie, importée, suppose-t-on, par une race envahissante, et nos ancêtres ne vont pas tarder à construire ces remarquables monuments en pierre qui se sont conservés jusqu'à nous, les *dolmens* (fig. 64), les *menhirs* (fig. 65), les *allées couvertes*, les monuments tels que celui de Stone-Henge, préludant ainsi à cette renaissance préhistorique dont *l'âge du bronze* et le *premier âge du fer* représenteront l'apogée. Ainsi le développement de l'humanité se poursuit, lentement il est vrai,

.mais sûrement, et l'Homme s'élève par degrés à une civilisation
supérieure. Le polissage de la pierre, l'invention du bronze,
l'emploi du fer, marquent ses principales étapes sur la longue
route qui, depuis les premiers temps de l'âge néolithique, se
déroule jusqu'au seuil de l'histoire.

Dans les pages qui précèdent, nous avons eu surtout pour
but de bien établir l'ancienneté de l'Homme et, d'autre part, de

Fig. 65. — Menhirs des alignements de Carnac.

retracer l'histoire de l'Européen primitif. Nous avons vu cet
Européen se développer peu à peu, se civiliser progressivement,
jusqu'à atteindre la haute culture intellectuelle qu'il présente
maintenant. Mais pour toutes les races humaines le développement n'a pas été aussi rapide, et il s'en faut que toutes
présentent aujourd'hui le même degré de civilisation. Si nous
passons en revue les différentes peuplades actuelles, nous
trouvons que la plupart des peuples de l'Océanie, et même

.des peuples plus avancés, tels que les Lapons et les Esquimaux, se. servent encore, de nos jours, d'instruments en pierre brute d'une facture souvent inférieure à celle des instruments du même genre que nous avons rencontrés dans les diverses stations de la période paléolithique (fig. 66). Ces mêmes peuples possèdent encore des harpons en os, avec lesquels les objets de la même matière, trouvés dans les stations préhistoriques, peuvent soutenir avantageusement la comparaison. A un certain point de vue, ces peuples en sont encore à l'âge de la pierre brute, et cependant ils fabriquent déjà, grâce à leurs relations avec les Européens, des instruments de fer.

Encore de nos jours, les Indiens des bords du fleuve Mackenzie fabriquent des *poga-magan* ou bâtons de commandement, dont

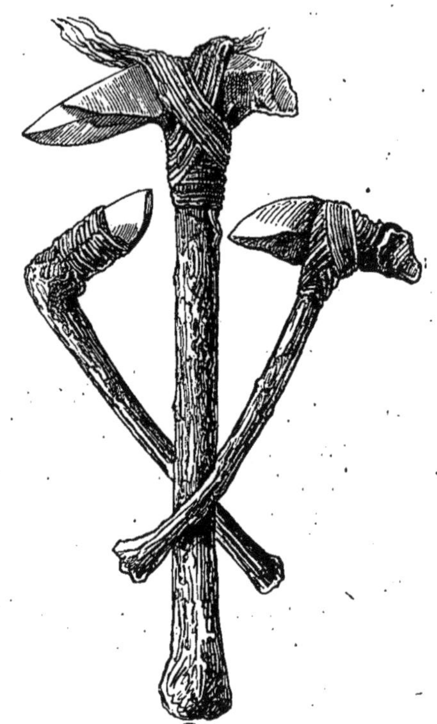

Fig. 66. — Haches de pierre emmanchées des insulaires de l'Océan Pacifique méridional.

la forme est la même que pour ceux qu'on a trouvés dans les grottes du Lot (fig. 67); la nature de la matière première a seule changé, car le *pogamagan* de ces sauvages est en fer et non en os. Les Tchoutches, qui habitent le nord-est de la Sibérie, sculptent encore, sur des bâtons d'ivoire de Morse,

.des scènes de chasse ou de pêche, des troupeaux de Rennes, et leur dessin ne vaut souvent pas celui de l'Homme qui, vers la fin de l'âge du Mammouth, habitait la grotte des Eyzies.

Les Esquimaux, les Gauchos, qui habitent les pampas d'Amérique, les habitants de Taïti, de la Nouvelle-Zélande, des îles Sandwich, de Timor, de l'Australie, de la Tasmanie, du

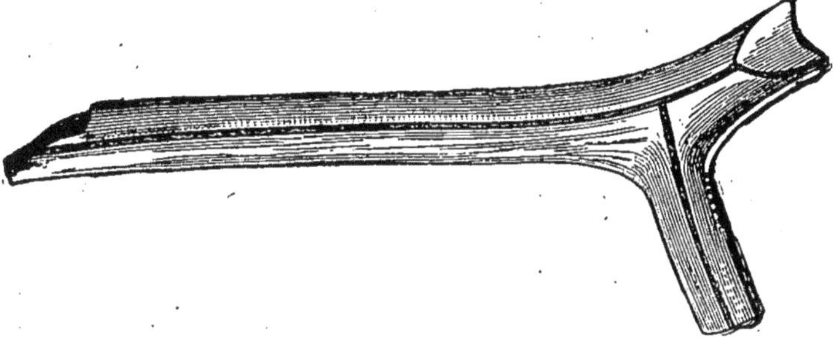

Fig. 67. — Pogamagan des Indiens de la rivière de Mackenzie.

Kamtchatka, du Thibet, de l'Inde, etc., se procurent de nos jours encore le feu de diverses manières, mais toujours en frottant un morceau de bois sec soit contre un autre morceau de bois, soit contre une pierre. C'est également de cette façon que l'homme des Eyzies allumait son feu.

Il existe donc actuellement encore des races humaines dont le degré de civilisation est à peu près le même que celui de l'Européen à l'aurore de la période néolithique. Par des exemples bien choisis et en étudiant les diverses peuplades répandues à la surface de la terre, on pourrait trouver à peu près tous les intermédiaires entre cet état primitif et le degré de civilisation et de haute culture intellectuelle auquel est parvenu l'Européen, en sorte qu'il est possible d'assister encore aujourd'hui à toutes les étapes du développement de l'humanité.

## ORDRE DES QUADRUMANES

Linné avait autrefois réuni et confondu l'Homme et les Singes supérieurs, tels que l'Orang-Outang, le Chimpanzé et le Gibbon, dans un même genre *Homme*, établissant ainsi une grande parenté entre ces divers animaux et l'Homme lui-même. Aujourd'hui cette opinion n'a plus cours et tout le monde s'accorde à faire de l'Homme un ordre spécial, celui des *Bimanes*. et à réunir tous les Singes dans un ordre nouveau, celui des *Quadrumanes*.

Il est certain qu'au point de vue purement anatomique la différence n'est pas très grande entre les Singes supérieurs et l'Homme : comme lui, ils peuvent se tenir debout, comme lui ils ont la face nue et les yeux dirigés en avant; mais ce n'est que par suite d'efforts plus ou moins considérables que le Singe parvient à se maintenir debout, sans jamais pouvoir étendre complètement la jambe sur la cuisse. Ses pieds, du reste, ont une forme spéciale qui constitue un obstacle véritable à la station verticale et qui empêche l'animal de les poser à plat sur le sol et de marcher debout avec aisance, tout en conservant son équilibre; en effet, les pieds du Singe sont en réalité de véritables mains, composées de cinq doigts, dont l'un, le pouce, est opposable aux quatre autres. Ces mains qui terminent les membres postérieurs ont, d'une façon générale, la même structure que celles du membre antérieur et sont même mieux adaptées à la préhension. On peut donc dire que les Singes ont quatre mains, d'où le nom de *Quadrumanes*, qui leur a été donné. Ainsi, l'Homme seul est réellement *bimane* et *bipède*.

La main antérieure du Singe ne peut accomplir les mouvements si variés qu'exécute la main de l'Homme. Le pouce est court et très écarté des autres doigts, auxquels il ne s'oppose qu'imparfaitement; chez certaines espèces, il fait même totalement défaut. En outre, les doigts sont complètement dépendants les uns des autres et ne peuvent se mouvoir isolément comme chez l'Homme.

Les membres antérieurs sont toujours plus longs que les postérieurs. Chez certains Singes, tels que le Gibbon, ils traînent même jusqu'à terre lorsque l'animal est dans la station verticale. Les doigts sont toujours pourvus d'ongles, sauf chez quelques petits Singes américains.

La plupart des Singes ont une queue; chez ceux d'Amérique, cette queue est *prenante* (fig. 68), c'est-à-dire peut s'enrouler

Fig. 68. — Sajou, Singe à queue prenante.

autour des branches d'arbre, de manière à soutenir l'animal en l'air. Chez les Singes de grande taille, les plus voisins de l'Homme, il n'y a pas de queue.

La dentition des Quadrumanes est semblable à celle de l'Homme. A chaque mâchoire (fig. 69), quatre incisives tail lées en biseau et placées côte à côte, sans laisser d'intervalle entre elles; deux canines, saillantes et coniques, souvent aussi développées que celles des Carnassiers, et dix molaires : en tout 32 dents; les Singes d'Amérique ont quatre molaires de plus. Toutes les molaires présentent des tubercules mousses, qui indiquent que ces animaux sont principalement frugivores.

Le cerveau a la plus grande analogie avec celui de l'Homme; mais il est, relativement au poids du corps, beaucoup moins développé.

La taille des Singes varie dans des limites assez étendues : celle du Gorille dépasse celle d'un Homme, l'Ouistiti est gros comme un Écureuil. Leur peau est partout couverte de poils plus ou moins longs et plus ou moins épais : la face toutefois

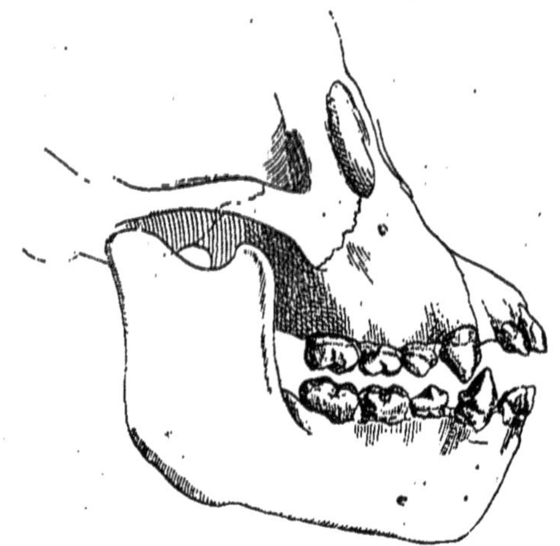

Fig. 69. — Mâchoire de Singe montrant les trois sortes de dents.

en est toujours dépourvue, ainsi que les fesses chez certaines espèces de l'ancien continent.

Les Singes supérieurs sont certainement les plus intelligents des animaux, et on cite un grand nombre d'exemples de Singes apprivoisés, qu'on employait à divers services, qui mangeaient à table en se servant d'un couteau, d'une fourchette, etc. Il est incontestable en effet que ces animaux ont une certaine réflexion; leur mémoire est excellente, ils aiment à apprendre, et se mettent très vite au courant des conditions nouvelles où les place la captivité. Ils dépassent même à cet égard le Chien et l'Éléphant. Mais il faut se mettre en garde contre l'illusion due à leur main, qui leur donne sur les autres animaux des avantages tels que leurs actions paraissent bien plus intelligentes qu'elles ne le sont réellement.

« Les Singes doivent être comptés parmi les Mammifères les plus vifs et les plus mobiles. Ils courent, sautent, grimpent, gesticulent et nagent même, lorsque la nécessité les y pousse. Les tours qu'ils exécutent sur les branches des arbres dépassent toute croyance. Les Orangs et les Cynocéphales seuls sont lourds; tous les autres Singes sont de véritables jongleurs; on dirait qu'ils volent. Des sauts de vingt, de trente pieds même ne sont rien pour eux; de la cime d'un arbre ils se laissent tomber sur une branche située à trente pieds au-dessous; la branche plie sous le choc, et le Singe profite de l'oscillation de cette branche pour faire un nouveau bond tout aussi puissant. »

Les Singes n'ont réellement de mouvements gracieux et légers que lorsqu'ils grimpent. Leur démarche à terre est toujours plus ou moins pesante et embarrassée, et la plupart n'avancent que péniblement, en s'appuyant au sol avec les doigts fermés et repliés de leurs mains antérieures.

Peu d'espèces de Singes vivent solitaires; la plupart d'entre elles se réunissent par grandes bandes, que conduisent de vieux mâles. Ceux-ci ne se voient point conférer cet honneur par les suffrages des autres individus de la bande, ils sont contraints de l'acquérir à force de luttes et de combats contre les autres vieux mâles leurs rivaux : les dents les plus longues et les bras les plus puissants décident de la victoire.

Les Quadrumanes, lors des périodes géologiques anciennes, habitaient le sud de l'Europe, la France, l'Angleterre. Aujourd'hui ils ont complètement disparu d'Europe, sauf une bande de Magots qui vit dans les rochers de Gibraltar. En revanche,

on les rencontre en Asie, en Afrique et en Amérique; l'Asie et
l'Afrique ont quelques espèces communes. Ils sont confinés
dans les pays chauds, où ils habitent de préférence les forêts,
d'où ils ne sortent que pour dévaster les récoltes d'alentour,
ce qui les a fait prendre en haine dans tous les pays du monde.

Les zoologistes ont établi trois sous-ordres dans l'ordre des
Quadrumanes : 1° les Singes de l'ancien continent; 2° les
Singes du nouveau continent; 3° les Singes à griffes. Nous
allons les passer rapidement en revue.

Les Singes de l'ancien continent ont les narines terminales
et séparées par une cloison très mince. Ils sont en outre caractérisés, sauf de très rares exceptions, par des *callosités* aux
fesses et des *abajoues;* ces dernières sont constituées par des
poches plus ou moins grandes, creusées des deux côtés de la
bouche dans l'épaisseur des joues et qui constituent des sortes
de réservoir pour les aliments. La dentition est, comme je vous
l'ai dit, exactement la même que chez l'Homme, mais les
canines sont très saillantes.

On divise ce sous-ordre en quatre familles : 1° les Anthropomorphes; 2° les Semnopithèques; 3° les Cercopithèques et
4° les Cynocéphales.

La famille des **anthropomorphes** (ἄνθρωπος, homme; μορφή,
forme) comprend les Singes qui se rapprochent le plus de
l'Homme. Ces Singes n'ont ni queue, ni abajoues; ils n'ont
point non plus de callosités aux fesses, sauf les Gibbons, chez
lesquels elles sont fort peu développées. Leurs membres antérieurs sont notablement plus longs que les postérieurs. Les
Singes Anthropomorphes sont le Chimpanzé, le Gorille, l'Orang-
Outang et les Gibbons.

Le *Chimpanzé* (fig. 70) est, de tous les Singes connus, celui
qui, par ses allures, son organisation anatomique et la vivacité
de son intelligence, se rapproche le plus de l'Homme. Ses bras
sont moins longs que ceux des autres Anthropomorphes et ne
descendent guère que jusqu'aux genoux; ses pieds et ses

mains se rapprochent le plus des types de perfection réalisés chez l'Homme, ce qui lui rend la station verticale plus facile

Fig. 70. — Bettina, jeune Chimpanzé qui a vécu en 1877 à la ménagerie du Jardin des plantes.

qu'aux autres Singes : toutefois ce n'est point là sa position ordinaire. Il est dolichocéphale. Quand il est jeune, ses mâchoires sont peu développées, et son crâne ayant une importance relative plus grande, il paraît plus intelligent. Ce fait est constant chez les Singes, et même, à dire vrai, chez tous les Mammi-

Fig. 71. — Gorille.

fères (y compris l'Homme); mais il frappe davantage chez les jeunes Singes, qui prennent ainsi une apparence plus humaine.

Les diverses espèces de Chimpanzés vivent en famille dans

les forêts de la Guinée et quelques-unes se construisent sur les arbres un nid pourvu d'un toit. Ces Singes atteignent quatre pieds ou quatre pieds et demi de hauteur. Ce sont des animaux d'une intelligence remarquable et qui s'apprivoisent avec la plus grande facilité.

Le *Gorille* (fig. 71), qui vit isolé ou par couple dans les forêts du Gabon, était déjà connu, il y a plus de deux mille ans, du Carthaginois Hannon; il n'a été de nouveau

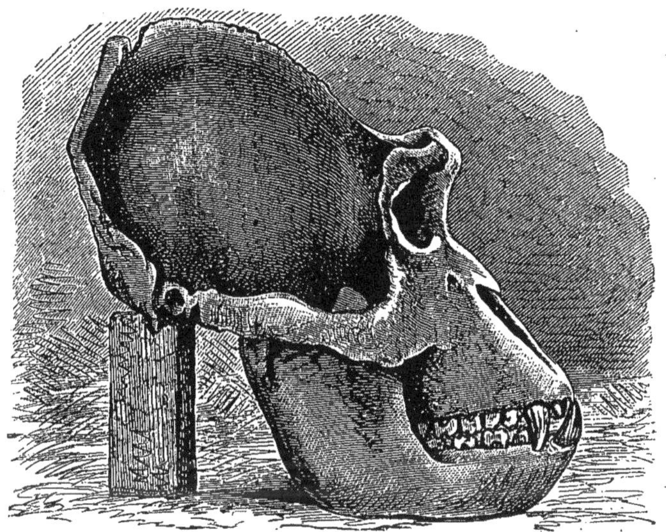

Fig. 72. — Crâne de Gorille.

découvert qu'en 1847. Il atteint six pieds de haut. C'est le plus grand et le plus redouté de tous les Singes, à cause de sa brutalité et de sa force musculaire prodigieuse. De même que le Chimpanzé, il est dolichocéphale, et brun de pelage.

Le Gorille ne se bâtit point de cabanes de branchages; il ne grimpe même sur les arbres qu'exceptionnellement et pour chercher les fruits dont il fait sa nourriture. Animal essentiel-lement nomade, il reste rarement plusieurs jours de suite sur

le même terrain. Malgré ses puissantes dents canines (fig. 72),
il est exclusivement frugivore, et, comme il mange beaucoup,
lorsqu'il a dévasté un espace assez étendu, il se trouve forcé
de se transporter ailleurs, pour répondre aux exigences de son
estomac.

Fig. 73. — Tête de l'Orang-Outang, mâle adulte.

L'*Orang-Outang* (fig. 73) est brachycéphale; lorsqu'il se
tient debout, ses bras atteignent jusqu'aux chevilles des pieds.
À l'état adulte, il mesure quatre à cinq pieds de haut. Il vit
dans les forêts marécageuses de l'île de Bornéo et se construit
à la cime des arbres élevés un nid dépourvu de toit. L'Orang-
Outang s'apprivoise assez facilement et fait alors preuve d'une
remarquable intelligence. Il est très sociable et témoigne une

profónde reconnaissance à ceux qui s'intéressent à lui. Cet animal, bien que moins robuste que le Gorille, est encore d'une force extraordinaire; son pelage est roux.

Les *Gibbons*, dont on connaît une dizaine d'espèces, sont de tous les Singes ceux dont les membres antérieurs sont le plus longs : leurs mains touchent presque à terre lorsque l'animal est debout. Leur tête est petite et ovale et ils présentent de petites callosités fessières. Ils habitent les forêts de l'Indo-Chine et des îles voisines, et passent leur vie sur les arbres, dont ils parcourent les branchages avec une agilité sans égale; à terre, ils sont lourds, lents et maladroits.

La seconde famille des Singes de l'ancien continent est celle des **SEMNOPITHÈQUES** (σεμνός, vénérable; πίθηκος; singe), qui comprend les deux genres Semnopithèque et Colobe. Ces Singes, de moyenne taille, ont une longue queue et de petites callosités aux fesses, mais ils n'ont pas d'abajoues. Leur poil est long et fourni, mais le visage est nu comme chez l'homme. Les *Semnopithèques* vrais habitent l'Inde, Bornéo, Java, l'Indo-Chine; les *Colobes*, qui leur ressemblent beaucoup, se trouvent au contraire en Guinée et en Abyssinie.

Les Semnopithèques vivent en compagnies nombreuses sur les arbres et se nourrissent de feuilles et de fruits. Les doigts de la main sont chez eux très longs, sauf le pouce, qui est rudimentaire et qui ne peut pas servir à la préhension des objets ; ce doigt disparaît même à la main antérieure des Colobes, d'où leur nom (κολοβός, mutilé). L'espèce la plus intéressante est l'Entelle, qui est l'une des innombrables divinités des Hindous. La vénération dont il est l'objet tient à deux causes : c'est à lui, dit une légende, que l'Inde doit l'un des fruits les plus estimés, la mangue; il la déroba dans l'île de Ceylan et fut condamné au bûcher en punition de ce vol; mais il parvint à éteindre le feu et ne se brûla que les mains et la figure, qui sont noires depuis cette époque. D'après une autre légende hindoue, le géant Ravan enleva Sita, l'épouse de Schri-Rama, et l'emmena dans l'île de Ceylan ; mais l'Entelle délivra Sita et la ramena à son mari. Aussi, non seulement il est interdit sous peine de mort de porter la main sur lui, mais encore une famille royale de l'Inde prétend descendre de ce dieu.

Les **CERCOPITHÈQUES** (κέρκος, queue ; πίθηκος, singe) constituent la troisième famille. Ce sont des Singes à formes légères et gracieuses, pourvus d'abajoues et de callosités très développées.

Les *Cercopithèques vrais* ou Guenons habitent l'intérieur de l'Afrique. Leurs membres sont longs, vigoureux, munis de pouces robustes. Leur queue, très longue également, est relevée sur le dos. Ces animaux vivent par troupes dans les forêts ; ils sont constamment en mouvement d'un arbre à l'autre et exécutent avec une agilité extraordinaire les plus audacieuses cabrioles. Ils dévastent les vergers et les plantations, et semblent poussés à ces actes de brigandage autant par l'instinct du vol et du pillage que par le besoin de la faim, car ils détruisent tout ce qu'ils ne peuvent manger ou emporter.

Les *Magots* (fig. 74), Cercopithèques dépourvus de queue (exemple curieux de la légèreté de certains noms de la nomenclature zoologique), habitent l'Algérie et le Maroc. On les retrouve aussi en Europe sur le rocher de Gibraltar. La présence en Europe de ces Singes si communs en Afrique, de l'autre côté de la Méditerranée, nous montre que l'Afrique et l'Espagne étaient anciennement réunies.

En Afrique, les Magots, dit L. Figuier, « font de fréquentes incursions dans les jardins des Arabes, et mettent au pillage les orangers, les figuiers, les plates-bandes de melons, de pastèques, de tomates, etc. Ils procèdent d'ailleurs à ces déprédations avec beaucoup d'intelligence et de précaution. Ils s'échelonnent depuis le mur de l'enclos jusqu'à un endroit sûr, et se passent de main en main les provisions, que quelques-uns d'entre eux sont chargés de récolter. Deux ou trois vedettes, placées sur un lieu élevé, surveillent les alentours. Au moindre danger, elles poussent un cri d'alarme, et la bande tout entière détale lestement. »

Fig. 74. — Magot d'Algérie.

Les *Macaques* ressemblent beaucoup aux Magots, dont ils ne diffèrent guère que par la présence d'une queue plus ou moins longue. Les espèces à queue courte habitent le nord de l'Afrique et le Japon, les espèces à queue longue se rencontrent dans l'Inde et les îles qui l'avoisinent.

La famille des **CYNOCÉPHALES** (κύων, κυνός, chien; κεφαλή, tête) est la dernière du groupe des Singes de l'ancien continent. Elle comprend les animaux les plus hideux, les plus grossiers et les plus repoussants de l'ordre des Quadrumanes. Ce sont les plus grands des Singes après les Orangs; leur museau est allongé comme un museau de Chien, leurs abajoues profondes, leurs dents canines puissantes et acérées, leurs callosités fessières grandes et vivement colorées, leurs membres à peu près d'égale longueur. Chez certaines espèces, la tête, le cou et les épaules sont entourés d'une crinière. La queue est tantôt courte, tantôt longue, et grâce à ce caractère on les a divisés en deux groupes.

Ceux qui ont une longue queue sont les Cynocéphales proprement dits; leur queue est pendante et parfois terminée par des poils touffus. L'une des principales espèces qui habitent l'Abyssinie, le Sennaar et l'Arabie, l'Hamadryas ou Tartarin, était adorée des anciens Égyptiens, qui l'ont souvent représentée sur leurs monuments. Elle symbolisait le dieu Toth, inventeur de l'alphabet; de nombreuses momies de cet animal ont été trouvées dans les nécropoles d'Égypte.

Fig. 75. — Mandrille.

Les Cynocéphales à queue courte habitent la côte occidentale d'Afrique : ce sont le Drille et le Mandrille (fig. 75). Ces animaux, dont la queue n'est représentée que par un moignon, sont caractérisés par des rides profondes et plus ou moins vivement colorées en rouge, bleu, blanc ou noir. Pris jeunes, ils peuvent aisément s'apprivoiser, mais, à mesure qu'ils avancent en âge, ils perdent leur docilité première et deviennent très féroces.

Les Singes du nouveau continent constituent le second sous-ordre des Quadrumanes. Ils sont caractérisés par l'écartement notable des narines, par l'absence absolue de callosités et d'abajoues, par la présence constante de 36 dents. La queue est toujours longue et souvent *prenante*. Le pouce de la main antérieure est souvent rudimentaire et n'est jamais opposable au même degré que celui de la main postérieure. Les doigts sont munis d'ongles plats et bombés.

Ces animaux n'atteignent pas une grande taille. En général ils sont moins beaux que les Singes de l'ancien continent, auxquels ils sont encore inférieurs à plusieurs points de vue. Leur intelligence est bien moins grande que celle des Singes d'Afrique et d'Asie ; ils sont plus paresseux, plus tristes, plus maladroits que ceux-ci ; ils sont également plus doux, plus inoffensifs et plus tranquilles. Ils vivent sur les arbres et sont indigènes des forêts vierges de l'Amérique du Sud.

Ceux qui ont la queue prenante constituent la famille des cébiens : elle comprend plusieurs genres dont les principaux sont représentés par les Hurleurs, les Atèles et les Sajous.

Les *Singes hurleurs*, qui habitent la Colombie, la Guyane, le Brésil et le Paraguay, saluent le lever et le coucher du soleil, et quelquefois aussi l'approche des orages, de hurlements épouvantables. Cet étrange phénomène physiologique tient à ce que chez ces animaux l'os hyoïde, qui supporte le larynx, est d'une grandeur démesurée et qu'il s'est creusé d'une vaste cavité à parois minces qui sert de résonnateur et accroît considérablement l'intensité des sons. Chez les Singes hurleurs, la queue est très longue et éminemment prenante : c'est en réalité une cinquième main, dont l'animal se sert avec une adresse étonnante, soit pour se suspendre aux branches, soit pour cueillir des fruits.

Les *Atèles* sont caractérisés par l'excessive longueur et par

la gracilité de leurs bras, qui, jointes à leur démarche lente et
mesurée, leur ont valu le nom de *Singes-Araignées*. Leur tête
est petite, leur face sans barbe ; les pouces des mains antérieures
sont rudimentaires. Ils vivent en bandes dans les forêts de la
Guyane, du Brésil, etc.; ils se nourrissent surtout d'Insectes
qu'ils chassent sur les arbres ; ils ne descendent que rarement
à terre. Ces Singes, de même que les Hurleurs, sont activement
poursuivis par les Indiens, qui sont friands de leur chair.

Les *Sajous* ou *Sapajous* habitent les mêmes contrées que
les Atèles ; ils sont moins grands et plus robustes que ceux-ci.
Ils se tiennent d'ordinaire sur les branches les plus élevées
des arbres et se nourrissent d'Insectes, de Vers, de Mollusques,
d'œufs. Ils sont d'une extrême agilité et très faciles à apprivoiser. On les appelle encore Singes pleureurs, à cause de
leur voix douce et larmoyante, ou Singes musqués, à cause de
l'odeur spéciale qu'ils répandent.

Les Singes du nouveau Continent dont la queue est non prenante forment la famille des **pithéciens**, qui comprend les Callitriches ou Sagouins, les Saïmiris, les Nyctipithèques et les
Sakis. La queue n'est pas préhensile et est couverte de poils
sur toute sa longueur.

Les *Callitriches* sont des animaux nocturnes ou crépusculaires qui vivent au Brésil ou au Pérou, sur les arbres et dans
les broussailles, et se nourrissent principalement de fruits et
d'Insectes. Ils sont pleins de vivacité, de gentillesse et se
plient aisément à la captivité.

Les *Saïmiris* ou *Singes-Écureuils* se montrent à la Guyane
et au Brésil. Nocturnes, comme les Sagouins, ils vivent à peu
près de la même façon. Leur cerveau est très développé et leur
intelligence fort éveillée.

Les *Nyctipithèques* (fig. 76) (νὺξ, νυκτός, nuit ; πίθηκος,
singe) sont, comme leur nom l'indique, des animaux nocturnes.
Ils dorment tout le jour et ce n'est qu'après le coucher du soleil qu'ils se mettent en mouvement. Leurs yeux sont volumi-

neux. Ils habitent tous le Brésil et les régions voisines.

Les *Sakis*, que l'on rencontre dans le Brésil, la Guyane et la Colombie, ressemblent beaucoup aux Sajous, mais ils s'en dis-

Fig. 76. — Nyctipithèque douroull. (Extrait de C. Vogt, *les Mammifères*.)

tinguent par leur queue non prenante et couverte de poils longs et touffus qui leur a valu le nom de *Singes à queue de Renard*.

Le sous-ordre des Singes a griffes comprend des Singes de petite taille, couverts de poils laineux, à queue longue, touffue et non prenante, qui habitent l'Amérique du Sud. Ces animaux ne présentent plus des ongles, mais des griffes; pourtant le pouce de la main postérieure, qui seul est opposable, porte un ongle aplati. Le nombre des dents est de 32, les canines sont petites et les molaires sont hérissées de tubercules pointus. La tête est arrondie et souvent ornée latéralement de touffes de poils. Le cerveau est relativement bien développé, mais sa surface est lisse et ne présente point ces circonvolutions qu'on trouve à un si haut degré de perfection chez l'Homme et les Singes supérieurs.

Ce sous-ordre forme une seule famille, celle des **Hapaliens**, qui comprend les deux genres Ouistiti et Tamarin.

Les *Ouistitis* (fig. 77) sont de jolis animaux qu'on voit assez souvent dans les ménageries. Ils sont remarquables par leur queue longue et touffue et par leurs oreilles garnies de pinceaux de poils. Leur intelligence est assez développée. Les

*Tamarins* ne se distinguent guère des précédents que par leurs

Fig. 77. — Ouistiti pygmée.

oreilles nues et par la crinière dont presque tous sont ornés.

## ORDRE DES LÉMURIENS

Cet ordre comprend des animaux qui se rapprochent beaucoup des vrais Singes par leur apparence extérieure, par leur mode d'existence et par les pouces des membres postérieurs qui sont opposables. D'autre part, ils établissent le passage des Singes aux Chauves-Souris par la présence chez certaines espèces d'une membrane cutanée qui sert en quelque sorte d'aile. La dentition est complète et semblable à celle des animaux insectivores tels que le Hérisson ; les molaires sont munies de tubercules aigus. La queue n'existe pas toujours ; elle n'est jamais prenante.

Les Lémuriens sont des animaux nocturnes : leurs yeux sont grands et phosphorescents. Ces animaux grimpent très-adroitement, mais sont lents et paresseux. Ils habitent les îles orientales de l'Afrique et les grandes îles du Sud de l'Asie.

Fig. 78. — Propithèque ou Indri.

Les principales familles sont celles des Lémuriens vrais, des
Chiromys ou Aye-Ayes, et des Galéopithèques.

Fig. 79. — Aye-aye ou Chiromys.

La famille des LÉMURIENS vrais comprend les Makis, les
Indris et les Loris. Les *Makis* vivent en troupes dans les forêts

de Madagascar. Ils ont le museau allongé comme celui du Renard, la queue longue et touffue, les membres postérieurs beaucoup plus longs que les antérieurs. Les *Indris* ou Propithèques (fig. 78) habitent également Madagascar. Quant aux *Loris*, on les rencontre à Ceylan, dans l'Inde et dans les îles de la Sonde ; leurs membres antérieurs et postérieurs sont de longueur égale, leur doigt indicateur très-court, leur queue rudimentaire ou nulle. Ils sont d'une indolence extrême.

Le CHIROMYS ou *Aye-aye* (fig. 79), originaire de Madagascar, est dépourvu de canines. De tous les Mammifères, c'est peut-être celui qui craint le plus la lumière du jour. Le troisième et le quatrième doigt de la main sont très-longs. L'Aye-aye atteint la taille d'un fort Écureuil et est orné d'une queue touffue, aussi longue que son corps.

Les GALÉOPITHÈQUES, qui habitent les îles de la Sonde et les Philippines, présentent sur les côtés une membrane velue qui s'étend entre les pattes et qui enveloppe aussi la queue ; cette membrane n'est point adaptée au vol comme la membrane alaire des Chauves-souris, mais elle fonctionne à la manière d'un parachute et permet à l'animal de se soutenir en l'air pendant quelque temps. Les doigts sont impropres à la préhension ; les onglés ou plutôt les griffes sont aigues, robustes, comprimées latéralement et donnent à l'animal une très-grande facilité pour grimper aux arbres, à la recherche des Insectes ou des fruits dont il fait sa nourriture : de là son nom de Galéopithèque (γαλῆ, chat ; πίθηκος, singe).

Ces animaux, essentiellement nocturnes, dorment pendant le jour, suspendus par les griffes de leurs pattes postérieures, exactement comme nous verrons que le font les Chauves-souris.

### ORDRE DES CHIROPTÉRES

Vous connaissez tous les animaux que l'on désigne sous le nom de CHAUVES-SOURIS. Vous les avez vus, pendant les soirées d'été, voler lourdement à une faible hauteur au-dessus du sol.

Si vous êtes parvenus à en attraper un, ce qui n'est pas bien difficile, à cause de son peu d'agilité, vous avez été sans doute surpris de voir que cet animal volant n'était pas un Oiseau, car il n'a pas de plumes, mais bien une épaisse couche de poils : c'est donc un Mammifère, puisque nous avons vu déjà que tous les animaux couverts de poils sont des Mammifères.

Les Chauves-souris ont en effet des mamelles, elles allaitent leurs petits.

Mais, allez-vous dire, les Chauves-souris ont des ailes et les Mammifères n'en ont pas. L'objection semble importante au premier abord, mais, en somme, cette aile n'est qu'un bras assez peu modifié ; si vous voulez regarder attentivement une Chauve-souris, vous pourrez vous en rendre compte vous-mêmes. Vous verrez tout d'abord que les os du membre supérieur tout entier se sont considérablement allongés et que surtout les os de la main (os de la paume et phalanges) présentent, sauf ceux du pouce, un développement extraordinaire (fig. 80).

Fig. 80. — Squelette de Chauve-Souris. (Les lettres désignent par leurs initiales les différents os.)

Tout cela est enveloppé dans un double repli de la peau des flancs qui, dit Buffon, « couvre les bras, forme les ailes ou les mains de l'animal, se réunit à la peau de son corps, et enveloppe en même temps ses jambes, et même sa queue, qui, par cette jonction bizarre, devient, pour ainsi dire l'un de ses doigts. »

L'aile des Chauves-souris est donc due à une modification du membre antérieur tenant à ce que ce membre a acquis une taille considérable et s'est enveloppé d'un large repli de la peau. Ce caractère, qui vous semblait si tranché, n'a donc point l'importance qu'il présente au premier abord, et cette aile membraneuse est très différente de l'aile emplumée de l'Oiseau.

Vous voyez maintenant dans quelles limites est exacte la dénomination de CHIROPTÈRES (χείρ, main ; πτερὸν, aile) que les zoologistes ont donnée à ces Mammifères.

Certaines espèces de Chauves-souris, les *Rhinolophes* (ῥίν, nez ; λόφος, crête) par exemple, portent au-dessus du nez des appendices foliés qui ornent la surface du museau d'une façon bizarre.

Les oreilles présentent des différences notables, suivant les espèces. Elles sont petites et droites chez la plupart des espèces, mais chez l'*Oreillard* (fig. 81), qui habite la France, elles sont tout à fait disproportionnées et atteignent des dimensions considérables. Les oreilles sont assez souvent munies de longues valvules qui permettent

Fig. 81. — Oreillard marchant à terre.

à l'animal de les obturer ; elles sont souvent soudées l'une à l'autre par leur base et réunies sur le sommet de la tête.

La plupart des Chauves-souris possèdent une queue : toutes celles de nos pays sont dans ce cas, mais certaines espèces frugivores qui habitent les pays chauds, les Roussettes, n'ont jamais de queue.

Nous vous avons fait remarquer déjà que le corps de la Chauve-souris est couvert de poils. Si vous examinez attentivement, vous verrez que les ailes en sont privées et que les appendices membraneux que certaines espèces présentent au-dessus du nez en sont également dépourvus.

La membrane alaire qui enveloppe les bras, la main et la jambe, laisse libres le pied tout entier et le pouce de la main. Ce pouce présente un fort crochet par lequel l'animal peut se suspendre quelquefois et qui lui sert surtout à grimper; mais l'attitude de prédilection des Chauves-souris, quand elles sont au repos, est de se suspendre par les griffes de leurs deux jambes avec la tête en bas. C'est toujours dans cette position qu'on les trouve dans les cavernes où elles se réfugient pour passer l'hiver.

Les doigts de la patte postérieure sont aplatis latéralement et contournés en griffes, en sorte que l'animal n'a aucun effort à faire pour s'accrocher. Ces doigts sont du reste armés d'ongles puissants.

Avec leurs membres antérieurs disposés pour le vol, on peut se demander si les Chauves-souris peuvent marcher ou courir sur la terre. Certaines espèces de l'Amérique du Sud peuvent courir avec la vivacité d'un Rat, mais la marche des espèces de nos pays est toujours embarrassée et ce n'est qu'au moyen de toute une série de mouvements compliqués, avec beaucoup de peine et de fatigue, qu'elles arrivent à se déplacer (fig. 84).

Les Chauves-souris sont très-répandues sur toute la surface du globe. On en trouve dans tous les pays du monde et la France seule en possède plus de 20 espèces.

Les Chauves-souris de nos pays sont de petite taille; elles nous sont utiles en détruisant les Insectes dont elles font leur nourriture, et dont elles brisent les carapaces avec leurs dents pointues.

Certaines Chauves-souris ont une taille considérable. Les **Roussettes** peuvent atteindre une longueur de 50 centimètres et une envergure de $1^m,50$. Elles se nourrissent de fruits. Les habitants des pays où on les rencontre font grand cas de leur chair savoureuse et leur font une guerre acharnée. Parfois ils les tuent avec des flèches, mais, le plus souvent, armés d'une perche terminée par une épine, ils s'approchent de l'arbre où une Roussette est accrochée et, par un mouvement habile, ils embrochent l'aile de l'animal au moment où il l'étend pour s'envoler; puis ils en déchirent la membrane avec leur épine et l'animal finit par tomber.

Les **Vampires**, qui habitent l'Amérique, se nourrissent volontiers de sang qu'ils sucent aux animaux ou même à l'homme pendant leur sommeil. « L'avidité des Vampires pour le sang, dit d'Orbigny, est telle que les naturels sont obligés, pour se soustraire à leurs morsures, de passer les nuits sous des moustiquaires et de renfermer soigneusement leurs Poules et leurs animaux domestiques. Le Vampire choisit en général la nuque, le cou, le dos de sa victime, afin qu'elle ne puisse que difficilement se débarrasser de lui. » Ce sont surtout les orteils que les Vampires attaquent chez l'Homme, en appliquant leur langue sous le rebord de l'ongle; mais les blessures qu'ils produisent sont sans gravité.

Les Chauves-souris de nos pays, si actives pendant l'été, ne se montrent plus dès qu'arrive l'automne. A cette époque, les Insectes et par conséquent la nourriture venant à leur manquer, quelques espèces émigrent au loin, alors que les autres cherchent dans le voisinage un endroit abrité et chaud, pour y passer commodément l'hiver, et s'y réfugient en masse. Il n'est pas rare alors de les trouver par milliers, suspendues par les pieds de derrière à la voûte des cavernes, serrées les unes contre les autres et enveloppées dans leurs ailes comme dans un manteau. Plongées dans une profonde torpeur, elles peuvent rester ainsi immobiles et sans prendre de nourriture jusqu'au retour du printemps.

L'endroit de la caverne que les Chauves-souris choisissent de

préférence pour y passer l'hiver est, le plus souvent, assez profondément situé pour que le jour n'y arrive plus et pour que la
température y demeure invariable. Une fois qu'elles ont trouvé
un endroit convenable, si rien ne vient les en empêcher, elles
reviendront y passer les hivers suivants et se suspendront
exactement aux mêmes saillies du rocher. Comme des milliers
de ces animaux demeurent ainsi réunis pendant de longs mois
dans un espace restreint, leurs excréments finissent par s'accumuler sur le sol de la grotte et forment des monceaux parfois
considérables; on utilise à l'occasion cette espèce de *guano*.

Les Chauves-souris qui habitent les pays chauds, trouvant
toute l'année dans les Insectes ou dans les fruits une nourriture abondante, ont toujours une vie active. Les Chauves-souris
de nos contrées ont donc dû adopter un genre de vie spécial,
par suite des conditions climatériques particulières auxquelles
elles étaient soumises. C'est là, entre mille, un exemple de
cette loi capitale, suivant laquelle les animaux peuvent, dans
une certaine mesure, modifier leur genre de vie pour s'adapter
au climat, au milieu, à la température.

Quand les Chauves-souris se retirent dans la profondeur de
leurs cavernes, elles sont obligées de se diriger dans l'obscurité la plus complète, et malgré cette nuit profonde, leur vol
est toujours rapide; ces animaux suivent tous les détours et
toutes les sinuosités de la caverne, sans jamais se heurter au
rocher.

Comme vous le pensez bien, le sens de la vue ne peut
plus être d'aucun secours dans ces conditions et l'animal ne se
dirige plus avec ses yeux.

Spallanzani chercha comment les Chauves-souris pouvaient
arriver à se conduire. Il creva les yeux à quelques-unes, et
son étonnement fut grand quand il vit que la cécité ne dimi-
nuait en rien la sûreté avec laquelle ces animaux savent, dans
leur vol, éviter les obstacles. Des Chauves-souris aveuglées et
renfermées dans une chambre embarrassée de branches d'arbre

passent en volant au travers de ces branches, sans les toucher;
elles passent également bien entre de fins fils de soie attachés
au plafond et tendus par des poids légers, alors même que la
distance qui sépare ces fils n'est égale qu'à l'envergure des
ailes.

Ces expériences établissaient bien nettement que la vision
n'était point indispensable à la direction du vol. D'autres expériences montrèrent que les divers autres sens n'intervenaient
point non plus dans la production du phénomène. Spallanzani
se trouva ainsi porté à croire « qu'un nouvel organe, peut-être
un nouveau sens qui nous manque, est accordé à la Chauve-
souris pour la diriger dans son vol ».

Toutefois, cette explication semble peu vraisemblable et je
me rallie de préférence à l'opinion de Cuvier. Cuvier fait d'a-
bord remarquer que certains aveugles peuvent se diriger sans
guides et sans palper les murailles, et que ce curieux résultat
est dû à ce que le sens du toucher, qui peut, dans une certaine mesure, nous faire percevoir à distance la présence des
objets, se développait considérablement chez les aveugles. Il a
pensé ensuite qu'il se passait quelque chose de semblable chez
les Chauves-souris et que ces animaux, grâce au grand nombre
de nerfs que contient leur aile, pouvaient apprécier la résistance de l'air; or, cette résistance de l'air varie suivant que
la paroi de la caverne est plus ou moins rapprochée.

On divise l'Ordre des Chiroptères en Frugivores et en Insectivores.

Les **chiroptères frugivores** sont les Roussettes, qui habitent
seulement de l'Inde à l'Australie. Les **chiroptères insectivores**
sont, au contraire, répandus dans toutes les contrées tempérées et chaudes des deux hémisphères; ils sont d'assez petite
taille. Nous en possédons une dizaine d'espèces.

## ORDRE DES INSECTIVORES

Les Insectivores sont des animaux de taille assez petite, et c'est même parmi eux qu'on rencontre les plus petits des Mammifères. Comme leur nom l'indique, ils se nourrissent principalement d'Insectes, et à ce régime spécial correspond une disposition particulière du système dentaire (fig. 82). Ces animaux présentent les trois sortes de dents, des incisives, des canines et des molaires, mais en nombre assez variable. Les incisives sont ordinairement très-grosses, les canines sont le plus souvent petites

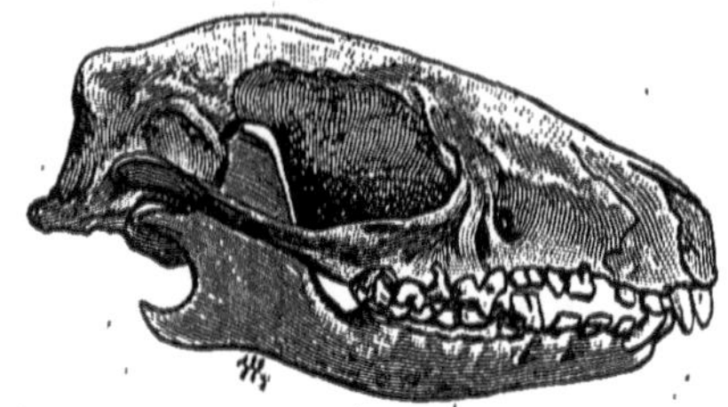

Fig. 82. — Tête de Hérisson.

et ne se distinguent pas facilement des autres dents. Les molaires, enfin, sont caractérisées par les tubercules coniques et pointus que présente leur surface, tubercules destinés à briser et à perforer la carapace solide qui enveloppe le corps des Insectes.

A l'inverse de ce qui s'observe dans les diverses races humaines, les Singes et les Chauves-souris, les Insectivores ont les mamelles placées sous le ventre et non à la poitrine. Leurs habitudes sont nocturnes.

La tête est toujours terminée par un museau allongé. Les yeux sont toujours fort petits ; parfois même, comme chez une espèce de Taupe, ils ne peuvent être à l'animal d'aucune utilité, recouverts qu'ils sont par la peau. Mais, par une sorte de compensation, l'ouïe et l'odorat sont très-fins et très-déliés chez ces animaux.

On considère généralement, et à grand tort, les Insectivores comme des animaux nuisibles, et les paysans, imbus de ce fâcheux préjugé, tuent sans pitié tous ceux de ces animaux qu'ils rencontrent. Il importe pourtant de bien se persuader que, au point de vue des récoltes et des cultures, ce sont des animaux parfaitement inoffensifs et qu'ils rendent même de grands services à l'agriculture, à cause du nombre considérable d'Insectes dont ils se nourrissent.

Dans les pays tempérés, comme le nôtre, les petits animaux dont les Insectivores font leur proie disparaissent complètement à l'approche de l'hiver. Ceux-ci se trouvent donc sans nourriture et ils seraient condamnés à mourir, s'ils ne jouissaient, comme les Chiroptères, de la faculté d'*hiberner*, c'est-à-dire de s'engourdir pendant l'hiver, de manière à passer toute cette saison dans une sorte de léthargie. On peut rapprocher de ce fait un phénomène du même genre, bien que dû à une cause diamétralement opposée, que présentent les Insectivores des pays tropicaux : lorsque la chaleur arrive à son maximum, ils tombent également en léthargie, ils *estivent*, comme on dit, pour ne se réveiller que quand la température sera redevenue plus clémente.

L'Ordre des Insectivores comprend plusieurs familles notablement différentes les unes des autres.

Les **taupes** (fig. 85) ont une physionomie bien caractéristique : le corps est ramassé, presque cylindrique, sans cou distinct, porté sur quatre pattes courtes, dont les postérieures sont minces et les antérieures fort développées. Les mains sont larges, à bord interne tranchant, et la paume, rude et calleuse, est tournée en dehors, de manière à permettre à l'animal, quand il fouille, de rejeter les déblais à droite et à gauche. Le museau est terminé par un groin assez allongé, à l'extrémité duquel sont percées les narines et qui constitue tout à la fois un appareil perforant et un organe de tact très-délicat.

La peau de la Taupe est couverte d'un poil fin et soyeux, serré comme du velours qui, n'était la petite taille de l'animal, constituerait une excellente fourrure. Elle est assez souvent atteinte d'*albinisme*, c'est-à-dire que son poil devient blanc-jaunâtre. La Taupe de nos pays n'est pas aveugle, comme on le croit d'ordinaire, mais ses yeux sont très petits. Une espèce du midi de l'Europe a l'œil caché sous la peau et par suite inutile.

Les Taupes se creusent sous terre des galeries compliquées, disposées sur plusieurs étages et communiquant entre elles par des chambres plus spacieuses ou carrefours. On peut suivre assez facilement sur le sol le trajet de ces galeries souterraines, grâce à la présence des *taupinières*, amas de terre placés de distance en distance et constitués par les déblais que l'animal a dû enlever pour se frayer un chemin. La Taupe habite, d'ordinaire, la chambre centrale ou *donjon* (fig. 84), remarquable extérieurement parce que la taupinière qui

Fig. 83. — Taupe d'Europe. (Extrait de C. Vogt, *les Mammifères.*)

la surmonte est plus élevée que les autres : c'est là qu'elle vient se reposer et c'est là aussi qu'elle se cache pour se soustraire à la poursuite de ses ennemis ; aussi, très souvent, ce donjon est-il dérobé aux regards, soit près d'un mur, soit sous un tronc d'arbre. C'est encore dans le donjon que la Taupe conserve ses petits jusqu'à ce qu'ils aient la force de chasser eux-mêmes ; elle dispose à cet effet un lit de mousse et d'herbes.

La Taupe ne fait, dans ces courses souterraines, aucun mal aux racines des plantes, qu'elle dédaigne complètement. Elle rend au contraire les plus grands services en les débarrassant

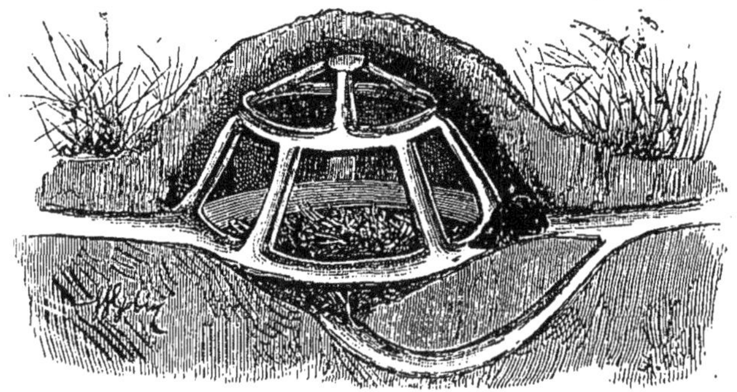

Fig. 84. — Taupinière.

des larves d'Insectes qui souvent les dévorent. La profession de *taupier* devrait être interdite.

La Taupe travaille en toutes saisons, mais c'est surtout au printemps qu'elle est plus active. Elle habite de préférence les endroits où le sol est meuble et dépourvu de cailloux, les prairies ou les jardins. Elle change de gîte suivant la saison. Pendant la période des

Fig. 85. — Musaraigne.

pluies, elle gagne les lieux élevés, où elle n'a pas à craindre les inondations; quand arrive la sécheresse, elle redescend dans les plaines.

Les **musaraignes** (fig. 85), que le vulgaire croit appartenir au groupe des Souris (d'où *Musaraigne*, de *mus, araneus*) dont elles ont en effet la taille et la forme générale, se distinguent bien nettement de ces animaux par leur museau allongé en forme de trompe et par leur dentition de véritables Insectivores. Comme les Taupes, elles sont très mal douées sous le rapport de la vue : leurs yeux sont fort petits et cachés par leur pelage, qui est soyeux, épais et de couleur gris-

Fig. 86. — Desman des Pyrénées.

brun. La *Musaraigne étrusque*, qui habite l'Italie et le midi de la France, est le plus petit de tous les Mammifères ; elle ne mesure pas plus de 4 centimètres du museau à l'origine de la queue.

Les Musaraignes sont répandues sur toute la surface du globe, et nous avons en France une dizaine d'espèces. Le genre de vie est assez variable d'une espèce à l'autre : les unes habitent les bois et les régions sèches, les autres préfèrent les prairies humides et sont même des animaux aquatiques, témoin la *Musaraigne d'eau*, qu'on rencontre dans toute la France.

Ces animaux vivent solitaires, dans des trous qu'ils trouvent tout faits ou qu'ils creusent eux-mêmes ; ils n'en sortent guère que la nuit. Ils se nourrissent d'Insectes, de Vers, de petits Mollusques.

Les **Desmans** (fig. 86), dont nous possédons une espèce dans les Pyrénées, ont beaucoup de rapports avec les Musaraignes, mais sont de plus grande taille. Ils ont une véritable trompe au bout du nez.

Fig. 87. — Hérisson.

Le dernier groupe d'Insectivores dont je vous parlerai est celui des **hérissons** (fig. 87), dont le dos et le dessus de la tête sont, comme chacun sait, couverts de piquants. Ces piquants ne sont pas, en somme, si différents des poils soyeux de la Taupe que vous pourriez le supposer : ce ne sont pas autre chose que des poils épaissis et transformés en une sorte d'armure. Nous verrons maintes fois que les organes se modifient de façons diverses pour s'adapter au genre de vie des divers animaux et pour assurer leur conservation. Nous nous trouvons ici en face d'un exemple de cette loi.

Le Hérisson n'a ni l'agilité de la Musaraigne, ni la vie souterraine de la Taupe, qui leur permettent d'échapper par la fuite à ses ennemis. Est-il surpris, son seul moyen de défense consiste à se rouler en boule, et il est alors véritablement inattaquable, grâce à ses épines qui se dressent de toutes parts et qui déchirent et ensanglantent horriblement les animaux qui l'approchent.

Le Hérisson est un animal essentiellement nocturne; il dort pendant tout le jour, au fond de sa cachette et, pour se garder de l'attaque imprévue de ses nombreux ennemis, le Chien, le Renard, le Putois, la Martre, il se roule toujours en boule avant de s'endormir. C'est encore dans cette posture qu'il passe, en état d'hibernation, toute la mauvaise saison.

Les Romains se servaient de la peau du Hérisson, en guise de cardes, pour peigner les laines. Aujourd'hui la peau de cet animal n'est plus d'aucune utilité, mais sa chair est mangée dans quelques localités.

### ORDRE DES CARNIVORES

L'ordre des CARNIVORES renferme les plus redoutables des Mammifères terrestres, mais non les plus gros. Il compte tous les animaux connus sous le nom vulgaire de *bêtes féroces* : c'est dire qu'on y trouve le Lion, le Tigre, le Lynx, l'Hyène, l'Ours, le Loup, etc. On rencontre encore dans ce groupe des animaux domestiques, tels que le Chat et le Chien, qui nous rendent les plus grands services, et vous verrez même que ces animaux sont proches parents de ceux, plus féroces et plus terribles, que nous avons cités tout d'abord.

Les Carnivores nous offrent une disposition du système dentaire que nous n'avons pas encore rencontrée jusqu'à présent : ils portent à chaque mâchoire six incisives, deux canines,

longues, coniques et extrêmement puissantes, et un nombre
variable de molaires qu'on peut distinguer en *avant-molaires*,
pointues ou tranchantes, en *carnassières* et en *arrière-molaires*, mousses et tuberculeuses. Chez le Chien, qu'on peut
prendre comme exemple, les avant-molaires sont au nombre
de trois à la mâchoire supérieure, de quatre à l'inférieure,
tandis que les arrière-molaires sont au nombre de deux à chaque
mâchoire. Ces nombres sont variables; mais on ne rencontre
jamais que deux carnassières à chaque mâchoire : ces dents
sont caractérisées par leur grosseur considérable et par les deux
ou trois tubercules qui ornent leur couronne. Lorsque les mâchoires se ferment, les dents carnassières ne se rejoignent pas,
mais glissent l'une contre l'autre, comme les deux lames d'une
paire de ciseaux. Elles coupent et déchirent ainsi là chair de
la proie.

Beaucoup de Carnivores sont grands et forts; tous ont des
mouvements aisés et prompts, et sont doués de facultés intellectuelles remarquables. Quelques-uns d'entre eux, comme les
Chats, grimpent avec agilité; d'autres, comme les Blaireaux,
fouillent le sol, mais la plupart sont organisés pour la course
rapide et pour le saut.

Les organes des sens sont d'une subtilité et d'une finesse très
grandes. Ces animaux, suivant une croyance générale, joui-
raient de la propriété de voir dans l'obscurité la plus profonde ;
en effet, leurs yeux lancent des lueurs et sont comme phosphorescents; mais ce phénomène ne s'observe qu'autant qu'un
rayon lumineux, même très faible, vient frapper l'œil, et, dans
l'obscurité complète, il ne se produit jamais. Cette lueur tient
à ce que ce rayon lumineux vient se réfléchir, comme sur un
miroir, sur un organe spécial qui existe au fond de l'œil de ces
animaux et auquel on a donné le nom de *tapis*. Le sens du
toucher peut s'exercer chez eux d'une façon tout à fait spéciale : ils portent sur le museau des poils longs et raides ou
moustaches, qui sont des organes de tact. Des soies absolu-

ment semblables s'observent du reste chez certains Rongeurs
tels que les Rats, et chez certains Insectivores tels que les
Musaraignes.

Les Carnivores ont été bien doués de la nature sous le rapport du pelage. Un grand nombre d'entre eux nous fournissent
des fourrures appréciées, soit pour leurs couleurs, soit pour
la finesse et l'épaisseur du poil : on peut citer à cet égard la
Martre, la Zibeline, l'Hermine, le Renard, l'Ours, etc.

Les membres se terminent par quatre ou cinq doigts mobiles,
armés de fortes griffes tranchantes. On peut constater des différences notables entre les divers Carnivores quant à la manière
de poser la patte à terre. Les uns, comme les Ours, s'appuient
sur toute la surface inférieure du pied : ce sont les *plantigrades;* les autres, comme les Chats, les Chiens, etc., ne
touchent le sol que par l'extrémité des doigts : ce sont les *digitigrades*. Entre ces deux types bien tranchés on trouve des
intermédiaires nombreux : témoin la Civette, qui n'appuie sur
le sol que la partie antérieure de la plante, c'est-à-dire les
doigts et la moitié du pied.

Les Carnivores sont répandus dans le monde entier, sauf en
Australie, où ils font complètement défaut, et où ils sont remplacés par des Marsupiaux.

La première famille que nous examinerons est celle
des **félins** : elle comprend les animaux les plus forts et les
plus redoutables,. le Lion, le Tigre, le Jaguar, la Panthère,
le Chat.

Tous ces animaux présentent une curieuse disposition
des griffes : celles-ci sont *rétractiles*, c'est-à-dire qu'elles peuvent se retirer dans l'intérieur de la patte, à la volonté de
l'animal qui fait alors *patte de velours*. La conséquence de
cette disposition est de conserver aux ongles tout leur tranchant
et toute leur acuité, en les mettant à l'abri des causes d'usure
provenant du frottement sur le sol : c'est une épée gardée au
fourreau. Aussi ces griffes, toujours acérées, sont-elles les

vraies armes des Félins : lorsqu'il s'agit de saisir ou de blesser mortellement une proie ou encore de se défendre contre un ennemi, elles constituent un instrument redoutable. Les pattes antérieures présentent cinq doigts, les postérieures quatre seulement.

La langue des Félins est hérissée de papilles cornées et rugueuses qui lui donnent l'aspect d'une râpe.

Fig. 88. — Lion.

La famille des Félins, malgré les différences de taille qu'on peut observer entre certains des animaux qui la composent, entre le Lion et le Chat par exemple, est un groupe zoologique des plus homogènes. Tous sont digitigrades et, à part la taille, ne se différencient guère les uns des autres que par des caractères extérieurs tenant au pelage.

Le *Lion* (fig. 88), qui n'habite plus de nos jours que l'Afrique et les contrées occidentales de l'Asie jusqu'à l'Inde, était autrefois beaucoup plus répandu : suivant Hérodote, Aristote et Pausanias, on le trouvait en abondance en Macédoine, en Thrace, en Thessalie. Aujourd'hui, il a disparu complètement de l'Europe et il tend même à disparaître rapidement de tous les pays qu'il habite encore, et il est probable que dans quelques générations nos descendants ne connaîtront plus ce superbe Félin, le roi des animaux, que par les dessins et les descriptions que nous en aurons laissés.

On a décrit maintes fois son genre de vie et ses mœurs, et ces descriptions vous sont connues : nous n'y reviendrons donc point. Il importe toutefois d'insister sur certains côtés de son caractère. Le Lion ne se nourrit que de proie vivante, mais il ne fond sur une créature vivante qu'autant qu'il est affamé; s'il est repu et si on ne l'attaque point, il passe impassible et indifférent. Cet animal si prodigieusement fort et si courageux n'attaque l'homme qu'à la dernière extrémité, à moins que celui-ci ne l'ait provoqué sérieusement.

Le Lion est partout traqué et chassé, à cause des ravages considérables qu'il cause dans les troupeaux. Les colons algériens estiment à 20 000 francs la valeur du bétail qu'un seul Lion leur tue annuellement. En prenant pour moyenne de sa vie trente-cinq ans, chaque Lion fréquentant leurs domaines a donc coûté 700 000 francs. On comprend, après cela, l'acharnement avec lequel on le chasse et lui tend des embuscades.

Le *Tigre* (fig. 89) se distingue du Lion par sa robe zébrée de bandes transversales, par une taille et une férocité plus grandes. Il est également plus svelte, plus élancé, plus souple, et rappelle mieux, par ses formes comme par ses allures, le Chat qui sert de type au genre tout entier.

Le Tigre est particulier à l'Asie. Il habite Java, Sumatra, l'Indo-Chine, l'Hindoustan, la Chine et même la Sibérie méridionale jusqu'à l'Obi. C'est surtout dans les jungles, c'est-à-dire dans les parties boisées qui avoisinent les cours d'eau,

qu'il aime à s'établir. Comme le Lion, il a un repaire au fond
duquel il se retire pour prendre du repos. Dès que la faim se
fait sentir, il se met en campagne : il fait preuve alors d'une
incroyable audace. Il s'attaque indifféremment aux animaux et
aux hommes. Dans les Indes, il dévore annuellement des milliers d'Hindous : aussi la chasse au Tigre tient-elle une grande
place dans l'existence des nababs indiens et des officiers anglais
de l'armée des Indes.

Fig. 89. — Tigre. (Extrait de C. Vogt, *les Mammifères*.)

Un grand nombre de Félins de forte taille se distinguent par
les taches rondes de leur pelage. La plupart d'entre eux
jouissent de la propriété de pouvoir grimper sur les arbres,
où ils restent blottis, dissimulés dans le feuillage, en attendant
qu'une proie passe à leur portée. Ce groupe comprend des animaux de l'ancien et du nouveau monde, désignés sous des
noms divers : c'est parmi eux que l'on rencontre le Jaguar,
l'Once, le Chat des pampas, les Léopards et les Panthères,

tous animaux des plus redoutables et auxquels on fait à juste
titre une chasse acharnée.

Le *Jaguar* et l'*Ocelot*, particuliers à l'Amérique, sont répandus
depuis Buenos-Ayres et le Paraguay, à travers toute l'Amérique
méridionale, jusqu'au Mexique et même jusqu'à la partie sud-
ouest des États-Unis. Un Félin à qui sa couleur d'un roux uniforme a valu le nom de Lion d'Amérique, le *Puma*, habite également l'Amérique centrale et méridionale.

Fig. 90. — Panthère.

Les **Léopards** et les **Panthères** (fig. 90) habitent l'Afrique
presque tout entière et une partie de l'Asie. La *Panthère noire*
est spéciale à Java. L'*Once*, enfin, habite l'Asie centrale jusqu'en Sibérie; c'est sur les côtes du golfe Persique qu'il est
surtout abondant.

On a conservé le nom de **Chats** aux plus petits des Félins.
Le type en est le *Chat sauvage*, qui habite en France les grands
bois de haute futaie et surtout les sombres forêts de sapins.

Il est certain que le *Chat domestique* descend du Chat sauvage, mais on n'est pas bien fixé sur la question de savoir si
celui-ci est la souche de toutes nos races domestiques. Le Chat

est un des rares animaux qui aient su rester indépendants dans la domesticité ; il vit à côté de l'homme, mais il n'est pas asservi. Il est presque incapable d'affection et on ne retrouve pas chez lui la fidélité et le désintéressement qui distinguent le Chien.

Le *Lynx* ou *Loup-Cervier* (fig. 91), autrefois très répandu dans l'Europe entière, est encore assez commun dans les

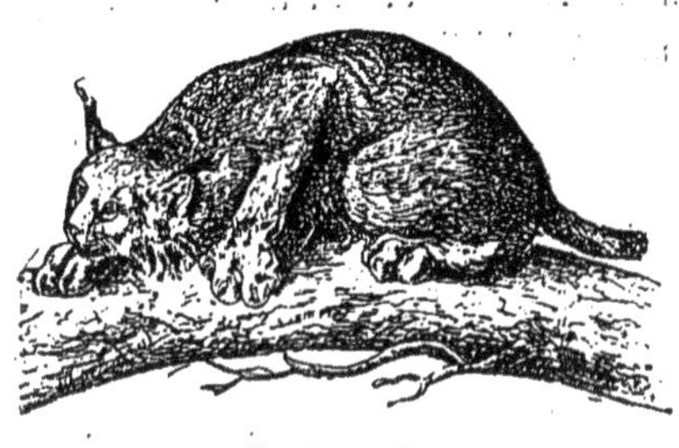

Fig. 91. — Lynx.

pays du Nord, mais ne se rencontre plus en France que dans les Pyrénées et les Alpes, et encore très rarement. Une autre espèce, particulière au midi de l'Europe, se trouve en Sardaigne, en Sicile, en Grèce, en Turquie, en Espagne. De plus, d'autres animaux du même genre habitent l'Amérique, l'Afrique et l'Asie. Ces Lynx ont tous les oreilles surmontées d'un pinceau de poils.

Il existe en Asie une espèce de grand Félin à pelage tacheté qui, par la longueur de ses pattes, ses pupilles rondes, ses ongles non rétractiles, et la facilité avec laquelle on l'apprivoise, semble se rapprocher des Chiens. C'est le *Guépard*, qu'on dresse pour la chasse.

La famille des **hyènes** constitue un groupe de Carnivores intermédiaire aux Félins et aux Chiens. Ces digitigrades se distinguent des Chats par leurs ongles, qui sont propres à fouir et qui ne sont pas rétractiles, par leurs doigts qui sont partout au nombre de quatre. Leur allure est des plus bizarres et leur démarche oblique et incertaine : cela tient à ce que leurs pattes postérieures sont plus courtes et plus basses que les antérieures. Ces animaux habitent des cavernes d'où ils ne sortent que la nuit pour rechercher leur nourriture : celle-ci consiste ordinairement en viandes putréfiées et, pour s'en procurer, ils vont jusqu'à déterrer les morts. Ce sont du reste des animaux lâches, et inoffensifs pour l'Homme sinon pour les bestiaux. L'*Hyène rayée*, habite la Barbarie, l'Égypte, l'Abyssinie, l'Arabie, la Syrie et la Perse. L'*Hyène tachetée* (fig. 92) est

Fig. 92. — Hyène tachetée. (Extrait de C. Vogt, *les Mammifères*.)

répandue en Cafrerie et dans tout le midi de l'Afrique; elle s'apprivoise facilement, comme le Chien, et rend les mêmes services.

Une Hyène de très grande taille, l'*Hyène des cavernes*, habitait nos pays au temps de l'Homme quaternaire.

La famille des CHIENS comprend des Carnivores digitigrades à ongles non rétractiles. Le nombre des doigts est le même que chez les Félins: cinq aux pattes antérieures, quatre aux postérieures. Leur langue est douce, au contraire de celle des Félins. Ce sont les plus intelligents des Carnivores. Leurs sens sont très subtils, surtout celui de l'odorat. Ils vivent en société, ne grimpent point et atteignent leur proie à la course. Les principales espèces sont les Chiens, les Loups, les Renards, les Chacals, etc.

En outre des diverses races de Chiens domestiques, il existe un certain nombre d'espèces de Chiens sauvages, parmi lesquels se trouvent évidemment les souches dont dérivent nos races domestiquées.

Les **Chiens sauvages** ressemblent considérablement au Chien domestique par la forme et par l'aspect extérieur, mais, tandis que celui-ci aboie, ils présentent cette singulière particularité d'être muets. Le *Colsun* ou *Dole*, qui habite le Dekhan, les montagnes de Nilagiri et les forêts de la côte de Coromandel; le *Buansu*, qui se rencontre dans toute la contrée du bas Himalaya ; l'*Adjack* ou *Chien rutilant*, qui se trouve à l'île de Java, tels sont les principaux Chiens sauvages asiatiques. En Afrique, on rencontre le *Cabéru*, qui habite l'Abyssinie, et le *Dihb*, qui était connu déjà des anciens Égyptiens. En Australie, on observe le *Dingo ;* à la Nouvelle-Zélande, le *Kararahe ;* dans l'Amérique du Nord, le *Chien des Hare-Indiens*. La plupart de ces espèces de Chiens sauvages s'apprivoisent aisément et il serait assez facile de les domestiquer définitivement.

Les Chiens domestiques, vous le savez, appartiennent à des races et à des variétés fort diverses, entre lesquelles on constate des différences considérables, tenant non seulement à la taille ou au pelage, mais encore à des caractères anatomiques importants. Quelle distance n'y a-t-il pas, par exemple, entre le Lévrier et le Caniche, entre le Basset à pattes torses et le Terre-neuve !

Le *Loup* (fig. 93) atteint la taille de nos plus grands Chiens, mais il se distingue de ceux-ci par sa queue, qui est droite au lieu d'être relevée, par ses oreilles également droites et par son pelage fauve. Loin d'être un animal sociable comme les Chiens, même comme les Chiens sauvages et marrons, il vit le plus souvent solitaire dans les forêts et ne se réunit en bandes que lorsque la faim le presse. Très fort, très agile, très adroit, mais ordinairement lent et lâche, il devient alors d'une audace extrême : il attaque non seulement les Moutons et les Chiens,

mais encore les Hommes. Il est répandu dans toute l'Europe,
mais il diminue rapidement de nombre, grâce à la chasse
active dont il est l'objet; en Angleterre, il a déjà été complètement détruit; il abonde en Pologne, en Russie, en Suède,
en Norvège et en·Laponie. Il habite encore tout le centre
et tout le nord de l'Asie, notamment la Sibérie. Les Hindous le placent au rang de leurs animaux sacrés : aussi,
dans l'Hindoustan, commet-il des ravages et des déprédations
sans nombre. Dans le nord de l'Amérique septentrionale, on

Fig. 93. — Loup.

trouve un Loup qui a de grands rapports avec· celui de nos
contrées.

Le *Chacal* remplace le Loup en Afrique. On le rencontre
dans toute l'Afrique, dans toutes les régions chaudes de l'Asie
et même dans le sud de la Grèce. Ces animaux sortent la nuit
et poussent alors, pour se rallier dans l'obscurité, des hurlements lugubres et retentissants. Leur voracité est sans pareille,
comme celle des Hyènes; ils vont jusqu'à déterrer les cadavres
dans les cimetières. Le Chacal s'apprivoise facilement, mais

demeure toujours d'un caractère inconstant. Certains naturalistes l'ont considéré comme la souche de plusieurs de nos
races de Chiens.

Les **Renards** ont le museau extrêmement effilé et la queue
très touffue ; comme les Chacals, ils exhalent une odeur très
désagréable. Le *Renard vulgaire* (fig. 94), qui habite toute

Fig. 94. — Renard.

l'Europe, le nord de l'Asie et de l'Afrique, et qui se rencontre
même en Amérique, jouit à juste titre d'une grande réputation
de finesse : c'est la terreur des basses-cours, et il fait un grand
massacre de volailles. Il habite un terrier qu'il creuse à la
lisière des bois, parmi les pierres, sous les rochers ou les
troncs d'arbres ; d'autres fois, il s'empare du terrier d'un Lapin
ou d'un Blaireau et s'y installe à sa guise. Cet animal est l'objet d'une chasse acharnée de la part de l'Homme : en Angleterre, on le chasse à courre comme le Cerf, mais en France
on le poursuit d'une façon plus modeste. Le Renard est, lui
aussi, très susceptible d'éducation.

Le *Renard bleu* ou *Isatis*, qui donne une fourrure très estimée, est spécial aux régions polaires : il habite la Sibérie, le
nord de la Scandinavie et de la Russie. Malgré son nom de
Renard bleu, la couleur de sa robe s'accommode aux conditions où il vit : blanc en hiver, il est en été couleur de terre.

Le *Fennec* est un petit Renard à très larges oreilles, qui vit dans les dunes de sable du nord de l'Afrique. On trouve encore des espèces particulières de Renard en Asie et en Amérique.

La famille des **viverriens** (*viverra*, civette) comprend des Carnivores à corps mince, allongé, à jambes courtes, à museau pointu ; leurs doigts sont au nombre de cinq à chaque patte et sont munis d'ongles presque toujours rétractiles. Ils ont près de l'anus une ou plusieurs glandes, qui sécrètent un liquide particulier, à odeur forte, souvent désagréable et qui s'amasse parfois dans une poche spéciale. Ces animaux sont les uns plantigrades, les autres digitigrades. Ils sont avides de sang ; ils ont les mouvements vifs, aisés, courent rapidement et grimpent avec adresse. Ils habitent principalement les pays méridionaux de l'ancien monde ; le plus souvent ils n'ont pas de retraite fixe, mais, après avoir erré toute la nuit à la recherche de leur nourriture, ils se retirent et se couchent roulés en boule, dans un endroit tranquille et silencieux, là où le jour les a surpris.

Les **Civettes**, qui sont digitigrades, jouissent depuis longtemps d'une grande célébrité, à cause du parfum qu'elles fournissent en abondance et dont on a fait anciennement grand usage, même en médecine. En Orient, on les élève en captivité pour tirer profit de leur parfum. On distingue deux espèces de Civettes : la *Civette d'Afrique* et la *Civette de l'Inde*.

Les **Genettes**, dont on trouve une espèce dans le midi de la France, ne diffèrent guère des Civettes : leur sécrétion musquée est toutefois trop peu abondante pour qu'on puisse songer à en tirer parti. Ces animaux sont surtout répandus en Afrique, à Madagascar, dans l'Asie méridionale et dans l'archipel Indien.

Les **Mangoustes**, qui habitent toutes les parties chaudes de l'ancien continent, ne se distinguent guère des Civettes que par l'absence de poche à odeur. Le type en est la *Mangouste ichneumon*, qui habite toute l'Égypte et toute la région du Nil, et qui était un dieu des anciens Égyptiens.

La famille des **mustéliens** (*mustela*, belette) comprend des animaux de petite taille, au corps allongé et bas sur pattes, éminemment destructeurs. Les uns sont franchement plantigrades, comme le Blaireau ; les autres sont demi-plantigrades, tous avec cinq doigts à chaque patte. Ils ont le plus souvent des glandes dont la sécrétion est d'une odeur désagréable. Un certain nombre d'entre eux, comme la Martre, le Vison, l'Hermine, la Loutre, donnent une excellente fourrure. Ils sont répandus partout, sauf, comme toujours, en Australie.

La *Loutre* (fig. 95) habite le bord des rivières et se retire

Fig. 95. — Loutre.

soit dans quelque retraite naturelle, située à une faible distance de la rive, soit dans un terrier qu'elle se creuse et qu'elle met en communication avec la profondeur de l'eau. Elle se nourrit surtout de Poissons, nage et plonge admirablement grâce à ses pieds palmés. On l'apprivoise sans trop de peine et son maître alors la dresse à pêcher pour lui. Les Loutres se rencontrent dans toutes les parties du monde, mais surtout en Europe et en Amérique. Une espèce particulière, la *Loutre marine*, qui vit au Kamtschatka, donne une fourrure des plus appréciées ; elle est aujourd'hui presque complètement détruite.

Les **Martres** sont les plus petits, mais aussi les plus féroces des Carnivores. Ces animaux, dont la plupart établissent leur demeure non loin des lieux habités, causent des dégâts considéralules, notamment dans les basses-cours. Leurs onglés sont rétractiles.

La *Martre ordinaire* et le *Vison* se rencontrent en Europe et en Amérique ; la première vit dans les forêts, le second dans les endroits marécageux. La *Zibeline* habite la Sibérie ; on la chasse avec activité, car sa fourrure est une des plus recherchées. La *Fouine* se trouve dans toute l'Europe et une partie de l'Asie occidentale ; elle vit auprès de l'Homme et a une prédilection marquée pour les animaux de basse-cour.

Le *Putois commun*, appelé encore Putois fétide, à cause de l'odeur repoussante qu'il exhale, a les mêmes mœurs que la Fouine ; on l'observe dans toute l'Europe. L'*Hermine* vit à côté de la Zibeline, dans les régions les plus septentrionales du globe ; sa fourrure est rousse en été, mais en hiver d'un blanc éclatant avec, en tous temps, le bout de la queue noir. Le *Furet*, venu d'Espagne, est l'ennemi naturel du Lapin, à la

Fig. 96. — Belette.

chasse duquel il est facile de le dresser. La *Belette* (fig. 96), le plus petit des Carnivores, fait surtout la guerre aux Taupes et aux Rats. Elle est commune en France ainsi que la Fouine et le Putois : la Martre et l'Hermine y sont rares, le Vison plus encore.

Le *Blaireau*, qui se trouve dans les régions tempérées de l'Europe, de l'Asie et de l'Amérique, est de la grosseur d'un Renard, mais ses pattes sont plus courtes. Il se creuse, dans des endroits rétirés, des galeries souterraines profondes et compliquées, où il dort tout le jour : il sort au contraire la nuit pour chercher sa nourriture. Il est omnivore et plantigrade. Son poil n'a point le soyeux de celui des animaux précédents : il sert à faire des brosses à dents et des pinceaux à barbe.

Pour en finir avec l'ordre des Carnivores, il nous reste à passer en revue la famille des **ours**. Ces animaux sont tous plantigrades, ce qui leur permet de se tenir debout sur leurs pattes de derrière; leurs pieds sont munis de cinq doigts. Ils grimpent facilement et, grâce à leurs ongles puissants, non rétractiles, ils peuvent fouiller le sol, sans cependant creuser de véritables terriers : ils se retirent dans des arbres creux ou dans des cavernes. Ils sont omnivores. La plupart sont sujets au sommeil hibernal.

Les **Ours** proprement dits ont le corps lourd, la queue très courte, le poil très touffu. Leur force est énorme : d'un coup de patte ils assomment les animaux les plus robustes. On peut facilement les apprivoiser et leur apprendre à se tenir debout au commandement et à danser au son de la musique. Les Ours sont répandus en Europe, en Asie et en Amérique; on n'en connaît aucune espèce africaine. Ils habitent surtout les régions froides et, si on les rencontre dans les pays chauds et tempérés, ce n'est jamais que sur les hautes chaînes de montagnes.

L'*Ours brun* (fig. 97) habite les principales chaînes de montagnes de l'Europe, notamment dans les Alpes et les Pyrénées, mais il tend rapidement à disparaître, à cause de la chasse incessante dont il est l'objet. Cet animal, à l'état adulte, a une longueur moyenne de 1$^m$,60 environ : mais il n'est pas rare de le voir atteindre une taille beaucoup plus considérable, et le musée de Lausanne renferme un individu qui ne mesure pas moins de 2$^m$,30. L'Ours brun vit solitaire; il dort le jour et chasse la nuit. Quand les aliments sont rares, il descend dans la plaine et saccage les champs de blé, d'avoine et de maïs.

Son régime est surtout végétal et il a une prédilection marquée
pour les Fourmis et le miel; il ne mange de la viande qu'à
l'époque des froids, quand les fruits deviennent rares : il attaque
alors surtout les Moutons. Il n'attaque pas l'Homme, si celui-ci
ne l'a pas provoqué. En dehors de l'Europe, on le rencontre
encore en Sibérie et en Perse.

L'*Ours blanc*, qui habite les régions glacées avoisinant le
Pôle arctique, le Groënland, le Spitzberg, la Nouvelle-Zemble, etc., est beaucoup plus redoutable que le précédent. Il
poursuit les Morses, les Phoques et s'en empare en plongeant.

Fig. 97. — Ours brun.

avec une grande adresse. Il attaque les pêcheurs qui naviguent
dans ces régions désolées, et la liste est longue des victimes
qu'il a faites. Cet animal est de très grande taille : il atteint
ordinairement et dépasse fréquemment 2$^m$,50 de longueur. Sa
force, proportionnée à sa taille, le rend extrêmement redoutable : aussi les Esquimaux et les Samoyèdes le chassent-ils
avec acharnement.

L'Amérique compte plusieurs espèces d'Ours : l'*Ours gris* et
l'*Ours noir* sont les mieux connus. Le premier, assez semblable

à notre Ours brun, est très redouté des chasseurs : auprès de
lui, dit-on, le Jaguar paraît inoffensif ; il habite les grandes
forêts des États-Unis. L'Ours noir est au contraire assez doux ;
il est surtout frugivore et ne s'attaque au bétail que quand la
faim le presse ; il est commun aux États-Unis. C'est lui qui
fournit les jambons d'Ours qui nous arrivent d'Amérique, et
c'est avec sa fourrure que se fabriquent les bonnets des grena-
diers.

L'Inde nourrit plusieurs autres espèces d'Ours, dont l'un,
*Ours malais*, absolument inoffensif, est souvent élevé comme
animal domestique.

### ORDRE DES RONGEURS

Les **Rongeurs** sont des Mammifères de taille moyenne ou
petite, caractérisés surtout par le système dentaire (fig. 98) :
ils ne possèdent que deux sortes de
dents, des incisives, au nombre de
deux à chaque mâchoire, et des molaires en nombre variable, qui présentent
la forme et remplissent les fonctions
de râpes. Les incisives sont séparées
des molaires par un large espace, dans
lequel devraient se trouver implantées
les canines et auquel on a donné le
nom de *barre*. Elles servent à couper

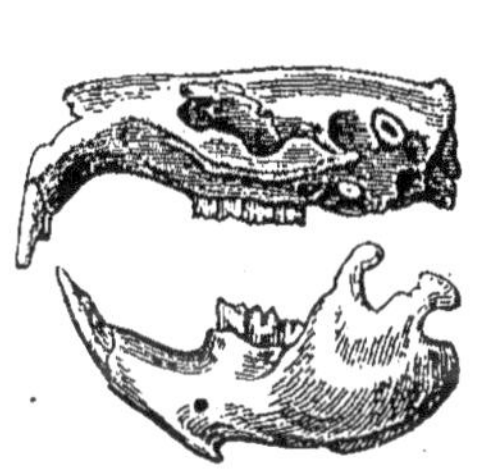

Fig. 98. — Tête de Rongeur.

les racines et les branches d'arbre, à la façon de cisailles ; en
frottant les unes contre les autres, elles se taillent mutuellement en biseau et s'usent réciproquement. Elles disparaî-
traient donc assez rapidement si, chez ces animaux, elles ne
jouissaient de la propriété de pousser indéfiniment par la
base, aussi rapidement qu'elles s'usent par le sommet : c'est
ce qui explique pourquoi ces incisives sont toujours de la
même longueur et pourquoi, lorsque l'une d'entre elles vient

à se briser, celle qui lui est opposée, ne supportant plus aucun frottement, croît indéfiniment et peut de la sorte devenir fort longue.

Les Rongeurs ont normalement un régime exclusivement végétal : ils se nourrissent de graines, de fruits, d'herbes et plus rarement de racines ou d'écorces. Quelques-uns, comme les Rats, sont omnivores, mais ce n'est là qu'une exception. La plupart des Rongeurs ont un pelage fin, soyeux et épais : l'Écureuil petit-gris et le Chinchilla nous fournissent d'excellentes fourrures ; le poil du Lapin, du Lièvre, du Castor est employé pour la confection du feutre. Il est cependant des Rongeurs, tels que le Porc-Épic, qui sont couverts de piquants et d'épines, infiniment plus longues et plus fortes que celles du Hérisson.

La conformation des membres varie beaucoup chez ces animaux et correspond aux modes de locomotion les plus divers. Ils sont disposés pour courir chez le Lièvre, pour sauter chez la Gerboise (fig. 108), grimper chez l'Écureuil, voler chez certaines espèces d'Écureuils, nager chez le Castor. Les doigts sont ordinairement au nombre de cinq et ne portent sur le sol que par leur extrémité ; ils sont armés de griffes acérées qui leur servent à grimper ou à fouiller le sol.

Les Rongeurs sont répandus sur toute la surface du globe, mais c'est dans l'Amérique du Nord qu'ils sont le plus abondants. L'Europe et spécialement la France renferment tous les types que nous examinerons.

Les **Écureuils** (fig. 99) sont de gracieux animaux, aux mouvements prompts comme l'éclair, aux formes élégantes, à la mine éveillée. Leur agilité est incroyable : dans les forêts qu'ils habitent, ils sautent d'arbre en arbre, de branche en branche, avec une aisance parfaite. Ils s'élancent aussi d'une hauteur considérable et retombent à terre avec une souplesse inouïe. Leur queue leur est d'un grand secours dans l'exécution de ces sauts périlleux : recourbée sur le dos, au repos et raidie fortement pendant le saut, elle concourt, grâce à son pelage touffu

Fig. 99. — Écureuil commun.

qui présente une large surface, à offrir une grande résistance à l'air. Chez certaines espèces exotiques, et connues ordinairement sous le nom d'*Écureuils volants*, la peau des flancs présente un repli qui se relie aux pattes, et qui constitue un véritable parachute, grâce auquel l'animal peut franchir d'un seul bond de grandes distances.

L'Écureuil se nourrit de fruits et particulièrement de glands, de noisettes, d'amandes et de châtaignes. Lorsqu'il veut manger, il s'assied sur son derrière et porte l'aliment à sa bouche avec les deux pattes de devant : celles-ci remplissent donc jusqu'à un certain point l'office de mains; leur pouce porte un ongle aplati, tandis que tous les autres doigts sont armés de griffes recourbées et tranchantes.

L'Écureuil ne sort guère qu'au coucher du soleil. Le reste du temps il reste dans son nid, construit de mousse et de branchages, et établi sur un arbre à l'enfourchure des grosses branches. Il vit par couples et la femelle témoigne pour ses petits une touchante sollicitude. Pendant l'été, il amasse dans son nid ou cache dans différents endroits des provisions qui lui serviront lorsque, au sortir du sommeil hibernal, il reprendra toute son activité.

Dans le nord de l'Europe et de l'Asie, les Écureuils prennent en hiver une couleur qui leur a valu le nom de *Petit-Gris.*

connu des Romains, qui estimaient beaucoup sa chair : ils
l'apprivoisaient et l'engraissaient pour le manger. Ce sont

Fig. 101. — Lérot.

aussi des animaux hibernants, dont le sommeil est même
passé en proverbe.

Les **Campagnols**, comme leur nom l'indique, sont habitants
des campagnes. Ils ont la queue courte et velue. Ce sont des
animaux très nuisibles à l'agriculture, auxquels les cultivateurs
font une guerre acharnée. Ils apparaissent quelquefois tout
d'un coup en quantités prodigieuses. En 1822, dans le seul
canton de Saverne, on en a tué 1 157 000. Ils se creusent des
galeries souterraines où parfois, comme le Campagnol économe,
qui habite la Sibérie, ils amassent des quantités énormes de
provisions. Vous connaissez tous l'animal auquel on donne à
tort le nom de *Rat d'eau* (fig. 102) : c'est un Campagnol très
vorace, qui, végétivore d'ordinaire, ne manque cependant pas
de s'attaquer aux animaux aquatiques et aux petits animaux
terrestres quand il en trouve l'occasion ; il s'engourdit pendant
la saison froide. Les Campagnols sont particuliers à l'Europe
et à l'Asie.

Les **Rats** ne se différencient guère des Campagnols que parce
que leur queue est nue et aussi longue que le corps. Vous connaissez les mœurs de ces animaux et vous savez quels immenses dégâts ils causent aussi bien dans les champs, les jardins,
les plantations, que dans les habitations : les Rats s'accommo-

dent en effet de tous les genres de vie et, pour notre malheur, ils prospèrent et se multiplient avec une égale facilité dans les conditions d'existence les plus diverses. Ces animaux voraces constituent pour l'humanité un véritable fléau et on ne saurait les combattre trop énergiquement.

Les Rats se rencontrent sur toute la surface du globe et certaines espèces sont cosmopolites : on pense qu'elles ont été ainsi répandues par des navires à bord desquels elles se seraient trouvées. Les espèces européennes, peu nombreuses, sont les suivantes :

Le *Rat noir*, originaire de l'Asie Mineure, introduit en Europe au moyen âge seulement. Il disparaît progressivement devant le *Rat Surmulot* ou *Rat gris*, qui lui fait une guerre acharnée. Cette dernière espèce n'existe en

Fig. 102. — Rat d'eau. (Extrait de C. Vogt, *les Mammifères*.)

Europe que depuis le milieu du dix-huitième siècle : elle est venue de l'Inde par des navires, qui l'ont importée en Angleterre. Le Surmulot est le plus gros, le plus vorace et le plus méchant de tous les Rats européens; il est actuellement répandu dans presque toutes les grandes villes, où il a détruit le Rat noir. Le *Rat nègre*, variété du Rat noir, a été récemment importé d'Égypte dans la vallée de la Loire, où il attaque le Surmulot. Le *Mulot* habite les champs; en hiver, il se ré-

fugie parfois dans les habitations. La *Souris*, un peu plus petite que le Mulot, se trouve indifféremment dans les maisons
et dans les champs ; originaire d'Europe, elle est actuellement
répandue partout. Enfin, pour achever la liste des espèces
d'Europe, il reste à signaler le *Rat nain* ou *Rat des moissons*
(fig. 103), le plus petit et le plus gracieux des Rats de France ;
il se construit un nid d'herbes et de feuilles artistement tres-
sées, supporté par deux ou trois tiges de blé.

Fig. 103. — Rat des moissons.

Le **Porc-Épic** (fig. 104), qui habite le nord de l'Afrique et
le sud de l'Italie et de l'Espagne, est un des plus gros Rongeurs
connus. C'est un animal nocturne et essentiellement herbivore,
qui, malgré son armure de piquants acérés, est parfaitement
inoffensif et n'attaque jamais les autres animaux. Il se creuse
des terriers profonds, s'ouvrant au dehors par plusieurs issues
et dans lesquels il se cache pendant le jour.

Le **Cobaye** est domestiqué depuis fort longtemps. Nous l'appelons *Cochon d'Inde*, les Anglais *Guinea Pig*, les Allemands *Meerschweinchen;* or ce n'est pas un Cochon, ni un

Fig. 104. — Porc-Épic.

animal marin; il vient ni de l'Inde, ni de Guinée, mais il est originaire de l'Amérique du Sud. On l'élève pour le manger, mais sa chair est fade et peu savoureuse et est en

Fig. 105. — Lièvre.

tous cas bien inférieure, comme qualité, à celle du Lièvre et du Lapin.

Le **Lièvre** (fig. 105) et le *Lapin* (fig. 106) forment, dans l'ordre des Rongeurs, un groupe bien isolé, grâce à un caractère de la dentition qui ne s'observe que chez eux : à la mâchoire supérieure, ils portent quatre incisives, placées sur deux rangs ; les antérieures sont beaucoup plus grosses que les postérieures.

Le *Lièvre variable,* habitant des pays du Nord et des Alpes, prend en hiver un pelage blanc.

Il serait superflu de décrire en détail le Lièvre et le Lapin :

Fig. 106. — Lapins de garenne.

vous connaissez ces animaux ainsi que leur genre de vie ; leur timidité proverbiale, les dangers qui les menacent, tant de la part des autres animaux que de la part de l'Homme, qui les chasse avec ardeur. Sans nous attarder à vous rappeler tous ces faits, nous allons donc passer dès maintenant à l'étude d'un autre Rongeur des plus intéressants, le **Castor** (fig. 107), célèbre par ses mœurs et son intelligence.

Cet animal est caractérisé par une queue longue et large, aplatie en forme de spatule et recouverte d'écailles, et par la grande différence que l'on constate entre ses deux paires de pattes : tandis que les antérieures sont courtes et organisées pour creuser le sol et pour saisir fortement les objets, les postérieures sont assez longues et présentent des doigts parfaitement palmés, en sorte qu'elles sont adaptées à la natation. Les

Castors sont en effet des animaux essentiellement aquatiques; ils nagent très bien, car leurs pieds de derrière forment de larges rames et leur queue un excellent gouvernail.
Aussi est-ce dans les contrées entre-coupées de lacs et de
cours d'eau qu'on les rencontre de préférence. Autrefois ils
étaient répandus dans toute l'Europe, et on les appelait *Biè-
vres*, en France; mais on ne les trouve plus maintenant que

Fig. 107. — Castor.

dans les grandes solitudes de l'Amérique du Nord, spécialement au Canada; en Europe, ils se rencontrent encore çà et là
sur les bords de l'Elbe, en Pologne, en Russie, et sur le cours
inférieur du Rhône, mais ils y sont devenus extrêmement
rares et ils ne tarderont certainement pas à y disparaître à
tout jamais.

Vous lirez avec le plus vif intérêt, dans les récits des
voyageurs et des naturalistes, les détails sur les mœurs
de ces curieux animaux, leurs colonies, les édifices qu'ils
construisent et l'industrie véritablement admirable dont ils
font preuve.

Nos Castors d'Europe, presque détruits par l'Homme, et
dont on ne retrouve plus que quelques rares individus en
France dans les affluents du Rhône, ne savent pas construire.

D'autres Rongeurs méritent encore d'attirer votre attention.
Telle est la **Gerboise** *africaine* (fig. 108), aux pattes postérieures extrêmement longues, ce qui lui permet de faire des
bonds extraordinaires. Tel le **Cabiai**, le plus gros des Rongeurs, habitant de l'Amérique du Sud. Tel le **Hamster**, qui
se creuse des terriers et détruit une grande quantité de

Fig. 108. — Gerboise.

grains. Aussi est-il très redouté des agriculteurs d'Allemagne,
où il est parfois extrêmement abondant. Tel enfin le **Lemming**,
qui vit en Laponie et en Norvège, et qui souvent, au début
de l'hiver, descend vers le Sud en troupes innombrables,
ravageant tout sur son passage. C'est, comme le Hamster, un
animal voisin des Campagnols.

### ORDRE DES PROBOSCIDIENS

Les animaux qui vont nous occuper maintenant sont les
plus grands des animaux terrestres, comme les Baleines sont
les plus grands des animaux aquatiques ; on leur a donné
le nom de Proboscidiens (προϐοσκίς, trompe), à cause de leur

trompe. Cet organe n'est autre chose qu'un nez extraordinairement allongé et qui, grâce à sa mobilité et à sa sensibilité exquise, sert tout à la fois à l'odorat, au tact et à la préhension.

Les **Éléphants** sont des animaux lourds, à la démarche pesante. Néanmoins ils peuvent dans certains cas marcher assez vite pour qu'un Homme à cheval ait peine à les suivre; ils nagent aussi fort bien. La peau est très épaisse et présente des plis nombreux qui se croisent; elle est presque complètement nue et ce n'est guère qu'au bout de la queue que les poils s'accumulent et se développent de façon à constituer une petite touffe.

Les membres, massifs, ressemblent à de solides piliers cylindriques : ils se terminent par un pied large et aplati, dont les doigts sont soudés de telle sorte qu'ils ne peuvent se mouvoir. Chaque doigt est muni d'un petit sabot arrondi, qui enveloppe son extrémité.

La dentition des Éléphants présente des particularités remarquables. Il n'y a de canines à aucune des deux mâchoires; la mâchoire inférieure est également dépourvue d'incisives, mais ces dernières dents sont converties à la mâchoire supérieure en énormes *défenses* (fig. 109). Celles-ci s'accroissent continuellement et peuvent atteindre une grande longueur, du moins chez le mâle : chez la femelle, en effet, elles restent toujours notablement plus courtes et parfois même dépassent à peine la racine de la trompe.

La substance qui constitue les défenses est l'ivoire. Cette matière précieuse, dont l'industrie fait un si grand usage, a été employée à titre d'ornement dès les temps les plus anciens : Salomon avait un trône d'ivoire recouvert d'or et Phidias avait sculpté en ivoire et incrusté d'or la statue de Jupiter Olympien.

La plus grande partie de l'ivoire actuellement dans le commerce provient de l'Afrique; en seconde ligne vient la Sibérie,

qui fournit l'ivoire fossile ; l'Inde en exporte la plus faible quantité. Autrefois les princes africains entouraient leurs demeures de
haies de dents d'Éléphant ; mais depuis qu'ils ont appris quel
grand prix les Européens attachent à cette substance, ils la
livrent en abondance au commerce. Ce sont surtout les nègres
du cours supérieur du Nil qui se sont institués les fournisseurs
de l'Europe : Khartoum et Massouah sont devenus les marchés
d'ivoire, et l'on retire aussi cette précieuse matière de la côte
occidentale d'Afrique, notamment du Gabon.

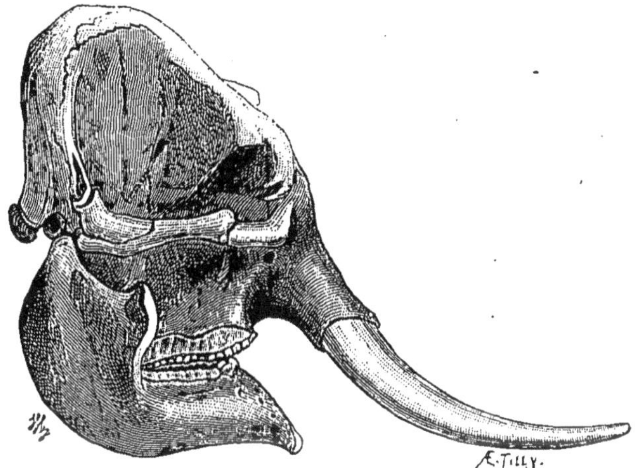

Fig. 109. — Tête d'Éléphant.

Les molaires existent, et elles offrent une disposition bien
caractéristique. Elles sont formées chacune d'un grand nombre
de plaques d'ivoire et d'émail placées parallèlement l'une derrière l'autre. Ces dents s'usent rapidement par suite des frottements réitérés qu'elles ont à subir les unes sur les autres,
lors de la mastication des végétaux dont l'Éléphant se nourrit ;
l'animal se verrait donc bientôt dans l'impossibilité de broyer
ses aliments, s'il ne se passait, pour obvier à cet inconvénient,
un phénomène des plus remarquables et sur lequel nous de-

vons attirer votre attention. Une molaire se développe et fonctionne d'abord seule, à chaque mâchoire et de chaque côté ; pendant qu'elle fonctionne et à mesure qu'elle s'use, la molaire suivante se développe à son tour en arrière, et pousse la première dent en avant de telle sorte que, lorsque celle-ci est usée totalement et tombe, la seconde a atteint toute sa croissance et est apte à la remplacer. Pendant que cette nouvelle dent fonctionne à son tour, il s'en développe une troisième qui prendra plus tard également sa place. Ce phénomène de chute et de remplacement des dents usées par des dents de nouvelle formation peut se reproduire jusqu'à six et huit fois pendant la vie de l'Éléphant.

L'œil de l'Éléphant est extraordinairement petit. L'oreille pend sur les côtés de la tête sous forme d'un grand lambeau ; l'ouïe est fine et délicate, et l'Éléphant semble même être très agréablement impressionné par la musique : on a vu un de ces animaux qui, à l'audition d'une mélodie, battait régulièrement la mesure avec sa trompe et se balançait en cadence sur ses lourdes pattes : le concert fini, il s'agenouilla devant un musicien qui, en donnant du cor, l'avait particulièrement ému, et il chercha à lui exprimer, en le caressant avec sa trompe, tout le plaisir qu'il avait éprouvé.

Ces animaux sont doués d'une intelligence remarquable et peuvent rendre de grands services lorsqu'on veut se donner la peine de faire leur éducation : cela n'est du reste pas bien difficile, car ils sont d'une grande docilité.

Comme animal domestique, l'Éléphant peut rendre les plus grands services : les Perses, les Carthaginois et, après eux, les Romains l'avaient dressé au service militaire. De nos jours encore, dans l'armée anglaise des Indes on l'emploie à la guerre pour transporter les malades, les tentes et les ustensiles, ou même pour traîner les pièces d'artillerie, mais on ne le lance plus au milieu de la bataille. Les habitants du Bengale, de Siam, etc., chassent les Éléphants sauvages et, pour les cap-

turer, ont recours aux ruses et aux stratagèmes les plus divers : car la possession d'un Éléphant est pour eux une fortune. Cet animal facile à nourrir sert de monture, de bête de
somme, est enfin employé aux travaux les plus divers et les
plus pénibles. Il peut vivre cent cinquante ans.

On ne connaît que deux espèces d'Éléphants actuellement

Fig. 110. — Éléphant d'Afrique.     Fig. 111. — Éléphant d'Asie.

vivantes : l'une est particulière à l'Asie, l'autre à l'Afrique.
L'Éléphant d'Afrique (fig. 110) est le plus grand des deux,
et atteint 5 mètres de hauteur : il se distingue par son front
bombé, ses oreilles très grandes, ses défenses en anses, arri-
vant à peser chacune 750 kilogrammes. L'Éléphant d'Asie
(fig. 111) a le front plat, les oreilles petites, les défenses
moins développées.

L'*Éléphant d'Afrique* se rencontre depuis le cap de Bonne-
Espérance jusqu'en Abyssinie et au cap Vert : on le trouve par
conséquent en Mozambique, en Guinée, au Sénégal ; il a

presque entièrement disparu du Cap.; mais, il y a peu de temps encore, on l'y rencontrait en abondance. Les Éléphants africains vivent en troupes plus ou moins nombreuses, conduites par un chef; on trouve aussi des individus isolés, qui se sont

Fig. 112. — Éléphant de l'Inde.

séparés volontairement ou qui ont été expulsés d'un troupeau pour des causes qui nous échappent. Les indigènes des con-trées qu'habitent ces animaux ne cherchent aucunement à les apprivoiser; ils les chassent pour la nourriture que four-nit leur abondante chair, et surtout pour l'ivoire de leurs défenses. Ils les prennent dans des fosses, ou les tuent au fusil, avec des flèches ou même à l'arme blanche en lui coupant le jarret.

L'*Éléphant d'Asie* (fig. 112) habite les Indes, le royaume de Siam, la Birmanie, le Bengale, la Cochinchine, Ceylan, Sumatra et Bornéo. Comme le précédent, cet animal vit en société. Certains individus, atteints d'albinisme, sont à Siam l'objet d'un culte tout spécial : on croit qu'ils recèlent les âmes

Fig. 113. — Restauration du Mammouth.

des anciens rois et les monarques de ce pays les logent dans leur palais, et les font servir par un personnel nombreux et avec un cérémonial magnifique.

*De nos jours*, l'ordre des Proboscidiens est représenté par les seuls Éléphants, mais, à des époques géologiques relativement récentes, cet ordre comprenait encore d'autres animaux dont nous devons vous dire quelques mots.

Une espèce dont l'histoire est vraiment curieuse, le *Mammouth*, habitait alors tout à la fois l'Europe, l'Asie et le nord de l'Amérique. Cet animal, plus grand encore que l'Éléphant actuel, possédait d'énormes défenses fortement incurvées ; son corps entier était recouvert d'une toison épaisse et longue de poils raides et noirs (fig. 113).

Le Mammouth, à l'inverse des Éléphants qui n'habitent que les contrées chaudes de l'Afrique et de l'Asie, vivait de préférence dans les régions glaciales du Nord. C'est en effet surtout en Sibérie que l'on rencontre ses restes. Lorsque des plages sablonneuses viennent à dégeler, on découvre des montagnes entières de dents et d'ossements gigantesques qui appartenaient au Mammouth. Les défenses de cet animal sont tellement abondantes dans ces parages que les empereurs de Russie virent dans leur exploitation une source de revenus considérables pour le trésor et défendirent aux habitants de les récolter. Chaque année de nombreuses caravanes se rendent à la belle saison sur ces rivages glacés et en rapportent de véritables cargaisons d'ivoire fossile, qui sert dans l'industrie aux mêmes usages que l'ivoire des Éléphants actuels.

Le Mammouth a dû périr et disparaître de la surface du globe à la suite d'un cataclysme ayant déterminé un abaissement subit et permanent de la température. Ce qui le prouve, c'est la curieuse découverte qui fut faite en 1799, sur les bords de la Léna, d'un cadavre intact de Mammouth. L'animal, saisi au milieu des glaces, était resté là peut-être pendant des milliers d'années, à l'abri de l'air, et par conséquent à l'abri de la putréfaction. Il était en si parfait état de conservation, lorsqu'il fut retrouvé, que sa peau, ses longs poils, et même ses organes les plus délicats, son cerveau, ses yeux, présentaient le même aspect que sur un animal frais. Ses chairs étaient appétissantes et les Yakoutes qui le découvrirent se régalèrent de ce mets préhistorique. Les restes de ce Mammouth célèbre figurent actuellement au musée de Saint-Pétersbourg.

Les habitants préhistoriques de nos contrées chassaient le Mammouth avec leur hache de pierre, comme les Abyssins chassent encore l'Éléphant à l'épée. Un artiste de ces temps reculés nous a conservé, tracée sur un morceau d'ivoire, la représentation d'une de ces chasses périlleuses.

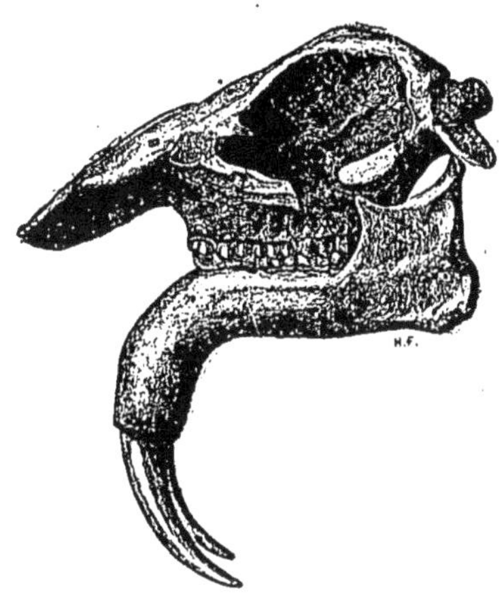

Fig. 114. — Crâne de Dinothérium.

Un autre Proboscidien dont on retrouve encore les restes dans le terrain tertiaire, à une époque où l'on n'est pas certain que l'homme existât déjà, est le **Mastodonte**. Il habitait l'Europe centrale, les Indes et l'Amérique. Cet animal avait quatre défenses, deux à chaque mâchoire : celles de la mâchoire supérieure étaient longues et un peu recourbées ; celles de la, mâchoire inférieure étaient courtes et droites.

Un autre, le **Dinothérium**, avait des défenses à la mâchoire inférieure, et elles étaient recourbées en bas (fig. 114).

## ORDRE DES PÉRISSODACTYLES

L'ordre des **Périssodactyles** (περισσὸς, impair; δάκτυλος, doigt) renferme des animaux qui semblent fort dissemblables au premier abord : le Cheval, le Rhinocéros, le Tapir. Ces animaux toutefois présentent tous cette particularité d'avoir à chaque patte un nombre impair de doigts (fig. 115). Ces doigts sont entourés de *sabots* : il peut n'exister qu'un seul sabot, qui entoure le pied tout entier, comme chez le Cheval; ou bien chaque doigt peut avoir son sabot particulier, comme chez le Rhinocéros et le Tapir.

Tous les Périssodactyles sont herbivores. Leur dentition présente certains caractères importants que nous étudierons chez le Cheval. Leur estomac est toujours simple..— Les animaux dont le pied est conformé de la même façon que le Cheval ont été réunis sous le nom de **solipèdes** (étrange mot qui a l'intention de dire : un seul doigt). Le Cheval est le type de ce groupe, comme il est l'animal le plus important pour nous de l'ordre tout entier des Périssodactyles.

« La plus noble conquête que l'Homme ait jamais faite, a dit Buffon dans une page admirable, est celle de ce fier et fougueux animal qui partage avec lui les fatigues de la guerre et la gloire des combats ; aussi intrépide que son maître, le Cheval voit le péril et l'affronte ; il se fait au bruit des armes, il l'aime, il le cherche et s'anime de la même ardeur ; il partage aussi ses plaisirs à la chasse, aux tournois, à la course ; il brille, il étincelle ; mais, docile autant que courageux, il ne se laisse point emporter à son feu ; il sait réprimer ses mouvements ; non seulement il fléchit sous la main de celui qui le guide,

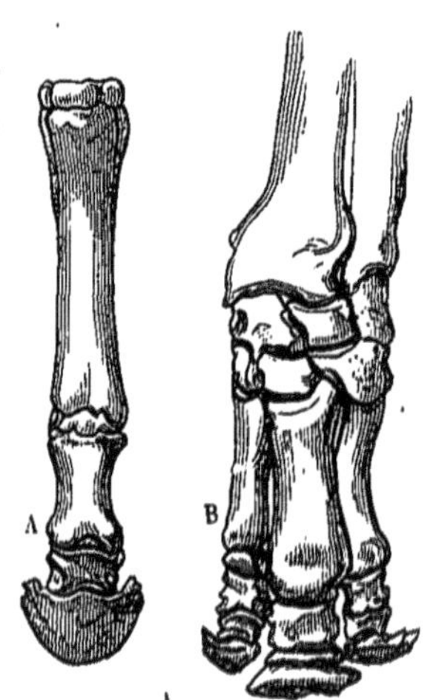



Fig. 115. — A, patte de Cheval.
B, patte de Rhinocéros.

mais il semble consulter ses désirs ; obéissant toujours aux impressions qu'il en reçoit, il se précipite, se modère ou s'arrête, et n'agit que pour y satisfaire ; c'est une créature qui renonce à son être pour n'exister que par la volonté d'un autre, qui sait même la prévenir ; qui, par la promptitude et la précision de ses mouvements, l'exprime et l'exécute ; qui sent autant qu'on le désire et ne rend qu'autant qu'on le veut ; qui, se livrant sans réserve, ne se refuse à rien, sert de toutes ses forces, s'excède et même meurt pour mieux obéir. »

Cette description célèbre de Buffon peint bien exactement les qualités du Cheval, les services précieux qu'il rend à l'Homme. La citation que nous en venons de faire nous dispensera d'insister plus longuement sur ce point. Aussi bien savez-vous tous combien le Cheval est utile à l'Homme.

Les *allures* du Cheval sont très variées. Le *pas* s'accomplit en quatre temps (fig. 116, 117) : un membre de devant quitte

Fig. 116. — Cheval au pas; instant
de l'appui latéral.

Fig. 117. — Cheval au pas; instant
de l'appui diagonal.

d'abord le sol, puis il est suivi de la jambe de derrière du côté opposé. Dès que ces deux membres sont posés à terre, les deux autres se meuvent de la même façon. Dans le *trot* (fig. 118), une jambe antérieure et une postérieure, de côtés opposés (*bipède diagonal*, disent les éleveurs), se lèvent ensemble pour retomber également ensemble; le *trot* s'exécute en deux temps.

Fig. 118. — Cheval au trot.

Fig. 119. — Cheval au galop, premier temps.

Le *galop* (fig. 119) consiste en un saut en avant, dans lequel les jambes antérieures se lèvent en même temps et sont suivies si promptement de celles de derrière, que pendant un certain temps elles se trouvent toutes les quatre en l'air.

Ce sont là les allures ordinaires, naturelles, quant aux

allures artificielles ou acquises, on les désigne sous le nom
d'*amble* (fig. 120), d'*entrepas* ou
*traquenard* et d'*aubin*. L'amble
seul mérite de nous arrêter : il
s'exécute en deux temps; au premier temps, deux jambes, l'une
antérieure et l'autre postérieure du
même côté (*bipède latéral*), quittent le sol pour se poser ensemble,

Fig. 120. — Cheval à l'amble.

puis au second temps les deux autres jambes reproduisent le
même mouvement.

En raison des travaux pénibles auxquels le Cheval domestique est soumis, on a l'habitude de lui appliquer une semelle
de fer sous les sabots. La *ferrure* est destinée à permettre aux
sabots de résister à l'usure des frottements et aux efforts de la
locomotion. En effet, sans le fer protecteur, le Cheval ne serait
pas capable de suffire longtemps aux travaux que l'on exige de
lui dans les rues pavées des villes et sur les routes empierrées.

Dans la pratique de la ferrure, il importe de conserver au
pied l'intégrité de sa forme et la liberté de ses mouvements, et
au membre la régularité de ses aplombs. Ces conditions ne
sauraient être remplies si l'on ne donne au fer une tournure
exactement modelée sur les contours du pied, et si on ne l'a-
juste de telle sorte que l'assiette du membre sur le sol soit autant que possible la même que si le fer n'avait pas été sura-
justé. Il faut attacher la plus grande importance à la façon dont
le Cheval est ferré, car une mauvaise ferrure peut être le point
de départ de diverses maladies du pied qui mettent l'animal
hors de service et lui enlèvent toute valeur.

Il est bien difficile de dire exactement à quelle époque
l'Homme a commencé d'asservir le Cheval; sa domestication
remonte en tous cas aux sociétés primitives. Il semble certain que les Hébreux ne possédaient point encore de Cheval
du temps de Moïse, car celui-ci leur recommande de ne

point avoir peur, à la guerre, des Chevaux de leurs ennemis ;
du temps de Salomon, ils en avaient au contraire un grand
nombre. L'art de l'équitation était fort développé chez les
Scythes. Lorsque ces peuples barbares envahirent la Grèce, les
habitants de la Thrace furent frappés d'effroi : ils pensaient
que l'Homme et le Cheval ne faisaient qu'un, et c'est ainsi qu'il
faut s'expliquer l'origine de la fable des Centaures. Il est intéressant de remarquer que, lorsque Fernand Cortez vint dé-
barquer au Mexique, les Aztèques, qui n'avaient jamais vu de
Chevaux, tombèrent dans la même erreur.

Depuis le moment où il a pu apprécier les services que le
Cheval était appelé à lui rendre, l'Homme s'est occupé d'élever

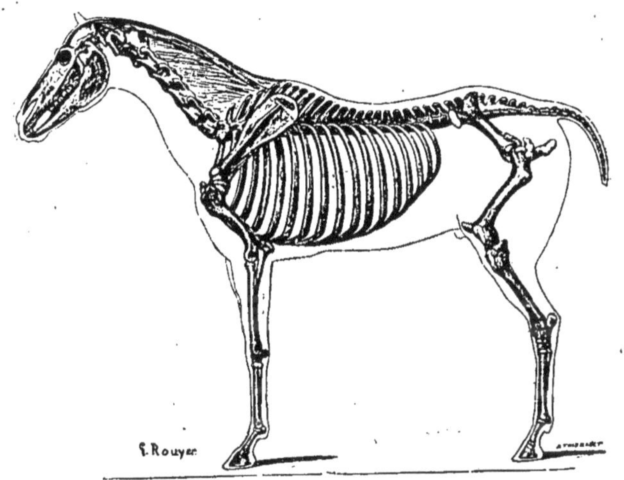

Fig. 121. — Squelette de Cheval.

et de multiplier ce précieux animal. Dans l'antiquité, les haras
de Salomon étaient célèbres, la Médie et l'Arménie produisaient
une grande quantité de Chevaux. De nos jours, l'élevage du
Cheval a pris une grande extension et constitue même la principale industrie de certaines contrées : la Normandie est dans

ce cas. Dans le but d'assurer la remonte des armées, les divers États ont des *haras* particuliers où l'on cherche tout à la fois à propager la race et à l'améliorer : le premier haras d'État a été fondé en 1714, par Louis XIV.

Dans la première année, le jeune Cheval ou *poulain* est couvert d'un poil laineux; sa crinière et sa queue sont courtes et crépues. L'année suivante, le poil devient plus lustré, en même temps que la crinière et la queue s'allongent et deviennent plus lisses.

Le Cheval, lorsque sa dentition est complète, possède, à chaque mâchoire et de chaque côté, 3 incisives, 1 canine et 6 molaires. Ces dents se développent les unes après les autres, en sorte que l'examen de la dentition à diverses époques, chez un jeune animal, permet d'apprécier assez exactement son âge (fig. 122, 123, 124, 125). D'autre part, la croissance des dents est continue et leur surface s'use d'une façon incessante; en s'usant, elle change d'aspect et son observation peut encore fournir d'excellents caractères grâce auxquels il est possible de déterminer l'âge de l'animal.

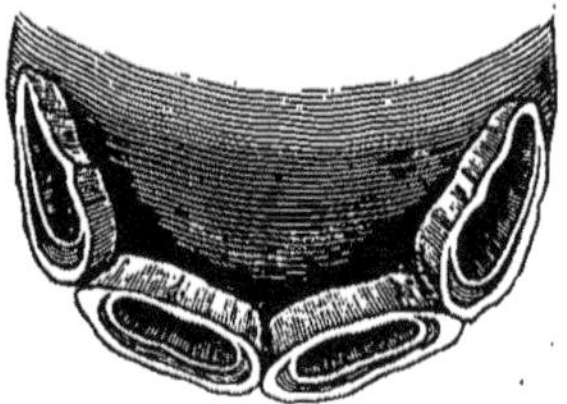

Fig. 122. — Mâchoire d'un poulain de quatre mois.

Les canines sont assez éloignées des incisives, mais elles sont plus distantes encore des molaires et l'intervalle qui les sépare

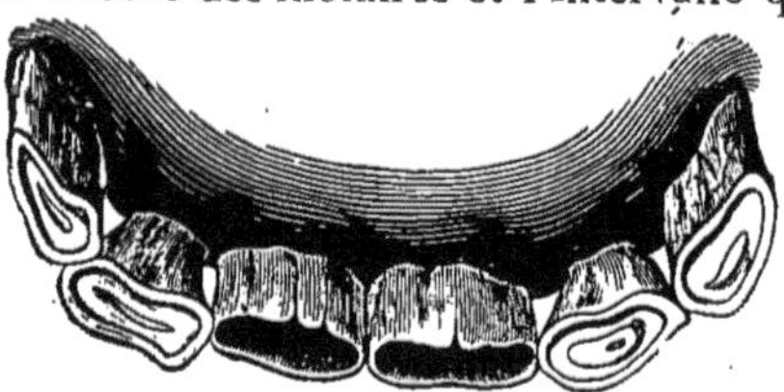

Fig. 123. — Mâchoire d'un Cheval de trois ans.

de ces dernières a reçu le nom de *barre*. La barre correspond exactement à l'angle des lèvres, et c'est à son niveau que vient se placer le *mors*, grâce auquel l'Homme dompte et dirige le Cheval le plus fougueux.

L'éducation du Cheval est longue et demande des soins nombreux. Elle se fait de façons diverses, suivant que l'animal est

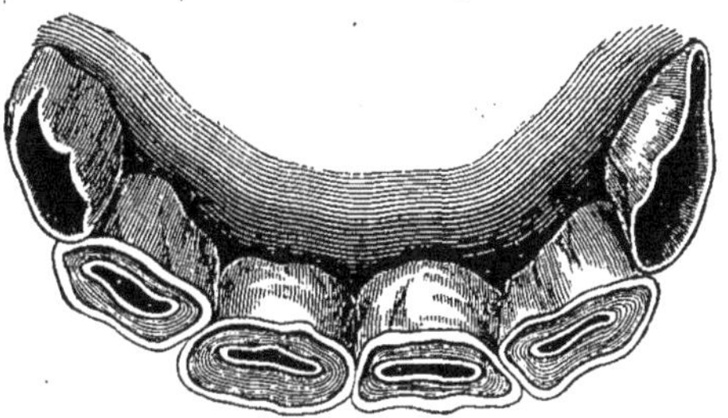

Fig. 124. — Mâchoire d'un Cheval de cinq ans.

destiné à l'attelage ou à la course : dans l'un et l'autre cas, le Cheval a besoin d'être dressé ou entraîné, et de faire son apprentissage, pour ainsi dire. Le *dressage* consiste dans l'emploi méthodique et continu d'une série de moyens, qui tous concourent à un même but, celui de faire plier la volonté de l'animal sous celle de l'Homme, d'habituer son corps à supporter patiemment les contraintes et à exécuter librement les mouvements que nécessitera son service à venir. C'est

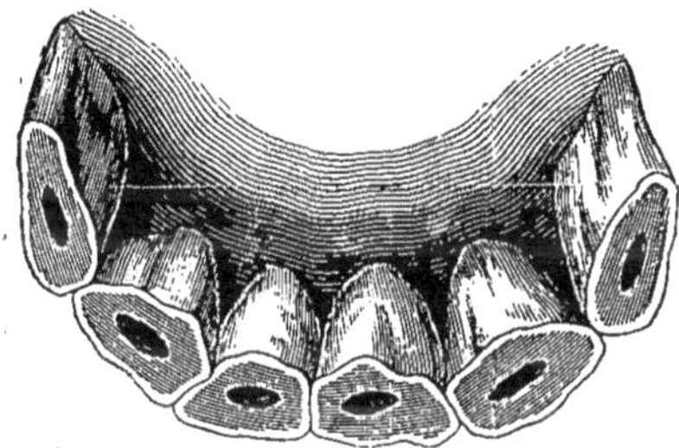

Fig. 125. — Mâchoire contre-marquée.

parfois un travail long et difficile que d'habituer le poulain à obéir sous la pression du mors, à ralentir son allure sous la tension des guides, à l'accélérer lorsqu'on les relâche ou lorsque le fouet vient le caresser.

L'*entraînement* diffère essentiellement du dressage : c'est un mode d'éducation spécial aux Chevaux que l'on veut faire

prendre part aux courses. Il a pour but de mettre l'animal en
état de courir le plus vite possible dans un temps déterminé,
mais fort court. On soumet le Cheval à un régime spécial et on
a bien soin de prévenir chez lui tout développement du ventre.
Entraîner un Cheval, c'est l'émacier, c'est ne lui laisser que le
strict nécessaire à l'exécution d'un mouvement rapide, mais de
courte durée.

L'Homme quaternaire connaissait parfaitement le Cheval,
alors très commun dans nos pays. Savait-il le dresser? rien
ne nous autorise à l'affirmer. Mais il le mangeait. A Solutré
(Saône-et-Loire) se trouve une station préhistorique entourée
d'un rempart construit en os de Chevaux, dans la composition
duquel on estime que 40 000 de ces animaux sont entrés.

Bien avant, à l'époque tertiaire, vivaient dans la vallée du
Rhône les **Hipparions**, Chevaux à trois doigts. Nos Chevaux
actuels ont, du reste, deux rudiments de doigts cachés sous la
peau de chaque *canon*.

Nos ancêtres, vous ai-je dit, se nourrissaient volontiers du
cheval. Les peuples envahisseurs venus de l'Orient, qui ame-
naient avec eux des Chevaux domestiqués, les mangeaient aussi
à l'occasion. Au huitième siècle, les papes Grégoire III et
Zacharie I l'interdirent aux peuples de la Germanie. Dans ces
dernières années, on a essayé de la remettre en honneur,
et les grands services qu'elle a rendus pendant le siège
de Paris semblaient présager plus de succès à ces tentatives.

La domestication du Cheval remonte, comme nous l'avons
vu, à une époque fort ancienne. Comme cet animal se plie aisément aux genres de vie les plus divers aussi bien qu'aux caprices
et aux habitudes de son maître, il donna peu à peu naissance
à un grand nombre de variétés qui, en se spécialisant, ont
constitué autant de races, distinctes les unes des autres non
seulement par la forme ou les proportions du corps, mais aussi
par les qualités intellectuelles et morales.

Les Chevaux arabes, qui constituent plusieurs races, sont
actuellement les plus fins, les plus robustes que l'on connaisse.
A une grande élégance de forme ils joignent une vitesse exceptionnelle et une résistance considérable à la fatigue. L'Arabe
aime son cheval à l'égal des membres de sa famille, sinon plus.
Le proverbe suivant montre, du reste, quel cas l'Arabe fait de
son noble coursier : « Le Cheval est la plus belle créature après
l'Homme ; la plus noble occupation est de l'élever ; le plus

Fig. 126. — Pur-sang anglais.

délicieux amusement de le monter, et la meilleure action domestique de le soigner. »

Les peuples de l'Europe septentrionale et centrale, et notamment les Anglais, sont parvenus à modifier profondément la
nature du Cheval. La race pur-sang anglaise, qui produit de si
excellents coureurs, dérive de Chevaux turcs qui commencèrent à être introduits en Angleterre à partir de l'époque de
Jacques Ier et de Cromwell ; le pur-sang anglais (fig. 126) a
toutefois subi d'importantes modifications, et il diffère actuellement d'une façon notable du Cheval turc ; il est plus haut,
plus allongé, plus efflanqué que celui-ci.

L'Angleterre produit encore certaines races de chasse ou de trait qui lui sont particulières. Parmi ces dernières citons le bai de Cleveland, le Clydesdale, le Cheval du Lincolnshire.

Les races françaises sont nombreuses et doivent nous arrêter un instant, en raison de l'intérêt tout particulier qu'elles nous présentent. Les Chevaux de selle et de cavalerie légère sont principalement fournis par les races des Pyrénées, d'Auvergne et du Limousin ; ceux de cette dernière race descendent, à ce

Fig. 127. — Cheval boulonnais.

qu'on croit, de Chevaux arabes qui furent abandonnés par les Sarrasins après la défaite que leur infligea Charles Martel. La grosse cavalerie recrute principalement ses Chevaux dans la race anglo-normande, élevée en Normandie, et dans la race poitevine ; cette dernière se fait remarquer par l'aptitude à produire des mulets de bonne qualité. Le Cheval percheron est surtout propre au service de la voiture : les omnibus de Paris sont traînés par des individus de cette race. Enfin les Chevaux de gros trait sont surtout empruntés aux races anglo-normande, boulonnaise (fig. 127) et flamande.

Jusqu'à présent, nous ne nous sommes occupé que du Cheval
domestique. Il nous faut maintenant, pour en finir avec cette
histoire du Cheval, dire quelques mots de ses races sauvages
ou errantes. A cet état, les Chevaux forment toujours des
troupes conduites par un mâle; sans refuge fixe, mais errant à
l'aventure, s'arrêtant là où la nourriture est le plus abondante.

Dans les steppes de la Mongolie, dans le Gobi, dans les forêts
du cours supérieur du Hoang-ho et les montagnes du nord de
l'Inde, on trouve le *Tarpan*, Cheval sauvage de taille moyenne.
Cet animal est fort difficile à dompter, et si les Mongols lui font
la chasse, c'est bien moins pour le capturer que pour le mettre
à mort. « Les habitants des steppes, dit Brehm, adonnés à
l'élève des Chevaux, craignent les Tarpans plus encore que les
Loups, à cause des dommages qu'ils leur causent. Dès que ces
Chevaux sauvages aperçoivent une voiture traînée par des Chevaux domestiques qui, avant leur asservissement, étaient leurs
camarades, ils courent à eux; à peine les ont-ils reconnus à
leurs hennissements qu'ils les entourent et les entraînent de
gré ou de force. Malheur aux personnes qui se trouvent dans
la voiture! En dépit des cris et des coups des gardiens, les
Chevaux des steppes, pris de fureur, brisent les voitures en
morceaux à coups de pied et de dents, arrachent les harnais de
leurs camarades, les rendent à la liberté; puis, joyeux et
hennissants, les emmènent avec eux en triomphe. »

Le *Cheval tartare*, qui vit également en liberté dans les
steppes de certaines parties de l'Asie, est plus ou moins sous
la dépendance de l'Homme, à l'inverse du Tarpan, qui est
absolument sauvage.

Dans les diverses régions de l'Amérique du Sud et de l'Amé-
rique du Nord on rencontre également d'immenses bandes de
Chevaux errants, mais on ne saurait les considérer comme des
Chevaux sauvages, car, lors de l'arrivée des Européens en
Amérique, le Cheval, qui avait été autrefois très répandu à la

surface du Nouveau-Monde, en avait depuis longtemps disparu et ne s'y rencontrait plus qu'à l'état fossile : les Chevaux errants des pampas ne proviennent donc que d'individus redevenus libres et qui retournent à l'état de nature. Les *Cimarrones* sont les Chevaux errants de Buenos-Ayres, de la Plata, du Rio-Negro et de la Patagonie. Les *Mustangs* sont les Chevaux errants du Paraguay.

Les Chevaux montés par les Indiens sont tous des individus pris parmi ces bandes errantes : la chasse au Cheval est en effet un des exercices favoris de ces peuples primitifs. « On chasse souvent toute une troupe à la fois, et en la poursuivant on s'efforce de l'enfermer dans un *corral* ou grand enclos circulaire fait de pieux solidement fixés en terre. Alors le chef monte sur un Cheval vigoureux et dont il est sûr; il entre dans l'enceinte ayant à la main un *lazo* ou longue courroie fixée par une extrémité à sa selle et terminée à l'autre bout par un nœud coulant. Le cavalier lance ce nœud au cou du plus beau jeune Cheval qui se présente à lui, et l'entraîne au dehors. Au moyen de cordes on embarrasse les jambes de l'animal et on le jette à terre; ensuite on lui met dans la bouche une forte courroie en forme de bride, puis on le selle. Un Indien armé d'éperons très-aigus le monte et on le laisse alors courir. Le Cheval fait des efforts incroyables pour se débarrasser de son cavalier, mais inutilement; l'éperon le met au galop, et, après avoir couru un certain temps, il se laisse ramener à l'enclos où il a perdu sa liberté; il est dompté. On lui ôte sa bride et on le mêle aux Chevaux domestiques, car dès ce moment il ne cherche plus ni à s'échapper ni à désobéir à son maître. »

En Europe et même en France on trouve aussi des Chevaux errants.

Dans la Camargue vit en pleine liberté une race particulière de Chevaux, dérivés d'arabes laissés par les Sarrasins à l'époque où ils durent abandonner les Gaules. Il y a peu de temps, on rencontrait également des Chevaux errants dans les dunes de Gascogne, mais leur nombre a beaucoup diminué de nos jours, si tant est qu'il en existe encore.

Au nord de l'Ecosse, on trouve dans les îles Shetland des Chevaux de petite taille, mais doués d'une force relativement considérable : ce sont les *poneys*.

Les **Anes** diffèrent des Chevaux à plusieurs égards. La teinte grise de leur pelage est relevée, le long de l'épine dorsale, par une bande plus foncée qui, chez certains individus, est même croisée transversalement au garrot par une autre bande descendant le long des pattes antérieures. Les oreilles sont fort

Fig. 128. — Ane.

longues; la queue ne porte de crins qu'à l'extrémité; la crinière est courte.

Les *Anes domestiques* (fig. 128) descendent d'espèces qui vivent actuellement encore à l'état sauvage et que nous étudierons tout à l'heure. L'âne semble avoir été apprivoisé pour la première fois en Arabie et, de là, il pénétra en Egypte; sa domestication remonte aux époques les plus anciennes et a précédé sans doute celle du Cheval. De l'Egypte et de la Judée, l'Ane passa en Grèce, de Grèce en Italie, d'Italie en France, puis en Allemagne, en Angleterre, en Suède et dans le reste du Nord. De nos jours, c'est surtout en Egypte et en Perse que l'Ane est répandu ; dans les villes égyptiennes, il constitue même à peu près le seul moyen de transport.

L'Ane d'Egypte et de Perse est beau, vif, travailleur, dur à la fatigue ; il ne rend pas moins de services que le Cheval, s'il n'en rend même plus. Dans bien des contrées, on veille à maintenir sa race aussi pure que celles des meilleurs Chevaux. Les chefs le montent jusqu'au moment de charger l'ennemi. Quelle différence avec l'Ane de nos pays ! Celui-ci est paresseux, égoïste, têtu, mais il faut bien reconnaître que tous ces défauts sont le résultat direct des mauvais traitements que souvent on lui inflige.

L'*Hémione* a été longtemps considéré comme représentant la souche commune de laquelle auraient dérivé tous les Anes ; mais c'est une espèce à part. Cet animal a le port du Mulet, mais sa taille est plus fine, et ses allures sont plus franches. Il vit à l'état sauvage dans les plaines et les plateaux secs, découverts et herbeux de l'est de la haute Asie et de la Mongolie. Il constitue des bandes formées au plus d'une vingtaine de juments et poulains conduits par un étalon. L'Hémione est très difficile à domestiquer ; toutefois, dans les contrées voisines de l'Himalaya, on a pu le dompter et on l'emploie à tous les travaux auxquels sa force et sa taille la rendent propre.

L'*Onagre* est un Ane sauvage qui habite également l'Asie. Comme l'Hémione, il est si rapide qu'il dépasse à la course les Chevaux les plus alertes ; la finesse de ses sens, notamment de son ouïe, est telle qu'il est presque impossible de l'approcher, aussi les Persans ont-ils recours à divers stratagèmes pour s'en rendre maîtres : ils creusent des fosses qu'ils recouvrent de branchages et d'herbes, puis ils organisent des battues et cherchent à diriger le troupeau d'Onagres vers la vallée où ces fosses ont été creusées. Les Romains estimaient fort la chair de l'Onagre ; les Khirgises, les Persans et les Arabes eux-mêmes ont conservé cette tradition. La peau de cet animal est employée par les Boukhariens à la fabrication du chagrin et de bottes d'un grand prix.

L'*Hémippe* est une espèce plus petite encore.

On rencontre enfin en Afrique, dans les steppes situées à l'est du Nil, une autre espèce d'Anes sauvages, qui est probablement la souche de l'Ane domestique égyptien.

Les métis de l'Ane et de la Jument se nomment *Mulets* (fig. 129); ceux du Cheval et de l'Anesse sont les *Bardeaux*. Le Mulet tient du Cheval par la taille, mais il se rapproche de

Fig. 129. — Jument mulassière du Poitou et son petit.

l'Ane par ses longues oreilles, sa tête grosse et courte, sa queue faiblement poilue. Le Bardeau est plus petit que le Mulet ; ses oreilles sont plus courtes, sa tête plus longue, sa queue plus poilue ; il hennit comme le Cheval.

Les Mulets ont été obtenus dès les temps les plus anciens. A la sobriété, à la patience, au pas sûr et doux de l'Ane, ils joignent la force et le courage du Cheval. Dans les montagnes, ce sont des animaux indispensables, à cause de la sûreté de leur marche. C'est en effet principalement dans les pays de montagnes que l'on cherche à propager ces animaux. Dans les armées en campagne, c'est encore à eux qu'on a recours pour transporter les blessés. En Espagne, l'industrie mulassière a pris un développement considérable; en France, elle a pris également une grande extension, mais seulement dans certaines contrées, notamment dans le Poitou.

Pour en finir avec le groupe important des Solipèdes, il me reste encore à vous parler de certains animaux qu'il est assez fréquent de voir dans les ménageries et qui proviennent du sud de l'Afrique. Ces animaux sont les **zèbres**. Les Anciens, qui les connaissaient, leur avaient donné le nom d'*Hippotigres*

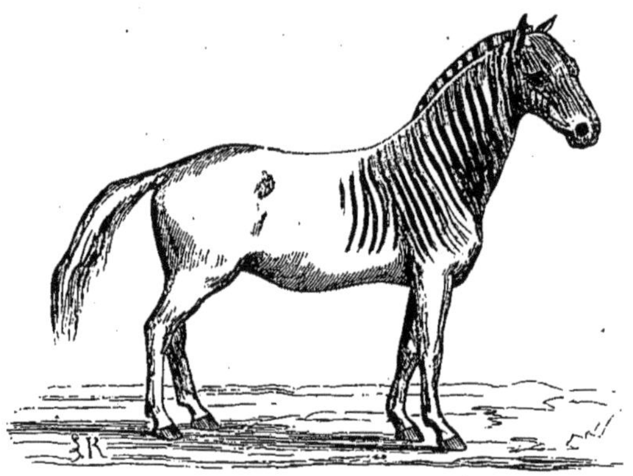

Fig. 150. — Couagga.

(ἵππος, cheval; τίγρις, tigre); leur robe, d'un blanc jaunâtre, est en effet rayée de larges bandes noires qui se rencontrent sur tout le corps, sauf au ventre. Les Zèbres vivent à l'état sauvage, en troupes plus ou moins nombreuses. Il est fort difficile de les capturer; et lorsqu'on a réussi à s'en rendre maître, leur domestication est pour ainsi dire impossible. Il en existe plusieurs espèces : le *Zèbre*, le *Dauw*, le *Couagga* (fig. 150), etc.

Dans l'ordre des Périssodactyles, nous rencontrons maintenant, à côté des Solipèdes, des animaux remarquables, qui diffèrent notablement de ceux-ci par la forme et par le genre de vie : nous voulons parler des Rhinocéros.

Les **rhinocéros** (ῥίν, nez; κέρας, corne) doivent leur nom à la corne, simple ou double suivant les cas, qui surmonte leur nez. Ces animaux, de même que les Éléphants, nous apparaissent comme les derniers survivants de créations antérieures : dans les temps géologiques, ils étaient nombreux et répartis sur presque toute la surface du globe. Ainsi que je vous l'ai déjà dit, ils habitaient notre pays en même temps que l'Homme. Aujourd'hui, ces animaux ne se retrouvent plus que dans les régions chaudes de l'Asie et de l'Afrique, et le nombre des espèces actuellement existantes ne dépasse pas six ou sept.

Fig. 151. — Rhinocéros unicorne.

Ces animaux de grande taille sont extrêmement massifs et lourds; leurs membres, courts et épais, sont munis de trois doigts que terminent de petits sabots. La peau est d'une très grande épaisseur, ce qui a valu aux Rhinocéros et à quelques autres animaux qu'on en a rapprochés à tort, le nom caractéristique de Pachydermes. Cette peau est dépourvue de poils et présente, surtout au niveau des articulations, des replis profonds. La dentition offre de curieuses particularités : à chaque mâchoire et de chaque côté, on trouve 7 molaires ; les canines font toujours défaut ; quant aux incisives, il s'en développe 2, qui tombent et disparaissent bientôt.

La corne s'implante sur le nez par une large base, mais se termine en pointe. Il n'y a point d'axe osseux à son intérieur ; elle n'est du reste aucunement une dépendance des os de la tête et représente simplement une portion de la peau qui s'est extraordinairement développée et a acquis une grande consistance. Elle atteint parfois une longueur de 1 mètre ; elle se recourbe assez fortement en arrière. Quand il y a deux cornes, elles sont situées l'une derrière l'autre, et la postérieure est toujours plus courte et plus petite que l'antérieure.

Le *Rhinocéros unicorne* (fig. 131) est une des plus grandes

Fig. 132. — Rhinocéros bicorne.

espèces : il n'a pas moins de 3 mètres de longueur et de 1$^m$,50 de hauteur au garrot. Il habite l'Inde et les parties avoisinantes de la Chine ; il est surtout abondant à Siam et en Cochinchine. On trouve encore à Java un Rhinocéros unicorne, mais d'une autre espèce que le précédent et encore plus grand que lui.

A Sumatra, on rencontre un Rhinocéros bicorne (fig. 132).

Les espèces particulières à l'Afrique sont également bicornes ; elles sont au nombre de trois ou quatre et habitent depuis la Cafrerie jusqu'en Abyssinie.

Le Rhinocéros qui habitait nos régions aux temps préhistoriques était unicorne.

Les Rhinocéros sont des animaux nocturnes plutôt que diurnes. Tout le jour, ils dorment à l'abri du soleil qui leur est insupportable, ou restent debout, immobiles, dans l'épaisseur d'un fourré. La nuit venue, ils se mettent en chasse, mais avant, ils ont soin de chercher un cours d'eau, dans lequel ils se vautrent. L'eau est-elle trop peu profonde, ils creusent dans la rivière, au moyen de leur corne, un trou de 2 mètres, dans lequel l'eau vient se déverser. Ils se vautrent et se roulent alors dans la boue. Cet acte, a sa raison d'être : en effet, les Mouches, les Taons viennent sans cesse harceler le Rhinocéros, et celui-ci, pour s'épargner leur importune visite, n'a rien trouvé de mieux que de s'enduire le corps d'une épaisse couche de vase. Malheureusement pour lui, cette vase ne tarde pas à tomber et il se trouve alors sans défense contre son ennemi : aussi le voit-on, à la suite de sa piqûre, venir se gratter contre les troncs d'arbre, jusqu'à mettre la chair à nu et produire des ulcérations sur lesquelles se fixeront d'autres animaux, notamment les Sangsues, qui vivent dans les eaux fréquentées par l'animal. Ces Sangsues toutefois sont moins importunes que les Taons, car elles sont bientôt détachées par un petit Oiseau qui accompagne constamment le Rhinocéros, sur le dos duquel il se tient perché tout le jour.

Les Rhinocéros causent les plus grands dégâts dans les plantations à proximité desquelles ils peuvent se trouver. Ces animaux vivent isolés, ou bien ils se réunissent par bandes de cinq à dix, mais ils ne reconnaissent alors l'autorité d'aucun chef et chacun vit pour soi.

A côté de ces énormes animaux, les zoologistes en placent

un autre, pas beaucoup plus gros qu'un lapin, et que Cuvier appelait « un Rhinocéros en miniature ». C'est le **Daman**, habitant de l'Afrique et de la Syrie.

La dernière famille des Périssodactyles que nous ayons à étudier est celle des **TAPIRS** (fig. 133). Ces animaux, longs de 2 mètres et hauts d'un mètre environ, sont caractérisés surtout parce que le nez et la lèvre supérieure se sont fusionnés

Fig. 133. — Tête de Tapir du Brésil.

et allongés en une sorte de trompe, beaucoup plus courte que celle de l'Éléphant et ne jouant du reste pas le même rôle que chez cet animal; les doigts, au nombre de trois à chaque patte, ont l'extrémité entourée d'un petit sabot. La peau n'est plus nue comme chez les Rhinocéros, mais couverte de poils fins courts.

Deux espèces de Tapirs habitent l'Amérique du Sud. Une troisième espèce se rencontre dans l'Inde et au sud de la Chine.

Les Tapirs d'Amérique ont une crinière, celui d'Asie en est dépourvu.

Le Tapir vit dans les forêts. Il recherche le voisinage des rivières, nage et plonge très bien. Il est d'un caractère fort doux et s'apprivoise facilement. Il est surprenant qu'on n'ait pas tenté de le domestiquer, car il pourrait rendre de grands services, à la fois comme animal de boucherie et comme bête de somme.

## ORDRE DES RUMINANTS

Les RUMINANTS ont les doigts en nombre pair, et au nombre de quatre, caractère qui leur est commun avec les Bisulques

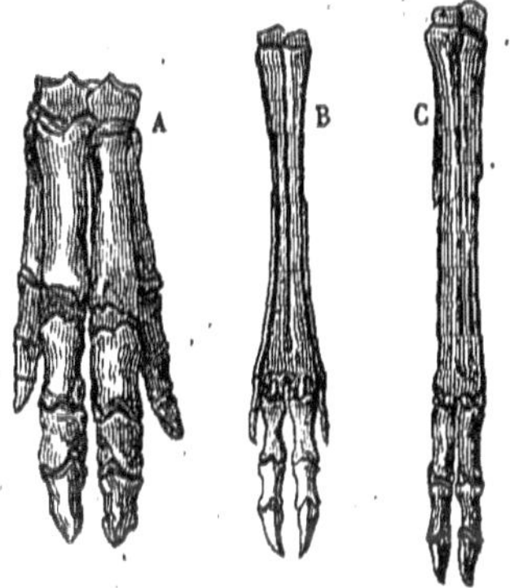

Fig. 134. — A, patte de Sanglier (Bisulque). — B, patte de Chevreuil. — C, patte de Bouquetin.

(fig. 134, A) : leurs doigts du milieu sont presque toujours les seuls qui reposent sur le sol : les deux autres doigts sont généralement rudimentaires et n'atteignent point le sol, mais restent suspendus en l'air (fig. 134, B).

Ils sont particulièrement caractérisés par la propriété de *ruminer*, c'est-à-dire de ramener à la bouche, pour les mâcher à nouveau, les aliments déjà rendus dans l'estomac.

Chez l'Homme et chez tous les animaux que nous avons étudiés jusqu'à présent, l'estomac, où s'accomplit la digestion et où se rendent les aliments après leur ingestion, est constitué par une poche unique. Chez les Ruminants, cet organe devient fort compliqué (fig. 135). L'herbe, qui forme la base de l'alimentation de ces animaux, se rend dans un premier compartiment, très spacieux, auquel on a donné le nom de *panse* : elle n'y éprouve aucune transformation, mais y est simplement

emmagasinée, après avoir subi une mastication très incomplète. Les liquides absorbés par l'animal s'accumulent dans
un réservoir contigu au premier et auquel on a donné le nom
de *bonnet*.

Les Ruminants paissent vite et d'une façon continue, sans
prendre le temps de mâcher leurs aliments. Il en résulte que
ces aliments ne se trouvent point suffisamment divisés pour
être livrés d'une façon profitable au travail digestif. Ils doivent
donc, quand l'animal a fini de paître et se livre au repos,
remonter dans la bouche pour y être soumis à une nouvelle
mastication. Cette fois, les aliments sont broyés complètement,

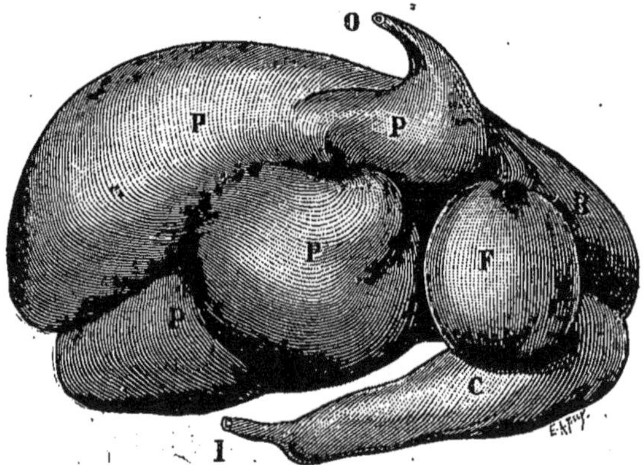


Fig. 135. — Estomac du Bœuf. — O, œsophage. — P, panse. — B, bonnet. — F, feuillet.
C, caillette. — I, intestin.

et lorsqu'ils sont déglutis, ils passent dans les deux derniers
compartiments de l'estomac, le *feuillet* et la *caillette*.

Les Ruminants peuvent être ou non munis de cornes. Les
cornes enfin sont permanentes, nues et creuses à l'intérieur,
ou bien caduques, nues et pleines, ou bien finalement persistantes, pleines et recouvertes d'une peau velue.

Les Ruminants a cornes creuses constituent un groupe fort nombreux d'animaux, dont la plupart nous intéressent tout parti-

culièrement : on y rencontre en effet le Bœuf, la Chèvre, le Mouton, etc. Les cornes, dépendances de la peau, sont creuses et leur cavité est comblée par un prolongement de l'os du crâne sur lequel elles s'implantent ; elles persistent pendant toute la vie et ne se montrent qu'un certain temps après la naissance. Elles peuvent du reste présenter de nombreuses variétés de longueur et de forme.

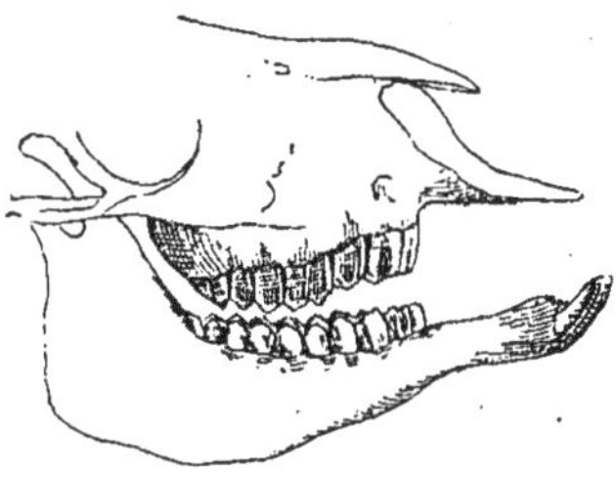

Fig. 136 — Dentition de Ruminant.

Les dents canines font complètement défaut. Les incisives manquent également à la mâchoire supérieure ; à l'inférieure, elles sont au nombre de huit, soit quatre de chaque côté. Les

Fig. 137. — Taureau garonnais.

molaires sont, à chaque mâchoire et de chaque côté, au nombre de six (fig. 136).

La première famille que nous étudierons est celle des **BOVIDÉS**, qui doit son nom au genre **Bœuf.**

Il est impossible de dire à quelle époque remonte la domestication du *Bœuf :* nous avons vu du reste, déjà, que dans les
temps préhistoriques ce précieux animal était utilisé par
l'Homme. L'espèce qui vivait alors dans nos pays y est restée à
l'état sauvage jusqu'à il y a quelques siècles. En raison de l'influence exercée sur lui par l'Homme, le Bœuf domestique s'est
transformé en un nombre immense de races présentant toutes
d'importants caractères différentiels. Les différences portent
sur la couleur du pelage, sur la taille, sur la forme et le développement des cornes.

Il serait véritablement oiseux d'insister longuement sur les
services que le Bœuf rend
à l'Homme, tant comme
bête de somme que pour
la grande part qu'il oc-
cupe dans son alimen-
tation. En outre, la peau
du Bœuf nous fournit le
cuir; ses poils servent à
faire la bourre ; ses cornes et ses sabots sont

Fig. 138. — Zébu.

utilisés dans la fabrication des peignes et de divers objets de
tabletterie; ses os nous donnent la colle et le noir animal, etc.
En un mot, il n'est pas une partie de cet animal que nous ne
puissions utiliser à notre profit.

Le Bœuf domestique de l'Inde est le *Zébu* (fig. 138). Originaire du Bengale, cet animal s'est répandu dans presque
toute l'Asie et même dans une partie de l'Afrique. Il est caractérisé par des cornes extrêmement courtes et par une bosse
volumineuse située au garrot.

En Afrique, une seule race est actuellement connue : elle
ressemble au Zébu parce qu'elle présente également une bosse
au garrot, mais ses cornes sont beaucoup plus longues. Cet
animal se trouve depuis le Cap de Bonne-Espérance jusqu'en

Abyssinie. Les peuplades nomades qui habitent le Soudan le possèdent en troupeaux dont le nombre est véritablement prodigieux.

En Europe, les divers pays possèdent chacun plusieurs races de Bœufs.

A côté des races nombreuses de Bœufs domestiques, il convient de citer les espèces qui, de nos jours, vivent encore à l'état sauvage : on les rencontre toutes en Asie. La principale est le *Gayal*, qui habite les montagnes boisées de l'Inde et de Ceylan, à une altitude de 1000 à 1300 mètres au-dessus du niveau de la mer. Dans plusieurs parties des Indes, on chasse le Gayal pour se procurer sa viande et sa peau; ailleurs, on le considère comme un animal sacré et on l'engraisse, non pour le manger, mais pour l'offrir en sacrifice aux dieux.

Nous avons vu qu'il existe actuellement des Chevaux errants ou redevenus sauvages : plusieurs races de Bœufs sont dans le même cas, et on les rencontre en Europe et en Amérique.

Le *Bœuf des steppes* a une aire de distribution très étendue, puisqu'on le trouve depuis la Mongolie et la Tartarie jusqu'en Bulgarie, en Hongrie, en Bosnie et dans le sud de l'Italie. Dans la Camargue, vivent également des Bœufs à l'état demi-sauvage, mais leur nombre tend à diminuer. Il existe encore une race particulière en Écosse, mais la plus célèbre de toutes est sans contredit la race espagnole, à laquelle appartiennent les individus qui figurent dans les fameuses courses de taureaux, ce spectacle favori du peuple espagnol.

En Amérique, les bœufs domestiques redevenus sauvages se rencontrent dans les pays de domination espagnole, notamment en Colombie, au Pérou, à la Plata, au Chili. Comme en Espagne, la tradition des courses de taureaux s'est conservée et c'est le Bœuf errant qui figure dans ce spectacle barbare et sanguinaire.

Les **Bisons**, animaux voisins des Bœufs, sont reconnaissables à leurs petites cornes rondes, dirigées en avant, puis recourbées en haut, à leur front large et bombé, à leurs poils mous, longs et laineux. Le *Bison Aurochs* était jadis fort répandu en Europe (fig. 139) : actuellement on l'y rencontre encore, mais seulement dans la province de Grodno, dans la Lithuanie russe : il se trouve confiné dans la forêt de Bialowicza, de 120 lieues carrées. La chasse en est sévèrement défendue, et on sait d'une façon à peu près certaine que le nombre des individus ne dépasse pas 1500. Si le gouverne-

Fig. 139. — Bison.

ment russe ne s'était institué le protecteur du Bison, il est certain que l'espèce aurait déjà disparu d'Europe.

On rencontre encore en Amérique une autre espèce de *Bison*, c'est le plus grand de tous les Mammifères du continent américain. Cet animal est menacé du même sort que son congénère d'Europe : autrefois, il s'étendait sur presque toute l'Amérique du Nord, et maintenant il n'habite plus que les contrées au nord et à l'ouest du Missouri. On l'y trouve encore par bandes innombrables, mais il est chassé avec un tel acharnement qu'il diminue rapidement de nombre. Sa peau est utilisée, et sa viande séchée, connue sous le nom de *pemmican*, est une provision précieuse pour ceux qui voyagent dans les immenses solitudes de l'Ouest.

Les **Buffles** habitent l'Asie et l'Afrique. Le *Buffle ordinaire* se trouve dans l'Inde à l'état sauvage : il est originaire de ce pays, mais on le rencontre actuellement, à l'état domestique, dans l'Hindoustan, l'Afghanistan, en Perse, en Arménie, en Syrie, en Palestine, en Égypte, en Turquie, en Grèce, en Italie. Il se plaît dans les régions chaudes et marécageuses, il rend tous les services qu'en d'autres pays on demande au Bœuf.

Le *Buffle de la Cafrerie* se trouve dans toutes les forêts de l'intérieur de l'Afrique. C'est un animal redoutable, qui inspire aux indigènes une plus grande terreur que le Lion lui-même.

Fig. 140. — Yak.

Plusieurs espèces de Hérons se tiennent constamment perchés sur le dos du Buffle ; celui-ci, qui reconnaît en eux des amis et des auxiliaires, les tolère et les supporte avec une patience bien remarquable chez un animal aussi irascible. Le Héron délivre en effet le Buffle de la vermine qui le ronge et, en s'envolant tout à coup, l'avertit de l'approche d'un danger.

Le *Yak* (fig. 140) est une fort étrange espèce de Bœuf, qui vit à l'état sauvage et à l'état domestique dans les hautes régions du Thibet. Il a de longs poils et une queue touffue.

Dans l'île Melville et les régions glacées de l'Amérique du Nord vit une sorte de Bœuf de petite taille, ayant des analogies avec le Mouton, ce qui lui a fait donner le nom caractéristique d'*Ovibos*. Cet animal vivait en France dans les âges préhistoriques.

Les **ovidés** (*ovis*, brebis) constituent un groupe important de Ruminants à cornes creuses : on y rencontre tout à la fois des espèces domestiques et des espèces sauvages.

Les **Moutons** (fig. 141) se trouvent depuis les temps les plus reculés sous la domination de l'Homme, sans qu'on sache rien de précis touchant leur origine et la date de leur domestication. Ils constituent actuellement un nombre considérable de races qui diffèrent entre elles par la courbure des cornes,

Fig. 141. — Mouton de la race du Poitou.

la toison, la longueur et la forme de la queue. Quelques-unes méritent une mention spéciale.

Le *Mouton à large queue* existe dans les parties tempérées de l'Asie, dans le midi de la Russie, dans la Haute-Égypte. Dans ce dernier pays, sa queue atteint des dimensions si considérables que l'animal ne peut la traîner et qu'on est obligé de l'atteler à une petite brouette destinée à la supporter.

Le *Mérinos* (fig. 142), originaire d'Espagne, est remarquable par la finesse de sa laine. Au siècle dernier, ce Mouton fut introduit en France et nos races indigènes, croisées avec lui, acquirent bientôt une qualité et une valeur qu'on ne leur avait jamais connues.

Fig. 142. — Bélier mérinos.

La toison du Mouton est récoltée chaque année. On estime que les Moutons français produisent ensemble 91 millions de

Fig. 143. — Mouflon.

kilogrammes de *laines de suint*, qui, après nettoyage et dégraissage, se réduisent à 35 millions de kilogrammes de *laines lavées*. Cette énorme quantité de laine ne suffit point toutefois

à la consommation de nos usines, car nous importons encore
annuellement près de 40 millions de kilogrammes de laines
étrangères.

Les **Mouflons** (fig. 143), qui sont apparemment la souche
d'où descendent les Moutons domestiqües, diffèrent de ceux-ci
par la brièveté de leur queue, par l'épaisseur et la rudesse de
leur poil. Ce sont des animaux de montagnes, qui se rencontrent dans l'Amérique du Nord, spécialement dans les mon-

Fig. 141. — Chèvre commune.

tagnes Rocheuses et en Californie, aussi bien que dans l'ancien
continent. Il y en a une espèce en Corse.

Les **Chèvres** ont des cornes longues et divergentes. Le menton
est garni d'une barbe qui est surtout bien développée chez le
mâle.

La *Chèvre domestique* (fig. 144), dont les races nombreuses
sont répandues dans le monde entier, est un animal peu coû-
teux à élever, qui, en échange d'une maigre pitance, fournit

en abondance un lait excellent. La chair du chevreau a seule quelque saveur; celle de la Chèvre adulte est coriace et peu nutritive : aussi ne mange-t-on point d'ordinaire cet animal, au moins dans nos pays. La Chèvre est indocile, capricieuse, vagabonde et a une véritable prédilection pour les sommets les plus élevés, pour les pics les plus inaccessibles : aussi est-ce surtout un animal de montagnes. Là, en maintes circonstances, elle peut être considérée comme un animal nuisible, en détruisant les plantations d'arbres qui retiennent les terres sur le flanc des montagnes.

Le poil de la Chèvre de nos pays est rude et à peu près sans utilité pour l'industrie; mais la *Chèvre de Cachemire* fournit un poil soyeux et fin, avec lequel sont fabriquées ces superbes étoffes connues sous le nom de *cachemire*, et spécialement les châles du même nom. Ce précieux animal a été acclimaté en France au début de ce siècle et y est devenu le point de départ d'une industrie nouvelle.

Les *Chèvres d'Angora*, en Asie Mineure, donnent également une laine fine et soyeuse que l'on utilise dans la fabrication des étoffes. Cette laine est l'objet d'un commerce important.

Les **Bouquetins** (fig. 145) sont très proches parents des Chèvres : ils ne diffèrent guère de ces dernières que par leurs cornes noueuses peu divergentes. Ces animaux habitent les montagnes, au voisinage des glaciers et des neiges éternelles. Nous en avons une espèce européenne dans les Alpes et en Espagne. Ils sont poursuivis avec acharnement par le chasseur, qui recherche à la fois leur chair et leur peau. Leur agilité est vraiment prodigieuse, et, avec leurs cornes puissantes, ils tiennent souvent tête à l'Homme lui-même et sortent vainqueurs de la lutte, après avoir précipité leur adversaire dans un abîme.

L'importante et nombreuse famille des **ANTILOPES** comprend des animaux élégants, aux formes gracieuses et élancées, qui sont sans contredit les plus beaux des Ruminants. Il en est

pourtant quelques-unes parmi elles qui ont l'aspect et la lourdeur du Bœuf. Les espèces d'Antilopes sont extrêmement nombreuses ; leurs cornes affectent les formes les plus diverses.

Les Antilopes se rencontrent dans l'ancien continent et dans
l'Amérique du Nord. Leurs espèces sont très nombreuses et
très variées de forme et de taille. Quelques-unes vivent en
troupes innombrables.

Les Alpes, les Pyrénées et les montagnes de la Grèce possèdent le *Chamois*, connu dans les Pyrénées sous le nom d'*Isard*.
Cet animal est devenu assez rare, par suite de la chasse active

Fig. 145. — Bouquetin des Alpes.

dont il a été l'objet. Il est de la taille d'une petite Chèvre. Son
agilité est incomparable : il franchit les précipices, escalade les
pics les plus abrupts avec une grâce et une sûreté parfaites ; en
outre, ses sens sont extrêmement délicats, aussi est-il très difficile à chasser. Lorsqu'on le capture jeune, le Chamois s'apprivoise facilement.

Les **Gazelles** ont les cornes annelées et étalées en forme de
lyre. Elles habitent l'Afrique et leur élégance est telle que les
poètes arabes les prennent toujours comme type de la grâce et

de la beauté suprême. Elles vivent par bandes nombreuses, au sein desquelles le Lion, la Panthère, l'Hyène, le Chacal, le Loup, l'Aigle et le Vautour font de nombreuses victimes.

Le groupe des RUMINANTS A CORNES PLEINES ET CADUQUES est des plus faciles à caractériser. Les cornes de ces animaux ont reçu le nom de *bois*, et, sauf chez le Renne, les mâles seuls en sont munis. Ces bois tombent chaque année au printemps : ils sont exclusivement formés par un prolongement de l'os du front et ne sont point une dépendance de la peau.

Le bois se compose d'une tige plus ou moins arrondie, que l'on appelle *perche* ou *merrain;* de distance en distance on voit s'embrancher sur elle des tiges plus courtes qui sont les *cors* ou *andouillers* (fig. 146). Tous les ans, lorsque les bois repoussent après la mue, ils acquièrent un andouiller de plus, en sorte que le nombre des cors indique l'âge de l'animal; toutefois, cette indication n'est exacte que dans de certaines limites, car le nombre des cors, qui n'est pas indéfini, ne dépasse jamais douze.

Les Ruminants à cornes caduques sont répartis sur toute la surface du globe. Ils vivent par petites troupes dans les forêts, les montagnes, où ils paissent l'herbe, la mousse, les feuilles, jusqu'à l'écorce des arbres.

Le *Renne* (fig. 147), confiné dans les solitudes glacées du pôle nord, aussi bien en Europe qu'en Asie et en Amérique, était autrefois extrêmement répandu, notamment en Europe. Il vivait en France en même temps que l'homme préhistorique, et nous avons vu que celui-ci s'exerçait déjà à en sculpter les os. Cet animal vit à l'état sauvage et en domestication; les Lapons notamment ont en lui un auxiliaire des plus précieux; ils l'attellent comme un Cheval et sa vitesse est telle qu'il peut facilement fournir une course de quatre à cinq lieues à l'heure. Sa chair est excellente, son lait donne un fromage et un beurre exquis; sa peau sert de fourrure.

L'*Élan* (fig. 148) a la même aire de distribution que le Renne,

mais il remonte un peu moins vers '2 nord. Il se nourrit de
préférence de jeunes pousses d'arbres ; son cou est trop court
pour lui permettre de paître l'herbe ; aussi est-il forcé de se
mettre à genoux pour l'atteindre. Anciennement, les Suédois

Fig. 146. — Bois de Cerf aux différents âges. — 1, Cerf de deux ans. — 2, Cerf de trois
ans. — 5, Cerf de quatre ans. — 4, Cerf de cinq ans. — 5, Cerf de six ans. — 6, tête de
Cerf adulte (dix cors).

attelaient l'Élan et l'apprivoisaient à la manière du Renne.
Aujourd'hui cette coutume s'est perdue ; c'est vraiment regret-
table, car cet animal, dont la taille dépasse celle du Cheval,

pourrait rendre de réels services, outre le profit qu'on retire-

Fig. 147. — Tête de Renne adulte.

rait en l'élevant simplement comme animal de boucherie.

Fig. 148. — Tête d'Élan.

Les **Cerfs** constituent un groupe assez nombreux, dont les diverses espèces habitent les régions chaudes et tempérées des deux continents. Ce sont des animaux gracieux et légers, qui tendent à disparaître rapidement à cause de la chasse incessante qui leur est faite. La femelle prend le nom de *biche* et le petit celui de *faon*.

Notre *Cerf européen* est devenu fort rare en France, où on ne le rencontre plus guère que dans de vastes forêts dont la chasse est rigoureusement gardée ; il y vit en petites troupes ou *hardes*, composées d'un mâle et de plusieurs femelles avec leurs petits.

Le *Daim* se rencontre en Europe, en Chine, en Perse et dans le nord de l'Afrique. Il est plus petit que le Cerf et n'a guère que 1 mètre de hauteur au garrot. Sa robe, au lieu d'être d'une

Fig. 149. — Chevreuil.

couleur fauve uniforme, comme celle du Cerf, est semée de taches blanches. .

Le *Chevreuil* (fig. 149) est plus petit encore que le Daim : il se tient de préférence dans les jeunes bois et les taillis, à proximité des terres cultivées. Il diffère du Cerf par l'absence de queue et de larmiers, sortes de cavités situées sous les yeux, et par la forme de ses cornes. Il vit par couples et reste attaché à sa compagne.

Le groupe des RUMINANTS A CORNES PLEINES ET PERSISTANTES

est des plus restreints, puisqu'il ne renferme qu'un seul genre et qu'une seule espèce, la *Girafe* (fig. 150). Cet animal bizarre se rencontre seulement en Afrique : il habite les confins des déserts et est répandu depuis le Cap de Bonne-Espérance jusqu'en Nubie.

Fig. 150. — Girafe.

La Girafe se fait remarquer par la petitesse de sa tête, la longueur démesurée de son cou et la forme de son corps dont le train postérieur est, comme chez l'Hyène, notablement

plus bas que l'antérieur. Une crinière courte et droite s'étend
de la tête au garrot. Des cornes petites et velues se dressent
un peu en avant des oreilles. Le pelage est d'une couleur jaune
fauve et parsemé de grandes taches irrégulières d'un brun
roux.

Ainsi constitué, cet animal est un des plus singuliers qu'on
puisse voir. Sa conformation est en rapport avec son mode
d'alimentation, car la Girafe ne broute que rarement l'herbe,
mais mange les feuilles et les jeunes pousses des arbres les plus
élevés; grâce à son long cou, elle atteint aisément les branches
les plus hautes.

Les RUMINANTS SANS CORNES appartiennent à deux groupes
bien distincts : ce sont les Chevrotains et les Caméliens.

Les **CHEVROTAINS** ressemblent beaucoup aux plus petites espèces
de Cerfs; ils en diffèrent toutefois par l'absence de cornes et
de larmiers. Ils habitent l'Asie centrale et méridionale, les îles
et la partie occidentale de l'Afrique centrale. On les trouve
dans les montagnes, rarement près des forêts, et leur vivacité
est excessive. Ce sont des animaux rusés et timides, qu'il est
facile d'apprivoiser.

Une espèce de Chevrotain, le *Chevrotain Porte-musc*, fort
commune dans l'Himalaya, sur les bords du lac Baïkal et dans
les montagnes de la Mongolie, est surtout recherchée à cause
du musc qu'elle produit. Ce parfum précieux, mais insupportable, est sécrété par une glande que l'animal porte sous le
ventre; le produit de cette glande donne d'assez beaux bénéfices, car le prix du musc est toujours fort élevé. Une autre
espèce de Chevrotain atteint à peine la taille d'un Lapin.

Les **CAMÉLIENS** forment deux types bien distincts, répartis
l'un en Afrique et en Asie, l'autre sur la côte occidentale de
l'Amérique du Sud. Ces animaux sont caractérisés par l'absence
de cornes et parce que leur lèvre supérieure est fendue. De
plus, leur dentition est différente de celle de tous les autres
Ruminants : ils ont deux incisives et deux canines à la mâchoire

supérieure. Ils sont sobres, et supportent très longtemps la
faim et la soif. Leur allure normale est l'amble.

Les **Chameaux** sont de grande taille ; ils portent sur le dos
une ou deux bosses. Leurs poils sont laineux et inégaux ; ils ont
des callosités en certains points du corps, notamment à la poitrine, aux coudes et aux genoux. On distingue deux espèces de
Chameaux : l'une, munie d'une seule bosse et particulière à
l'Afrique, est le Dromadaire ; l'autre, munie de deux bosses,
est asiatique : c'est le Chameau de la Bactriane.

Fig. 151. — Dromadaire.

Le *Dromadaire* (fig.
151), vraisemblablement
originaire de l'Arabie,
n'existe plus aujourd'hui
qu'à l'état domestique. Il
semble n'avoir été im-
porté dans le nord de
l'Afrique que vers le troisième ou quatrième siè-
cle de notre ère. Ac-
tuellement, son aire de
distribution est la même
que celle des Arabes. Sa
domestication remonte
aux temps préhistori-
ques.

Il est inutile de s'arrêter longuement sur les services que
rend le Dromadaire dans les pays où on l'emploie comme bête
de somme. C'est grâce à ce *vaisseau du désert* que les Arabes
et les Berbères du Sahara peuvent franchir les immenses solitudes des déserts et se réunir entre eux par le commerce. En
outre, sa chair et son lait les nourrissent ; son poil, tissé et
travaillé, les habille.

Le *Chameau de la Bactriane* (fig. 152) est encore plus laid
que le Dromadaire. Il est plus petit et rend moins de services,

parce que la lenteur de son allure ne permet pas de l'utiliser
comme animal de selle.
On le trouve jusqu'en
Sibérie, mais on est forcé
de l'y tenir presque con-
stamment enveloppé de
couvertures, à cause de
la rigueur du climat.

Les Caméliens de l'A-
mérique du Sud, ou **La-
mas**, sont dépourvus de
bosse : ils diffèrent en-
core des Chameaux par
leur taille plus petite.
C'est, du reste, un fait
général que, dans un
même groupe, les espè-

Fig. 152. — Chameau.

ces américaines sont plus petites que celles de l'ancien con-

Fig. 153. — Lama.

tinent. — Ces animaux forment quatre espèces appartenant à

un même genre : ce sont le Lama, le Guanaco, l'Alpaca et la
Vigogne. Le *Guanaco* et la *Vigogne* sont encore sauvages et
vivent par bandes dans les montagnes du Chili et du Pérou.
Le *Lama* (fig. 153) et l'*Alpaca*, originaires des mêmes con
trées, y sont domestiqués depuis longtemps.

Avant la découverte de l'Amérique, les Incas n'avaient, du
reste, pas d'autres bêtes de somme; mais depuis l'introduction
du Cheval, les Lamas ont perdu beaucoup de leur importance.
On les élève néanmoins avec soin, car leur laine touffue est
fort utile pour la confection des étoffes et la fabrication des
chapeaux.

### ORDRE DES BISULQUES

L'ordre des Bisulques comprend des animaux qui ne jouissent pas de la faculté de ruminer, mais qui ont le pied fendu
et composé d'un nombre pair de doigts, comme les Ruminants
(fig. 134, A). On peut les diviser en deux groupes principaux,
dont l'un a pour type le Porc, l'autre l'Hippopotame.

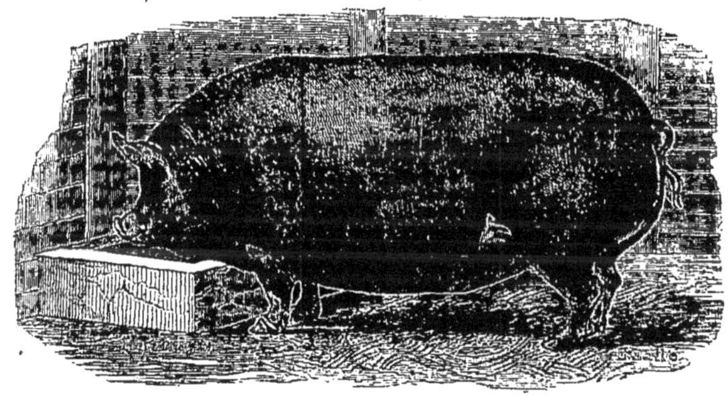

Fig. 154. — Porc.

Le premier groupe est celui des **suidés**, dont le Cochon est
le type.

Le *Cochon* (fig. 154) a, depuis les temps anciens, pris rang parmi les animaux domestiques. Ce n'est qu'un Sanglier dont l'éducation et le temps ont profondément modifié les instincts et même la constitution anatomique. Le Cochon est répandu sur presque toute la surface du globe et présente des races nombreuses. Toutefois les races américaines proviennent d'animaux importés d'Europe.

Les mœurs du Cochon, ses usages et ses produits sont trop connus pour qu'il soit nécessaire d'insister sur ces points. Disons seulement que l'ingestion du jambon ou de la charcuterie dans laquelle la chair du Porc entre sans avoir été suffisamment cuite, peut présenter parfois de graves conséquences ; la chair et le lard renferment en effet, dans certains cas, un petit Ver microscopique, la *Trichine*, qui se développe aisément dans les organes de l'Homme et met ses jours en danger ; dans le lard, en outre, vit la larve du Ver solitaire.

Le *Sanglier* n'est que le Cochon demeuré à l'état sauvage. Les canines ou *défenses* sont fortement développées et constituent une arme redoutable.

En Amérique, la famille des Suidés est représentée par les

Fig. 155. — Pécari.

**Pécaris** (fig. 155). Ces animaux sont plus petits que les Suidés de l'ancien continent, et diffèrent du reste de ceux-ci par leur dentition et le nombre des doigts, qui n'est plus que de 3 aux pattes postérieures. Ils habitent les régions chaudes de l'Amérique, et partagent avec les Sangliers le triste sort d'être traqués sans cesse par l'Homme, qui les tue pour se procurer leur chair aussi bien qu'à cause des ravages qu'ils commettent dans les plantations.

Les **hippopotames** (ἵππος, cheval ; ποταμός, fleuve) forment le dernier groupe de l'ordre important des Bisulques. Ce sont les plus monstrueux, les plus lourds et les plus massifs de tous les Mammifères. On les rencontre dans les grands fleuves de l'Afrique. Il y a trois siècles à peine, ils habitaient l'Égypte entière et se retrouvaient jusque dans le delta du Nil ; mais ils en ont actuellement disparu tout à fait, chassés et détruits par l'Homme.

L'*Hippopotame* (fig. 156) est bien l'être le plus difforme

Fig. 156. — Hippopotame.

que l'on puisse imaginer. Son corps dénudé, plus haut à la croupe qu'au garrot, semble comme boursouflé : il est porté par des jambes si courtes que le ventre touche le sol quand l'animal marche. La tête est carrée, d'une laideur repoussante et d'une hideuse physionomie.

Le nom de *Cheval* paraît assez singulièrement donné à ce monstrueux animal. Cependant lorsque l'animal est tout entier plongé dans l'eau, et ne laisse apparaître que ses yeux et ses oreilles petites et droites, la ressemblance avec une tête de Cheval est assez frappante.

Les doigts, au nombre de quatre, sont tous également développés et reposent tous sur le sol.

Le genre de vie de l'Hippopotame le met tout à fait à part, puisqu'il passe la plus grande partie de son existence dans l'eau, où il plonge admirablement.

La nuit venue, l'Hippopotame sort de l'eau et se répand dans les fourrés du rivage pour chercher les plantes dont il se nourrit. S'il pénètre de la sorte dans une plantation, en quelques instants il détruit et saccage des récoltes entières, et, à ce titre, mérite d'être rangé parmi les animaux nuisibles. Toutefois, d'un caractère naturellement doux ou tout au moins indifférent, il n'attaque ordinairement pas l'Homme, à moins que celui-ci n'ait été l'agresseur. Or, c'est précisément ce qui a lieu le plus souvent, car l'Homme poursuit sans relâche cet animal et a recours aux ruses et aux procédés les plus divers pour le tuer ou le capturer vivant. C'est qu'en effet sa chair est délicate; sa graisse sert à fabriquer le *delka*, sorte de pommade dont tous les Nègres se couvrent les cheveux et le corps; cette même graisse, fondue simplement, est bue par les Hottentots à la manière du bouillon. La peau enfin, d'une épaisseur telle que le plus souvent la balle ronde ne la pénètre point et ne fait que ricocher à sa surface, peut servir aux usages les plus variés.

La chasse de l'Hippopotame n'est pas exempte de dangers : l'attaque-t-on dans l'eau, d'un seul coup de sa formidable mâchoire il peut broyer en morceaux le canot que monte le chasseur; celui-ci, précipité dans le fleuve, se trouvera dès lors à la merci de son redoutable adversaire. L'attaque-t-on à terre, si l'on n'a pas l'adresse de le viser à l'œil, le seul point vulnérable, et de le tuer net ou de le blesser grièvement, on ne pourra guère espérer lui échapper par la fuite, car, malgré son corps pesant et massif, sa vitesse et son agilité sont surprenantes.

L'Hippopotame vit en société; il se réunit par bandes de cinq ou six individus, rarement par groupes plus nombreux. On rencontre parfois de vieux mâles isolés qui, lorsqu'on les attaque, se défendent avec une vigueur et un acharnement extraordinaires.

Comme le Buffle de la Cafrerie et le Rhinocéros, l'Hippopotame a aussi ses hôtes et ses auxiliaires. L'Oiseau des pluies, qui rôde sans cesse autour de lui, le débarrasse des Sangsues et des Insectes qui vivent en parasites sur sa peau. Un petit Héron se perche sur son dos et s'y promène gravement, à la recherche de la vermine.

## ORDRE DES ÉDENTÉS

Les animaux qui constituent cet ordre ne sont point complètement dépourvus de dents, sauf dans quelques cas que nous signalerons au passage : le nom d'*Édentés* indique seulement l'absence des dents incisives, absence constante, sauf chez une espèce de Tatou (fig. 157). La dentition est du reste tout à fait rudimentaire ; toutes les dents se ressemblent, et les canines, lorsqu'elles existent, ne se distinguent pas des molaires, qui le plus souvent sont seules représentées : d'où le nom de *Maldentés* que de Blainville donnait à ces animaux.

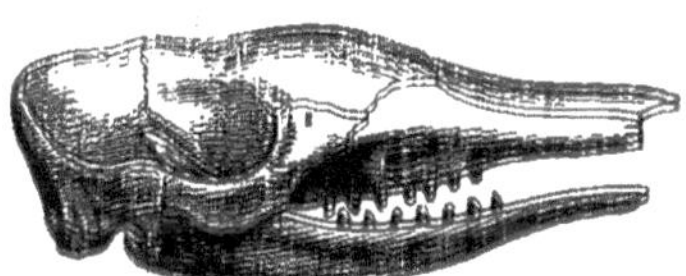

Fig. 157. — Tête de Tatou.

A part la disposition particulière des dents, on ne peut guère signaler que le grand développement des ongles comme caractère commun aux animaux de cet ordre, car leurs mœurs, leur régime et leur constitution anatomique sont si différents d'une famille à l'autre qu'il est impossible d'en donner une idée d'ensemble. Aussi devons-nous aborder, sans autre préambule, l'histoire des principales divisions de cet ordre, dont aucun représentant n'existe en Europe.

Les **BRADYPES** (βραδύπους, qui a la démarche lente) ou *Paresseux* (fig. 158), connus encore sous le nom de *Tardigrades*, ont la tête semblable à celle des Singes; ils ont du reste la forme générale et le genre de vie de ces animaux. Comme ceux-ci, ils vivent sur les arbres, mais au lieu de se fixer aux branches en les embrassant avec la main, ils se suspendent simplement par les forts ongles recourbés qui terminent leurs membres. Ces animaux se meuvent avec une lenteur extrême; la distance qu'un Singe ou un Écureuil franchiraient d'un bond, est pour eux

Fig. 158. — Paresseux.

un long et pénible voyage. Tout le jour, ils restent blottis dans le feuillage, à l'endroit le plus fourré et le plus obscur, et ne se mettent guère qu'à la nuit tombante à la recherche de leur nourriture. Ils vivent de bourgeons, de jeunes pousses, de fruits, et la rosée qui recouvre les feuilles suffit à les désaltérer. Leur indolence est si grande qu'ils peuvent rester des semaines sur le même arbre sans passer sur un arbre voisin ou sans descendre à terre; sur le sol, leur démarche est encore infiniment plus lente que sur les arbres, et est extrêmement embarrassée.

Les Paresseux habitent les forêts vierges de l'Amérique du Sud, spécialement de la Guyane, du Brésil, du Pérou et de la Colombie. Ces animaux ont les pattes de devant plus longues que celles de derrière ; leur estomac est divisé en quatre poches, comme celui des Ruminants ; leurs téguments sont recouverts de poils longs et grossiers, semblables à du foin sec. Ils n'ont ni oreille externe, ni queue. Les espèces les plus grandes ne dépassent pas 1 mètre de longueur. L'*Unau* à trois doigts et l'*Aï* à deux doigts, que l'on voit parfois dans les ménageries, sont les deux espèces les plus communes.

A ce groupe des Tardigrades se rattache un animal aujour-d'hui disparu, et dont on rencontre les restes fossiles dans les terrains récents des pampas de la Plata. On lui a donné le nom de *Megatherium* (fig. 159) : il était beaucoup plus gros

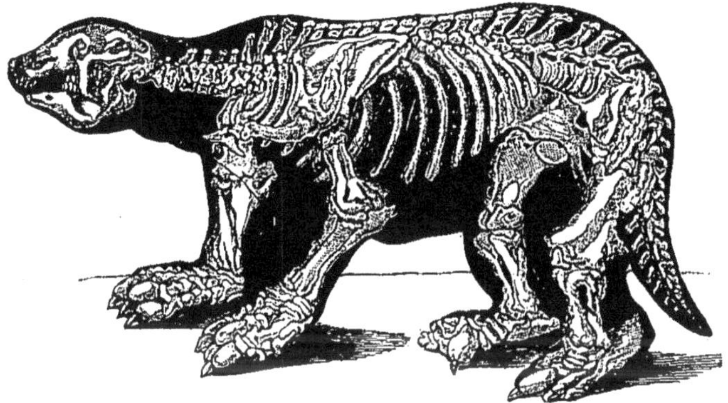

Fig. 159. — Megatherium.

que le Rhinocéros et surpassait certainement plus de 100 fois en masse le plus grand des Édentés actuellement vivants. Il est vraisemblable qu'il ne grimpait point sur les arbres, et l'on pense qu'il se redressait et s'appuyait sur sa queue puis-sante pour atteindre et arracher avec ses pattes antérieures les branches dont il se nourrissait.

En outre du Megatherium, on a trouvé encore, dans les mêmes terrains que celui-ci, d'autres Paresseux géants, dont les principaux sont le *Megalonyx* et le *Mylodon* (fig. 160).

Tous ces animaux présentaient un caractère important, qui montre bien leur parenté étroite avec les Tatous, que nous étu-

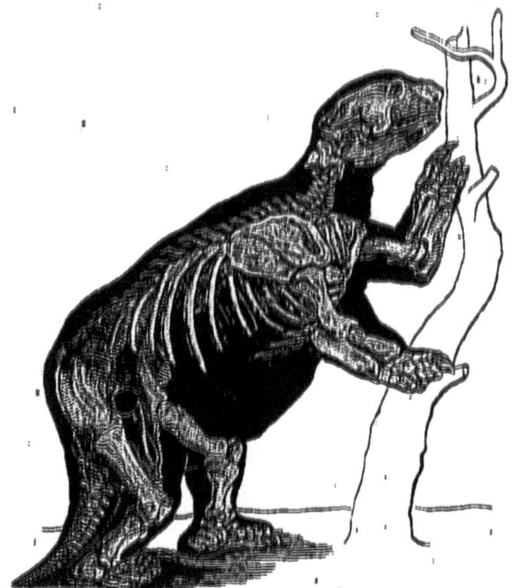

Fig. 100. — Mylodon.

dierons tout à l'heure : ils portaient sur le dos un certain nombre de plaques analogues à celles que nous allons rencontrer sur tout le corps de ces derniers.

Malgré les grandes différences d'organisation qu'ils présentent, les **ÉDENTÉS INSECTIVORES** qui nous restent à examiner ont cependant des caractères communs : tous

Fig. 161. — Tatou cabassou.

sont insectivores, tous se creusent sous terre des habitations, et la rapidité avec laquelle ils fouissent le sol est parfois extraordinaire.

Les **Tatous** (fig. 161) sont couverts de poils seulement à la
région ventrale; le dessus de la tête, le dos, les flancs et la
queue sont recouverts d'une cuirasse très résistante, composée
d'écailles intimement juxtaposées et disposées en séries transversales. Les oreilles sont très longues, ainsi que la queue.
Les dents, en nombre variable, sont au nombre de 98 chez le
*Tatou géant;* cet animal, qui est le plus grand des Tatous
actuels, n'a pas plus de 1 mètre de longueur.

Les Tatous sont des êtres inintelligents, inoffensifs et pai-
sibles. Ils habitent l'Amérique du Sud et se rencontrent dans
les régions découvertes et sablonneuses, dans les champs, jamais
dans les forêts. Ils creusent de préférence leurs terriers au-

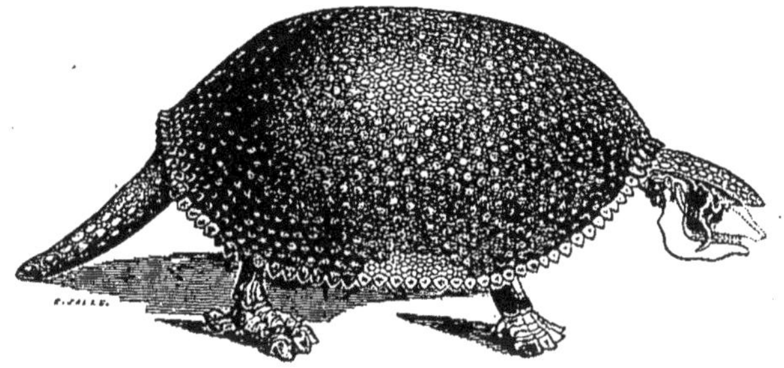

Fig. 162. — Glyptodon.

près des grands nids de Fourmis ou de Termites, dont ils font
leur principale nouriture.

A l'époque où vivait le Megatherium, l'Amérique du Sud
était également habitée par un Tatou gigantesque, le *Glyptodon*,
(fig. 162), qui ne mesurait pas moins de 5 mètres de longueur
sur une hauteur de 2 mètres. Sa taille atteignait celle du
Rhinocéros.

Les **Pangolins** sont aussi couverts d'écailles; mais celles-ci
sont d'une autre nature et affectent une autre disposition : elles
sont constituées par des poils agglutinés et sont arrangées par
séries obliques, imbriquées à la manière des tuiles d'un toit.
Ces animaux appartiennent à l'Afrique centrale, au sud de

l'Asie et à quelques îles de l'archipel Indien (fig. 163). Ils
peuvent se rouler en boule comme le Hérisson. De même que
tous les Édentés, ce sont des animaux nocturnes : si le jour
les surprend loin de leur demeure, ils ont bientôt fait de se
creuser un nouveau terrier, dans lequel ils resteront jusqu'à la
nuit, quitte à l'abandonner ensuite à tout jamais pour regagner
ou non leur premier gîte.

Ils ont avec les Oryctéropes et les Tamanoirs ce caractère
commun qu'ils se nourrissent surtout de Fourmis ; avec leurs
ongles puissants, ils fouillent les fourmilières, puis allongent
leur langue filiforme et visqueuse : les Fourmis viennent
bientôt se fixer en grand nombre sur cet organe et l'animal,

Fig 163. — Pangolin.

le retirant alors brusquement dans sa bouche, n'a plus qu'à
avaler les imprudents Insectes.

Les **Oryctéropes** (fig. 164) habitent le sud et le nord-est de
l'Afrique. Ils ont la tête très-allongée, le corps couvert de poils
ras, les oreilles et la queue longues. Ils ont $1^m,30$ de longueur
environ, ou 2 mètres y compris la queue. On les rencontre
dans les steppes, les plaines, le désert, partout où les Fourmis
sont abondantes.

Les **Fourmiliers** (fig. 165), particuliers à l'Amérique du
Sud, diffèrent des Oryctéropes non seulement par l'habitat,
mais encore par plusieurs caractères importants : le museau et
le corps sont plus allongés encore que chez ceux-ci ; la queue

est couverte de poils très longs. Leurs longues mâchoires sont

Fig. 164. — Oryctérope d'Éthiopie.

absolument dépourvues de dents. La plus grande des espèces de Fourmiliers, le *Tamanoir*, possède des ongles puissants qui le font quelquefois triompher dans la lutte contre le redoutable Jaguar.

Fig. 165. — Fourmilier.

Les **Tamanduas**, également originaires de l'Amérique du Sud, ont la queue moins velue et le museau moins long que

les Tamanoirs. Ils présentent en outre la faculté de grimper
sur les arbres, à la recherche des Insectes, et partagent même
avec les Singes du nouveau monde la propriété d'enrouler leur
queue autour des branches pour s'y suspendre.

## ORDRE DES PINNIPÈDES

Jusqu'à présent nous ne nous sommes occupé que d'animaux presque exclusivement terrestres, mais il est un certain
nombre de Mammifères qui vivent dans l'eau et que l'on serait
tenté de considérer comme des Poissons, si l'on ne reconnais-
sait en eux tous les caractères que nous avons assignés aux
Mammifères au début de ces leçons : le Phoque, le Morse, d'un
côté, la Baleine, le Cachalot, le Dauphin, de l'autre, sont dans
ce cas. Leur corps est arrondi, cylindrique, et présente au-
dessous de la peau une épaisse couche de graisse qui, en
allégeant l'animal, a pour but de permettre à celui-ci de se
mouvoir plus aisément. Leurs membres sont aplatis comme
des rames, et les doigts sont réunis en forme de nageoires.

Ces animaux sont répartis en deux ordres : celui des Pinnipèdes et celui des Cétacés.

Chez les Pinnipèdes, on retrouve les quatre membres : il
est vrai qu'ils sont fort courts (fig. 166). On y reconnaît
néanmoins encore la division des doigts : dans quelques espèces, ceux-ci sont mobiles et simplement réunis par une
membrane natatoire : dans d'autres cas, ils sont complètement enveloppés par la peau, et on ne les reconnaît plus
qu'aux ongles qui les indiquent. La queue n'a jamais la forme
d'une nageoire. Les oreilles et les narines sont recouvertes
extérieurement d'une membrane formant clapet, qui empêche
la pénétration de l'eau.

Le corps est recouvert de poils courts, lisses et très-épais,
qu'enduit une huile abondante, dont l'objet est d'empêcher
l'eau de s'insinuer jusqu'à la peau. La lèvre supérieure est

ornée de poils raides et longs, dont le rôle est vraisemblablement le même que celui des moustaches des Félins et des
Rats : ce sont sans doute des organes du tact.

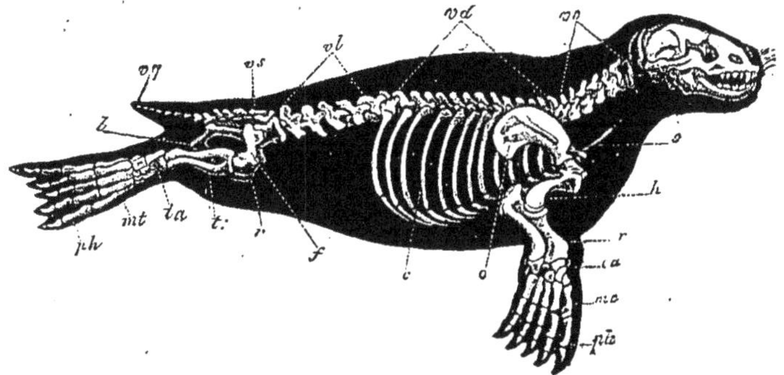

Fig. 166. — Squelette de l'Phoque.

Les Pinnipèdes vivent par troupes nombreuses. Ils sont
répandus dans toutes les mers, mais ils sont surtout abondants
au voisinage des pôles. Ils plongent avec facilité, mais, pour
respirer, sont obligés de venir prendre l'air à la surface de la
mer : ils peuvent toutefois demeurer longtemps sous l'eau.

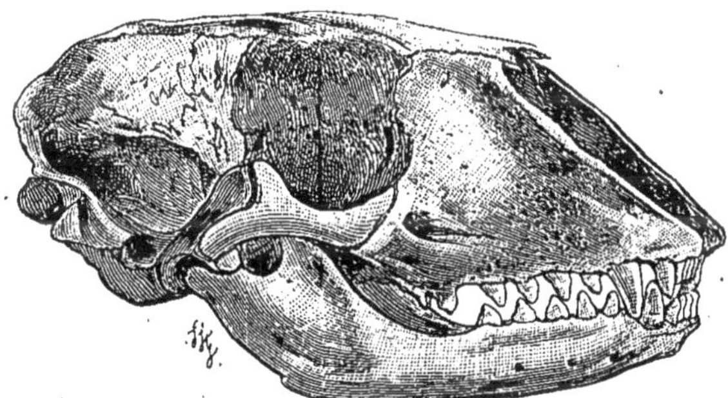

Fig. 167. — Tête de l'Phoque.

Ils ne se meuvent à terre qu'avec une peine extrême, en se
traînant et en rampant. Aussi, lorsqu'on les surprend sur le
rivage, sont-ils sans défense et dans l'impossibilité de fuir.

Ces animaux possèdent les trois sortes de dents (fig. 167), mais on peut cependant établir parmi eux deux grandes divisions basées sur la dentition.

Les **phoques** (fig. 168) ont le système dentaire des Carnassiers; les canines sont courtes et les molaires ont des tubercules pointus. Ces animaux se tiennent de préférence dans le voisinage des côtes : le jour ils dorment sur les récifs, où ils viennent se chauffer au soleil, et ce n'est que la nuit qu'ils cherchent leur nourriture. Ils vivent par troupes composées ordinairement d'un seul mâle et d'un grand nombre de fe-

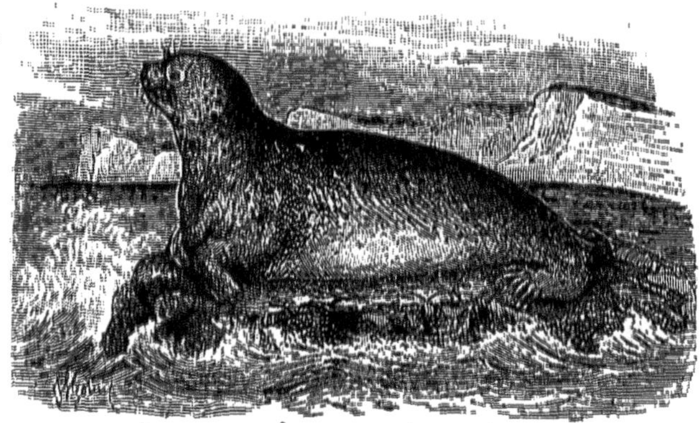

Fig. 168. — Phoque.

melles. Quelques espèces entreprennent à des époques déterminées de lointaines migrations.

Les Phoques, encore extrêmement nombreux dans les mers polaires au commencement de ce siècle, ont considérablement diminué de nombre depuis cette époque. Cette disparition rapide tient à la chasse barbare, au carnage auquel on les soumet. Les Anglais et les Américains frètent chaque année une soixantaine de navires destinés à chasser le Phoque : on retire de sa chair une grande quantité d'huile. On recherche encore ses dents et sa peau.

Les Esquimaux et les Groënlandais font également au Phoque une guerre acharnée : cet animal constitue leur prin-

Fig. 169. — Otaries.

cipal aliment. Ils boivent son huile et s'en éclairent, ils mangent sa chair, ils s'habillent de sa peau ou s'en construisent des canots, se font des armes avec ses os, utilisent ses tendons

pour coudre; bref, il n'est pas une partie du corps de cet
animal qui ne leur soit de quelque utilité.

On trouve encore en petites bandes le Phoque *(Veau marin)*
sur quelques points des côtes de France, et surtout à l'embouchure de la Somme.

Les **Phoques** n'ont pas d'oreille externe. Les **Otaries** (fig. 169)
ont au contraire un pavillon nettement développé.

Tous ces animaux présentent une vivacité et une intelligence extrêmes. Ils s'apprivoisent facilement et ils suivent
alors leur maître comme le ferait un Chien. Ils peuvent même
être dressés à rapporter le Poisson qu'il vont pêcher au fond
de l'eau.

Le second groupe de Pinnipèdes est celui des **Morses**. Ces
animaux diffèrent à première vue des précédents par l'allongement extrême que prennent leurs canines supérieures. Ces
deux dents descendent verticalement et constituent des défenses redoutables, dont la longueur peut atteindre jusqu'à
65 centimètres; elles donnent à l'animal un aspect rébarbatif.
La mâchoire inférieure n'a que des molaires.

En outre du profit qu'on peut retirer de leur peau, de leur
huile, les Morses sont surtout chassés à cause de l'ivoire de
leurs défenses; les dentistes les utilisent pour la fabrication de
dentiers artificiels. Les Morses habitent exclusivement les mers
du Nord; leur chasse n'est pas sans dangers.

## ORDRE DES CÉTACÉS

Les Mammifères marins qui constituent cet ordre se distinguent des Pinnipèdes en ce que leur corps est dépourvu de
poils et en ce qu'ils sont privés de membres postérieurs; de
plus, leurs membres antérieurs sont transformés en nageoires et
leur corps se termine postérieurement par une nageoire caudale
transversale, qui constitue leur appareil principal de propulsion. Ces animaux sont du reste admirablement adaptés à leur

genre de vie : leur corps fusiforme offre en effet à l'eau le
moins de résistance possible.

Les Cétacés sont incontestablement les plus gros des animaux : l'Éléphant, le géant des animaux terrestres, semble un
pygmée à côté d'une Baleine qui a atteint toute sa croissance.
Malgré leur grande taille, et à cause de l'heureuse configuration de leur corps, ils nagent avec une extrême rapidité.

Certains Cétacés se nourrissent exclusivement de végétaux,
alors que les autres sont carnivores : de là une division importante.

Les Cétacés herbivores ou *Sirènes* se rapprochent des Phoques par la forme de leur corps, mais leur dentition est com-

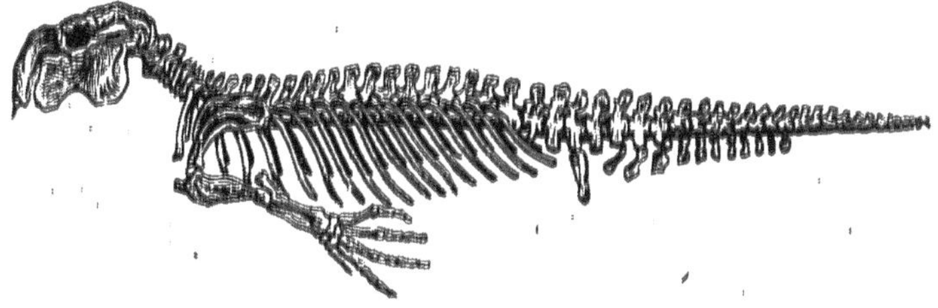

Fig. 170. — Squelette de Dugong.

parable à celle des Pachydermes : les canines font défaut; les
molaires, bien développées, ont une couronne plate. Les
*Lamantins*, qui vivent à l'embouchure de l'Orénoque et de
l'Amazone, et les *Dugongs* (fig. 170), particuliers à l'océan
Indien et à la mer Rouge, appartiennent à cette famille des
Sirènes.

Une autre espèce, la *Rythine*, habitait les mers sibériennes,
où elle a été détruite par les pêcheurs pendant le siècle
dernier.

Les Cétacés carnivores se subdivisent eux-mêmes en deux
groupes, d'après des caractères d'une extrême importance tirés
de la dentition.

Les **BALEINES** adultes sont dépourvues de dents ; celles-ci sont remplacées à la mâchoire supérieure par des *fanons*. Ces organes sont tout à fait distincts des dents : ils ne s'implantent point sur les os des mâchoires, mais sont une dépendance du palais. Chacun d'eux est aplati, recourbé en forme de faux, et les plus grands atteignent une longueur de 5 mètres. Leur substance, de nature cornée, est connue dans l'industrie sous le nom de *baleine* (fig. 171), et la valeur des fanons fournis

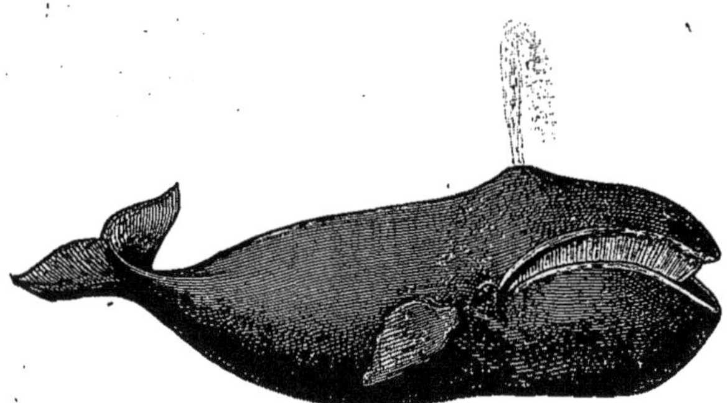

Fig. 171. — Baleine.

par un seul individu n'est pas moindre de 4 à 5000 francs. Ces lamelles cornées sont serrées les unes contre les autres, de manière à constituer une sorte de crible ; leur bord libre est frangé ; elles sont au nombre de 500 au moins dans la bouche d'une Baleine.

Les Baleines sont les plus grands de tous les animaux. Elles peuvent atteindre jusqu'à 35 mètres de longueur ; la tête entre pour un tiers ou un quart dans la longueur totale (fig. 172). Donnons quelques chiffres qui feront bien voir les proportions colossales de ces animaux. La langue, immobile et soudée de toutes parts au plancher de la bouche, peut avoir jusqu'à 8 mètres de longueur sur une largeur de 4 mètres ; elle est tellement imprégnée de graisse, comme du reste tous les organes de l'animal et spécialement la peau, qu'on peut en retirer jusqu'à six tonneaux d'huile.

Les Baleines habitent les mers les plus froides, au sud comme au nord; on n'en rencontre jamais au voisinage de l'Équateur. Elles vivent ordinairement isolées, mais à certaines époques elles se réunissent par bandes peu nombreuses et accomplissent des migrations. Il est intéressant de constater que ces êtres gigantesques ne se nourrissent que d'animaux fort petits, de Crabes, de Mollusques, de Poissons. En certains endroits, la mer est habitée par des bandes de petits Poissons dont le nombre dépasse toute imagination : la Baleine se tient auprès d'elles; lorsque la faim la presse, elle s'avance, la gueule ouverte, et dans cet orifice large de 8 à 20 mètres

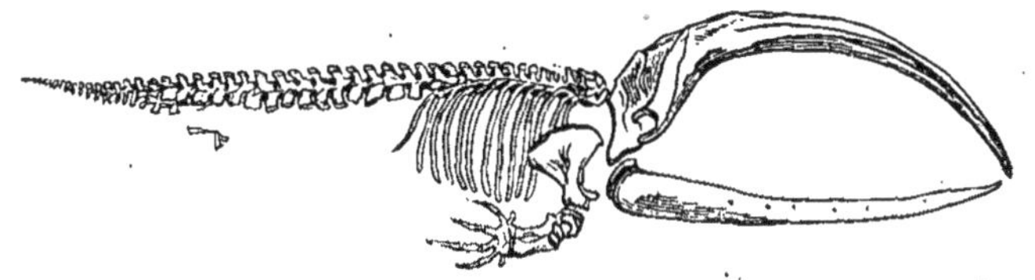

Fig. 172. — Squelette de Baleine.

viennent s'engouffrer des milliers d'animaux! Quand elle a parcouru de la sorte une certaine distance au milieu du banc, elle ferme brusquement la gueule, rejette au travers du crible constitué par les fanons toute l'eau renfermée dans sa bouche, et avale sa proie.

L'œil des Baleines est fort petit; il est situé auprès de l'épaule, au-dessus de l'angle de la bouche. Les narines sont bien distinctes et se trouvent sur le front. On leur donne plus spécialement le nom d'*évents*. On a cru longtemps que ces animaux pouvaient lancer par leurs évents des colonnes de liquide, lorsqu'ils revenaient à la surface de la mer; mais on sait maintenant que c'est simplement de la vapeur d'eau, mélangée à l'air expulsé des poumons, qui s'élève de la sorte sous forme de colonne et se condense dans l'air froid. Les Baleines, assure-t-on, peuvent rester jusqu'à 40 minutes au fond de l'eau; au bout de ce temps, comme elles respirent par des poumons, il est de toute nécessité qu'elles reviennent à la surface pour expulser l'air qui a perdu son oxygène et faire provision d'air pur. Le bruit de leur respiration est tel qu'on l'entend aisément à quelques centaines de mètres : mais si l'animal est agité par la crainte ou la colère, on peut l'entendre jusqu'à plusieurs kilomètres de distance.

Ces animaux sont l'objet d'une chasse active. Jusque vers le quinzième siècle, on les pêchait sur les côtes de France ; mais ils en ont aujourd'hui complètement disparu et ne s'y montrent plus que rarement et isolément. C'est aussi fort rarement qu'on les voit dans la Méditerranée. Il faut, pour les rencontrer, que les pêcheurs remontent vers le nord, sur la côte septentrionale de la Scandinavie, sur les côtes du Spitzberg, de la Nouvelle-Zemble, du Groënland, plus loin encore. On les poursuit également au Sud, sur les côtes de la Patagonie, aux îles Sandwich, à la Nouvelle-Zélande. Cette chasse présente les péripéties les plus émouvantes et les dangers les plus grands, mais le profit qu'on retire de l'huile et des fanons de la Baleine est tel que des milliers d'hommes n'hésitent pas à exposer leur vie pour se rendre maîtres de cet animal.

Ces monstres marins se rattachent à deux formes distinctes, qui sont les **Baleines** proprement dites et les **Balénoptères** ou *Rorquals*, qui portent sur le dos une nageoire triangulaire. Ce sont les Rorquals qui atteignent la plus grande taille. La *Baleine franche*, tant chassée dans le Nord, mesure rarement plus de 20 mètres : elle pèse alors 80 000 kilogrammes et fournit environ 25 000 kilogrammes d'huile.

Les **cétacés dentés** sont dépourvus de fanons, mais présentent, tantôt aux deux mâchoires et tantôt à une seule, des dents coniques en nombre variable.

Les **Cachalots** ne sont pas toujours munis de dents à la mâchoire supérieure, mais ils en ont toujours à l'inférieure. Ces animaux, habitants des mers polaires du Nord et du Sud, sont presque aussi grands que les Baleines, mais, outre l'absence de fanons et l'existence de dents, ils se distinguent de celles-ci parce que leurs narines s'ouvrent au dehors par un évent unique. La tête, massive et quadrangulaire, occupe à elle seule le tiers de la longueur du corps et se fait remarquer par sa disproportion : sa taille énorme est due à l'accumulation d'une quantité colossale de graisse liquide, connue sous le nom de *spermaceti* ou de *blanc de Baleine*, et que l'on a employé

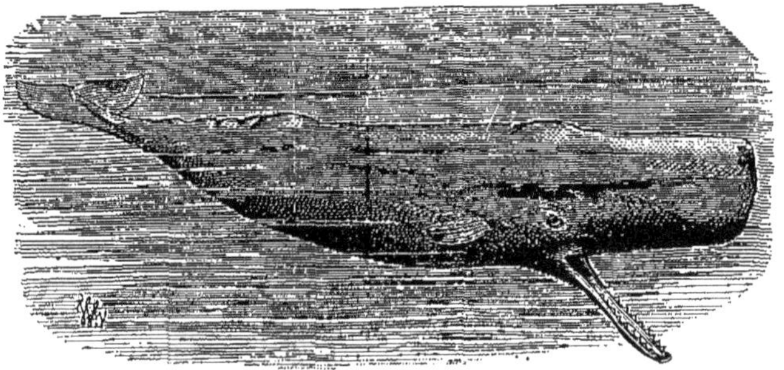

Fig. 173. — Cachalot.

dans la fabrication des bougies. On se livre à la pêche du Cachalot (fig. 173), non seulement pour se procurer cette substance, mais encore à cause de ses dents qui fournissent un ivoire de bonne qualité. L'*ambre gris* est enfin un autre attrait pour le pêcheur. Cette substance précieuse, au parfum si agréable, n'est autre chose qu'une sorte de calcul intestinal, déterminé par une maladie de l'appareil digestif. La pêche au Cachalot est encore plus dangereuse que celle de la Baleine.

Les **Narvals** (fig. 174), qui habitent les mers glaciales du Nord, présentent une particularité curieuse : des deux dents antérieures de la mâchoire supérieure, l'une, en général la gauche, prend un développement colossal et se dirige en avant, comme une épée longue de deux à trois mètres et dont la surface serait cannelée en spirale.

La défense du Narval fût attribuée pendant longtemps à un animal fantastique, la Licorne, qui l'aurait portée sur le front. Comme cet animal n'avait jamais été vu par personne et comme son existence était entourée du mystère le plus pro-

Fig. 174. — Narval.

fond, sa prétendue corne était fort recherchée et on lui attribuait les propriétés les plus merveilleuses. La dent de Licorne, réduite en poudre, jouissait notamment des vertus médicinales les plus extraordinaires : c'était l'antidote infaillible de tout poison, et Charles IX ne manquait jamais d'en tremper un morceau dans sa coupe.

Les **Dauphins** (fig. 175) sont les seuls Cétacés qui puissent vivre en eau douce : ils remontent fréquemment les fleuves, et vivent même dans les lacs avec lesquels ces fleuves peuvent communiquer. Ils sont très sociables et vivent en bandes nombreuses; le voisinage de l'homme ne les effraye point. Leur vivacité est très grande, ils nagent avec une incroyable rapidité, et les dents nombreuses et acérées, qui garnissent leurs deux mâchoires, en font des animaux redoutables pour les Poissons. Leur voracité est du reste bien connue des marins. Ces animaux habitent toutes les mers; ils sont très communs sur les côtes de France, dans l'Océan et dans la Méditerranée.

Fig. 175. — Dauphin.

Les **Marsouins**, plus petits que les animaux précédents, en diffèrent fort peu. Ils sont fort répandus dans les mers du Nord, et se rencontrent jusque sur les côtes de France : ils remontent parfois la Seine jusqu'à Paris.

### ORDRE DES MARSUPIAUX

Vous avez remarqué sans doute que, en indiquant l'habitat des animaux qui nous ont occupé jusqu'à présent, nous n'avons pour ainsi dire jamais parlé d'un vaste continent, l'Australie, à la surface duquel la classe des Mammifères se trouve pourtant richement représentée. C'est que, tandis qu'en Amérique et dans l'ancien monde se développaient les formes animales que nous venons de passer en revue, l'Australie et quelques îles voisines produisaient des animaux bien différents des premiers, et sur lesquels nous devons maintenant fixer notre attention.

Tous ces animaux ont été réunis dans un ordre spécial, celui des Marsupiaux (*marsupium*, bourse), à cause d'un caractère qui leur est commun et qui leur est propre : les femelles présentent sous le ventre un repli de la peau en forme de poche dans laquelle se trouvent les mamelles et où le petit, qui vient au monde d'une façon trop prématurée et avant d'être suffisamment développé, achèvera son développement. Les os du bassin présentent deux prolongements destinés à soutenir cette poche.

C'est là le caractère qu'on a invoqué pour réunir ces animaux en un même ordre, car si l'on avait tenu compte du genre de vie, de la forme générale, de la dentition, on les eût répartis entre les divers ordres que nous avons précédemment étudiés. Les uns, en effet, rappellent les Lémuriens; les autres sont analogues aux Rats; d'autres se rapprochent du Loup, etc. Certains Marsupiaux sont des Herbivores, d'autres des Insectivores, d'autres des Carnivores. Leur système dentaire, conformé d'après ces différents types, présente donc une grande diversité.

La Paléontologie nous enseigne avec la dernière évidence que, lors de l'apparition de la vie sur la terre, les Marsupiaux sont les premiers Mammifères qui se montrèrent. Le *Microlestes*, le plus ancien de tous les Mammifères, est en effet un Marsupial : il se rencontre en Europe dès la fin de la période triasique; on trouve ses débris dans les marnes irisées du Wurtemberg. Depuis, et spécialement à l'époque tertiaire, les Marsupiaux étaient fort abondants en Europe, mais ils en ont depuis longtemps disparu et il n'est même pas probable qu'ils y aient été contemporains de l'Homme. La faune australienne actuelle doit donc être considérée comme une faune primitive qui, par suite de circonstances spéciales, a traversé une longue série de siècles sans s'éteindre ou se modifier sensiblement.

Certains Marsupiaux ne sont pas sans quelque analogie avec

les **QUADRUMANES**. Les Phalangers, les Pétauristes et les Phas-
colarctes sont des animaux grimpeurs, dont la taille ne dépasse
généralement pas 60 centimètres. Comme les Singes, ils ont
le pouce opposable aux autres doigts, mais aux pattes de derrière seulement. Ils vivent sur les arbres et leur queue, lorsqu'elle existe, est prenante. Ils sortent surtout la nuit, se
nourrissent de fruits, de bourgeons, de feuilles, parfois aussi
d'Insectes et d'œufs d'Oiseaux et se laissent facilement apprivoiser.

Les **Phalangers** habitent l'Australie, Amboine, les Célèbes et

Fig. 176. — Péramèle nason. (Extrait de C. Vogt, *les Mammifères*.)

la terre de Van Diemen. Une espèce particulière a tout à fait
l'apparence d'un Renard.

Les **Pétauristes** ont sur les flancs une membrane aliforme
analogue à celle des Galéopithèques.

Le genre **Phascolarcte** ne comprend qu'un seul animal, le *Kaola*, qui a l'aspect d'un petit Ours.

Le groupe des **carnivores** est largement représenté. Le *Thylacine* a la taille et la férocité du Loup. Le *Dasyure* peut être considéré comme la Martre de l'Australie : il se nourrit de petits Mammifères et d'Oiseaux qu'il va saisir jusque dans leur nid ; il cause de grands ravages dans les basses-cours. Le *Sarcophile* est analogue au Glouton : ce carnassier est si féroce que les colons lui ont donné le nom de *diable*. Le *Phascogale*, dont la taille n'excède pas celle de l'Écureuil, habite sur les arbres ; son museau est pointu et allongé comme celui des Musaraignes.

Les **insectivores** sont représentés par les **Myrmécobies**, dont la taille est encore celle de l'Écureuil, et qui se nourrissent de Fourmis et de Coléoptères, et par les **Péramèles** (fig. 176), qui

Fig. 177. — Kanguroo.

se servent de leurs ongles robustes pour creuser dans la terre des galeries dans lesquelles ils se retirent.

Aux **rongeurs** correspondent les **Phascolomes** ou *Wombats*. Ces animaux, de la taille du Blaireau, restent pendant tout le jour cachés dans des terriers qu'ils se sont creusés eux-mêmes

et ne sortent que la nuit pour chercher les herbes et les racines
dont ils se nourrissent.

Les **HERBIVORES** sont représentés par les **Kanguroos** (fig. 177)
et les *Halmatures.* Ces animaux bizarres sont caractérisés par
la disproportion qui existe entre leurs membres antérieurs
et les postérieurs. Tandis que ces derniers sont longs, épais,
robustes, les antérieurs sont au contraire très courts et très

Fig. 178. — Sarigue.

faibles; ils sont même si courts que l'animal ne s'en sert point
d'ordinaire pour marcher. Il se tient en effet debout sur ses
pattes postérieures et trouve un nouveau point d'appui dans sa
queue qui, longue et puissante, constitue pour ainsi dire un
cinquième membre. Dans cette posture, l'animal bondit, comme
mû par un ressort, et les bonds qu'il fait alors sont si rapides
que sa vitesse égale celle du Cerf, et si prodigieux qu'il peut

s'élever jusqu'à 3 à 4 mètres en l'air et franchir des espaces de 8 à 10 mètres.

Il y a un grand nombre d'espèces de Kanguroos, leur taille varie beaucoup ; ce sont des animaux timides et craintifs qui s'accommodent aisément de la captivité. Leur fourrure est assez appréciée.

Certains Marsupiaux vivent en Amérique : ce sont les **Sarigues** (fig. 178) ou *Didelphes*. Ces animaux s'étendent depuis les États-Unis jusqu'à la Plata et au Chili : certaines espèces sont particulièrement communes à la Guyane et au Brésil. Ce sont des Insectivores, mais leur dentition est différente de celle de tous les groupes examinés jusqu'ici ; ils ont la queue pressante, sont surtout nocturnes et sont à peu près totalement dépourvus d'intelligence. Une espèce a la taille du Chat, mais les autres sont de moindre dimension et il en est qui ne sont pas plus grosses que la Souris.

L'*Opossum* ou *Sarigue à oreilles bicolores* est grand amateur d'œufs : il s'introduit fréquemment dans les basses-cours et y produit de grands ravages. Lorsqu'il est surpris et qu'il se voit dans l'impossibilité de fuir, il s'étend à terre, fait le mort et supporte sans faire aucun mouvement tous les mauvais traitements qu'on peut bien lui faire endurer. Puis, dès que l'Homme, le croyant assommé, tourne les talons et le laisse pour mort, il se relève prestement et s'enfuit.

### ORDRE DES MONOTRÈMES

Les Monotrèmes sont les animaux les plus dégradés de la Classe des Mammifères. Également spéciaux à l'Australie, ces animaux se rapprochent des Marsupiaux par l'existence, dans les deux sexes, des os marsupiaux : chez la femelle de l'Echidné, ces os supportent même une poche ventrale renfermant les mamelles.

Un grand nombre de caractères importants rangent les Monotrèmes à côté des Oiseaux ; tels sont l'existence d'un bec corné, dépourvu de dents, et ce fait que l'intestin et l'appareil urinaire, au lieu de déboucher au dehors par deux orifices dis-

Fig. 179. — Acanthoglosse ou Échidné.

tincts, viennent se rencontrer dans une cavité commune, le *cloaque* ; c'est de ce dernier caractère, fort important, qu'est tiré le nom de Monotrèmes (μένος, seul ; τρῆμα, trou). D'autres particularités, portant principalement sur le squelette, rapprochent d'autre part ces animaux des Tortues.

Les Monotrèmes constituent un groupe des plus restreints, puisqu'on n'en connaît que deux genres.

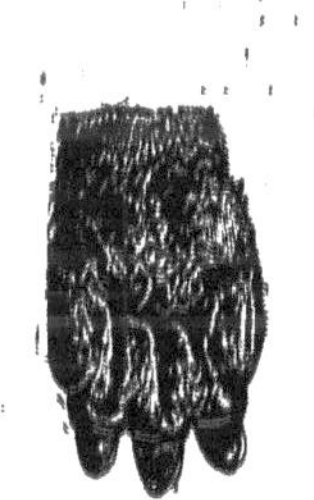

Fig. 180. — Pied de devant de l'Échidné.

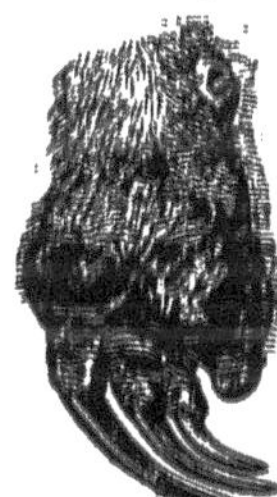

Fig. 181. — Pied de derrière de l'Échidné.

L'*Echidné* (fig. 179) a le corps couvert en dessus de piquants cornés et tranchants, comme le Hérisson ; il peut se rouler en boule à la manière de cet animal, mais il est deux ou trois fois plus gros que lui. Il est muni d'un bec allongé, mince et cylindrique. Ses pattes non palmées (fig. 180, 181), mais munies d'ongles puissants et recourbés, lui permettent de fouiller rapidement la terre ; il habite en effet les contrées sablonneuses et se creuse des terriers. Il se nourrit principalement de Fourmis qu'il capture de la même façon que le Fourmilier, en projetant dans la demeure de ces Insectes sa langue vermiforme et visqueuse.

L'*Ornithorhynque* (fig. 182) (ὄρνις, oiseau ; ῥύγχος, bec) est

Fig. 182. — Ornithorhynque.

un animal aquatique : son large bec, constitué comme celui du Canard, lui permet de fouiller la vase. Son corps est revêtu d'une fourrure épaisse et souple. Ses pattes courtes et fortes sont munies de cinq orteils armés d'ongles puissants et réunis par une large membrane. Cet animal se creuse au bord des ruisseaux un terrier s'ouvrant au dehors par deux ouvertures, l'une au-dessus, l'autre au-dessous du niveau de l'eau. Il nage et plonge avec une grande habileté et se nourrit surtout de Vers et d'animaux aquatiques.

# CLASSE DES OISEAUX

Les Oiseaux, qui constituent la seconde Classe des animaux Vertébrés, forment une division parfaitement naturelle dans la série des êtres. Leur aspect extérieur et leur organisation les distinguent aisément de tous les autres animaux, et les caractères différentiels des divers groupes sont assez tranchés pour qu'il soit même possible de reconnaître à première vue les Oiseaux qui se rapportent à chacun d'eux.

La caractéristique des Oiseaux, c'est la faculté qu'ils ont de *voler*. Tous, il est vrai, ne volent pas : il est des espèces, telles que l'Autruche, qui sont dans l'impossibilité de s'élever dans les airs, mais ces exceptions sont si peu nombreuses qu'il n'y a vraiment pas lieu d'en tenir compte dans l'exposé des caractères propres à la classe des Oiseaux. La faculté de voler a une grande influence sur la forme générale du corps et entraîne aussi dans l'organisation des Oiseaux une foule de modifications que nous aurons à signaler par la suite.

**Forme et squelette.** — Le corps, de forme ovalaire, est disposé pour éprouver de la part de l'air le moins de résistance possible. Ce même but est réalisé par une configuration spéciale du *sternum*. Cet os acquiert un développement considérable ; il présente la forme d'un bouclier convexe, sur lequel viennent s'attacher des muscles extrêmement puissants, destinés à mouvoir les ailes ; on remarque en outre en son milieu une longue crête longitudinale, qui fait une forte saillie et à laquelle on donne le nom de *bréchet* (fig. 185, *h*). Le bréchet, analogue par sa forme et ses usages à la carène d'un navire, permet à l'Oiseau de fendre l'air avec plus de facilité ; il manque totalement chez les Oiseaux qui ne volent point, comme l'Autruche et le Casoar (fig. 183).

Une disposition intéressante du squelette permet encore aux Oiseaux de se maintenir dans les airs. Pour que ces animaux,

d'un poids parfois considérable, pussent se soutenir ainsi
suspendus sans dépenser trop d'efforts, il était nécessaire que
leur poids spécifique fût réduit et diminué autant que possible.
Ce résultat est acquis par la *pneumaticité* du squelette. Les os,
sans rien perdre de leur solidité, sont creusés de grandes cavités
centrales, dans lesquelles l'air circule d'une façon normale et
vient remplacer la moelle. Cette pneumaticité n'existe point chez
l'Autruche et les Oiseaux voisins, sauf pour quelques os du

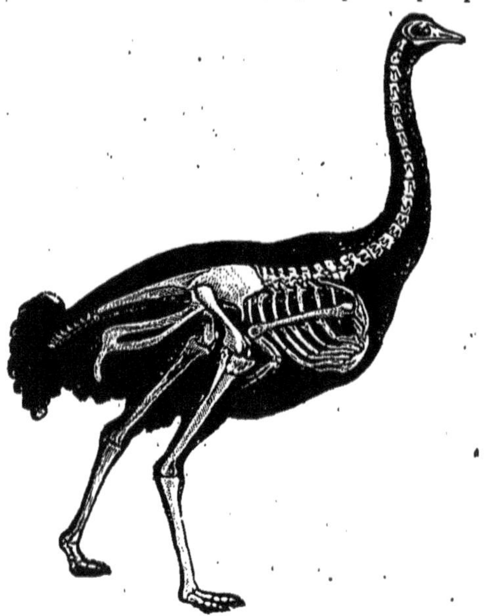

Fig. 185. — Squelette d'Autruche.

crâne. Elle ne s'établit point dès la naissance, mais se développe progressivement, à mesure que le jeune Oiseau s'exerce
à voler; elle atteint son plus haut degré de développement
chez les espèces telles que l'Albatros, dont la taille est considérable et dont le vol est rapide et longtemps soutenu.

La tête est ordinairement petite (fig. 184). A l'origine, les
os du crâne sont en même nombre que chez les Mammifères,

mais ils ne tardent pas à se souder et à se fusionner de diverses
manières, de façon à être très difficilement reconnaissables. Les
os de la face se modifient considérablement et s'unissent pour
constituer un bec très pro-
éminent et dont la forme et
la grandeur varient du reste
suivant une foule de conditions que nous aurons à pré-
ciser plus tard. L'union de la
tête avec la colonne vertébrale
permet des mouvements no-
tablement plus étendus que
chez les Mammifères.

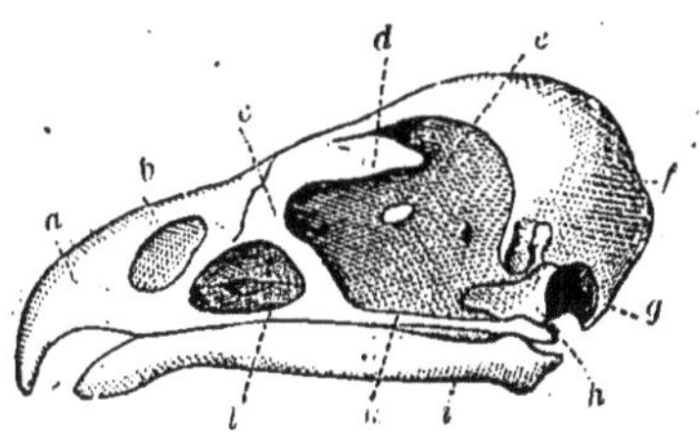

Fig. 184. — Tête d'Aigle. — *a*, max. supérieur.
— *b*, narine. — *c*, os lacrymal. — *d*, orbite.—
*e*, cloison interorbitaire. —*f*, crâne.— *g*, tympan.— *h*, os carré. — *i*, mâch. inf. — *k*, os ju-
gal. — *l*, fosses nasales.

Le cou est de dimensions très variables; on peut admettre
néanmoins qu'il est en général plus long et plus mobile que
celui des Mammifères. Sa longueur est proportionnée à l'élévation des pattes; il atteint ses plus grandes dimensions chez les
Échassiers, c'est-à-dire chez les Oiseaux tels que la Cigogne et
le Héron, dont les pattes sont elles-mêmes fort élevées. Cette
relation est due à ce que, le bec étant l'unique organe de
préhension, l'Oiseau devra en toute circonstance pouvoir ramasser sur le sol, à l'aide de son bec, les objets dont il se nourrit.
Chez les Oiseaux nageurs, tels que le Cygne, dont les pattes
sont relativement courtes, la longueur considérable du cou est
en rapport avec la nécessité où se trouve l'animal d'aller chercher sa proie dans l'eau à une profondeur parfois assez grande.
Le nombre des vertèbres cervicales est en rapport avec la longueur du cou : il est ordinairement de 12 à 15, mais parfois on
n'en trouve que 9, d'autres fois on en rencontre jusqu'à 23,
comme chez le Cygne. Ces vertèbres sont très mobiles les unes
sur les autres, en sorte que l'animal peut replier son cou en
forme d'S, comme cela se voit chez le Cygne, la Cigogne, le
Héron, etc.; cette inflexion du cou ne manque du reste pas
d'une certaine élégance.

Les vertèbres dorsáles sont au contraire entièrement immobiles, sauf chez les Oiseaux qui ne volent pas. Elles sont même
assez souvent tout à fait soudées les unes aux autres. Cette
disposition est fort importante et se trouve en rapport avec le
mode de locomotion de ces animaux. A la suite de la région
dorsale, la colonne vertébrale se montre constituée par la fusion

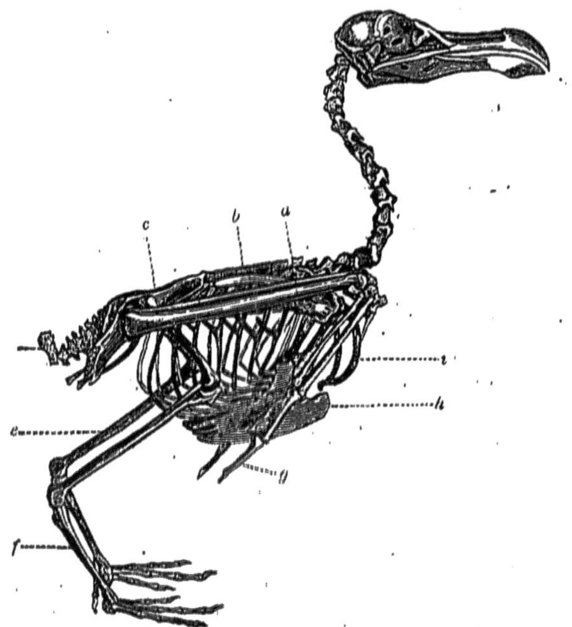

Fig. 185. — Squelette de Goéland.

plus ou moins complète d'un nombre variable de vertèbres qui
correspondent aux régions lombaire et sacrée (fig. 185, c).

Puis vient la région coccygienne ou caudale, d, formée de 7 à
8 vertèbres mobiles, et terminée par une lamelle verticale sur
laquelle viennent s'attacher des muscles puissants destinés à
mouvoir les grandes plumes caudales connues sous le nom de
*rectrices*. Cette lamelle est considérée d'ordinaire comme provenant de la fusion de 4 à 6 vertèbres. Si ces vertèbres, au lieu

de se confondre en un seul osselet, avaient gardé des dimensions et un développement en rapport avec ceux des vertèbres coccygiennes qui les précèdent immédiatement, les Oiseaux seraient donc véritablement munis d'une queue. Or, on a trouvé dans une des couches du terrain jurassique les débris d'un animal qui avait une queue comme un Lézard et des plumes comme les Oiseaux.

Les côtes sont réunies au sternum par un os et non plus par un cartilage, comme chez les Mammifères. Le sternum lui-même se modifie de la façon que nous avons indiquée déjà plus haut. Les os de l'épaule se compliquent également : l'omoplate, *b*, allongée et rétrécie en forme de sabre, est placée sur la face dorsale de la cage thoracique ; les deux clavicules se réunissent à leur extrémité et se soudent complètement, de façon à constituer un os en V, appelé la *fourchette, i*, qui vient d'autre part se souder à l'extrémité du bréchet ; l'épaule est encore renforcée par deux os appelés *coracoïdes*.

Les membres antérieurs ne servent ni au toucher, ni à la préhension, ni à la marche : les os qui les composent sont modifiés de façon à constituer une aile, très développée chez les Oiseaux au vol puissant (fig. 185, *a*, *g*), plus réduite chez ceux qui volent peu ou même qui ne volent pas du tout.

Les membres postérieurs servent à l'Oiseau à se mouvoir à terre. La cuisse, courte mais solide, est dirigée obliquement en avant et le plus souvent cachée par les plumes. La jambe, beaucoup plus longue que la cuisse, est formée par le tibia, *e ;* le péroné se rencontre bien encore, mais seulement à l'état de vestige, sous la forme d'un petit stylet osseux placé à la face externe du tibia. Après la jambe vient un os unique, désigné sous le nom de *tarse, f :* il résulte en réalité de la fusion des os du tarse et du métatarse. Ce tarse est de longueur très variable, suivant les animaux : très court chez les Perroquets, par exemple, il acquiert au contraire une longueur considérable chez le Héron, la Grue, l'Échasse.

Le tarse s'articule directement avec les doigts. Ceux-ci sont ordinairement au nombre de trois ou quatre ; mais l'Autruche, par exception, n'en présente que deux. Lorsqu'il y a quatre doigts, il est habituel que l'un d'eux se dirige en arrière, les trois autres étant dirigés en avant ; on a donné à ce doigt postérieur le nom de *pouce* : il n'a que deux phalanges. Des trois autres doigts, l'interne est muni de trois phalanges, le médian de quatre et l'externe de cinq. Chez les Oiseaux qui n'ont que trois doigts, c'est le pouce qui fait défaut.

On attache à la conformation des membres postérieurs, et plus spécialement à celle des pattes (fig. 186), la plus grande importance : des caractères essentiels de la classification reposent sur leur connaissance. Il est, par exemple, un groupe nombreux d'Oiseaux, chez lesquels on voit se diriger en arrière deux doigts au lieu d'un seul, le doigt externe s'étant dévié de la direction qu'il occupe le plus généralement : tous les Oiseaux qui présentent cette disposition ont été réunis ensemble dans l'ordre des Grimpeurs, F. De même, les espèces aquatiques, présentant ce caractère commun d'avoir les doigts réunis plus ou moins complètement par une large membrane, forment un groupe naturel, qui est l'ordre des Palmipèdes, D. Autre exemple : il est un grand nombre d'Oiseaux qui, entre autres affinités, se ressemblent tous par l'allongement considérable de leur tarse, qui leur donne, à première vue, le même aspect que s'ils étaient montés sur des échasses ; on en a fait l'ordre des Échassiers, G. La classification des Oiseaux ne repose du reste pas entièrement sur la configuration des pattes et des doigts : on a encore tenu grand compte de la forme du bec, comme je vous l'indiquerai bientôt.

Les doigts se terminent par des ongles, dont la puissance et la forme sont assez variables. Chez les Rapaces, B, ces organes sont très acérés et assez robustes pour permettre à l'animal de saisir sa proie et de la dilacérer ; lorsque les ongles atteignent cette puissance, on leur donne de préférence le nom de *serres*.

Chez les Oiseaux percheurs, les ongles sont bien développés,
car ils servent à l'animal à se fixer sur les branches. Pour se

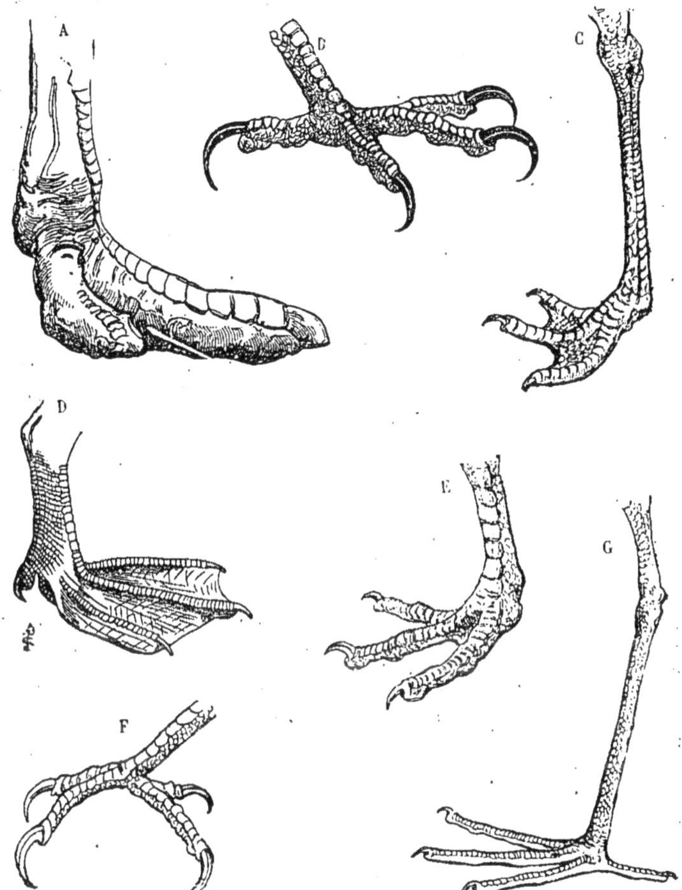

Fig. 186. — Diverses formes de pattes. — A, Coureur, Autruche. — B, Rapace, Busard. —
C, Échassier, OEdicnème. — D, Palmipède, Canard. — E, Gallinacé, Perdrix, — F, Grimpeur, Pic. — G, Échassier.

maintenir ainsi en équilibre sur une branche, l'Oiseau entoure
celle-ci de ses doigts : cette position ne saurait être gardée bien

longtemps et amènerait promptement la fatigue si, grâce à une disposition anatomique des plus heureuses, les doigts ne se fermaient tout naturellement et sans aucun effort.

**Peau et Plumes.** — La peau ne reste nue que sur un petit nombre de points, particulièrement au bec et aux orteils; le plus souvent elle l'est également au tarse; elle peut l'être aussi au cou, comme chez le Vautour (fig. 206), ou au ventre comme chez l'Autruche. A la base du bec, la peau reste encore nue sur un espace plus ou moins étendu, coloré de façons diverses, et que l'on appelle *cire*. Elle devient cornée sur plusieurs points, notamment aux orteils et au tarse; elle se divise alors fréquemment, comme chez le Coq, en écailles plus ou moins larges, et ressemble alors absolument à une peau de Serpent.

Partout ailleurs le corps des Oiseaux est couvert de plumes. Ces productions différencient bien nettement, au premier abord, les Mammifères des Oiseaux; elles sont toutefois de même nature que les poils.

La plume se compose de plusieurs parties. L'axe primaire de chaque côté duquel se disposent les barbes, présente à la base un tube corné creux et enfoncé dans la peau, qui a reçu le nom de *vexillum*; l'axe plein, qui va en s'amincissant et qui porte latéralement les barbes, est nommé le *rachis*. Quand la plume est très jeune, le vexillum est rempli d'une matière pulpeuse et molle qui, par la suite, se dessèche et forme l'*âme de la plume*. Chaque *barbe* est constituée par une branche née latéralement du rachis; à leur tour, les barbes portent latéralement une nouvelle série d'appendices appelés *barbules*, qui sont encore dentelés sur leurs bords d'une façon analogue. Les barbules sont recourbées en crochet à leur extrémité : elles s'accrochent mutuellement et se relient fortement les unes aux autres.

C'est sous cette forme que la plume se montre à nous le plus souvent; mais, dans cet état, elle n'est pas complète. La face inférieure, légèrement concave, de la tige donne naissance à sa base, c'est-à-dire au point où le rachis se continue avec le vexillum, à un appendice ou *hyporachis* qui, de même que le rachis, porte des rangées latérales de barbes. Cette seconde plume ne tarde pas d'ordinaire à s'atrophier si complètement que bientôt on n'en trouve plus aucune trace; mais elle persiste chez certains Oiseaux, et elle peut même atteindre parfois, notamment chez le Casoar, la longueur de la plume principale (fig. 187).

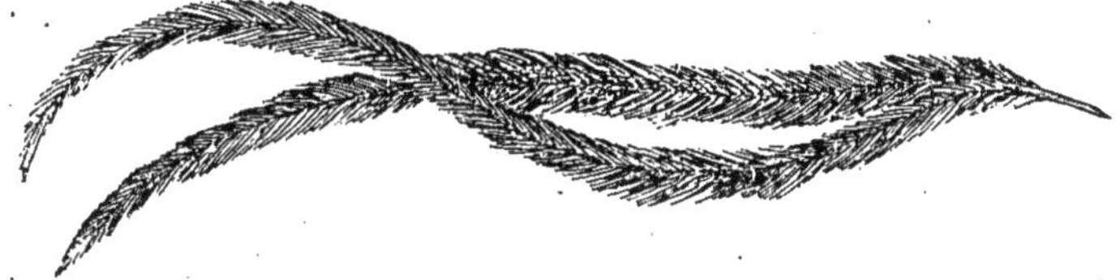

Fig. 187. — Plume de Casoar.

Suivant leur structure et leur solidité; les plumes peuvent être distinguées en plusieurs sortes. Celles dont la tige est rigide et les barbes résistantes sont les *pennes ;* celles des ailes sont nommées *rémiges*, celles de la queue, *rectrices*. Le *duvet*, recouvert par les plumes ordinaires, forme une couche plus ou moins considérable, qui a surtout pour fonction de s'opposer aux déperditions de chaleur ; les plumes soyeuses et fines qui constituent le duvet de certains Oiseaux sont fort recherchées par l'Homme, ainsi que nous le verrons plus tard.

Les rémiges s'insèrent le long du bord inférieur de la main et de l'avant-bras. On appelle *rémiges primaires, a, b*, celles qui s'attachent à la main ; elles sont au nombre de dix ; ce sont les plumes nécessaires pour le vol (fig. 188). Les *rémiges secondaires* s'attachent à l'avant-bras; leur nombre, variable; est généralement supérieur à dix. On désigne encore sous le nom de *rémiges scapulaires* un certain nombre de pennes s'attachant au bras, et sous celui de *rémiges bâtardes, c,* quelques

pennes, qui se fixent sur le pouce; ces dernières font souvent
défaut et sont remplacées par un éperon. Les rémiges sont
toutes recouvertes à leur base par des plumes plus courtes,
imbriquées sur plusieurs rangs à la manière des tuiles d'un
toit, et connues sous le
nom de *tectrices* ou *cou-*
*vertures*.

Ainsi constituée, l'aile
des Oiseaux affecte les
formes les plus diverses,
suivant qu'on l'observe
chez des animaux bons ou
mauvais voiliers. L'Oiseau
vole-t-il lourdement, son
aile est arrondie, ses ré-

Fig. 188. — Aile d'Épervier. — *a*, *b*, rémiges
primaires. — *c*, pennes bâtardes.

miges primaires sont courtes : dans ces conditions, il ne pourra
soutenir longtemps son vol; il lui faudra, pour se maintenir
en l'air, déployer de grands efforts. Est-il au contraire bon voi-
lier, ses rémiges primaires sont fort longues, ses ailes sont elles-
mêmes longues et pointues. Chez certains Oiseaux, les ailes
s'atrophient au point de ne pouvoir servir au vol; elles sont
néanmoins encore d'une grande utilité : chez l'Autruche, par
exemple, elles aident à la course par leurs battements rapides;
chez le Pingouin, elles agissent à la façon de véritables rames.

Les rectrices, ou grandes pennes de la queue, doivent leur
nom à ce qu'elles servent à l'Oiseau à diriger son vol, comme
le ferait un gouvernail. Suivant qu'il veut augmenter ou diminuer l'obliquité de sa course, l'Oiseau élève ou abaisse sa
queue. Ces plumes, généralement au nombre de douze, peuvent
cependant, dans certains cas, être plus nombreuses. Elles s'attachent toutes, comme nous l'avons dit déjà, à la lamelle osseuse
qui termine en arrière la colonne vertébrale et qui résulte de
la fusion des dernières vertèbres caudales. Leur mode d'inser-
tion est tel que l'Oiseau peut à son gré les mouvoir isolé-

ment ou bien les étaler en éventail, les élever ou les abaisser toutes ensemble. Leur base est recouverte de nombreuses tectrices qui atteignent parfois des dimensions anormales, débordent de beaucoup les rectrices elles-mêmes et se parent des plus vives couleurs : tel est le cas du Paon. Chez les Oiseaux dépourvus de la faculté de voler, les plumes de la queue s'atrophient ou même disparaissent complètement.

A des époques déterminées, tous les Oiseaux perdent leurs plumes pour endosser une nouvelle livrée plus brillante. Cette *mue* a lieu, suivant les espèces, une fois par an, ordinairement en automne, ou deux fois, au printemps et en automne : il y a, dans ce dernier cas, un plumage d'été et un plumage d'hiver, parfois si différents l'un de l'autre qu'on croirait avoir affaire à des espèces absolument distinctes.

La peau des Oiseaux ne renferme dans son épaisseur ni glandes sudoripares, ni glandes sébacées. Chez la plupart des espèces on trouve néanmoins, au-dessus du croupion, une glande spéciale, analogue à ces dernières, et désignée sous le nom de *glande du croupion*. Elle sécrète une humeur huileuse, surtout abondante chez les Palmipèdes. L'animal va chercher cette humeur avec son bec, puis en lustre toutes les plumes de son corps. C'est à cette substance que les Oiseaux aquatiques doivent la faculté de ne pas se mouiller dans l'eau : l'eau glisse à la surface de leur corps sans pénétrer à travers les plumes. Quand on l'enlève à un Canard, il finit par perdre la faculté d'aller à l'eau.

**Système nerveux et organes des sens.** — Le cerveau des Oiseaux est bien développé et remplit toute la cavité crânienne, mais il est dépourvu à sa surface de ces circonvolutions que nous avons signalées chez l'Homme et chez certains Singes comme une preuve d'intelligence et que nous avons vues se dégrader et finalement disparaître chez les Mammifères les moins élevés en organisation.

Les organes des sens présentent une finesse remarquable, en rapport avec le grand développement du cerveau. Les yeux sont peu mobiles, mais la vision n'en est pas moins nette pour cela, car l'extrême mobilité de la tête et du cou y remédie amplement.

Les paupières sont au contraire très mobiles et il existe, dans l'angle interne de l'œil, une troisième paupière ou *membrane nictitante* qui peut se déplier au-devant du globe oculaire à la façon d'un rideau. Outre sa grosseur parfois considérable, surtout chez les Rapaces nocturnes, l'œil présente une particularité remarquable: c'est la présence, dans l'intérieur de sa chambre postérieure, d'un voile plissé, plus ou moins large et désigné sous le nom de *peigne*. Cet organe ne fait défaut que chez une seule espèce, l'Aptéryx, si curieux à tant d'égards; il atteint son minimum de développement chez les Engoulevents et les Rapaces nocturnes, son maximum chez les Passereaux. Il agit à la façon d'un écran, et quand la lumière est trop vive, vient se placer au-devant du fond de l'œil, grâce à de légers mouvements du globe oculaire. Chez la plupart des Oiseaux, les yeux sont situés sur les côtés de la tête, de façon à regarder l'un à droite et l'autre à gauche. Toutefois, chez les Rapaces nocturnes, tels que les Hiboux, ils sont placés de manière à regarder directement en avant.

L'acuité de la vision chez les Oiseaux est vraiment surprenante. Chez les Rapaces surtout, elle est tellement extraordinaire que, alors qu'ils planent au plus haut des airs, de façon à échapper presque complètement à notre regard, il n'est pas douteux que ces Oiseaux ne distinguent à terre avec la plus grande netteté les petits animaux dont ils se nourrissent et sur lesquels ils vont fondre avec la promptitude de l'éclair.

L'organe de l'ouïe est moins compliqué que chez les Mammifères: l'audition est pourtant encore fort subtile. Le pavillon de l'oreille fait défaut: toutefois on en trouve le rudiment chez les Hiboux, sous forme d'un petit repli cutané couvert de plumes. Le conduit auditif externe existe ordinairement, mais est toujours fort court; dans certains cas, les plumes qui le recouvrent sont d'assez grande taille et disposées en couronne.

Le sens de l'odorat est peu développé, quoi qu'on en ait dit : il est certain en effet que lorsque des Oiseaux se réunissent en grand nombre sur un champ de bataille, par exemple, c'est la vue qui les guide, bien plus que l'odorat. Toutefois ce sens est moins obtus chez les espèces carnassières, qui se repaissent de charogne, que chez celles qui se nourrissent de graines ou d'Insectes. Les deux narines, plus ou moins rapprochées l'une de l'autre, s'ouvrent à la racine de la mandibule supérieure. Chez la Corneille, elles sont protégées et recouvertes par des poils rigides ; chez les Palmipèdes marins appelés Pétrels, elles se réunissent l'une à l'autre et se prolongent en tube.

Le goût reste rudimentaire. La langue est presque toujours coriace et peut même servir à diviser les aliments : elle ne demeure charnue et molle que chez les Perroquets. Chez les Flamants, elle se charge de graisse et est recherchée pour l'alimentation. Quant au toucher, c'est surtout par la langue qu'il s'exerce. Le bec peut dans certains cas fonctionner aussi comme organe du tact, mais seulement chez les Oiseaux tels que le Canard et la Bécasse, chez lesquels il est revêtu d'une peau molle et parcourue par des nerfs nombreux et délicats.

**Bec.** — Les mâchoires des Oiseaux actuellement existants ne sont jamais armées de dents, mais certains Oiseaux fossiles portaient aux deux mâchoires des dents nombreuses, analogues à celles des Reptiles. Chez les Oiseaux actuels, les mâchoires s'allongent de manière à constituer un bec, revêtu d'un étui corné solide, et dont la forme varie beaucoup suivant le mode d'alimentation et suivant le genre de vie de l'animal. Le bec ne peut servir qu'à la préhension des aliments, l'absence de dents rendant la mastication impossible ; il acquiert parfois un développement considérable et constitue alors une arme redoutable. Dans la classification des Oiseaux, on lui attribue la plus grande importance : quelques exemples nous montreront que

Fig. 189. — Diverses formes de becs. — A, Rapace, Busard. — B, Perroquet. — C, Conirostre, Gros-bec. — D, Fissirostre, Martinet. — E, Pigeon, — F, Lóvirostre, Guêpier. — G, Dentirostre, Pie-grièche. — H, Dentirostre, Corbeau. — I, Lamellirostre, Canard.

cet organe mérite bien, en raison de ses modifications nom-

breuses, qu'on tienne grand compte de sa configuration
(fig. 189).

Les Rapaces, tels que l'Aigle, le Vautour, le Busard, A, qui se
nourrissent de chair, ont besoin d'un bec robuste pour déchirer
leur proie : aussi cet organe, tout en restant fort court, atteint-
il chez eux une puissance peu commune ; la mandibule supérieure déborde l'inférieure et s'incurve en un crochet aigu,
destiné à pénétrer dans les chairs pour les dilacérer. Chez les
Oiseaux insectivores, comme les Huppes, les Guêpiers, F, les
Colibris, le bec est très allongé et très grêle ; suivant les cas,
il reste droit ou s'arque plus ou moins, mais alors, contrairement à ce qui s'observe chez les Rapaces, les mandibules
restent de même longueur et s'infléchissent toutes les deux. Les
Oiseaux granivores, tels que le Moineau, le Bouvreuil, le Chardonneret, le Gros-bec, C, ont le bec raccourci, épais à sa base,
droit et généralement conique. Les Échassiers ont habituellement le bec fort long, pour des raisons que nous avons indi-

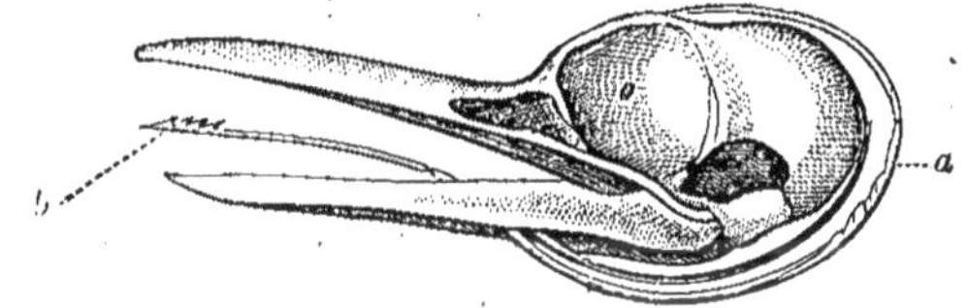

Fig. 190. — Tête de Pic. — *a*, os hyoïde. — *b*, langue

quées déjà plus haut : il reste fin et droit, comme chez la
Bécasse, ou s'élargit au contraire comme chez le Marabout ; il
peut encore se recourber comme chez l'Ibis et le Flamant, ou
s'élargir considérablement comme chez la Spatule. Parfois le
bec peut devenir le siège d'ornements qui donnent à l'Oiseau un
cachet bien particulier et dont l'importance ne semble pas bien
grande : c'est ainsi que chez le Calao le bec est surmonté d'une
sorte de casque qui atteint d'énormes dimensions (fig. 233).

**Organes.** — La langue, dont nous avons déjà dit quelques

mots, reste rudimentaire chez le Pélican et chez les Oiseaux de
proie à bec très développé, par exemple ; chez les Colibris et
les Pics (fig. 190), elle est effilée et protractile, et c'est elle
qui s'enfonce dans les fissures des écorces ou dans le calice des
fleurs, à la poursuite des Insectes.

La longueur de l'*œsophage* est naturellement en rapport
avec celle du cou ; sa lar-
geur est assez variable, mais
est ordinairement plus considérable chez les Oiseaux
comme les Rapaces, les Palmipèdes et les Échassiers
qui avalent des proies volumineuses. Chez la plupart
des Passereaux, des Rapaces
nocturnes, des Échassiers et
des Palmipèdes, de même
que chez l'Autruche et l'Aptéryx, l'œsophage conserve
le même diamètre dans toute
son étendue ; chez les Rapaces diurnes, les Perro-
quets, les Colibris, les Pigeons, les Gallinacés, le
Casoar, il présente au contraire en un certain point de
sa longueur une poche ap-
pelée *jabot* (fig. 191, *a*)
dans laquelle les aliments
s'arrêtent et subissent certaines transformations.

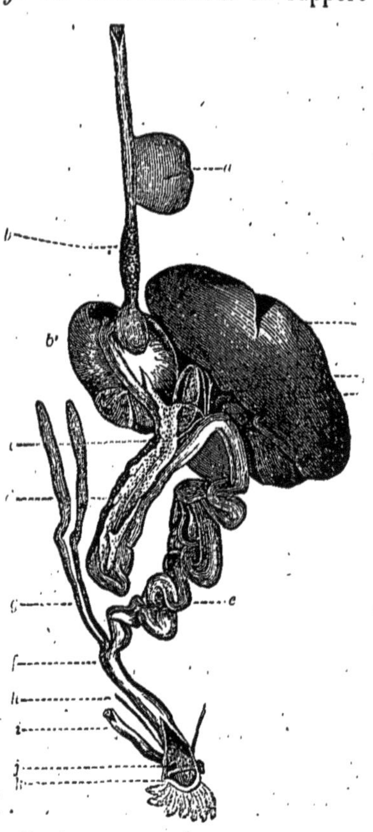

Fig. 191. — Appareil digestif de la Poule.

L'œsophage se termine
dans un réservoir glanduleux qui a reçu le nom de *ventricule
succenturié*, *b*. A sa suite vient une nouvelle poche, plus grande

que la précédente, et appelée *gésier*, *b'*. Cet organe est très musculeux, et ses parois sont fort épaisses, surtout chez les Oiseaux granivores : c'est lui en effet qui, par ses contractions, broiera et écrasera les aliments ingérés par l'animal.

Le cœur est construit sur le même plan que celui des Mammifères et la circulation ne diffère par aucun point essentiel de ce qu'elle est chez ces derniers. La température du corps est plus élevée chez les Oiseaux que chez les Mammifères : de 37 à 39 degrés, qui est son chiffre normal chez les Mammifères, on la voit monter jusqu'à 41 et même 42 degrés.

L'appareil de la respiration se complique beaucoup chez les Oiseaux.

Le larynx est fort réduit et ne sert en aucune façon à la production de la voix. La trachée-artère est en général très longue ; sa longueur est du reste en rapport avec celle du cou.

La trachée se divise en deux branches qui se portent chacune vers le poumon voisin. Immédiatement avant sa division, la trachée présente un organe particulier, le *larynx inférieur*, qui est l'organe producteur de la voix ; on le rencontre, avec des degrés de complication divers, chez tous les Oiseaux, sauf chez ceux qui sont muets, comme l'Aptéryx, l'Autruche, la Cigogne et quelques Vautours.

Cet appareil vocal des Oiseaux se complique beaucoup ou reste au contraire fort simple, suivant que l'animal est apte à produire de mélodieux accents, comme le Rossignol, ou ne pousse qu'un cri rauque et strident, comme le font par exemple le Corbeau, le Dindon, etc.

Il est hors de doute que les Oiseaux possèdent un langage. Les modulations harmonieuses, le gazouillement discret, les chants vifs et alertes, les cris plaintifs qu'un même Oiseau fait entendre suivant la saison ou suivant les circonstances, ne sont-ils pas autant de manières d'exprimer ses émotions ? Assurément ce langage est moins parfait que celui de l'Homme, ses manifestations sont surtout moins variées, mais il est compris

par les autres Oiseaux qui accourent à l'appel poussé par l'un
de leurs semblables ou qui s'enfuient, au contraire, à tire-d'aile
devant un cri d'alarme. N'est-ce pas là un véritable langage ?

« Les sons que font entendre les Oiseaux, dit Darwin,
offrent, à plusieurs points de vue, la plus grande analogie avec
le langage ; en effet, tous les membres d'une même espèce
expriment leurs émotions par les mêmes cris instinctifs, et
tous ceux qui peuvent chanter exercent instinctivement cette
faculté ; mais c'est le père ou le père nourricier qui leur
apprend le chant effectif, et même les notes d'appel. Ces sons
ne sont pas plus innés chez les Oiseaux que le langage ne l'est
chez l'Homme. Les premiers essais de chant chez les Oiseaux
peuvent être comparés aux tentatives imparfaites que tradui-
sent les premiers bégayements de l'enfant. Les jeunes mâles
continuent à s'exercer ou, comme disent les éleveurs, à étudier
pendant dix ou onze mois. Dans leurs premiers essais, on
reconnaît à peine les rudiments du chant futur, mais à mesure
qu'ils avancent en âge on voit où ils veulent en arriver, et ils
finissent par chanter très bien. Les couvées qui ont appris le
chant d'une espèce autre que la leur, comme les Canaris qu'on
élève dans le Tyrol, enseignent et transmettent leur nouveau
chant à leurs propres descendants. Les légères différences
naturelles de chant chez une même espèce, habitant des
régions diverses, peuvent être comparées avec justesse à des
dialectes provinciaux ; et les chants d'espèces alliées mais
distinctes, aux langages des différentes races humaines [1]. »

Les poumons ne sont point librement suspendus dans la
poitrine, comme ils le sont chez les Mammifères ; ils sont
intimement unis aux parois de celle-ci.

Les bronches se divisent en canaux dont un certain nombre
se ramifient dans l'épaisseur du poumon en branches de plus
en plus petites ; certains autres canaux bronchiques perforent
de part en part la substance du poumon et vont se terminer

[1] Ch. Darwin, *La Descendance de l'homme*, I, p. 58.

dans des *sacs aériens* et dans des *cellules aériennes* dans lesquels viennent s'ouvrir, d'autre part, les canaux aérifères dont nous avons déjà signalé l'existence dans l'épaisseur des os. Il y a de ces sacs dans l'abdomen, dans la poitrine et, chez quelques rares Oiseaux, jusque sous la peau.

**Œuf.** — Les Oiseaux, comme chacun sait, pondent des œufs revêtus d'une coquille calcaire. — Nous avons déjà appris en huitième à en reconnaître les parties principales. Nous allons y revenir avec plus de détails, en prenant pour type l'œuf de Poule.

La coquille est assez poreuse pour permettre l'échange des gaz entre l'air extérieur et l'intérieur de l'œuf. Il entre dans la composition de la coquille une assez grande quantité de sels calcaires ; si ceux-ci ne se trouvent plus en proportion suffisante parmi les aliments, la Poule pondra des œufs à coquille molle, connus ordinairement sous le nom d'*œufs hardés* (fig. 192).

En cassant la *coquille*, J, d'un œuf frais, vous pourrez facilement détacher de sa face interne une membrane, dite *membrane coquillière*, constituée en réalité de deux feuillets, G et H. Ces deux feuillets sont intimement accolés l'un à l'autre sur presque tout leur parcours ; mais, au niveau de la grosse extrémité, ils se séparent l'un de l'autre pour laisser entre eux un espace libre dans lequel de l'air vient s'accumuler. La *chambre à air*, F, ne s'observe point sur l'œuf absolument frais, mais on la trouve déjà peu de temps après la ponte ; elle tient à ce que le volume du blanc diminue graduellement, par suite de l'évaporation, très-sensible à travers la coquille.

Au-dessous de la membrane coquillière se voit une masse de liquide filant et incolore, qui est le *blanc de l'œuf* ou *albumine*, A. Deux cordons entortillés, nommés *chalazes*, E, et formés simplement d'albumen épaissi, partent de chacune des extrémités de l'œuf et traversent le blanc suivant sa longueur, pour aller s'appliquer d'autre part contre la surface du jaune, qu'ils ont mission de maintenir en position. L'albumen se coagule par la chaleur et se présente alors sous l'aspect d'une masse blanche, semi-solide.

Dans l'intérieur du blanc de l'œuf nage une grosse masse globuleuse, qui est le *jaune* ou *vitellus*, D. Le jaune est renfermé dans une membrane particulière extrêmement délicate, la *membrane vitelline*, K, qu'il est facile de rider et de plisser. Ce vitellus est d'un poids spécifique moindre que l'albumen lui-même; aussi tend-il toujours à venir se placer à la sur-

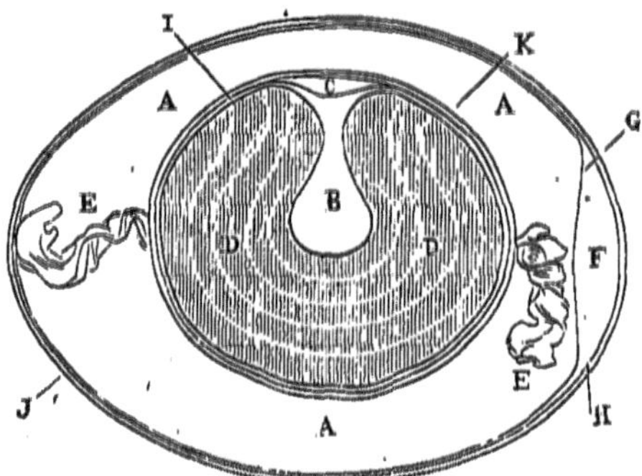


Fig. 192. — Coupe théorique d'un œuf de Poule. — A, albumine. — B, latébra. — C, cicatricule. — D, vitellus. — E, chalazes. — F, chambre à air. — G, feuillet interne de la membrane coquillière. — H, son feuillet externe. — I, couche périphérique du vitellus blanc. — J, coquille. — K, membrane vitelline.

face de l'œuf. Si, d'autre part, avant de briser la coquille de l'œuf, vous avez eu soin de laisser celui-ci dans la plus complète immobilité pendant quelques instants, vous trouverez à la partie la plus élevée de l'œuf le vitellus, et vous constaterez à la surface de celui-ci la présence d'une petite tache blanchâtre, régulièrement arrondie, à laquelle on a donné le nom de *cicatricule*, C. Cette tache discoïdale, malgré sa petitesse, constitue la partie la plus importante de l'œuf : c'est en effet à ses dépens que se formera le jeune Oiseau, les autres portions, c'est-à-dire le reste du vitellus et l'albumine, étant exclusivement destinées à le nourrir.

La forme de l'œuf des Oiseaux est bien caractéristique (fig. 193) : elle vous est trop connue pour que nous devions

y insister. Sa grosseur, déterminée par la taille même de l'Oiseau dont il provient, varie dans des limites fort étendues.
Sa couleur est également fort diverse : chez la Poule, le Pigeon, etc., l'œuf est blanc ; chez d'autres Oiseaux, il est d'une
couleur uniforme, rouge, bleue, etc. ; chez d'autres encore, il

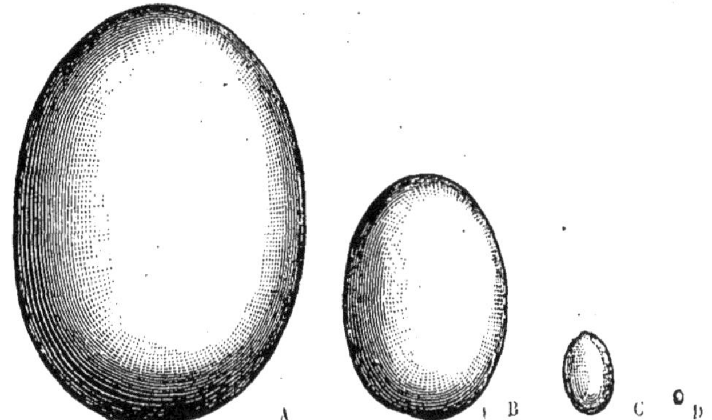

Fig. 195. — Grosseurs proportionnelles de l'œuf. — A, Oiseau fossile de Madagascar. —
B, Autruche. — C, Poule. — D, Oiseau-mouche.

présente une teinte générale variable, à laquelle viennent se
surajouter diverses couleurs, disposées sous forme de ponctua-
tions ou de taches irrégulières : l'œuf de Pie, par exemple,
a une teinte fondamentale gris bleu, et présente en outre des
taches brunes irrégulièrement disposées.

**Incubation**. — Le développement des Oiseaux est très rapide, mais varie néanmoins beaucoup d'une espèce à l'autre .
sa durée est en rapport direct avec la grosseur de l'œuf ou, si
l'on veut, avec la taille de l'Oiseau. Les plus petits Oiseaux
éclosent déjà au bout de onze jours après le commencement
de l'incubation ; le Poulet n'éclôt que du vingtième au vingt et
unième jour ; l'Autruche a besoin de sept semaines pour son
entier développement.

Le nombre des œufs n'est pas le même pour chaque espèce :
les plus gros Oiseaux n'en pondent qu'un ou deux ; les plus

petits en pondent au contraire jusqu'à huit ou dix, et même davantage. On peut dire, d'une façon générale, que le nombre des œufs est d'autant plus grand que l'Oiseau est plus petit. Ces œufs ont besoin d'une certaine quantité de chaleur pour se développer. Les Oiseaux tels que l'Autruche, qui habitent les régions tropicales, abandonnent simplement leurs œufs sur le sable, et la chaleur du soleil suffit à les mener à bien. Mais, chez les espèces qui habitent des climats plus froids, la mère couve ses œufs avec une sollicitude touchante, ne les quittant que pendant le temps strictement nécessaire pour prendre sa nourriture : parfois même, le mâle se charge du soin de pourvoir à l'alimentation de la femelle, et celle-ci couve alors ses œufs sans interruption, jusqu'à ce que le moment de l'éclosion soit arrivé; chez certaines espèces, le mâle prend au contraire la place de la femelle, pendant que celle-ci cherche sa nourriture.

Arrivé au terme de son développement, le jeune Oiseau brise lui-même le gros bout de sa coquille, au moyen d'une sorte de dent dont est armée sa mandibule supérieure et qui ne tardera pas à tomber après la naissance. Cette coquille, du reste, qui a fourni une partie de son calcaire pour constituer les os du jeune Oiseau, est moins solide qu'au début. Les petits des Gallinacés, des Échassiers et des Palmipèdes sont déjà couverts, lors de l'éclosion, d'un épais duvet, et leur organisation est si parfaite qu'ils se mettent aussitôt à courir en piaulant et à chercher eux-mêmes leur nourriture. Au contraire, chez les Oiseaux bons voiliers et chez ceux qui sont surtout destinés à vivre dans les airs, les jeunes sont encore fort imparfaits, leurs plumes commencent à peine à se montrer, ils sont incapables de se mouvoir et de se nourrir eux-mêmes : aussi la mère continue-t-elle pendant quelques jours encore de les réchauffer, et se charge-t-elle du soin de leur apporter la becquée. Ce n'est qu'au bout de quelques jours que les plumes auront suffisamment poussé, que les ailes seront assez robustes pour

permettre au jeune Oiseau de s'exercer au vol, sous la direction
et sous la surveillance de ses parents. Quelques Oiseaux, au
nombre desquels se trouvent les Engoulevents et un Hibou de
Suède, la Surnie chevêchette, déposent simplement leurs œufs
à terre; l'Hirondelle de mer et l'Autruche creusent un trou
dans le sol; le Coq de bruyère pond sur un tas d'herbes ou de
mousse qu'il a foulé et façonné plus ou moins. Mais les faits
de cet ordre sont rares et le plus grand nombre des Oiseaux
construisent, pour y pondre leurs œufs, des nids dont l'architecture varie considérablement (fig. 194).

Les Mouettes, les Pluviers, les Vanneaux, les Bécasses accumulent simplement de la mousse et des herbes dans un trou
qu'ils ont préalablement creusé; les Oies font un nid assez
analogue, mais y ajoutent un revêtement extérieur. Ces sortes
de nids sont fort simples, mais, vous le savez, il est une foule
d'Oiseaux chez lesquels les nids atteignent un haut degré de
perfection : c'est chez les espèces les plus petites, et on peut
poser comme règle générale que les grands Oiseaux se contentent d'un nid de structure grossière, tandis que les petites
espèces déploient un art admirable pour arriver à confectionner
ces délicates corbeilles, tapissées à l'intérieur de laine, de
crin ou de duvet. D'ordinaire la femelle travaille seule au nid,
le mâle se borne à lui apporter les matériaux nécessaires : c'est
elle l'architecte, c'est lui le manœuvre. Pourtant le mâle peut
aussi, dans certains cas, prendre une part active à la construction du nid, comme cela se voit chez les Hirondelles et les
Tisserins. D'autres fois, il n'y contribue en aucune façon et se
désintéresse totalement des travaux qu'exécute la femelle : les
Gallinacés nous en offrent des exemples.

Les Pics, les Hiboux et beaucoup d'autres Oiseaux font leur
nid dans des excavations naturelles ou artificielles, qu'au
besoin ils ont creusées eux-mêmes dans des troncs d'arbres.
Un grand nombre de petits Oiseaux s'établissent sur des buissons : la Pie bâtit son nid d'épines sur la plus haute cime des

grands arbres; le Moineau loge volontiers sous les toits des maisons; le Foulque établit son nid à la surface des étangs et l'amarre solidement aux joncs et aux autres plantes aquatiques, de manière à le faire flotter. Le nid des Mésanges, des Hiron-

Fig. 194.— Nid du Sylvia sutura.

Fig. 195. — Nid du Répulicain.

delles, des Salanganes est construit avec des matériaux que l'Oiseau a réunis et agglutinés les uns aux autres au moyen de sa salive. Le Républicain fabrique enfin non plus un nid, mais une colonie de nids contigus les uns aux autres (fig. 195), dans lesquels vient s'établir une bande nombreuse d'Oiseaux.

**Intelligence et Instinct.** — Les Oiseaux sont des animaux fort intelligents; on peut même dire que la capacité intellectuelle de la plupart d'entre eux dépasse de beaucoup celle d'un grand nombre de Mammifères. Le haut développement des organes des sens est en relation directe avec le développement de l'intelligence elle-même. L'Oiseau possède une excellente mémoire : dans la forêt impénétrable, il reconnaît entre mille l'arbre ou le buisson sur lequel il a construit son nid ; il s'écarte parfois de plusieurs lieues à la poursuite de sa nourriture, mais il revient toujours sûrement et sans détours à l'endroit où il a élu domicile. En captivité, il s'apprivoise facilement, il peut porter à un haut degré de perfection ses qualités innées, et quelques espèces qui vous sont bien connues, comme le Perroquet et le Sansonnet, sont douées d'un remarquable talent d'imitation.

Un Oiseau élevé en captivité et sans avoir jamais eu aucun commerce avec des individus de son espèce, construira, s'il trouve les matériaux nécessaires, un nid absolument semblable à celui qu'ont bâti ses parents. Aucun autre Oiseau ne lui a enseigné l'art de construire un nid ; il obéit donc à une impulsion innée, il obéit à ce qu'on appelle l'*instinct*.

L'instinct se révèle encore d'une façon remarquable chez les Oiseaux voyageurs, c'est-à-dire chez ceux qui, à de certaines époques, entreprennent des migrations lointaines. « Un peu avant l'entrée de la saison froide, quand la nourriture devient plus rare, ces Oiseaux, mus par une impulsion merveilleuse, prennent leur vol vers les pays tempérés, qu'ils abandonnent ensuite pour les latitudes méridionales. Les Oiseaux voyageurs d'Europe ont leur résidence d'hiver depuis le littoral de la Méditerranée jusque dans l'Afrique tropicale ; ceux de l'hémisphère occidental se dirigent vers le sud-est. Les migrations commencent après la saison des amours, lorsque l'éducation des petits est complète. On voit alors des multitudes de chaque espèce se rassembler dans les airs et s'exercer au vol, pour se réunir en grandes troupes et partir tout à coup : ainsi font les Pigeons voyageurs, les Hirondelles et les Cigognes, les Choucas, les Corneilles et les Étourneaux, les Oies sauvages et les Grues, formant parfois comme ces dernières un immense triangle. Rarement les mâles et les femelles voyagent par troupes séparées, plus souvent ils vont seuls (Bécasse) ou par couples. En général, l'époque du départ est déterminée pour chaque espèce, bien que des circonstances particulières puissent l'avancer ou la retarder. Les Martinets nous quittent les premiers, au commencement d'août : ils sont bientôt suivis des Coucous, des Loriots, des Gorges-bleues, des Pies-grièches, des Cailles, etc. ; puis, en septembre, d'un grand nombre d'Oiseaux chanteurs, les Rossignols, les Fauvettes, etc. ; les Hirondelles, beaucoup de Canards et d'Oiseaux de proie partent un peu plus tard ; enfin, en octobre, s'en vont les Hoche-queues, les Rouges-gorges et les Alouettes, les Grives et les Merles, les Éperviers et les Buses, les Bécasses, les Poules d'eau et les Oies. Par contre, on voit arriver à cette époque, pour hiverner, une foule d'Oiseaux du nord : tels sont les Archibuses, les Pipis, les Roitelets, les Canards, les Goélands, etc. ; en novembre, et même en décembre, il vient encore des bandes de Freux et d'Oies sauvages. Les troupes qui volent contre le vent se dirigent en général vers le sud-ouest, mais le cours des fleuves et la position des vallées modifient considérablement leur marche. Beaucoup d'Oiseaux, surtout ceux qui sont forts et bons voiliers, voyagent le jour et font halte à midi ; d'autres, tels que les Hibous et les Oiseaux diurnes, faibles et sans défense, préfèrent circuler de nuit ; il en est aussi qui font route de nuit ou de jour indifféremment suivant les circonstances ; les Palmipèdes (Plongeons, Harles huppés, Cormorans) font régulièrement une partie du chemin à la nage.

« Vers la fin de l'hiver et pendant tout le printemps, les émigrants abandonnent leur résidence d'hiver et reprennent le chemin de leur patrie. Ceux qui, en automne, y étaient restés les derniers sont aussi les premiers messagers de la belle saison. Par un instinct admirable, ils retrouvent tous leur canton et le lieu même où ils avaient niché, et il n'est pas rare qu'ils reprennent possession de leur nid de l'année précédente (Cigognes, Étourneaux, Hirondelles, etc. [1]). »

[1] C. Claus, *Traité de zoologie.* Paris, 1878, page 981.

Il est aisé de délimiter l'aire à la surface de laquelle est répartie chaque espèce de Mammifères, mais pour les Oiseaux, il n'en saurait être de même, à cause de la facilité avec laquelle ils passent d'un endroit à l'autre, grâce à leurs puissants organes de locomotion. On pourrait donc, au premier abord, les croire cosmopolites. Cependant la plupart d'entre eux résident habituellement dans une étendue de pays assez bien limitée. C'est ainsi, par exemple, que l'Autruche ne se rencontre que dans le centre et le sud de l'Afrique, que les Oiseaux-Mouches n'habitent que dans l'Amérique du sud. D'autre part, on peut admettre, d'une façon générale, que les Palmipèdes se trouvent surtout dans les régions froides du globe, les Plongeons et les Pingouins dans le nord, les Manchots dans le sud ; que les Granivores et les Insectivores sont surtout abondants dans les régions tropicales. Les Rapaces existent partout ; pourtant ceux qui se nourrissent de charogne habitent de préférence les pays chauds.

**Durée de la vie.** — On ne possède guère de notions précises relativement à la durée de la vie des Oiseaux : on peut affirmer toutefois qu'ils vivent beaucoup plus longtemps que les Mammifères. On a vu des Perroquets vivre plus de 100 ans, et il n'est pas rare de garder plus de 25 ans en cage des petits Oiseaux tels que le Pinson le Chardonneret, le Rossignol. Un Héron, mort d'accident et dans toute sa vigueur, était gardé en captivité depuis 52 ans. Ce sont là des faits bien établis ; mais il faut se garder d'ajouter foi à des récits suivant lesquels certains Oiseaux tels que le Cygne vivraient plus de 200 ans ; on doit également considérer comme des contes les récits d'Hésiode et de Pline, suivant lesquels la Corneille pourrait vivre plus de 700 ans !

**Classification.** — La classification des Oiseaux est fort difficile, aussi la plupart des auteurs ont-ils divisé cette classe de façons fort diverses. Toutefois, en tenant compte du genre de vie et du développement relatifs des ailes, des tarses et du bec, ainsi que du nombre et de la disposition des doigts, nous établirons dans la classe des Oiseaux les ordres suivants : Rapaces, Perroquets, Passereaux, Grimpeurs, Pigeons, Gallinacés, Échassiers, Coureurs et Palmipèdes. Il est digne de remarque que cette classification, universellement acceptée, est à peu près celle-là même que notre illustre compatriote Pierre Belon, l'inventeur de la nomenclature binaire, avait imaginée dès 1555.

## ORDRE DES, RAPACES

Les Rapaces sont caractérisés par leur conformation robuste, par le développement extraordinaire des organes des sens et par une structure particulière du bec et des pattes. Le bec est puissant et crochu (fig. 196). Les pattes se composent de

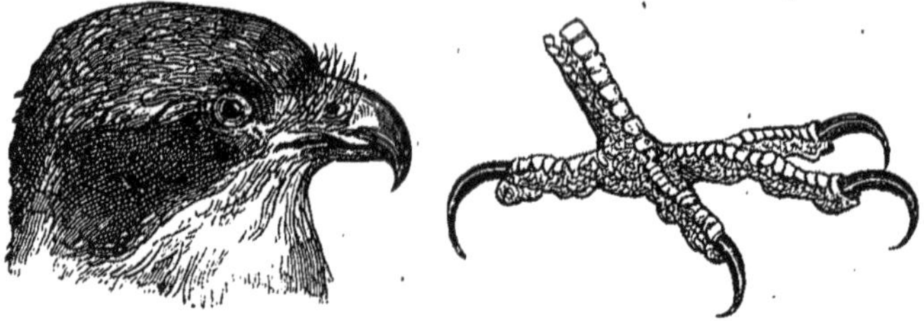

Fig. 196. — Tête de Rapace (Busard).    Fig. 197 — Patte de Rapace (Busard).

quatre doigts longs et forts, dont l'externe est dirigé en arrière (fig. 197) ; ces doigts sont armés d'ongles puissants et recourbés, ou *serres*, qui permettent à l'animal de saisir sa proie. Le tarse est ordinairement couvert de plumes. Aux ailes, les rémiges primaires sont au nombre de dix, les secondaires au nombre de douze à seize ; les ailes sont longues et pointues. La queue est longue aussi et présente douze rectrices. Sauf de rares exceptions, les Rapaces se nourrissent de proie vivante, et principalement de Mammifères ou d'Oiseaux, qu'ils maintiennent avec leurs serres et qu'ils déchirent à l'aide de leur bec. Ils sont répandus sur presque toute la surface de la terre ; ce sont pour la plupart des Oiseaux de passage, qui volent longtemps et avec aisance.

Les Rapaces peuvent être divisés en deux groupes, les Rapaces diurnes et les Rapaces nocturnes. Les diurnes ont les yeux petits et placés sur les côtés de la tête, et leur bec est revêtu à sa base d'une membrane appelée *cirre*, dans laquelle viennent s'ouvrir les narines; les nocturnes ont au contraire de gros yeux ronds, dirigés en avant, et leur bec n'a pas de *cirre*. Nous étudierons d'abord les RAPACES DIURNES.

Les Oiseaux qui constituent la famille des **FALCONIDÉS** sont des Rapaces à forte stature, au bec court et généralement denté, qui vivent ordinairement solitaires ou par couples dans des cantons déterminés. Leurs ailes, grandes et pointues, leur permettent de voler vite et longtemps : ils s'élèvent presque toujours à de grandes hauteurs. Ils ne viennent que rarement à terre, le temps nécessaire pour saisir leur proie, puis ils s'envolent de nouveau. Leur nid prend le nom d'*aire*; ils le construisent assez volontiers sur des rochers inaccessibles. Ils pondent généralement de 2 à 4 œufs. Le plumage des jeunes diffère d'ordinaire si complètement de celui des adultes que rien ne serait plus facile que de rapporter à deux espèces distinctes un même animal considéré à deux âges différents.

Les **Faucons**[1] sont les plus rapides voiliers et les plus parfaits des Rapaces. Leur bec, fort et crochu, porte un cran à la mandibule supérieure. Leurs ailes sont tout à fait pointues. Leur vue est des plus perçantes et leur vigueur considérable : ils tuent souvent d'un seul coup de bec l'animal, Oiseau ou Mammifère, qui tombe sous leurs griffes; ils l'emportent alors dans leurs serres, pour le dévorer en lieu sûr. Ils vivent ordinairement par couples solitaires, mais, à l'époque du passage des Oiseaux migrateurs, ils se réunissent par bandes pour leur donner la chasse.

---

[1] Le nom de ces oiseaux, viendrait de *falx*, faux, parce que leurs ailes sont en forme de faux.

Le *Gerfaut*, habite l'extrême nord de l'Europe et de l'Amérique. Sa taille n'est guère que de 60 centimètres, mais sa force égale celle de l'Aigle.

Parmi les Faucons proprement dits nous trouvons un certain nombre d'Oiseaux qui habitent nos contrées : le *Faucon pèlerin*, commun dans le centre et le nord de l'Europe occidentale, dans les îles de la Méditerranée et dans l'Amérique du nord ; le *Hobereau*, répandu dans toute l'Europe et dans le nord de

Fig. 198. — Crécerelle.

l'Afrique ; l'*Émerillon*, de la taille d'une Grive, qui se rencontre en été dans le nord, et en hiver dans le sud de l'Europe ; la *Crécerelle* (fig. 198), d'une taille de 30 à 35 centimètres, très répandue en France et dans le centre de l'Europe.

Tous ces Oiseaux ont le vol extrêmement rapide : on cite un Faucon qui, échappé à la fauconnerie de Henri II, fut retrouvé le lendemain à l'île de Malte ; parti de Fontainebleau, il avait parcouru près de 300 lieues en une seule journée. Ils planent

dans les nues avec une remarquable aisance, scrutant du
regard les environs : quand ils ont découvert une proie, ils
fondent sur elle avec une vitesse extrême. Ils chassent surtout
les Oiseaux : les Pigeons, les Perdrix, les Oiseaux aquatiques
deviennent la proie des Faucons de grande taille; l'Émerillon
et l'Émouchet poursuivent de préférence des Oiseaux plus petits
tels que la Caille, l'Alouette, l'Hirondelle.

Les Faucons semblent doués d'une longévité surprenante. En
1797 on captura, au cap de Bonne-Espérance, un Faucon qui
portait un collier d'or sur lequel on avait gravé une inscription
établissant qu'en 1610 l'animal avait appartenu à Jacques I$^{er}$,
roi d'Angleterre. Cet Oiseau avait donc au moins 187 ans.

Au moyen âge, avant la découverte ou le perfectionnement
des armes à feu, la *fauconnerie*, ou *chasse au vol*, était en
grand honneur dans les divers États d'Europe. « Ce n'est guère
que chez les Arabes et parmi quelques nations asiatiques
qu'elle est encore usitée aujourd'hui. Cet art remonte d'ailleurs
à une époque fort ancienne, car Aristote et même Pline en
ont parlé. Introduite en Europe vers le quatrième siècle de
notre ère, la fauconnerie fut très florissante au moyen âge et
pendant la Renaissance. Toute la noblesse, depuis le roi jusqu'au
plus petit gentilhomme, se passionna pour la *volerie*; tel était
le nom consacré. Les souverains et les grands seigneurs y dépensaient des sommes considérables : c'était le luxe de ce temps.

« Un gentilhomme et une dame du moyen âge, dit L. Figuier,
ne paraissaient pas en public sans tenir leur Faucon au poing;
cet exemple était même suivi par les évèques et les abbés.
Ils entraient dans les églises, tenant au poing leur Faucon,
qu'ils déposaient, pendant la messe, sur les marches de l'autel.
Les grands seigneurs, dans les cérémonies publiques, tenaient
fièrement leur Faucon d'une main, et de l'autre la garde de
leur épée.

« Louis XIII mit une véritable frénésie à ce divertissement.
Presque tous les jours, il chassait au Faucon avant de se

rendre à l'église ; et son favori, Albert de Luynes, ne dut sa fortune qu'à ses grandes connaissances en fauconnerie. Charles d'Arcussia de Capri, seigneur d'Esparron, publia, en 1615, un *Traité de fauconnerie* où l'on voit que le baron de La Chastaigneraie, grand fauconnier de France sous Louis XIII, avait acheté sa charge 50 000 écus. Il avait la direction de 140 Oiseaux, qui exigeaient, pour les soigner, un personnel de 100 hommes. »

Le Faucon est naturellement sauvage et indocile : son éducation demandait donc des soins tout particuliers ; elle était néanmoins assez rapide. L'animal, une fois dressé, était employé à la chasse du Milan, du Héron, de la Perdrix, de la Caille et même du Lièvre. Les Faucons étaient jadis désignés sous le nom d'*Oiseaux de proie nobles*.

Les autres Falconidés étaient appelés *ignobles;* leurs ailes sont beaucoup moins pointues, la troisième et la quatrième rémige étant les plus longues.

Fig. 199. — Autour.

Les **Autours** et les **Éperviers** sont voisins des Faucons, dont ils ont les habitudes. La femelle est beaucoup plus petite que le mâle. L'*Autour ordinaire* (fig. 199), qui se rencontre seul en Europe, n'est pas très rare en France : il atteint la taille du Gerfaut, mais fait preuve de moins de courage. L'*Épervier* (fig. 200) est beaucoup plus petit que l'Autour, mais il n'est pas moins féroce et les dégâts qu'il cause dans les régions où il se tient sont des plus appréciables : il détruit le gibier et s'at-taque même aux Oi-seaux de basse-cour.

Fig. 200. — Épervier.

Fig. 201. — Buse bondrée.

Les **Buses** sont des Oiseaux lourds et dis-gracieux, aux mou-vements peu adroits. Elles ne saisissent point leur proie à tire-d'aile, leur paresse est trop grande pour cela : elles préfèrent se te-nir en embuscade sur un arbre ou sur un rocher, attendant avec patience qu'une Sou-ris ou un Insecte passe à leur portée. Elles restent ainsi aux a-guets pendant des heu-res entières, noncha-lantes et affaissées, avec un air de stupi-dité profonde qui est devenu proverbial. La *Buse commune* (fig. 202) et la *Bondrée* (fig. 201) sont les deux espèces les plus com-munes dans nos pays.

Les **Milans** ont le bec faible, et les ailes très longues, la queue longue aussi et fourchue. La principale espèce est le *Milan* *royal* (fig. 203), ainsi nommé parce que les princes et les rois le faisaient chasser par le Faucon : il mesure 60 centimètres de

Fig. 202. — Buse commune.

hauteur et a plus de 1ᵐ,50 d'envergure. Son vol est plus gracieux encore, plus rapide et plus soutenu que
celui des Faucons. Il niche
sur les arbres les plus élevés, rarement sur les ro-
chers, et se nourrit de
Taupes, de Rats, de Mulots,
de Lézards, parfois même

Fig. 203. — Milan.

de Poissons qu'il saisit adroitement à la surface de l'eau.

Les **Busards** se distinguent à plusieurs égards du plus

grand nombre des Rapaces. Leurs tarses sont allongés et couverts de plumes à la partie supérieure. Ces Oiseaux, dont nous comptons des représentants en Europe, habitent les plaines marécageuses et les bois situés au voisinage des rivières. Ils nichent à terre ou dans des broussailles très basses. Ils volent en rasant le sol et saisissent leur proie par surprise; ils se nourrissent de petits Oiseaux, de petits Rongeurs, de Grenouilles, de Sauterelles.

Le groupe important des **aigles** comprend les Balbuzards, les Pygargues et les Aigles proprement dits : tous ces Oiseaux sont remarquables par leur grande taille, par leurs ailes longues et arrondies, par leur vigueur.

Le *Balbuzard fluviatile*, que l'on rencontre fréquemment en Suisse, en Allemagne et dans tout l'hémisphère septentrional, recherche le voisinage des lacs et des fleuves. Sa nourriture consiste principalement en Poissons, qu'il pêche soit au moment où ils nagent à la surface de l'eau, soit en plongeant à leur poursuite à une assez grande profondeur; il s'attaque aussi volontiers aux Oiseaux aquatiques.

Les **Pygargues** ou Aigles pêcheurs se nourrissent aussi presque exclusivement de Poissons : ils chassent encore les petits Mammifères et se repaissent même de charogne. Leurs serres sont très puissantes et leur vue est si nette que, du haut des airs où ils planent, ils distinguent le Poisson nageant près de la surface de l'eau et fondent sur lui avec la rapidité de l'éclair. Ces Oiseaux vivent de rapines qu'ils prélèvent sur des Oiseaux plus faibles qu'eux : ils possèdent à un haut degré des instincts pillards et voleurs. Ils guettent souvent des Oiseaux pêcheurs et les pourchassent pour leur ravir leur butin; ils attaquent les Vautours pour les forcer à dégorger le contenu de leur jabot, qu'ils avalent ensuite. Ils font surtout au Balbuzard une chasse active.

Le *Pygargue d'Europe* ou *Orfraie* se tient dans les régions les plus froides; il est commun en Russie, en Suède, en

Norvège et même au Groënland. Sa taille est voisine de celle
de l'Aigle royal. Cet Oiseau arrive en automne dans nos contrées, en même temps que les Oies sauvages, à la poursuite
desquelles il s'est lancé : il réapparaît au printemps, lorsqu'il
remonte vers le nord.

D'autres Pygargues habitent l'Afrique, l'Asie et l'Amérique.

Le *Pygargue à tête blanche*, commun dans l'Amérique du
Nord, figure sur l'étendard des États-Unis, malgré le désap-

Fig. 204. — Aigle royal.

pointement de Franklin qui, à ce propos, écrivait ce qui suit :
« C'est un Oiseau d'un naturel bas et méchant; il ne sait point
gagner honnêtement sa vie. En outre, ce n'est jamais qu'un
lâche coquin! Le petit Roitelet, qui n'est pas si gros qu'un
Moineau, l'attaque résolûment et le chasse de son canton.
Ainsi, à aucun titre, ce n'est un emblème convenable pour le
brave et honnête peuple américain. »

Les **Aigles** sont caractérisés par des ailes allongées et pointues, par une queue courte, par des tarses courts et emplumés
jusqu'aux doigts. Buffon a tracé de l'*Aigle royal* (fig. 204)

un portrait magnifique : « L'Aigle a plusieurs convenances
physiques et morales avec le Lion : la force, et par conséquent l'empire sur les autres Oiseaux, comme le Lion sur les
Quadrupèdes..... Il est encore solitaire comme le Lion, habitant d'un désert dont il défend l'entrée à l'usage de la chasse
à tous les autres Oiseaux ; car il est peut-être plus rare de
voir deux paires d'Aigles dans la même portion de montagne
que deux familles de Lions dans la même partie de forêt : ils
se tiennent assez loin les uns des autres pour que l'espace
qu'ils se sont départi leur fournisse une ample subsistance ;
ils ne comptent la valeur et l'étendue de leur royaume que
par le produit de la chasse. L'Aigle a de plus les yeux étince-
lants et à peu près de la même couleur que ceux du Lion, les
ongles de la même forme, l'haleine tout aussi forte, le cri
également effrayant. Nés tous deux pour le combat et la proie,
ils sont également ennemis de toute société, également féroces,
également fiers et difficiles à réduire. »

Buffon prête encore à l'Aigle certaines qualités morales qui
sont loin de lui appartenir : il vante, par exemple, sa magna-
nimité et sa tempérance. Or, l'Aigle s'attaque toujours à plus
petit et à plus faible que lui, et d'autre part sa voracité est
extrême.

Cet Oiseau est doué d'une force musculaire énorme : il enlève
dans ses serres et transporte à des distances parfois considérables des animaux d'un poids fort élevé, tels que de jeunes
Chamois ou des Moutons. La taille est variable d'une espèce à
l'autre, mais elle est toujours fort élevée : la plus grande
espèce, l'*Aigle royal*, mesure $1^m,15$ de hauteur et près de
5 mètres d'envergure ; l'*Aigle criard* n'a que $1^m,60$ d'envergure.

L'Aigle établit son aire au sommet des rochers les plus
inaccessibles, sur le bord des précipices les plus affreux. Ce
nid, souvent large de près de 2 mètres carrés, est construit sans
art : c'est un simple assemblage de brindilles de bois ; dans

un coin sont accumulées des provisions pour subvenir aux besoins des aiglons, en cas de disette. L'Aigle pond de 2 à 3 œufs, dont l'incubation devra durer trente jours. Les aiglons sont nourris et élevés avec un grand soin par leurs parents, mais dès que leurs forces leur permettent de chasser eux-mêmes et de se procurer eux-mêmes leur nourriture, ils ne tardent pas à quitter leurs parents et à s'éloigner de la région que ceux-ci ont choisie pour théâtre de leurs chasses.

Les Aigles sont des animaux défiants, qui fuient en général le voisinage de l'Homme : pourtant lorsque celui-ci les attaque, ils se jettent résolument sur lui. Ces Oiseaux font de grands ravages parmi les troupeaux : dans les montagnes, comme les Pyrénées, où paissent de nombreuses bandes de Moutons, ils rôdent sans cesse autour de ces troupeaux et, malgré la surveillance la plus active des bergers et des Chiens, ils parviennent à faire de nombreuses victimes. Aussi les montagnards des Pyrénées font-ils une guerre incessante à cet Oiseau malfaisant : ils vont jusque dans son aire étouffer ses petits et, pour détruire ses deux ou trois œufs, s'exposent aux dangers les plus grands.

On distingue plusieurs espèces d'Aigles, répandues dans tout l'ancien continent. L'*Aigle royal*, le plus grand de tous, se trouve dans le nord et l'est de l'Europe; l'*Aigle impérial* habite le sud de l'Europe et le nord de l'Afrique; l'*Aigle botté*, particulier à l'est et au midi de l'Europe, se rencontre aussi quelquefois en France.

La famille des **vautours** renferme des Oiseaux qui diffèrent assez notablement des précédents. Ce sont encore des Rapaces de grande taille, aux ailes grandes et larges, mais le bec est long et droit, et recourbé seulement à la pointe. Les pieds sont très forts, mais les doigts sont munis d'ongles courts et émoussés qui ne peuvent servir d'organes de préhension; la tête et le cou sont ordinairement nus ou couverts d'un rare duvet. Ces Oiseaux volent à de très grandes hauteurs; ils peuvent voler aussi longtemps que les Aigles ou les Falconidés, mais ils sont loin d'atteindre la vitesse de ceux-ci. Leurs sens les plus développés sont la vue et l'ouïe; les yeux sont petits et à fleur de tête. Les Vautours enfin sont bien connus pour leurs habitudes répugnantes : ils se nourrissent surtout de charogne et se complaisent à déchiqueter les cadavres; ils n'attaquent les animaux vivants que par exception, quand tout autre aliment leur fait défaut. Quand ils se sont repus de chairs à demi pourries, ils tombent dans un engourdissement profond, qui dure tant que le travail digestif n'est pas achevé : un liquide fétide suinte de leurs narines, et leur jabot, gonflé et distendu par les aliments qu'ils ont engloutis en grande masse, fait une forte saillie au niveau du cou.

Les **Gypaètes** sont en quelque sorte intermédiaires entre les

Fig. 205. — Gypaète barbu.

Vautours proprement dits et les Aigles : comme ceux-ci, ils ont la tête, le cou et les tarses emplumés, et ils se nourrissent de préférence de proies vivantes; en revanche, ils se rapprochent des Vautours par leurs ongles peu robustes, par leurs yeux petits et à fleur de tête, par leur jabot saillant pendant la digestion.

On n'en connaît qu'une seule espèce : c'est le *Gypaète barbu* (fig. 205), ainsi nommé à cause d'une touffe de poils raides qu'il porte sous le menton. Cet Oiseau est le plus grand des Rapaces de l'ancien monde : sa longueur atteint fréquemment 1ᵐ,60, son envergure 3 mètres à 3ᵐ,30. Il dépasse même parfois cette taille, et, pendant l'expédition d'Égypte, Monge et Berthollet en ont vu un qui avait une envergure de 4ᵐ,60.

Le Gypaète attaque des animaux de grande taille, tels que des veaux, des agneaux, des Chamois. Ses serres trop faibles ne lui permettent point de se cramponner sur sa proie ou de l'emporter dans les airs; aussi, pour parvenir à terrasser des animaux aussi robustes, doit-il avoir recours à un artifice que l'Aigle lui-même emploie quelquefois : il se cache prudemment et observe le moment où sa victime viendra sur le bord d'un précipice; il fond alors sur elle avec violence et, en la frappant furieusement des ailes, il tâche de la lancer dans l'abîme.

Les **Vautours proprement dits** ont le cou nu et garni à sa base d'une collerette de duvet, la tête revêtue de duvet. Ces Oiseaux, avons-nous dit déjà, se repaissent surtout de viande corrompue et ne s'attaquent aux animaux vivants que lorsque la charogne leur fait complètement défaut; ils ne sont du reste guère bien armés pour chasser les proies vivantes, avec leur bec relativement faible et leurs griffes émoussées. Les Vautours sont particuliers à l'ancien continent. On en connaît plusieurs espèces, tant en Europe qu'en Afrique et en Asie. La principale est le *Vautour fauve* (fig. 206), Oiseau de la taille de l'Oie, commun dans les Pyrénées, les Alpes, et le pourtour de la Méditerranée. Une espèce, beaucoup plus petite, le *Perc-*

Fig. 206. — Vautour fauve.

*noptère* ou *Vautour blanc,* très commun en Algérie, en Égypte, se nourrit des immondices des villes, où on le respecte à cause des services qu'il rend.

Les Vautours sont représentés et remplacés en Amérique par les **Cathartes** et les **Sarcorhamphes**. Ces derniers ont le cou garni d'une collerette de plumes, longues et duveteuses, leur bec est surmonté d'un épais lobe cutané. Ils se nourrissent de charogne, comme les vrais Vautours, mais il n'est pas rare de les voir attaquer des animaux de grande taille, et l'Homme lui-même, pendant leur sommeil. L'espèce principale est le *Condor* (fig. 207), qui vit dans toute la chaîne des Andes. Le Condor est le plus grand des Oiseaux volants. C'est aussi celui qui

Fig. 207. — Condor.

s'élève dans les airs à la plus grande hauteur ; on en a vu planer à 7000 mètres au-dessus du niveau de la mer.

Dans les plaines arides du sud de l'Afrique vit un Oiseau de grande taille aussi singulier par son organisation que par ses mœurs : c'est le **serpentaire**. Ses tarses élevés et nus le rapprochent des Échassiers, mais son bec fort et crochu en fait un vrai Rapace. Sa queue est bien développée et les deux pennes du milieu sont beaucoup plus longues que les autres. Les ailes sont courtes, aussi l'Oiseau vole-t-il mal, mais en revanche il court bien. Il porte en arrière de la tête une longue crête qu'il peut hérisser à volonté et qui lui a fait donner encore le nom de *Secrétaire,* par allusion à l'habitude qu'ont les écrivains de mettre leur plume derrière l'oreille.

Le Serpentaire se nourrit surtout de Serpents, dont il s'empare d'une façon curieuse. « L'Oiseau de proie développant l'une de ses ailes, la ramène devant lui, et en couvre, comme d'une égide, ses jambes, ainsi que la partie inférieure de son corps. Le Serpent attaqué s'élance ; l'Oiseau bondit, frappe, recule, se jette en arrière, saute en tous sens d'une manière vraiment comique pour le spectateur, et revient au combat en présentant toujours à la dent venimeuse de son adversaire le bout de son aile défensive, et pendant que celui-ci épuise sans succès son venin à mordre ses pennes insensibles, il lui détache avec l'autre aile, des coups vigoureux. Enfin le Reptile, étourdi, chancelle, roule dans la poussière, où il est saisi avec adresse et lancé en l'air à plusieurs reprises, jusqu'au moment où, épuisé et sans force, l'Oiseau lui brise le crâne à coups de bec, et l'avale tout entier, à moins qu'il ne soit trop gros, auquel cas il le dépèce en l'assujettissant sous ses doigts. »

Le Serpentaire est très répandu au Cap de Bonne-Espérance. On l'a domestiqué et il est surtout chargé de veiller sur les basses-cours et de détruire les Serpents ou les Rats qui pourraient tenter de s'attaquer aux volailles.

Les RAPACES NOCTURNES se distinguent des diurnes par une série de caractères fort importants. La tête est grosse et ronde; le bec, très court et dépourvu de *cire*, est largement fendu; les yeux sont volumineux, situés à fleur de tête, dirigés en avant et entourés chacun d'un cercle de plumes rigides qui constituent par leur ensemble le *disque facial;* les oreilles, dont l'ouverture est très large, sont souvent surmontées d'un repli cutané sur lequel les plumes se groupent de manière à représenter assez exactement un pavillon analogue à celui des Mammifères; la queue est généralement courte; les tarses sont emplumés sur toute leur longueur; le plumage est abondant et soyeux. Ces Oiseaux sont incapables de supporter la lumière du jour, aussi demeurent-ils cachés dans leurs retraites, tant que le soleil est au-dessus de l'horizon : au crépuscule et dans une demi-obscurité, ils se dirigent au contraire avec la plus grande facilité, et c'est véritablement alors que la vision s'exerce chez eux avec le plus de netteté. Il est bien entendu que, dans l'obscurité absolue, les Rapaces nocturnes n'y voient pas plus que les autres animaux.

Le plumage des Rapaces nocturnes est ordinairement de couleur sombre ou terne : c'est une loi commune à tous les animaux nocturnes et que nous trouverons poussée à l'extrême chez les Papillons. Leurs plumes, molles et souples comme du duvet, n'offrent que peu de résistance à l'air : aussi ces Oiseaux volent-ils sans faire le moindre bruit et peuvent-ils tomber à l'improviste sur leur proie, qu'ils avalent habituellement tout d'une pièce, grâce à la large ouverture de leur bouche. Quand la digestion est achevée, les parties qui n'ont pu être transformées, comme les os, les plumes, les poils, sont réunies en une boulette qui est ensuite expulsée par le vomissement.

A moins d'y être forcé, l'Oiseau de proie nocturne ne sort jamais de son trou pendant le jour. Lorsqu'il s'y aventure, il est assailli par tous les Passereaux du voisinage, qui viennent insulter à son impuissance, et se venger par de nombreux coups de bec de l'oppression qu'il exerce sur eux pendant la nuit. Il prend alors les postures les plus étranges, balançant sa tête d'un air stupide, faisant craquer son bec et enflant ses plumes. Du reste il n'essaye pas de se défendre, et reçoit passivement les coups de ses ennemis emplumés, qui ne lui font pas d'ailleurs grand mal.

« Cette haine naturelle des petits Oiseaux pour leurs tyrans nocturnes a été mise à profit pour la chasse. L'art de la *pipée* n'a pas d'autre fondement. Il suffit de contrefaire la voix de la Chouette ou du Hibou pour faire accourir les Oiseaux sur l'arbre ou le buisson où l'on a placé les gluaux. Cette opération doit se faire une heure environ avant le coucher du soleil ; plus tard elle n'aurait aucun succès. La *pipée* était en usage dès l'antiquité, car Aristote l'a décrite. »

Ces Oiseaux se tiennent cachés solitairement dans de vieilles ruines, dans les trous des arbres ou des murailles. Leurs nids sont très grossiers ; souvent même ils n'en construisent pas. Leurs œufs sont sphériques, sauf chez l'Effraie.

Les **Chevêches** sont de petite taille ; on les distingue à l'absence d'aigrette au-dessus des oreilles. On en connaît un grand nombre d'espèces répandues dans l'ancien et dans le nouveau monde. La *Chevêche commune*, dont la taille est semblable à celle du Merle, est fort abondante en France et dans l'Europe entière; elle sort assez fréquemment de jour pour chasser les Mulots ou les petits Oiseaux; elle dépèce sa proie avant de l'avaler et plume les Oiseaux avec son bec. Elle s'apprivoise aisément et rend alors de grands services en détruisant les Rats et les Souris. Dans le nord de l'Europe se trouve la *Chevêchette*, dont la taille ne dépasse pas celle du Moineau.

Le *Scops* ou *Petit-Duc* (fig. 208), qui n'est pas plus gros qu'un Merle, est assez agréablement teinté de gris, de roux et de noir. Son *hou hou* monotone est tout à fait comparable au chant de l'Alyte, sorte de Batracien dont il sera question plus tard. Cet Oiseau est assez sociable; au printemps et en automne, il se réunit à ses semblables pour constituer des bandes nombreuses qui émigrent vers d'autres latitudes. Il

Fig. 208. — Petit-Duc.

fait une guerre sans relâche aux Mulots et aux Rats, et rend de grands services à l'agriculture.

Le *Moyen-Duc* ou *Hibou* est répandu dans toute l'Europe. On le rencontre assez souvent par bandes de 7 ou 8 individus. Sa hauteur est d'environ 30 centimètres, ses ailes ont près d'un mètre d'envergure. Il a sur la tête, comme les autres **Ducs**, des aigrettes plumeuses assez bien développées. Cet Oiseau s'installe fréquemment dans des nids de Pie ou de Corbeau abandonnés. Il rôde volontiers autour des maisons et fait entendre pendant la nuit un cri plaintif. Sa nourriture consiste en Taupes, Mulots, Grenouilles, jeunes Lapins, etc.

Le *Grand-Duc* (fig. 209) est le plus grand et le plus fort des
Rapaces nocturnes : sa hauteur est en moyenne de 60 centimètres. Il est très robuste et très courageux : on l'a vu livrer
des combats à l'Aigle et parfois même en sortir à son avan-
tage; il se défend courageusement contre le Chien et l'Homme,
et vend chèrement sa vie. Le Grand-Duc supporte assez bien la

Fig. 209. — Grand-Duc.

lumière : de tous les Nocturnes, il est celui qui le soir sort le plus
tôt et le matin rentre le plus tard. Sa nourriture est la même
que celle des Oiseaux qui précèdent, mais, en raison de sa
plus grande taille, il attaque fréquemment les Lièvres et les
Lapins. Le Grand-Duc s'apprivoise facilement et s'attache beaucoup à son maître.

La *Hulotte* ou *Chat-Huant,* fort commune en Europe, rend
de grands services à l'agriculture à cause des vermines qu'elle
détruit. Son cri *hou ou ou* rappelle plus ou moins le hurlement
du Loup. Sa taille est d'environ 40 centimètres. La Hulotte
s'apprivoise sans peine. En liberté, elle pond dans les nids de
Corbeau, de Buse ou de Pie.

L'*Effraie* (fig. 210) est également fort répandue en Europe.
Son plumage, blanc et rous-
sâtre, est assez élégant. Cet
Oiseau, comme nous l'avons
dit déjà, diffère de tous les
autres Rapaces nocturnes en
ce que ses œufs sont el-
liptiques au lieu d'être arrondis. Ces œufs sont pondus, au nombre de 5 à 7,
dans des trous de vieux
murs, dans des creux de
rochers ou d'arbres, sans
que l'Effraie ait pris la peine
de construire un nid. Cet
Oiseau est impitoyablement
détruit par les paysans qui

.Fig. 210. — Effraie.

l'accusent de tous les méfaits et le considèrent comme un
message de mauvais augure : il est pourtant peu d'animaux
qui rendent à l'agriculture d'aussi grands services, il détruit un
nombre véritablement prodigieux de Rongeurs nuisibles aux
récoltes. Loin de le massacrer, on devrait donc le protéger
au contraire, et même, dans la mesure du possible, chercher
à en propager l'espèce.

## ORDRE DES PASSEREAUX

Il n'est guère de divisions zoologiques qui soient aussi peu
naturelles que l'ordre des Passereaux (*passer*, moineau) ; il

n'en est guère non plus qui renferment un aussi grand nombre d'espèces. Les individus que l'on a réunis dans cet ordre diffèrent tellement entre eux, qu'il est véritablement impossible d'indiquer un caractère un peu important qui leur soit commun à tous. Ils ont quatre doigts à chaque patte, dont trois dirigés en avant et un dirigé en arrière. Ces Oiseaux sont en général de petite taille; ils volent fort bien et marchent en sautillant. Ils se tiennent de préférence sur les arbres et les buissons; la plupart d'entre eux sont des Oiseaux de passage; ils vivent enfin parfois réunis en bandes nombreuses.

On les a longtemps divisés en deux groupes, suivant qu'ils étaient chanteurs ou criards, mais cette division, tout artificielle, n'a aucune valeur, car elle entraîne à séparer les uns des autres des Oiseaux qui par leur organisation sont manifestement voisins. Une division meilleure a été proposée par Cuvier : elle repose sur la conformation du bec. On arrive de la sorte à établir dans l'ordre des Passereaux cinq grands groupes : 1° Conirostres, 2° Dentirostres, 3° Fissirostres, 4° Ténuirostres et 5° Lévirostres.

Les Conirostres sont des Oiseaux chanteurs de petite taille, au bec conique et fort (fig. 211), au plumage épais et souvent orné des couleurs les plus vives ; le doigt externe est réuni à la base à celui du milieu. Ils vivent en société et se nourrissent principalement de graines, de céréales et de fruits, mais à l'occasion ils ne dédaignent point les Insectes. Un grand nombre sont voyageurs. La plupart construisent leur nid avec élégance ; la

Fig. 211. — Tête de Conirostre (Gros-bec).

femelle est seule chargée de l'incubation, mais le mâle partage avec elle le soin de pourvoir à la nourriture des petits.

Les *Bec-croisé* (fig. 212) est remarquable à cause de la forme de son bec, dont les mandibules s'infléchissent et se recourbent de façon à s'entrecroiser parfaitement. Ces Oiseaux

brisent les cônes des arbres résineux pour·en dévorer les
amandes, mais ils se jettent aussi sur les fruits à pépins, tels·
que les pommes, les poires, et la contrée où une bande de
Becs-croisés vient s'établir ne tarde pas à être dévastée. Ces
Oiseaux habitent surtout les montagnes du nord de l'Europe:
on.ne les trouve pas en France d'une façon permanente.

Fig. 212. — Bec-croisé.            Fig. 213. — Bouvreuil.

Le *Bouvreuil* (fig. 213), à la poitrine rouge, est très recherché par les amateurs, à cause de la facilité extrême avec
laquelle il s'accommode de la captivité et avec laquelle il apprend à chanter et même à parler.

Le *Serin* est fort apprécié pour·le même motif. Cet Oiseau,
originaire des îles Canaries et importé en Europe au quinzième
siècle, se reproduit facilement en captivité; il donne même
avec d'autres Oiseaux chanteurs, comme le Chardonneret, la
Linotte, des mulets au ramage des plus harmonieux.

Les **Moineaux** constituent plusieurs espèces, dont les plus intéressantes sont le *Moineau franc*, qui habite surtout les villes et les villages, et le *Friquet*, qui vit à la campagne. On les rencontre dans l'Europe entière. Les Moineaux sont, quoi qu'on en ait dit, des auxiliaires précieux de l'agriculteur : ils détruisent en grande masse les Insectes nuisibles.

Comme les précédents, les *Chardonnerets* (fig. 214) sont éminemment sociables et, comme eux encore, très utiles. Ils s'apprivoisent aisément et vivent très bien en captivité. Leur chant est agréable et leur plumage des plus élégants. Les *Linottes* sont très voisines des Chardonnerets, mais les services qu'elles peuvent nous rendre sont atténués par les dégâts qu'elles causent : elles se nourrissent en effet principalement de graines de chanvre et de lin ; c'est même là ce qui leur a valu leur nom. Les *Pinsons*, dont la gaieté est proverbiale, sont encore des Oiseaux fort peu différents des précédents ; comme eux, ils vivent par bandes nombreuses et se nourrissent de graines.

Fig. 214. — Chardonneret.

Le *Républicain*, dont nous avons déjà parlé à propos de l'architecture des nids (fig. 195), appartient à ce groupe ; il habite le sud de l'Afrique.

Les *Bruants*, qui se rencontrent en si grand nombre dans les champs, les haies, la lisière des bois, ou même le bord des marécages, ont des couleurs peu brillantes, mais leur voix n'est pas désagréable. Le Bruant Ortolan (fig. 215) est ré-

puté pour l'excellence de sa chair; on le chasse dans le sud de
la France, qu'il visite périodiquement.

L'*Alouette* (fig. 216) est
organisée pour vivre à terre,

Fig. 215. — Ortolan.

Fig. 216. — Alouette.

elle court avec rapidité; son doigt postérieur est muni d'un
ongle droit et fort, parfois plus long que le doigt lui-même,
qui la met dans l'impossibilité de percher. Elle vole bien et
s'enlève dans les airs, en montant vers le soleil, dès que celui-
ci se montre à l'horizon. Son gazouillement est des plus jolis.
Elle habite les champs et construit entre les sillons un nid fort,
simple où elle pond 4 ou 5 œufs. Elle détruit une masse considérable de Vers, de chenilles, de Sauterelles; malgré ces services, elle est traquée de mille façons par le chasseur.

La plupart des Dentirostres sont des Oiseaux chanteurs de

Fig. 217. — Tête de Dentirostre, Corbeau.

Fig. 218. — Tête de Dentirostre, Pie-grièche.

petite taille. Leur bec, de forme variable (fig. 217 et 218), est tantôt subulé, c'est-à-dire terminé en pointe très fine, tantôt faiblement recourbé. La mandibule supérieure est échancrée en forme de dent à son extrémité : de là le nom du groupe. Les ailes sont de longueur moyenne ; il n'y a généralement que neuf rémiges primaires, par suite de l'atrophie complète ou presque complète de la première de ces pennes. On compte toujours 12 rectrices à la queue.

Les Dentirostres sont bons voiliers : à terre, ils sautillent plutôt qu'ils ne marchent. Ils se nourrissent principalement d'Insectes et vivent pour la plupart dans les régions froides ou tempérées, qu'ils dédaignent en hiver pour des climats moins sévères. Leurs nids sont construits avec art et ils font en général plusieurs couvées par an.

Les **Merles**, dont on ne connaît pas moins de 150 espèces répandues sur toute la surface du globe, sont des Oiseaux migrateurs qui voyagent en troupes plus ou moins nombreuses. Ils se nourrissent de fruits, de baies et d'Insectes : leur chant harmonieux les fait rechercher des amateurs. L'espèce la plus commune en France est le *Merle noir*, à la robe noire lustrée et au bec jaune. Dans l'Amérique du Nord vit le *Merle polyglotte* dont le chant serait infiniment plus mélodieux que celui du Rossignol et qui a la faculté singulière de pouvoir imiter, en les embellissant toutefois, le chant de tous les autres Oiseaux et le cri de tous les Mammifères qui l'entourent.

Les **Grives** sont fort voisines des Merles ; elles s'en distinguent par ce que leur plumage, au lieu d'être uniformément coloré, est marqué de petites taches sombres sur la poitrine, comme le sont du reste les jeunes Merles. Ces Oiseaux sont fort appréciés des Gourmets, aussi leur fait-on une guerre acharnée.

Les **Becs-fins** (fig. 219) sont généralement d'excellents chanteurs : on y compte le Rossignol et les Fauvettes.

Le *Rossignol* occupe sans conteste le premier rang parmi les Oiseaux musiciens d'Europe. Ses délicieuses mélodies retentissent au commencement de l'été dans les bosquets et les buissons situés sur le bord des eaux. Cet Oiseau, auprès duquel se rangent le *Rouge-gorge* et le *Rouge-queue*, nous quitte dès le mois d'août pour émigrer en Asie ou en Afrique : les Roitelets, les Troglodytes, les Pouillots, les Hoche-queue, sont des petits Oiseaux, proches parents des précédents.

Fig. 219. — Bec-fin Orphée.

Les **Mésanges** se font remarquer entre tous les petits Oiseaux par leur vivacité et leur pétulance, bien plus que par l'éclat de leurs couleurs ou l'harmonie de leur voix. Batailleuses et querelleuses, elles vont et viennent sans cesse sur les arbres, à la recherche des Insectes dont elles disputent la possession à d'autres Oiseaux beaucoup plus gros qu'elles ; parfois, quand la nourriture fait défaut, elles ne craignent point de tuer à coups de bec des Oiseaux plus faibles qu'elles ou malades, pour leur dévorer la cervelle. A côté de ces vilains défauts, les Mésanges présentent quelques qualités précieuses,

Fig. 220 — Mésange-Charbonnière.

et au premier rang un attachement sans bornes pour leurs petits ou leurs camarades blessées. Nous en avons en France sept ou huit espèces : les *Charbonnières* (fig. 220), la

*Tête-bleue*, la *Longue - queue*, sont les plus communes.

Les **Gobe-Mouches** sont des Oiseaux taciturnes et solitaires dont les nombreuses espèces sont répandues sur toute la surface du globe. Leur bec est large et déprimé à la base, échancré à la pointe. Ils sont représentés dans l'Amérique du Sud par les **Tyrans**, qui doivent leur nom à leur caractère audacieux : ces petits Oiseaux attaquent en effet des Oiseaux beaucoup plus gros et beaucoup plus forts qu'eux, tels que les petits Rapaces et même les Aigles.

Les **Pies-Grièches** (fig. 221) pourraient être considérées, dans une certaine mesure, comme établissant le passage entre les Passereaux chanteurs et les Rapaces : elles se rapprochent des premiers par l'échancrure de leur bec et la faculté de chanter, elles ressemblent aux seconds par leur bec recourbé en crochet, par leurs griffes acérées et par leurs instincts sanguinaires.

Fig. 221. — Pie-Grièche.

Elles semblent en effet se complaire dans le meurtre : elles ne tuent pas seulement pour apaiser leur faim, mais massacrent sans pitié Insectes, petits Mammifères, petits Oiseaux. Elles piquent et empalent leurs victimes sur des épines. Pourtant cet acte de barbarie n'est peut-être point aussi blâmable qu'il le paraît au premier abord : les Pies-Grièches, en suspendant ainsi leur proie aux épines des buissons, s'assurent tout simplement de la nourriture pour le cas où celle-ci viendrait à leur manquer. Ces Oiseaux, dont les plus gros ne dépassent point la taille du Merle, entrent souvent en lutte avec des Corbeaux, des Pies et même certains Rapaces.

Les **Pique-Bœufs** sont des Passereaux africains qui doivent leur nom à l'habitude qu'ils ont de venir se percher sur le dos des Bœufs, des Buffles, des Gazelles, etc., pour s'y repaître des larves sorties des œufs qu'étaient venues pondre certaines espèces de Mouches. Les animaux que l'Oiseau débarrasse ainsi de leurs parasites se montrent reconnaissants de ce bon office.

Les **Étourneaux** (fig. 222), Oiseaux chanteurs au sombre plumage, brillant de reflets métalliques, vivent en troupes nombreuses. Ces Oiseaux, loin d'être nuisibles comme on le pense, se nourrissent d'Insectes et de Vers. Ils vont passer la mauvaise saison en Afrique. Le *Sansonnet*, que l'on élève en captivité à cause de son chant, est une espèce d'Étourneau, commune dans nos contrées.

Fig. 222. — Étourneau.

Les **Oiseaux de Paradis** (fig. 225) semblent, à première vue, s'éloigner considérablement des Oiseaux étudiés jusqu'alors, à cause de leurs vives couleurs et à cause du développement considérable que prennent leurs plumes en certains points, pour constituer des huppes, des panaches, des aigrettes; ils s'en rapprochent toutefois complètement par la conformation des pattes et du bec. Ces superbes Oiseaux, à la parure si gracieuse, ne se rencontrent qu'à la Nouvelle-Guinée et dans les îles voisines. Ils vivent dans de profondes forêts et se nourrissent de fruits et d'Insectes. Leurs plumes brillantes sont l'objet d'un commerce important et sont utilisées comme parure.

On réunit dans la famille des **corvidés** (*corvus*, corbeau) de grands•Passereaux à la voix criarde, au bec épais et fort, légèrement échancré, à narines entourées de longs poils.

Le *Loriot* appartient à cette famille ; cet Oiseau, au joli plumage jaune, ne se rencontre dans notre pays que du mois de mai au milieu d'août. Le *Geai*, au plumage roux, présente des plumes bleues à éclat métallique à la naissance des ailes ; il

Fig. 225. — Oiseau de Paradis.

jouit de la singulière faculté de hérisser les plumes de sa tête lorsqu'il est irrité, ce qui, il faut bien le dire, lui arrive fréquemment : cet Oiseau est en effet essentiellement querelleur et irascible. Le *Chocart*, le *Casse-noix* (fig. 224), la *Pie* sont des espèces très voisines de celles-ci. Cette dernière se fait remarquer par ses instincts voleurs ; on l'apprivoise aisément.

Les **Corbeaux** sont répartis par toute la terre. A l'exception du *Grand Corbeau*, qui vit solitaire avec sa femelle, ils se réu-

nissent en bandes nombreuses. Leur nourriture est extrêmement variable : on peut les considérer comme omnivores; ils
ont un goût prononcé pour les chairs corrompues. Ils s'apprivoisent facilement, apprennent même à prononcer quelques

Fig. 224. — Casse-noix

mots et ont l'esprit d'imitation fort développé. En liberté, ces
Oiseaux ont l'habitude d'accumuler des provisions en quelque
endroit secret; leur croassement est un cri rauque et désagréable. La *Corneille* (fig. 225), le *Choucas* ou Corbeau de
tour, le *Freux* sont les principales espèces de nos pays

Les Passereaux qui forment le Groupe des Fissirostres (fig.
226) sont caractérisés par un bec large et aplati, fendu très

Fig. 225. — Corneilles.

profondément, presque jusqu'aux yeux. Grâce à leurs ailes
longues et pointues, ils sont d'excellents voiliers et peuvent
se maintenir dans les airs pendant un
temps fort long. Leurs jambes courtes
et faibles font qu'ils évitent de se
poser sur le sol. Ils se nourrissent
d'Insectes qu'ils attrapent au vol avec
leur bec largement ouvert. La plupart
des Fissirostres habitent les régions
chaudes du globe ; ceux que l'on ren-
contre dans les pays tempérés sont des Oiseaux de passage.

Fig. 226. — Tête de Fissirostre
(Martinet).

Les **Engoulevents** (fig. 227) sont des Oiseaux de la taille du
Merle ; ils vivent par couples et dorment pendant le jour ; la
nuit venue, ils se mettent en chasse, le bec largement ouvert,

à la poursuite des Insectes crépusculaires et nocturnes : ils détruisent ainsi un grand nombre d'animaux nuisibles aux récoltes et devraient, à ce titre, pouvoir compter sur la protection de l'Homme. Nos paysans les accusent cependant de

Fig. 227. — Engoulevent.

toutes sortes de méfaits et les flétrissent des noms de *Crapauds volants*, de *Tête-chèvres*, etc.

Fig. 228. — Martinet.

Les **Martinets** (fig. 228) sont des Oiseaux criards assez semblables aux Hirondelles, mais plus forts, munis d'ailes plus longues, capables par conséquent de fournir un vol plus rapide et plus soutenu. La queue n'a que 10 rectrices. Ces Oiseaux construisent leur nid comme les Hirondelles et se servent de leur salive visqueuse pour en cimenter les matériaux. Ils sont remarquables en ce que, une fois posés sur le sol, il leur est fort difficile de s'envoler, leurs ailes trop longues venant frapper la terre avant que l'animal ait eu le temps de s'enlever dans les airs; aussi est-il facile de prendre à la main des Martinets posés sur le sol.

Les **salanganes** sont célèbres dans le monde entier : ce sont elles qui bâtissent ces fameux nids d'Hirondelle dont on fait en Chine une si grande consommation et qui, dit-on, constituent un mets des plus délicats. Ces Oiseaux habitent Java et Sumatra et nichent sur les rochers au bord de la mer. Ce sont ces nids que les riches Chinois recherchent et payent des sommes considérables. Buffon parle d'un Javanais, propriétaire d'une caverne où venaient nicher les Salanganes, et qui, par la seule vente des nids, se faisait un revenu annuel de plus de 50 000 florins. De nos jours, ce singulier commerce n'a rien perdu de son importance.

Les **Hirondelles** diffèrent des Martinets par le nombre des rectrices caudales, qui est de douze. Ces Oiseaux chanteurs, au gazouillement si doux, nous reviennent au printemps d'Afrique où elles ont été passer l'hiver : on les accueille avec joie, comme des messagers de bonne nouvelle; elles nous annoncent en effet le retour de la belle saison et le réveil de la nature. Elles reviennent seules ou par couples; mais en automne, lorsque l'époque de la migration est arrivée, elles se rassemblent en grandes masses, comme pour tenir conseil et pour fixer la date du départ. Au jour dit, toutes les Hirondelles de la contrée se rassemblent à l'endroit convenu, la bande s'enlève dans les airs et, après avoir fait quelques tours comme pour s'orienter, elle prend sans hésitation le chemin de la Méditerranée. Quelques-unes, retardées pour une cause quelconque, manquent au rendez-vous : elles ne se mettront point en marche, mais passeront l'hiver dans nos contrées et tomberont, pendant la saison rigoureuse, dans un sommeil hibernal tout à fait pareil à celui de la Marmotte ou du Loir.

Quand l'Hirondelle revient d'Afrique, elle retourne passer l'été dans les lieux mêmes où elle l'avait passé l'année précédente; si son nid n'a pas été détruit, elle en reprend possession. Parfois elle se trouve en face d'un usurpateur : c'est un Moineau paresseux qui, trouvant un nid tout fait, s'y est installé, heureux de n'avoir point à en construire cette année-là. L'Hirondelle tâche d'effrayer l'usurpateur et de lui faire abandonner la place : mais celui-ci, retranché dans le nid comme dans un château fort, se moque de ses cris et distribue adroitement des coups de bec à qui s'approche de lui. L'Hirondelle dépossédée s'en va conter alors sa déconvenue à ses compagnes : celles-ci lui prêtent leur concours et toutes viennent déposer adroitement autour de l'ouverture du nid des parcelles de mortier qui, en s'ajoutant les unes aux autres, finiront par fermer entièrement cette ouverture et par emprisonner l'intrus tout vivant.

Fig. 229. — A, Hirondelle de fenêtre ; B, Hirondelle de cheminée.

Les Hirondelles de nos pays appartiennent à trois espèces, l'*Hirondelle de cheminée*, l'*Hirondelle de fenêtre*, l'*Hirondelle de rivage* (fig. 229). Cette dernière se creuse un terrier sur la rive des cours d'eau; les autres construisent, soit au faîte des cheminées, soit à l'angle des fenêtres, des nids d'argile dont toutes les parcelles sont réunies les unes aux autres par la salive visqueuse de l'Oiseau. En raison du grand nombre d'Insectes qu'elle détruit, l'Hirondelle doit être rangée parmi les

.animaux utiles et mérite par conséquent notre protection.

Les Ténuirostres, Oiseaux criards ou chanteurs, ne comprennent qu'un très petit nombre d'espèces européennes Les Oiseaux qui composent ce groupe se nourrissent d'Insectes et

Fig. 250. — Huppe.

sont caractérisés par un bec long et grêle, droit ou arqué, mais toujours dépourvu d'échancrure. Leurs pieds se composent de quatre doigts, un postérieur assez long, et trois antérieurs, dont les deux externes sont souvent réunis à la base.

Les **Grimpereaux** sont de petits Oiseaux qui grimpent aux

arbres à la façon des Pics, pour y chercher les Insectes qui courent sur l'écorce ou qui se tiennent cachés au-dessous d'elle : dans ce dernier cas, ils perforent l'écorce à coups de bec, pour mettre à nu l'Insecte qu'ils convoitent. Ces Oiseaux vivent solitaires ou par couples dans les bois et les jardins.

Les **Huppes** (fig. 230) sont faciles à reconnaître, à cause de la double rangée de longues plumes qui surmontent leur tête et qu'elles ont la faculté de hérisser à volonté. Ce sont des Oiseaux des régions chaudes d'Afrique, mais elles viennent chaque année passer l'été en Europe, et alors elles ne sont point rares en France. Elles vivent surtout à terre, ne perchent que rarement et ne volent qu'avec peine.

Dans le groupe des Ténuirostres viennent encore se ranger les **Oiseaux-Mouches**, les plus petits de tous les Oiseaux. Ils sont muets, mais leur mutisme est largement compensé par leurs couleurs brillantes, qui aux feux du diamant joignent l'éclat étincelant du rubis ou de l'émeraude : on dirait des pierres précieuses ailées et voltigeant de fleur en fleur. Ces élégants volatiles appartiennent tous à l'Amérique méridionale et centrale.

Le groupe des Lévirostres comprend des Oiseaux criards dont le bec est long mais faible (fig. 231) et dont les pattes sont elles-mêmes assez faibles. Les doigts sont au nombre de quatre, un postérieur et trois antérieurs ; les deux externes sont réunis et soudés l'un à l'autre jusque vers le milieu de leur longueur : de là le nom de *Syn-dactyles* (σύν, avec ; δάκτυλος, doigt), c'est-à-dire Oiseaux à doigts unis, sous lequel on désigne encore les animaux de ce groupe.

Fig. 231. — Tête de Lévirostre (Guêpier).

Dans les forêts les plus épaisses des régions chaudes de l'ancien continent se trouvent les **Rolliers**, Oiseaux parés de vives couleurs. Ils sont timidés et insociables et vivent d'Insectes, de

Vers et de petits Reptiles; quand toute autre nourriture leur
fait défaut, ils mangent aussi des baies, des graines, des
racines.

Dans le midi de la France, on voit arriver en mai, pour re-
partir en Afrique à l'automne, des bandes nombreuses d'Oiseaux
qui volent à la façon des Hirondelles, mais qui sont de plus
grande taille que celles-ci, et qui, comme elles encore saisissent
au vol leur proie, consistant en Insectes, surtout en Abeilles
et en Guêpes : ce sont les *Guêpiers*. Ces Oiseaux élégants ont
une curieuse façon de nicher : ils établissent leur nid sur le
bord des cours d'eau, à l'extrémité de galeries profondes,
longues parfois de deux mètres, et qu'ils ont creusées eux-
mêmes.

Les **Martins-pêcheurs** se rapprochent des Guêpiers par leur
manière de nicher, mais par ce point seulement : ils construisent
leur nid sur la berge des rivières, mais ils ne fouissent point le
sol et s'établissent simplement dans des anfractuosités du rivage ou dans des trous abandonnés par des Rats d'eau; ils ont
la singulière habitude de tapisser leur nid des arêtes des Pois-

Fig. 232. — Martin-pêcheur.

sons dont ils se sont nourris. Les
Martins-pêcheurs sont répandus
sur toute la surface du globe; ils
se rencontrent principalement dans
les régions chaudes de l'Afrique
et de l'Asie. Une seule espèce vit
en Europe; elle n'est point rare
en France et ses jolies couleurs,
où l'émeraude s'unit à l'azur,
sont bien faites pour charmer.

Le *Martin-pêcheur* (fig. 232) de nos pays est un peu plus
gros qu'un Moineau. Il vit isolé et sa nourriture consiste pour
ainsi dire exclusivement en Poissons, qu'il sait attendre avec
une patience infatigable et happer au passage avec une adresse
merveilleuse : il restera des heures entières complètement im-

mobile, posé sur une pierre ou une branche à fleur d'eau, attendant qu'un petit Poisson passe à sa portée.

On rencontre aux Indes, à Bornéo et à Sumatra des Oiseaux fort remarquables, dont le port rappelle celui du Corbeau, mais qui marchent et volent mal et se tiennent toujours perchés au sommet des arbres les plus élevés : ce sont les **Calaos** (fig. 233). Leur bec acquiert un développement énorme et est surmonté d'un volumineux appendice en forme de corne. Ces Oiseaux habitent les forêts et nichent dans les trous des arbres. Leur nour-

Fig. 233. — Calao.

riture, fort variée, consiste on Insectes, en graines, en petits animaux. Ils se domestiquent aisément et on les élève aux Indes, à cause des services qu'ils rendent en détruisant les Souris et les Rats.

## ORDRE DES PERROQUETS

L'Ordre des Perroquets comprend des Oiseaux remarquablement doués sous le rapport de l'intelligence : leurs sens sont très développés; leur langue est épaisse et charnue et le sens du goût acquiert une finesse toute spéciale ; leur mémoire est excellente, ils sont dociles et s'apprivoisent avec la plus grande facilité; leur voix, forte et criarde, peut, par l'éducation, s'adoucir et s'infléchir de façon à reproduire plus ou moins parfaitement la parole humaine. Ces Oiseaux habitent, en bandes nombreuses, les forêts des régions tropicales des deux hémisphères. Tous sont remarquables par leur bec épais (fig. 234), fortement recourbé; par leurs doigts, séparés par couples, et disposés comme une main pour saisir les aliments et les porter au bec;

Fig. 234. — Tête de Perroquet.

par leur plumage aux brillantes couleurs. Tous ne volent pas avec une égale aisance, mais tous peuvent grimper adroitement de branche en branche, en s'aidant du bec et des pattes ; ces pattes possèdent, comme celles des Grimpeurs (fig. 236), quatre doigts disposés deux en avant, deux en arrière. Ils se nourrissent surtout de graines. Ils sont très redoutés par les cultivateurs pour leurs déprédations. Ils nichent dans les creux des arbres ou les anfractuosités des rochers ; quelques espèces nichent dans des trous creusés dans le sol.

On rencontre à la Nouvelle-Zélande des Perroquets nocturnes, analogues aux Hiboux par leurs habitudes et aussi à cause de leur disque facial : ce sont les **Strigops**.

Les **Perroquets proprement dits** sont reconnaissables à leur queue courte et carrée et à leurs joues emplumées. Le vulgaire *Jacquot*, si intelligent et si babillard, est un Perroquet de la côte occidentale d'Afrique.

Fig. 235. — Ara.

Les **Perruches** ont, comme les Perroquets vrais, les joues emplumées, mais en diffèrent par leur queue longue et étagée.

Ces gentils Oiseaux se rencontrent surtout dans l'Amérique du Sud, mais on en trouve aussi quelques espèces en Australie et à Ceylan. Le *Pézopore ingambe,* de l'Australie, est remarquable par ses habitudes toutes terrestres : ses doigts raccourcis et ses tarses allongés en font un Oiseau coureur.

Les **Aras** (fig. 235) sont les plus gros des Perroquets. Leurs joues sont nues, leur queue est longue et étagée. Ils vivent surtout au Brésil et au Mexique. Ils s'apprivoisent avec une extrême facilité, mais sont bien inférieurs aux autres Perroquets, au point de vue du langage : c'est à peine s'ils parviennent à retenir quelques mots, qu'ils articulent mal. Leurs brillantes couleurs, où, suivant les espèces, le vert, le rouge ou le bleu domine, les font néanmoins rechercher.

Les **Cacatoès** ont la queue assez courte et se distinguent au premier abord par la huppe blanche, jaune ou rouge qui orne leur tête et qu'ils peuvent hérisser à volonté; leurs joues sont emplumées. Ce sont, avec les Perruches, les Oiseaux les plus élégants de ce groupe, mais ils n'apprennent point à parler. Ils habitent l'Australie, la Nouvelle-Guinée et la terre de Van-Diemen.

### ORDRE DES GRIMPEURS

Les Oiseaux de l'ordre des Grimpeurs sont fort dissemblables entre eux : tous présentent néanmoins ce caractère d'avoir le doigt externe dirigé en arrière, à côté du pouce, les deux autres doigts restant en avant (fig. 236). La forme et la puissance du bec sont assez variables : tantôt il est long et droit, organisé pour frapper et percer les arbres, comme chez les Pics; tantôt il est court et de force moyenne, comme chez les Coucous; tantôt enfin, comme chez les Toucans, il atteint des dimensions colossales et ses bords sont dentés. Les

Fig. 236.— Patte de Grimpeur (Pic).

ailes, ordinairement munies de dix pennes primaires, sont courtes, aussi ces Oiseaux sont-ils mauvais voiliers. La queue, en revanche, est longue, et sert quelquefois de point d'appui à l'animal, lorsque celui-ci grimpe le long des arbres. Ils habitent en général les forêts, où ils nichent dans des arbres creux, soit qu'ils creusent eux-mêmes les cavités où ils se cachent, soit qu'ils prennent possession de trous formés naturellement ou creusés par d'autres animaux. La nourriture du plus grand nombre d'entre eux consiste en Insectes, mais il en est qui se nourrissent de graines, de fruits ou même de petits Oiseaux.

Les **pics** grimpent avec adresse le long des arbres, non point en s'aidant du bec, comme le font les Perroquets, mais en s'accrochant avec les fortes griffes qui arment leurs pieds aux aspérités des écorces; leur queue courte et raide leur sert de point d'appui. De leur bec, long, droit et conique, ils frappent à coups redoublés les écorces, pour s'assurer s'il n'existe pas au-dessous d'elles quelque cavité qui puisse servir de refuge aux Insectes. Ont-ils découvert une cachette de ce genre, ils continuent de frapper du bec, espérant effrayer de la sorte les Insectes et les forcer à sortir : ils les happent alors au passage. Les Insectes se tiennent-ils néanmoins blottis au-dessous de l'écorce, ils attaquent résolument celle-ci et l'arrachent petit à petit, jusqu'à ce qu'ils aient mis à nu la proie qu'elle recouvre. S'ils aperçoivent quelque Insecte caché au fond d'une fente de l'arbre, ils vont le chercher du bec ou bien, si la fente est trop profonde, ils projettent leur langue qui, grâce à un mécanisme particulier, peut être tirée sur une longueur de près de 5 centimètres : cette langue est constamment enduite d'une salive visqueuse et porte à son extrémité une série de petits crochets destinés à détacher les Insectes (fig. 190).

Les Pics se rencontrent dans toutes les parties du monde. Ce sont des Oiseaux insociables ; ils se tiennent de préférence dans les forêts et méritent d'être rangés parmi les animaux utiles, à cause du grand nombre d'Insectes qu'ils détruisent. Ils percent des trous dans les arbres pourris, et y construisent leurs nids. Les principales espèces de nos pays sont le *Pic noir*, le *Pic vert*, l'*Épeiche* (fig. 237) ou Pic noir et blanc et l'*Épeichette*, grosse comme un moineau.

Les **coucous** sont répandus sur toute l'étendue de l'ancien continent. L'Europe n'en possède qu'une espèce, le *Coucou gris*, Oiseau voyageur qui passe la belle saison dans nos contrées, mais nous quitte à la fin d'août pour passer en Asie ou en Afrique. Ces Oiseaux ont des mœurs singulières : la femelle pond ses œufs à terre, puis, les prenant dans son bec,

Fig. 237.—Pic (Moyen Épeiche).

les porte dans le nid de quelque Oiseau du voisinage : les espèces auxquelles elle confie le soin de couver et d'élever sa progéniture sont surtout les Fauvettes, le Rouge-Gorge, le Rossignol, le Merle, la Grive, etc.

On a dit que la femelle du Coucou était une véritable marâtre, une mère dénaturée qui n'avait nul souci d'assurer le développement de ses petits. Ce jugement est assurément trop sévère ; et si elle agit de la façon que nous venons d'indiquer, cela tient uniquement à ce que sa ponte est fort lente et que, si elle devait couver elle-même ses œufs, il arriverait un moment où elle devrait tout à la fois couver des œufs récemment pondus et pourvoir à l'alimentation de petits nouveau-nés, deux occupations parfaitement incompatibles. La mère, du reste, ne se désintéresse point de ses œufs et va les visiter souvent, pour voir si le propriétaire du nid où elle les a disposés en a tout le soin voulu.

On rencontre dans l'intérieur de l'Afrique le *Coucou indicateur*, qui, très friand de larves d'Abeilles, a recours à un bien curieux manège pour se les procurer. Dès qu'il a découvert une ruche, il vole vers les cases des Hottentots et cherche par ses cris à attirer l'attention de la première personne qu'il rencontre : est-il parvenu à ses fins, il prend en voletant la direction de la ruche, suivi de l'indigène, qui sait ce que signifie ce manège. Celui-ci s'empare du miel, le Coucou assiste en spectateur à cette opération ; quand elle est terminée, son tour est venu de recueillir le fruit de ses peines : il se jette alors sur les nymphes d'Abeilles et s'en repaît à loisir.

Au Paraguay, au Brésil et à la Guyane, vivent les **TOUCANS**, Oiseaux munis d'un bec dentelé et d'une taille démesurée. Ce bec, malgré sa longueur et sa grosseur colossales, n'est guère utile, car il est faible est mou. Les Toucans se nourrissent des fruits du Goyavier et du Bananier ; ils saisissent le fruit avec l'extrémité du bec, le font sauter en l'air, puis le reçoivent dans leur bec largement ouvert et l'avalent tout entier. Ils nichent dans des trous creusés dans les arbres par d'autres Oiseaux, notamment par les Pics. Leur plumage, des plus brillants, était autrefois fort recherché en Europe pour la fabrication des manchons.

### ORDRE DES PIGEONS

Les Pigeons étaient réunis par Cuvier aux Gallinacés, qui constituent l'ordre suivant, mais ils en diffèrent par un certain nombre de caractères importants. Ce sont des Oiseaux de taille moyenne : la tête est petite (fig. 238) ; le cou et les pattes, formées chacune de quatre doigts, dont trois antérieurs et un postérieur, sont courts. Les ailes sont de longueur moyenne : elles portent 10 rémiges primaires et fournissent un vol rapide et puissant. La queue, arrondie, présente ordinairement 12 rectrices, mais ce chiffre peut, s'élever jusqu'à 14 et 16. Enfin le caractère principal

Fig. 238. — Tête de Pigeon.

des Oiseaux de cet ordre tient à la constitution du bec, qui est très faible, plus haut que large et renflé fortement autour des narines; à sa pointe, il est corné et légèrement bombé.

Ces gracieux Oiseaux sont répandus dans toutes les parties du monde et principalement entre les tropiques, dans les îles. Ils vivent par couples ou réunis en bandes, dans l'épaisseur des forêts, et se nourrissent de graines. Leur nid fort grossier, est construit sur les arbres. Les petits naissent ordinairement au nombre de deux : au moment de leur naissance, ils ont encore les yeux fermés et sont à peine recouverts d'un léger duvet; il leur faudra plusieurs jours pour qu'ils puissent esquisser leur premier vol. Ils sont nourris pendant les premiers jours par une sorte de bouillie, véritable lait, que produit, au moment de la ponte, le jabot de leurs parents et que ceux-ci dégorgent pour la leur introduire dans le bec.

La *Tourterelle à collier*, que l'on élève dans les volières, est originaire d'Afrique, où elle vit en liberté. Une espèce voisine vit également dans les bois de nos pays : elle nous arrive au printemps et repart vers la fin de l'été.

Le *Pigeon ramier* est la plus grande espèce de nos contrées. Il est très commun en France, où il arrive au commencement de mars; en octobre ou novembre, il nous quitte pour aller passer l'hiver en Italie et en Espagne. Il voyage par bandes nombreuses et, aux époques de passage, les chasseurs des Alpes et des Pyrénées en détruisent de grandes quantités.

Le Ramier habite les bois. Il se nourrit de faînes, de glands; ses aliments habituels viennent-ils à lui manquer, il se jette sur les champs ensemencés et cherche à déterrer les grains de blé. Son nid, lacis grossier de bois mort, est placé à l'intersection de deux grosses branches. Cet Oiseau est d'un naturel farouche, mais en captivité il ne tarde pas à s'apprivoiser complètement et à devenir très familier. Ce sont des Ramiers que l'on voit en si grand nombre à Paris dans les jardins publics.

Le *Pigeon biset* (fig. 239) ne se rencontre guère en Europe à l'état de liberté complète que sur les côtes de Norvège et

d'Angleterre, et dans certaines îles de la Méditerranée. Partout ailleurs, il est devenu un animal domestique et c'est lui qui s'accommode le mieux de cette demi-captivité, qui consiste à venir prendre sa nourriture et à passer la nuit dans un colombier. Le Biset est domestiqué depuis un temps immémorial; on le considère comme la souche des races nombreuses de nos Pigeons domestiques.

La domestication du Pigeon se perd dans la nuit des temps.

Fig. 239. — Fuyard ou biset.

En dehors du récit de la Genèse, qui semble indiquer qu'au temps de Moïse le Pigeon était déjà domestiqué, la première indication précise que nous ayons à cet égard fait remonter la domestication de cet Oiseau à la quatrième dynastie égyptienne, c'est-à-dire à plus de 4000 ans avant notre ère. Les Romains cultivaient le Pigeon avec passion : les colombiers de 5000 Pigeons n'étaient pas rares chez eux et ils tenaient compte de leur race et de leur généalogie. A l'époque de Varron (116 ans avant Jésus-Christ), un couple de Pigeons de belle race se vendait jusqu'à 1000 nummi (200 fr.).

L'usage du Pigeon comme messager remonte aussi à une date fort reculée, mais il est fort difficile de déterminer exactement cette date. Toutefois, les monuments de l'ancienne Égypte attestent que les mariniers de l'Égypte et de Chypre lâchaient des Pigeons, quand ils approchaient de terre, pour annoncer à leurs familles leur prochaine arrivée. En Grèce, on annonçait par Pigeons les noms des vainqueurs aux jeux olympiques. Les Romains ne commencèrent à utiliser le Pigeon comme messager que du temps de Varron, c'est-à-dire un demi-

Fig. 240. — Pigeon migrateur.

siècle après la conquête de la Grèce : pendant le siège de Modène, au dire de Pline, Decimus Brutus envoyait aux consuls des lettres qu'il attachait aux pieds des Pigeons.

C'est à l'époque de la civilisation arabe et en Orient, que le Pigeon messager (fig. 240) fut employé avec le plus de méthode et le plus de profit. Dès la fin du septième siècle, on installa une poste aérienne par Pigeons à Mossoul, et, dès les premières. années du huitième siècle, les principales villes de l'empire arabe d'Asie communiquaient régulièrement entre elles au moyen de Pigeons messagers, qui se relayaient de distance en distance, dans des trous construits dans ce but. En 1167, Nour-Eddin créa un service reliant Bagdad à toutes les principales villes de l'empire de Syrie et, sous son règne, le calife Achmet étendit cette organisation jusqu'à l'Égypte. Après la mort de Nour-Eddin, la poste par Pigeons fut abandonnée ; mais, en 1179, le calife Abbasi-Ahmed-Nasar-Liden-Allah la réorganisa et la mode en devint si commune que le prix de ces Oiseaux atteignit un chiffre fabuleux : on en vendait une paire bien dressée jusqu'à 100 pièces d'or. En 1258, l'invasion mongole la fit totalement abandonner ; elle subsista toutefois en Égypte et en Perse, où elle est encore fort développée de nos jours.

Dans les temps modernes, le Pigeon messager ne fut importé en Europe qu'en 1765, par des marins hollandais qui le ramenaient de Bagdad. A peine importé en Europe, il fut utilisé avec succès dans des circonstances mémorables : en 1574, la ville de Leyde assiégée par Francisco de Valdès, allait se rendre aux Espagnols, quand arriva par Pigeon une dépêche du prince d'Orange, annonçant que les digues de la Meuse et de l'Yssel venaient d'être rompues et que l'amiral Boisot s'avançait avec une flottille au secours des assiégés : les Espagnols furent forcés de lever le siège.

Ce n'est qu'au commencement de ce siècle que les Pigeons messagers furent introduits en Belgique et dans le nord de la France : on s'en servit pour porter les ordres de Bourse, les dépêches des journaux et des particuliers. L'installation du télégraphe, en 1844, leur fit perdre toute leur importance, mais pendant la terrible année 1870-1871, ils ont joué en France un rôle considérable et ont rendu d'éminents services dont le souvenir ne s'éteindra pas de sitôt.

C'est, en effet, grâce aux Pigeons messagers que Paris assiégé put recevoir des nouvelles de la province : de vaillants patriotes, partis de Paris en ballon, emportaient avec eux des Pigeons qui, remis ensuite en liberté, rapportaient à Paris les dépêches que l'on avait attachées à leurs ailes ou à leur queue. 115 000 dépêches officielles et 1 000 000 de dépêches privées furent introduites par ce moyen dans la ville assiégée. Le merveilleux succès de cette grande entreprise décida le gouvernement français et les gouvernements étrangers à organiser des services militaires de poste par Pigeons.

Le *Pigeon voyageur*, qu'il ne faut pas confondre avec le Pigeon messager dont il vient d'être question, est une espèce sauvage de l'Amérique du Nord. Cet Oiseau est remarquable par la vitesse inimaginable de son vol et par les migrations qu'il entreprend à certaines époques. Le moment du départ arrivé, les Pigeons voyageurs se réunissent en troupes confuses. « Mais en quel nombre? Cela est à peine croyable. Un naturaliste célèbre, Audubon, dont les assertions n'ont jamais été contestées, a assisté un jour sur les bords de l'Ohio à un passage de ces Pigeons. Il en a compté en vingt et une minutes 163 colonnes, composées, d'après ses évaluations, de un milliard cent quinze millions cent cinquante mille individus (1 115 150 000). Un voyageur rapporte qu'au-dessous de ces colonnes la fiente tombe comme de la pluie. Lorsqu'ils s'arrêtent dans quelque bois, le sol en est couvert aussitôt d'une couche épaisse. Mais en même temps tout est immédiatement dévoré. Des récoltes entières de grains disparaissent en un clin d'œil. Aussi les Américains les regardent-ils comme un fléau. On les tue pour les tuer. Et tout est bon contre eux. Chaque coup de fusil tiré au milieu d'une telle masse en abat d'ailleurs des dizaines. Mais ces moyens ordinaires ne suffisent pas. Il faut lire le récit d'une de ces chasses prodigieuses. On y a employé des obusiers à mitraille. »

On peut rattacher à l'ordre des Pigeons le *Dodo* ou *Dronte* (fig. 241), aujourd'hui disparu, mais qui vivait encore au dix-septième siècle à l'île Maurice, et dont, en 1497, Vasco de Gama vit de nombreux individus. Cet Oiseau était voué à une destruction rapide : ses ailes à peine développées le rendaient inapte au vol, ses pattes courtes et son corps extrêmement pesant le mettaient dans l'impossibilité de courir. Sa queue

Fig. 241. — Dronte (d'après une peinture du British Museum).

était atrophiée et son bec énorme occupait la presque totalité de la tête. Ses pieds étaient forts et organisés pour fouir le sol. Le Dronté était plus gros que le Cygne : il nous est suffisamment connu par les anciennes descriptions des voyageurs, par ses débris et même par une peinture à l'huile que possède le *British Museum* et dont nous donnons une reproduction.

## ORDRE DES GALLINACÉS

Les Gallinacés sont des Oiseaux terrestres qui se rapprochent plus ou moins de la Poule (*gallina*, poule) : ils se plaisent sur

la terre, y cherchent leur nourriture, y nichent même le plus
souvent. Leurs ailes courtes et arrondies ne leur permettent
qu'un vol lourd et bruyant, et le nombre des espèces qui peuvent
s'élever assez haut dans les airs est fort restreint. Leurs pattes
sont en revanche très fortes, malgré leur faible longueur, et
constituent le principal organe de la
locomotion. Les doigts, au nombre de 4
et dirigés 3 en avant et un en arrière,
se terminent par des ongles courts, peu
recourbés, obtus et surtout propres à
gratter. Exceptionnellement, comme
chez la Perdrix (fig. 242), le pouce peut
disparaître. Comme la marche est le mode
habituel de progression de ces Oiseaux,
il en résulte qu'ils ne peuvent pas, en

Fig. 242. — Patte de Gallinacé
(Perdrix).

général, entreprendre de longues migrations : ce sont donc,
pour la plupart, des Oiseaux sédentaires.

Les Gallinacés sont répandus sur presque toute la surface du
globe. Leur tête, petite et armée d'un bec fort et très légèrement infléchi à sa pointe, est souvent ornée de crêtes érectiles
ou de lobes aux couleurs éclatantes : ces appendices sont surtout
l'apanage des mâles, mais ils se retrouvent aussi, fort réduits,
chez les femelles. Le mâle est d'ailleurs reconnaissable à l'ergot
puissant qu'il présente au-dessus du doigt postérieur et qui
constitue parfois une arme redoutable. Le mâle est enfin souvent paré du plumage le plus brillant, des couleurs les plus
riches ; la femelle a toujours les tons les plus sombres, des
teintes grises et ternes. Nous avons rencontré parmi les Passereaux des espèces aux couleurs les plus vives, mais il n'en
est aucune qui surpasse le Paon, l'Argus, le Faisan, le Lo-
phosphore et d'autres Gallinacés. Ces Oiseaux, si favorisés de la
nature qui leur a prodigué les parures les plus merveilleuses,
ont pour la plupart le cri le plus désagréable qui se puisse
imaginer.

Ils se nourrissent de graines, de baies, de bourgeons, quelques-uns ne dédaignent point les Insectes. Leurs petits, en venant au monde, sont entièrement couverts de plumes, et leur développement est, tel qu'ils se mettent aussitôt à courir en piaulant, à la recherche de leur nourriture, guidés par la mère qui, au moindre indice de danger, les rappelle à elle et les couvre de ses ailes protectrices. C'est principalement à l'ordre des Gallinacés qu'appartiennent les Oiseaux domestiques : leur domestication remonte aux temps les plus reculés ; on les élève à cause de leurs œufs, qu'ils pondent en grande abondance, et pour leur chair délicate.

Les **Cailles**, ce gibier si exquis, ont des migrations bien curieuses. Elles passent la mauvaise saison en Afrique et reviennent en Europe au printemps. Leur vol est pénible et court, aussi ne peuvent-elles voler contre le vent : elles attendent que la bise souffle dans la direction qu'elles doivent suivre et se laissent pousser par elle. Le vent tourne-t-il alors qu'elles traversent la mer, il leur est impossible, réduites à leurs propres forces, de passer sans encombre, d'une rive à l'autre : elles tombent par milliers dans les flots et se noient. Celles qui ont eu la chance de ne point faire naufrage ne sont guère plus heureuses : harassées de fatigue, elles viennent s'abattre lourdement sur le rivage, et leur épuisement est si complet qu'elles se laissent massacrer sur place. Sur les rives du Bosphore et dans certaines îles de l'Archipel, les Cailles arrivent en nombre prodigieux : les habitants les attendent au passage et profitant de leur fatigue extrême, les tuent à loisir; les Cailles ainsi massacrées sont salées, entassées dans des barils et expédiées dans diverses directions.

Il n'est pas douteux que les migrations des Oiseaux ne soient déterminées par le besoin de se procurer une nourriture abondante, mais l'instinct de la migration se manifeste même quand la nourriture ne fait pas défaut. Des Cailles élevées en captivité, sans jamais avoir eu le moindre commerce avec d'autres individus de leur espèce, montrent une agitation extrême quand arrive l'époque de la migration. Elles interrogent sans cesse la solidité du grillage de la volière et se jettent contre celui-ci avec une telle violence que souvent elles retombent étourdies et inanimées sur le sol.

Les Cailles se tiennent dans les champs couverts de moissons : cachés dans les blés, elles échappent au chasseur et à ses Chiens, en courant le long des sillons. Elles ne s'envolent qu'à la dernière extrémité, quand les Chiens les serrent de trop près.

Les mœurs des **Perdrix** sont bien différentes de celles des Cailles. Éminemment sociables, elles vivent par troupes ou *compagnies* composées des parents et des petits de l'année. Chaque compagnie se cantonne dans une certaine étendue de pays. Le nid est un simple trou creusé en terre, le long d'un sillon, et garni de quelques brins d'herbe : la femelle y pond de 15 à 20 œufs. Quand les petits sont éclos, le mâle montre pour eux la tendresse la plus touchante. Un chasseur s'approche-t-il, le mâle avertit du danger les Perdreaux qui se rassemblent autour de leur mère, puis il s'envole avec ostentation, et en tirant de l'aile, pour attirer l'attention du chasseur et faire croire qu'il est déjà blessé ; pendant qu'il accomplit ce manège, au péril de sa vie, la femelle s'enfuit avec les petits dans une autre direction.

Les Perdrix, malgré leur naturel farouche, s'apprivoisent assez facilement. Il est même vraisemblable qu'avec des soins et de la patience on parviendrait à les domestiquer complètement et à en faire des Oiseaux de basse-cour. Les espèces françaises sont la *Perdrix grise* (fig. 243), fort abondante dans le nord de la France, la *Perdrix rouge* (fig. 244), plus répandue dans les régions du sud, et la *Bartavelle*, qui ne se rencontre que dans les pays montagneux, en Auvergne, dans les Alpes, le Jura, les Pyrénées.

Les **Coqs de Bruyère** sont assez rares en France ; ils sont reconnaissables à leurs tarses emplumés. Le grand, ou *Tétras* *de plaine*, est de la taille du Dindon ; le petit, ou *Tétras à queue fourchue*, est de la grosseur du Faisan. Ces fiers animaux vivent

Fig. 243. — Perdrix grise.

par familles dans l'épaisseur des forêts de Pins ou de Bouleaux qui recouvrent les flancs des montagnes. Leur chair est fort

Fig. 244. — Perdrix rouge.

estimée. Le *Lagopède* (fig. 245) a des plumes même sur les doigts ; on le rencontre dans les Alpes et les Pyrénées.

Les **Gelinottes**, de la taille des Perdrix, se rencontrent surtout dans les Ardennes et les Vosges.

Les Oiseaux qui constituent la famille des **faisans** sont tous propres à l'ancien monde. Les mâles sont plus gros que les femelles et présentent parfois les couleurs les plus brillantes, alors que les femelles sont parées d'un plumage sombre et terne. Les trois doigts antérieurs sont réunis à la base par une courte membrane, le postérieur est court et ne repose que rarement sur le sol.

Fig. 245. — Lagopède.

Les **Pintades** (fig. 246) vivent à l'état sauvage en divers points du continent africain. L'espèce qui a été introduite et domestiquée chez nous est originaire de l'Arabie. Les Romains

Fig. 246. — l'intade.

connaissaient cet Oiseau et en faisaient grand cas, mais, à la suite de l'invasion des Barbares, il disparut d'Europe et ce sont les Portugais qui l'y rapportèrent, en revenant des Indes. La

Pintade porte sous le bec des caroncules charnues; le sommet de sa tète est orné d'une huppe.

On rencontre dans les forêts de Java et de Sumatra un magnifique Oiseau, chez lequel les rémiges secondaires et les deux rectrices médianes atteignent un développement considérable. Repliées le long du corps, les ailes n'ont rien qui attire le regard, mais lorsque l'Oiseau vient à les étaler, l'œil ébloui s'arrête avec stupéfaction sur les merveilleuses colorations du plumage : les grandes pennes des ailes se montrent couvertes de grandes taches bleues, semblables à autant d'yeux : de là le nom d'**Argus** donné à cet élégant Oiseau.

Le **Paon** (fig. 247), importé en Europe par les armées d'Alexandre à leur retour de l'Inde, vit en troupes nombreuses au plus profond des bois, dans l'Inde et dans les îles de l'archipel Indien. Cet Oiseau vous est assez connu pour qu'il n'y ait pas lieu d'insister davantage sur son compte : il importe de rappeler toutefois que ses brillantes couleurs, qui l'ont rendu fameux, sont l'apanage exclusif du mâle. Vous savez aussi que les longues plumes de sa queue ne sont pas les *rectrices*, mais les *couvertures* de la queue. Quand l'Oiseau *fait la roue*, on voit en arrière les fortes rectrices, de couleur jaune, qui soutiennent en se redressant les longues et flexibles couvertures.

Les **Faisans** qui vivent actuellement en liberté dans les forêts de nos pays sont originaires de l'Asie centrale. Leur introduction en Europe, remonte, dit-on, à 1300 ans avant J.-C. : les Argonautes, revenant de leur expédition, avaient rencontré ces Oiseaux sur les bords du Phase (de là le nom de *Phasianus*, faisan), en Colchide, et les auraient rapportés en Grèce, d'où ils se sont propagés dans le reste de l'Europe. En outre du *Faisan commun* (fig. 248), acclimaté depuis longtemps dans nos contrées, il faut citer encore le *Faisan doré* et le *Faisan argenté*, originaires tous deux de la Chine et du Japon, et que l'on rencontre maintenant dans toutes les volières; ils produisent entre eux de fort jolis hybrides.

Dans la profondeur des forêts de l'Inde et des îles de l'archi-

Fig. 247. — Paon

pel Indien se trouvent plusieurs espèce de **Coqs**, dont nos races

domestiques descendent certainement; mais il est bien difficile
de dire si nos diverses races proviennent d'une seule espèce ou

Fig. 248. — Faisan.

dérivent de plusieurs : cette dernière opinion est la plus probable.

La date de la domestication du Coq (fig. 249) se perd dans
la nuit des temps. Le caractère orgueilleux et altier de cet
Oiseau est tel qu'il ne saurait souffrir, dans la basse-cour qu'il
habite, la présence d'un autre individu de son espèce : vous
le savez, deux Coqs réunis dans la même basse-cour se livrent
sans cesse des combats acharnés. Cet instinct belliqueux a été
exploité par l'Homme, et les combats de Coqs sont devenus dans
certains pays un divertissement fort apprécié. Les Grecs et les
Romains se délectaient à ce spectacle, qui s'est peu à peu ré-

pandu partout où on élève les Coqs. En France, il n'a, pour
ainsi dire, jamais été en grande faveur, et nos lois l'interdisent
formellement; mais il n'en est pas de même en Belgique et en
Angleterre, où il est encore très florissant. Dans ce dernier
pays, Henri VIII avait institué des règles spéciales pour les
combats de Coqs, et, après lui, Charles II et Jacques II les favo-
risèrent tout particulièrement. Aujourd'hui, ce spectacle est devenu l'amusement du peuple : on l'annonce à son de trompe.

Fig. 249. — Coq de La Flèche.     Fig. 250. — Poule de La Flèche.

la foule se rue en masse vers le lieu du combat, des paris considérables s'engagent, qui se terminent souvent par des rixés
sanglantes.

La Poule (fig. 250), d'allures plus modestes et d'une teinte
plus sombre que le Coq, nous rend les plus grands services :
sa chair délicate et ses œufs entrent pour une large part dans
notre alimentation; l'extrême facilité avec laquelle on la nourrit
la rend plus précieuse encore. Sa ponte commence au mois de
février et cesse au début de l'automne : pendant tout cet in-

tervalle une bonne Poule pond un œuf chaque jour. On obtient des pontes d'hiver en nourrissant la Poule d'une manière
particulière et en la tenant dans un lieu chaud.

Les **Talégalles** vivent en Australie et à la Nouvelle-Guinée.
Nous ne vous parlerions point de ces Oiseaux, si la manière
curieuse dont ils nichent n'était point faite pour fixer l'attention : la femelle rassemble un tas de feuilles vertes haut de près

Fig. 251. — 1 Dindon.

de deux mètres ; pratiquant alors un trou au sommet de cet édifice,
elle y dépose ses œufs, puis les abandonne à eux-mêmes. La
chaleur du soleil, jointe à celle que produit la fermentation
des feuilles, est suffisante pour faire éclore les petits.

Le **Dindon** (fig. 251), originaire de l'Amérique, ne fut importé en Europe qu'au commencement du xvi⁰ siècle. Cet Oiseau,
dont l'aspect et le genre de vie vous sont bien connus, a une

chair délicate ; le mâle a, comme le Paon, la faculté de *faire la roue.*

. . Le Dindon se retrouve encore à l'état sauvage dans les forêts immenses qui bordent l'Ohio, le Missouri et le Mississipi. Nos Dindons domestiques ne peuvent donner qu'une bien faible idée de l'allure et de la taille de l'animal sauvage : celui-ci ne mesure pas moins de 1 mètre 30 de hauteur. Il vole avec peine, mais la vitesse de sa course est telle qu'il distance le Chien le plus agile. Le mâle a la singulière manie de briser tous les œufs pondus par la femelle : aussi celle-ci doit-elle faire sa ponte en un endroit se-cret, ignoré du mâle. Elle creuse en terre un trou un peu profond, le garnit de feuilles sèches, puis y dé-pose ses œufs. Lorsqu'elle doit les quitter pour aller à la recherche de sa nour-riture, elle a soin de les recouvrir de feuilles pour les dérober aux regards des

Fig. 252. — Hocco.

Carnassiers qui s'en montrent très friands.

Les **Hoccos** (fig. 252), originaires également d'Amérique, sont domestiqués, mais n'ont pas jusqu'à présent donné de bien bons résultats.

## ORDRE DES ÉCHASSIERS

Ainsi que nous l'avons déjà dit, les ÉCHASSIERS sont des Oiseaux chez lesquels le tarse reste nu et s'allonge démesuré-ment, en sorte que ces animaux semblent montés sur des échasses ; il est très fréquent, sur ces longues pattes dénudées, de voir la peau se couvrir d'écailles et de scutelles (fig. 253) et prendre plus ou moins complètement l'aspect de la peau des

Reptiles. Cette conformation des pattes est en rapport avec le
genre de vie des Échassiers : ces Oiseaux se tiennent en effet
de préférence dans les endroits marécageux ou sur les rivages,
et il leur faut entrer dans l'eau pour chercher leur nourriture.
La longeur du cou, ordinairement fort grande, est proportion-
nelle à celle des pattes. Le bec est lui-même habituellement
fort long, mais sa forme et ses dimensions sont assez variables : long et mince chez ceux de ces Oiseaux qui doivent chercher dans la vase les petits Vers, les larves d'Insectes, les Mollusques dont ils se nourrissent, il devient fort et robuste

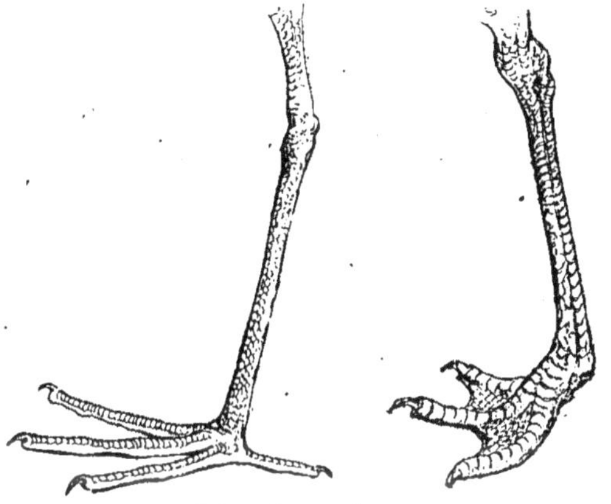

Fig. 253. — Pattes d'Échassiers.

chez ceux qui vivent de Poissons, de Batraciens ou de petits
Mammifères. Les pieds ne sont pas moins variables : le quatrième doigt peut manquer, comme chez l'Outarde et l'Œdic-
nème (fig. 253), et les pieds sont alors comparables à ceux des
Oiseaux coureurs ; le quatrième doigt est au contraire, dans
certains cas, long et armé. Les doigts sont libres, comme chez
la Bécasse, ou réunis par une membrane plus ou moins développée : dans ce dernier cas, ils se rapprochent donc de ceux
des Palmipèdes. La queue est toujours courte, mais les ailes
sont assez développées et le vol de la plupart des Échassiers est

rapide et durable. Ces Oiseaux habitent les pays tempérés, vivent par couples et construisent des nids grossiers, soit sur le bord de l'eau, soit sur les arbres.

Les *Pressirostres* établissent nettement la transition entre les Gallinacés et les Échassiers. Le genre le plus important est celui des **Outardes**. Celles-ci se rapprochent des premiers par la conformation de leur bec et ressemblent aux seconds par celle de leurs pattes; on pourrait encore les rapprocher des Oiseaux coureurs, à cause de la structure de leurs pattes, qui manquent de doigts postérieurs. Ces Oiseaux, fort répandus en Afrique et dans l'Inde, sont représentés dans nos pays par deux espèces : l'Outarde barbue et l'Outarde canepetière. L'*Outarde barbue* ou *Grande Outarde* est le plus gros des Oiseaux d'Europe : son poids peut atteindre jusqu'à 16 kilogrammes ; elle ne vole que difficilement. Elle est devenue extrêmement rare en France, où on ne la rencontre guère

Fig. 254. — Outarde canepetière.

qu'en Champagne; en revanche, elle vit en troupes nombreuses dans les steppes de la Russie et de la Tartarie.

La *Canepetière* (fig. 254) est beaucoup plus petite que l'espèce précédente, puisqu'elle n'a que la taille d'une Poule. Elle n'est point très rare en France, où on la recherche à cause de l'excellence de sa chair.

Les **Kamichis** habitent l'Amérique du Sud. Ils ressemblent assez aux Outardes, mais ont quatre doigts à chaque patte et l'un d'eux est dirigé en arrière. Ce sont des Oiseaux batailleurs, qui se frappent réciproquement des ergots redoutables dont sont armées leurs ailes. Le *Kamichi fidèle* a été domestiqué et c'est à lui que l'on confie la garde de la basse-cour : il est à la fois le protecteur et le guide des autres Oiseaux. Le matin venu, il les mène picorer aux champs et les ramène fidèlement au logis, à la tombée de la nuit.

Les **Pluviers** sont tous caractérisés par des tarses de longueur moyenne et par un cou très court ; le pouce est rudimentaire ou fait même totalement défaut chez certaines espèces ; le bec, de longueur moyenne, a des bords très durs. Ces Oiseaux nichent simplement dans des dépressions du sol et se tiennent sur les rivages de la mer, sur le bord des fleuves ou des lacs, ou simplement dans des endroits humides. La plupart vivent d'Insectes et de Vers. L'*Huîtrier*, commun sur nos côtes, le *Tourne-pierre*, abondant aussi sur nos plages mais répandu sur les rivages de toutes les mers, appartiennent à cette famille, ainsi que les **Vanneaux** et les **Pluviers proprement dits**, qui méritent de nous arrêter un instant.

Le **Vanneau huppé**, assez répandu en France, mais surtout abondant en Hollande, vient passer l'hiver dans notre pays et remonte vers le Nord au printemps. Cet Oiseau est de la taille du Pigeon : on le chasse activement et sa chair ainsi que ses œufs jouissent d'une grande réputation. Au lieu de le vouer à la mort, on devrait au contraire le protéger et l'épargner, car il se montre un auxiliaire précieux de l'agriculture en détruisant une grande quantité de Vers et d'Insectes nuisibles.

Les **Pluviers** ont le bec court et droit comme les Vanneaux, dont ils ne diffèrent guère que par l'absence du pouce. Ils vivent par troupes nombreuses dans les endroits humides. Lorsque le temps est lourd et annonce l'orage, ils font entendre une sorte de sifflement qui leur a valu leur nom. Le *Pluvier doré*, le *Pluvier à collier* et le *Pluvier guignard* sont les principales espèces.

Sur les bords du Nil vit un petit Oiseau voisin des Pluviers et que l'on connaît sur le nom de *Pluvian*. Hérodote et Pline l'ont décrit sous le nom de *Trochilus* et ont raconté ses mœur

singulières : cet Oiseau a en effet la curieuse habitude de courir sur le dos du Crocodile pour manger les Sangsues qui s'y
sont fixées et de pénétrer même dans la gueule du monstre.

Les **Foulques** et les **Poules d'eau** ou *Gallinules* sont également voisins des Gallinacés. Ces Oiseaux se rencontrent par
troupes sur les bords des lacs et des étangs recouverts de
roseaux; ils nagent et plongent fort bien, et restent cachés tout
le jour: la nuit venue, ils se hasardent à sortir, pour rechercher les Insectes, les Vers, les Poissons dont ils se nourrissent.
Les Foulques ont aux doigts une membrane découpée en lobes.
Les **Râles** ont des mœurs à peu près semblables, mais cependant sont moins aquatiques et se tiennent dans les prairies
basses, humides bien plus qu'au milieu même des marais. Ces
divers Oiseaux sont nettement caractérisés par leur bec court et
fort, et par leurs tarses plus courts que chez les autres Échassiers. Ils ont de plus les doigts fort longs, les zoologistes en ont
fait, pour cette raison, la Famille des **MACRODACTYLES** (μακρός,
long; δάκτυλος, doigt). Leurs ailes sont courtes: aussi volent-ils
lourdement; néanmoins, ils sont tous des Oiseaux de passage et
entreprennent des migrations lorsqu'arrive la mauvaise saison.

La Famille des **CULTIROSTRES** comprend de grands Échassiers
aux pattes longues et nues; les trois doigts antérieurs sont
réunis par une étroite membrane; le postérieur, sauf de rares
exceptions, est court et touche le sol. Le bec est fort, les bords
sont durs, tranchants comme des ciseaux, d'où leur nom. Le
cou est long et la tête petite. Ces animaux vivent dans les terrains marécageux et se nourrissent d'Insectes, de Mollusques,
de petits Vertébrés. Cette famille, dont les différentes espèces
sont réparties sur toute la surface du globe, est représentés
chez nous par les Grues, les Cigognes, les Hérons.

Les **Grues** (fig. 255) sont de très grands Oiseaux, dont les
pattes et le cou sont fort allongés, mais chez lesquels le bec
demeure assez court. Le doigt postérieur reste petit et s'insère
trop haut pour reposer sur le sol. Les ailes, fort développées,

donnent à ces Oiseaux un vol extrêmement puissant, grâce auquel ils peuvent entreprendre les migrations les plus lointaines. Les Grues sont en effet essentiellement des Oiseaux de passage. Elles vont passer la belle saison dans les contrées les plus septentrionales, mais vers la mi-octobre, quand le froid commence à se faire sentir, elles se mettent en route pour l'Afrique ou le sud de l'Asie. Elles voyagent la nuit, par bandes plus ou moins nombreuses, pouvant comprendre jusqu'à 300 individus : la bande se dispose en un triangle dont la pointe, tournée contre le vent, est occupée par un individu robuste et expérimenté, qui, lorsqu'il est fatigué, cède sa place à un autre

Fig. 255. — Grue.

et passe à l'arrière.

Les Grues se tiennent dans les plaines marécageuses ; elles sont herbivores et se nourrissent surtout de graines de Céréales, de bourgeons, de feuilles ; à l'occasion, elles ne dédaignent point les Insectes, les Poissons, les Reptiles, mais ce n'est là qu'un régime exceptionnel. Ces Oiseaux nichent dans les marais ; leurs nids, grossièrement construits, sont établis sur de petites éminences qui s'élèvent au-dessus de la surface de l'eau ; ils n'y pondent jamais que deux œufs, que la femelle et le mâle couvent alternativement. La prudence des Grues est devenue proverbiale : lorsqu'elles dorment, la tête cachée sous l'aile et l'une des pattes repliée le long de l'abdomen, l'une d'entre elles veille toujours et s'acquitte de ses fonctions de gardienne avec une vigilance extrême. A la moindre apparence de danger, elle pousse un cri particulier : toutes les dormeuses se réveillent aussitôt et en un clin d'œil la bande s'est déjà enfuie et dispersée au loin.

Les Grues sont cosmopolites; cependant la zone tempérée est leur véritable patrie. On en trouve dans toutes les parties du monde, surtout en Asie. L'espèce unique de nos pays est la *Grue cendrée,* Oiseau de plus de 1ᵐ,20 de hauteur.

. Les **Cigognes** (fig. 256) ont à peu près la taille des Grues, mais elles sont moins élé- gantes : leur corps est lourd, leurs pattes sont grosses, leur bec est long et épais. Elles sont pres- que privées de voix, mais elles émettent fréquem- ment un bruit sonore, en faisant claquer avec force leurs deux mandibules l'une contre l'autre. Elles se tiennent de préférence dans les pays plats, très arrosés, et dans les fo- rêts. Nous en avons en France deux espèces : la *Cigogne noire*, assez ra- re; et la *Cigogne blanche*,

Fig. 256. — Cigogne.

aux pattes et au bec rouges, beaucoup plus connue. Celle-ci ne redoute point le voisinage de l'Homme : il est même fré- quent de la voir nicher dans l'intérieur des villes,. dans les parcs, dans les clochers ou sur les cheminées. Celles qui vi- vent dans les campagnes construisent un nid grossier au sommet des arbres les plus élevés. Malgré leur lourdeur, les Cigognes volent bien. Elles nous arrivent au printemps, nichent dans nos pays, puis s'en vont dès la mi-août jusque dans le sud de l'Afrique, où elles se livrent probablement aussi à une nouvelle reproduction. Comme l'Hirondelle, la Cigogne reprend, à son retour, possession du nid qu'elle occupait l'année précédente : elle montre un grand attachement pour l'endroit de sa naissance, et partout elle est de la part des habitants l'objet d'un culte véritable. La Cigogne est peu répandue en France, hormis en Alsace ; en revanche, elle est fort commune depuis la Hollande et l'Allemagne du Nord jusqu'en Turquie. Cet Oiseau s'apprivoise aisément et montre le plus grand attachement à ses maîtres ; il doit être rangé au nombre des animaux utiles, à cause du grand nombre d'Insectes et de Reptiles dont il se nourrit.

Aux Indes et dans certaines contrées de l'Afrique, notamment le long du Nil, on trouve le **Marabout** (fig. 257), plus lourd encore et plus disgracieux que la Cigogne. Son bec est long et massif, terminé en pointe ; sa tête et sa gorge sont nues ; à son cou est appendu une sorte de sac qui n'est autre chose qu'un diverticulum de l'œsophage et qui, lorsque les aliments s'accumulent dans son intérieur, peut acquérir de grandes dimensions.

Fig. 257. — Marabout.

Les Marabouts sont des animaux voraces : tout ce qu'ils rencontrent leur est bon et ils avalent gloutonnement les objets les plus divers. Dans les grandes villes de l'Inde, ils vivent librement dans les rues, comme le font ici les Chiens, et personne ne songe à leur faire de mal : à Calcutta et à Chandernagor, ils sont même protégés par la loi. On les élève en domesticité pour se procurer les longues plumes blanches et soyeuses qu'ils portent au-dessous des ailes et dont on fait en Europe une si grande consommation pour la parure des dames.

Les **Hérons** comptent dans nos pays plusieurs représentants.

Le *Héron cendré* « au long bec emmanché d'un long cou » se rencontre sur toute la surface du globe, sauf dans l'Amérique du Nord. Le dessus de sa tête est orné de longues plumes qui retombent en panache sur le cou ; les plumes de la base du cou sont également longues et s'étalent en forme d'éventail au-devant de la poitrine. Le Héron cendré quitte nos contrées en septembre ou octobre, hiverne en Afrique et revient dès le mois de mars. Il émigre par bandes qui se composent parfois d'une cinquantaine d'individus ; il ne voyage que de jour, en suivant le cours des fleuves ; il vole lentement, mais à une très grande hauteur, en décrivant une ligne spirale inclinée. Il se tient au voisinage des eaux peu profondes, aussi bien sur les rivages de la mer que sur le bord des rivières ou des lacs ; il entre dans l'eau pour y chasser le Poisson qui constitue la base de son alimentation. Une autre espèce, le *Héron pourpré*, est un peu plus petit et beaucoup plus rare.

Le *Héron argenté* ou *Aigrette* est particulier au sud de la Sibérie et au sud-est de l'Europe ; de là il passe en Asie et en Afrique ; il est fort rare en France. Le *Héron crabier*, gros comme une Tourterelle, y est au contraire assez commun. Le *Butor* (fig. 258) et le *Bihoreau*, qui se rencontrent dans les régions du bas Danube et en Hollande, sont également voisins du Héron cendré et sont assez rares, surtout le dernier, dans nos pays.

Fig. 258. — Butor.

On rencontre en certaines contrées de l'Europe, depuis la Hollande jusqu'à l'Inde centrale et en Afrique, un Oiseau bien remarquable par la forme étrange de son bec. Cet animal, la *Spatule*, porte un bec plat et large, arrondi à l'extrémité : à l'aide de cet organe, il fouille la vase pour y chercher des Vers ou bien happe au passage les Poissons ou les Insectes aquatiques dont il est très friand. La *Spatule blanche*, particulière à l'ancien monde, a le derrière de la tête orné d'une huppe. On trouve dans l'Amérique du Sud la *Spatule rose*, dépourvue de huppe.

Les Oiseaux qui composent la famille des **longirostres** sont caractérisés essentiellement par un bec long et flexible, propre à fouiller la vase. Cette famille comprend, entre autres genres, les Ibis, les Courlis, les Bécasses, les Échasses, les Barges et les Chevaliers. Tous ont la tête de grosseur moyenne et très bombée, le doigt postérieur petit ou même complètement atrophié ;

Fig. 259. — Ibis.

les doigts antérieurs sont parfois réunis à la base par une courte membrane ; les ailes sont longues et pointues. Tous vivent dans les localités humides et marécageuses des pays tempérés : leur nourriture consiste en Insectes aquatiques, en Mollusques, en Vers.

Les **Ibis** ont le bec extrêmement long et recourbé.

L'*Ibis sacré* (fig. 259), que les anciens Égyptiens comptaient au nombre de leurs divinités, à cause des services qu'il rendait en détruisant les Criquets, et aussi parce que sa présence dans certaines terres découvertes par les eaux du Nil annonçait leur fertilité, n'est guère plus gros qu'une Poule. Son plumage blanc n'est marqué de noir que sur les ailes et sur le croupion. Fort de l'affection et de la protection dont il était l'objet au temps des Pharaons, l'Ibis sacré s'était extrêmement propagé en Égypte, mais de nos jours il n'y fait plus que de rares apparitions : il ne se rencontre plus qu'en Abyssinie et il s'étend dans l'Afrique centrale jusque vers le Sénégal et jusque vers le cap de Bonne-Espérance. L'*Ibis rose* habite l'Amérique méridionale et particulièrement la Guyane. Comme son parent d'Afrique, il vit en bandes et se fait remarquable par son bec long et arrondi, graduellement aminci de la base à la pointe et recourbé en faux.

Les **Courlis** ressemblent assez aux Ibis, mais leurs ailes sont plus longues et leur bec plus droit, plus grêle et plus allongé. Ces Oiseaux vivent par troupes nombreuses; pourtant, au moment de la ponte, ils s'isolent pour nicher dans des endroits secs, au milieu des herbes. On les rencontre sur toute la surface du globe; ils sont très communs en France, où ils arrivent en avril et d'où ils repartent à la fin d'août.

Les **Bécasses** ont les pattes courtes, mais leur bec est fort long, grêle et rectiligne. La *Bécasse commune* n'est plus un Oiseau de rivage, mais un habitant des bois. Pendant l'été, elle se tient dans les montagnes boisées du centre et du nord de l'Europe, mais le froid l'en chasse et elle se montre dans nos régions vers le mois de novembre. Très craintive, elle demeure cachée pendant tout le jour et ne sort qu'au crépuscule pour chasser les Insectes. Elle établit son nid à terre; les petits, comme ceux des Gallinacés, se mettent à courir aussitôt après leur éclosion. Ces Oiseaux sont l'objet d'une chasse ardente, que justifie la saveur exquise de leur chair.

La *Bécassine* (fig. 260) est fort voisine de la Bécasse; elle en diffère toutefois par sa taille plus petite, par ses tarses plus élevés et par son bec plus long encore; elle s'en distingue en outre par son genre de vie; elle habite en effet les marais et niche au milieu des joncs.

Le *Combattant*, répandu dans le Nord et dans les régions tempérées de l'Europe et de l'Asie, attire tout particulièrement l'attention à cause de ses mœurs singulières. Au printemps, la livrée des mâles, jusque-là sombre et terne, se transforme en une brillante parure : une collerette resplendissante s'étale sur leur poitrine, d'élégants panaches apparaissent au niveau des oreilles. En même temps, les mâles sentent se réveiller en eux des instincts sanguinaires : ils se livrent entre eux des combats terribles. L'époque passée, cette parure disparaît, ces instincts belliqueux sont étouffés et le Combattant redevient un Oiseau paisible, qui dort le jour et se met en chasse dès que le soleil est couché. A l'approche de la mauvaise saison, le Combattant quitte nos contrées : les sexes se séparent et forment des bandes distinctes qui voyagent en formant dans les airs de grands triangles.

Fig 260. — Bécassine.

L'*Avocette* (fig. 261), fort commune en Europe, est particulièrement répandue sur tout le littoral de la France. Cet Oiseau est reconnaissable

Fig. 261. — Avocette.

à son long bec terminé en pointe fort effilée et recourbé vers
le haut. Ses longues pattes
en font un bon coureur et ses
pieds palmés lui permettent de
nager facilement.

L'*Échasse* (fig. 262), ainsi
nommée à cause de l'extrême
longueur de ses pattes, est
un Oiseau fort rare en France;
elle mérite néanmoins de vous
être signalée à cause de son
port si spécial.

### ORDRE DES COUREURS

Les Oiseaux qui constituent

Fig. 262. — Échasse.

l'ordre des Coureurs ont été longtemps réunis aux Échassiers,
dont ils se rapprochent par l'allongement du tarse, mais une
connaissance plus approfondie de leur structure anatomique
les a fait ranger à part : leur organisation est en effet bien
différente de celle de tous les autres Oiseaux.

Les Coureurs, parmi lesquels on trouve l'Autruche et le Casoar, sont les plus grands des Oiseaux. Ce sont dés animaux
lourds et massifs; nous avons vu déjà que, sauf au crâne,
leurs os ne présentaient point de pneumaticité; le sternum
n'offre aucune trace de bréchet; les clavicules font totalement
défaut; les ailes sont considérablement atrophiées; on ne distingue ni rectrices ni rémiges : tout est en rapport, en un mot,
avec le fait que ces Oiseaux ont perdu leur faculté de voler
(fig. 263). Les pattes acquièrent une grande vigueur; aussi ces
animaux se font-ils remarquer par la vitesse de leur course :
de là le nom du groupe. La course est du reste facilitée par le
mouvement des ailes, qui battent l'air à la façon de rames.

Non seulement les plumes des ailes et de la queue ne se sont
point développées en rémiges et en rectrices, ainsi que nous ve-

nons de le dire, mais même les plumes restent à l'état rudimentaire. Elles n'atteignent jamais le degré de perfection que
nous avons décrit dans le précédent chapitre, et les mieux développées conservent la souplesse et la mollesse du duvet : aussi
sont-elles fort recherchées. Chaque Autruche fournit, en
moyenne, 250 grammes de plumes blanches et 1500 grammes
de plumes noires. Ces plumes, qui se trouvent aux ailes et à la

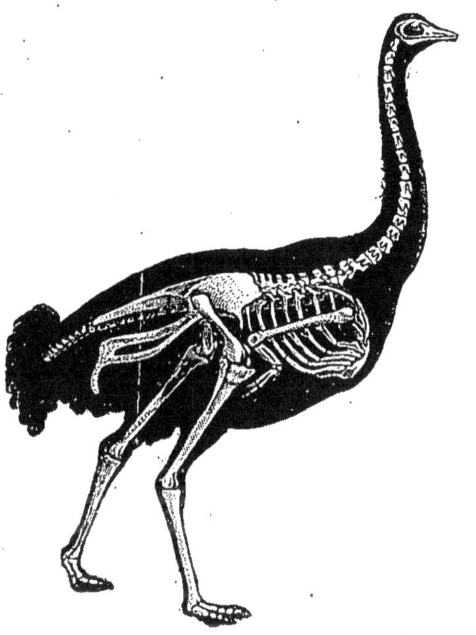

Fig. 263. — Squelette d'Autruche.

queue, ont été dans tous les temps utilisées comme parure :
les soldats romains en ornaient leur casque lorsqu'ils s'étaient
signalés dans les combats par quelque action héroïque. De nos
jours, on en fait une grande consommation pour la toilette des
dames, pour la confection des éventails et pour divers autres
usages; leur prix est devenu fort élevé. Aussi, pour se les procurer dans de meilleures conditions, a-t-on commencé à élever

les Autruches à l'état domestique. Cette industrie est assez florissante au cap de Bonne-Espérance.

Les plumes ne recouvrent point toute la surface du corps : la tête, le cou, le ventre restent à moitié nus; le tarse et les pattes sont totalement dénudés et la peau s'y présente sous forme d'écailles.

La tête est fort petite et portée à l'extrémité d'un cou allongé ; le bec est plat et large, profondément fendu. Enfin, ces Oiseaux sont dépourvus de larynx inférieur.

Les Coureurs ne se rencontrent ni en Europe ni en Asie; on les divise en deux groupes, suivant que les pattes ne présentent que deux doigts, comme chez l'Autruche (fig. 264), ou en présentent au contraire trois, comme chez le Nandou, l'Émou et le Casoar.

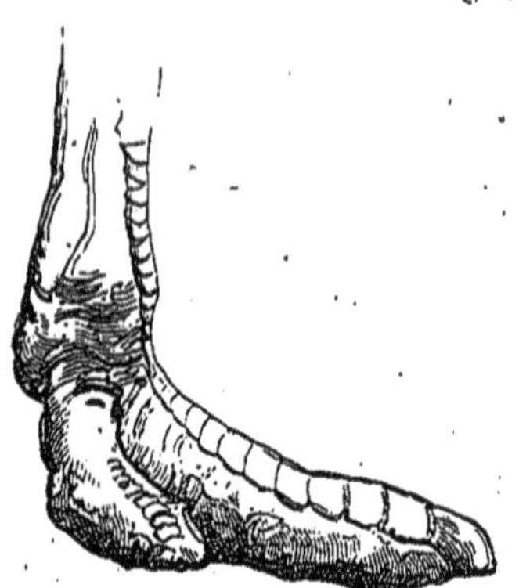

Fig. 264. — Patte d'Autruche.

L'*Autruche*, dont on ne connaît qu'une seule espèce, qui habite dans l'intérieur de l'Afrique et jusqu'au cap de Bonne-Espérance, mesure habituellement de $1^m,80$ à 2 mètres de hauteur; elle peut atteindre même parfois jusqu'à $3^m,25$. Son poids varie entre 40 et 50 kilogrammes. On la rencontre dans les steppes et les endroits arides où elle se nourrit d'herbages.

Moïse défendait de manger la chair de l'Autruche. Les Romains la considéraient au contraire comme un mets fort délicat, et l'histoire nous a transmis le récit d'un festin dans lequel Héliogabale fit servir à ses hôtes un plat de 600 cervelles d'Autruches.

L'Autruche a la vue et l'ouïe très déliées, mais le goût et l'odorat sont à peu près nuls : aussi avale-t-elle sans discernement tout ce qui se présente à elle ; c'est là sans doute ce qui a donné naissance à cette fable absurde, suivant laquelle elle se nourrirait de pierres et de morceaux de fer ! Elle supporte la faim et surtout la soif pendant plusieurs jours. Elle est du reste d'une extrême voracité.

Cet Oiseau est d'une force extraordinaire. Il s'apprivoise avec facilité, et alors on peut le monter et l'atteler comme un Cheval. Pour se défendre, il n'a qu'une arme, son pied, mais les coups qu'il en porte sont si terribles que, bien appliqués dans la poitrine, ils peuvent tuer un Homme. La rapidité de sa course et sa résistance à la fatigue sont extrêmes. Il serait impossible, sans employer la ruse, de l'atteindre et de s'en emparer ; car jamais le Cheval le plus agile ne pourrait arriver à fournir une course de 45 kilomètres à l'heure.

« Les Arabes procèdent à la chasse des Autruches de la manière suivante. Ils les suivent à distance, sans trop les presser, pendant un jour ou deux, tout en les empêchant de prendre leur nourriture. Quand ils les ont ainsi fatiguées et affamées, ils les poursuivent à toute vitesse, en mettant à profit ce fait, que leur a révélé l'observation, à savoir que l'Autruche ne s'enfuit jamais en ligne droite, mais qu'elle décrit une courbe plus ou moins étendue. Les cavaliers suivent donc la corde de cet arc, et par ce stratagème plusieurs fois répété, ils s'approchent insensiblement de leurs victimes jusqu'à une très faible distance. Imprimant alors un dernier élan à leurs montures, ils fondent impétueusement sur les Autruches harassées, et les assomment à coups de bâton. On évite, autant que possible, l'effusion du sang, qui déprécie les plumes de l'Oiseau.

« Certaines peuplades arrivent au même but par un artifice assez singulier. Le chasseur se couvre d'une peau d'Autruche, en ayant soin de passer le bras dans le cou de l'animal, afin de rendre ses mouvements plus naturels. A la faveur de ce déguisement, ils approchent des Autruches sans défiance, et les tuent. »

Les Autruches se réunissent d'ordinaire en bandes. La femelle

creuse un trou large de plus d'un mètre, et l'entoure d'une sorte
de rempart; elle ménage en outre un canal pour l'écoulement des
eaux. Dans ce nid, elle pond ses œufs, au nombre de 15 à 30,
et du poids chacun de plus d'un kilogramme. Si elle habite les
pays tropicaux, elle ne couve pas ses œufs, mais les abandonne
simplement à la chaleur du soleil; ou bien elle ne les couvera
que pendant la nuit, dont la température est parfois fort basse;

Fig. 265. — Nandou.

dans des climats plus tempérés, elle les couve nuit et jour. Il
est fréquent que plusieurs femelles viennent pondre dans le
même nid; elles couvent alors tour à tour et le mâle lui-même
peut, à certains moments, prendre la place des femelles.

L'incubation dure environ un mois et demi. Les petits, lorsqu'ils éclosent, ont la taille de la Poule : ils sont déjà couverts de plumes, peuvent courir et chercher eux-mêmes leur nourriture. Mais souvent la nourriture est rare : aussi les parents ont-ils eu soin de tenir en réserve un certain nombre d'œufs non couvés qui serviront à l'alimentation des jeunes aussitôt après l'éclosion.

Le *Nandou* (fig. 265) a le même genre de vie que l'Autruche, mais il diffère de celle-ci par sa taille moitié moindre et par ses pieds munis de trois doigts. On le trouve par bandes assez nombreuses dans les hautes plaines du Brésil, du Chili, du Pérou.

L'*Émou*, de la Nouvelle-Hollande, est un animal d'un caractère doux et paisible, qu'il est aisé de domestiquer. Il s'acclimate et se reproduit fort bien en Europe, et il serait désirable qu'on se livrât à son élevage dans nos pays, car sa chair est délicate.

Fig. 266. — Casoar à casque.

Le *Casoar* (fig. 266), qui vit isolé ou par couples dans les forêts de l'Australie, de la Nouvelle-Guinée et de quelques îles voisines, diffère des Oiseaux précédents par ses pattes plus courtes et surtout par l'existence d'une forte crête osseuse, en forme de casque, qui surmonte sa tête. Ses ailes sont encore plus courtes que chez les Autruches : elles ne peuvent plus servir à faciliter la marche, mais constituent plutôt une sorte d'arme, grâce à la présence à chacune d'elles de cinq baguettes solides et piquantes. La femelle pond trois ou quatre œufs qu'elle couve seule pendant environ un mois. Les petits sont déjà couverts d'un léger duvet au moment de leur éclosion, mais leur casque n'est point encore développé. Les Casoars sont des animaux farouches, réfractaires à toute domestication : il n'y a guère lieu de le regretter, car leur chair est coriace et leurs plumes sont sans valeur.

A côté des animaux que nous venons de passer en revue, on peut encore ranger, dans l'ordre des Coureurs, des Oiseaux qui diffèrent des précédents à beaucoup d'égards, mais qui s'en rapprochent néanmoins par la brièveté des ailes, par la simplicité des plumes et par l'impossibilité de voler.

Au premier rang de ces Oiseaux étranges se place l'*Aptéryx* (fig. 267) ($\alpha$, privatif; $\pi\tau\acute{\epsilon}\rho\upsilon\xi$, aile), dont les ailes sont si courtes

Fig. 267. — Aptéryx.

qu'on a cru d'abord à leur absence totale. Cet animal singulier a des pattes de Poule et un bec de Bécasse; sa taille est celle d'une forte Poule. A l'exception des tarses et des pattes, son corps entier est couvert de plumes fort simples, pendantes, lâches et soyeuses. L'Aptéryx est originaire de la Nouvelle

Fig. 268. — Restauration du squelette de *Gastornis*.

Zélande. Il vit dans les contrées boisées et inhabitées, parmi les marécages où il se nourrit d'Insectes et de vermisseaux. D'humeur farouche, il ne sort qu'après le coucher du soleil et passe toute la journée caché au fond d'un trou qu'il s'est creusé dans le sol. Il vit solitaire ou par couples, et pond, deux fois par an, un œuf plus gros que celui du Canard et que la femelle couve jusqu'à l'éclosion. Cette espèce curieuse est devenue extrêmement rare, et tout fait prévoir que dans un avenir très prochain elle aura disparu tout à fait de la surface du globe.

Il existait encore à la Nouvelle-Zélande les **Dinornis**, Oiseaux voisins des Casoars, mais beaucoup plus grands, puisqu'une de leurs espèces ne mesurait pas moins de quatre mètres. L'époque de leur disparition ne remonte guère qu'à un petit nombre d'années : on retrouve en effet leurs ossements dans un remarquable état de fraîcheur et de conservation, et les indigènes en parlent encore comme d'animaux qui leur étaient familiers. On peut en dire à peu près autant du grand Oiseau de Madagascar, l'*Æpyornis*, également détruit par l'Homme dans des temps récents. On possède de ce dernier des œufs, pour lesquels, suivant l'expression d'un voyageur, un chapeau pourrait servir de coquetier.

Un Oiseau, dont les restes ont été trouvés à l'état fossile en France, le *Gastornis* (fig. 268), avait une taille analogue et doit être placé à côté des *Dinornis*.

## ORDRE DES PALMIPÈDES

Les nombreux Oiseaux qui constituent cet ordre ne se ressemblent guère que par un seul détail d'organisation : tous ont les pieds palmés (fig. 269), c'est-à-dire que leurs doigts sont réunis par une membrane. Mais le développement de cette membrane varie beaucoup d'une espèce à l'autre : tantôt elle est complète, tantôt au contraire elle est profondément échancrée. Tous ces Oiseaux se ressemblent encore en ce qu'ils sont bons nageurs. Quant à la plupart des autres points d'organisation, ils sont différents dans les divers groupes et sont sujets à des variations si nombreuses qu'il est véritablement impossible de les résumer en un exposé unique : leur étude viendra plus à propos quand nous nous occuperons de chaque famille en particulier.

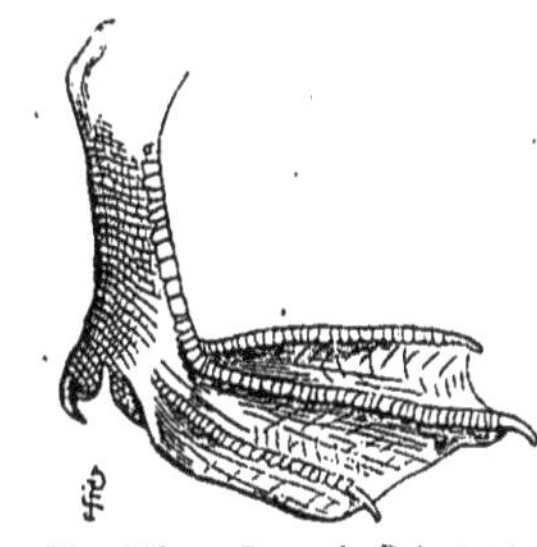

Fig. 269. — Patte de Palmipède (Canard).

Les Palmipèdes sont cosmopolites : on les trouve sur toute la surface du globe, au voisinage des eaux douces ou salées, aussi bien sur le bord de toutes les mers que sur les rives des lacs des plus hautes montagnes; au sein de l'Océan, les îles les plus petites et les plus isolées sont également habitées par ces Oiseaux. Dans les régions glaciales, on les trouve sur les falaises désertes réunis en troupes prodigieusement nombreuses; à ces latitudes désolées, le nombre des espèces est peu considérable, mais le nombre des individus de chaque espèce est vraiment surprenant; à mesure qu'on se rapproche de l'équateur, le nombre des espèces augmente rapidement, mais celui des individus d'une même espèce suit une progression inverse.

Tous ces Oiseaux nagent, avons-nous dit, mais tous ne volent point : il en est même un assez grand nombre qui peuvent à peine se mouvoir sur le sol et qui passent presque toute leur existence dans l'eau. La plupart plongent très habilement et pourchassent les Poissons jusqu'au fond des eaux : en plongeant de la sorte, ils ne mouillent point leurs plumes, car ils ont soin de les enduire fréquemment d'une matière huileuse qu'ils vont chercher avec le bec sur la glande du croupion, fort développée chez eux. Ces Oiseaux ont un régime essentiellement animal ; il est rare qu'ils se contentent de végétaux. Tous sont sociables et la plupart sont des Oiseaux de passage.

Les Palmipèdes sont des animaux fort utiles : leur chair est souvent délicate, leurs œufs sont succulents et un certain nombre d'entre eux sont élevés dans nos basses-cours en raison de ces qualités précieuses. D'autres nous fournissent le duvet ou même des fourrures estimées. Ce sont eux encore qui produisent le *guano* : cet engrais, si employé de nos jours en agriculture, provient de certaines îles des mers du Sud, notamment de l'île de Cincha, voisine des côtes du Pérou; il est constitué par l'accumulation des fientes des Oiseaux de rivage, accumulation dont l'origine remonte sans doute à plusieurs milliers d'années.

Les Palmipèdes grands voiliers sont réunis en une famille

Fig. 270. — Puffin de l'île Campbell.

à laquelle on a donné le nom de LONGIPENNES. Dans cette famille, les Puffins, les Pétrels, les Albatros sont aisément reconnaissables à leurs pieds largement palmés, dépourvus de doigt postérieur, à leur bec long, fort et terminé en crochet, à leurs narines tubulaires. Leur vol extraordinairement puissant leur permet de s'aventurer en mer à une très grande distance du rivage. On les rencontre surtout là où la mer est violemment agitée, ils aiment la fureur des flots, ce sont véritablement des *Oiseaux des tempêtes;* avec une adresse merveilleuse, ils saisissent au vol les Poissons que le remous des vagues amène à la surface. Ils sont bons nageurs, mais ne plongent point et se mettent rarement à l'eau pour saisir leur proie. Ces Oiseaux nichent en société sur les falaises. La femelle ne pond qu'un œuf et elle partage avec le mâle les soins de l'incubation; le petit est encore bien incomplètement développé en venant au monde, et ses parents doivent lui apporter la becquée pendant assez longtemps.

Les **Puffins** (fig. 270) se rencontrent dans la partie septentrionale de l'océan Atlantique, tant en Europe qu'en Amérique; ils ne sont point rares sur les côtes de France. Les **Pétrels**, répandus dans le nord de l'Europe et au sud de l'A-

Fig. 271. — Albatros.

frique, s'observent aussi en France, mais plus rarement que les Oiseaux précédents. Les **Albatros** (fig. 271) sont particuliers aux mers du Sud; ils sont abondants au cap de Bonne-Espérance. L'espèce appelée par les matelots *Mouton du Cap*, est toute blanche et grosse comme un Cygne.

A côté d'eux se placent d'élégants Oiseaux dont la forme générale rappelle celle des Hirondelles et des Tourterelles : leurs ailes sont longues et pointues, leur queue est souvent fourchue ; leurs pieds sont composés de quatre doigts, dont trois antérieurs réunis par une membrane et un postérieur libre ; leurs narines ne sont pas tubulées. Ces Oiseaux ont le vol puissant du Pétrel, mais ne s'éloignent guère des côtes pour s'aventurer en mer ; quelquefois ils pénètrent au contraire dans l'intérieur des terres et s'établissent au bord des lacs poissonneux. Leur nourriture consiste principalement en Poissons ou autres animaux aquatiques, dont ils s'emparent soit en nageant, soit en plongeant tout d'un coup. Tous ont le plumage blanc, mêlé de brun ou de noir. Ils nichent en société sur la plage et pondent de deux à quatre œufs, que le mâle et la femelle couvent alternativement. En naissant, les petits réclament les mêmes soins que ceux des Pétrels.

Les plus connus sont les Bec-en-ciseaux, les Mouettes, les Goëlands et les Sternes. Les **Bec-en-ciseaux** sont particuliers aux Tropiques, et doivent leur nom à la forme de leur bec, dont les mandibules, d'inégale longueur, l'inférieure étant beaucoup plus longue que la supérieure, sont comprimées latéralement, présentent des bords tranchants et se disposent presque comme les lames d'une paire de ciseaux. Les **Mouettes** sont communes sur toutes les côtes de l'Europe ; les espèces les plus répandues en France sont : la **Mouette rieuse** et la **Mouette cendrée**. Elles remontent fort loin le long des grands fleuves ; on en trouve dans la Loire au delà de Nevers. Elles sont très voisines des **Goëlands** et ne s'en distinguent guère que par une taille plus petite. Les **Sternes** ou *Hirondelles de mer* (fig. 272) sont fort abondantes sur toutes les côtes et le long des fleuves des deux continents. Leurs œufs sont fort délicats et sont aux États-Unis la base d'une branche importante de commerce.

La famille des **TOTIPALMES** se compose de Palmipèdes au corps

allongé, aux ailes bien développées, qui présentent tous ce
caractère d'avoir le pouce réuni aux autres doigts par une large
membrane : de là le nom de Totipalmes, c'est-à-dire d'animaux ayant les pieds entièrement palmés. Les autres caractères de ces Oiseaux sont assez variables, le bec notamment est

Fig. 272. — Sterne.

conformé de façons très diverses. Malgré leur grande taille, ces
animaux ont un vol rapide et soutenu, et ils peuvent aisément
s'éloigner de plusieurs lieues en mer, mais ils préfèrent pénétrer dans l'intérieur des terres et il est fréquent de les rencontrer à une grande distance de la mer, établis le long des
fleuves. Ils vivent de Poissons dont ils s'emparent en plongeant.
Leur nid est établi sur des rochers ou sur des arbres. C'est
surtout par ces Oiseaux qu'est produit le guano, à l'exploitation
duquel le Pérou doit la plus grande partie de ses revenus. Les
Phaétons, les Fous, les Frégates, les Cormorans, les Pélicans
sont les principales espèces de cette famille.

Les **Phaétons** se rencontrent dans la zone torride et il est
bien rare qu'ils la quittent pour faire des incursions en d'autres
parties du globe. Leurs ailes sont longues et les deux pennes
médianes de leur queue dépassent beaucoup en longueur toutes
les autres rectrices, d'où leur nom vulgaire de *Paille-en-queue*.

Les **Fous** ont les pattes fort courtes et les ailes fort longues ;

aussi, de même que les Martinets, leur est-il difficile de prendre leur essor quand ils sont posés à terre : en raison de ces faits, ils ne fuient point devant l'Homme et se laissent assommer sur place plutôt que de lui livrer passage ; c'est à cette ineptie apparente qu'ils doivent leur dénomination. Ces Oiseaux ont la queue terminée en pointe ; leur bec, plus long que la tête, est droit, robuste, épais, conique, très légèrement recourbé à la pointe et dentelé en forme de scie sur ses bords. La membrane qui réunit les deux branches de la mandibule inférieure est très dilatable : aussi les Fous peuvent-ils avaler des proies très volumineuses. L'espèce de nos côtes, le *Fou de Bassan*, est commune sur les plages de toutes les mers de l'hémisphère boréal.

Les **Frégates** (fig. 273) habitent les régions intertropicales,

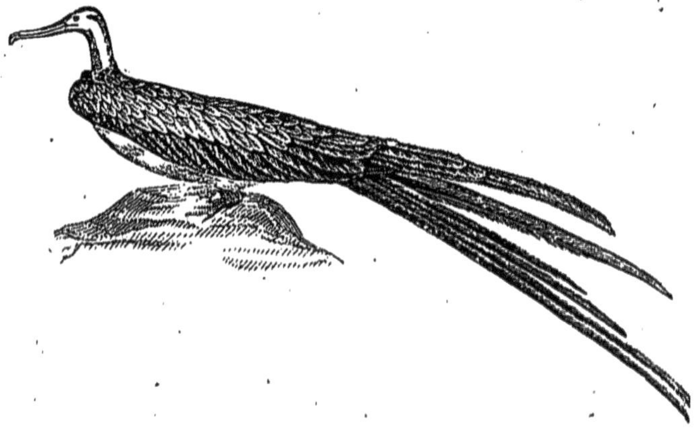

Fig. 273. — Frégate.

comme les Phaétons, mais se distinguent de ceux-ci par une série de caractères importants : la palmure des pieds est largement échancrée ; le bec, notablement plus long que la tête, est fortement incurvé en bas à son extrémité et les deux mandibules participent à cette incurvation ; les ailes et la queue sont fort longues, et cette dernière est profondément bifurquée. Ces Oiseaux ont un plumage noir tirant sur le brun ; leur taille est

considérable, puisqu'ils mesurent habituellement 1$^m$,10 de longueur et 2$^m$,35 d'envergure : aussi leur a-t-on donné encore le
nom d'Aigles de mer. Ils font en mer des excursions d'une
longueur prodigieuse : il n'est pas rare d'en rencontrer à 40
ou 50 lieues au large; on en a vu même à 140 et 200 lieues
des côtes. Leur nourriture consiste principalement en Poissons
volants qu'ils saisissent au moment où ceux-ci sortent des flots.
Leur nid, construit avec un certain art, est placé sur des arbres.

Les **Cormorans** sont des Oiseaux aux formes massives; leur
bec est de longueur moyenne et se courbe à l'extrémité de la
même manière que chez la Frégate; leurs pieds à large palmure sont armés de fortes griffes. Ce sont d'excellents nageurs
et des plongeurs habiles : bien rarement le Poisson qu'ils poursuivent parvient à leur échapper. Ces Oiseaux s'établissent le
long des fleuves entourés de forêts : ils sont un véritable fléau,

Fig. 274. — Pélican.

à cause des ravages considérables qu'ils font en détruisant le
poisson. Ils s'apprivoisent aisément, et les Chinois, qui les
élèvent fréquemment en domesticité, ont mis à profit le talent
des Cormorans pour la pêche : ils les habituent à obéir à la
voix et les laissent pêcher à leur aise : dès qu'un Poisson est

capturé, ils rappellent le Cormoran, auquel ils ont eu soin du reste de mettre un étroit anneau autour du cou, pour l'empêcher d'avaler son butin. Les Cormorans sont répandus en Europe, en Asie et dans l'Amérique du Nord ; pendant l'hiver, on les rencontre également en Afrique.

Les **Pélicans** (fig. 274) sont reconnaissables entre tous les Oiseaux à la conformation singulière de leur bec. Cet organe est long, large, aplati et présente à sa pointe un crochet. Les deux branches de la mandibule inférieure sont fortement écartées et la membrane nue qui les réunit se dilate en un sac volumineux dans lequel les aliments ingérés s'accumulent. Les jeunes sont encore fort imparfaits lorsqu'ils éclosent et la femelle les nourrit en dégorgeant dans leur bec le contenu de son sac guttural. Malgré leurs pieds palmés, ces Oiseaux perchent volontiers sur les arbres, et les Cormorans partagent avec eux cette habitude. Les Pélicans habitent presque toute l'étendue du globe, mais on les rencontre surtout dans la zone torride et dans les parties des zones tempérées qui se rapprochent le plus des tropiques.

Les **LAMELLIROSTRES** constituent une importante famille, dont tous les membres sont aisément reconnaissables à leur bec large et légèrement bombé, revêtu d'une peau molle et délicate, douée d'une exquise sensibilité ; cet organe présente en outre sur ses bords une série de petites lamelles dentelées (fig. 275). La bouche de ces Oiseaux renferme une langue épaisse et charnue, dont les bords

Fig. 275. — Tête de Lamellirostre (Canard).

sont également ornés de petites denticulations : ces sortes de papilles ne sont autre chose que des plumes dont le développement s'est arrêté de bonne heure et qui ont subi par la suite certaines modifications, grâce auxquelles elles ont perdu leur aspect ordinaire. Il est intéressant de rapprocher ce fait de ce qui s'observe chez les Lièvres, parmi les Mammifères, où l'on voit des poils se développer ainsi dans la bouche, à la face interne des joues.

Les Lamellirostres ont le corps lourd, ils volent néanmoins fort bien et entreprennent de longues migrations. Un certain nombre d'espèces sont domestiquées et chez elles la faculté de voler est, sinon complètement détruite, du moins très restreinte. Tous nagent et plongent bien, mais à terre leur démarche est pesante et embarrassée.

Le genre **Canard** (fig. 276), caractérisé par un cou court, par des pieds placés très en arrière, par un bec aplati et large à

Fig. 276. — Canard.

son extrémité antérieure, comprend un grand nombre d'espèces. La plus répandue dans nos pays, surtout pendant l'hiver, est le *Canard sauvage*. Cet Oiseau est la souche de toutes les races nombreuses de Canards domestiques. Il est véritablement originaire des régions les plus froides de la Laponie, de la Sibérie et du Groenland : dans ces régions désolées, on le rencontre à chaque pas et il est si abondant que l'imagination peut difficilement s'en rendre compte. Dès qu'arrivent les

froids, les Canards sauvages commencent à se montrer par petites bandes dans les départements du nord de la France ; à
mesure que la saison devient plus rigoureuse, ils s'avancent
davantage vers le sud ; parfois même ils passent en Afrique.
Ces Oiseaux voyagent en se disposant dans les airs sous forme
de V, à la manière des Grues ; de même que chez ces dernières,
on voit encore les divers individus de la bande se remplacer
tour à tour et venir occuper à tour de rôle les fonctions de con-
ducteur de la troupe. Les Canards sauvages sont un excellent
gibier, aussi le moment de leur passage est-il toujours salué
avec allégresse par le chasseur : peu d'animaux pourtant sont
aussi difficiles à approcher et il faut déployer un art et une

Fig. 277. — Macreuse.

finesse extrêmes, recourir à des précautions de toute sorte pour
pouvoir en tuer quelques-uns.

Les Canards domestiques constituent de nombreuses variétés.
Ce sont des Oiseaux précieux à tous égards, à cause de la
délicatesse de leur chair, du duvet qu'ils nous fournissent,

du peu de soins qu'ils réclament : quelques grains, des détritus de cuisine et un peu d'eau où ils puissent barboter, tel
est le peu qu'ils exigent.

Parmi les autres espèces de Canards, le *Milouin*, la *Macreuse*
(fig. 277), la *Sarcelle* et le *Souchet* sont communs en France,
les uns pendant l'année entière, les autres en hiver seulement.
L'*Eider* (fig. 278), propre aux régions les plus septentrionales,
n'apparaît presque jamais dans nos contrées. Il mérite néanmoins une mention toute spéciale, car son duvet si doux et si

Fig. 278. — L'Eider, femelle et mâle.

chaud nous rend les plus grands services et sert principalement
à la confection des édredons [1].

Les **Oies** ont les pattes placées moins en arrière que les Canards : elles marchent mieux que ceux-ci, mais nagent et
plongent moins bien. Leur nourriture est plus exclusivement
végétale et, à l'inverse de ce qui s'observe chez les Canards,
les mâles ne se montrent point ornés de plus vives couleurs

[1] Le mot *édredon* vient du suédois *Eiderdun*, ou du hollandais *Eiderdons*,
duvet d'Eider.

que les femelles. L'*Oie cendrée*, de laquelle provient l'Oie domestique, appartient au nord de l'Europe ; lors de ses migrations, elle se montre dans nos pays et passe même en Afrique.
L'*Oie sauvage*, le *Cravant* et la *Bernache* appartiennent à ce
même groupe.

L'Oie domestique (fig. 279), à laquelle on fait bien à tort la
réputation d'être stupide, est un des Oiseaux qui nous rendent

Fig. 279. — Oie.

le plus de services. Son duvet, qu'on arrache à certaines
époques de l'année, ses plumes, avec lesquelles on écrivait avant
l'invention des plumes métalliques, sont les moindres profits
que l'on en retire ; sa chair délicate n'a pas besoin de vous
être vantée. Pour engraisser cet Oiseau, on le soumet à un
régime particulier, que les Romains du temps d'Auguste connaissaient déjà. On maintient l'Oie à l'obscurité, dans une cage
trop étroite pour lui permettre d'amples mouvements, et on

a soin de la priver d'eau; deux ou trois fois par jour, on la gave de boulettes de maïs et de froment. Quand ce régime a été suivi pendant un mois à un mois et demi, l'engraissement est achevé : une couche épaisse de graisse s'est déposée au-dessous de la peau et le foie est en l'état requis pour la préparation de ces fameux pâtés de foie gras, si appréciés des gourmets.

Les **Cygnes** sont sans contredit les plus gracieux des Palmipèdes. Ils voguent majestueusement à la surface des pièces d'eau de nos jardins, balançant avec grâce leur long cou. Cet

Fig. 280. — Cygne.

Oiseau, domestiqué dans nos pays, vit en liberté dans les régions boréales, en compagnie de deux ou trois autres espèces. Il vient nous visiter pendant les grands hivers. Le *Cygne blanc* (fig. 280), que nous élevons en captivité, est muet, mais une espèce voisine, *Cycnus musicus*, émet des sons fort agréables.

Cette espèce existe en Grèce, d'où suit que la tradition sur le chant du Cygne n'est pas dépourvue de fondement.

En revanche, les Grecs considéraient le Cygne noir comme un animal imaginaire. Or, il existe en Australie quelques espèces de Cygnes et l'une d'elles est complètement noire : cette espèce a été importée en Europe, où elle s'acclimate et se reproduit fort bien.

Les **PHÉNICOPTÈRES** ou *Flamants* (fig. 281) sont bien réellement, par la structure de leurs pieds et par celle de leur bec, des Palmipèdes lamellirostres ; mais leurs jambes et leur cou, démesurément allongés, les rapprochent singulièrement des Échassiers, parmi lesquels ils ont été classés par beaucoup d'auteurs. Ces curieux Oiseaux, dont on connaît plusieurs espèces, habitent le nord de l'Afrique et le centre de l'Asie. L'espèce la plus répandue, celle que l'on trouve le plus souvent dans les ménageries, est le *Flamant rose*, que sa brillante coloration per-

Fig. 281. — Flamant.

met de ranger au nombre des plus beaux Oiseaux ; il vit en France sur les côtes de la Méditerranée. Chez tous les Phénicoptères, le bec, lamelleux et dentelé sur ses bords, se courbe brusquement vers le milieu de sa longueur, au lieu de demeurer rectiligne comme chez les autres Lamellirostres.

Les **PLONGEURS** sont remarquables par la brièveté de leurs ailes qui, chez quelques-uns, sont impropres au vol, et par leurs pattes placées tout à fait à l'arrière du corps. Certaines espèces sont ainsi incapables de se mouvoir à terre, et on les détruirait facilement si elles ne vivaient dans des régions peu accessibles. Cependant le *Grand Pingouin* a presque complètement disparu.

Chez les **Plongeons** (fig. 282) et les **GRÈBES** (fig. 283) le bec est droit et pointu. Les ailes, courtes et obtuses, permettent néanmoins un vol rapide, mais de peu de durée ; l'animal tou-

Fig. 282. — Plongeon.

tefois ne vole que rarement. Sa vie presque tout entière se passe dans l'eau ; il nage et plonge admirablement et ne vient guère à terre que pour nicher et pondre : il marche avec une peine extrême, son corps allongé et cylindrique se tenant dans la position verticale. Ces Oiseaux habitent le bord des mers glaciales et viennent chez nous en hiver. Une espèce de *Grèbe*, cependant, le *Castagneux*, vit constamment sur nos étangs. N'était la splendeur de leur plumage si propre à la confection des fourrures, on ne leur ferait point la chasse, car leur chair est coriace et huileuse. Les Plongeons ont les pieds large-

Fig. 283. — Grèbe cornu.

ment palmés; les Grèbes les ont au contraire lobés, c'est-à-dire que la membrane qui réunit les différents doigts est très profondément découpée par une étroite échancrure. Chez certains Grèbes il se développe une double huppe sur la tête et une collerette s'épanouit autour de la face.

Les **Guillemots**, les **Mergules** et les **Pingouins** (fig. 284), répandus en nombre immense dans les mers glaciales du Nord, sont caractérisés par leurs ailes rudimentaires, à peu près impropres au vol. De même que chez les Plongeons, les pattes s'insèrent tout à fait en arrière, en sorte que ces Oiseaux, pour marcher ou se reposer sur le sol, doivent se tenir dans la position verticale. Le bec, diversement conformé suivant les espèces, est profondément rayé en travers et subit à chaque

mue des changements de forme très bizarres. Tous ces Oiseaux
se réunissent en bandes prodigieusement nombreuses et se
tiennent perchés sur les falaises ou sur les montagnes de glace,
impassibles, ne manifestant aucune inquiétude même à l'approche de l'Homme.

Les **Gorfous**, les **Sphénisques** et les **Manchots** (fig. 285) sont
les derniers animaux que nous rencontrions dans l'ordre des
Palmipèdes et dans la classe des Oiseaux. Les Gorfous sont ori-

Fig. 284. — Pingouin.

Fig. 285. — Manchot.

ginaires de la Patagonie et des îles Malouines ; les Sphénisques
se rencontrent au sud de l'Afrique et de l'Amérique ; les Manchots habitent également le rivage des mers australes et sont
particulièrement communs sur les côtes de Patagonie. Tous
ces Oiseaux se tiennent comme debout, lorsqu'ils reposent sur
le sol ; leurs pattes fort courtes ne leur permettent de marcher qu'avec peine, en prenant un point d'appui sur leur
queue courte et rigide. Leurs ailes, très peu développées et
revêtues seulement de plumes rudimentaires, comparables à
des écailles, ne peuvent leur permettre de voler ; en revanche,
ils plongent et nagent habilement.

# CLASSE DES REPTILES

La Classe des REPTILES, qui comprend les Tortues, les Crocodiles, les Lézards et les Serpents, renferme des animaux qui, vous le voyez, diffèrent notablement les uns des autres par l'aspect extérieur. Ces animaux toutefois présentent un certain nombre de caractères communs dont l'importance est assez grande pour légitimer leur réunion dans une même classe.

Les Reptiles sont des Vertébrés à sang froid, comme les Batraciens, avec qui on les confondait autrefois dans les classifications, mais ils en diffèrent en ce qu'ils ne subissent point de métamorphose et en ce que leur respiration se fait pendant toute leur vie au moyen de poumons. Leur peau n'est point lisse comme celle des Batraciens, mais rugueuse, avec un épiderme épais qui ferait croire à des écailles.

La Classe des Reptiles se divise très naturellement en quatre ordres : les Chéloniens, les Crocodiliens, les Sauriens et les Ophidiens.

## ORDRE DES CHÉLONIENS

Aucun groupe de Reptiles n'est aussi nettement délimité que celui des CHÉLONIENS (χελώνη, tortue) ou *Tortues*. La présence autour du tronc d'une boîte osseuse plus ou moins complète (fig. 286) caractérise bien ces animaux qui, malgré de grandes différences extérieures, se rapprochent des Oiseaux par un grand nombre de points de leur organisation.

La boîte osseuse ou *carapace* qui entoure le corps des Chéloniens est due à la fusion et à la réunion des vertèbres et des côtes avec de larges plaques osseuses développées dans l'épaisseur de la peau. La partie inférieure de la boîte osseuse, c'est-à-dire le *plastron*, résulte également de la réunion du sternum et des côtes aux plaques osseuses cutanées.

La tête, le cou, les membres et la queue sont simplement recouverts par une peau coriace ; l'animal a le plus souvent la faculté de les rétracter et de les abriter au-dessous de sa carapace, lorsqu'un danger vient à le menacer.

Au-dessus des plaques osseuses formées aux dépens du

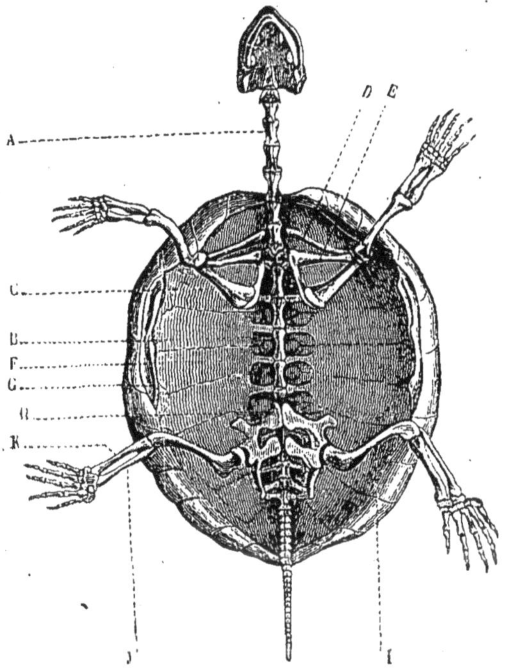



Fig. 286. — Squelette de Tortue.

A, vertèbres cervicales. — B, vertèbres dorsales. — C, os coracoïde. — D, omoplate. — E, clavicule. — F, côtes. — G, côtes sternales. — H, bassin. — I, Fémur. — J, péroné. — K, tibia.

derme, l'épiderme s'est lui-même modifié, est devenu corné de manière à constituer l'*écaille*, dont on fait un si grand usage dans les arts. L'écaille est disposée par plaques qui ne correspondent en aucune façon aux plaques osseuses sous-jacentes.

Les Tortues ont quatre membres dont la conformation, sur laquelle nous aurons à revenir, est en rapport tantôt avec la vie terrestre, tantôt avec la vie aquatique.

La taille des Chéloniens varie beaucoup : les uns sont fort petits et ont moins de 10 centimètres de longueur ; d'autres sont si grands que leur carapace peut servir de pirogue chez certaines peuplades sauvages : entre ces deux extrêmes, on trouve naturellement tous les intermédiaires. La forme ne varie pas moins que la taille : les Tortues qui vivent à terre ont le corps bombé, comme globuleux ; d'autres, adaptées à un séjour aquatique, sont au contraire fort plates.

L'odorat et l'ouïe semblent assez obtus. Quant au goût, il est certainement plus développé que les sens précédents : la langue est épaisse et charnue et il est manifeste que les Tortues éprouvent de la répugnance pour certains aliments.

La vue est le plus parfait de tous les sens. Comme chez les Oiseaux, l'œil est protégé par une troisième paupière, la *membrane nictitante*, située à l'angle interne de l'œil.

Les Tortues sont pour la plupart herbivores. Elles mangent fort peu, et ce fait explique suffisamment leur grande lenteur et l'état de demi-engourdissement dans lequel elles passent une grande partie de leur vie. L'évaporation cutanée est nulle ou à peu près, en raison de l'épaisseur et de la nature spéciale des téguments : on en a conclu que les Tortues ne buvaient pas, mais il est actuellement démontré que c'était là une erreur : les Tortues boivent, mais rarement, et lapent avec leur langue à la façon d'un Chien. Ces animaux ont du reste cela de commun avec tous les Reptiles et avec les Batraciens, qu'ils peuvent rester un temps fort long sans manger.

Les Chéloniens n'ont pas de dents : ils broient et déchirent

leurs aliments au moyen de leur *bec* tranchant et corné qui
les rapproche tout particulièrement des Oiseaux. Ce bec puissant est formé de deux mandibules, dont l'inférieure est recouverte par la supérieure.

Le cœur des Tortues est constitué d'une façon bien différente de celui des Mammifères et des Oiseaux : au lieu de se composer de quatre cavités, il n'en comprend plus que trois.

Les poumons sont beaucoup moins finement divisés, beaucoup moins spongieux que ceux des Vertébrés à sang chaud.

Fig. 287. — Tortue rayonnée.

A cause de la présence de la carapace, qui semble rendre impossibles les mouvements du thorax, on a pensé pendant longtemps que ces animaux avalaient l'air; mais des expériences délicates ont montré que la poitrine se dilate bien réellement, comme celle des Mammifères, pendant l'inspiration, quoique par un mécanisme particulier.

Les Tortues sont ovipares : leurs œufs, plus ou moins arrondis, sont pondus en petite quantité, sauf chez les Tortues marines, où ils sont très nombreux. Leur composition est exactement la même que celle de l'œuf des Oiseaux, sauf l'incrustation calcaire de la coquille, et c'est du reste un caractère qui se retrouve dans toute la classe des Reptiles. Le jeune animal qui en sort ne subit point de métamorphoses et ne diffère de l'adulte que par la taille; sa croissance se fait très lentement.

En se basant sur la conformation des pattes, on peut diviser les Tortues en quatre familles : 1° les *terrestres*, 2° les *palustres*, 3° les *fluviales*, 4° les *marines*.

Les **TORTUES TERRESTRES** ont la carapace plus bombée que les

Fig. 288. — Tortues éléphantines.

autres espèces; la carapace et le plastron sont intimement soudés. La tête et le cou peuvent se retirer entièrement sous la boîte osseuse. Les pattes, terminées en moignons, présentent chacune cinq doigts immobiles et munis d'ongles en forme de sabots. Ces Tortues vivent dans les bois ou les lieux bien fournis d'herbe ; elles se creusent dans le sol des sortes de terriers peu profonds où, dans les climats tempérés, elles s'engourdissent durant la saison froide. Elles se nourrissent de Mollusques terrestres, mais surtout de végétaux.

Il y a des Tortues terrestres à peu près dans toutes les parties du monde. L'Europe en nourrit trois, dont une, la *Tortue grecque*, habite le midi de la France. La *Tortue mauresque*, très voisine de la précédente, se trouve communément aux environs d'Alger : c'est elle qui arrive en si grande abondance à Paris. Parmi les espèces exotiques, il convient de rappeler la *Tortue éléphantine* (fig. 288), qui se rencontre dans les îles du canal Mozambique, et qui, lorsqu'elle est adulte, peut atteindre plus d'un mètre de longueur.

Les **TORTUES PALUSTRES** vivent dans les marécages ou dans les terrains entrecoupés de petits cours d'eau ; elles sont ordinairement de petite taille. Leurs doigts, mobiles et armés d'ongles, sont réunis par une étroite membrane natatoire. La carapace, plus ou moins aplatie, est intimement unie au plastron. Ces Tortues nagent avec facilité ; à terre elles sont assez agiles. Elles se nourrissent surtout de proie vivante, de Mollusques, de Poissons, de Vers. Elles viennent déposer leurs œufs au voisinage de l'eau, dans des trous creusés à cet effet.

Ces Tortues habitent toutes les parties du monde : elles sont surtout abondantes dans les régions chaudes et tempérées. Deux espèces seulement sont européennes : elles habitent surtout les pays méridionaux. L'une d'elles, la *Cistude d'Europe* (fig. 289), n'est pas rare dans le midi de la France.

Les **TORTUES FLUVIALES** sont étrangères à l'Europe : elles habitent les grands fleuves des pays chauds, le Nil et le Niger en Afrique, le Gange et l'Euphrate en Asie, le Mississipi et l'Ohio en Amérique. Elles peuvent atteindre une grande taille et l'on en rencontre parfois qui pèsent jusqu'à 35 kilogrammes. Très voraces et très agiles, elles sont presque toujours à l'eau, chassant les Poissons, guettant les petits Mammifères et les Oiseaux qui viennent se désaltérer. La nuit venue, elles gagnent le bord et se reposent sur les petites îles ou les troncs d'arbre, prêtes à se jeter à l'eau à la moindre alerte. Leur chair est très estimée, aussi leur fait-on une chasse active dans les pays qu'elles habitent : on les prend à la ligne, et comme la morsure que produit leur bec robuste et tranchant est fort redou-

Fig. 289. — Cistude d'Europe.

table, on a soin de leur couper la tête aussitôt qu'elles sont capturées.

Ces Tortues ont les doigts mobiles et réunis jusqu'à l'ongle par une large membrane natatoire. La carapace, ovale et très aplatie, n'est ossifiée qu'en son milieu et sur son pourtour ; partout ailleurs elle reste molle.

Les **TORTUES MARINES** ont les pattes transformées en nageoires : les doigts, aplatis, sont dépourvus d'ongles. La carapace, fortement déprimée, est le plus souvent recouverte de belles lames

d'écaille ; elle est parfois simplement recouverte d'une peau
épaisse et coriace. Le plastron est toujours membraneux en son
centre.

Ces Tortues parviennent à une taille colossale : les *Sphargis*,
qui habitent l'océan Atlantique et se rencontrent quelquefois
dans la Méditerranée, pèsent jusqu'à 800 kilogrammes ; les
*Chélonées*, que l'on trouve dans l'océan Indien et dans les
mers d'Amérique, pèsent communément de 400 à 500 kilogrammes et mesurent près de 2 mètres et demi de longueur.

Les Tortues de mer ne sortent guère de l'eau qu'au moment
de la ponte, pour venir déposer leurs œufs sur le sable des
rivages. En temps ordinaire, elles dorment même dans l'eau :
on les voit alors flotter comme une barque à la surface des
mers tranquilles ; on les trouve par bandes plus ou moins nombreuses dans toutes les mers des pays chauds, principalement
vers la zone torride. Il arrive parfois qu'on en capture en
France, sur les côtes de l'océan Atlantique et même de la
Méditerranée, mais le fait est rare : une espèce pourtant, la
*Tortue caouane*, vit normalement sur nos côtes.

Aucun Reptile n'est plus recherché que les Tortues de mer :
leur chair et leurs œufs constituent un aliment délicat ; leur
graisse, lorsqu'elle est fraîche, peut remplacer le beurre et
l'huile ; leur écaille est l'objet d'un commerce considérable.
Aussi ces animaux sont-ils chassés sans relâche. L'écaille la
plus estimée provient de la Tortue *Caret*, qui vit dans l'océan
Indien.

### ORDRE DES HYDROSAURIENS

L'ordre des Hydrosauriens (ὕδωρ, eau ; σαῦρος, lézard) comprend des Reptiles plus ou moins voisins des Lézards, mais
qui tous sont adaptés pour vivre dans l'eau : Cet ordre, fort
nombreux aux époques géologiques, n'est plus de nos jours
représenté que par les Crocodiliens. On doit y rattacher un
très grand nombre d'espèces fossiles qui vivaient toutes dans

la mer ; nos Crocodiles habitent plutôt l'embouchure ou même
le parcours des grands fleuves.

On peut diviser les Hydrosauriens en deux sous-ordres,
celui des Crocodiliens et celui des Enaliosauriens.

Pendant bien longtemps on a pensé que les CROCODILIENS
devaient être rangés dans le même groupe zoologique que les
Lézards et les animaux analogues ; mais depuis que l'anato-
miste français de Blainville a fait voir quelles différences anatomiques profondes séparaient ces deux sortes d'animaux, on a

Fig. 290. — Crocodile.

fait des Crocodiles un groupe particulier de la classe des Reptiles.

Les Crocodiles ont l'aspect général des Lézards (fig. 290), mais
sont de bien plus grande taille : les plus petites espèces atteignent jusqu'à 3 mètres de longueur, et il n'est pas rare d'en rencontrer qui mesurent jusqu'à 7 et 8 mètres. Ils ont quatre pattes,
une queue fort longue, et leur corps est lui-même très allongé.
La peau n'est jamais lisse, mais est couverte d'éminences plus
ou moins accusées, plus ou moins larges, auxquelles on donne
le nom d'*écailles*. En certains points du dos et à la partie supérieure de la queue, ces écailles renferment de grandes plaques
osseuses qui constituent une véritable cuirasse et dont la disposition, variable avec les espèces, est un des principaux
caractères utilisés dans la classification de ces animaux. La cuirasse ainsi formée est en certains points si épaisse qu'elle est
totalement impénétrable à la balle d'un fusil.

Les membres sont courts et puissants. Ils sont terminés par
cinq doigts, dont trois seulement portent des ongles. La queue
est aplatie transversalement en forme de rame, et permet à
l'animal de nager et de battre l'eau avec facilité.

Le crâne, large et aplati, se fait remarquer par les rugosités des os qui le constituent. Les mâchoires, fort allongées et fort puissantes, sont des armes redoutables. Elles sont munies de dents coniques, implantées dans des alvéoles profonds, et disposées de telle sorte que les dents d'une mâchoire s'entre-croisent avec celles de l'autre mâchoire à la manière des lames d'une paire de ciseaux. Le museau, fort allongé, présente à son extrémité et à sa partie supérieure les deux narines, dont l'orifice est muni de valvules, de façon à s'opposer à la pénétration de l'eau.

L'œil, bien développé, a la pupille verticale ; l'iris est doré. Deux paupières mobiles peuvent, à la volonté de l'animal, venir recouvrir le globe oculaire. De plus, il existe une troisième paupière ou *membrane nictitante*, comme chez les Oiseaux et les Tortues.

L'oreille est située en arrière de l'œil, mais il est assez difficile de l'apercevoir tout d'abord, parce qu'un clapet en tient constamment fermé l'orifice externe.

Les Crocodiles sont tous carnivores et se nourrissent surtout de proie vivante. La force de leur mâchoire est telle que d'un seul coup de dents ils peuvent aisément couper en deux le corps d'un homme. Ils s'attaquent ordinairement à des animaux beaucoup plus gros et beaucoup plus forts qu'eux, à des bœufs, à des cerfs, etc. La bouche s'ouvre largement et atteint alors des dimensions vraiment épouvantables ; une langue épaisse, mais non protractile et soudée sur toute sa surface, en occupe le plancher. A la bouche fait suite un large œsophage, très extensible, qui peut livrer passage à une proie volumineuse.

Le cœur diffère de celui de tous les autres Reptiles, en ce que, comme chez les Mammifères et les Oiseaux, il est divisé en quatre cavités bien distinctes, mais disposées pourtant d'une façon toute spéciale.

Les poumons, tous les deux également développés, sont analogues à ceux des Tortues.

Les Crocodiliens sont surtout des animaux aquatiques : ils
plongent et se meuvent dans l'eau avec beaucoup plus d'agilité que sur terre. On les rencontre dans les pays chauds de
toutes les parties du monde. Ils vivent surtout dans les eaux
saumâtres, à l'embouchure des grands fleuves ; ils se trouvent
cependant aussi dans les fleuves, fort loin de la mer, mais surtout au voisinage des lagunes que ceux-ci présentent sur leur
parcours.

Ce sont des animaux ovipares : les œufs, entourés d'une
coque dure, ont la grosseur et la forme des œufs d'Oie ; ils
ont exactement la même composition que les œufs des Oiseaux.
Ces œufs sont déposés dans le sable ou dans des trous sur la rive
des fleuves. Une fois pondus, ils sont abandonnés à eux-mêmes.

On connaît actuellement une vingtaine d'espèces de Crocodiliens vivants, répartis en trois genres seulement. Ce sont les
Caïmans, les Crocodiles et les Gavials.

Les **Caïmans** ou *Alligators* ne se rencontrent qu'en Amé-

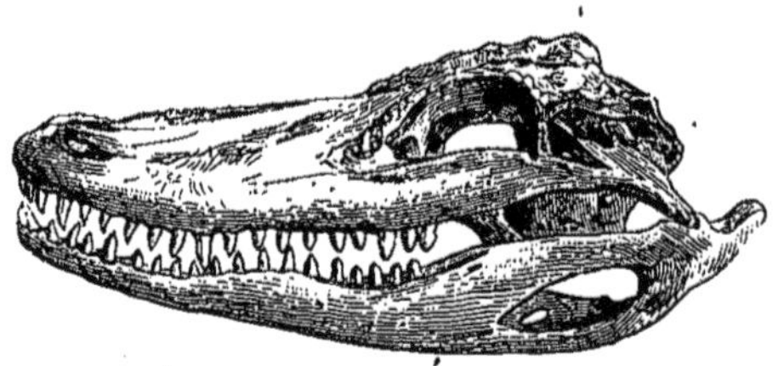

Fig. 291. — Tête de Caïman.

rique ; ils sont particulièrement abondants à la Guyane, à
l'Équateur, à la Nouvelle-Grenade, dans le nord du Brésil, de
la Bolivie et du Pérou. Une seule espèce se rencontre dans
l'Amérique du Nord, au Mexique et aux États-Unis : c'est le
*Caïman au museau de brochet* (fig. 291) ou Alligator du Mississipi, qu'il est si fréquent de voir vivant dans les ménageries.
Les Caïmans sont reconnaissables à leur museau relativement
court et large.

Les **Crocodiles** sont particuliers à l'Afrique, mais on les rencontre aussi en Asie et dans l'Amérique du Sud.

Leur museau est, à son extrémité, percé de trous dans lesquels viennent s'engager les deux dents antérieures de la mâchoire inférieure (fig. 292).

Le *Crocodile du Nil* était adoré des anciens Égyptiens. Dans les temples en ruine et dans les tombeaux, on le trouve fréquemment à l'état de momie. Cet animal présente des mœurs curieuses, sur lesquelles Hérodote a été le premier à fixer l'attention :

« Lorsque le Crocodile prend sa nourriture dans le Nil, l'intérieur de sa gueule est toujours couvert de Sangsues: Tous les

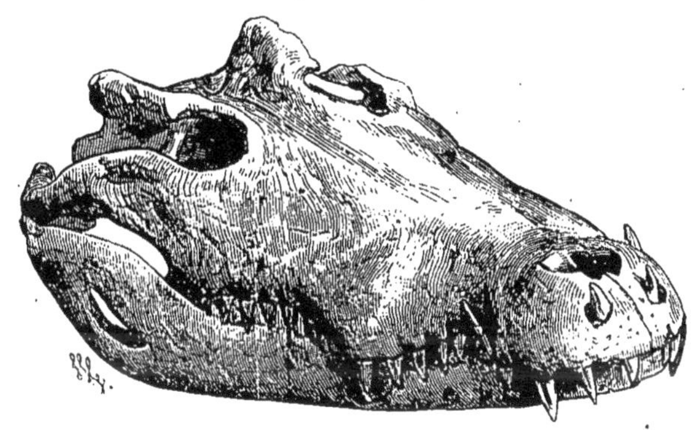

Fig. 292. — Tête de Crocodile.

Oiseaux, à l'exception d'un seul, se sauvent du Crocodile; mais cet Oiseau unique, le *Trochilus*, bien. loin de fuir, vole vers le Reptile avec le plus grand empressement et lui rend un très grand service. Chaque fois que le Crocodile gagne la terre pour dormir, et au moment où il gît étendu, les mâchoires ouvertes, le *Trochilus* entre dans la gueule du terrible animal et le délivre des Sangsues qui s'y trouvent. Le Crocodile se montre reconnaissant, et ne fait jamais aucun mal au petit Oiseau qui lui rend ce bon office. »

L'exactitude de ce récit d'Hérodote a longtemps été révoquée en doute, mais Étienne Geoffroy Saint-Hilaire, qui accompagnait Bonaparte pendant l'expédition d'Égypte, eut plusieurs fois l'occasion de la vérifier. Nous connaissons du reste déjà certains cas analogues, et nous savons que des Oiseaux débarrassent de la même façon les Buffles et les Rhinocéros des Sangsues qui sont venues se fixer sur leur peau.

Il n'y a pas bien longtemps encore, les Crocodiles étaient répandus dans tout le Nil, mais la navigation de ce fleuve étant devenue fort active, ils ont disparu petit à petit et on ne les rencontre plus maintenant au-dessous de la première cataracte.

Les **Gavials** ne se trouvent qu'aux Indes, dans le bassin du Gange. Ils se rencontrent aussi à Bornéo et à Java. Ces animaux sont caractérisés par un museau fort étroit et fort. long (fig. 293). Au contraire de leurs redoutables cousins les Caïmans et les Crocodiles, ils sont tout à fait inoffensifs pour l'Homme.

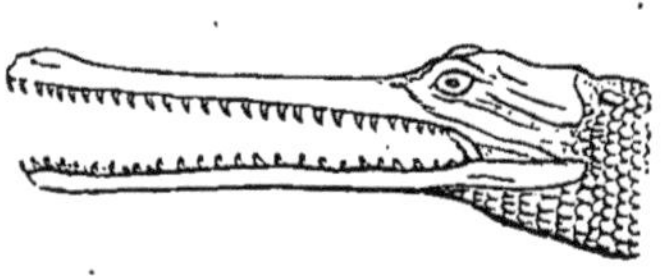

Fig. 293. — Tête de Gavial.

On tire quelque parti des Crocodiliens, tant il est vrai qu'il n'est pas d'animal exclusivement nuisible et absolument inutile. En Cochinchine on les mange, et pour les avoir toujours à sa disposition on les garde dans des réservoirs d'où on les conduit au marché. La peau des Alligators est utilisée en Amérique; on a même fait à ces animaux des chasses destructives, si bien que quelques industriels ont eu l'idée d'élever ces animaux dans des parcs pour en avoir la peau.

Les Crocodiliens actuels sont les derniers représentants d'un groupe d'animaux autrefois fort abondants et dans lequel il est aisé d'établir trois grandes divisions, en se basant sur la structure du squelette et spécialement de la colonne vertébrale.

De ces trois divisions, une seule subsiste de nos jours : elle comprend les animaux que nous venons d'étudier. Tous sont

caractérisés par des vertèbres creusées en avant d'une concavité, mais portant en arrière un tubercule arrondi, destiné à
s'emboîter exactement avec la concavité de la vertèbre suivante. On dit que les vertèbres constituées de la sorte sont
*procœliennes* (πρὸ, en avant; κοῖλος, creux) : les Crocodiliens
actuels forment donc le groupe des **procœliens** (fig. 294).

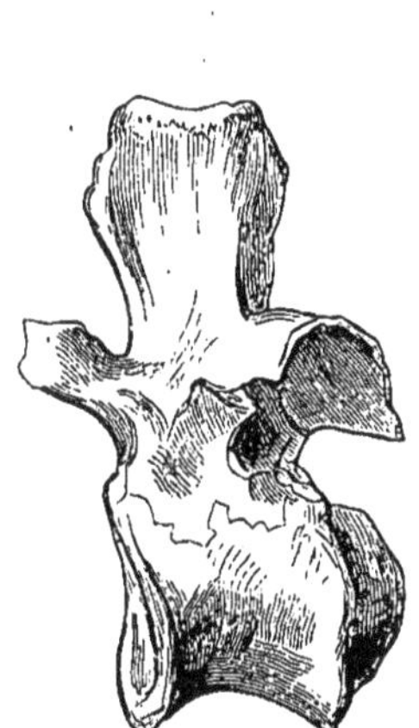 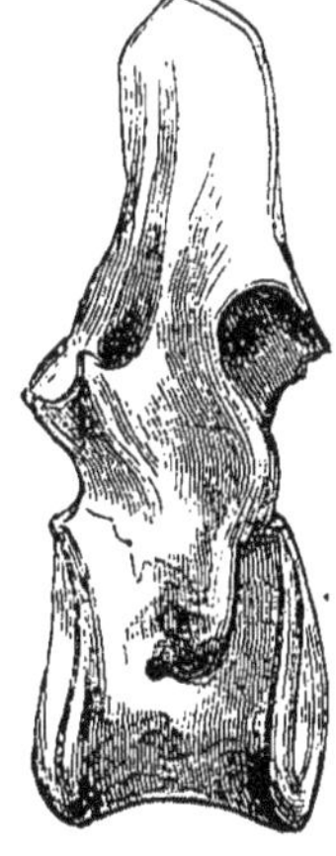 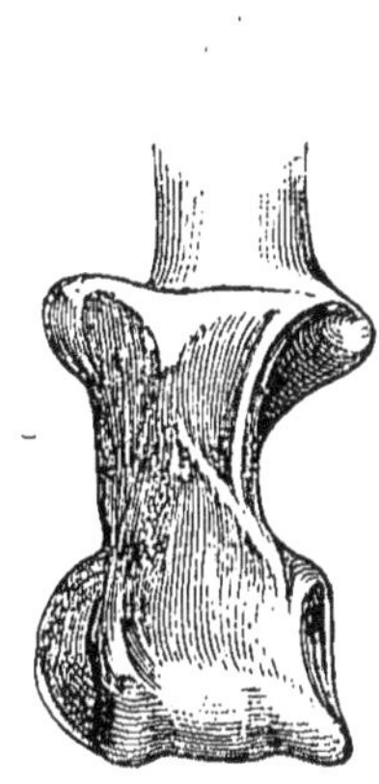

Fig. 294. — Vertèbre procœlienne de Crocodile.  Fig. 295. — Vertèbre amphicœlienne de Téléosaure.  Fig. 296. — Vertèbre opisthocœlienne de Streptospondyle.

Les deux autres groupes de Crocodiliens sont exclusivement
fossiles. Ceux qui se montrèrent les premiers à la surface de
la terre avaient les vertèbres concaves des deux côtés, c'est-à-
dire *amphicœliennes* (ἀμφὶ, des deux côtés; κοῖλος, creux); on
les réunit dans le groupe des **amphicœliens** (fig. 295). Ces
animaux vivaient à l'époque jurassique. Le *Téléosaure*, le
*Géosaure* et le *Mystriosaure* formaient les types principaux.

Le dernier groupe de Crocodiliens, caractérisé par des vertèbres à concavité postérieure et à convexité antérieure, est
celui des **opisthocœliens** (ὄπισθεν, en arrière; κοῖλος, creux). Il
était représenté aux époques jurassique et crétacée par le *Sténéosaure*, le *Cétiosaure* et le *Streptospondyle* (fig. 296).

Le second des deux sous-ordres que nous avons établis dans l'ordre des Hydrosauriens est celui des ENALIOSAURIENS (ένάλιος, marin ; σαῦρος, lézard). Ainsi que nous l'avons dit et comme leur nom l'indique, tous ces êtres, depuis longtemps disparus de la surface de la terre, étaient des Reptiles marins. Ils vivaient en Europe à l'époque secondaire. Tous étaient caractérisés par une peau nue, par des vertèbres biconcaves ou amphicœliennes et par des nageoires représentant des membres transformés : à cet égard, ils étaient donc analogues aux Cétacés, qui n'avaient du reste point encore paru à cette époque à la surface du globe. C'étaient de puissants animaux qui ne mesuraient pas moins de 10 mètres de longueur. Leur museau aplati, allongé et armé de nombreuses dents préhensiles, coniques, les rendait particulièrement redoutables.

Ces animaux d'une conformation singulière peuvent être rapportés à trois types principaux :

Les **NOTHOSAURES** vivaient à l'époque triasique. Les dents antérieures de la mâchoire supérieure se faisaient remarquer par leur taille considérable. Le cou, fort allongé, se composait de 20 vertèbres.

Les **PLÉSIOSAURES**, dont on rencontre les débris dans les terrains jurassiques, avaient la tête très petite. La queue était

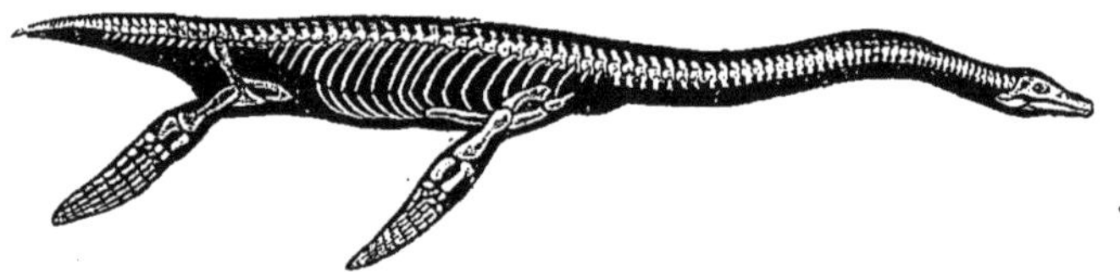

Fig. 297. — Plésiosaure.

fort courte, mais le cou, fort allongé, comptait de 20 à 40 vertèbres (fig. 297).

Les **ICHTHYOSAURES**, contemporains des Plésiosaures, présentaient au contraire une tête volumineuse, un cou fort court e

une longue queue autour de laquelle se trouvait vraisemblablement une nageoire (fig. 298). On voit les Plésiosaures et
les Ichthyosaures disparaître à l'aurore de la période crétacée.

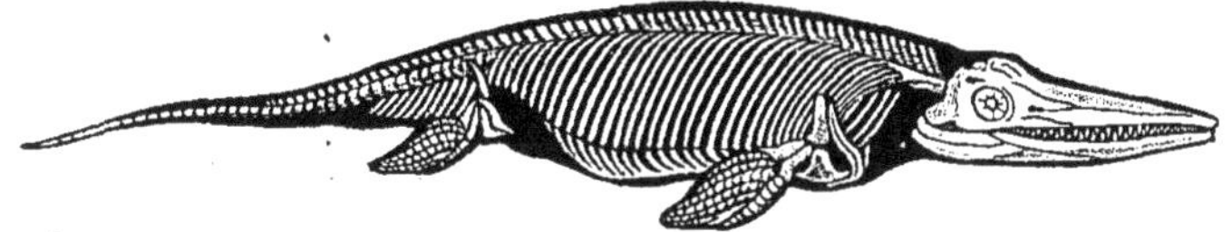

Fig. 298. — Ichthyosaure.

## ORDRE DES SAURIENS

L'ordre des Sauriens (σαῦρος, lézard) comprend les Lézards
et les animaux voisins des Lézards. Par l'aspect extérieur, ces
animaux ressemblent aux Crocodiles, mais sont de bien plus
petite taille; l'organisation interne est du reste assez différente.

Les Sauriens sont munis d'une longue queue, arrondie et
effilée comme chez les Lézards, ou au contraire plus ou moins
cylindrique comme chez l'Orvet. Dans certains cas, et les animaux que nous venons de citer en offrent précisément des
exemples, elle est extrêmement fragile : elle jouit alors de la
faculté de repousser et de se reconstituer tout entière. Ce
phénomène curieux a reçu le nom de *rédintégration;* nous en
rencontrerons d'autres exemples en parlant des Batraciens, et
surtout des Invertébrés.

Les membres, quand ils existent, sont pourvus de cinq doigts,
dont la conformation varie chez les différentes familles. Les
Lézards et la plupart des autres Sauriens ont les doigts grêles,
armés de griffes longues et crochues, à l'aide desquelles ces
animaux peuvent grimper le long des murailles verticales ou
se cramponner aux moindres aspérités des arbres. Les Geckos
peuvent également courir le long de plans verticaux et même
contre le plafond des maisons, grâce à des sortes de ventouses
qui terminent leurs doigts dépourvus d'ongles. Chez le Camé-

léon, les doigts, divisés à chaque patte en deux groupes opposables l'un à l'autre, permettent à l'animal d'embrasser et de saisir fortement les branchages sur lesquels il passe son existence.

Les membres sont parfois si courts qu'ils ont plutôt l'air de moignons : il est à remarquer que chez les espèces qui présentent ces membres rudimentaires, le corps est fort allongé et ressemble à un corps de Serpent. D'autres fois, les membres postérieurs existent seuls, comme cela se voit chez les Pseudopes ; les antérieurs peuvent également être seuls à persister. Il est enfin des cas où toute trace de membres a disparu, au moins à l'extérieur, comme chez l'Orvet. En toute circonstance, même alors que le corps, totalement dépourvu d'appendices, ressemble à s'y méprendre à celui d'un Serpent, on retrouve au-dessous de la peau des os qui représentent les os des membres à l'état rudimentaire.

La peau n'est jamais lisse, mais est toujours couverte de petits tubercules plus ou moins surélevés, auxquels on a donné fort improprement le nom d'*écailles*. En effet, sauf le cas des Scincoïdiens, on ne trouve jamais dans leur épaisseur de plaques

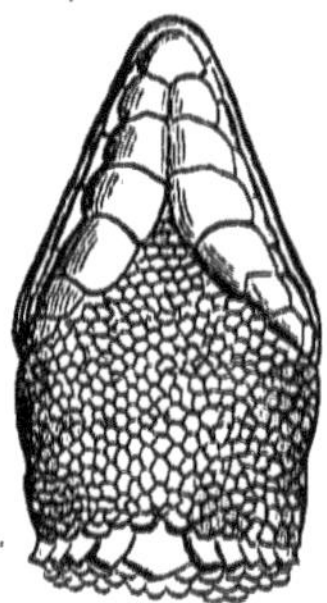 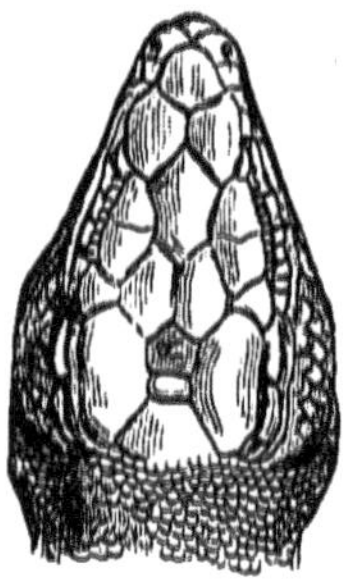

Fig. 299.—Plaques de la gorge d'un Lézard.   Fig. 300. — Plaques céphaliques d'un Lézard.

osseuses qui puissent légitimer cette dénomination. On devrait donc leur donner le nom de *fausses écailles* (fig. 299). Néanmoins ce nom d'écailles est si universellement adopté qu'il serait

difficile de chercher à le remplacer par une appellation nouvelle. Sur le dos et les côtés du corps, les écailles sont fort
petites, mais en d'autres régions elles atteignent des dimensions plus considérables, et leur étude, fort importante, est
l'une des bases les plus solides de la classification des Sauriens.
Les écailles de la tête, fort nombreuses et fort compliquées,
sont connues sous le nom collectif de *plaques céphaliques*
(fig. 300) : chacune d'elles a reçu un nom particulier, et pour
arriver à la détermination des espèces, il faut tenir le plus grand
compte de leur nombre, de leur forme, de leurs dimensions
relatives.

Certaines espèces de Sauriens, parmi lesquelles on compte
les Lézards, présentent dans l'épaisseur de la peau des glandes qui se trouvent ré-parties le long du bord interne de la cuisse. Ces glandes, connues sous le nom de *pores fémoraux* (fig. 301), sont toujours peu nombreuses. Elles ont fourni des caractères importants pour la distinction des genres et des espèces.

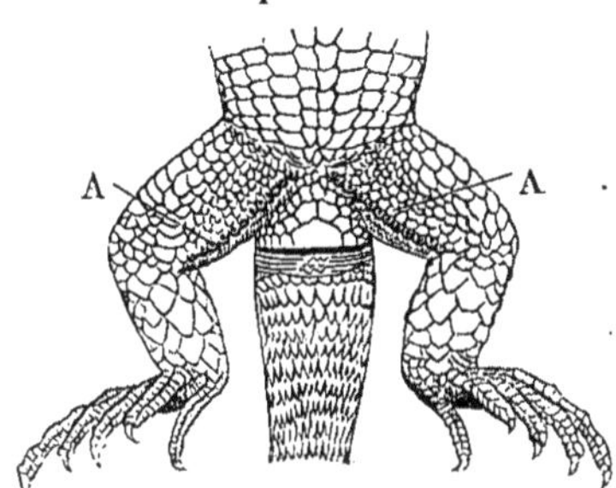



Fig. 301. — Pores fémoraux d'un Lézard.

La peau présente des colorations diverses dues à l'existence
dans le derme de dépôts pigmentaires qui donnent à l'organe
les teintes parfois fort brillantes dont la répartition sur les
divers points de la surface du corps a fourni encore de bons
caractères pour la classification. Dans certains cas, notamment
chez le Caméléon, l'animal jouit à un haut degré la faculté
de faire varier la coloration de sa peau. Nous reviendrons, du
reste, sur ce point quand il sera question de cette espèce.

Les couches les plus externes de l'épiderme se détachent, à
certaines époques, du reste de la peau : c'est ce qui constitue
le phénomène de la *mue*.

Les sens, sauf celui de la vue, semblent peu développés. Le toucher s'opère le plus souvent au moyen de la langue; l'odorat et le goût sont à peu près nuls; l'ouïe ne paraît pas être beaucoup plus fine. L'œil est entouré de deux paupières, excepté chez les Ophiops, les Geckos et les Amphisbènes; c'est ordinairement la paupière inférieure qui, lorsque l'œil se ferme, vient recouvrir entièrement le globe oculaire. Il existe le plus souvent une membrane nictitante.

La langue présente une forme très variable, suivant les animaux chez lesquels on l'examine.

Les Sauriens se nourrissent presque exclusivement de proies vivantes : ils s'attaquent surtout aux Insectes, mais les grandes espèces ne reculent point devant les petits Mammifères ou les Oiseaux.

Le cœur et les poumons des Sauriens sont constitués comme ceux des Tortues (fig. 302). Chez les Sauriens serpentiformes, un des poumons devient beaucoup plus petit que l'autre.

Les Sauriens sont ovipares; les femelles pondent leurs œufs sur la terre ou le sable, puis les recouvrent avec soin. Quelques espèces pourtant sont ovovivipares, comme l'Orvêt et un Lézard de nos pays. Ces animaux présentent encore cette propriété, commune à tous les Reptiles, de s'engourdir pendant l'hiver, enfouis au fond de trous creusés dans le sol.

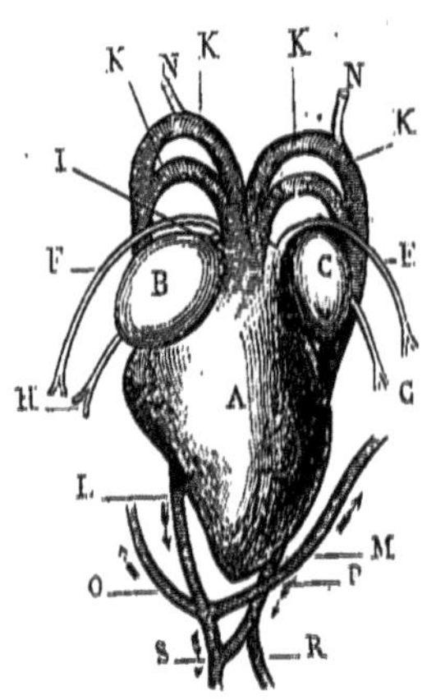

Fig. 302. — Cœur de Lézard.

A, ventricule. — B, oreillette droite. — C, oreillette gauche. — E, artère pulmonaire gauche. — F, artère pulmonaire droite. — G, veine pulmonaire gauche. — H, veine pulmonaire droite. — I, tronc aortique. — K, arcs aortiques. — L, aorte descendante droite. — M, aorte descendante gauche. — N, artères carotides. — O, artère sous-clavière droite. — P, artère sous-clavière gauche. — R, artère cœliaque. — S, aorte commune postérieure ou aorte abdominale.

Les **lézards** sont au nombre des Sauriens les plus vifs et les plus agiles. A l'aide de leurs griffes et de leur museau, ils se creusent des terriers pour s'abriter, ou profitent simplement de l'abri que leur offre une fissure d'arbre ou de rocher, ou bien le trou abandonné d'un **Mulot**. Ils se nourrissent d'Insectes, d'Araignées, de petits Mollusques, de Vers de terre.

Le plus commun de nos Lézards est le *Lézard gris* ou *Lézard des murailles* (fig. 303), que l'on voit en été si fréquemment dor-

Fig. 303. — Lézard des murailles.

mir sur les pierres des vieux murs. Cette espèce présente des variétés très nombreuses.

Comme l'espèce précédente, le *Lézard vivipare* est de petite taille : il dépasse rarement 20 centimètres de longueur. Contrairement au Lézard gris, il se tient loin du voisinage de l'Homme et habite surtout les montagnes ou les plaines marécageuses. Il mérite de vous être signalé tout particulièrement parce que, comme le nom de l'espèce l'indique, la femelle ne pond pas des œufs, mais donne naissance à trois, quatre ou cinq petits vivants.

Le *Lézard vert* (fig. 504), de plus grande taille que les précédents, puisqu'il atteint jusqu'à 50 centimètres de longueur, est très abondant par toute la France. Il se tient de préférence sur la lisière des bois et le long des haies. Ses couleurs vives et élégantes vous ont fait certainement remarquer bien souvent ce gentil Reptile, complètement inoffensif, auquel on fait pourtant, bien à tort, la plus mauvaise réputation.

Fig. 304. — Lézard vert.

Le *Lézard ocellé* présente également une coloration verte, mais sa taille est beaucoup plus considérable que celle du Lézard vert : il atteint communément jusqu'à 50 centimètres et peut même dépasser ces dimensions. Son nom lui vient de ce qu'il porte sur les flancs une série de grandes taches rondes, d'un bleu cendré entouré de brun. Cette grande espèce est particulière au Midi : elle est abondante aux environs de Montpellier, mais est déjà rare dans la Gironde; on la trouve aussi en Italie, en Espagne et même en Algérie.

Les MONITORS ou *Sauvegardes* sont les plus grands des Sauriens. Ils habitent l'ancien continent, surtout l'Afrique, en partie dans le voisinage des eaux, en partie dans des endroits secs et sablonneux. Ils se nourrissent principalement de gros Insectes, ou même de Reptiles, d'œufs d'Oiseaux et de Mammifères. Les VARANS font partie de ce groupe. Une espèce particulière de Varan vit en Algérie et sur les rives du Nil, où elle mange les œufs du Crocodile.

Les **scincoidiens** varient assez d'aspect ; tous sont caractérisés par l'existence de plaques osseuses dans l'épaisseur de la peau.

Le *Gongyle* et le *Scinque*, qui habitent l'Égypte, sont des Scincoïdiens semblables aux Lézards. Le *Seps* (fig. 305) et l'*Orvet*, qui vivent dans nos pays, rappellent plutôt les Serpents par leur corps très-allongé. Le Seps toutefois est muni de quatre pattes fort courtes ; l'Orvet nommé aussi *Serpent de verre*, à cause de

Fig. 305. — Seps.

sa fragilité, en est au contraire totalement dépourvu. Le Seps habite l'Espagne et le midi de la France. L'Orvet est répandu par toute la France : cet animal jouit presque partout de la plus mauvaise réputation : on le croit fort dangereux, bien qu'il n'y en ait pas de plus inoffensif. On le considère aussi assez généralement comme étant aveugle, mais cette opinion n'est pas plus justifiée que la précédente.

Les **geckos** ne sont représentés en France que par une

Fig. 506. — Phrynosome.

Fig. 507. — Gecko des murailles.

seule espèce. Un des principaux genres est celui des **Agames,** dont les représentants se rencontrent en Afrique et en Amérique : ceux d'Afrique sont les **Stellions,** les **Agames proprement dits** et les **Fouette-queue,** si communs en Égypte et en Algérie. Les Agames d'Amérique sont surtout représentés par les **Phrysonomes** (fig. 306), si abondants au Mexique et aux États-Unis.

Le **Gecko des murailles** (fig. 307) ou *Tarente* se trouve en Italie, en Espagne et dans certaines parties du midi de la France. Cet animal recherche assez volontiers le voisinage de l'Homme, et il n'est pas rare, dans les pays qu'il habite, de le voir courir à l'intérieur des maisons, surtout contre le plafond, où il se maintient en dépit des lois de la pesanteur. En effet, ses doigts sont constitués de telle sorte qu'il peut marcher sur tous les plans et dans toutes les directions.

Une autre famille importante, celle des **iguanes,** comprend un grand nombre de genres qui se rencontrent en Amérique,

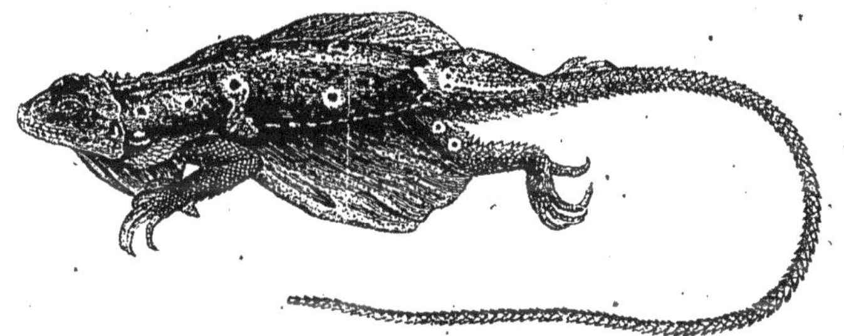

Fig. 308. — Dragon.

aux Indes et en Australie. Parmi les espèces indiennes et australiennes se rencontrent les **Dragons** (fig. 308). Ce nom évoque le souvenir d'animaux fantastiques, tout griffes et tout bec, au corps bizarrément construit et tenant le milieu entre la Chauve-souris, le Quadrupède et le Serpent. Les petits animaux que nous désignons ici sous le nom de Dragons sont moins épouvantables que cela, mais ils ne sont pas moins dignes

d'exciter votre intérêt. En effet, ils présentent de chaque
côté du corps une large membrane, constituée par un repli de
la peau que viennent soutenir et consolider des côtes démesurément allongées. Ce repli cutané forme une sorte de parachute, grâce auquel l'animal peut se soutenir en l'air, lorsqu'il
saute de branche en branche, mais qu'il est dans l'impossibilité de mouvoir comme l'Oiseau fait de ses ailes.

Fig. 509. — Iguane.

Parmi les Iguaniens d'Amérique, il convient de citer les
Iguanes et les Basilics. Les **Iguanes** (fig. 509) ont le dos muni
d'une crête dentée et la gorge ornée d'un grand appendice connu
sous le nom de *fanon*; elles habitent les régions tropicales et
sont surtout abondantes à Surinam, aux environs de Cayenne
et au Brésil : on les chasse à cause de l'excellence de leur
chair. Les **Basilics**, comme les Iguanes, atteignent une longueur de 70 à 80 centimètres. Ce ne sont point les animaux

fantastiques et redoutables dont parle la légende, mais de simples Sauriens dont le dos et la queue sont surmontés, chez le mâle, d'une crête élevée que soutiennent de longs prolongements des vertèbres.

Les **caméléons** (fig. 309 et 310), particuliers à l'ancien monde, sont répandus en divers points de l'Afrique, à Madagascar, et même dans le sud de l'Espagne. Leur organisation et leurs mœurs sont des plus singulières. Comme nous l'avons fait remarquer plus haut, les doigts sont divisés à chaque patte en deux groupes

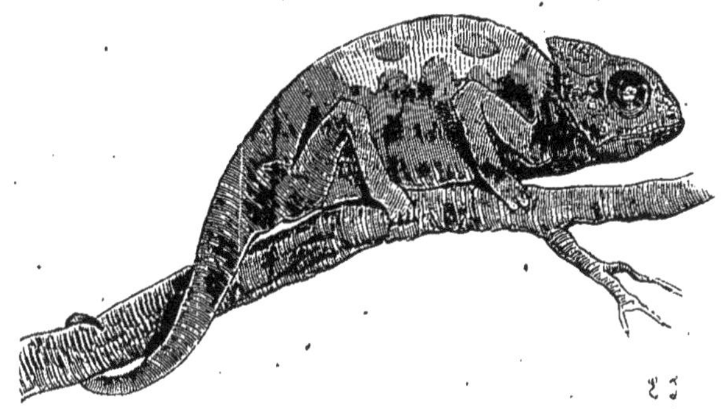

Fig. 310. — Caméléon dormant éclairé par une forte lampe, une partie du corps ayant été protégée par un écran découpé.

opposables l'un à l'autre et saisissant les branches à la manière d'une tenaille. La queue, mince et longue, est prenante. La langue, très longue et vermiforme, est un véritable appareil préhensile : elle est renflée à son extrémité et creusée en forme de coupe. A l'état de repos, elle est rentrée sur le plancher de la bouche; mais quand un Insecte vient à passer à sa portée, l'animal la projette vers cette proie, et elle peut alors atteindre ou même dépasser la longueur du corps.

Le Caméléon est surtout connu pour la facilité avec laquelle il change de couleur. Sous l'influence de la colère, de la peur, du sommeil, il peut devenir gris, noir, vert, rougeâtre. Ces changements de teinte sont également occasionnés par la lumière. Si on éclaire, au moyen d'une forte lampe, un Caméléon endormi, devenu pendant le sommeil d'une teinte gris-jau-

nâtre claire, en ayant soin de protéger, au moyen d'un écran découpé, une partie de la région dorsale, on obtient une singulière apparence (fig. 310) : tout le corps devient d'un brun noirâtre très foncé, tandis que les parties protégées contre l'action de la lumière gardent leur couleur primitive. Ce sont les rayons de la région bleue du spectre solaire qui produisent cette action ; car si l'on place un autre animal complètement éveillé, en plein soleil, mais en abri-

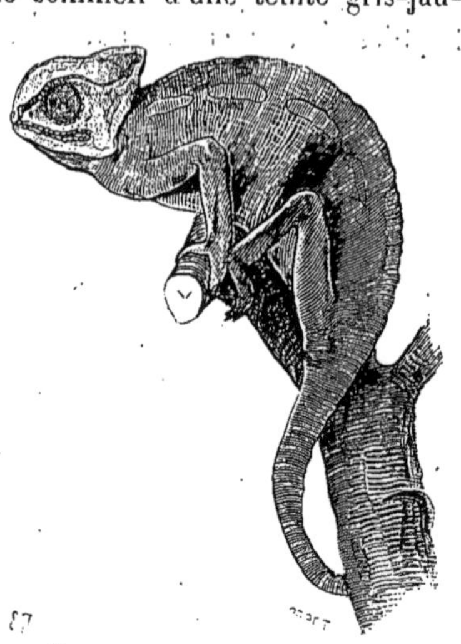

Fig. 311. — Caméléon éveillé, au soleil, la partie antérieure du corps recevant les rayons lumineux à travers un verre rouge et la partie postérieure à travers un verre bleu.

tant la partie antérieure derrière un verre rouge et la postérieure derrière un verre bleu, cette dernière seule prend une teinte foncée (fig. 311).

Dans les temps géologiques, notamment aux époques jurassiques et crétacées, vivaient d'énormes Sauriens aujourd'hui disparus. La plupart d'entre eux ne pourraient rentrer dans aucun des groupes actuellement existants.

Le *Mosasaure*, découvert dans le terrain crétacé des environs de Maestricht, était de taille gigantesque. Il serait assez voisin des Sauvegardes actuelles. Le *Mégalosaure* et l'*Iguanodon*, contemporains de l'époque jurassique et des débuts de l'époque crétacée, étaient de véritables colosses : leur longueur moyenne était d'au moins 15 mètres ; leurs vertèbres étaient biconcaves ou amphicœliennes, leur corps et leurs membres lourds et pesants.

Les **Ptérodactyles** (fig. 312), qui appartiennent surtout à
l'époque jurassique, étaient sans contredit les plus curieux de ces
Reptiles. Leurs membres antérieurs, très puissants, présentaient

Fig. 512. — Ptérodactyle.

un doigt externe extrêmement fort et développé qui, de même
que chez les Chauves-souris, portait une membrane grâce à
laquelle l'animal pouvait s'élever dans les airs.

### ORDRE DES OPHIDIENS

Les Ophidiens (ὄφις, serpent; εἶδος, forme) sont totalement
dépourvus de membres. Leur corps est allongé et cylindrique,
sauf chez certaines espèces aquatiques, chez lesquelles il est
un peu aplati transversalement ; il est tout d'une venue et,
en général, peu distinct de la tête ; pourtant, chez les Serpents venimeux, la tête s'élargit en arrière, de sorte que la
démarcation entre elle et le corps devient fort nette.

La queue, plus ou moins longue, est ordinairement cylindro-
conique, mais elle se comprime considérablement chez les
espèces aquatiques. Chez les Crotales ou Serpents à sonnettes,
elle porte à son extrémité un appareil spécial qui, lorsque

l'animal l'agite, produit un son caractéristique. Chez les Boas, qui vivent volontiers sur les arbres, la queue s'enroule autour des branches et peut même soutenir tout le poids du corps de l'animal ; elle est prenante de la même façon que chez certains Singes.

La peau est couverte de *fausses écailles* dans l'épaisseur desquelles on ne trouve jamais de plaques osseuses. Les écailles du ventre et celles de la face inférieure de la queue sont larges, régulières et disposées en séries transversales. Celles du dos sont au contraire disposées en séries obliques ; si on les examine d'avant en arrière, elles apparaissent donc comme imbriquées, c'est-à-dire qu'elles se recouvrent à la manière des tuiles d'un toit.

Les Serpents, comme les autres Reptiles, sont soumis au phénomène de la *mue* : tant que dure la mue, l'animal est languissant, inactif et comme malade, mais aussitôt après il reprend toute son activité.

Les Ophidiens, avons-nous dit déjà, n'ont point de membres. Pourtant, chez les Boas et les Pythons, on trouve de chaque côté de l'anus un petit ergot qu'il faut considérer comme représentant un membre postérieur extrêmement réduit. La progression se fait donc chez ces animaux d'une façon toute particulière. C'est en prenant des points d'appui sur les plus petites aspérités du sol que les Serpents parviennent à ramper ; ils contournent et incurvent leur corps en différents sens et leur vitesse peut être parfois assez grande pour qu'il ne soit possible de les atteindre qu'à la course ; ils rampent du reste d'autant plus vite que le sol sur lequel ils se trouvent est plus inégal et plus rocailleux.

Ils nagent pour la plupart avec facilité ; certaines espèces sont même à peu près exclusivement aquatiques : tels sont les Hydrophides ou Serpents de mer, dont la queue est comprimée en forme de rame.

La peau des Ophidiens n'est vraisemblablement pas, à cause

de son épaisseur, un organe de toucher bien parfait. Le Serpent
se met en rapport avec le monde extérieur au moyen de sa
langue, qu'il tire sans cesse hors de la bouche, non pour
piquer, comme le disent beaucoup de gens, mais pour reconnaître la nature et les propriétés des corps qui l'environnent.
Pour darder sa langue bifide, il n'est pas nécessaire que
l'animal ouvre la bouche : cet organe peut fort bien sortir au
travers de l'encoche que présente en son milieu la lèvre supérieure.

L'œil n'est point entouré de paupières qui puissent le venir
protéger. Pourtant il n'est point nu : la peau ne s'interrompt
point à son niveau, mais passe au-devant de lui et présente
simplement en ce point assez de transparence pour permettre
à la lumière de pénétrer facilement jusqu'à l'œil lui-même.
Entre le globe oculaire et cette portion de la peau se trouve
un espace dans lequel les larmes entretiennent une humidité
constante. Certaines espèces à vie souterraine, comme les
Typhlops, sont presque aveugles : leurs yeux sont très petits
et la peau qui les recouvre est à peine transparente.

L'appareil auditif est fort peu compliqué. L'oreille se montre
sur les côtés de la tête, un peu en arrière et au-dessus du coin
de la bouche. Le sens de l'ouïe paraît du reste assez obtus. Il
en est de même de l'odorat et du goût ; nous avons vu que la
langue n'était point réservée à ce dernier sens.

Les Serpents sont des animaux carnassiers ; ils se nourrissent
de proies vivantes. Ils se jettent brusquement sur les animaux
qui passent à leur portée et les saisissent par la tête ou le
museau, en même temps qu'ils les étouffent en s'enroulant
autour d'eux (fig. 315). Certains animaux de petite taille sont
avalés tout vivants ; quant à ceux qui sont plus gros, le Serpent
les étouffe et leur brise les os en les enserrant de ses anneaux.
La victime est toujours avalée de telle façon que les plumes ou
les poils soient couchés le long du corps.

Le plus souvent, les Serpents avalent des proies beaucoup

plus grosses qu'ils ne le sont eux-mêmes. On comprend donc
difficilement qu'ils puissent arriver à introduire dans leur
bouche et dans leur tube digestif des animaux d'aussi forte

Fig. 513. — Couleuvre d'Esculape mangeant une Souris.

taille. Cela se fait pourtant, mais au prix de quels efforts ! Les
divers os des mâchoires, simplement juxtaposés et non soudés
entre eux, s'écartent les uns des autres, et la bouche se dilate
énormément. La proie s'enfonce lentement dans la bouche,
grâce à un mouvement de va-et-vient des mâchoires, dont les
dents aiguës sont disposées de telle sorte qu'il leur est à peu
près impossible de lâcher prise une fois qu'elles se sont implantées dans le corps d'un animal. Après avoir traversé la
bouche, lentement et avec peine, l'aliment atteint l'œsophage,
qui va, lui aussi, se dilater considérablement pour lui livrer
passage. Enfin l'aliment arrive dans l'estomac, le travail digestif
peut dès lors commencer, labeur long et pénible, qui con-
damne le Serpent à la plus complète immobilité.

Le passage de l'aliment à travers la bouche exige toujours un temps fort long, pendant lequel le Serpent serait exposé à mourir d'asphyxie, si une disposition spéciale ne lui permettait de respirer régulièrement : l'ouverture de la trachée est ramenée en avant, de façon à sortir de la bouche, et grâce à cette particularité, le libre accès de l'air dans le poumon peut se faire d'une façon ininterrompue.

La bouche des Serpents est garnie de dents nombreuses, crochues et recourbées en arrière, qui servent à retenir la proie, mais sont incapables de broyer. Ces dents existent à l'une et à l'autre mâchoire, et le plus souvent on en rencontre encore plusieurs rangées sur le palais. Chez certaines espèces toutefois, les dents n'existent qu'à l'une des deux mâchoires.

Chez beaucoup de Serpents, on observe à la mâchoire supérieure des dents d'une forme particulière, qui communiquent avec un appareil à *venin* dont nous aurons à parler tout à l'heure. Ces dents peuvent être constituées de deux façons : dans certains cas, elles sont creusées à leur surface antérieure d'un sillon chargé de conduire le venin jusque dans la plaie faite par la dent; d'autres fois, la dent est traversée de part en part, dans le sens de sa longueur, par un canal au sommet duquel vient se déverser le venin.

Les dents à sillons, ou dents cannelées, sont généralement fortes et soudées à l'os sur lequel elles s'implantent. Elles sont d'ordinaire peu nombreuses et ne se rencontrent qu'à la mâchoire supérieure. Elles sont situées, suivant les espèces, tout à fait en avant de la bouche ou au contraire tout à fait en arrière, derrière une rangée de dents à crochet.

Les Serpents à dents creusées d'un canal sont les Serpents les plus redoutables : leur mâchoire supérieure ne possède de chaque côté qu'une seule dent canaliculée, près de laquelle sont situées des dents plus petites, destinées à remplacer la première, au cas où elle viendrait à être arrachée.

La glande à venin des Serpents venimeux est située au-dessous de la peau, un peu en arrière des yeux. Le liquide qu'elle sécrète est déversé à la base des dents (fig. 314 et 315). Nous avons vu déjà que les dents cannelées sont soudées aux os de la mâchoire. Les dents creusées d'un canal, au contraire, sont mobiles. Lorsque la bouche est fermée, elles sont couchées en arrière et appliquées contre le palais ; lorsqu'elle s'ouvre, les dents se redressent, par suite d'une disposition anatomique particulière. En même temps, la glande se trouve comprimée et prête à expulser le venin qui s'est accumulé dans son inté-

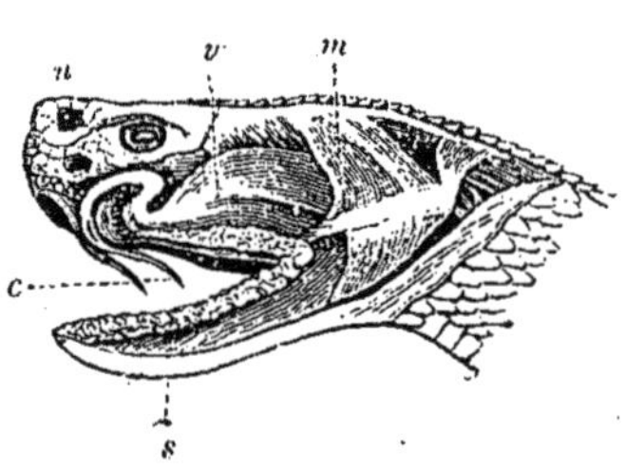

Fig. 314. — Appareil venimeux du Crotale.

*m*, muscles élévateurs de la mâchoire, qui recouvrent en partie la glande et peuvent la comprimer. — *n*, narine. — *s*, glandes salivaires qui garnissent le bord des mâchoires. — *v*, glande à venin, dont le conduit excréteur aboutit à la grosse dent mobile ou crochet, *c*.

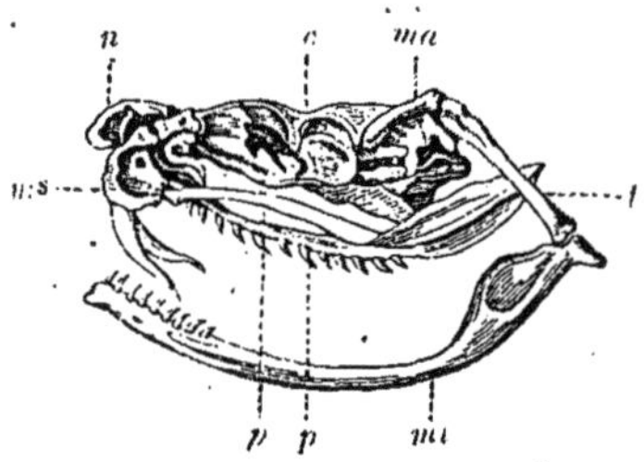

Fig. 315. — Tête osseuse de Crotale.

*c*, crâne. — *ma*, os mastoïdien. — *mi*, mâchoire inférieure. — *ms*, mâchoire supérieure. — *n*, narine. — *t*, os tympanique.

rieur ; si la dent mord alors quelque chose, la compression de la glande augmente et le venin s'écoule en plus grande abondance. Ce venin est au nombre des poisons les plus violents que l'on connaisse.

Le cœur des Serpents est exactement construit comme celui des Tortues et des Lézards.

Les poumons sont constitués par deux sacs fort allongés et fort spacieux, dans lesquels l'air peut s'accumuler en grande quantité. Ces poumons sont toutefois de taille inégale, l'un d'eux étant notablement plus développé que l'autre, et il arrive même, chez certaines espèces venimeuses, que l'un des poumons fasse complètement défaut. Les Serpents dilatent leur cavité thoracique au moyen du mouvement des côtes.

La plupart des Serpents sont ovipares ; quelques-uns, comme la Vipère, sont vivipares, ou plutôt ovovivipares. En général, la femelle pond un certain nombre d'œufs blancs, ovales, à coquille coriace. Ces œufs, dont le nombre peut varier entre 6 et 55, suivant les espèces, sont déposés dans la terre humide, dans des endroits chauds et abrités, puis abandonnés à eux-mêmes. Il est pourtant certaines espèces, au nombre desquelles sont les Boas et les Pythons, qui entourent leurs œufs d'une véritable sollicitude. Ces animaux se pelotonnent au-dessus de leurs œufs et produisent une chaleur assez élevée jusqu'au moment de l'éclosion.

« A une époque plus ou moins tardive suivant les années et les conditions, entre la fin d'octobre et celle de novembre, parfois même en décembre seulement, tous nos Ophidiens se retirent petit à petit dans leurs quartiers d'hiver, sous le sol ou dans quelque trou bien abrité. Une léthargie profonde s'empare d'eux et les retient enfouis jusqu'à un nouveau printemps, groupés en famille ou en nombreuses sociétés et enchevêtrés ou roulés ensemble. L'on trouve quelquefois, dans ces paquets de Serpents engourdis, des espèces mélangées ; mais, dans la majorité des cas, celles-ci se réunissent plutôt chacune de son côté. »

Ce phénomène d'engourdissement que les grands froids déterminent chez les Serpents de nos pays peut être également causé par la grande chaleur : lorsque la chaleur devient torride, des Boas d'Amérique s'enfoncent dans la vase des marais et s'y engourdissent pour un temps plus ou moins long.

Les Serpents les plus remarquables par leur taille et par la beauté de leur coloration sont particuliers aux climats chauds ; on ne rencontre dans nos pays que de petites espèces, dont les plus grandes ne dépassent pas 1$^m$,60 de longueur. Ces animaux sont terrestres ; ils habitent de préférence les pays montagneux, boisés et se cachent sous les pierres, dans la mousse et le feuillage. Certaines espèces se rendent volontiers à l'eau et affectionnent le voisinage des étangs ; d'autres vivent exclusivement dans la mer ; d'autres encore rampent sur les arbres.

On a divisé pendant longtemps les Ophidiens en Serpents venimeux, suspects et non venimeux. A cette classification tout arbitraire, on oppose maintenant une division nouvelle, basée sur la structure des dents.

La famille des **solénoglyphes** (σωλήν, canal ; γλυφή, entaille) ne comprend que des espèces venimeuses, armées de dents canaliculées. Ces animaux, de taille moyenne, sont reconnaissables extérieurement à leur queue courte et à leur tête triangulaire, élargie postérieurement. Ils lâchent leur proie après l'avoir mordue et attendent pour l'avaler que leur venin l'ait complètement paralysée. Les principaux Serpents de ce groupe sont les Bothrops, les Crotales, les Cérastes et les Vipères.

Les **Bothrops** sont originaires du Brésil, du Mexique et des Antilles. Le *Bothrops jaune*, qui est particulier à la Martinique, reçoit encore le nom de *Fer-de-lance*, à cause de la configuration de sa tête. Cet animal atteint une taille de près de deux mètres. Son venin est si actif qu'un Homme ne survit que quelques heures à son inoculation. Le Fer-de-lance fait tous les ans de nombreuses victimes dans les plantations de cannes à sucre, parmi les nègres employés à l'entretien de ces cultures.

Fig. 316. — Crotale.

Les **Crotales** ou *Serpents à sonnettes* (fig. 316) doivent leur second nom à la présence, à l'extrémité de leur queue, de petites capsules, emboîtées les unes dans les autres et d'autant plus nombreuses que l'animal est plus âgé. Ces petites capsules, en se choquant les unes contre les autres, produisent un son assez analogue à celui de grelots fêlés. Ce bruit avertit l'Homme du voisinage du terrible animal, dont la morsure tue en quelques instants.

Ces redoutables Serpents habitent l'Amérique du Nord et se rencontrent surtout aux États-Unis. Dans certaines régions, on a recours au Porc pour leur faire la chasse ; le Porc approche sans crainte du Serpent, se laisse mordre par lui, mais le venin, déposé dans l'épaisse couche de graisse qui se trouve au-dessous de la peau, ne provoque, paraît-il, aucun accident.

Les **Cérastes** se rencontrent en Égypte, dans le Sahara algérien et au Maroc. Ils se reconnaissent aisément aux deux cornes (d'où leur nom : κέρας, corne) formées d'écailles qui surmontent leurs yeux. Ces Serpents, longs de 60 centimètres au plus, sont néanmoins fort dangereux. Ils se tiennent d'ordinaire à moitié enfouis dans le sable, dont ils offrent la coloration.

Les **Vipères** sont partout répandues en France et se rencontrent aussi dans la plupart des pays d'Europe. Il existe en France deux espèces de Vipères, mais elles ne se distinguent que difficilement l'une de l'autre. La taille moyenne de la *Vipère* est de 50 à 60 centimètres (fig. 317) ; sa coloration, assez variable, est le plus souvent rougeâtre ou noirâtre. Elle se nourrit de Lézards, de Mollusques, d'Insectes, de petits Mammifères et de petits Oiseaux. Elle ne pond point d'œufs, mais donne le jour à des petits vivants : c'est même à ce phénomène qu'elle doit son nom[1]. Les Crotales mettent également au monde des petits vivants.

Le venin de la Vipère est moins actif que celui du Bothrops et du Crotale, mais n'en constitue pas moins un poison des plus violents. Il ne donne que rarement la mort, mais cela

[1] Le mot *Vipère* est une corruption du mot *vivipare*.

tient uniquement à ce qu'il n'a souvent été inoculé par la mor
sure qu'en petite quantité. Ce venin a à peu près le même
goût que les matières grasses; on peut l'avaler impunément, à
la condition toutefois de n'avoir aucune écorchure dans la bou-

Fig. 317. — Vipère hérus.

che ou le long du tube digestif. Son énergie varie beaucoup
suivant les circonstances dans lesquelles la Vipère se trouve :
si l'animal est épuisé par plusieurs morsures successives, il est
nfiniment moins à craindre que s'il est à jeun depuis longtemps.

Ce poison, pour produire ses funestes effets, doit être ab-
sorbé par les veines, puis entraîné par le sang en circulation..
En se hâtant, on peut s'opposer à l'absorption par les veines,
en comprimant fortement ces vaisseaux, de façon à y empêcher
toute circulation du sang. ce qui permet d'attirer au dehors, au

moyen des ventouses, le sang contenu au voisinage de la plaie,
ou de cautériser celle-ci. La cautérisation peut se faire avec un
fer rouge ou avec un agent caustique. En tout cas, il n'y a pas

Fig. 318. — Charmeur de Vipères, d'après Mattiole (1558).

un instant à perdre, car les symptômes de l'empoisonnement
s'établissent avec une effrayante rapidité et un retard de quelques secondes pourrait suffire à rendre le mal irrémédiable.

La famille des **protéroglyphes** (πρότερος, antérieur; γλυφή, entaille) comprend les Serpents venimeux munis de grosses dents
sillonnées, placées en avant à la mâchoire supérieure et auxquelles font ordinairement suite des dents plus petites, pleines
et recourbées en forme de crochet. Ces Reptiles habitent les
pays chauds et se rencontrent dans toutes les parties du monde,
sauf en Europe.

- Les **Hydrophides** (ὕδωρ, eau; ὄφις, serpent) ou *Serpents de
mer* (fig. 319) habitent principalement l'archipel de la Sonde :
on les trouve parfois à l'embouchure des fleuves. Ces animaux sont
vivipares comme la Vipère et leur queue est aplatie en forme
de rame. Leurs narines sont fermées par des valvules, de manière à empêcher l'eau de pénétrer dans les voies respiratoires.

Les **Elaps** ou *Serpents-corail*, originaires des îles de la Sonde
et de l'Amérique du sud, se font remarquer par leur belle coloration rouge. Ils sont d'assez petite taille et présentent tout à

Fig. 319. — Serpent de mer portant des Anatifes fixés à son corps.

fait l'aspect des Couleuvres, mais ils diffèrent de celles-ci par
la présence des glandes à venin.

Les **Najas** sont de plus grande taille que les espèces précédentes ; ils sont extrêmement redoutés (fig. 319). Ces animaux
ont des allures singulières : ils peuvent se dresser sur la queue
et s'y tenir droits ; de plus, quand on les irrite, leur cou se dilate
énormément, et c'est ce caractère qui leur a valu le nom de
*Serpents à coiffe* ou *à chaperon*. Le Naja de l'Inde est très
connu sous le nom de *Serpent à lunettes* ou de *Cobra
capello*.

Les anciens Egyptiens adoraient les Najas et leur attribuaient
la conservation des récoltes. Aujourd'hui, on ne les considère

plus comme des dieux, mais ils sont les héros d'un curieux

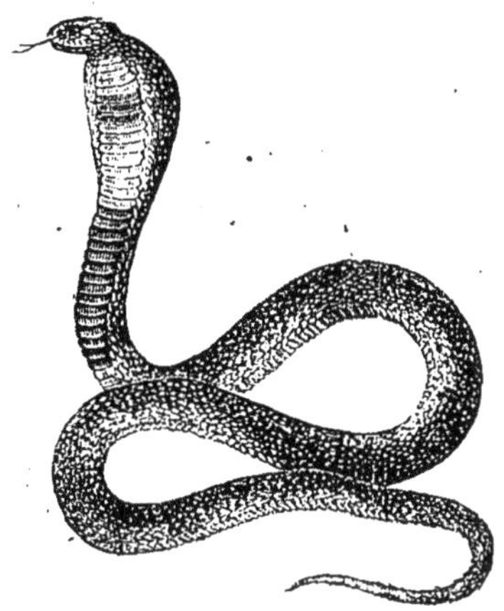

Fig. 320. — Naja aspic.

spectacle populaire. Aux Indes, en Perse, en Asie Mineure, en Egypte et jusqu'en Algérie, c'est-à-dire partout où se trouvent ces dangereux Reptiles, on rencontre des psylles ou charmeurs qui les domptent et les font danser au son d'un sifflet ou d'une petite flûte. Ces bateleurs profitent de l'ignorance de la foule qui les entoure pour s'annoncer comme doués de pouvoirs surnaturels, mais il est vrai de dire qu'ils ont eu soin d'arracher à leurs Najas les dents cannelées ou tout au moins de leur faire mordre, avant la représentation, des morceaux d'étoffe ou des animaux, de façon à vider complètement les glandes à venin. Autrefois, on voyait de même en Europe des charmeurs de Vipères (fig. 518). .

Une seule espèce de Serpent **OPISTHOGLYPHE** (ὄπισθεν, en arrière ; γλυφή, entaille) habite l'Europe : on la rencontre dans les pays du Sud et elle se trouve même en France aux environs de Montpellier : c'est le *Cœlopeltis* ou Couleuvre de Montpellier. Elle est, malgré sa dent cannelée et sa glande à venin, absolument inoffensive pour l'Homme.

Les **AGLYPHODONTES** (α, privatif; γλυφή, sillon ; ὀδούς, dent) ou *Serpents non venimeux*, sont nombreux en espèces.

Dans le midi et le centre de la France on trouve une Couleuvre de grande taille, qui peut atteindre plus de 1$^m$,50 de longueur : c'est le **ZAMÉNIS** *vert jaune*. Cet animal se tient de préférence dans les endroits secs et rocailleux, couverts de broussailles, ou sur la lisière des bois. Il grimpe volontiers sur les buissons et les arbres, à la recherche des nids dans lesquels il mange les petits Oiseaux ; il se nourrit encore de petits Mammifères, de Lézards, de Serpents, et ne dédaigne même pas de dévorer son semblable. Le Zaménis est la plus grande et la plus vigoureuse des Couleuvres de France : il mord avec rage, mais sa morsure n'est pas dangereuse.

Les **Tropidonotes**, très voisins des Zaménis, et caractérisés surtout par leurs écailles fortement carénées, sont représentés dans notre pays par plusieurs espèces. La plus répandue est le

Fig. 321. — Couleuvre vipérine.

*Tropidonote à collier*, qui se retrouve dans l'Europe presque tout entière. Ce Serpent est aisément reconnaissable au collier clair, quelquefois jaunâtre, qu'il présente en arrière de la tête. On le voit fréquemment au bord des eaux et il nage avec une grande aisance. Quand on le saisit, il ne cherche pas à mordre, mais émet par l'anus un liquide à odeur repoussante. C'est un animal fort doux, qu'on apprivoise facilement. Il se nourrit de petits Mammifères et d'Oiseaux, mais surtout de Crapauds et de Grenouilles. La femelle vient assez souvent pondre ses œufs dans les fumiers, près des maisons, et même jusque dans l'intérieur des étables : c'est sans doute à cause de cela que cette Couleuvre a dans les campagnes la réputation de téter les vaches, mais une semblable absurdité ne résiste pas à l'examen.

.. Une autre espèce de Couleuvre, assez commune en France, la *Vipérine* (fig. 321), doit son nom à sa ressemblance avec la Vipère dont il faut une grande attention pour la distinguer. Cette particularité peut donner lieu à des méprises fâcheuses.

Fig. 322. — Boa constricteur terrassant un Bœuf.

Duméril fut piqué par une Vipère qu'il avait saisie, la prenant pour cette espèce inoffensive.

Les **Pythons** et les **Boas** sont des Serpents de très grande taille et d'une force considérable ; on en a vu de 13 mètres de long : on les trouve dans les pays chauds des deux continents ; toutefois ils sont étrangers à l'Europe. Ils présentent ce caractère commun d'avoir de chaque côté du cloaque un petit ergot corné qui représente un membre postérieur rudimentaire. Ces Serpents grimpent sur les arbres qui bordent les cours d'eau et là, dissimulés dans le feuillage, attendent qu'un animal vienne se désaltérer. Quand il passe à leur portée, ils fondent sur lui, la tête la première, retenus à l'arbre par leur queue préhensile, et s'enroulent autour de son corps : avec leurs muscles puissants, dont les anneaux se resserrent de plus en plus, ils ont bientôt fait d'étouffer leur victime et de la broyer complètement. Ils s'attaquent fréquemment à des animaux de la taille du Chevreuil. Les Boas habitent l'Amérique ; les principales espèces se trouvent au Brésil, au Mexique et aux Antilles. Le *Boa constricteur* (fig. 322) est l'espèce la plus commune. Les Pythons ne diffèrent guère des Boas. Ils se rencontrent à Sumatra, aux Indes et en Afrique.


## CLASSE DES BATRACIENS

La classe des BATRACIENS, ainsi que l'étymologie l'indique (βάτραχος, grenouille), est celle qui renferme la Grenouille et les animaux semblables ou analogues à la Grenouille ; on désigne encore parfois ces êtres sous le nom d'*Amphibies*, parce qu'ils sont organisés pour vivre alternativement dans l'air et dans l'eau. La meilleure définition que l'on puisse donner de ces animaux est de dire que les Batraciens sont des Vertébrés ordinairement à peau nue, à métamorphoses, à respiration branchiale pendant la période larvaire et à respiration pulmonaire à l'âge adulte.

Les Batraciens sont répartis sur toute la surface du globe et ils sont plus abondants dans les contrées chaudes qu'en Europe et spécialement qu'en France : néanmoins, pour l'exposé de lèurs caractères, autant que faire se pourra, c'est aux espèces françaises et plus particulièrement à la Grenouille que nous nous adresserons.

**Peau.** — La peau est lisse et nue, c'est-à-dire qu'elle ne porte ni poils, ni plumes, ni écailles. Elle renferme dans son épaisseur un grand nombre de glandes que l'on peut ranger sous deux chefs : les unes produisent un liquide destiné à humecter la peau et à empêcher sa dessiccation ; les autres produisent un venin. Ces *glandes à venin* sont plus ou moins nombreuses, suivant les espèces ; elles s'accumulent parfois en certains points du corps : c'est ainsi que, chez le Crapaud et la Salamandre, elles se réunissent sur les côtés de la nuque en une sorte de bourrelet connu sous le nom de *parotide*. Le venin produit par ces glandes est un suc visqueux, blanchâtre et odorant. Il est si actif que quelques gouttes suffisent pour tuer un Chien ou un animal de cette taille. On croit assez généralement que les Crapauds peuvent lancer leur venin à distance, mais c'est là une erreur : le seul liquide que ces animaux projettent, lorsqu'on les prend à la main ou qu'on les irrite, est leur urine, qu'ils émettent plus par peur que dans un but d'hostilité. La Grenouille verte elle-même a un venin cutané. Le venin de certaines Rainettes est employé par des tribus de l'Amérique du Sud pour empoisonner leurs flèches.

Les Batraciens muent très fréquemment : quand ce phénomène se produit, c'est seulement la partie la plus externe de l'épiderme qui est éliminée. La pellicule qui se sépare alors, chez le Triton, par exemple, se détache d'abord au pourtour de la bouche, puis se replie en arrière en se retournant comme un gant : finalement l'animal s'en dégage sans avoir endommagé ni déchiré en rien cette membrane qui conserve la forme du corps. Chez le Crapaud, la Grenouille, la peau se fend au contraire sur le dos ou sur la tête et l'animal s'en débarrasse avec les pattes, puis l'avale.

La peau peut être très diversement colorée : terne et obscure chez le Crapaud, elle devient d'un vert coupé de noir chez la Grenouille et d'un vert tendre uniforme chez la Rainette. Dans d'autres cas, elle est d'une belle couleur orange, comme sous le ventre du Sonneur et peut encore présenter les teintes les plus diverses.

Il est pourtant tout un groupe de Batraciens chez lesquels la peau se montre segmentée en un certain nombre d'anneaux qui renferment de petites écailles dans leur épaisseur : les Cécilies et les Siphonops, qui habitent l'Amérique du Sud et le Mexique, sont dans ce cas. Ces animaux, de par la constitution de leurs téguments, sont donc voisins des Ophidiens ; ils se rapprochent encore de ces derniers par un autre caractère important : leur corps est allongé, serpentiforme, et les membres font complètement défaut.

A part cette exception, tous les Batraciens présentent des pattes, soit seulement une paire antérieure, comme les Sirènes, soit deux paires, comme la plupart des animaux de cette classe.

**Mœurs.** — Les Batraciens sont tous plus ou moins aquatiques : ils pondent des œufs qui ne peuvent se développer que dans l'eau. Si un grand nombre d'espèces demeurent à terre pendant la plus grande partie de l'année, il est néanmoins de toute nécessité qu'elles aillent à l'eau à l'époque du frai. Les Grenouilles, vous le savez, se rencontrent toujours au bord des ruisseaux : elles nagent fort bien, mais se meuvent aussi à terre avec facilité, par bonds étendus. Les Tritons, si abondants au printemps dans les mares et les ruisseaux, nagent mieux encore, grâce à leur queue aplatie qui constitue un excellent appareil de propulsion ; mais à terre, où ils passent la plus grande partie de l'année, ils ne se meuvent que lentement et difficilement, leurs pattes étant trop faibles et trop courtes pour leur être d'un grand secours. L'allure de ces animaux varie du reste beaucoup d'un groupe à l'autre : les Cécilies vivent sous terre, dans des trous qu'elles se sont creusés ; les Rainettes au contraire vivent presque exclusivement sur les arbres, grâce à un mécanisme que nous étudierons par la suite. Parmi les espèces de nos pays, les Pélobates peuvent fouir le sol et s'enterrer complètement, grâce à un ergot corné qui orne leur talon et qui fonctionne comme une véritable pelle.

La respiration se fait, chez les Batraciens, de deux façons, suivant qu'on les considère à l'état de larves ou à l'état adulte. Chez les larves, qui vivent dans l'eau, l'appareil de la respiration est constitué par des *branchies*, c'est-à-dire par des houppes denticulées, situées sur les côtés du cou, plongeant dans l'eau et parcourues par de nombreux vaisseaux sanguins : le sang qui circule dans ces vaisseaux enlève à l'eau l'oxygène qu'elle contient et le distribue par la suite dans tous les organes du corps, pour y entretenir la vie.

**Branchies.** — Comme nous le verrons tout à l'heure, on peut établir parmi les Batraciens deux groupes principaux : les animaux de l'un de ces groupes présentent une queue lorsqu'ils sont arrivés à l'âge adulte : tels sont les Salamandres, les Tritons, etc., que l'on connaît sous le nom collectif d'*Urodèles* (οὐρά, queue; δῆλος, manifeste). Les animaux du second groupe ne possèdent jamais de queue à l'état adulte : ce sont les *Anoures* (α, privatif; οὐρά, queue), parmi lesquels on range les Crapauds, les Grenouilles, les Rainettes, etc. Or, cette division importante a les plus grands rapports avec la disposition de l'appareil respiratoire des larves. En effet, chez les larves d'Urodèles, les branchies, fort simples, sont appendues de chaque côté du cou et rien n'est plus facile que de les y apercevoir. Chez les larves d'Anoures ou *têtards*, ces organes ne se voient extérieurement que dans les premières phases du développement : plus tard, ils sont recouverts par un repli de la peau qui délimite de la sorte une cavité assez spacieuse, dite *chambre branchiale*. Cette cavité communique en avant avec la bouche, par laquelle est introduite l'eau qui doit venir baigner les branchies; elle communique d'autre part en arrière avec l'extérieur par un petit orifice appelé *spiraculum* et par lequel est expulsée l'eau qui a cédé son oxygène au sang. Suivant les espèces, le spiraculum est pair ou symétrique, ou bien il est unique et placé sur la ligne médiane et inférieure du corps ou encore sur le côté gauche : la situation de cet orifice constitue un bon caractère pour la classification des Batraciens.

Quand l'animal abandonne l'état larvaire pour devenir adulte, il subit certaines transformations. L'une des plus importantes est la disparition des branchies et leur remplacement par des poumons : l'animal quitte donc la vie aquatique pour vivre surtout de la vie aérienne. Il est toutefois des cas où les branchies persistent, bien que les poumons se développent et fonctionnent : les animaux qui présentent cette particularité sont peu nombreux ; ils appartiennent à l'ordre des Urodèles et constituent le groupe des *Pérennibranches* ou Batraciens à branchies persistantes : c'est parmi eux que l'on rencontre le Protée et la Sirène.

**Poumons.** — Les poumons sont fort simples : ils sont constitués par deux grands sacs dans la paroi desquels viennent se ramifier les vaisseaux sanguins. L'appel de l'air extérieur dans ces réservoirs se fait d'une façon toute particulière, qui tient à l'absence à peu près constante de côtes chez ces animaux. L'air, en effet, ne pénètre point mécaniquement dans le poumon, par suite de la pression atmosphérique, comme cela a lieu chez les Vertébrés supérieurs, mais le Batracien déglutit et avale l'air comme il le fait de ses aliments.

La respiration pulmonaire n'est, du reste, point essentielle à la vie de ces animaux, car on peut fort bien leur enlever les poumons sans qu'ils cessent pour cela de vivre. C'est que la peau, extrêmement perméable aux gaz, est d'une façon normale le siège d'un échange incessant entre le sang et l'eau ou l'air ambiant. Des Grenouilles privées de leurs poumons et renfermées dans du sable humide ont pu vivre encore jusqu'à quarante jours ; d'autres maintenues submergées dans un courant d'eau ont vécu encore plusieurs mois.

La respiration est d'ailleurs toujours fort peu active, et des Crapauds, renfermés dans des cavités complètement closes, où ils n'avaient que peu d'air à leur disposition, ont été trouvés encore vivants au bout de plusieurs mois, ou même de plusieurs années, sans avoir épuisé toute leur provision d'air. Mais une condition importante et essentielle, dans les cas de ce genre, est que le milieu où se trouve l'animal soit saturé d'humidité : sans cela, celui-ci se dessèche et ne tarde pas à périr.

Les Batraciens, de même que les Reptiles et les Poissons, sont des animaux à température variable : la température de leur corps n'est point fixe, comme l'est celle des Mammifères et des Oiseaux. Mais ils prennent celle du milieu où ils se trouvent.

**Alimentation.** — La bouche des Batraciens est très diversement constituée : les Crapauds n'ont pas de dents. Certaines espèces en ont aux deux mâchoires ; d'autres encore en ont jusque sur le palais. La langue n'est pas sujette à moins de variations : fixée seulement en avant, chez la Grenouille, et libre sur tout le reste de son étendue, elle est, au contraire, à peu près complètement attachée au plancher de la bouche, chez les Salamandres et les Tritons ; elle peut même manquer dans certains cas.

Tous ces animaux ne se nourrissent guère que de proie vivante : dès que quelque chose remue devant eux, ils l'observent avec soin et prudence, puis, après s'être bien assurés qu'ils ont affaire à un être vivant, ils se précipitent brusquement sur lui et l'engloutissent dans leur bouche largement ouverte. Dans la recherche de leur nourriture, ils semblent ne se laisser guider que par la vue ; et il est bien vrai qu'il suffit qu'un objet s'agite devant leurs yeux pour qu'ils le jugent apte à les nourrir, puisqu'un excellent procédé pour pêcher les Grenouilles consiste à faire sautiller au-devant d'elles un morceau de drap rouge ou de coquelicot attaché à un hameçon.

Les *Urodèles* et les *Pérennibranches* possèdent à un haut degré la faculté de *rédintégration*, que nous avons déjà signalée chez les Lézards. La queue, les pattes, la mâchoire inférieure d'un Triton étant enlevées, repoussent avec rapidité. Les branchies des Axolotls en font autant. Chez les *Anoures*, cette faculté est beaucoup moins développée et paraît même n'exister que chez le *Têtard*.

**Voix**. — La plupart des Urodèles sont muets : tout au plus émettent-ils un petit bruit sourd quand on les prend à la main. Il n'en est pas de même des Anoures : chez eux, chaque espèce a son chant particulier, assez caractérisque pour qu'une oreille exercée puisse reconnaître quel animal a produit un chant déterminé. Qui de vous ne connaît le coassement criard de la Grenouille, dont les éclats troublent, au printemps, la monotonie des mares et du moindre ruisseau ? Qui de vous n'a entendu, pendant les belles nuits de mai, les *karak karak* retentissants de la Rainette qui, joints au bourdonnement des Insectes et à la voix plus douce et plus mélancolique de l'Alyte, viennent jeter une note si poétique dans la solitude et le silence de la nature ? Les Anoures ont donc une *voix*, et chez les mâles de quelques espèces, un organe spécial se rencontre, qui est destiné à donner à cette voix plus d'éclat encore. Cet organe est la *vessie vocale*, qui n'apparaît que lorsqu'elle est gonflée et distendue par l'air : elle se montre alors au-dessous de la gorge, lorsqu'elle est unique, ou de chaque côté du cou, lorsqu'elle est double, sous l'aspect d'un sac arrondi, transparent, gros comme une noisette, communiquant avec la bouche.

**Organes des sens**. — Les sens des Batraciens semblent des plus obtus. Le goût est à peu près nul, à en juger par la gloutonnerie et la voracité avec lesquelles ces animaux se jettent sur leur proie. La vue est, sans aucun doute, le sens le plus important. Les yeux existent toujours, bien qu'ils soient cachés sous la peau chez certaines espèces habitant des lacs souterrains. L'iris est le plus souvent enrichi des plus brillantes

couleurs, l'or s'y associe aux nuances les plus riches pour
donner à l'œil un éclat inaccoutumé. « Pauvre monstre aux
doux yeux, » dit Victor Hugo en parlant du Crapaud. La pupille
est allongée en forme de fente, tantôt transversale, tantôt verticale, et l'on s'est fondé sur ce caractère pour établir différentes subdivisions dans l'ordre des Urodèles.

Les organes urinaires ne débouchent point directement au
dehors, mais viennent se rendre dans un cloaque où, d'autre
part, se termine le tube digestif. Le mâle et la femelle sont
d'ordinaire assez faciles à distinguer l'un de l'autre, surtout
au printemps, par les ornements divers que revêt le mâle en
cette saison. Chez les Urodèles, le mâle porte alors sur le dos
une large crète longitudinale ; chez les Anoures, il a aux
pouces une série de petits tubercules noirâtres disposés en
plaque ou en brosse.

Les Batraciens sont ovipares, et leurs œufs, sauf deux
ou trois exceptions, ne peuvent se développer que dans l'eau ;
les Cécilies et les Salamandres font pourtant exception à cette
règle, car elles sont ovovivipares. Comme la larve de l'Urodèle
diffère notablement de celle de l'Anoure, il vaut mieux ren-
voyer l'étude de leurs caractères respectifs au moment où nous
parlerons de ces deux ordres.

Dans les temps géologiques, on voit les Batraciens apparaître dès l'époque carbonifère : ils étaient alors représentés
par un groupe nombreux, aujourd'hui disparu, celui des *Laby-
rinthodontes*. Ces animaux, de fort grande taille, étaient
encore abondants à l'époque du Trias : ils formaient le passage
entre les Lézards et les Batraciens actuels.

## ORDRE DES ANOURES

Lorsqu'ils sont pondus depuis quelque temps et que l'eau les
a gonflés et distendus, les œufs de Batraciens anoures ont à peu
près la taille d'un petit pois (fig. 323). On peut y distinguer aisé-

ment deux parties : l'une, centrale, de la grosseur d'un petit plomb de chasse et d'une teinte noire plus ou moins accentuée, n'est autre chose que le vitellus, aux dépens duquel se développera le jeune animal ; l'autre, périphérique, claire comme de l'eau, est l'albumine qui servira de nourriture à l'embryon. Ces œufs sont pon-

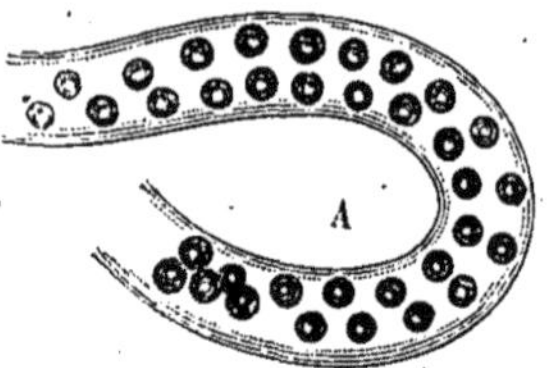

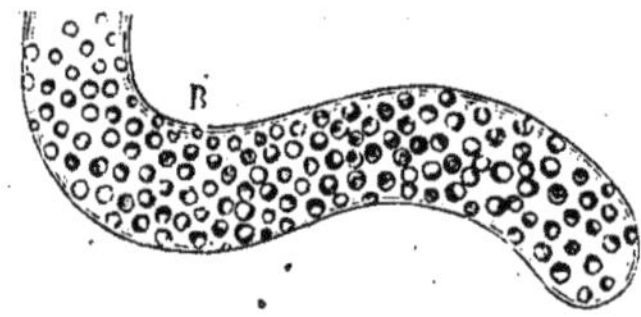

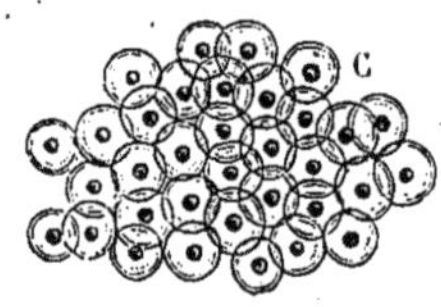

Fig. 525. — Œufs de Batraciens anoures.
A, ponte de Crapaud. — B, ponte de Pélobate. — C, ponte de Grenouille.

dus, suivant les espèces, en longs chapelets réguliers ou en une masse compacte et informe.

La larve qui naît de ces œufs prend le nom de *têtard* (fig. 525). Sa forme est caractéristique : la tête et le corps sont fusionnés

Fig. 524. — Métamorphoses de la Grenouille.

en une masse globuleuse plus ou moins arrondie, à laquelle fait suite une queue dont les mouvements rapides servent seuls à la locomotion de l'animal. Cet être ainsi constitué ne présente point d'appendices autres que la queue : en effet, ses branchies, comme nous l'avons vu déjà, sont intérieures et communiquent avec le dehors par le spiraculum. Il peut rester assez longtemps en cet état, mais si la nourriture est abondante et les circonstances favorables, on voit bientôt, à la racine de la queue, apparaître deux pattes, et leur développement ne tardera pas à être suivi de celui de deux pattes nouvelles dans la partie antérieure et latérale du corps. Dès lors, l'animal sera en possession de ses deux paires de pattes, la queue se raccourcira promptement et ne tardera pas à disparaître : l'animal est alors devenu adulte (fig. 324).

A l'état parfait, les Batraciens anoures sont toujours dé-

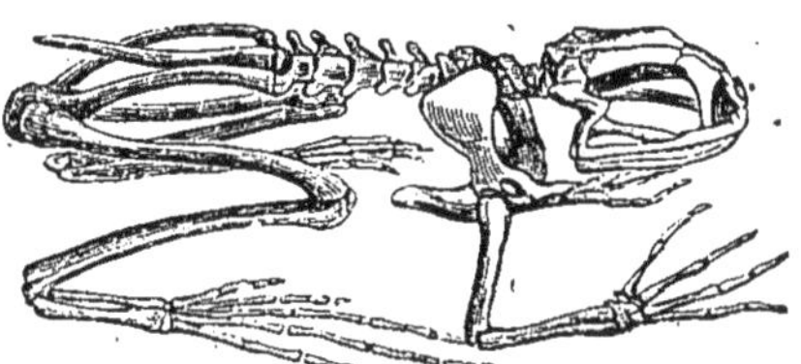

Fig. 325. — Squelette de Grenouille.

pourvus de queue ; leur corps est large et court ; leurs pattes sont de grandeur inégale, les postérieures étant notablement plus longues que les antérieures (fig. 325).

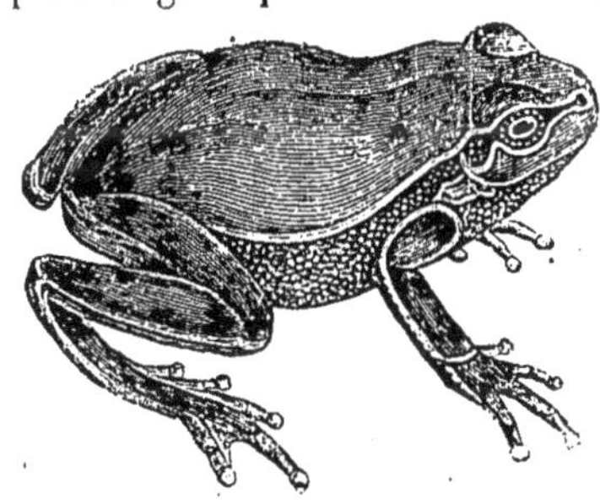

Fig. 326. — Rainette.

Les **Rainettes** sont nombreuses en Amérique. Leur représentant chez nous est la *Rainette verte* (fig. 526). La belle coloration vert tendre de son dos la fait aisément reconnaître : elle présente le curieux privilège de changer de couleur et de passer du vert au jaune ou au gris, suivant que les objets sur esquels elle est fixée présentent eux-mêmes l'une ou l'autre de ces teintes : grâce à ce phénomène, la Rainette peut se dérober plus aisément aux regards de ses ennemis, en se confondant plus ou moins complètement avec le milieu où elle se trouve cachée.

Vous reconnaîtrez à coup sûr la Rainette, si vous prenez la peine d'examiner les extrémités de ses doigts. Au lieu d'être effilés à leur terminaison, ses orteils présentent un élargissement qui constitue un appareil fort remarquable. Ce disque terminal est en effet un petit organe fonctionnant à la façon d'une ventouse, et grâce auquel l'animal peut non seulement grimper sur les arbres, mais encore monter le long des fenêtres et même se maintenir, tout aussi aisément que les mouches et contre les lois de la pesanteur, suspendu au plafond des appartements ou à la face inférieure des feuilles.

La Rainette passe l'hiver cachée sous les feuilles mortes, sous les herbes sèches, sous les racines, etc. L'été, on la rencontre dans les bois humides, où elle vit sur les arbres. Elle se nourrit d'Insectes, de Vers, de Mollusques, qu'elle guette comme un Chat fait de la Souris, et après lesquels elle s'élance légèrement.

Les **Crapauds** sont caractérisés par l'absence de dents à l'une et à l'autre mâchoire et par la présence, en arrière de la tête, d'un amas considérable de glandes à venin constituant la parotide. Les membres postérieurs ne sont guère plus longs que les antérieurs, en sorte que ces animaux sont loin d'être aussi bons sauteurs que les Grenouilles : aussi marchent-ils plutôt qu'ils ne sautent.

Le *Crapaud commun*, qu'il est si fréquent de rencontrer dans les jardins, ne sort guère que la nuit, à moins qu'il ne pleuve ou que la température ne soit très douce. Il s'établit partout où il trouve de l'ombre et de l'humidité. Il se creuse quelquefois un terrier, mais il préfère le plus souvent s'établir dans la galerie d'un Rat ou d'un Mulot ; souvent même il se cache simplement sous une pierre ou sous un tronc d'arbre.

La coloration grise et sale de sa robe, jointe aux nom-

breuses pustules qui couvrent son dos, ont valu au Crapaud la
réputation d'être un animal fort dangereux, qu'on ne saurait
toucher ou même approcher impunémeñt. De là les préjugés
dont il est la victime et les mauvais traitements qu'on lui inflige
avec une cruauté et une barbarie révoltantes. Or, il faut bien
savoir qu'il n'est pas d'animaux plus inoffensifs que le Crapaud
et qu'il n'en est pas qui rendent autant de services au jardinier et à l'agriculteur : le Crapaud se nourrit en effet d'Insectes,
de Limaces et d'autres animaux fort nuisibles aux jardins et
aux récoltes. Les Anglais ont si bien compris, du reste, quel
auxiliaire précieux il est pour l'Homme, que non seulement ils
le protègent avec une vraie sollicitude, mais que même ils
en achètent sur le continent pour les mettre dans leurs jardins.

Il est fréquent, à la suite d'une pluie d'orage, de voir, dans
les jardins ou dans les bois, sautiller une foule de petits Crapauds ou de petites Grenouilles, là où quelques instants auparavant on ne rencontrait aucun de ces animaux. Ce fait, pourtant
si simple, a semblé merveilleux et a donné naissance à l'opinion, encore répandue de nos jours, que ces Crapauds ou ces
Grenouilles étaient tombés du ciel en même temps que la
pluie. Or, vous pensez bien que la croyance aux *pluies de Crapauds* est une pure absurdité : les petits Batraciens que l'on voit
apparaître à la suite des orages se tenaient cachés dans des
trous ou sous les herbes jonchant le sol, et si on les y eût cher-
chés avant l'orage, rien n'eût été plus facile que de les y
découvrir.

Le *Sonneur à ventre de feu* a des dents à la mâchoire supérieure. Il est plus petit que le Crapaud et ses habitudes sont
surtout aquatiques : il n'est pas rare dans les ruisseaux peu
profonds, dans les mares et les flaques d'eau du centre et du
midi de la France; il est au contraire peu abondant aux
environs de Paris. Il est très reconnaissable à la belle coloration orangée que présente son ventre. Le venin que pro-

duisent les glandes de sa peau a une odeur d'ail fort pénétrante et qui provoque l'éternuement.

L'*Alyte accoucheur* (fig. 327), très commun dans notre pays, vous est certainement connu : tout au moins avez-vous entendu son chant quand, le soir, vous passiez le long d'un talus, le long d'un vieux mur bordant un chemin ou même, à l'intérieur

Fig. 527. — Alyte.

d'un village, le long d'une vieille maison. Les *clock* que vous avez pu entendre, partant de divers côtés et se répondant, étaient le chant de l'Alyte. Cet animal ne sort que la nuit; il se tient tout le jour dans des trous profonds qu'il s'est creusés ou simplement dans les intervalles que laissent entre elles les pierres mal jointes des vieilles murailles. Ses mœurs sont des plus curieuses : l'Alyte est en effet le seul de nos Anoures dont les œufs ne se développent point dans l'eau : le mâle les colle sur ses pattes de derrière et les porte de cette façon partout où il va. Au bout de quelques semaines, le développement étant achevé, l'animal se rend au ruisseau le plus voisin : le têtard se

dégage alors de l'œuf et se met à nager ; il restera dans l'eau
jusqu'à l'époque de sa métamorphose.

Les **Pélobates** ont la patte postérieure palmée et le gros
orteil armé d'une sorte de griffe qui leur permet de fouiller le
sol.

La *Grenouille verte* vous est trop connue pour qu'il soit utile
de vous indiquer ses mœurs et ses caractères. A côté d'elle, il
existe en France deux autres espèces de **Grenouilles**, l'*agile* et
la *rousse*, que le vulgaire confond avec les Crapauds. Ces trois
espèces sont communes aux environs de Paris.

Le troisième et dernier groupe de Batraciens anoures est celui

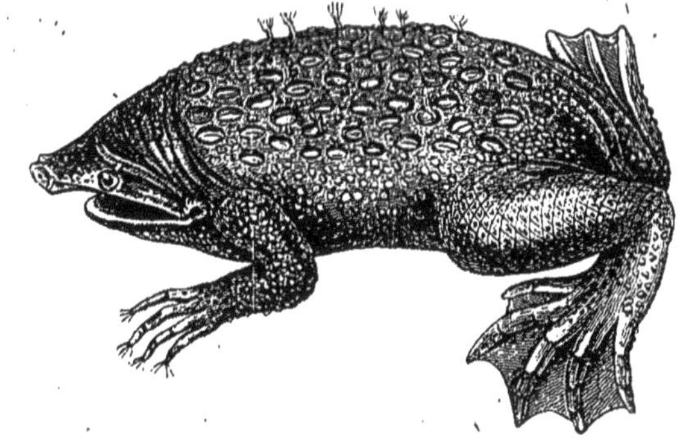

Fig. 328. — Pipa.

des **Aglosses** (α, privatif ; γλῶσσα, langue), ou Batraciens dépourvus de langue.

Étrangers à l'Europe, ils vivent tous dans les contrées
chaudes et principalement dans celles du Nouveau-Monde.
Leurs caractères principaux sont l'absence complète de langue
et la présence aux pattes postérieures d'une membrane natatoire
entière.

Le *Pipa* (fig. 328), qui habite la Guyane et les contrées voisines du Brésil, mérite une mention spéciale, à cause de ses
mœurs singulières. Le mâle place sur le dos de la femelle les
œufs que celle-ci vient de pondre : la peau s'excorie, et se

creuse, au niveau de chaque œuf, d'une petite cavité dans laquelle celui-ci est reçu ; l'embryon se développe dans cette excavation, y subit sa métamorphose, et ne la quitte qu'à l'état adulte et lorsqu'il est capable de vivre désormais tout à fait indépendant.

### ORDRE DES URODÈLES

Les Urodèles pondent des œufs distincts, isolés, qu'ils fixent sur les plantes aquatiques. Les jeunes larves qui en naissent portent toujours sur les côtés du cou des branchies en forme de houppes ou de lames frangées. A part la taille, la larve ne diffère extérieurement de l'adulte que par la présence de ces branchies, et la métamorphose consiste essentiellement en leur disparition.

Les Urodèles ont le corps allongé et arrondi ; leurs membres sont fort grêles, les antérieurs ayant la même taille que les postérieurs. Leur queue est en général assez longue : aplatie dans le sens transversal chez les espèces qui passent à l'eau une grande partie de l'année, elle est plutôt arrondie chez celles qui sont surtout terrestres.

La plupart de ces animaux présentent un phénomène particulièrement intéressant : lorsqu'un de leurs membres a été enlevé, la cicatrisation se fait rapidement, puis on voit apparaître un bourgeon aux dépens duquel le membre détruit se reformera tout entier. On a donné à ce curieux phénomène le nom de *rédintégration*.

D'une façon générale, la taille des Urodèles ne dépasse point 15 à 20 centimètres ; un grand nombre sont même notablement plus petits. On ne connaît actuellement qu'une seule exception à cette règle : elle est fournie par une Salamandre gigantesque, originaire du Japon, qui atteint plus d'un mètre de longueur.

Les **Salamandres** ont eu longtemps la réputation d'être incombustibles : on croyait qu'elles pouvaient marcher impunément dans le feu. Cette fable ridicule trouve encore quelques défenseurs. Elle ne repose que sur une exagération colossale : grâce au liquide visqueux et abondant que produit la peau de ces animaux, il peut se faire qu'un charbon incandescent ou un tison mal allumé s'éteignent à leur contact, mais de là à prétendre que le feu n'a aucune prise sur eux, il y a un abîme ! Rien n'est du reste plus facile que de faire l'expé-

Fig. 329. — Salamandre terrestre.

rience : qu'on jette une Salamandre dans le feu et on verra si elle ne tarde pas à se carboniser.

La *Salamandre terrestre* (fig. 329) se rencontre dans presque toute l'Europe, mais il est assez rare de l'observer, car elle se tient soigneusement cachée dans les endroits humides et sombres. Rien n'est plus aisé que de la reconnaître : les côtés de sa tête et de son dos sont ornés chacun d'une large bande jaune, interrompue çà et là, et qui se réunit, au niveau de la queue,

à la bande du côté opposé, de façon à constituer une bande
unique qui court tout le long de cet organe ; la couleur fondamentale du corps est le noir lustré. La queue plus ou moins
arrondie indique que l'animal a des habitudes terrestres ;
le dos est dépourvu de crête. Cette espèce est ovovivipare :
elle ne se rend à l'eau que pour y pondre ses petits, qui naissent déjà complètement développés et munis de branchies bien
apparentes.

Les **Tritons** se distinguent des Salamandres par leur queue

Fig. 550. — Triton crêté et Triton alpestre.

aplatie, qui indique des habitudes aquatiques. Ces animaux
en effet passent dans l'eau des mares, des ruisseaux, des fossés,
la plus grande partie de l'année, et il est fréquent de les y
rencontrer au printemps ; l'été venu, ils viennent à terre et y
font un séjour plus ou moins prolongé. La couleur et la livrée
des Tritons varie beaucoup, suivant qu'on les observe à terre ou

dans l'eau, en automne ou au printemps. A terre, leur couleur
est grise et terne ; dans l'eau, ils présentent des couleurs plus
vives. Au printemps, qui est l'époque de la reproduction, les
mâles se parent en outre d'une livrée spéciale : leurs couleurs
prennent un éclat inaccoutumé et la petite crête, qui court tout
le long de leur dos et de leur queue, prend un développement
considérable, se colore vivement et se découpe plus ou moins
profondément à son bord libre.

Les Tritons sont fort répandus en France : des six espèces qu'on
y observe, cinq vivent aux environs de Paris ; la plus grande, la
plus répandue est sans contredit le *Triton crété* (fig. 330), dont
le corps est noir et le ventre rouge.

Fig. 331. — Axolotl.

Au Mexique vit l'**Axolotl** (fig. 331), que l'on a pu facilement
acclimater en France et dont on trouve des bandes nombreuses
dans tous les aquariums. Les Mexicains le mangent avec délices.
Cet animal présente un fait des plus extraordinaires : alors qu'il
est encore à l'état de larve, c'est-à-dire avant d'avoir perdu ses

branchies, il a la faculté de pondre des œufs et de se reproduire. On a cru pendant longtemps qu'il n'arrive jamais à
l'état adulte, mais Aug. Duméril a pu assister à la transformation des larves en un animal parfait (fig. 332), l'*Amblystome*,

Fig. 332. — Axolotl transformé.

que l'on connaissait déjà, sans avoir établi ses relations avec
l'Axolotl.

Certains Urodèles, constituant le groupe des **PÉRENNIBRANCHES**,
sont caractérisés par la persistance des branchies pendant toute
la vie et par un corps fort allongé qui les fait ressembler plus
ou moins à des Anguilles.

Fig. 333. — Sirène.

La Sirène et le Protée sont les principaux animaux de ce
groupe. La *Sirène* (fig. 333), qui peut atteindre jusqu'à un mètre

de longueur, habite les eaux stagnantes de la Caroline du
Sud ; elle n'a point de pattes postérieures.

Le *Protée* (fig. 334) est au contraire une espèce européenne :

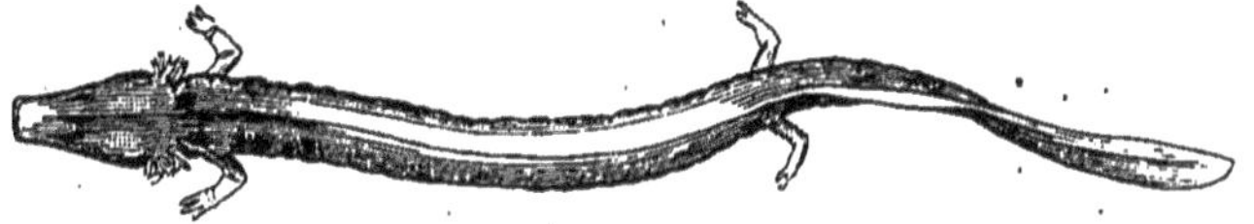

Fig. 334. — Protée.

il n'a jamais plus de 25 centimètres de longueur. Son aire de
distribution est des plus restreintes, puisqu'on ne le trouve que
dans quelques lacs souterrains de la Carniole et de la Dalmatie.
Il présente un grand intérêt pour les zoologistes, et il est certain
que l'espèce en serait déjà détruite si le gouvernement austro-
hongrois ne s'en était institué le protecteur et n'en avait rigoureusement interdit la pêche.

## CLASSE DES POISSONS

Les Poissons constituent la cinquième et dernière Classe des
Vertébrés. Ce sont des animaux exclusivement aquatiques et,
à cause de ce genre de vie spécial, leur organisation présente
à certains égards des particularités fort remarquables, toutes
en rapport avec le mode d'existence dans un milieu liquide.
Ces particularités portent surtout sur les organes du mouvement, de la respiration et de la circulation.

**Forme.** — La conformation extérieure des Poissons varie
beaucoup : on peut voir cependant, d'une façon générale, que
le corps est comprimé latéralement, oblong et un peu effilé
aux deux extrémités ; il n'y a pas de cou distinct, la tête et la
queue se continuent sans démarcation aucune avec le reste du
corps. Cette forme en fuseau ou en navette convient le mieux
à des animaux destinés à vivre dans un milieu aussi dense que
l'est l'eau et qui doivent par conséquent avoir constamment à

vaincre une assez forte résistance. Il importe toutefois de noter que certains Poissons, comme les Raies, au lieu d'être aplatis latéralement, le sont de haut en bas, et que d'autres encore, tels que les Gymnodontes, sont absolument sphériques; d'autres enfin, comme les Anguilles, sont cylindriques et serpentiformes. La conséquence de ces formes est facile à saisir : les formes en fuseau et même les Anguilles sont bonnes nageuses, les Raies le sont déjà beaucoup moins; quant aux Gymnodontes, ils ne peuvent, pour ainsi dire, plus nager du tout et ils préfèrent se laisser ballotter à la surface de la mer, au gré des vents et des flots.

**Nageoires.** — Les principaux organes locomoteurs sont, outre des masses musculaires puissantes qui se trouvent sur les côtés de la colonne vertébrale et qui font opérer à la queue des mouvements énergiques dans le sens latéral, des appendices spéciaux qui portent le nom de *nageoires*. Celles-ci sont de deux sortes : les nageoires *paires* et les nageoires *impaires*.

Les nageoires paires sont les analogues des membres des autres Vertébrés (fig. 335).

On les désigne, sous les noms de *pectorales* et de *ventrales*

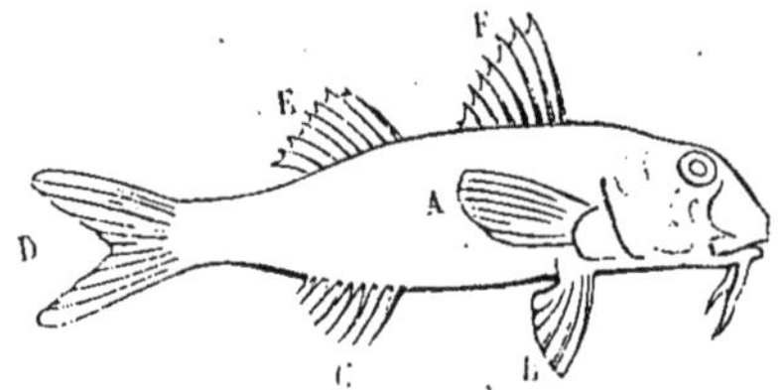


Fig. 335. — Disposition des nageoires.

A, nageoire pectorale (membre antérieur). — B, nageoire ventrale (membre postérieur). — C, nageoire anale. — D, nageoire caudale homocerque. — E, F, nageoire dorsale dédoublée.

et elles représentent respectivement les membres antérieurs et postérieurs: les premières sont suspendues à la tête et au tronc, immédiatement en arrière des ouïes; les deux autres,

beaucoup plus proches de la ligne médiane de l'abdomen, sont
situées à une distance variable en arrière des pectorales. Ces
nageoires, bien que les analogues des membres des Vertébrés
supérieurs, sont cependant très différentes de ceux-ci: leur
squelette est constitué par un nombre considérable de rayons
qui soutiennent les parties molles de la nageoire.

Certains Poissons peuvent voler ou du moins se soutenir
quelques instants dans les airs. Le Dactyloptère (fig. 356),
que l'on rencontre dans la Méditerranée, est un de ceux chez

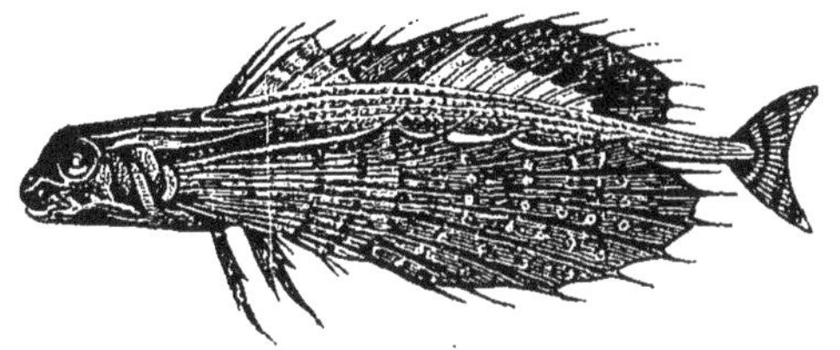

Fig. 356. — Dactyloptère.

lesquels on a observé cette singulière faculté. Les nageoires
pectorales ont pris un énorme développement et lorsque l'animal, serré de trop près par les ennemis qui le poursuivent,
saute hors de l'eau pour leur échapper, elles peuvent lui servir
de parachute et le maintenir en l'air pendant quelque temps.
On prétend même qu'il peut de la sorte parcourir une étendue
de plusieurs centaines de mètres.

Les nageoires impaires ou médianes s'observent sur le dos,
sur le ventre et à l'extrémité caudale. Il existe tantôt une seule
*nageoire dorsale,* comme chez la Carpe, tantôt deux, comme
chez la Tanche. A l'abdomen, la *nageoire anale,* d'ordinaire
unique et située immédiatement en arrière de l'anus, se dé-
double quelquefois en deux ou plusieurs nageoires secondaires.
La *nageoire caudale* est toujours unique, bien qu'assez souvent
divisée en deux lobes par une échancrure plus ou moins profonde. Quand les deux lobes sont égaux entre eux, on dit que
la nageoire est *homocerque;* quand ils sont inégaux, on dit

qu'elle est *hétérocerque* : dans ce cas, le lobe supérieur est toujours le plus développé. C'est là un caractère important, en ce sens que l'homocerquie est constante chez les Poissons osseux et que l'hétérocerquie est caractéristique des Ganoïdes et des Poissons cartilagineux. Les premiers Poissons qui se soient montrés à la surface du globe avaient tous la nageoire caudale hétérocerque.

**Peau.** — La peau des Poissons varie assez d'aspect et de structure suivant les espèces : chez les Lamproies et les animaux voisins, elle est nue ; mais, chez la plupart des Poissons, elle est recouverte d'écailles imbriquées comme les tuiles d'un

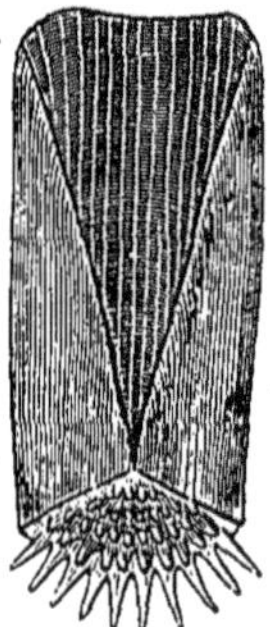

Fig. 357. — Écaille de Sole.

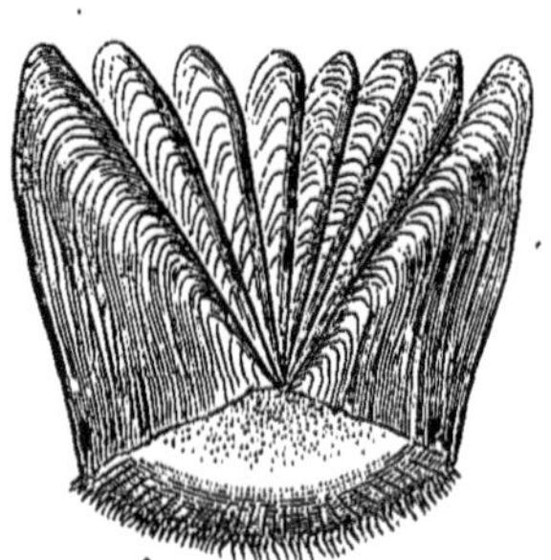

Fig. 338. — Écaille de Perche.

toit. Ce sont ici de *vraies écailles*, bien isolées et que l'on peut arracher comme un poil ou une plume. Ces écailles grandissent avec le Poisson, sans augmenter de nombre, pas plus que les poils et les plumes (fig. 357 et 358).

Chez les Requins et les Raies, la peau est rugueuse et comme chagrinée, par suite de la distribution de petits noyaux osseux dans le derme ; chez d'autres, au contraire, il se forme de larges plaques osseuses, surmontées d'épines et de crochets et qui peuvent même se réunir pour constituer une cuirasse solide.

**Respiration.** — Nous avons vu que, pendant leur jeune âge, alors qu'ils sont encore têtards, les Batraciens vivaient dans l'eau et respiraient par des branchies. Ce qui ne s'observe chez les Batraciens que pendant une courte période de la vie, au moment de l'état larvaire, devient permanent chez les Poissons : ces animaux, en effet, respirent pendant toute leur vie par des branchies.

Vous avez remarqué sans doute deux grandes fentes qui se trouvent derrière la tête des Poissons de nos rivières et qui communiquent avec la bouche : ce sont les *ouïes* (fig. 359). En examinant un Poisson nageant dans un bocal, vous avez pu voir que l'espèce de volet qui les recouvre se soulève et s'abaisse alternativement; regardez-y de près, vous verrez aisément que ce mouve-

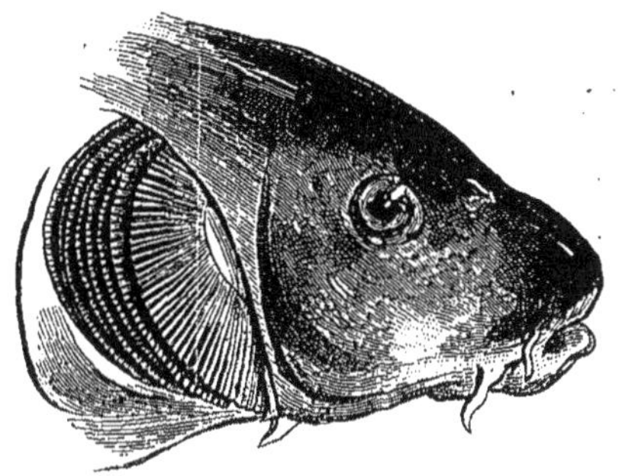

Fig. 359. — Branchies de la Carpe.

ment continu d'élévation et d'abaissement détermine l'écoulement de l'eau qui entre par la bouche et sort par les ouïes. Soulevez cet *opercule* : vous trouverez au-dessous de lui quatre doubles séries de filaments rouges, suspendues à des arceaux osseux, disposées parallèlement les unes aux autres. Ces filaments sont les branchies ou l'appareil même de la respiration; leur coloration rouge foncé est due à l'existence dans leur épaisseur d'un grand nombre de vaisseaux sanguins. C'est là en effet que s'opère entre le sang et l'eau, l'échange gazeux qui constitue l'acte respiratoire; l'eau cède au sang l'oxygène qu'elle tient en dissolution, et sans lequel la vie est impossible; le sang cède à l'eau l'acide carbonique dont il est chargé et qui provient de l'usure lente mais ininterrompue de l'organisme.

Dans tout le groupe nombreux des Poissons plagiostomes, qui comprend les Squales, les Raies, les Torpilles, les branchies sont dissimulées chacune dans une cavité en forme de sac qui débouche au dehors par un orifice latéral. La série d'orifices que l'on observe sur le côté, immédiatement en arrière de la tête, représentent précisément les ouvertures des chambres branchiales. Il y a chez ces Poissons cinq trous branchiaux. Les Lamproies en ont sept.

**Vessie natatoire.** — La plupart des Poissons présentent un organe fort curieux, dont il faut que je vous parle : c'est la *vessie* dite *natatoire*. Ce sac plein d'air présente des formes très diverses : chez les Carpes, par exemple, où il est très développé, il se montre constitué de deux parties placées bout à bout et séparées par un étranglement ; il communique avec le commencement du tube digestif au moyen d'un canal aérien.

Dans d'autres groupes au contraire, la vessie natatoire est complètement close et ne communique pas avec l'extérieur ; tel est le cas de la Perche, pour ne vous citer que des Poissons qui vous sont connus. Enfin, la vessie natatoire manque complètement dans un assez grand nombre d'espèces, notamment chez les Lamproies, les Raies, les Torpilles, les Requins. Le Chabot de nos rivières n'en a pas ; le Maquereau de l'Océan en a une, tandis qu'elle manque chez celui de la Méditerranée.

Les zoologistes ont cru jusqu'à ces dernières années que le Poisson pouvait à volonté diminuer ou augmenter le volume de sa vessie, ce qui le rendrait plus lourd ou plus léger, et lui serait fort utile pendant la natation. Mais de récentes expériences ont montré qu'il n'en est rien, que le Poisson n'a aucune action sur le volume de sa vessie, et par suite que celle-ci, bien loin de lui être utile, lui est nuisible.

La vessie natatoire est l'analogue du poumon des autres Vertébrés; elle se forme et se développe de la même manière que celui-ci, mais, chez la grande majorité des Poissons, son rôle physiologique est tout différent. Il est pourtant un petit groupe de Poissons, les Dipneustes, chez lesquels elle s'est transformée en de véritables organes de la respiration. Par ce remarquable caractère, comme par d'autres détails d'organisation tout aussi importants, les Dipneustes méritent donc d'être considérés comme intermédiaires entre les Poissons véritables et les Batraciens.

**Sang.** — Le sang des Poissons est rouge, comme celui des autres Vertébrés, excepté chez un animal fort curieux, l'Amphioxus, qui représente le Poisson et le Vertébré le plus dégradé. Il est mis en circulation par un cœur plus simple que ne l'est celui des autres classes de Vertébrés. Le cœur des Poissons ne présente en effet que deux cavités, un ventricule et une oreillette. Il est situé tout à fait en avant du corps, immédiatement sous la tête et au voisinage même des branchies. Ce cœur ne renferme jamais que du sang veineux : il correspond par conséquent à la moitié droite du cœur des Mammifères et des Oiseaux. L'oreillette, placée en arrière du ventricule, reçoit le sang veineux venu de toutes les parties du corps ; le ventricule le chasse à son tour dans un vaisseau qui le conduit aux branchies; là le sang se révivifie, devient sang artériel et se distribue dans tout le corps, pour revenir au cœur à l'état de sang veineux, après être allé nourrir tous les organes.

**Système nerveux.** — De tous les Vertébrés, ce sont les Poissons qui ont le système nerveux le plus simple et le moins perfectionné. L'Amphioxus n'a pas de cerveau distinct. Malgré cet état relativement rudimentaire du système nerveux, certains sens sont bien développés chez les Poissons. La vue est nette et les yeux sont en général fort gros, presque complètement dépourvus de mouvement, et manque généralement de paupières. Le sens de l'ouïe est très fin, malgré le peu de développement et de complication que présente l'oreille. Le sens du goût est au contraire très obtus ; la langue fait souvent défaut ; quand elle existe, elle est toujours immobile et fort petite. L'odorat paraît avoir plus d'importance : les narines se terminent assez souvent en cul-de-sac, sans communiquer avec la cavité buccale. Quant au toucher, il s'exerce au moyen des lèvres et des barbillons ou appendices dont celles-ci sont pourvues chez certaines espèces.

**Poissons électriques.** — Certains Poissons, leur nombre est

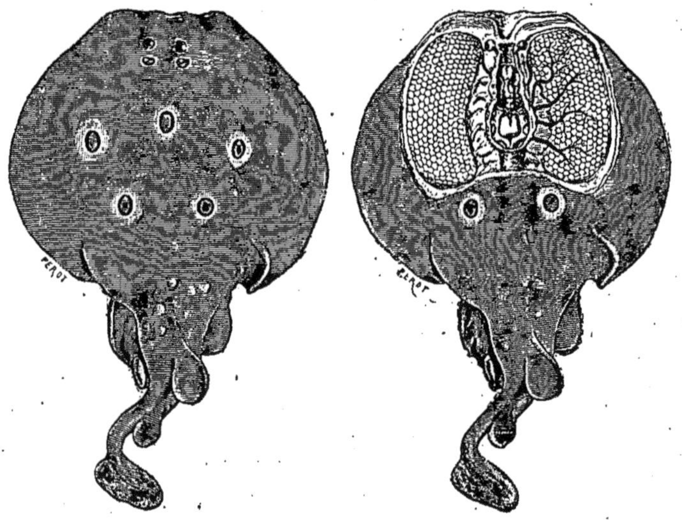

Fig. 340. — Torpille ocellée vue par la face dorsale.

Fig. 541. — Torpille dont on a disséqué l'appareil électrique.

fort restreint, jouissent de la singulière propriété de développer de l'électricité et de donner des commotions violentes aux

animaux qui les touchent. Le Gymnote, la Torpille et le Silure
sont à peu près les seuls chez lesquels on observe cette curieuse
faculté. Les organes électriques sont volumineux, surtout chez
la Torpille (fig. 340 et 341) : leur siège et leur constitution
anatomique varient d'une espèce à l'autre. La Raie présente des
organes analogues, mais qui ne produisent point d'électricité.

**Appareil digestif.** — L'appareil digestif des Poissons offre
une organisation très diverse. La bouche est située à l'extrémité antérieure de la face chez toutes nos espèces d'eau douce
et chez le plus grand nombre des espèces marines ; mais
chez certaines autres, telles par exemple que le Requin,
l'Esturgeon et la Raie, elle est située à la face inférieure de la
tête. Chez les Lamproies, la bouche constitue un véritable
suçoir, armé de dents cornées ; les autres espèces de Poissons
ou bien sont dépourvues de dents, comme l'Esturgeon, ou
bien sont munies de dents de diverse nature. Chez les Requins,
nous trouvons plusieurs rangées de grosses dents acérées, en
forme de poignard à bords tranchants et dentelés, qui constituent une arme des plus redoutables. Les dents sont d'autant plus développées que l'animal est plus vorace. Parmi nos

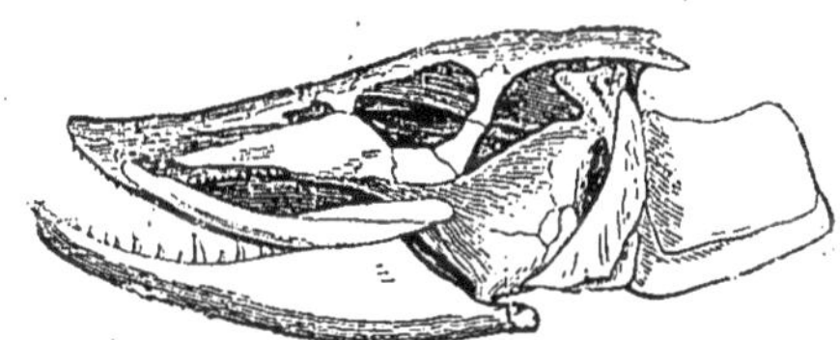

Fig. 342. — Os de la tête du Brochet.

Poissons d'eau douce, le Brochet (fig. 342) se fait remarquer par ses dents acérées qui le rendent redoutable à toutes
les autres espèces.

**Œufs.** — Les Poissons, sauf de rares exceptions présentées par les Squales, sont tous ovipares, c'est-à-dire qu'ils pondent des œufs aux dépens desquels se développent les jeunes alevins. Ces œufs sont le plus souvent nus, qu'ils soient tout petits comme chez le Hareng ou qu'ils aient la grosseur de l'extrémité du petit doigt, comme chez la Truite; chez certains Poissons cependant, tels que les Raies, l'œuf atteint la taille de celui de la Poule et il est entouré d'une coque de forme bizarre et faite de la même substance que la carapace des Insectes. Ces œufs sont le plus souvent pondus par la femelle dans un endroit peu profond, sur des herbes, puis abandonnés à eux-mêmes. Quelques espèces, notamment l'Épinoche, construisent cependant de véritables nids (fig. 367) : le mâle garde et défend courageusement le nid dans lequel les œufs ont été déposés et veille sur la ponte jusqu'à l'éclosion des petits.

Le nombre des œufs pondus par chaque Poisson femelle est considérable : chez les espèces dont l'œuf est fort petit, on peut l'évaluer à plusieurs dizaines de mille; chez ceux dont l'œuf est plus gros, ce nombre est bien moins élevé.

On prépare en Russie, avec les œufs de l'Esturgeon, un mets recherché dans le Nord, le *caviar*.

**Poissons d'eau de mer et d'eau douce.** — Lorsqu'on plonge dans la mer un Poisson d'eau douce, ou réciproquement, l'animal périt rapidement. Mais si l'on ajoute à l'eau douce la quantité de sel marin (chlorure de sodium) contenu dans l'eau de mer, le Poisson de mer y vit indéfiniment. Le mécanisme de la mort est un arrêt de la circulation du sang dans les branchies, qui sont, pour les Poissons d'eau douce, desséchées par l'eau de mer et, pour les Poissons de mer, gonflées par l'eau douce.

**Voyages.** — Cependant un certain nombre de Poissons vivent alternativement dans l'eau douce et dans l'eau de mer. Les Anguilles, les Saumons, les Aloses, les Esturgeons, les Plics, certaines Lamproies, sont dans ce cas. Ces voyages sont extrêmement réguliers comme époques, et comme distribution des Poissons dans les divers cours d'eau. Je veux vous en citer un exemple. De nombreuses troupes de Saumons remontent chaque année la Seine; aucun d'eux n'entre dans l'Eure, l'Oise, la Marne, le Loing, ni les autres rivières du bassin; arrivés à Montereau, tous quittent la Seine, et remontent l'Yonne; en route, ils ne pénètrent dans aucun de ses affluents, la Vanne, l'Armançon, le Serin; à Cravant, enfin, ils prennent tous la Cure, et l'on n'en pêche plus dans la haute Yonne. Ils paraissent être guidés par la composition chimique de l'eau, car on ne trouve de Saumon que dans les rivières dont les eaux proviennent de terrains siliceux (granite, porphyres, schistes cristallins, etc.).

Ces voyages ont pour raison d'être la ponte. Les Saumons viennent *frayer* dans les ruisseaux. Le jeune Saumon reste trois ans dans l'eau douce; puis il descend à la mer, y reste quelques mois, et remonte, sans presque jamais se tromper, dans le fleuve qui l'a vu naître. Il mange à peine et grossit très peu dans l'eau douce; au contraire, pendant son court séjour à la mer, il augmente beaucoup de poids.

L'Anguille fait l'inverse. Elle se rend toujours à la mer pour frayer, et l'on n'a aucune notion sur la manière dont elle se reproduit, et sur le lieu exact de la ponte. Quand l'époque de la reproduction est passée, on ne tarde pas à voir les jeunes Anguilles, transparentes et longues de 4 à 5 centimètres, réunies en bandes innombrables, remonter les fleuves pour se disperser dans les divers affluents de ceux-ci. Ces bandes ou *montées* sont tellement nombreuses que, dans certaines rivières, la Garonne, par exemple, on les pêche au passage et on en charge des chariots entiers; ce chargement est ensuite utilisé comme engrais.

Dans certains endroits, et surtout dans les lagunes de Comacchio, dans l'Adriatique, on utilise la connaissance du mode de reproduction de l'Anguille pour l'élever et en tirer un produit régulier.

**Squelette.** — Le squelette des Poissons présente une très grande diversité. Chez l'Amphioxus, il n'est constitué que par une tige cartilagineuse; chez toutes les autres espèces, il se complique de telle sorte que son étude, surtout celle de la tête, peut être considérée comme un des points de l'anatomie comparée les plus difficiles et les plus obscurs. Les diverses pièces qui le composent sont, chez un très grand nombre de Poissons, des os dont la composition chimique et la structure

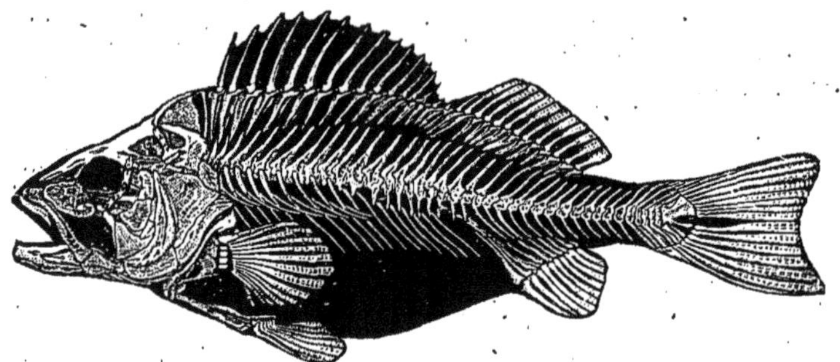

Fig. 343. — Squelette de Poisson.

microscopique sont à peu près les mêmes que pour les autres Vertébrés (fig. 343); chez les autres, les pièces du squelette ne sont point de nature osseuse, mais sont restées à l'état de cartilages.

Ce caractère a été pris comme base de la classification des Poissons; on distingue donc : 1° des Poissons osseux et 2° des Poissons cartilagineux.


## SOUS-CLASSE DES POISSONS OSSEUX


Les Poissons osseux comprennent le plus grand nombre d'espèces et de genres. Tous les Poissons d'eau douce et un nombre considérable d'espèces marines appartiennent à ce groupe important. Les animaux qui le composent ont en général la peau recouverte d'écailles imbriquées, et si les écailles semblent manquer, comme chez les Anguilles, on les retrouve dans l'épaisseur de la peau ; elles n'offrent jamais une couche d'émail à leur surface.

Les zoologistes ont subdivisé les Poissons osseux en plusieurs ordres, dont les caractères distinctifs sont empruntés à la constitution de la mâchoire, des branchies ou des nageoires. C'est ainsi que nous reconnaîtrons sept ordres :

1° *Dipneustes* ;

2° *Malacoptérygiens apodes* ;

3° *Malacoptérygiens subbranchiaux* ;

4° *Malacoptérygiens abdominaux* ;

5° *Acanthoptérygiens* ;

6° *Plectognates* ;

7° *Lophobranches*.

## ORDRE DES DIPNEUSTES

Cet ordre, fort restreint, puisqu'il ne comprend que trois espèces étrangères à nos régions, présente un haut intérêt. En effet, les animaux qui le composent établissent si nettement le passage des Poissons aux Batraciens qu'il serait difficile de trouver un meilleur exemple des transitions qui relient les uns aux autres les divers groupes zoologiques.

Comme l'indique le nom donné à l'ordre qu'ils constituent, ces animaux ont un double mode respiratoire. Pendant la saison des pluies, ils vivent dans les rivières et les marais et respirent par des branchies, à la façon des Poissons. Quand arrive la sécheresse et que les rivières se dessèchent, ces étranges animaux s'enfouissent dans la vase et respirent par des poumons ; ceux-ci ne sont qu'une modification de la vessie natatoire.

Ce n'est point seulement par leur respiration pulmonaire

que les Dipneustes se rapprochent des Batraciens. De nombreux détails d'organisation, tenant surtout à la structure du cœur et de l'appareil circulatoire, sont tellement analogues à ceux qu'on rencontre chez les Batraciens que c'est parmi les zoologistes un éternel sujet de controverses que de savoir s'il faut les rattacher définitivement à ces derniers ou s'il faut les maintenir parmi les Poissons.

Le *Ceratodus* est commun dans toutes les rivières du Queensland et du nord de l'Australie (fig. 344). Cet animal ne possède qu'un poumon. Il atteint jusqu'à 2 mètres de longueur

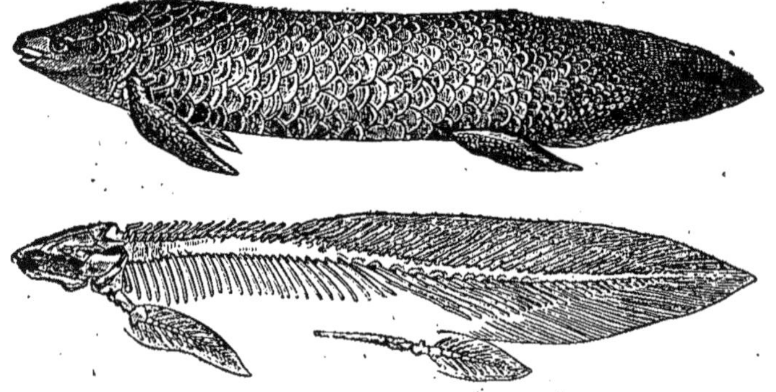

Fig. 344. — Ceratodus de Forster.

et est activement recherché par les indigènes qui apprécient beaucoup sa chair; celle-ci est en effet très savoureuse et rappelle celle du Saumon.

Le Ceratodus doit être considéré comme le dernier survivant d'un groupe de Dipneustes, autrefois fort répandu dans nos régions, et dont on retrouve les restes fossiles dans les terrains jurassiques et triasiques. Il est intéressant de constater à ce propos que, en ce qui concerne les Poissons, la faune australienne présente le même retard que nous avions constaté pour les Mammifères.

Le *Protoptère* et la *Lépidosirène* (fig. 345) appartiennent encore à l'ordre des Dipneustes ; ils possèdent chacun deux

Fig. 345. — Protoptère et Lépidosirène.

poumons. Le premier habite l'Afrique tropicale, la seconde se rencontre au Brésil.

## ORDRE DES MALACOPTÉRYGIENS APODES

Les Malacoptérygiens (μαλακὸς, mou; πτερὸν, nageoire) sont caractérisés par ce que les rayons de leurs nageoires sont toujours mous.

Les Malacoptérygiens apodes (α, privatif; πoῦς, ποδός, pied) sont ainsi nommés parce qu'ils sont dépourvus des nageoires ventrales qui, comme nous l'avons vu, sont les analogues des membres postérieurs des autres animaux. C'est parmi eux que nous rencontrons les Anguilles, les Congres, les Murènes et les Gymnotes, tous Poissons de forme allongée, à peau peu épaisse et molle.

L'*Anguille* (fig. 346), qui a des nageoires pectorales, se trouve à peu près dans toutes les eaux douces, courantes ou stagnantes.

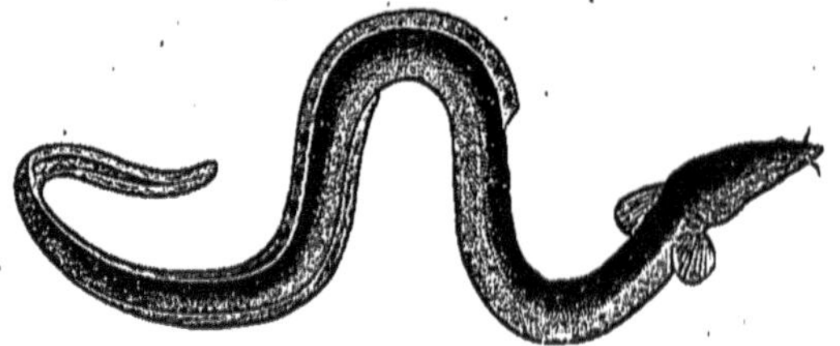

Fig. 346. — Anguille.

On la rencontre partout en Europe, sauf dans le Danube et dans les affluents de la mer Noire et de la mer d'Azow. Sa souplesse et sa vivacité sont extrêmes, et un trait fort caractéristique de son genre de vie, c'est qu'elle sort fréquemment de l'eau pour aller chasser les Vers de terre dans les prés humides : quand son appétit est satisfait, elle retourne, en rampant comme une Couleuvre, jusqu'à la rivière. Elle change ainsi très facilement de localité et quitte les étangs dont le séjour ne lui plaît pas. Je vous ai déjà dit qu'elle ne se reproduit jamais dans l'eau douce.

Le *Congre* ou Anguille de mer ne diffère guère que par sa grande taille de notre Anguille d'eau douce.

Les **Murènes** (fig. 547), assez voisines des Anguilles, mais

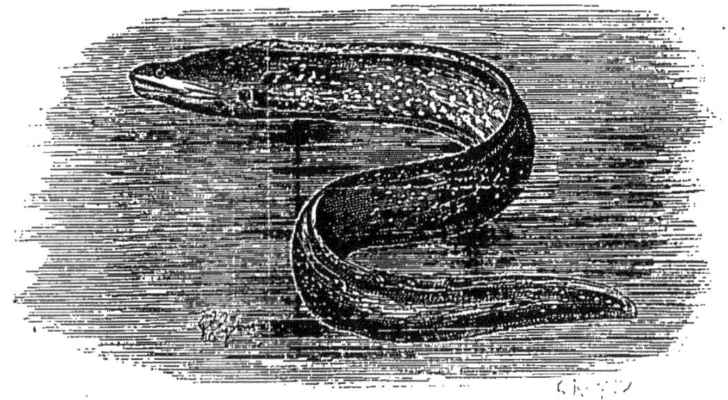

Fig. 547. — Murène.

sans membres, sont exclusivement marines. Les Romains ont rendu ces Poissons célèbres ; ils les considéraient comme un

Fig. 548. — Gymnote électrique.

mets des plus délicats et les élevaient dans des viviers spéciaux. Vous connaissez tous les histoires d'esclaves jetés vivants aux

Murènes. Ce genre de supplice était certainement au nombre des plus horribles de ces temps barbares, car les Murènes sont fort redoutées des pêcheurs à cause de leurs dents acérées, et leur voracité est telle que, lorsque la nourriture devient rare, elles se mangent entre elles.

Les **Gymnotes** (fig. 348), qui vivent dans les fleuves et les marais de l'Amérique du Sud, ont déjà attiré notre attention, à cause de la propriété remarquable qu'ils ont de produire de l'électricité. La décharge électrique dépend entièrement de la volonté de l'animal et celui-ci donne, quand il le veut, une commotion faible ou au contraire une commotion assez forte pour engourdir et tuer les animaux les plus robustes.

### ORDRE DES MALACOPTÉRYGIENS SUBBRANCHIAUX

Les Malacoptérygiens subbranchiaux sont des animaux presque exclusivement marins, répandus par toutes les mers, et caractérisés par des nageoires ventrales attachées au-dessous des branchies, au contact même des nageoires pectorales. Les deux groupes principaux qu'on doive y distinguer sont ceux des Gadoïdes et des Pleuronectes.

Les **Gadoïdes** (*gadus*, morue) comprennent les Lottes, les Merlans, les Morues. Ce sont des animaux fort recherchés à cause de la délicatesse de leur chair.

La *Lotte* (fig. 349) est un Poisson d'assez petite taille qui ha-

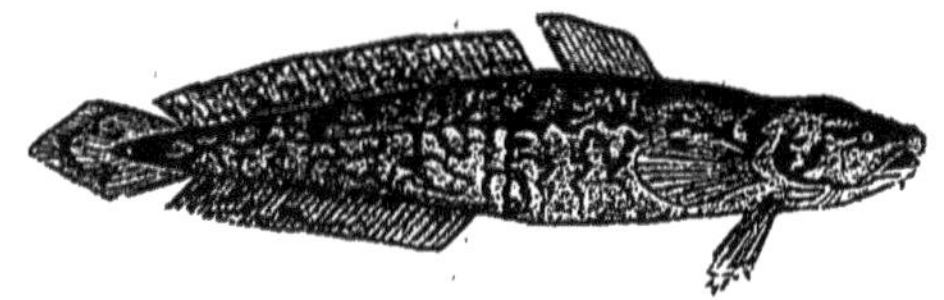

Fig. 349. — Lotte.

bite les eaux douces : on le rencontre dans toutes nos rivières, où il se fait remarquer par sa voracité : il s'embusque et se cache

dans des trous, au fond de l'eau, et attire à lui les Insectes
aquatiques, les Vers, les Mollusques, grâce à un mouvement de
tourbillon qu'il détermine en agitant sans cesse ses barbillons.

Le *Merlan*, commun sur les côtes septentrionales de l'Europe, est d'assez petite taille. Sa couleur d'un blanc argenté
est caractéristique.

La *Morue* (fig. 350) est incontestablement celui des Poissons de
ce groupe qui nous rend le plus de services. Son corps est allongé
et muni de trois nageoires dorsales et de deux nageoires anales.
Ses mâchoires sont armées de plusieurs rangées de dents fortes
et aiguës. Sa voracité est très grande : sa nourriture habi-

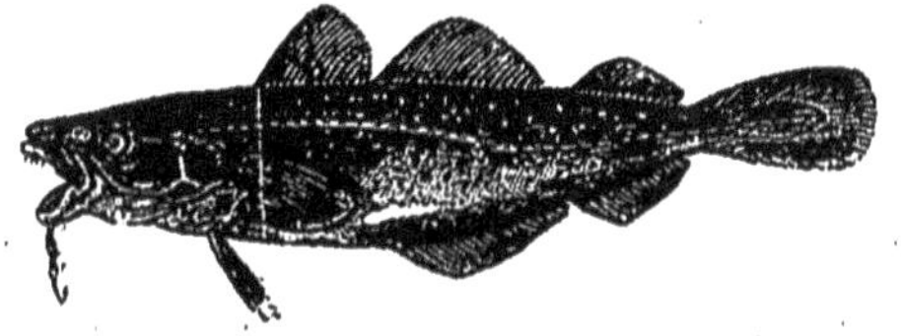

Fig. 350. — Morue.

tuelle consiste en Poissons, Crabes, Mollusques. C'est un Poisson essentiellement marin ; il se tient le plus souvent dans
les profondeurs des mers et habite l'Océan septentrional, entre
le 40ᵉ et le 66ᵉ degré de latitude.

La pêche de la Morue constitue une branche extrêmement
importante du commerce ; les Français, les Anglais, les Américains, les Hollandais et les Norvégiens s'y livrent avec une
égale ardeur.

La Morue est cantonnée dans deux espaces principaux : on
l'a tout d'abord connue et pêchée dans la vaste partie de
l'Océan qui est comprise entre le Groënland, l'Irlande, la
Norvège, le Danemark et les côtes orientales de la Grande-
Bretagne. C'est là que viennent la pêcher encore aujourd'hui
les Norvégiens et quelques Anglais ou Écossais. Sur les côtes
de Norvège, cette pêche occupe plus de 20 000 pêcheurs,
montés sur 5000 bateaux, et l'on évalue à plus de 20 millions

le nombre des Poissons qu'elle fournit à la consommation de ces contrées.

La seconde aire de distribution de la Morue est représentée par les plages du cap Breton, de la Nouvelle-Écosse et de l'île de Terre-Neuve. Auprès de cette île, on trouve un grand banc de sable appelé banc de Terre-Neuve, d'une longueur de près de deux cents lieues sur une largeur de soixante lieues : à son niveau la profondeur de l'eau varie de vingt à cent mètres. C'est là que les Morues vivent en bandes extrêmement nombreuses et c'est là que leur pêche se fait en grand, depuis que le navigateur français Jean Cabot, en 1497, appela l'attention sur ces richesses.

Déjà, dès 1578, la France envoyait par an 150 navires au banc de Terre-Neuve, l'Espagne 125, le Portugal 50, l'Angleterre 40. Depuis lors, la proportion a changé : l'Angleterre, qui maintenant se livre surtout à cette industrie, expédie aujourd'hui plus de 2000 navires et environ 35 000 marins à la pêche de la Morue. La France envoie également un nombre considérable d'hommes et de vaisseaux, ainsi que la Hollande et l'Amérique. En 1862, la France a fourni pour cette pêche 252 bâtiments et 5741 hommes ; en 1859, la Hollande exportait 1 507 788 kilogrammes de Poisson.

Les Morues se pêchent soit au filet, soit à la ligne : ce dernier engin est le plus usité. Le Poisson pris est salé ou séché. Dans le commerce, la Morue desséchée s'appelle *Stockfisch ;* la Morue salée prend le nom de Morue verte.

Pour préparer l'*huile de foie de morue*, dont l'usage médical est si répandu, on a recours à divers procédés. En Écosse, on chauffe les foies dans l'eau à la température de 90 degrés ; en Irlande, les foies sont chauffés à feu nu dans des chaudières de fonte : en fractionnant le produit, on obtient des huiles de diverses qualités ; en Hollande, à Terre-Neuve et dans le nord de la France, on suit le procédé irlandais. Dans quelques pêcheries enfin, on extrait l'huile en cuisant les foies au bain-marie.

Les **PLEURONECTES** (πλευρὸν, flanc, côté; νήκτης, nageur) ou *Poissons plats*, qui constituent la seconde famille des Malacoptérygiens subbranchiaux, ont le corps aplati et déprimé latéralement. Leur corps n'est du reste point symétrique, du moins à l'état adulte, car, au moment de la naissance, il est parfaitement régulier. Les deux yeux sont placés d'un même côté du corps, et il en résulte que l'animal se renverse toujours, qu'il soit au repos ou qu'il nage, sur le côté qui est dépourvu d'œil, côté qui reste toujours blanc; c'est à cause de cette particularité que ces animaux ont reçu leur nom de *Pleuronectes*. Ils vivent le plus souvent sur les fonds de sable, où il s'enterrent à moitié pour se dérober à la vue de leurs ennemis : une propriété remarquable dont ils jouissent et qui concourt encore à leur sécurité, c'est qu'il peuvent changer de couleur dans des limites assez étendues et prendre la coloration du fond sur lequel ils se trouvent.

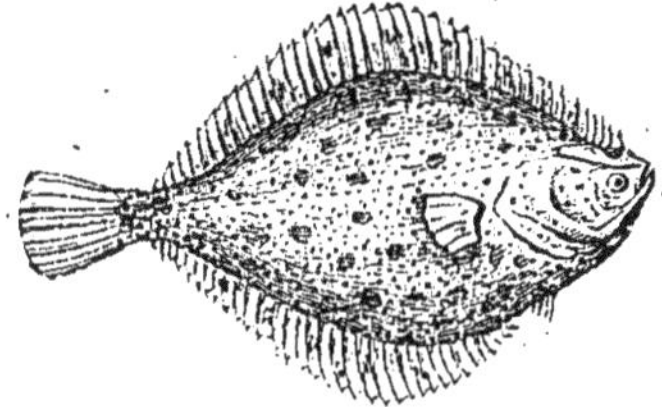

Fig. 551. — Plie.

Les principales espèces de Pleuronectes, bien connues par leur chair savoureuse, sont les *Soles*, les *Turbots*, les *Plies* et les *Limandes*. Ce sont des Poissons marins; cependant la *Plie* remonte la Loire jusqu'au delà de Nevers (fig. 551).

### ORDRE DES MALACOPTÉRYGIENS ABDOMINAUX

Les Malacoptérygiens abdominaux ont les nageoires ventrales suspendues sous l'abdomen et non plus attachées aux os de l'épaule, comme les Poissons précédents. Ce groupe est le plus considérable des trois divisions de Malacoptérygiens : il comprend la plupart de nos espèces d'eau douce et un grand nombre d'espèces marines. Pour ne citer que les types les plus connus, on y trouve la Truite, le Saumon, le Hareng, l'Alose, le Brochet, le Silure, et enfin la nombreuse famille des Cyprins, dans laquelle on remarque la Loche, le Goujon, la Tanche, la Carpe, la Brême, l'Ablette, le Gardon, le Vairon, etc.

La famille des **salmonés** contient les genres **Truite** et **Saumon.**

La *Truite commune* (fig. 352) est très vorace et recherche sur-

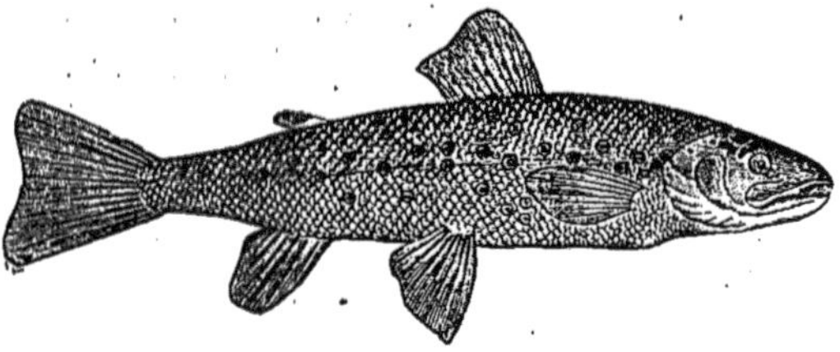

Fig. 352. — Truite.

tout les petits Insectes aquatiques. Elle saisit même souvent au vol les Phryganes et les Éphémères qui s'approchent trop près de la surface de l'eau; aussi se laisse-t-elle prendre aisément à la *ligne volante.* Elle habite d'ordinaire les eaux claires, froides et courantes, et aime à se retirer dans les trous des berges, où elle se tient si tranquille qu'il est possible de l'y prendre avec la main.

Le *Saumon* (fig. 353), comme la Truite, est armé de dents

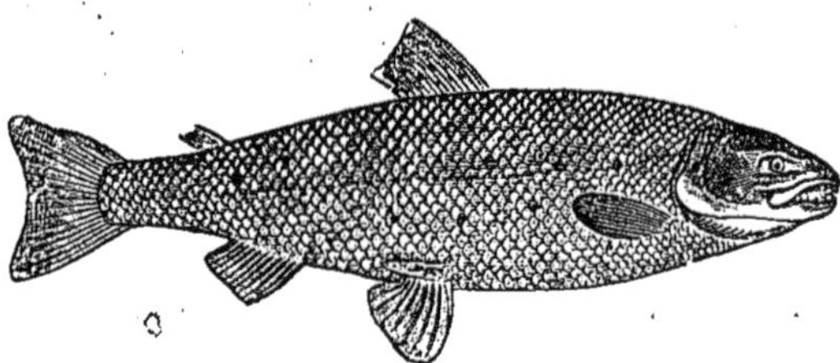

Fig. 353. — Saumon.

nombreuses et aiguës. Je vous ai dit l'histoire de ses voyages et sa vie alternativement marine et d'eau douce.

Le Saumon vit dans les eaux claires et froides dont le fond est rocailleux. Les muscles de sa queue présentent une puissance fort grande, grâce à laquelle il peut franchir contre le courant une chute d'eau, une cataracte élevée : il peut s'élever de la sorte jusqu'à une hauteur de 4 à 5 mètres, qui le plus souvent suffit à lui faire remonter les chutes d'eau. Le Saumon est assez abondant dans les fleuves de France qui tombent à l'Océan; il est surtout extrêmement répandu sur les côtes de Norvège et de la mer Baltique, où sa pêche constitue une industrie considérable.

Les plus importants Poissons de la famille des CLUPÉES sont le Hareng et la Sardine.

Les *Harengs* habitent en grande abondance les baies du Groënland, de l'Irlande, de la Suède, de la Norvège, du Danemark, des îles Féroë et de la Grande-Bretagne; on les rencontre encore dans la Manche et sur les côtes de France jusqu'à la Loire. Ce sont des Poissons voyageurs, qui vivent en société et se réunissent en bandes prodigieusement serrées. Aucun chiffre ne peut donner l'idée du nombre colossal d'individus qui composent ces bandes nomades. Les colonnes qu'ils forment ont jusqu'à 50 kilomètres de longueur sur 5 ou 6 de largeur.

On croyait autrefois que le Hareng exécutait de très longs voyages, et vous verrez encore des livres où l'on décrit la marche des *bancs* de Hareng descendant les côtes d'Écosse, pour arriver à celles de France. Il est prouvé que c'est une erreur. Le Hareng vit habituellement en haute mer, dans les profondeurs, et il ne se réunit en bandes que pour pondre près des côtes voisines. Chaque femelle de Hareng peut pondre jusqu'à 50 000 œufs ! La ponte se fait au voisinage des côtes, ainsi que le développement des jeunes, et quand, vers le mois d'avril, ceux-ci ont déjà de 10 à 12 centimètres, la pêche commence.

Le Hareng se nourrit de petits Crustacés, d'alevins et même d'œufs de Poisson. Il a de nombreux ennemis, parmi lesquels l'Homme est peut-être le plus redoutable. Les nations qui se livrent surtout à sa pêche sont la France, l'Angleterre, la Suède, la Norvège, le Danemark et la Hollande. Les Français, les Danois et les Suédois ne fournissent guère aujourd'hui qu'à la consommation de leur pays; les Anglais, les Hollandais et les Norvégiens ont le monopole de l'exportation.

La pêche du Hareng est la cause d'un mouvement commercial considérable : certaines nations et notamment la Hollande lui ont dû leur prospérité et leur fortune. Mais, la pêche hollandaise est loin d'avoir la même importance qu'il y a deux siècles. En 1603, elle occupait 2000 bateaux et 37000 marins; en 1858, elle n'occupait plus que 95 navires ; en 1859, 97, et en 1860, 92. En 1603, la valeur des Harengs exportés par la Hollande s'élevait à près de 50 millions; en 1860, la pêche ne rapportait plus qu'un million de francs.

En Angleterre, la quantité de Harengs récoltée chaque année est vraiment énorme. Dans le seul petit port de Yarmouth, on équipe 400 navires de 40 à 70 tonnes, dont les plus grands sont montés par douze hommes. Le revenu est d'environ 17 millions de francs. L'Écosse cherche maintenant à rivaliser avec l'Angleterre; en 1826, les pêcheries écossaises employaient déjà 40633 bateaux, 44695 pêcheurs et 74041 saleurs.

On se sert, pour pêcher le Hareng, de filets ayant plus de 150 mètres de long, qu'on tend verticalement dans l'eau, grâce à des tonneaux vides ou à des morceaux de liège attachés à leur bord supérieur et qui les font flotter. La grandeur des mailles est telle que le Hareng y est retenu par les ouïes et les nageoires pectorales, lorsque sa tête s'y engage. On jette les filets dans les endroits où la présence des Harengs est indiquée par l'abondance des Oiseaux d'eau ou par l'existence à la surface de la mer d'une substance graisseuse qui est phosphorescente pendant la nuit.

La pêche du Hareng n'a pris l'importance qu'elle a maintenant qu'à partir du jour où un simple pêcheur hollandais, Georges Benkel, mort en 1397, trouva le moyen de préparer le Hareng de manière à le conserver indéfiniment.

On prépare les Harengs de la manière suivante : aussitôt pêchés, on leur fait subir une salaison provisoire; plus tard, on les ressale et on les dispose dans les *caques*. On peut encore, après les avoir placés sur des couches de sel, les embrocher dans des baguettes et les faire sécher dans des tuyaux de cheminée où ils sont soumis tout à la fois à une douce chaleur et à la fumée; on obtient de la sorte le *Hareng saur*.

La *Sardine*, espèce très voisine du Hareng, qui se rencontre surtout dans nos mers européennes, se pêche sur les côtes occidentales de l'Angleterre, sur les côtes de Bretagne, où elle est très abondante, et dans la Méditerranée. Sa pêche est assez semblable à celle du Hareng, bien qu'il y ait une plus grande diversité dans la forme des filets dont on se sert. Les Bretons pêchent la Sardine dans des barques contenant chacune cinq hommes, et il n'est pas rare de rencontrer à quatre ou cinq lieues en mer jusqu'à 1000 barques qui pêchent simultanément. Cette pêche, qui dure cinq à six mois, produit environ 600 millions de Sardines. Ces Poissons sont conservés de diverses manières : on les met en baril dans de la saumure mêlée d'ocre rouge pulvérisée; on les saurit comme les Harengs ou bien on les conserve dans l'huile ou le beurre fondu.

Les *Anchois* (fig. 354) diffèrent assez peu des Sardines dont

Fig. 354. — Anchois.

ils ont à peu près la taille. On les pêche dans la Méditerranée et on les conserve, après les avoir fortement salés, dans des barils ou des boîtes de fer-blanc, en lits alternatifs de sel et de Poissons.

La famille des **ESOCES** est représentée dans nos eaux douces par le *Brochet* (fig. 355), dont la voracité vous est bien connue.

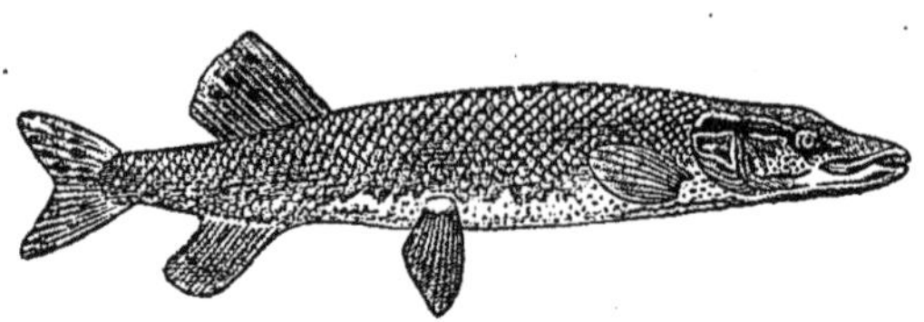

Fig. 355. — Brochet.

Il détruit une grande quantité d'autres Poissons : il est la terreur de nos étangs et de nos rivières. Grâce à ses dents puissantes, il ne craint pas de s'attaquer à des animaux plus gros que lui, mais qui ne peuvent lui opposer qu'une faible résistance.

Une espèce voisine du Brochet, l'*Orphie*, commune dans le bassin d'Arcachon, est remarquable par la couleur de ses os, qui sont d'un beau vert.

Dans la famille des **SILURES**, je vous signalerai le *Malaptérure du Nil* (fig. 356), à cause de la propriété qu'il a de pro-

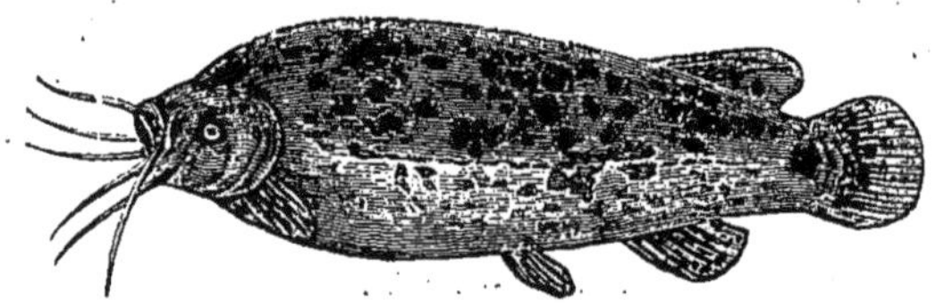

Fig. 356. — Malaptérure électrique.

duire de l'électricité. Une espèce tout à fait voisine, le *Silure du Rhin*, qui est le plus gros Poisson des eaux douces d'Europe, n'est point électrique.

Enfin, on trouve encore parmi les Malacoptérygiens abdominaux la grande et nombreuse famille des **CYPRINS**, Poissons d'eau douce dont la Carpe peut être considérée comme le type. Leur chair est très estimée et ils jouent un grand rôle dans notre alimentation.

La *Carpe* (fig 357), dont vous connaissez bien la physionomie,

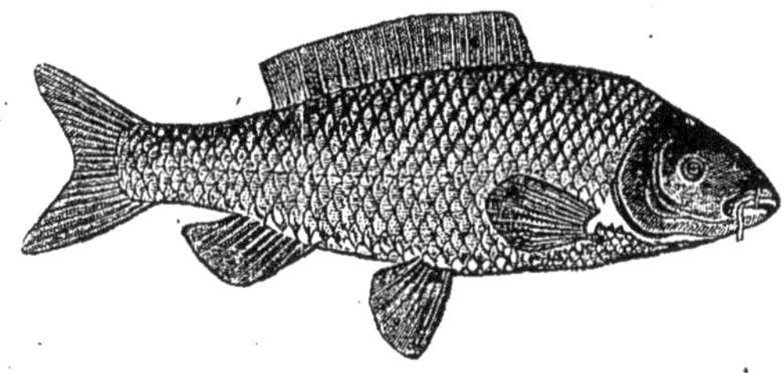

Fig. 357. — Carpe.

est un des plus gros Poissons de nos rivières : elle atteint par- fois un poids considérable et on en rencontre qui pèsent jusqu'à 10 kilogrammes. La durée de leur vie serait excessive ; on prétend en effet que les Carpes qui se trouvent encore aujour-

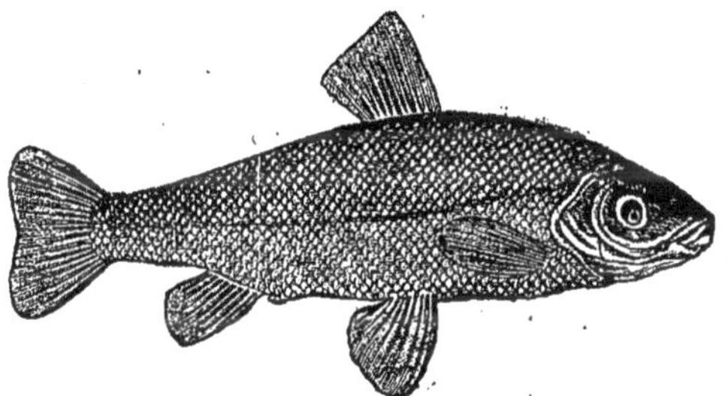

Fig. 358. — Tanche.

d'hui dans les bassins de Versailles seraient les mêmes que du temps de Louis XIV.

Le *Cyprin doré* ou *Poisson rouge* est originaire de la Chine et du Japon, et s'acclimate très aisément chez nous. C'est une variété d'un Poisson brun qui ressemble alors beaucoup à la

Carpe; il n'est pas raré d'en voir de tout à fait blancs, d'autres
moitié rouges, moitié bruns ou tachetés.

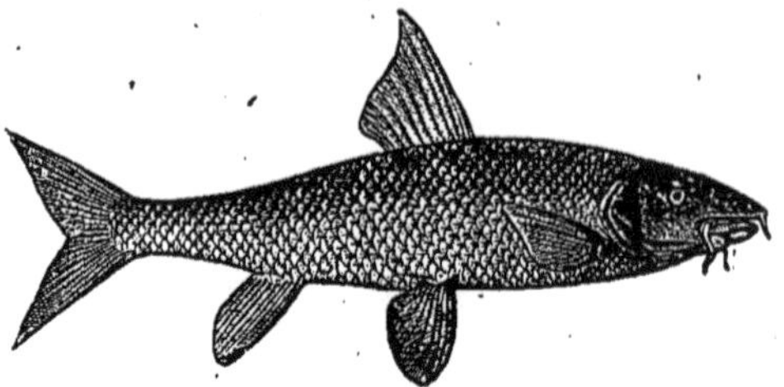

Fig. 359. — Barbeau.

La *Tanche*, le *Barbeau*, la *Brême*, le *Goujon*, le *Gardon*, la

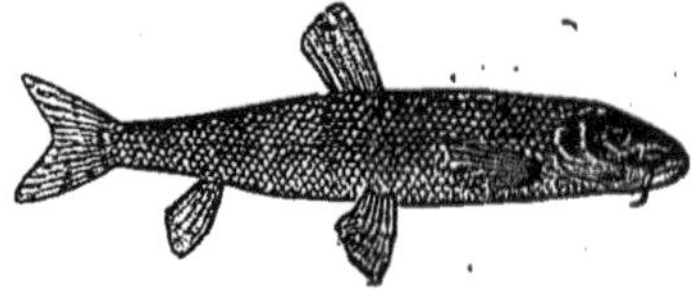

Fig. 360. — Goujon.

*Loche*, l'*Ablette*, qui vous sont bien connus, appartiennent égale-

Fig. 361. — Loche.

Fig. 362. — Ablette.

ment à la famille des Cyprins (fig. 358, 359, 360, 361 et 362).

C'est encore à l'ordre des Malacoptérygiens abdominaux que
se rapportent quelques Poissons des grandes profondeurs,
qu'ont fait connaître des dragages sous-marins effectués récemment. Tel est, par exemple, le *Néostome* (fig. 363), ramené
d'une profondeur de 2220 mètres.

Le *Malacosteus*, pêché par des fonds de 1500 à 2000 mè-

Fig. 363. — Neostoma bathyphyllum.

tres, est plus curieux encore (fig. 364) : dans la nuit intense où il vit, ses yeux, normalement développés ne lui servi-raient de rien, s'il ne portait sur les côtés de la tête d'énormes plaques phosphorescentes, au moyen desquelles il peut lui-même s'éclairer.

Cette disposition s'exagère et se perfectionne chez les *Stomias* et les *Chauliodus :* ici, les flancs de l'animal présentent une rangée de larges plaques brillantes destinées à produire une vive lumière : celle-ci peut être concentrée sur un point déterminé au moyen d'une sorte de lentille dépendant de l'organe phosphorescent.

L'*Eurypharynx*, trouvé sur les côtes du Maroc, par une profondeur de 2500 mètres, est remarquable par l'énorme dilatation de son orifice buccal, qui conduit dans une cavité dont les dimensions sont encore plus étonnantes (fig. 365).

Il y a quelques années à peine, on admettait sans conteste que les animaux ne pouvaient s'accommoder des grandes profondeurs océaniennes, et l'on considérait ces abîmes comme d'immenses solitudes où la vie ne pouvait se mani-

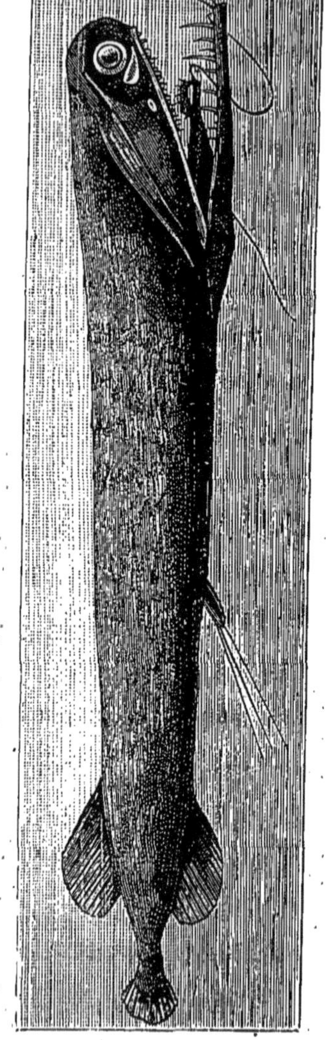

Fig 364. — *Malacosteus niger.*

fester et où régnaient d'éternelles ténèbres. Les recherches récentes, aux résultats desquelles nous venons de faire allusion, sont venues montrer, contrairement à toute attente, qu'une

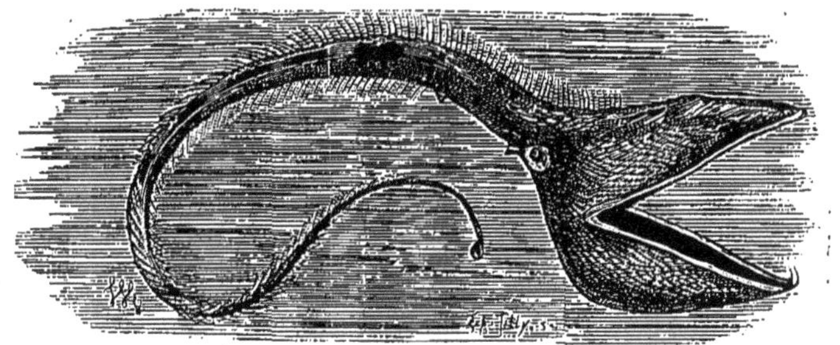

Fig. 365. — Eurypharynx.

faune non soupçonnée jusqu'alors pullule dans les grands fonds et que, dans ce ténébreux empire, la lumière est répandue par d'innombrables animaux phosphorescents. Cet important résultat, auquel nous sommes arrivés pour les Poissons, nous aurons encore à l'invoquer par la suite à propos des Crustacés et d'autres animaux.

### ORDRE DES ACANTHOPTÉRYGIENS

Cet ordre comprend une quantité considérable de poissons, tous caractérisés par ce que leur nageoire dorsale est épineuse ; ils sont marins pour la plupart. Le nombre des espèces comestibles y est très considérable : nous y trouvons, par exemple, la Perche, le Maquereau, le Thon, la Blennie, le Labre. A côté de ces espèces qui nous intéressent plus directement, il convient d'en citer encore quelques autres qui se recommandent à l'attention soit par leur genre de vie, soit par leur forme.

Le *Maquereau* et le *Thon* sont deux Poissons marins fort voisins l'un de l'autre, bien que de taille fort différente : le Maquereau est en effet de taille moyenne, tandis que le Thon peut atteindre jusqu'à 4$^m$,50 de longueur. Les uns et les autres sont des animaux migrateurs qui, à l'instar des Harengs et des Sardines, reviennent par légions innombrables, au printemps de chaque année, dans les localités où ils s'étaient montrés les années précédentes. On a profité de cette circonstance pour organiser contre eux des pêches fort importantes. Le Maquereau se pêche dans la Manche et la mer du Nord, le Thon dans la Méditerranée. On fait de ce dernier Poisson des conserves à l'huile, mais le Maquereau se consomme toujours à l'état frais.

Un Poisson du Nil, le *Chromis père de famille* (fig. 566),

Fig. 566. — Chromis père de famille incubant ses petits dans sa cavité buccale.

a des mœurs extrêmement curieuses. Quand la femelle a pondu, le mâle s'approche des œufs et les fait passer par aspiration dans sa cavité buccale, puis entre les feuillets de ses branchies. Là, au milieu des organes respiratoires, les œufs se développent. Quand les petits sont éclos, ils ne tardent pas à être fortement gênés dans leur étroite prison : ils pénètrent alors dans la bouche et y restent, pressés en grand nombre les uns contre les autres, jusqu'à ce qu'ils soient assez développés pour vivre indépendants.

L'*Épinoche* (fig. 567). le plus petit Poisson de nos rivières,

Fig. 367. — Épinoche et son nid.

qui est très remarquable à cause des forts piquants de son dos et de son ventre, attire encore l'attention par ses mœurs curieuses.

Cet animal construit un nid d'herbes dans lequel il dépose ses œufs et il veille sur ceux-ci avec un soin jaloux ; plus tard, quand les petits sont éclos, il les élève avec sollicitude. Un exemple analogue d'amour paternel nous est offert par un autre petit Poisson de nos eaux douces, le *Chabot* : celui-ci ne construit point de nid, mais le mâle veille constamment sur les œufs, pondus au fond de l'eau entre quelques pierres, et, au besoin, les défend avec un rare courage.

Le *Gourami* (fig. 368), originaire de la Cochinchine, se

Fig. 368. — Gourami et son nid.

construit un nid analogue à celui de l'Épinoche : le mâle et la femelle se partagent le soin de l'édifier avec de la boue et des plantes fluviatiles. Le nid achevé, la femelle y pond ses œufs ; pendant l'éclosion, les parents veillent attentivement sur le précieux dépôt et forcent les alevins à rester encore quelques jours dans le nid, à l'abri des dangers qui pourraient menacer leur frêle existence. Le Gourami a été introduit en 1795, à la Réunion, où il s'est fort bien acclimaté.

Je   devais vous citer ces exemples, car ils contrastent

Fig. 369. — Anabas rampant sur le sol.

avec l'indifférence que manifestent presque tous les autres Poissons à l'égard de leur progéniture.

L'*Anabas* (fig. 369) habite les eaux douces de l'Inde et des archipels voisins. Quand le soleil a mis à sec le cours d'eau dans lequel il vivait, ce curieux Poisson, s'aidant de ses nageoires comme de pattes, se met à ramper à travers la campagne. Il parcourt ainsi, complètement à sec, des distances considérables ; il peut même grimper le long des arbres, à plus de 2 mètres de hauteur, pour chercher dans le creux des feuilles l'eau nécessaire à sa respiration.

Le *Dactyloptère*, comme nous l'avons vu déjà, est le Poisson volant de la Méditerranée. L'*Espadon*, qui se rencontre également dans la Méditerranée et dans l'Océan, est assurément un des Poissons les plus curieux : les os de sa mâchoire supérieure se sont allongés démesurément en forme d'épée.

Citons encore les **serrans**, dont quelques espèces habitent nos côtes de la Méditerranée ; contrairement à ce qui s'observe chez tous les autres Vertébrés, ce sont là des animaux hermaphrodites, ainsi que l'avait déjà remarqué Aristote.

## ORDRE DES PLECTOGNATHES

Ces Poissons sont peu nombreux et ne sont d'aucune utilité à l'Homme : ils méritent néanmoins d'être signalés rapidement, à cause des caractères bien spéciaux qu'ils présentent. Leur nom (πλεκτός, lié ; γνάθος, mâchoire) leur vient de ce qu'ils ont les os de la mâchoire supérieure soudés ensemble. Ils se font remarquer par leur peau ossifiée, formée le plus souvent de larges plaques osseuses, assez souvent polygonales et fortement serrées les unes contre les autres. Avec un semblable revêtement extérieur, ils ont l'air d'être renfermés dans une boîte en marqueterie ; tout mouvement est devenu impossible et les nageoires seules peuvent se mouvoir. Le corps de ces animaux est parfois globuleux, comme chez les **Coffres**, qui habitent en grand nombre les mers tropicales, parfois comprimé latéralement, comme chez les **Balistes**, qui se rencontrent dans les mêmes régions.

## ORDRE DES LOPHOBRANCHES

Cet ordre n'est pas plus riche en espèces que le précédent.

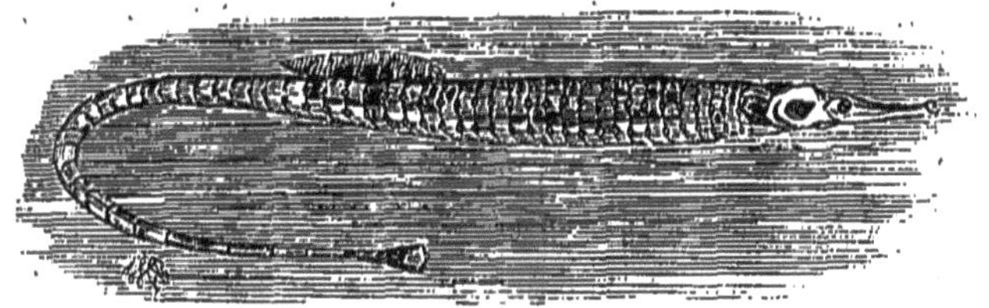

Fig. 370. — Syngnathe.

Il comprend des animaux dont les branchies sont en forme de houppe (λόφος, houppe ; 6ράγγια, branchies) et chez lesquels l'orifice branchial est très étroit. Les **Pegases**, qui vivent dans la mer des Indes, les **Syngnathes** (fig. 570) et les **Hippocampes** (fig. 571), que l'on rencontre dans l'Océan et la Méditerranée, sont les principaux représentants du groupe. Le *Syngnathe* mâle reçoit les œufs pondus par sa femelle dans une poche abdominale communiquant avec l'extérieur par une rainure longitudinale ; il les y incube et y garde les petits pendant un certain temps. L'*Hippocampe* ou *Cheval marin*, est dépourvu de nageoire caudale et sa queue devient préhensile, c'est-à-dire qu'elle peut s'enrouler autour des objets. Tous ces Poissons sont de petite taille.

Fig. 371. — Hippocampe.

# SOUS-CLASSE DES POISSONS CARTILAGINEUX

Les *Poissons cartilagineux* ou *Chondroptérygiens* (χόνδρος, cartilage; πτερύγιον, nageoire) ne diffèrent pas seulement des Poissons osseux par la nature de leur squelette. On ne rencontre jamais chez eux d'écailles imbriquées : la peau est nue ou bien renferme une foule de petits noyaux osseux, qui prennent parfois un grand développement et arrivent à constituer des écailles en plaques. Leur nageoire caudale est hétérocerque, c'est-à-dire que les deux lobes en sont inégaux. De plus, ils n'ont jamais de vessie natatoire. Mais pour les autres caractères, ils diffèrent beaucoup les uns des autres.

On les divise en trois ordres : 1° Sturioniens; 2° Sélaciens; 3° Cyclostomes.

## ORDRE DES STURIONIENS

Les Sturioniens n'ont point de dents; sur le dos et sur les côtés sont des rangées de plaques osseuses. Ils sont munis d'une vessie natatoire et leurs œufs sont identiques à ceux des Poissons osseux.

L'*Esturgeon commun*, dont la taille ordinaire est de 3 mètres, est l'objet d'une chasse active, car sa chair est très délicate et on en fait une grande consommation, surtout en Russie. Ses œufs servent à la fabrication du *caviar*. Il remonte dans les grands fleuves et n'est pas rare dans la Gironde.

Les Sturioniens, dont l'aspect diffère peu de celui des Squales, se rencontrent dans les mers de l'hémisphère septentrional et aussi dans la Caspienne et la mer Noire. Ils sont pourvus d'évents. Leur tête se prolonge en un museau aplati, pointu et muni de barbillons. Le *Grand Esturgeon* de la Caspienne atteint une longueur de 8 mètres.

## ORDRE DES SÉLACIENS

Ces Poissons diffèrent essentiellement des Poissons osseux par un grand nombre de caractères importants. Le plus remarquable est la disposition des branchies. Au lieu d'une cavité

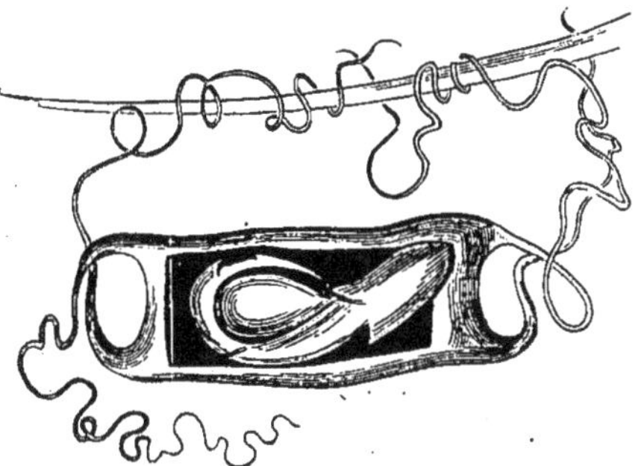

Fig. 572. — Œuf de Raie; la coque est ouverte, l'embryon y est déjà formé.

branchiale commune, il existe, de chaque côté et très en arrière, cinq sacs branchiaux, séparés les uns des autres et s'ouvrant au dehors chacun par un orifice spécial (fig. 573).

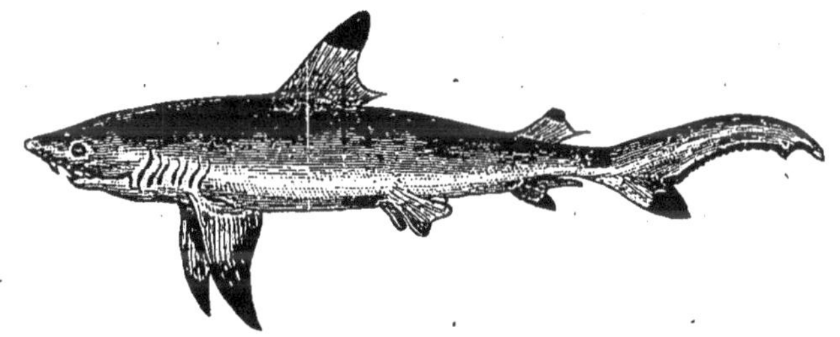

Fig. 573. — Squale.

Comme les autres Poissons, les Sélaciens sont ovipares : pourtant quelques-uns d'entre eux, tels que les Torpilles et certains Squales, sont ovovivipares, c'est-à-dire que l'œuf n'est point pondu et que le petit naît tout formé. Ces animaux n'ont jamais de vessie natatoire; leurs œufs sont identiques à ceux des Reptiles et des Oiseaux : la forme seule en est différente (fig. 572).

Les Sélaciens sont divisés en trois familles : les Squales, les Raies et les Chimères.

Les Squales et les Raies ont la bouche transversale et située à la face inférieure du corps : de là le nom de *Plagiostomes* (πλάγιος, transversal; στόμα, bouche), sous lequel on les connaît encore. Ils sont armés de dents de nature diverse, soit en forme de poignard, comme chez le Requin, soit en forme de râpe, comme chez la Raie.

Le groupe nombreux des **squales** comprend les plus carnassiers et les plus redoutables des Poissons : les **Scylles**, **Roussettes** ou *Chiens de mer* (fig. 375) et les **Requins**, qui sont répandus dans presque toutes les mers. Ces animaux sont d'excellents nageurs; ils sont, pour ainsi dire, fusiformes et atteignent des tailles considérables. On en a pêché de 10 mètres de longueur. Les Scylles ont des *évents* ou trous communiquant dans la bouche, mais les Requins en sont dépourvus.

On a pêché récemment des Squales à 2000 mètres de profondeur.

Les **raies** (fig. 374) présentent une forme bien différente de celle des Squales : ces animaux sont aplatis de haut en bas et très élargis, par suite de ce que les nageoires pectorales se sont étalées horizontalement et considérablement développées. Le corps de l'animal a l'air d'un large disque et se termine postérieurement par une longue queue grêle armée fréquemment d'épines. Les deux yeux sont sur la face dorsale ou supérieure et les branchies se trouvent reportées à la face ventrale. Ces animaux sont toujours pourvus d'évents; ils se tiennent de préférence dans la profondeur de la mer et se nourrissent surtout de Crustacés et de Mollusques.

Les **Torpilles** habitent la Méditerranée et l'Océan; les **Raies** se trouvent en abondance dans toutes les mers et notamment sur les côtes européennes. Ces animaux peuvent atteindre jusqu'à 3 et 4 mètres de longueur.

Parmi tous les Plagiostomes dont nous venons de parler, les Raies sont à peu près les seuls qui entrent dans notre alimentation : les Roussettes cependant sont aussi parfois mangées.

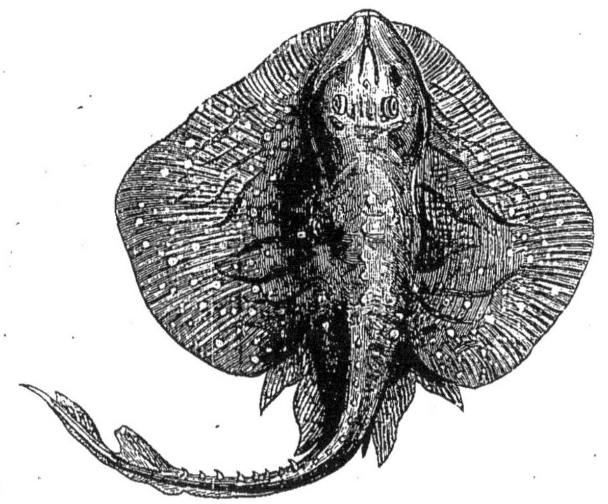

Fig. 374. — Raie.

Les **chimères** constituent un petit groupe qui se trouve représenté sur nos côtes par une espèce de faibles dimensions. La tête est épaisse et de forme bizarre; le corps est allongé et se termine par une queue effilée; les évents font défaut; les dents sont au nombre de 6 seulement, 4 en haut et 2 en bas.

### ORDRE DES CYCLOSTOMES

Aux Poissons cartilagineux se rattachent, au moins par la structure de leur squelette, des Poissons peu nombreux en espèces auxquels on a donné le nom collectif de *Cyclostomes* (κύκλος, cercle ; στόμα, bouche). Ils ont la forme générale des Anguilles, mais ils en diffèrent en ce qu'ils n'ont pas du tout de membres, et en ce que leur squelette, fort rudimentaire, est tout entier cartilagineux ou fibreux. De plus, leur bouche est armée de dents ou d'épines : elle est arrondie, disposée en forme de ventouse et adaptée à la succion : grâce à elle, les Lamproies se fixent aux Poissons dont elles sucent le sang ou mangent les chairs. Elles s'attachent aussi aux corps solides pour se fixer, et c'est de là que vient leur nom, contraction de *lambere petras*. Enfin, de chaque côté de la tête s'ouvrent, par sept orifices, les branchies : d'où le nom de *Sept-œuils*, donné souvent aux Lamproies.

Les **Lamproies** (fig. 375) sont les seuls Cyclostomes de nos régions. Quelques petites espèces vivent dans nos eaux douces.

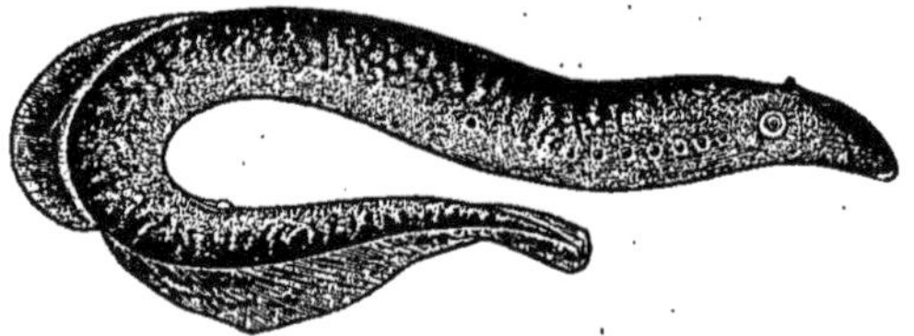

Fig. 375. — Lamproie.

Mais les grandes sont marines, et remontent les fleuves à l'époque du frai, au printemps ; elles retournent à la mer en automne.

Ces animaux présentent cette singularité de changer notablement de forme depuis leur éclosion jusqu'à l'âge adulte ; ainsi, au sortir de l'œuf, leur bouche est ovale et ne possède pas de dents. On avait fait de ces larves de Lamproies (vulgairement *Lamproyons* ou *Chatouilles*) un genre spécial.

Les **Myxines**, qui se trouvent dans les mers du sud, méritent encore d'être signalées parce qu'elles vivent toujours en parasites sur d'autres Poissons, à la peau desquels elles se fixent solidement au moyen de leur bouche ; parfois même elles pénètrent dans la cavité abdominale des Morues et des Esturgeons.

## ORDRE DES PROTOVERTÉBRÉS

Pour clore la liste des animaux Vertébrés et des Poissons, il nous reste encore à vous signaler un animal fort curieux, qui vit dans le sable sur les côtes de l'Océan et de la Méditerranée. Cet animal, dont nous avons déjà dit un mot plus haut, à propos du squelette des Poissons, est l'*Amphioxus* (fig. 376). Bien que rangé parmi les Vertébrés, il n'a point de vertèbres, mais on a dû lui attribuer cette place dans la classification, parce qu'il pré-

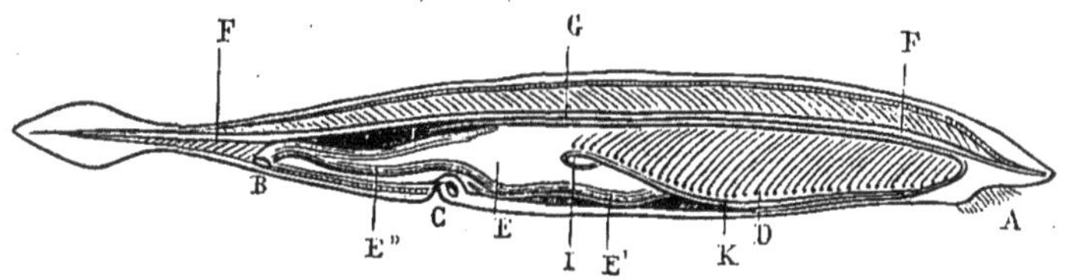



Fig. 376. — Amphioxus.

A, bouche entourée de cirrhes. — B, anus. — C, pore abdominal. — D, Branchies. — E, portion renflée de l'intestin. — E', grand cœcum hépatique. — E", rectum. — F, Moelle épinière. — G, corde dorsale. — I, cœur de la veine cave. — K. Cœur artériel.

sente pendant toute sa vie une forme rudimentaire de squelette que tous les autres Vertébrés offrent seulement dans les premières périodes de leur développement. De là le nom de Protovertébrés donné à l'ordre dont il est le seul représentant. Cet animal, long de 5 ou 6 centimètres tout au plus, n'a ni cœur, ni cerveau, ni sang rouge. Il présente seulement une moelle épinière, et au-dessous un cordon solide qui tient la place des corps des vertèbres.

## PISCICULTURE

Les Poissons, dont l'Homme fait une si grande consommation et qui constituent pour lui une nourriture tout à la fois agréable et substantielle, ont été de tous temps l'objet d'une pêche active. Il en est résulté un dépeuplement rapide des rivières, et même des mers, sauf en ce qui concerne certaines espèces à reproduction très abondante, comme la Morue, la Sardine, le Hareng. Car le plus souvent la pêche était faite sans discernement, à toutes les époques de l'année, aussi bien au moment du frai que lorsque les jeunes Poissons étaient déjà devenus grands : de là la destruction en masse des Poissons, grands et petits, jeunes et adultes. Des lois spéciales, rendues nécessaires par cet état de choses, ont dû être édictées pour réglementer la pêche, mais, malgré leur sévérité, elles n'ont été guère efficaces et l'appauvrissement n'a point été enrayé, surtout dans les eaux douces.

On s'est alors demandé s'il ne serait pas possible de cultiver et de propager artificiellement les espèces qui entrent le plus ordinairement dans notre consommation, de les semer comme on sème du blé. Les premières expériences de *pisciculture* faites dans ce but remontent à 1842, et sont dues à un pêcheur français nommé Rémy, qui habitait le village de La Bresse, dans les Vosges. A force de persévérance et de sagacité, Rémy a pu repeupler de Truites les environs de Remirecourt, d'où ces Poissons disparaissent rapidement depuis plusieurs années, et sa découverte a été le point de départ de toutes les grandes entreprises de pisciculture qui existent maintenant en Europe et en Amérique.

La pisciculture est toutefois bien antérieure à la découverte de Rémy. Les Chinois, qui nous ont devancés dans une foule d'arts et d'industries, la pratiquent depuis l'antiquité la plus reculée. Les Romains s'y sont livrés également avec grand succès et étaient même parvenus à acclimater définitivement dans l'eau douce certains Poissons de mer. Mais, chez les Chinois et les Romains, la pisciculture se faisait d'une manière empirique, pour ainsi dire, et n'avait de commun avec la méthode actuelle que le but.

« Rémy ayant pris plusieurs Truites femelles prêtes à frayer, s'aperçut qu'en les serrant un peu dans la main, il en faisait sortir les œufs mûrs (fig. 377), et que la même chose arrivait pour la laitance des mâles. Alors il suspendit une femelle au-dessus d'un vase plein d'eau, et au moyen d'une légère pression exercée de haut en bas, il fit tomber les œufs, sur lesquels il répandit ensuite de la même manière la laitance. Il mit ensuite ses œufs dans une boîte en fer-blanc percée de mille trous et garnie d'une couche de sable à gros grains, il plaça la boîte dans une fontaine d'eau pure ou dans le lit d'une rivière ; au bout d'un certain temps, il vit les petits éclore.

« Sûr de lui dorénavant, il s'associa un autre pêcheur, Géhin, et tous deux travaillèrent dès lors à perfectionner l'œuvre. Ce n'était pas tout d'avoir soustrait les œufs aux chances de destruction qui les menacent lorsqu'ils sont abandonnés à eux-mêmes, il fallait encore assurer le développement des jeunes et leur trouver une nourriture en rapport avec les besoins de leur âge : c'est ce que Rémy et Géhin surent faire. Après deux ou trois semaines d'un régime approprié à ces besoins, ils ouvrirent les boîtes qui contenaient le fretin et le laissèrent courir librement dans une pièce d'eau ou dans une portion de la rivière disposée pour le recevoir. Ils avaient eu soin d'y élever à l'avance un grand nombre de Grenouilles, dont le frai est très recherché par les jeunes Truitons. Puis ils recoururent plus tard à un procédé tout à fait conforme à ce qui se passe dans la nature. Pour nourrir les jeunes Truites, ils semèrent à côté d'elles d'autres espèces de Poissons plus petites et herbivores. Celles-ci s'élèvent et s'entretiennent elles-mêmes aux dépens des végétaux aquatiques ; à leur tour elles servent d'aliment aux Truites qui se nourrissent de chair. Ces pêcheurs sont arrivés à appliquer à leur industrie une des lois générales sur lesquelles reposent les harmonies naturelles de la création animée. Quelques années après, Rémy et Géhin possédaient une pièce d'eau renfermant cinq à six mille Truites depuis l'âge d'un an jusqu'à trois, toutes élevées par ce procédé. »

La divulgation des succès obtenus par les pêcheurs de La Bresse a imprimé une impulsion puissante à la pisciculture et provoqué de toutes parts des applications variées. Des savants éminents se mirent à la tête du mouvement et lui prêtèrent l'appui de leur nom et de leur autorité. Parmi eux il convient de citer Coste, professeur au collège de France, qui fit entrer

la pisciculture dans une voie scientifique, et grâce auquel fut
créé à Huningue un établissement modèle. On peut dire que

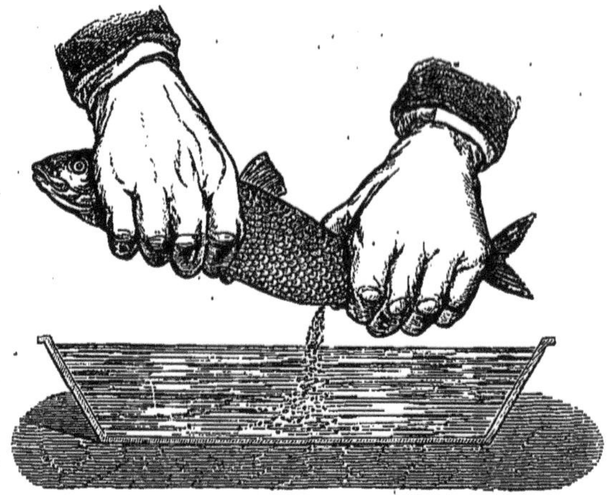

Fig. 377. — Récolte des œufs.

c'est de la création de cet établissement que date le mouvement
piscicole en Europe.

Pendant près de vingt ans, Huningue a fourni à toute l'Europe des millions d'œufs fécondés et d'alevins, et son succès,

Fig. 378. — Incubateur Coste.

considérable dès le début, n'a fait que croître encore d'année
en année. On y cultivait surtout des Salmonés, la Truite, le
Saumon, l'Ombre et la Féra. Aujourd'hui, l'établissement d'Hu-

ningue ne nous appartient plus : les Prussiens, en nous ravis-
sant l'Alsace, en sont devenus les maîtres.

La pisciculture, née en France, et presque aussitôt portée
chez nous à son plus haut degré de développement et de per-

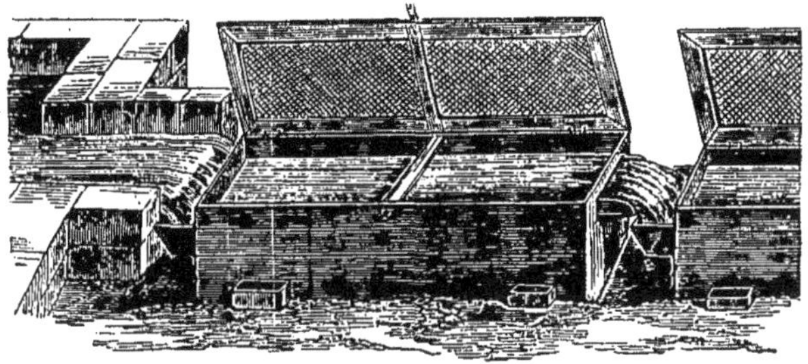

Fig. 579. — Canaux à incubation.

fection, se répandit bientôt dans les autres pays. Le succès
d'Huningue était si éclatant que les autres nations voulurent
posséder aussi des établissements piscicoles construits sur des
principes analogues. C'est ainsi que maintenant l'Angleterre,
la Hollande, la Russie, la Belgique, l'Allemagne, la Suède, l'I-
talie, le Canada, les États-Unis, etc., ont vu naître et prospérer

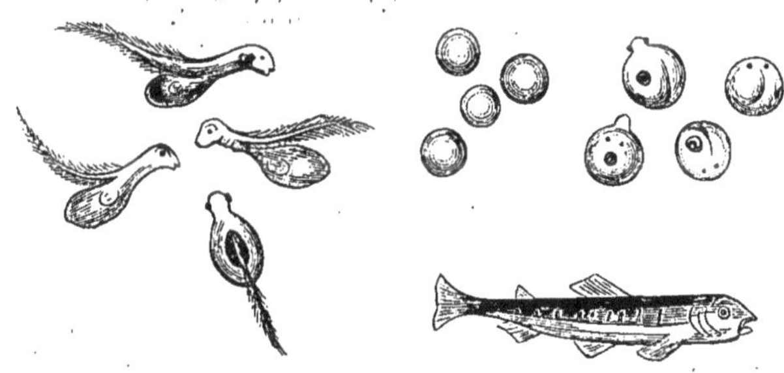

Fig. 580. — Développement de la Truite.

chez eux cette nouvelle branche de l'industrie. En France, la
pisciculture est passée dans le domaine public, et le nombre
est grand des établissements privés où l'on élève et cultive

les Poissons d'après les règles si bien formulées par Coste.
. Les œufs sont ordinairement placés sur des claies (fig. 378)
formées de bâtonnets de verre, assez rapprochés les uns des
autres pour retenir les œufs, assez écartés cependant pour
livrer passage aux alevins au moment de leur éclosion. Ces claies
sont placées au-dessus d'auges dans lesquelles l'eau se renouvelle
sans cesse et plongent elles-mêmes dans l'eau. Dès qu'ils éclosent, les jeunes Poissons (fig. 380) passent à travers la claie et
tombent dans l'auge (fig. 379), où ils trouvent de l'eau toujours
fraîche et assez d'espace pour se livrer à leurs ébats. On les soumet alors à une surveillance active, et ce n'est que plus tard,
lorsqu'ils sont devenus assez grands, qu'on les porte dans des
bassins où on ne doit point non plus les perdre de vue un seul
instant. Lorsqu'on les élève pour la vente, on peut expédier ou
bien les œufs eux-mêmes, en les entourant de grandes précautions, ou bien les alevins, mais seulement lorsqu'ils ont
atteint déjà une certaine taille.

# GÉNÉRALITÉS SUR LES VERTÉBRÉS

Après avoir passé en revue les différentes classes dont se
compose l'embranchement des Vertébrés, je puis maintenant
les examiner d'ensemble avec vous, et résumer les caractères
par lesquels elles diffèrent et ceux qui leur sont communs : ces
derniers nous serviront alors à caractériser l'Embranchement.

**Forme.** — La forme du corps varie extraordinairement. Nous
l'avons trouvé tantôt cylindrique comme chez l'Anguille, la
Lamproie, le Serpent, tantôt fusiforme comme chez le Dauphin,
aplati comme chez la Sole ou la Raie, sphérique comme chez
les Diodons; tantôt la tête est intimement unie au corps, sans
l'intermédiaire d'un cou, fait général chez les Cétacés et chez
les Poissons, ou au contraire, et c'est le cas le plus habituel,

le corps est nettement divisé en trois parties, *tête, cou, corps proprement dit*, et terminé par une *queue* ici très longue, ailleurs réduite à un simple tubercule.

**Taille.** — Les dimensions générales sont aussi très variables. Les plus grands Vertébrés sont des animaux aquatiques, la Baleine et les Cachalots, dont l'eau soutient le poids énorme; les plus petits sont également aquatiques, ce sont des Poissons de divers groupes. Je vous ai donné quelques détails sur ces faits dans notre cours de Huitième[1] et vous ai fait remarquer que les plus petits Vertébrés (Musaraigne d'Italie, Oiseau-Mouche, Triton, Épinochette, Amphioxus) avaient encore une taille notable, bien supérieure à celle de la majorité des animaux invertébrés.

**Membres.** — Le corps des Vertébrés est généralement pourvu de *quatre membres*. Parmi les Mammifères, les Cétacés n'en présentent que *deux*, les postérieurs ayant disparu; les Autruches et surtout l'Aptéryx, parmi les Oiseaux, ont au contraire les membres antérieurs extrêmement réduits; les Reptiles bipèdes ont gardé tantôt la paire antérieure (Chirote), tantôt la postérieure (Ophiode, Pseudope); enfin chez les Poissons, les Anguilles n'ont que les nageoires antérieures. Les seuls Vertébrés *apodes* sont les Serpents (Reptiles), les Cécilies (Batraciens), les Murènes, les Lamproies (Poissons), et l'Amphioxus (Protovertébrés).

Quel que soit le nombre des membres, leur *forme* est très variée, et toujours, comme cela est bien naturel, en rapport avec la fonction qu'ils exercent. Ce sont tantôt des *pattes*, tantôt des *ailes*, tantôt des *nageoires*.

Mais toujours, quelle que soit l'apparence extérieure du membre, on y reconnaît aisément (excepté dans les nageoires des Poissons où les analogies sont difficiles à déterminer) : 1° une partie basilaire, plus ou moins soudée au corps (*épaule* pour le membre antérieur, *bassin* pour le membre postérieur) ayant

1. Paul Bert, *Premières notions de zoologie*, p. 8.

un squelette osseux assez compliqué ; 2° un premier rayon (*bras, cuisse*), composé d'un os ; 3° un second (*avant-bras, jambe*), composé de deux os ; 4° une partie généralement courte, immobile et composée de plusieurs os (*carpe, tarse*) ; 5° des *doigts* ou *orteils*, au nombre maximum de cinq, formés de *phalanges* successives, à nombre variable, qui sont tantôt complètement réunies par la peau et les parties molles, tantôt entièrement libres jusqu'à la base, tantôt, comme chez l'Homme, libres sauf les premières phalanges (*métacarpe, métatarse*) dont la réunion forme la *paume* de la main et la *plante* du pied.

Les *pattes*, ou organes de locomotion sur les surfaces solides, varient singulièrement de formes et de dimensions relatives. Les animaux coureurs, sauteurs, fouisseurs, grimpeurs, n'ont pas et ne pouvaient pas avoir des pattes semblables. Chez l'Homme, les membres antérieurs, très raccourcis, ne servent plus à la locomotion. Du reste, les membres postérieurs se sont redressés, mis en ligne droite avec la colonne vertébrale sur laquelle la tête repose d'aplomb, et là station est devenue bipède et verticale.

Les *ailes* véritables sont celles des Oiseaux, dont je vous ai donné une description suffisante. D'autres Vertébrés sont munis d'expansions membraneuses ou *parachutes*, comme les Poissons volants, les Dragons, et parmi les mammifères, les Écureuils volants, les Pétauristes, les Galéopithèques. Quelquefois, ces membranes s'étalent entre toutes les parties d'un membre, et acquièrent une mobilité suffisante pour que l'animal puisse non seulement *se soutenir*, mais *se diriger* dans les airs, et *voler* véritablement ; c'est le cas des Chauves-souris, c'était celui des Ptérodactyles.

Enfin les *nageoires* sont des organes aplatis, et qui sont disposés de manière à présenter une tranche qui fend aisément l'eau quand l'animal les projette en avant, et une surface pleine et large quand il les attire en arrière : la résistance

de l'eau qui résulte de ce dernier mouvement fait que c'est le
corps même de l'animal qui est tiré en avant. L'aile des Oiseaux fonctionne du reste dans l'air d'après le même principe.

La *queue* des Vertébrés, quand elle existe, présente des
formes variées et sert à des usages très différents. Pour beaucoup de Mammifères, c'est un simple chasse-mouches ; le Kanguroo et le Rat s'en servent pour s'appuyer au repos et se lancer
en avant dans la course ; pour le Castor, c'est une truelle de ma-
çon ; les Singes de l'Amérique du Sud, les Caméléons, divers
Serpents, s'en servent pour se suspendre ; elle aide les Pics
à grimper aux arbres ; la plupart des Oiseaux l'utilisent dans
le vol pour se diriger, et quand on la coupe à une Pie ou à un
Pigeon, ils ne savent plus se poser sans tomber sur le bec ;
pour beaucoup de Vertébrés, c'est une arme de défense redoutable ; enfin chez la plupart des nageurs, elle s'aplatit et se
transforme en nageoire tantôt transversale comme chez les
Cétacés, tantôt verticale comme chez les Poissons.

**Tête, dents, organes des sens.** — La *tête* présente en avant
une bouche munie de deux mâchoires. La mâchoire supérieure
est fixée au crâne et ne remue pas, excepté chez divers Poissons.
La mâchoire inférieure, au contraire, se meut verticalement.

Généralement, elles portent toutes deux des *dents*, de nombre
et de forme très variables. Chez les Oiseaux et les Tortues,
elles sont recouvertes d'un *bec*. Enfin, les Baleines présentent
à la mâchoire supérieure des *fanons*.

Sur le plancher de la bouche se voit le plus souvent une
*langue* dont les dimensions et la forme varient extrêmement.

Au-dessus de la bouche, s'ouvrent les deux *narines*, le plus
souvent très voisines l'une de l'autre, et quelquefois protégées
par un *nez*. Ces narines communiquent avec l'arrière-bouche,
et les organes respiratoires chez tous les Vertébrés aériens ;
elles sont en cul-de-sac chez les Poissons.

Plus haut encore, les deux *yeux*, dont la structure interne
est à peu près la même chez tous les Vertébrés ; chez les Ser-

pents, la peau passe devant eux en devenant transparente. Chez
les Poissons, elle s'arrête à leur pourtour. Chez les autres Vertébrés, au contraire, elle se fend et se divise en deux *paupières* verticales, qui protègent le globe de l'œil, à la surface
duquel se déversent des larmes. Une troisième paupière hori-
zontale, dite *nictitante*, se voit chez les Oiseaux et la plupart
des Reptiles et des Batraciens.

Sur les côtés de la tête sont les *oreilles* qui, chez tous les
Vertébrés écoutant dans l'air, sont fermées par une membrane
vibrante (le *tympan*), tandis qu'elles sont cachées dans le
crâne chez les Poissons, qui perçoivent les vibrations sonores
de l'eau.

Quelquefois la membrane du tympan affleure à la tête,
comme chez les Grenouilles. Chez les Mammifères, au contraire, elle est placée au fond d'un *canal* assez long, dont
l'entrée est souvent prolongée par un *pavillon* ou *conque*.

**Peau et productions cutanées.** — La peau, toujours composée d'un *derme* et d'un *épiderme*, est le plus souvent facile
à détacher du corps. Chez les Poissons, cependant, elle y
adhère assez intimement.

Chez les Batraciens, elle est absolument nue, et son épiderme reste toujours mou, à la façon de celui de la *muqueuse*
qui tapisse l'intérieur de notre bouche. Chez les Reptiles,
l'épiderme s'épaissit et, sur le derme mamelonné, donne l'apparence d'*écailles :* la même disposition se retrouve sur les
parties nues des pattes des Oiseaux. Chez les Mammifères, les
Oiseaux et les Poissons, il naît, en outre, dans l'épaisseur de
la peau, des organes qui sortent au dehors, et acquièrent des
formes très diverses : ce sont les *poils*, les *plumes*, les *écailles*.
Nous en avons indiqué les apparences diverses à propos des
différentes classes de Vertébrés.

Assez souvent la peau se prolonge en appendices divers,
comme les *barbillons* de plusieurs Poissons, la crête dorsale

des Tritons, les *caroncules* du Coq, du Dindon et d'autres Oiseaux, la nageoire dorsale de quelques Cétacés : cela est de peu d'importance.

**Squelette.** — Au point de vue de la structure intime, le squelette des Vertébrés, toujours cartilagineux dans le tout jeune âge, tantôt reste mou comme chez plusieurs Poissons, tantôt, et le plus souvent, devient solide et pierreux.

Dans sa plus simple expression, chez l'Amphioxus, il consiste en une seule tige cartilagineuse, pointue aux deux extrémités. Chez les Lamproies, on trouve déjà des traces de vertèbres et de crâne, le tout cartilagineux. Chez tous les autres Vertébrés, l'organe caractéristique, la *vertèbre*, se reconnaît et s'isole aisément; il en est de même du crâne.

Chez les Vertébrés sans membres (Murènes, Serpents), le squelette est naturellement réduit à la colonne vertébrale avec ses côtes et au crâne. Les membres, en apparaissant, compliquent beaucoup le squelette. Chacune des parties qui les constituent possède son os ou ses os. Je ne reviendrai pas sur ce que je vous ai dit à propos des Mammifères (p. 34); les os dont je vous ai donné les noms se reconnaissent plus ou moins aisément chez tous les autres Vertébrés.

**Système nerveux.** — Il se compose, chez tous les Vertébrés, de *centres nerveux* et de *nerfs*. Les principaux centres nerveux sont la *moelle épinière* et le *cerveau.*

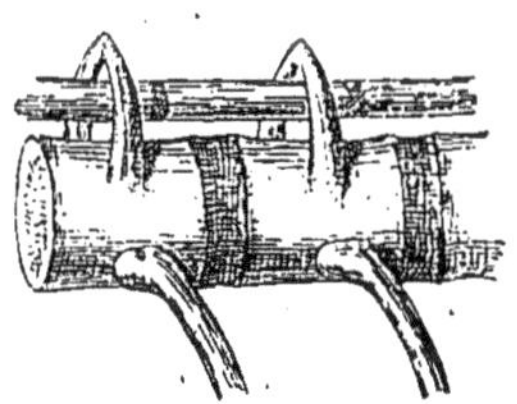

Fig. 581.—Moelle épinière protégée par les arcs vertébraux.

Ce dernier est caché dans la cavité du crâne; la moelle épinière est protégée par des *arcs* qui naissent *au-dessus du corps* de chaque vertèbre, et dont l'ensemble constitue une sorte de cylindre. Le canal de ce cylindre contient donc la moelle épinière, d'où son nom de *canal médullaire*. La partie antérieure de la moelle pénètre dans le crâne où elle se modifie beaucoup de forme, et se soude au cerveau.

C'est de la moelle et du cerveau que partent tous les nerfs qui se distribuent dans toutes les parties du corps.

La position de la moelle, par rapport aux corps des vertèbres, est constante. Chez l'Amphioxus lui-même, où il n'y a pas d'arcs vertébraux, où une tige tient la place des corps verté-braux, où il n'y a ni crâne, ni cerveau, la moelle épinière est néanmoins placée *au-dessus* de la tige vertébrale.

**Organes internes**. — L'ensemble des organes digestifs ou, comme on dit, *l'appareil de la digestion*, est composé d'un tube plus ou moins contourné, renflé d'une manière variable en divers points de son parcours, et qui présente, chez tous les Vertébrés, deux ouvertures, situées aux deux extrémités du corps. Quelles que soient ses variétés de forme, on y reconnaît toujours une *bouche*, un *œsophage*, un *estomac*, un *intestin grêle* et un *gros intestin*. Toujours aussi, un *foie* volumineux verse la *bile* dans l'intestin grêle.

*L'appareil respiratoire* est très différent de structure, sui-vant que le Vertébré respire l'air gazeux ou l'air dissous dans l'eau.

Dans le premier cas, il est composé de *poumons*, organes creux quelquefois réduits à un simple sac, comme chez les Grenouilles, et souvent d'une complexité extraordinaire de structure, comme chez les Oiseaux et surtout les Mammifères. Les poumons communiquent avec le dehors par une *trachée-artère* quelquefois presque nulle, quelquefois très longue, qui s'ouvre à la base de la langue, dans l'arrière-bouche, vis-à-vis de l'orifice postérieur des fosses nasales.

L'air pénètre dans les poumons par un mécanisme dont je vous ai dit un mot à propos des Mammifères; c'est le même par lequel l'air entre dans un soufflet dont on écarte les deux valves. Les Batraciens seuls (et non les Tortues, comme on le dit quelquefois), avalent l'air, n'ayant point de côtes pour dilater leur poitrine.

Chez les Vertébrés qui naissent dans l'eau, la respiration se fait par des *branchies*. Ce sont des houppes ou filaments qui flottent dans l'eau, et dans lesquels circule le sang qui entre ainsi presque au contact de l'eau par une grande surface, celle de ces innombrables petites saillies. C'est ce qui permet de dire que, chez les Vertébrés aériens, l'air va au-devant du sang dans les poumons, tandis que, chez les Vertébrés aquatiques, le sang va au-devant de l'air dans les branchies.

Ces branchies sont toujours suspendues à des arceaux situés de chaque côté de la bouche. Tantôt elles flottent librement à l'extérieur, comme dans les jeunes têtards de Grenouilles, les Axolotls, etc., tantôt elles sont courtes et cachées sous des pièces osseuses assez compliquées, comme c'est le cas chez les Poissons, où je vous ai d'ailleurs signalé leurs différences de forme et de structure.

Le *sang* est chez tous les Vertébrés, un liquide rouge qu doit sa couleur à de nombreux globules qui y flottent. Mais la dimension, la forme et la structure de ceux-ci varien d'un groupe à l'autre. Voici deux exemples. Les globules de l'Homme et des autres Mammifères ont la forme de disques biconcaves (fig. 382, A, B, C) ; les Ruminants sans cornes (Chameau, Lama) font seuls exception, avec leurs globules elliptiques (fig. 382, D). Chez tous les autres Vertébrés (Oiseaux, Reptiles, Batraciens et Poissons) les globules sont elliptiques et biconvexes, par suite de la présence d'un noyau (fig. 382, E—I).

Les dimensions de ces corpuscules sont très variables : c'est chez les Mammifères qu'on trouve les plus petits ($2\mu,5$[1] chez le Chevrotain de Java), et chez les Batraciens qu'on rencontre les plus gros ($76\ \mu$ chez l'Amphiuma).

---

[1] On désigne par la lettre grecque $\mu$ le millième de millimètre.

L'Amphioxus seul n'a pas de globules sanguins.

Ce sang *circule* dans des *vaisseaux* ou tubes creux. Un organe impulseur, le *cœur*, le lance dans des *artères* qui se ramifient et diminuent graduellement de volume, et communiquent par des tubes extrêmement fins, ou *vaisseaux capil-*

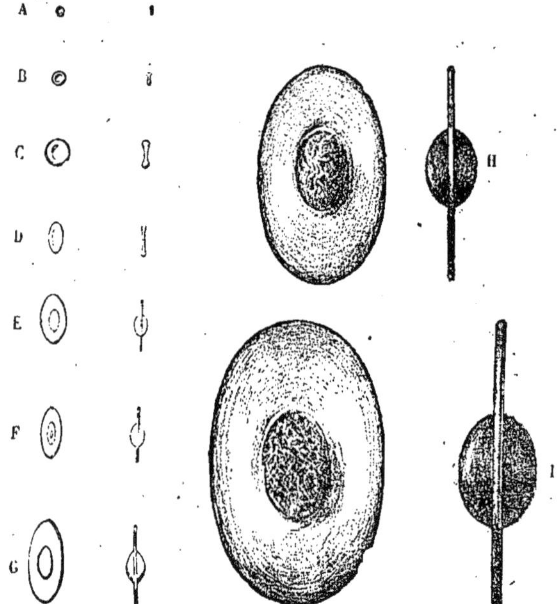


Fig. 582. — Formes et dimensions relatives des globules rouges du sang dans la série des Vertébrés. Grossissement 500 diamètres. A gauche, le globule est vu de face et à droite de profil.

Mammifères. — A, Chevrotain de Java, 2 µ 5. — B, Chèvre, 4 µ 1. — C, Homme, 7 µ. — D, Lama, 4 µ.

Oiseaux. — E, Canard, 12 µ 9. — F, Autruche, 13 µ 5.

Batraciens. — G, Grenouille, 22 µ. — H, Protée, 58 µ. — I, Amphiuma, 76 µ.

*laires*, avec des *veines* qui, elles, vont en augmentant de volume et en se centralisant, pour ramener enfin le sang au cœur.

En route, ce sang visite l'appareil respiratoire, où il absorbe l'oxygène de l'air, et rejette le gaz acide carbonique formé dans l'organisme; l'appareil digestif, où il se charge des produits de la digestion pour les emporter dans tout le corps; toutes les parties de ce corps, auxquelles il apporte et les matériaux digérés et l'oxygène qui leur sont nécessaires, et qu'il débarrasse des impuretés; enfin, les appareils urinaires par lesquels il excrète les déchets organiques qui ne peuvent être que nuisibles.

Cette marche du sang est singulièrement compliquée, et varie notablement d'une classe des Vertébrés à une autre. Le cœur, moteur de cette circulation, présente une structure également variée. Il a tantôt deux cavités, comme chez les Poissons, tantôt trois, comme chez les Reptiles et les Batraciens, tantôt quatre, comme chez les Crocodiles, les Oiseaux et les Mammifères. Ces différences nous occuperont plus tard, en Philosophie, et il me suffit de vous les signaler aujourd'hui.

L'absorption de l'oxygène par les profondeurs du corps, les actes chimiques qui en sont la conséquence, forment ce qu'on appelle les phénomènes de la *Nutrition*. Je vous en parlerai également plus tard, lorsque vous aurez fait assez de chimie pour que nous puissons les comprendre. Ils ont pour conséquence d'user la matière même du corps, qui s'en va dans le sang d'abord, puis au dehors, par divers émonctoires; cette perte incessante nécessite une réparation incessante, d'où le besoin de manger.

En même temps, pour des raisons, et par des mécanismes que nous aurons à étudier, ils produisent de la chaleur. Chez les Mammifères et les Oiseaux, leur activité est telle que, même avec les froids extérieurs les plus excessifs, le corps de ces Vertébrés se maintient toujours à une température voisine de 40 degrés. Ce sont, comme on dit, des *animaux à sang chaud*, ou mieux à *température constante*. Chez les autres Vertébrés, la production de chaleur ne peut lutter avec l'influence des causes extérieures de refroidissement, et le corps n'a que la tempéra- . ture de l'air ou de l'eau où il est plongé : ce sont des *animaux à sang froid* ou mieux *à température variable.* Je puis vous dire dès maintenant que tous les animaux *invertébrés*, dont il me reste à vous entretenir, sont des animaux à sang froid, comme les Vertébrés inférieurs. Cependant, vous n'apprendrez pas sans intérêt que, dans certaines circonstances, la température des animaux à sang froid s'élève au-dessus de celle du *milieu ambiant.* Ainsi, les Serpents Pythons, lorsqu'ils couvent leurs œufs, atteignent un haut degré de chaleur; ainsi, les Papillons crépusculaires du genre Sphinx sont, pendant qu'ils volent, tellement chauds, qu'on éprouve toujours une grande surprise en les saisissant à la main.

**Résumé**. — Tels sont les caractères généraux des animaux vertébrés. Nous pouvons maintenant les résumer en quelques mots.

Les Vertébrés, dirons-nous, sont des animaux chez qui il existe :

*Un squelette intérieur, composé pour le moins d'une série de vertèbres et d'un crâne;*

*Un système nerveux central, composé d'une moelle épinière et d'un cerveau : le cerveau étant caché dans le crâne, la moelle protégée dans un canal placé au-dessus[1] du corps des vertèbres;*

*Un appareil digestif ouvert aux deux extrémités du corps, et situé tout entier au-dessous du corps des vertèbres, et par suite du système nerveux central;*

*Un appareil respiratoire composé de poumons ou de branchies, en rapport avec la partie antérieure du tube digestif;*

*Un appareil circulatoire clos, avec un cœur qui pousse dans des vaisseaux un sang coloré en rouge par des globules;*

*Une peau facile à isoler du corps.*

---

[1] L'animal est supposé couché sur le ventre.

J'appelle de nouveau votre attention sur ce fait que l'*Amphioxus* n'a ni cœur, ni sang rouge, ni vertèbres distinctes, ni crâne, ni cerveau. Mais on y retrouve toujours une moelle épinière située tout entière au-dessus d'une corde dorsale, laquelle est tout entière au-dessus du tube digestif. Or, ces deux caractères sont, à vrai dire, ceux qui doivent servir à définir l'Animal vertébré.

# EMBRANCHEMENT DES ARTHROPODES

Le second embranchement du règne animal est celui des Arthropodes (ἄρθρον, articulation ; πούς, ποδός, pied). Les Papillons, les Mouches, les Écrevisses, les Millepieds, les Araignées et une foule d'autres animaux plus ou moins voisins font partie de ce groupe : tous présentent un plan commun d'organisation, qui diffère considérablement de celui que nous avons rencontré chez les Vertébrés. Ceux-ci, qu'ils soient Mammifères, Oiseaux, Batraciens, Reptiles ou Poissons, ont tous une charpente ou squelette interne, osseuse ou cartilagineuse, sur laquelle viennent s'attacher les muscles producteurs du mouvement. Chez les Arthropodes, rien de semblable : ici, la peau présente une dureté particulière, elle constitue une carapace plus ou moins consistante et représente une sorte de squelette cutané. Cherchez avec soin dans le corps de ces animaux, en dehors de la carapace ou de ses quelques prolongements, et vous ne trouverez aucune autre partie dure sur laquelle les muscles viennent prendre un point d'appui. On pourrait donc définir les Arthropodes des *animaux à squelette extérieur*, tandis que les Vertébrés, seraient des *animaux à squelette intérieur*.

Si vous examinez avec soin un Arthropode quelconque, il vous sera facile de constater que le corps de cet animal est partagé en plusieurs segments, de grandeur et de forme inégales : ces segments portent le nom d'*articles*, et de là le nom d'*Articulés* sous lequel on désigne encore parfois les Arthropodes. Vous verrez en outre que la peau, qui, comme nous l'avons dit, est en général dure et résistante, parfois infiltrée de sels calcaires, comme chez l'Écrevisse, devient membraneuse et molle au point de réunion des divers articles, de façon à leur

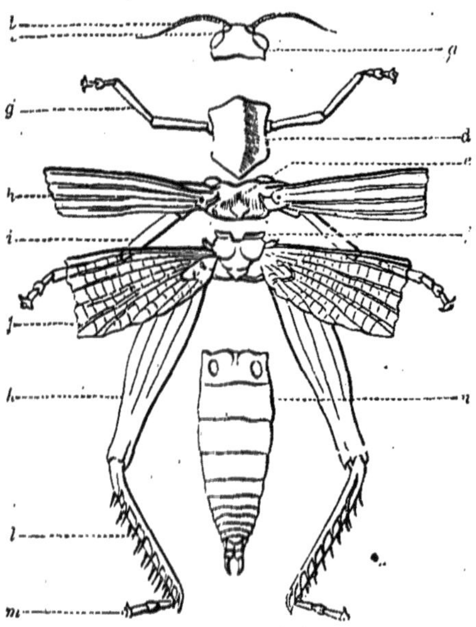

Fig. 383. — Anatomie du squelette de la Sauterelle — *a*, tête. — *b*, antennes. — *c*, yeux. — *d*, *e*, *f*, thorax. — *d*, prothorax portant la première paire de pattes, *g*. — *e*, mésothorax portant la seconde paire de pattes, *i*, et la première paire d'ailes, *h*. — *f*, métathorax portant la seconde paire d'ailes, *j*, et la troisième paire de pattes, formée de la cuisse, *k*, de la jambe, *l*, et du tarse, *m*. — *n*, abdomen.

permettre de glisser les uns sur les autres. Le nombre des articles varie avec les animaux ; comparez à cet égard une Mouche, une Écrevisse et un Mille-pieds, et vous vous rendrez bien compte de ces différences.

Le corps présente en général trois régions distinctes, qu'on appelle la *tête*, le *thorax* et l'*abdomen*. La Sauterelle (fig. 383) vous offrira un excellent exemple de cette division. Mais si vous portez votre attention sur une Araignée, vous ne distinguerez plus que deux parties, dont la postérieure représente toujours l'abdomen (fig. 384) : la tête et le thorax se sont fusionnés pour constituer le *céphalothorax*. Chacune de ces régions du corps peut se compliquer plus ou moins et nous aurons à mentionner ces variations au fur et à mesure que l'occasion s'en présentera.

Fig. 384. — Malmignathe.
(Arachnide.)

Les appendices du corps des Arthropodes affectent les formes les plus diverses : tantôt ce sont des pattes, des ailes, des antennes, tantôt encore des mâchoires ou des branchies. Les pattes sont toujours formées de plusieurs segments articulés entre eux, et c'est ce caractère qui a valu le nom d'*Arthropodes* aux animaux que nous examinons. A cette grande diversité dans la forme des membres correspond la diversité la plus grande dans le genre de vie : c'est ainsi qu'il existe des Arthropodes qui rampent, nagent, volent, grimpent, sautent, marchent, etc. Les uns vivent dans l'air, d'autres dans l'eau à la manière des Poissons.

L'appareil de la *digestion* est plus ou moins compliqué : nous ne pouvons entrer ici dans les détails de son anatomie. Disons seulement que la bouche, située à l'extrémité antérieure du corps et parfois à la face inférieure, est entourée de pièces diverses qui servent à la préhension ou à la trituration des aliments et qui résultent de la transformation des appendices portés par les anneaux du corps; nous reviendrons par la suite sur la structure et la disposition de ces pièces buccales. L'intestin se termine toujours à l'extrémité postérieure du corps, soit sur la face dorsale, soit sur la face ventrale.

La *circulation* du sang se fait d'une manière fort incomplète, et le sang est à peu près incolore.

. La *respiration* s'opère par des branchies pour certains Arthropodes qui vivent dans l'eau, et chez les autres par des organes appelés *poumons* et *trachées*, sur lesquels nous aurons à revenir. Quelquefois, dans les espèces les plus dégradées, il n'y a point d'appareil spécial de la respiration et celle-ci se fait simplement au travers de la peau.

Le *système nerveux* affecte des dispositions très différentes de celles que je vous ai indiquées chez les Vertébrés. Mais nous reviendrons en Philosophie sur ces points délicats. Les *organes des sens* sont plus ou moins développés. Ce sont les *yeux* qui atteignent le plus haut degré de perfection et il est assez rare de les voir manquer tout à fait. Ils peuvent être de deux sortes : ou bien ils sont simples, c'est-à-dire formés, comme chez les Mammifères, d'un globe oculaire unique ; ou bien ils sont formés par la réunion d'un nombre considérable de petits yeux, accolés les uns aux autres, mais distincts entre eux. Examinez avec une forte loupe la surface de l'œil d'une Mouche : vous la verrez divisée en un nombre infini de petits carrés dont chacun représente la cornée d'un de ces petits yeux secondaires, dont on peut évaluer le nombre à dix mille environ. Quelques Arthropodes présentent enfin à la fois des yeux simples et des yeux composés. Les yeux sont ordinairement placés en avant et sur les côtés de la tête, mais on peut les rencontrer aussi en tout autre point du corps. Leur nombre, qui est le plus souvent de deux, peut s'élever à cinq, six ou davantage.

En ce qui concerne les autres sens, il est certain que les Arthropodes sentent, entendent, éprouvent des sensations gustatives, mais on est moins bien fixé relativement au siège de ces diverses sensations. En faisant l'histoire des différents groupes, nous aurons à revenir sur ce point et nous vous dirons ce qu'on en sait.

La plupart des Arthropodes sont ovipares, mais un certain nombre d'espèces sont vivipares. Il est très fréquent que, dans les premières périodes de leur vie, les jeunes subissent des métamorphoses plus ou moins compliquées, pendant lesquelles ils sont soumis à des mues fréquentes.

On a divisé les Arthropodes en quatre grandes classes : les *Insectes*, les *Myriapodes*, les *Arachnides* et les *Crustacés*.

## CLASSE DES INSECTES

Les INSECTES se distinguent des autres Arthropodes par ce que leur corps est toujours nettement divisé en trois parties, la tête, le thorax et l'abdomen. Un de leurs caractères les plus constants et les plus importants est encore d'avoir *trois paires de pattes*, portées par les trois anneaux du thorax : de là le nom d'HEXAPODES qu'on leur attribue encore quelquefois.

**Tête.** — Toujours très distincte du thorax, elle diffère considérablement de celle des Vertébrés ; néanmoins, par analogie, on a donné à ses diverses parties les noms de face, front, occiput, etc. Elle se présente d'ordinaire comme composée d'une seule pièce, mais elle résulte en réalité de la soudure de cinq anneaux, portant chacun une paire d'appendices. Ces appendices divers sont les yeux et les antennes, qui occupent la partie antérieure, et trois paires d'appendices affectés à la mastication et placés à la partie inférieure, autour de la bouche.

**Yeux.** — Les yeux sont immobiles et solidement fixés de chaque côté de la tête : ce sont des yeux à facettes, constitués, comme nous l'avons dit, par la réunion d'un nombre immense de petits yeux simples, dont la surface ou facette régulièrement hexagonale se distingue à l'aide d'un faible grossissement. On a voulu évaluer la quantité de ces petits yeux qui par leur réunion formaient les yeux composés, et on en a compté jusqu'à 25 000 chez la Mordelle, 12 500 chez la Libellule, 17 300 chez le Papillon, 4000 chez la Mouche et 1200 chez la Fourmi.

En outre, beaucoup d'Insectes possèdent au milieu du front, entre les deux gros yeux composés, de petits yeux simples, nommés *ocelles*, qui se présentent sous l'aspect de petites perles délicatement enchâssées dans la peau. Ces ocelles sont au nombre de deux ou trois et, dans ce dernier cas, ils se disposent en triangle. Il est tout un ordre d'Insectes, celui des Coléoptères, chez lequel les ocelles n'existent jamais.

**Antennes.** — Vulgairement appelées cornes, les antennes sont au nombre de deux ; elles sont insérées sur le sommet ou sur les côtés de la tête et se composent d'une série d'articles dont la forme et les dimensions varient beaucoup (fig. 585).

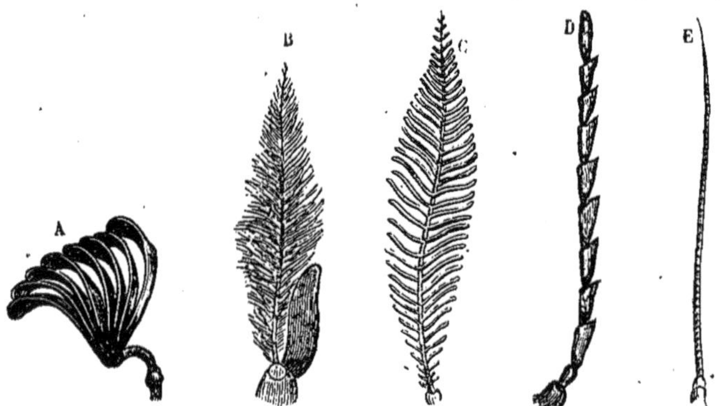

Fig. 585. — Diverses formes d'antennes. — A, Polyphylle. — B, Volucelle. — C, Saturnia du poirier. — D, Agriote. — E, Sauterelle.

Ces organes sont extrêmement importants, car ils sont tout à la fois le siège du toucher et de l'odorat. Ces deux sens sont, chez les Insectes, extrêmement développés, et la perfection qu'acquiert notamment l'olfaction a tout lieu de nous surpendre.

**Bouche.** — Elle est placée à la partie antérieure de la tête. Son organisation est fort compliquée et difficile à comprendre ; elle affecte les formes les plus diverses suivant le genre de nourriture de l'animal, c'est-à-dire suivant que celui-ci est broyeur, suceur, etc.

Chez les Insectes *broyeurs*, la cavité de la bouche est limitée supérieurement par une pièce impaire et médiane, le *labre*, ou *lèvre supérieure*, qui ne porte jamais d'appendices. C'est une lamelle chitineuse, ordinairement mobile, qui ne remplit d'autre rôle que celui de lèvre supérieure. Les organes affectés à la trituration des aliments sont deux paires d'appendices attachés à deux anneaux céphaliques. La paire supérieure est formée par les *mandibules*, qui se meuvent latéralement l'une contre l'autre comme les deux branches d'une paire de cisailles ; elles sont le plus souvent organisées pour broyer, mais peuvent quelquefois remplir un tout autre but : chez le Cerf-volant, ce sont elles qui constituent les cornes ; chez d'autres Insectes, elles sont réduites au contraire à l'état de simples membranes et sont devenues également impropres à la mastication. Les mandibules ne portent jamais d'appendices, ou, comme disent les entomologistes, de *palpes*.

La seconde paire d'appendices masticateurs est représentée par les *mâchoires* ou *maxilles*. Leur composition est loin d'être aussi simple que celle des mandibules : elles sont en effet constituées par l'assemblage de pièces plus ou moins nombreuses, répondant à des usages variés. Elles portent toujours un palpe formé d'un à six articles, de proportions et de forme du reste fort variables.

Une troisième et dernière paire d'appendices est constituée par la *lèvre inférieure*, pièce unique et médiane, provenant de la soudure de deux pièces primitivement distinctes. Elle porte deux palpes latéraux, et délimite inférieurement la cavité buccale.

Pour achever la description de la bouche des Insectes broyeurs, il nous reste encore à signaler, dans la cavité même de celle-ci, un organe médian, la *languette*, qui porte souvent des pièces latérales, les *paraglosses*. Cette languette, plus ou moins développée, suivant le rôle qu'elle est appelée à jouer, atteint parfois des dimensions considérables : chez les Abeilles, par exemple, sa longueur atteint ou dépasse celle du corps de l'animal; c'est sur les villosités dont son extrémité est garnie que le miel se fixe. La languette s'insère sur la partie postérieure de la lèvre inférieure, en une partie à laquelle on a donné le nom de *menton*.

Fig. 386. — Le vol des Insectes.

Ainsi constituée, la bouche des Insectes broyeurs peut, selon les modifications et les transformations que subissent ses diverses pièces, s'adapter aux besoins et aux genres de vie les plus différents. Chez bon nombre d'Insectes qui nous intéressent tout particulièrement, en raison des dégâts considérables qu'ils nous causent, la bouche est un appareil puissant qui peut perforer non seulement le bois et miner ainsi la carène des navires, les toits des maisons, détruire des forêts entières, mais encore percer les métaux.

Chez les Insectes *suceurs*, les pièces buccales se sont modifiées de telle sorte qu'il a fallu l'attention la plus soutenue et
toute la sagacité de Savigny pour arriver à établir leurs rapports avec les parties correspondantes de la bouche des Insectes
broyeurs.

Chez les Pucerons, le Phylloxéra, les Punaises, les Cigales,
la lèvre inférieure s'est transformé en un tube de trois à
quatre articles qui recèle dans son intérieur quatre soies fines
et étroitement serrées; ces soies représentent les mandibules
et les mâchoires. Le labre est représenté par une petite plaque
cornée qui se trouve à la base du tube. Celui-ci atteint quelquefois la longueur de la tête et même celle du corps entier :
à l'état de repos, il est ordinairement couché le long de la
face inférieure du corps et l'Insecte a la faculté de le redresser
à volonté pour s'en servir.

Chez les Papillons, il faut épiler soigneusement la tête pour
voir distinctement *les pièces* buccales. On rencontre alors la
*trompe*, au moyen de laquelle l'Insecte suce le nectar des fleurs
Cet organe, formé par l'accolement des deux mâchoires, porte
encore à sa base leurs deux palpes : plus ou moins long, il
atteint parfois des dimensions considérables, parfois aussi fait
complètement défaut; il est ordinairement enroulé à l'état de
repos. A la base de la trompe, on observe en outre une petite
pièce membraneuse, qui représente le labre. Enfin, on peut
encore reconnaître de chaque côté et au-dessous de la trompe
trois autres pièces qui ne sont autre chose que les mandibules
et la lèvre inférieure.

Chez les Mouches, les Cousins, etc., la trompe est constituée
encore de façon différente : elle est formée cette fois par la
lèvre inférieure, et les autres pièces buccales se sont plus ou
moins atrophiées ou transformées en stylets.

**Thorax.** — Il se compose de trois anneaux que l'on désigne
sous les noms de *prothorax*, *mésothorax* et *métathorax*.

Chacun de ces anneaux porte, à sa face inférieure, une paire de pattes. Quant à la face supérieure du thorax, ou bien elle reste libre et dépourvue d'appendices, comme chez les Poux, ou bien elle porte les *ailes*.

**Pattes.** — Leur nombre, avons-nous dit, est constamment de six chez les Insectes, et le nombre des articles qui composent chacune d'elles est aussi constamment de.cinq : on les désigne, à partir de l'implantation du membre sur le thorax, sous les noms de *hanche, trochanter, cuisse, jambe* et *tarse*. La cuisse et la jambe sont les parties de la patte les plus allongées et les plus fortes. Le dernier article, le tarse, se compose

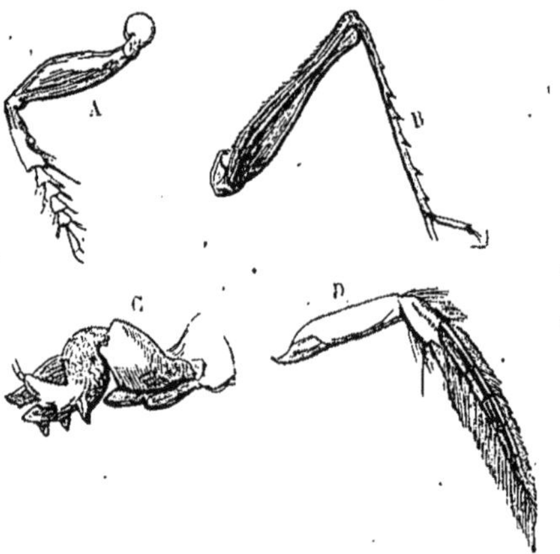

Fig. 587. — Différentes formes de pattes. — A, patte coureuse de Carabe. — B, patte sauteuse de Criquet. — C, patte fouisseuse de Taupe-grillon. — D, patte natatoire de Dytique.

ordinairement d'une série d'articles secondaires et se termine par des ongles mobiles, des griffes, ou des appendices variés.

Les pattes ainsi constituées présentent une conformation qui varie suivant le genre de vie de l'animal chez lequel on les observe (fig. 587) : elles peuvent être organisées pour la course, la marche, la natation, le saut ou encore pour fouir le sol ou pour saisir. L'Insecte est-il ravisseur comme la Guêpe, ou fouisseur comme la Courtilière, les pattes antérieures seules se transforment ; est-il sauteur, comme la Puce et la Sauterelle, ou nageur comme le Dytique et l'Hydrophile, les pattes postérieures seules seront modifiées. En aucun cas la seconde paire de pattes ne sera modifiée d'une façon sensible : son rôle est uniquement d'assurer l'équilibre pendant la locomotion. Les caractères tirés de la structure des pattes sont d'une importance capitale pour la classification des Insectes.

**Ailes.** — Ce sont exclusivement des appendices du mésothorax et du métathorax. Chez le plus grand nombre des Insectes, elles sont au nombre de deux paires. Tantôt elles sont semblables entre elles, minces et traversées par des nervures, comme chez les Abeilles et les Guêpes, tantôt les ailes antérieures constituent une masse chitineuse durcie et très résis-

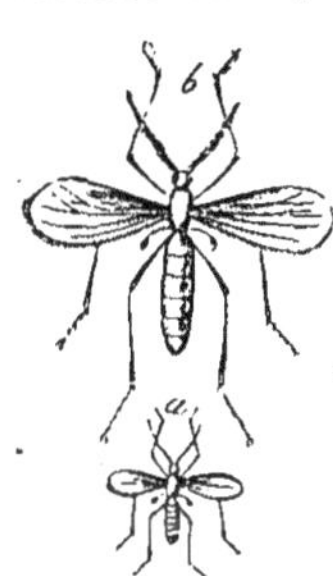

Fig. 588.—Cécidomye (Diptère.) — *a*, de grandeur naturelle. — *b*, grossi.

tante, deviennent impropres au vol et servent de bouclier protecteur aux ailes postérieures, demeurées membraneuses : les ailes de la première paire prennent alors le nom d'*élytres* ; celles de la seconde paire se cachent sous celles-ci.

Dans l'ordre nombreux des Diptères, qui comprend les Mouches, les Taons, etc., on ne retrouve plus qu'une seule paire d'ailes, s'attachant sur le mésothorax : elles correspondent par conséquent aux ailes antérieures des autres Insectes ailés (fig. 588). Quant aux ailes postérieures, elles se sont transformées en de petits organes particuliers, les *balanciers*, semblables à de petites épingles.

**Abdomen.** — Troisième et dernière grande division du corps des Insectes, l'abdomen renferme la plus grande partie des organes de nutrition et de reproduction. Il est constamment dépourvu de membres et se compose en général de dix articles.

La production de certaines *odeurs* (Punaises), de la *cire*

(Abeïlles), de la *soie* (Chenilles), des *venins* (femelles des Abeilles, des Guêpes, des Fourmis) est due encore à des glandes spéciales placées en divers points du corps. Il est·intéressant de remarquer que les glandes qui produisent la soie existent exclusivement dans l'état de Chenille et ne se retrouvent plus quand l'animal devient Insecte parfait.

On peut encore ranger à côté des sécrétions la *phosphorescence* ou production de lumière qui caractérise certains Insectes de nos pays, tels que le Lampyre ou Ver luisant et les Lucioles. Dans les pays chauds de l'Amérique, on trouve d'autres Insectes, les *Cucujos*, qui jouissent d'un pouvoir éclairant très considérable : les femmes du pays les enferment dans un petit sachet de gaze et en ornent leur chevelure ou leurs vêtements.

Nous aurons à parler, en Philosophie, des organes internes des Insectes, de leur tube digestif, de leur appareil respiratoire. Nous ne nous occupons cette année que des organes extérieurs.

Cependant, je dois vous dire ici que, chez les Insectes, la **respiration** s'effectue toujours au moyen de *trachées*, ou tubes ramifiés, qui pénètrent dans· le corps entier, et où l'air entre par des orifices nommés *stigmates*, placés sur les côtés du corps, sur chaque anneau. Ils débouchent dans un gros tronc trachéen qui se subdivise à l'infini et porte l'air aux divers organes auxquels il distribue ses branches.

**Sens.** — La faculté qu'ont certains Insectes d'*émettre des sons* met hors de doute ce fait qu'ils sont doués du sens de l'*ouïe :* ces bruits, plus ou moins musicaux, parfois stridents et désagréables, sont manifestement pour ceux qui les produisent un moyen de s'appeler et de se rejoindre. Chez les Cigales, les Grillons, les Sauterelles, les mâles seuls sont doués d'organes vocaux : ceux-ci sont placés sur l'abdomen chez les Cigales, et à la base de la première paire d'ailes chez les Grillons et les Sauterelles. Les Bourdons, les Guêpes, les Abeilles, les Mouches et les Insectes à élytres peuvent encore produire des sons, mais d'une nature toute différente : ce sont des bourdonnements dus à la vibration des ailes pendant le vol.

**Reproduction.** — Le plus grand nombre des Insectes sont ovipares ; quelques-uns seulement, tels que certaines Mouches, sont vivipares.

Les Poux, les Ricins et les espèces parasites voisines sont les seuls de tous les Hexapodes qui sortent de l'œuf à l'*état parfait*. L'immense majorité des autres Insectes sortent de l'œuf à l'état de *larves* qui, avant d'atteindre l'état parfait, auront à subir des *métamorphoses* plus ou moins compliquées. Pendant toute la période larvaire, le jeune être est soumis à des *mues* nombreuses, toutes marquées par un accroissement notable du corps. C'est du reste pendant la seule période larvaire que s'accroît l'Insecte : devenu parfait, il ne grandit plus. Aussi, l'état larvaire étant en général assez court, l'augmentation de poids et de taille se fait-elle avec une rapidité incroyable : au bout de trente jours, par exemple, le Ver à soie pèse 9500 fois plus qu'au moment de sa naissance.

Chez les Sauterelles et plusieurs animaux voisins, la larve ne diffère de l'animal adulte qu'en ce que les ailes ne sont point encore formées : la seule métamorphose consiste dans l'apparition de ces organes. On dit alors qu'il y a *métamorphose incomplète*.

Dans tous les autres cas, il y a *métamorphose complète* et, à partir de sa naissance, le jeune animal passe par divers états que nous allons rapidement examiner.

Les *larves*, que l'on désigne ordinairement sous le nom de Chenilles, lorsqu'il s'agit de celles des Papillons, et de Vers, lorsqu'on a affaire à celles des autres Insectes, ont le corps composé d'anneaux égaux et réguliers ; mais, malgré cette ressemblance apparente, ce ne sont point des Vers véritables : ce sont simplement des Insectes sous leur première forme. Ces larves sont munies de pattes ou au contraire en sont dépourvues : dans le premier cas, les pattes, plus ou moins nombreuses, sont toujours disposées par paires et un même anneau n'en porte jamais plus d'une paire. Les trois premières paires de pattes, portées par. les trois anneaux qui font immédiatement suite à la tête, se distinguent facilement des autres par leur conformation : elles deviendront plus tard les pattes définitives de l'Insecte parfait, et les anneaux qui les portent formeront le thorax.

Le plus souvent, les larves sont nues; parfois, elles sont couvertes de poils, et certaines Chenilles en offrent de bons exemples. Les unes vivent en pleine liberté sur les plantes, les autres se tiennent sous les pierres ou sous l'écorce des arbres; d'autres vivent en parasites soit dans les fruits ou d'autres parties des végétaux, soit même dans le corps des animaux; d'autres encore peuvent se construire des tubes qu'elles habitent et transportent avec elles; il en est enfin qui, bien que devant se transformer en Insectes aériens, sont exclusivement aquatiques.

Quand la larve a accompli sa dernière mue, elle passe à l'état de *pupe, nymphe* ou *chrysalide.* Elle reste alors sans prendre de nourriture, et subit dans la structure et la conformation de ses organes internes des modifications importantes. On voit se développer chez elle les antennes, les ailes et les pattes, en un mot on assiste petit à petit à la formation de l'animal adulte. Pendant que ce travail s'accomplit, la nymphe peut rester libre, ce qui est rare; le plus souvent, comme chez les Mouches, la peau de la dernière mue n'est pas rejetée et la nymphe trouve en elle un puissant organe de protection; ou bien, comme c'est le cas pour certaines Chenilles et particulièrement pour le Ver à soie, la larve tisse un *cocon* de substance soyeuse dans lequel elle s'enveloppe et dans l'intérieur duquel elle va se transformer en nymphe, puis en *Insecte parfait.* Quand ce dernier a achevé son développement, il se débarrasse par divers moyens du cocon ou de la coque qui le renfermait, et commence alors une nouvelle phase de son existence, la dernière.

**Mœurs.** — Les mœurs des Insectes sont extrêmement variables : leur étude trouvera sa place par la suite. Ces animaux sont répandus sur toute la surface du globe. Il est à remarquer qu'ils diminuent de nombre et de grosseur et qu'ils perdent leurs couleurs brillantes, à mesure qu'on s'éloigne de l'équateur pour se rapprocher des pôles.

Le nombre des espèces d'Insectes est vraiment prodigieux. On peut l'évaluer à 400 000. L'ordre seul des Coléoptères en renferme environ 100 000. Ce chiffre est véritablement énorme, si l'on songe qu'il n'y a pas, sur toute la surface du globe, plus de 3000 espèces de Mammifères, 10 000 espèces d'Oiseaux, 10 000 de Poissons et 3000 de Reptiles et Batraciens !

Pour arriver à une classification rationnelle de cette immense classe des Insectes, on a attribué aux ailes les caractères principaux, tout en tenant également compte des particularités présentées par la bouche, les pattes, les métamorphoses, etc. On est arrivé de la sorte à diviser les Insectes en sept ordres naturels qui comprennent : 1° les *Hyménoptères*; 2° les *Coléoptères*; 3° les *Lépidoptères*; 4° les *Diptères*; 5° les *Hémiptères*; 6° les *Névroptères* et 7° les *Orthoptères*.

### ORDRE DES HYMÉNOPTÈRES

Les Hyménoptères (ὑμήν, membrane; πτερὸν, aile) sont caractérisés par la présence de deux paires d'ailes membraneuses, dont les postérieures sont les plus petites. Ces ailes sont transparentes, délicates et parcourues par un petit nombre de nervures simples. Presque toujours l'abdomen est *pédiculé*, c'est-à-dire qu'il présente un rétrécissement plus ou moins considérable à son union avec le thorax. Chez les femelles, l'abdomen se termine souvent par une *tarière* ou un *aiguillon* venimeux : cette arme est d'ordinaire rentrée dans l'intérieur du corps et ne fait saillie que quand l'animal veut s'en servir (fig. 389).

L'appareil buccal est constitué de la façon suivante : les mandibules sont disposées comme pour la mastication, mais en réalité ne servent pas à cet acte, car les Hyménoptères sont

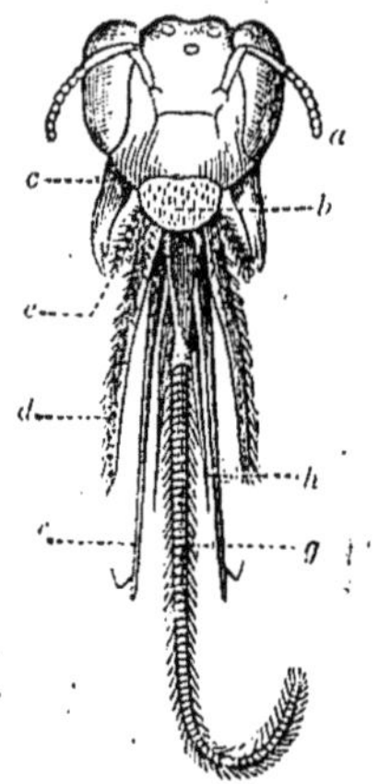

Fig. 389. — Appareil venimeux de l'Abeille. c, dard. — g, glande à venin. — f, h, réservoir et conduit. — d, derniers anneaux de l'abdomen. — e, base de l'aiguillon.

Fig. 390. — Tête d'un Anthophore (Hyménoptère). — a, antenne. — b, labre. — c, mandibules. — d, mâchoire. — e, palpe maxillaire. — f, palpe labial. — g, languette. — h, lobe latéral de la languette.

essentiellement des Insectes suceurs, qui ne peuvent se nourrir que de substances liquides ou molles. La succion s'opère au moyen d'une trompe formée aux dépens des mâchoires et de la languette qui s'allonge considérablement (fig. 390).

Les Hyménoptères sont bien disposés pour le vol : aussi les trachées qui constituent leur appareil respiratoire prennent-elles un grand développement. Il est intéressant de rapprocher ce fait de ce que nous avons observé chez les Oiseaux, chez lesquels nous avons vu l'appareil respiratoire acquérir un développement et une complication sans exemple chez les autres Vertébrés.

La tête est grosse, bien distincte et munie de chaque côté

d'un gros œil à facettes ; on trouve en outre ordinairement trois ocelles sur le front. Les antennes présentent des variations nombreuses. La peau est molle.

Les Hyménoptères subissent des métamorphoses complètes. La larve est chez certaines espèces totalement apode et ressemble à un Ver ; chez d'autres, elle possède trois paires de pattes écailleuses, auxquelles s'ajoutent parfois encore, comme chez les Chenilles, trois ou cinq paires de pattes membraneuses.

On évalue environ à 80 000 le nombre des espèces d'Hyménoptères actuellement connues. On comprendra, eu égard à ce nombre immense, qu'on doive rencontrer parmi eux des animaux aux mœurs et aux habitudes les plus diverses.

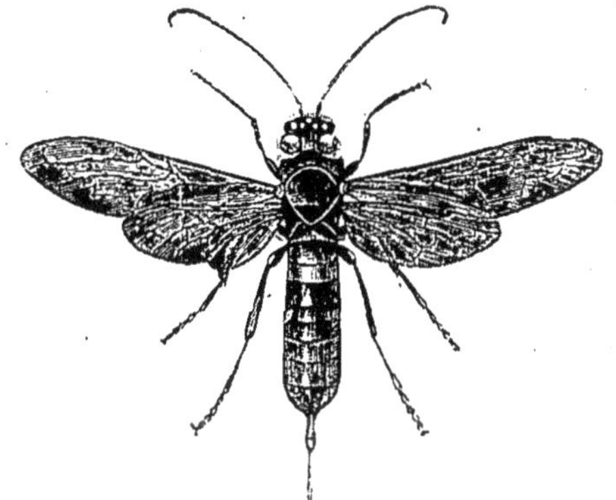

Fig. 391. — Sirex géant.

Lorsque, pendant le mois de mai, vous vous promènerez dans un jardin, arrêtez-vous devant des rosiers et observez. Vous verrez voltiger autour de ces arbustes, et venir se poser sur eux, des Insectes longs de 7 à 8 millimètres, au corps teinté de roux et de noir. Vous les verrez, agiles et inquiets, courir le long des branches et en sonder çà et là l'écorce à l'aide de leur aiguillon dentelé comme une scie. Quand il a trouvé une place convenable, l'Insecte creuse dans l'écorce une cavité dans laquelle il finit par déposer un œuf. Les autres œufs sont déposés d'une façon toute semblable et on les trouve disposés en lignes plus ou moins nombreuses. Ces œufs, abandonnés ainsi, ne tardent pas à se développer : ils donnent naissance à une larve qui se nourrit des feuilles du rosier.

L'Insecte dont nous venons d'observer les mœurs est l'*Hylotome du rosier* : il appartient au groupe des **HYMÉNOPTÈRES** dits **TÉRÉBRANTS**. On peut citer encore à côté de lui les **Sirex**, qui, pendant la guerre de Crimée, avaient percé les balles de plomb de nos soldats (fig. 391).

Vous avez certainement remarqué ces productions singulières que présentent les tiges ou les feuilles de chêne et que l'on connaît sous le nom de *pommes de chêne, galles* ou *noix de galle.* Ces galles ressemblent à des fruits, mais, en les ouvrant, vous reconnaîtrez bien vite que ce ne sont point des fruits. Si elles ne sont point encore desséchées, vous rencontrerez une larve à leur intérieur; si elles sont déjà sèches, vous verrez à leur surface un petit orifice arrondi, qui n'est que l'ouverture d'un canal qui s'enfonce jusqu'au centre : c'est par là qu'est sortie la larve. Celle-ci provient simplement d'un œuf déposé sur la feuille du chêne de la même façon que l'œuf de l'Hylotome était déposé sur la tige du rosier : la ponte de cet œuf a été accompagnée de l'émission d'un liquide irritant qui a amené la production de la galle.

Ce sont encore des Hyménoptères térébrants, des **Cynips** (fig. 392), qui ont déterminé ces curieuses productions. Les galles qui croissent sur les tiges sont produites par une autre espèce que celles qui se développent sur les feuilles ou les racines. Les galles ne se développent du reste pas seulement sur le chêne : on rencontre également sur l'églantier des galles chevelues ou moussues, appelées *bédéguars.*

Les noix de galle, surtout celles d'un chêne particulier à l'Orient, renferment du tanin et sont employées dans l'industrie pour la fabrication de l'encre et des teintures noires. Elles sont même l'objet d'un commerce assez considérable, puisque, d'après les documents officiels, dans l'année 1865, on en a importé en France 740 000 kilogrammes, représentant une valeur de 2 900 000 francs.

Un troisième groupe d'Hyménoptères térébrants comprend

Fig. 592. — Cynips et galles du Chêne.

des espèces élégantes et agiles, munies de pattes longues et grêles, et dont les femelles sont en outre armées d'une tarière bien acérée, grâce à laquelle elles peuvent déposer leurs œufs, non plus sur des plantes, mais bien dans le corps même d'autres Insectes. L'œuf se développe aisément, et la larve se nourrit d'abord du sang et de la graisse de sa victime, sans toucher aux organes essentiels à la vie, car la mort de son hôte amènerait fatalement sa propre mort : c'est seulement lorsqu'elle approche de l'époque de sa transformation en nymphe qu'elle dévore les organes internes de l'Insecte aux dépens duquel elle a vécu. La peau seule est respectée, et cette dépouille servira souvent à la protection de la nymphe.

Fig. 393. — Ichneumon.

La plupart des Insectes sont exposés aux attaques de plusieurs Hyménoptères parasites : chaque parasite s'adresse à une espèce particulière ou à une espèce voisine. Ces animaux, dont les *Ichneumons* (fig. 393) constituent le genre principal, nous rendent en somme d'assez grands services, car ils détruisent une foule d'Insectes nuisibles à l'agriculture.

Les **Fourmis** constituent un des groupes les plus intéressants, non seulement de la Classe des Insectes, mais encore du Règne animal tout entier. Il est peu d'animaux chez lesquels l'intelligence et les instincts d'association soient arrivés à un aussi haut degré de développement.

On a remarqué de tout temps que les Fourmis vivent en société, mais c'est depuis les belles découvertes de Pierre Huber, un savant génevois du début de ce siècle, que nous connaissons bien l'histoire de ces Insectes.

L'espèce la plus commune chez nous, celle du moins qui se prête le mieux aux observations, est la *Fourmi rousse* (fig. 394). Elle établit ordinairement sa demeure dans les bois, au pied des chênes, là où le fourré n'est pas trop épais. Vous avez rencontré souvent de ces fourmilières : ce sont de petits

monticules dont la surface est parsemée de brins de chaume,
de morceaux de bois, de cailloux et de terre. Tous ces matériaux semblent d'abord disposés sans ordre, mais si d'un coup
de pioche, vous défoncez la toiture du nid, votre regard pourra
pénétrer à l'intérieur. Aussitôt tout s'agite dans la fourmilière :
les individus qui l'habitent arrivent en foule et, avec une activité et une agitation fébriles, se mettent en devoir de réparer

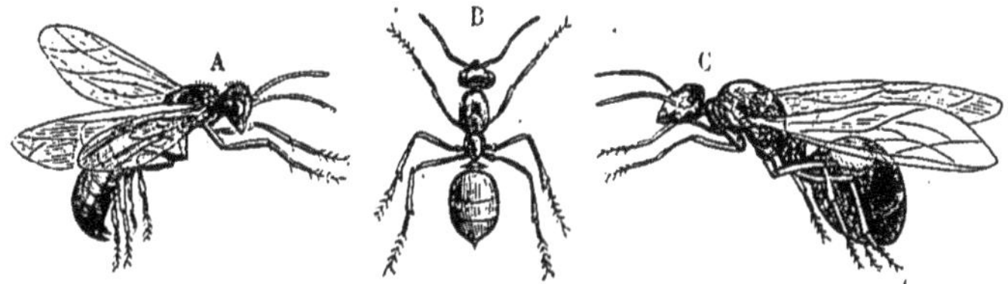

Fig. 594. — Fourmi rousse. — A, mâle. — B, ouvrière. — C, femelle.

la brèche. Avant que ce travail soit achevé, vous aurez eu le
temps de bien étudier la disposition intérieure de la fourmilière : vous verrez les brindilles de bois disposées avec un ordre parfait, de façon à circonscrire des chambres, des avenues,
des couloirs assez réguliers, et aussi assez larges pour permettre aux Insectes d'y circuler librement. Ces bûchettes se
soutiennent réciproquement et sont disposées avec tant d'art
que, à moins de choc violent, elles ne peuvent pas s'affaisser
les unes sur les autres : leurs intervalles, partout où il n'y a
point de rues, sont bouchés avec de la terre, de l'herbe, des
grains de blé ou d'avoine. La présence de graines employées
par les Fourmis comme matériaux de construction avait fait
croire pendant longtemps que celles-ci amassaient des provisions. Mais on sait maintenant d'une façon certaine qu'elles ne
se nourrissent que de substances liquides ou molles et qu'en
tous cas il leur serait impossible d'entamer un aliment aussi
dur et consistant qu'un grain de blé. D'autre part ces animaux
s'engourdissent pendant toute la mauvaise saison : à quoi leur
serviraient dès lors des provisions?

Lorsque le temps est beau, la surface de la fourmilière présente de larges ouvertures par lesquélles on pénètre dans l'intérieur. Survient-il de la pluie, les Fourmis, qui craignent avant tout l'inondation de leur demeure, ferment hermétiquement ces ouvertures. Pendant la nuit, les entrées de la colonie demeurent également fermées.

P. Huber a désigné sous le nom de *Fourmis maçonnes* certaines espèces qui n'emploient que la terre dans la construction de leurs villes. Ces Insectes pétrissent la terre avec leurs mandibules, creusent le sol et construisent des couloirs, des loges, des avenues plus ou moins spacieuses; ils superposent les étages et les soutiennent les uns les autres au moyen de colonnes. Ils ne peuvent travailler que tant que la terre est humide : aussi profitent-ils de la moindre humidité pour pousser leurs construction avec une très grande activité.

D'autres espèces creusent le bois et s'établissent dans les vieux troncs d'arbre.

Au premier printemps, vous rencontrerez dans les demeures de la Fourmi rousse deux sortes d'individus privés d'ailes. Les uns, au thorax épais, sont des femelles qui pondront bientôt : nées avec des ailes, la première période de leur vie à l'état parfait s'est passée au dehors; puis, après la fécondation, elles sont revenues à la fourmilière pour y mener désormais une vie sédentaire : elles se sont alors arraché les ailes.

Les autres individus sont les ouvrières. Les ouvrières jouent dans la fourmilière le rôle de nourrices : ce sont elles qui sont chargées du soin des œufs et des larves; elles veillent sur eux avec la plus grande sollicitude, elles les placent dans des chambres spéciales, les portent alternativement aux étages supérieurs et aux étages inférieurs de l'habitation, pour les exposer toujours à une chaleur convenable. Lorsque la larve est éclose, comme elle est incapable de se mouvoir et de prendre sa nourriture, l'ouvrière doit lui donner la becquée à la manière des Oiseaux.

Si vous observez un arbuste sur lequel s'est établie une colonie de Pucerons, vous remarquerez que de nombreuses Fourmis courent sur cet arbuste et s'arrêtent auprès des Pucerons
pour les caresser de leurs antennes. Ce fait, qui semble sans

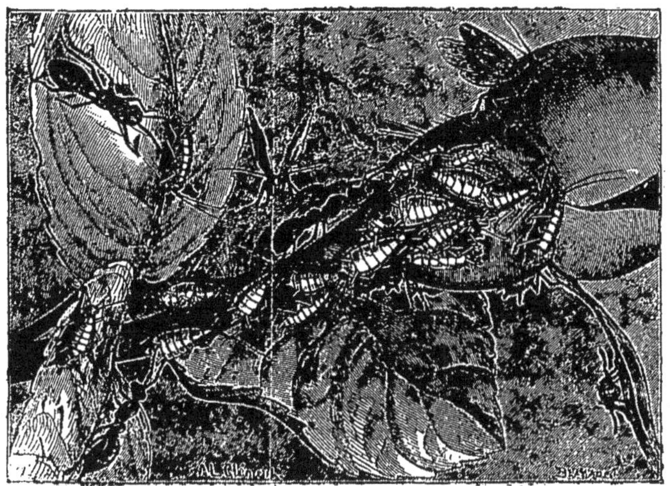

Fig. 395. — Fourmis trayant les Pucerons du Rosier.

importance, est en réalité un des traits les plus caracté-
ristiques des mœurs des Fourmis : en excitant ainsi le Puceron, elles amènent en effet celui-ci à sécréter un liquide sucré
qui vient perler à l'extrémité de son abdomen et dont elles se
nourrissent (fig. 395). Les Pucerons jouent donc un rôle considérable dans l'alimentation des Fourmis, et il y a même
certaines espèces de celles-ci qui emmènent dans leur demeure
des Pucerons qu'elles domestiquent en quelque sorte et dont
elles tirent une grande partie de leur nourriture. Il est à remarquer que la Fourmi ne tue point le Puceron pour le manger,
mais qu'elle le choie et l'engraisse pour le traire, pour ainsi
dire, comme nous trayons les vaches. C'est ce que Linné a
fort bien défini en disant : *Aphis formicarum vacca*. « Une

fourmilière, dit Huber, est plus ou moins riche selon qu'elle a plus ou moins de Pucerons ; c'est leur bétail, ce sont leurs vaches et leurs chèvres : on n'eût pas deviné que les Fourmis fussent des peuples pasteurs ! »

Huber a reconnu qu'une Fourmi roussâtre, le *Polyergue* ou l'*Amazone,* comme il l'appelle, réduit en esclavage une autre espèce, la *Noire-cendrée.* « Les Polyergues roussâtres étant incapables de pétrir la terre, de construire des loges, des chambres, puisque leurs mandibules ne sont pas conformées pour un semblable usage ; étant incapables de nourrir leurs larves, ont reçu de la nature l'instinct d'obliger les ouvrières d'une autre espèce à exécuter tous les travaux qu'elles ne peuvent exécuter elles-mêmes. Elles se gardent bien de chercher à s'emparer d'ouvrières adultes ; jamais celles-ci ne se soumettraient à l'esclavage ; jamais elles ne consentiraient à rester dans une demeure étrangère. Aussi, que font les Amazones? Elles s'en prennent uniquement aux nymphes. Les ouvrières qui viennent à éclore, ne connaissant pas d'autre logis que l'endroit où elles sont nées, n'ont aucune envie de fuir ; obéissant à leurs instincts, elles se mettent à construire, elles soignent les larves des *Amazones,* comme elles eussent soigné les larves de leur propre espèce, sans s'apercevoir de la différence. Esclaves soumises, elles n'ont probablement pas conscience de leur servitude, et voilà comment les Noires-cendrées et les Amazones vivent en parfaite intelligence. »

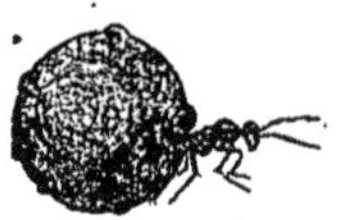

Fig. 356. — Fourmis à miel.

Certaines Fourmis du Mexique et des États-Unis ont des mœurs qui ne sont pas moins curieuses. En visitant les fleurs, elles se gorgent de miel ; leur intestin s'oblitère à sa terminaison, et se gonfle bientôt, refoulant tous les organes voisins, qui ne tardent pas à s'atrophier au point que l'abdomen finit par présenter l'aspect d'une boule de miel atteignant parfois des dimensions surprenantes (fig. 396).

Un groupe également fort intéressant, mais dont le genre de vie diffère considérablement de ce que nous venons d'observer chez la Fourmi, est celui des **Guêpes**. Chez ces élégants Insectes, on rencontre encore trois sortes d'individus, des mâles, des femelles et des ouvrières, tous pourvus d'ailes. Lorsque arrivent les froids, les mâles et les ouvrières meurent, mais les femelles se réfugient dans des trous de muraille, dans les troncs de vieux arbres ou dans d'autres endroits où elles puissent passer l'hiver sans avoir trop à souffrir de la rigueur de la saison. Au

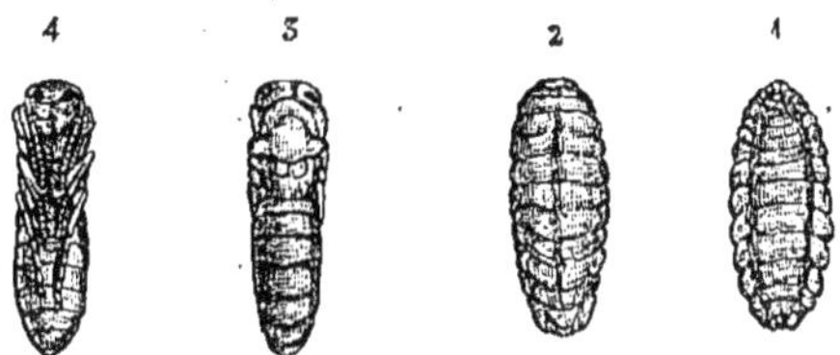

Fig. 397. — Couvain de la Guêpe. — Larves : 1, en dessous; 2, en dessus. — Nymphes :
3, en dessus; 4, en dessous.

retour de la chaleur et du beau temps, elles sortent de leur torpeur et chaque femelle commence à construire un de ces nids à cellules hexagonales qu'il est si fréquent de rencontrer à la campagne. Dans chacune des cellules elle pond un œuf : lorsque les larves sont écloses, la mère les nourrit avec une sollicitude qui ne se dément pas un instant (fig. 397). Au bout de peu de temps, la larve va se transformer en nymphe : elle se tisse alors un cocon qui remplit toute la cellule et qui la ferme d'un petit couvercle; finalement la nymphe se transforme en un individu parfait. Cette première génération donne toujours naissance à quelques ouvrières qui se mettent aussitôt à agrandir le nid, en construisant un grand nombre de nouvelles cellules dans lesquelles la mère effectue une seconde ponte. Cette fois, la mère ne s'occupe plus aucunement de sa progéniture : ce sont les ouvrières qui sont chargées de la

Fig. 398. — Nid de la Poliste française, avec la mère fondatrice.

nourrir. De cette seconde génération proviennent tout à la fois des mâles, des ouvrières et des femelles.

Les Guêpes construisent leur nid avec du bois ou des feuilles mortes dont elles font une sorte de papier ou de carton : elles broient ces substances entre leurs mandibules et, les imprégnant de leur salive, elles en forment une pâte homogène.

Les *guêpiers* peuvent présenter les formes les plus diverses, bien que celle des alvéoles ou des cellules elles-mêmes soit assez constante : toutefois une même espèce donne toujours à ses

Fig. 599. — Nid de la Guêpe des arbustes.

rayons une même configuration. La *Guêpe commune*, qui attache son nid aux toits des maisons, aux corniches des murailles, et la *Poliste* (fig. 398), qui suspend le sien à des plantes peu élevées, construisent un guêpier consistant en un simple rayon aplati. La *Guêpe des bois* superpose plusieurs de ces rayons, puis les entoure d'une enveloppe commune,

dépourvue d'alvéoles et close de toutes parts, sauf en bas, où
une ouverture a été ménagée : le nid de cette espèce ressemble
donc plus ou moins à une boule (fig. 399). Chez certaines
espèces exotiques, le nid peut affecter les dispositions les plus
variées et atteindre parfois des dimensions considérables. La
plupart des Guêpes construisent des nids aériens, mais il en est
d'autres qui s'établissent sous terre.

Les Guêpes sont au nombre des Insectes les plus redoutés :
les femelles et les ouvrières ont en effet l'abdomen terminé par
un *aiguillon* dont la piqûre est des plus cruelles et peut amener
de graves accidents. On peut toutefois s'approcher sans crainte
des guêpiers pour observer les individus qui l'habitent, car la
Guêpe ne pique jamais à moins qu'on ne la provoque. On redoute encore les Guêpes à cause des dommages considérables
qu'elles causent dans les vergers en s'attaquant aux plus beaux
fruits.

Certaines espèces d'Abeilles, que nous devons maintenant
étudier, présentent les qualités industrielles et sociales des
Fourmis et des Guêpes à leur plus haut degré de développement.

Comme les Guêpes, les **Abeilles**, dont les espèces sont fort
nombreuses, sont ou *solitaires*
ou *sociables*. Parmi les solitaires, je ne vous en citerai

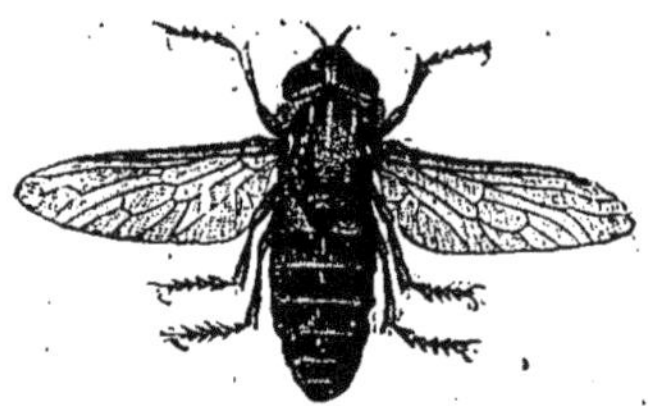

Fig. 401. — Xylocope.

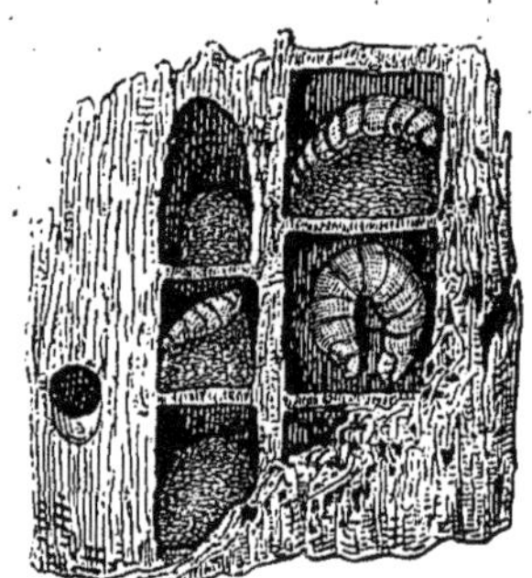

Fig. 401. — Nid du Xylocope.

qu'une seule, que vous aurez remarquée à la campagne, pendant les beaux jours de l'été et qui attire l'attention par sa

grande taille, par la couleur noire et le velu de son corps, et par le violet de ses ailes. Ce gros Hyménoptère est le *Xylocope* (ξύλον, bois; κόπτω, je coupe) (fig. 400 et 401) ou *Abeille perce-bois*. Il établit son nid dans de vieux troncs d'arbre, dans des pièces de bois, qu'il creuse en tous sens au moyen de ses puissantes mandibules.

Les **Bourdons** (fig. 402) rentrent dans le groupe des Abeilles

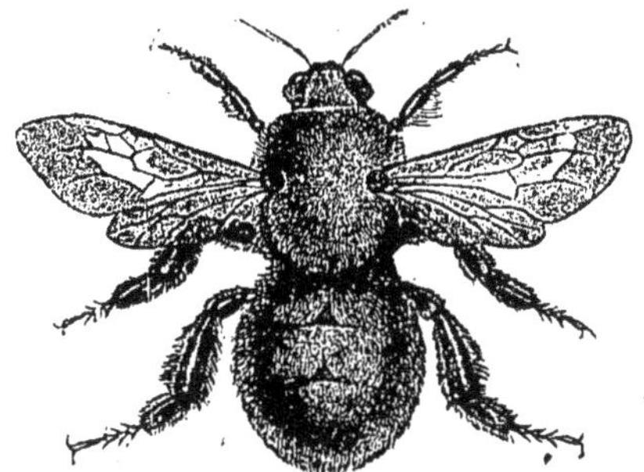

Fig. 402. — Bourdon.

sociables. Il suffit de vous citer ces animaux pour vous rappeler leur aspect et le bruit sonore, le *bourdonnement* qu'ils font entendre pendant le vol. Un des plus répandus, le *Bourdon des mousses*, se bâtit, avec un art véritable, un nid de mousse qu'il imprègne fortement de cire pour le rendre imperméable.

Les **Abeilles véritables**, si utiles à l'Homme à cause du miel et de la cire qu'elles lui fournissent, ont été de tout temps l'objet de ses observations. Toutefois ce n'est que depuis les travaux de Réaumur et de François Huber, le père de l'observateur des Fourmis, que nous possédons des connaissances bien exactes sur ces curieux animaux. Chose vraiment merveilleuse, Fr. Huber était aveugle et, malgré cette cruelle infirmité, il a pu, grâce à la collaboration d'un domestique, François Burnens, faire l'histoire complète des Abeilles!

Les ruches renferment trois sortes d'individus, des mâles, des femelles et des ouvrières. Les mâles sont ordinairement connus sous le nom de *faux-bourdons* (fig. 403). Lorsqu'une ruche se fonde, elle ne comprend que des ouvrières et une seule femelle, qui est la *reine* (fig. 404). Les ouvrières

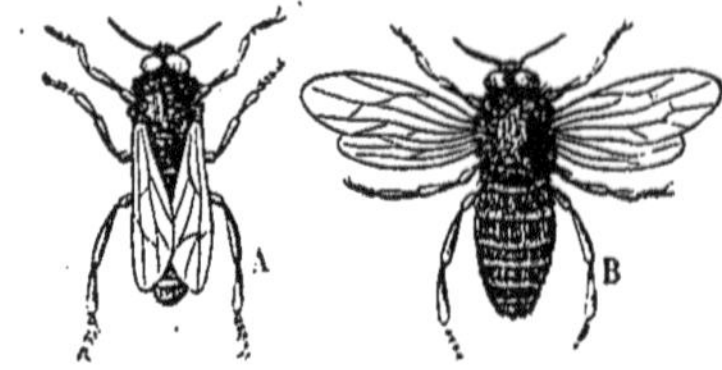

Fig. 403. — Mâles ou faux-bourdons.
A, au repos. — B, les ailes déployées.

Fig. 404. — Reine.

(fig. 405) commencent aussitôt à boucher exactement tous les interstices de la cavité dans laquelle l'essaim est venu se fixer : elles emploient à cet effet une substance résineuse, connue sous le nom de *propolis*, qu'elles vont chercher sur les bourgeons des arbres. Ce premier travail achevé, elles se

Fig. 405. — Abeilles ouvrières. — A, au repos.
B, les ailes déployées.

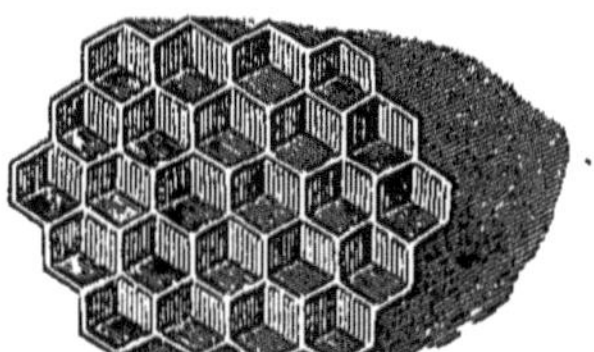

Fig. 406. — Alvéoles vus de face.

mettent à construire des galettes de cire (fig. 406), puis à creuser à chacune de leurs faces une série de cellules hexagonales dont la régularité parfaite est bien digne d'admiration. Les rayons sont donc ici exclusivement fabriqués avec de la cire, que les ouvrières prennent sur elles-mêmes : elle suinte en effet des parois mêmes de leur corps par un certain nombre de *pores glanduleux* situés entre les articles de l'abdomen.

Les alvéoles que les ouvrières creusent à la surface des gâteaux de cire sont de trois sortes : dans les plus petits, la reine pondra des œufs qui donneront naissance à des ouvrières ;

dans les plus grands se développeront des faux-bourdons ; enfin d'autres, plus vastes, qui se font remarquer par l'irrégularité de leurs contours et qui se rencontrent surtout au bord des gâteaux, recevront des œufs d'où naîtront des femelles. La reine ne dépose qu'un œuf par cellule ; d'après les observations de Réaumur, elle peut pondre jusqu'à 12 000 œufs dans l'espace de vingt jours ; elle fait d'ailleurs plusieurs pontes par an.

L'éclosion des larves a lieu trois jours après la ponte : leur nourriture est déjà toute préparée. En effet, pendant que certaines ouvrières achevaient la construction des rayons, d'autres allaient butiner les fleurs, recueillaient le miel et revenaient à la ruche l'entasser dans des cellules destinées à cet objet.

Les larves, au bout d'un certain temps, s'entourent d'une

Fig. 407. — Rucher.

coque et se transforment en nymphes, puis passent à l'état adulte. Lorsque leurs transformations sont achevées, elles deviennent libres, et la population de la ruche se trouvant augmentée tout d'un coup dans une proportion considérable, une émigration devient nécessaire. Une nouvelle reine est éclose, quelques milliers d'ouvrières se groupent autour de l'ancienne reine et l'essaim ainsi formé quitte la ruche, à la recherche d'une nouvelle demeure. Parfois l'essaim parcourt des distances fort longues avant de trouver un gîte à sa convenance : pour se reposer des fatigues de la route, il se suspend parfois en grappe à une branche d'arbre. On peut alors aisément s'en rendre maître, et si on le transporte dans une ruche, il y élira aussitôt domicile (fig. 407).

Si la ruche a souffert, l'accroissement de population qui résulte de l'éclosion simultanée d'un grand nombre d'œufs pourra ne pas être tel que la formation d'un essaim devienne nécessaire : comme une ou plusieurs reines sont écloses, un combat à coups d'aiguillon s'engage alors entre celles-ci et l'ancienne reine, combat à mort dont les ouvrières demeurent simples spectatrices. Finalement il ne reste plus qu'une reine : les ouvrières jettent alors en dehors de la ruche les cadavres de ses victimes et la société reprend son aspect ordinaire.

L'élevage artificiel des Abeilles est devenu une importante industrie. On le pratique pour se procurer le *miel* et la *cire*. Autrefois ces deux substances jouaient dans l'économie domestique un rôle bien plus considérable qu'aujourd'hui. Les anciens, qui ne connaissaient pas le sucre, faisaient un usage journalier du miel : ils l'employaient comme édulcorant et en fabriquaient une boisson fermentée et enivrante appelée *hydromel* (ὕδωρ, eau ; μέλι, miel. Ὑδρόμελι, hydromel). De même, les bougies de cire étaient le seul éclairage de luxe, avant qu'on fît usage du gaz ou des bougies de stéarine et de paraffine.

Chez certains Hyménoptères, et en particulier chez l'Abeille (fig. 408), la patte postérieure s'élargit et s'aplatit en une sorte de palette couverte de poils. Quand

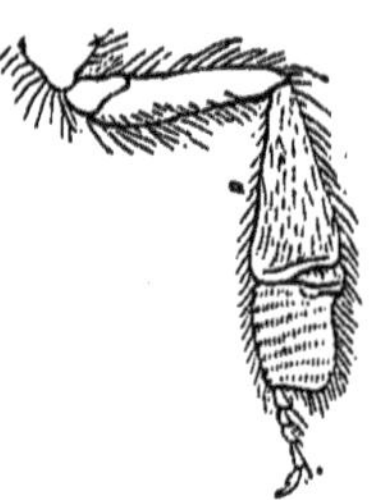

Fig. 408 — Patte postérieure de l'Abeille.

l'Insecte va butiner les fleurs, il frotte contre les étamines ses pattes, sur lesquelles le pollen vient se déposer, et c'est ainsi que cette poussière fécondante se trouve transportée par l'Insecte sur le pistil. d'une autre fleur. L'Abeille devient de la sorte l'agent principal, quoique inconscient, de la *fécondation croisée* des plantes; il est un nombre infini de plantes à fleurs unisexuées chez lesquelles la fécondation se fait de cette manière.

### ORDRE DES COLÉOPTÈRES

Les Coléoptères (κολεὸς, fourreau; πτερὸν, aile) sont caractérisés par la présence d'*élytres*. Comme je vous l'ai déjà dit, on désigne sous ce nom les ailes antérieures, lorsqu'elles sont devenues des organes protecteurs rigides qui, à l'état de repos, sont étendus en arrière et recouvrent les ailes de la seconde paire ; au moment du vol elles se soulèvent pour permettre de se mouvoir aux ailes de la seconde paire, mais elles ne prennent elles-mêmes aucune part au vol. Les ailes postérieures, ou ailes véritables, sont membraneuses et, à l'état de repos, se replient à la manière d'un éventail, et aussi transversalement, parce qu'elles sont plus longues que les élytres (fig. 409).

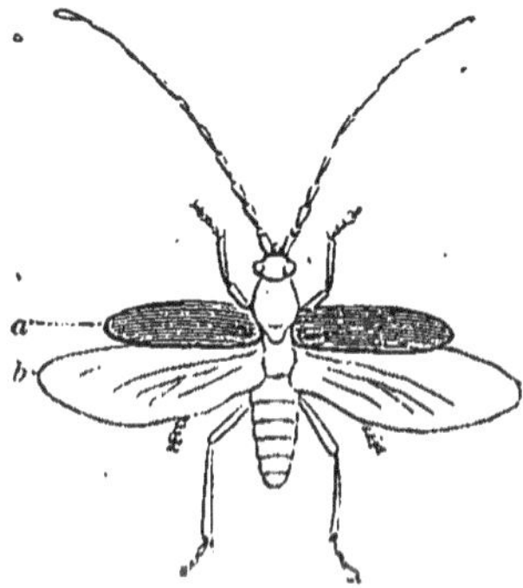

Fig. 409. — Cápricorne charpentier.

*a*, élytres. — *b*, ailes membraneuses.

Répandus à l'infini dans la nature et ne comptant pas moins de 100 000 espèces, les Coléoptères sont, on peut le dire, les Insectes que nous connaissons le mieux ; la prédilection marquée dont ils ont été l'objet de la part des naturalistes tient, en outre de leur abondance, à la vivacité parfois fort remarquable de leur coloration et aussi à leur facile conservation. Toutefois ces Insectes, plus étudiés que les Hyménoptères, méritent moins que ceux-ci de fixer l'attention, car on n'observe point chez eux ces industries admirables, ces actes nombreux qui dénotent une vive intelligence et qui comptent au nombre des faits les plus saisissants de la nature animée.

Les yeux simples manquent chez la plupart des Coléoptères; par contre, les yeux à facettes existent d'une façon constante, sauf chez quelques espèces aveugles qui vivent dans le fond des cavernes. Les pièces buccales sont dispo-sées pour broyer et pour mâcher (fig. 410).

Les Coléoptères ont des métamorphoses complètes et passent par les mêmes phases que les Hyménoptères. Les larves fuient le plus souvent la lumière et demeurent cachées soit dans la terre, soit dans des troncs d'arbre, etc. Leur bouche est dis-posée pour mordre.

On s'est servi, pour établir des divisions dans l'ordre des Coléoptères, de ca-ractères tirés de l'organisation des pattes, des antennes et de quelques autres organes encore.

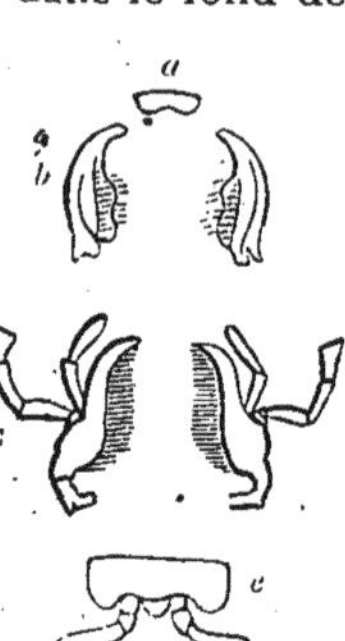

Fig. 410. — Appendices buccaux du Carabe. — *a*, labre — *b*, mandi-bules. — *c*, mâchoires. — *d*, lèvre inférieure.

Vous connaissez tous la *Coccinelle* (fig. 411), ce petit Insecte aux couleurs voyantes qu'on désigne d'ordinaire sous le nom de *Bête à bon Dieu*. Il forme le type d'un groupe de Coléop-tères intéressants, moins à cause de leur petite taille et de leur forme hémisphérique qu'à cause des services nombreux dont nous leur sommes redevables : leurs larves font en effet une grande consommation de Pucerons et empêchent la mul-tiplication excessive de ces animaux si nuisibles à l'agriculture.

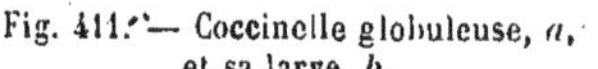

Fig. 411. — Coccinelle globuleuse, *a*, et sa larve, *b*.

Fig. 412. — Criocère à douze points.

Fig. 413. — Criocère de l'Asperge.

Les *Criocères* (fig. 412 et 413), dont la taille et l'aspect sont à peu près les mêmes que ceux de la Coccinelle, appartiennent à une famille différente, celle des **chrysomèles**. Le Criocère du Lis attire l'attention par sa couleur rouge vermillon ; l'adulte est un animal banal, qui n'a pour lui que son éclatante livrée, mais quel curieux instinct nous montre sa larve ! « Destinée à vivre à découvert, avec des téguments minces et sans consistance, la nature lui a donné un singulier moyen de protection. Elle se fait une épaisse couverture de ses déjections, son orifice anal étant placé de façon que les matières sortant de son intestin puissent être versées sur son dos. Ainsi cachée sous ce misérable vêtement, la larve du Criocère a moins d'ennemis à redouter et se trouve garantie du soleil. Enlevez-lui son abri ; pour, au plus vite, en fabriquer un nouveau, elle se met à manger avec une extrême avidité. »

Les *Chrysomèles* sont fort nombreuses dans nos pays. Les espèces principales vivent sur le peuplier et sur la vigne. Celle de la vigne est appelée *écrivain* par les vignerons ; et vraiment cette dénomination semble justifiée, quand on considère les dessins irréguliers que l'Insecte trace sur les feuilles en les découpant en lanières. Chez les Chrysomèles, larves et animaux parfaits ont le même genre de vie et se trouvent ensemble sur les mêmes plantes ; lorsqu'elle va se transformer en nymphe, la larve se suspend par son extrémité postérieure et c'est dans cet état qu'elle accomplit sa métamorphose.

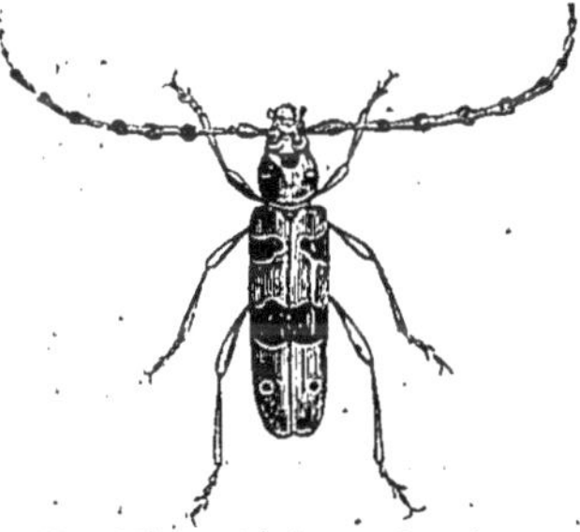

Fig. 414. — Capricorne des Alpes.

Les **longicornes** ou *Capricornes* (fig. 414) se distinguent bien nettement des Coléoptères précédents par leur taille plus considérable, la forme allongée de leur corps et leurs antennes longues et filiformes, auxquelles ils doivent leur nom ; ces antennes sont notablement plus longues chez les mâles que

chez les femelles. Ces animaux sont tous *phytophages*, c'est-à-
dire qu'ils ont une nourriture exclusivement' végétale. Leurs
larves, armées de mandibules très puissantes, vivent dans les
troncs d'arbre, où elles se creusent des galeries; elles peuvent
de la sorte causer parfois de sérieux dommages.

Cette famille, qui ne compte pas moins de 10000 espèces,
est disséminée dans le monde entier; mais c'est dans les pays
chauds de l'Asie, de l'Amérique et de l'Océanie que l'on rencontre les espèces les plus nombreuses et les plus belles. Les
espèces de nos régions sont peu intéressantes, et nous ne trouvons guère à vous citer que celles qui vivent sur le chêne, le
saule et l'osier.

Les **BUPRESTES**, très proches voisins des Longicornes, par

Fig. 415. — Bupreste ocellé et Bupreste sternocère.

la forme générale et le genre de vie, diffèrent cependant de
ceux-ci par leurs antennes notablement plus courtes. Ce n'est
point encore dans nos pays, où ils sont peu nombreux, qu'il

faut chercher les plus belles espèces, mais bien dans les régions chaudes du globe, où, grandes et somptueusement parées, elles ont reçu le nom significatif de *richards* (fig. 415). On monte certaines espèces en colliers ou en boucles d'oreille. Parmi les espèces dé nós pays, l'une des plus nuisibles et des plus redoutables pour le sylviculteur est celle du pin; sa larve creuse d'énormes galeries dans le tronc de cet arbre.

La plus nombreuse famille de l'ordre des Coléoptères est celle des **charançons**. Ces Insectes, dont la forme générale est très variable et qui, d'ordinaire de très petite taille, peuvent devenir néanmoins assez gros, ont un aspect bien particulier et bien caractéristique. Leur tête est prolongée en avant comme une sorte de museau plus ou moins long, qui a l'apparence d'un bec, mais qui n'en a que l'apparence, car il présente à son extrémité une bouche organisée comme chez les autres Coléoptères.

Les Charançons se font remarquer encore par la dureté et l'épaisseur de leurs téguments. Ils vivent sur les plantes, à l'état adulte comme à l'état de larves, et il est peu de plantes qui n'en nourrissent plusieurs espèces. Ces Insectes peuvent causer des dommages considérables.

Les Vers qu'il est si fréquent de rencontrer dans les pois, les fèves, les lentilles et, d'une façon générale, dans les graines des légumineuses, sont les larves de Charançons appartenant au genre **Bruche.**

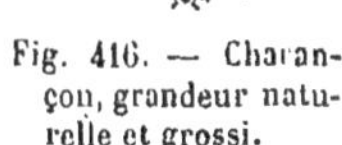

Fig. 416. — Charançon, grandeur naturelle et grossi.

Le *Charançon du blé* (fig. 416), long de 4 millimètres, dépose ses œufs sur les grains de blé: la larve pénètre dans le grain et en ronge l'intérieur. Une espèce voisine détruit également les grains de riz. Lorsque les Charançons sont très multipliés, ils causent ainsi des pertes immenses.

Le *Lampyre* ou *Ver luisant* (fig. 417), qui, pendant les belles soirées d'automne, brille au milieu des herbes comme une perle lumineuse, est également un Coléoptère. Nous vous avons déjà dit à quoi était due sa phosphorescence. Chez le mâle, les élytres et les ailes sont bien développées, mais la femelle n'en a que des rudiments.

Fig. 417. — Lampyre. — A, mâle. — B, femelle.          Fig. 418. — Cantharide.

La *Cantharide* (fig. 418) mérite encore de fixer notre attention. Ce bel Insecte, aux brillantes teintes vertes à reflets d'or, se rencontre sur les frênes et parfois sur les lilas. En France, les Cantharides ne sont guère abondantes que dans le Midi. Une odeur particulière trahit toujours leur présence, même à une assez grande distance. La médecine les emploie, desséchées et réduites en poudre, pour produire des vésicatoires.

Il est fréquent de rencontrer dans les greniers, dans les moulins et surtout dans les boulangeries, un Coléoptère d'un brun noirâtre, au corps long et étroit, que l'on désigne d'ordinaire sous le nom de *Cafard* : les savants l'appellent *Ténébrion*. Sa larve prend le nom de *Ver de farine* : elle passe en effet son existence entière dans la farine, qu'elle détériore rapidement. Les oiseleurs ou les amateurs d'Oiseaux la recherchent pour nourrir leurs élèves.

Les **carabiques**, que nous rencontrons maintenant, sont les animaux féroces de l'ordre des Coléoptères : ce sont des carnassiers agiles, rapides à la course, dont les mandibules tranchantes constituent de bonnes armes de guerre. Ces Insectes sont extrêmement nombreux : toujours brillants, parés le plus souvent de vives couleurs métalliques, ils se font remarquer

par leur grande élégance et leur fière allure. Vous avez souvent
vu courir dans les allées sableuses des jardins un bel Insecte
doré ou vert avec des reflets d'or, que l'on appelle vulgairement la *Jardinière;* c'est le *Carabe doré* (fig. 419): « Il
mange des Chenilles, des Limaces, attaquant même des Hannetons, malgré leur poids. Au printemps, on a quelquefois l'occasion d'assister à une curieuse scène de carnage. Un Carabe
saisit un Hanneton tombé à terre; avec ses mandibules il lui
entaille l'abdomen comme avec une paire de ciseaux, puis il
tire les intestins et se met à les dévorer. Le Hanneton continue
à marcher, cherchant à se soustraire à l'ennemi, mais l'ennemi
ne le lâche point, et le malheureux finit par rouler sur le dos. »

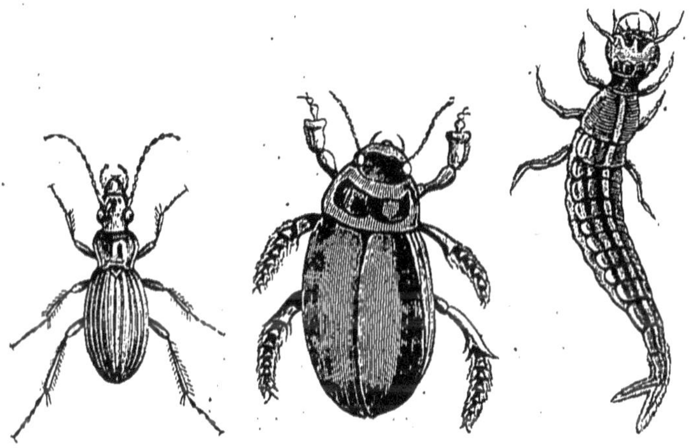

Fig. 419. — Carabe doré.   Fig. 420. — Dytique et sa larve.

Les DYTIQUES sont des animaux très voisins des précédents,
mais dont le genre de vie est tout différent : ils vivent dans
toutes les eaux dormantes et dans les ruisseaux herbeux dont
le cours est peu rapide; ils volent toutefois avec facilité. Ils
s'attaquent à tous les animaux aquatiques, Insectes, Mollusques, jeunes Poissons, parfois même aux Grenouilles. Leurs
larves ont un genre de vie identique (fig. 420).

L'*Hydrophile* vit également dans l'eau. D'une couleur noire ou brun très foncé, il est le plus beau et le plus grand de nos Insectes aquatiques. Lorsqu'on le regarde nager dans un bocal, la face inférieure de son thorax attire tout d'abord le regard à cause de son vif éclat argenté. Prenez-le à la main, avec précaution, car il est armé au-dessous de l'abdomen d'une longue pointe aiguë et rigide qui pourrait vous blesser, et essuyez-le légèrement : l'éclat argenté disparaît et à sa place vous remarquez une grande quantité de petits poils, qui n'étaient point visibles auparavant. Si vous remettez alors l'animal dans l'eau, l'éclat argenté ne reparaîtra que quand il sera venu à la surface pour respirer : vous pourrez de la sorte vous convaincre que ce brillant aspect est produit par de fines bulles d'air arrêtées au milieu des poils et qui chemineront petit à petit vers les *stigmates*, c'est-à-dire vers les orifices de l'appareil respiratoire. C'est grâce à cet air que l'Insecte peut rester longtemps sous l'eau.

Pendant les belles soirées d'été, si l'on se promène à la li-

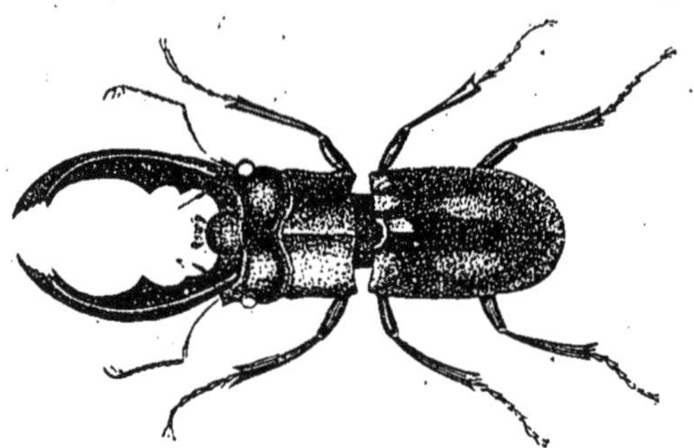

Fig. 421. — Lucane

sière d'un bois, il est assez fréquent de voir un grand Insecte traverser les airs, en bourdonnant : le *Cerf-volant* ou *Lucane* (fig. 421). Cet intéressant animal est le plus grand Coléoptère de notre pays : son aspect vous est trop connu pour qu'il y ait lieu de vous le rappeler. Les cornes dont sa tête est ornée ne sont 'autre chose que les mandibules démesurément développées ; elles atteignent chez le mâle seulement la taille que vous leur connaissez ; chez la femelle, bien qu'encore plus grandes qu'à l'état normal, elles sont considérablement plus petites. Le Lucane est un Insecte phytophage. Sa larve vit dans les vieux troncs de chêne pourris.

Le Cerf-volant fait partie de la grande famille des **LAMELLICORNES**, qui doit son nom à la forme des antennes ; ces organes portent plusieurs articles lamelleux étalés en éventail. Ces Insectes se subdivisent en un très grand nombre de genres : les seuls auxquels nous nous arrêterons sont les *Bousiers*, les

Fig. 422. — Bousier.

Cétoines, les *Hannetons* et les *Scarabées*. Les larves des Lamellicornes sont toujours enfouies dans la terre ; ce sont des *Vers blancs* au corps épais, cylindrique et recourbé en arc.

Les **Bousiers** (fig. 422) cherchent leur nourriture dans les fumiers, les bouses et les excréments de toute sorte. Ce sont des Insectes d'assez grande taille, au corps fortement bombé.

Les **Cétoines** se rencontrent en abondance dans les jardins pendant les mois de mai et de juin ; elles recherchent les plus belles fleurs et les plus odorantes, les roses, les chèvrefeuilles, dont elles rongent les pétales et sucent le miel. L'espèce la plus connue est d'un beau vert doré, avec des reflets chatoyants ; elle est au nombre des plus jolies espèces de nos contrées.

Le *Hanneton commun* a eu le don de vous plaire et il en est bien peu parmi vous qui ne s'en amusent chaque année au printemps (fig. 423). Ce n'est point à coup sûr sa couleur terne qui a pu lui valoir cette distinction, non plus que ses services ; car, à toutes les époques de sa vie, il est l'un des animaux les plus nuisibles. A l'état adulte, il dépouille les arbres de leur feuillage ; à l'état de larve, il coupe les racines des arbustes, des céréales, etc., et de la sorte occasionne leur mort. La larve surtout, appelée vulgairement *Mans* ou *Ver blanc*, peut être considérée comme l'un des fléaux de l'agriculture.

Les **Scarabées** enfin, parmi lesquels on trouve les plus grands des Insectes, dont la taille est presque de la grosseur d'un poing, se signalent par leur corps lourd, massif et par des prolongements en forme de corne qui d'ordinaire ornent la tête et le

Fig. 423. — Hanneton et sa larve.     Fig. 424. — Ateuchus sacré.

prothorax des mâles. Une espèce, précisément dépourvue de ces sortes de cornes, est particulièrement intéressante à cause de son histoire. C'est l'*Ateuchus sacré*, le Scarabée sacré des anciens Égyptiens (fig. 424). Il était en effet rangé au nombre des dieux dans l'antique Égypte et, à ce titre, il était fréquemment représenté sur les monuments; on le rencontre souvent dans les sarcophages, sous forme d'amulettes taillées dans des pierres précieuses.

## ORDRE DES LÉPIDOPTÈRES

Qui d'entre vous n'a chassé des Papillons? Qui ne connaît ces gracieux Insectes aux formes légères, aux couleurs généralement vives et variées? Qui n'a tenté de les saisir au moment où, penchés sur une fleur, ils en suçaient le miel? Ce sont ces êtres, les plus magnifiques d'entre tous les Insectes, qui con-

stituent l'ordre des Lépidoptères (λεπὶς, λεπίδος, écaille; πτερὸν,
aile) : comme leur nom l'indique, ce sont des Insectes à
ailes écailleuses. Lorsque vous avez pris un Papillon par les
ailes, même avec les plus grandes précautions, vous avez remarqué qu'une fine poussière colorée restait attachée à vos
doigts. Examinez cette poussière à l'aide d'un microscope,

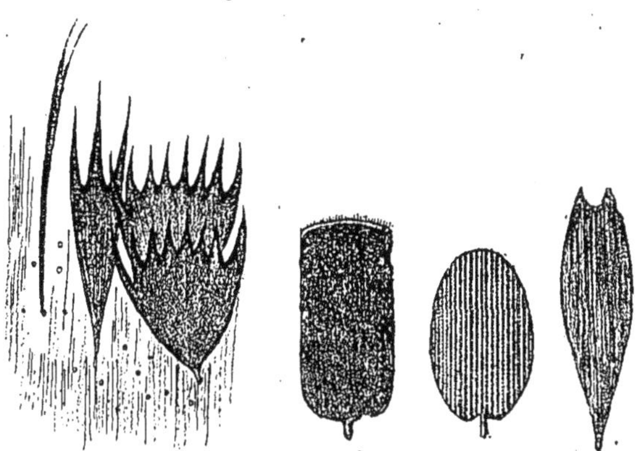

Fig. 425. — Différentes formes d'écailles des ailes de Lépidoptères.

vous la verrez constituée par de petites écailles aux formes
élégantes et parfaitement déterminées, et présentant un petit
pédicule au moyen duquel elles s'implantent sur la membrane
même de l'aile (fig. 425). Ces écailles sont de véritables poils,
qui ne diffèrent que peu de ceux qui garnissent le corps de
l'animal.

Les ailes des Papillons, au nombre de deux paires, sont fort
grandes; elles sont parfois déchiquetées et découpées de la façon
la plus gracieuse. Ce sont elles qui sont le siège des colorations
brillantes que nous admirons tant et dont la disposition varie à
l'infini. Parfois cependant les ailes sont d'une couleur uniforme,
jaune ou blanche, comme chez le Papillon du chou, mais elles
conservent une nuance claire; d'autres fois, tout en présentant
encore partout une même teinte, elles présentent une sombre
livrée. On peut dire, d'une façon générale, que les Papillons

ornés de riches nuances sont des *Papillons de jour*, tandis que

Fig. 426. — Machaon (Papillon diurne).      Fig. 427. — Bombyx disparate
(Papillon nocturne).

ceux de couleur terne sont des *Papillons de nuit* (fig. 426
et 427).

Les Papillons voltigent sans cesse de fleur en fleur; ils ne
marchent pour ainsi dire jamais. Leurs pattes ne leur servent
que pour se poser : aussi sont-elles toujours fort grêles relativement à la masse du corps. Les
trois paires de pattes sont le plus
souvent d'égale longueur, mais,
chez certaines espèces diurnes, les
pattes de la première paire demeurent beaucoup plus petites que les
autres et restent appliquées contre
la poitrine, sans être d'aucune
utilité à l'animal (fig. 428).

La tête n'est jamais très grosse.
Les antennes offrent les confor-

Fig. 428. — Danaïde plexique.

mations les plus diverses. Les yeux sont gros et velus. On
trouve ordinairement sur le front des ocelles dont on ne
s'explique guère la présence, cachés qu'ils sont par les poils et
les écailles du front.

La bouche, comme je vous l'ai déjà fait remarquer, présente une curieuse disposition. Le labre et les mandibules
sont tout à fait rudimentaires. Les mâchoires, au contraire,

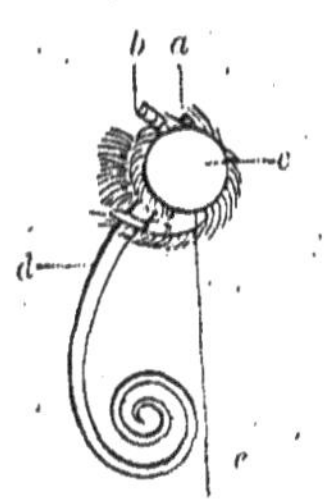

Fig. 429. — Trompe d'un Papillon. — *a*, tête. — *b*, base
des antennes. — *c*, œil. —
*d*, trompe. — *e*, palpe.

sont fort développées : elles s'allongent
démesurément et se rapprochent l'une
de l'autre, mais sans se souder, de façon
à constituer un canal, qui est la *trompe*
(fig. 429). Cette trompe sert à l'Insecte
à puiser dans les fleurs les sucs dont
il se nourrit : elle est souvent aussi longue que le corps de l'animal, et peut
même dans certains cas être beaucoup
plus longue encore. Tant que le Papillon ne prend aucune nourriture, la
trompe reste roulée en spirale.

Il y a lieu de faire à propos de la trompe une remarque intéressante : chez certains Lépidoptères dont l'individu, arrivé à
l'état parfait, n'a qu'une existence éphémère et meurt sans avoir
mangé, la trompe demeure tout à fait rudimentaire et ne pourrait servir à rien : tel est le cas du Papillon du Ver à soie.
Chez les espèces qui butinent les fleurs à corolle évasée ou peu
profonde, la trompe est assez courte. Chez celles au contraire
qui affectionnent les fleurs allongées et profondes, la trompe
atteint de grandes dimensions.

La coloration des Papillons ou de leurs larves nous offre des
exemples curieux de la grande loi de l'adaptation des animaux
au milieu dans lequel ils sont appelés à vivre. Une foule de
Chenilles, vivant sur les branches ou les feuilles des arbres,
présentent les teintes sombres du bois ou les nuances vertes du
feuillage et peuvent ainsi plus facilement dissimuler leur présence. Il est à remarquer, d'autre part, que les Papillons aux
couleurs vives sont tous diurnes, tandis que les Papillons de
nuit offrent les nuances les plus ternes et les plus sombres.

Les Lépidoptères subissent des métamorphoses complètes.

Leurs larves, bien connues sous le nom de *Chenilles*, sont pour beaucoup de personnes un objet d'horreur. Et pourtant la plupart d'entre elles sont ornées des couleurs les plus séduisantes, et constituent un attrayant sujet d'observations pour celui qui a eu la force de surmonter le dégoût injustifié qu'elles inspirent. Elles vivent sur des plantes dont elles mangent les feuilles; leur bouche est conformée pour broyer. Toutes ont le corps composé de douze anneaux. Les trois premiers anneaux portent chacun une paire de petites pattes, les *vraies pattes*, qui persisteront chez l'Insecte parfait. On rencontre encore, portées par les anneaux suivants, des *fausses pattes*, au nombre de deux ou trois paires (fig. 432); ces pattes, constituées par de simples prolongements de la peau garnis de crochets ou de ventouses à leur extrémité, sont absolument transitoires.

Arrivées au terme de leur croissance, les Chenilles cessent de prendre de la nourriture; elles se fixent dans des endroits abrités ou bien tissent un *cocon* dans lequel elles s'enveloppent et se transforment en *Nymphe* ou *Chrysalide* (fig. 430) (χρυσαλίς, chrysalide). Celle-ci donne naissance, après un temps plus ou moins long, le plus souvent au printemps suivant, à l'Insecte parfait, qui meurt bientôt après son éclosion : il semble, en effet, n'avoir d'autre but que de perpétuer l'espèce et de pondre des œufs, et une fois cet acte accompli, il ne tarde pas à périr.

Fig. 430. — Cocon et sa chrysalide.

Il n'est personne qui ne distingue un Papillon de jour d'un Papillon de nuit. Cette distinction est la base de la classification des Lépidoptères : on les divise en effet en deux grands groupes, celui des **DIURNES** et celui des **NOCTURNES**. En outre de la coloration, généralement vive chez les uns et terne chez les autres; en outre de la forme du corps, élégante et élancée chez les premiers, massive et lourde chez les derniers, cette distinction est encore pleinement justifiée par l'organisation des ailes. Chez les Diurnes, le dos est étroit et les ailes peuvent se replier en haut pendant le repos; chez les Nocturnes, au contraire, le dos est large et les ailes restent toujours étalées. De plus, chez les Diurnes les ailes antérieures et les postérieures sont tout à fait

Fig. 451. — Chrysalide du Machaon.

libres et indépendantes les unes des autres; chez les Nocturnes, au contraire, elles sont réunies par un petit ligament, ou *frein*.

Pendant les mois de mai ou de juillet, vous avez rencontré maintes fois, en vous promenant dans la campagne, un grand Papillon aux ailes découpées, jaunes, rayées et tachetées de noir; les postérieures sont ornées d'une rangée de taches d'un bleu tendre. C'est le *Machaon* (fig. 426). Cet élégant Insecte se pose de préférence sur les luzernes et sur les trèfles fleuris. Sa Chenille (fig. 452), longue de 4 à 5 centimètres, est d'une

Fig. 452. — Chenille du Machaon.

teinte générale verte de la plus grande fraîcheur. Elle se rencontre pendant les mois de juin et de septembre sur le fenouil et la carotte. Si on vient à l'exciter, elle fait saillir entre la tête et le premier anneau un tentacule fourchu figurant deux cornes, en même temps qu'elle émet une odeur désagréable.

Le Machaon appartient au groupe des **Papillons proprement dits :** toutes les espèces de ce groupe sont caractérisées par la présence, chez la Chenille, du tentacule que nous venons de signaler.

La Chenille que l'on rencontre sur le chou appartient à un genre différent, celui des **Piérides** (fig. 433). Ce sont le plus souvent des Papillons blancs ou jaunes qui ravagent rapidement les plantes dont ils se nourrissent. Leurs larves ne se tissent point de cocon, mais se suspendent simplement, la tête en bas, au moyen d'un fil enroulé autour du corps.

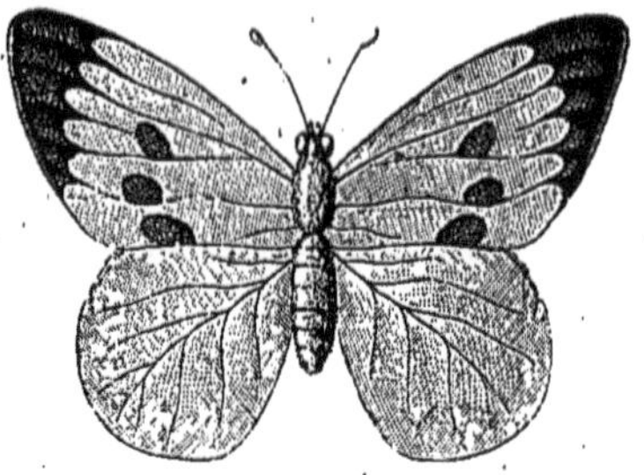
Fig. 433. — Piéride du chou.

Les **Vanesses** (fig. 434), aux ailes anguleuses ou festonnées, peintes de riches couleurs, sont connues de tout le monde. La

Fig. 434. — Vanesse Paon de jour.

*Vanesse Io*, ou *Paon de jour*, est la principale espèce du groupe. Ses ailes, élégamment découpées, d'un rouge tirant sur le rouge brique, portent chacune une large tache analogue à l'œil de la plume du Paon, où le noir, le jaune, le bleu tendre se rencontrent. Ce Papillon, l'un des plus beaux de nos pays, se montre au printemps, puis reparaît en été. Ses Chenilles vivent sur les orties.

Parmi les **PAPILLONS NOCTURNES** et les **CRÉPUSCULAIRES**, nous

citerons d'abord le *Sphinx du troëne*, dont la belle Chenille
vert tendre se rencontre sur les troënes aux fleurs blanches
ou sur les lilas des jardins. Ce Papillon n'est point, à proprement parler, nocturne : il est crépusculaire. Sa trompe est
plus longue que le corps entier. Sa Chenille, lorsque arrive
la fin du mois de juillet, descend au pied de l'arbrisseau sur
lequel elle a vécu et s'enfonce dans la terre pour se transformer en chrysalide. L'Insecte doit son nom de Sphinx à ce que
sa Chenille, solidement fixée sur la tige de la plante, a l'habitude de redresser toute la partie antérieure de son corps : cette
posture rappelle celle du Sphinx qui, aux portes de Thèbes,
jetait aux passants son énigme.

Le groupe des **Sphinx** est extrêmement nombreux. D'autres

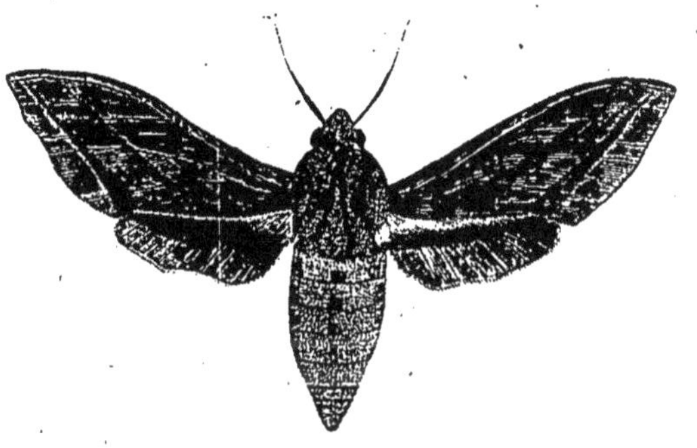

Fig. 435. — Sphinx de la vigne.

espèces vivent sur la vigne (fig. 435), le tilleul, le peuplier, etc. La grosse Chenille de la pomme de terre est la larve
du *Sphinx tête-de-mort*, qui s'introduit dans les ruches pour
y dérober le miel.

Le groupe des **Bombyx** est incontestablement le plus intéressant de l'ordre des Lépidoptères : c'est lui qui renferme, en
effet, ce précieux Insecte dont le produit est sans rival, le *Ver
à soie* (fig. 436). Or cet Insecte incomparable, qui donne au
monde tant de trésors, n'est séduisant, qu'on le considère à

l'état de larve ou à l'état parfait, ni par la forme ni par la couleur.

Le Ver à soie est la Chenille du *Bombyx du mûrier* (fig. 437). Cet Insecte, originaire du sud de l'Asie, est domestiqué en

Fig. 436. — Ver à soie.

Chine depuis un temps immémorial. Au sixième siècle, sous le règne de Justinien, des voyageurs grecs rapportèrent, de l'Inde à Constantinople, les œufs des premiers Vers à soie qui furent cultivés en Europe. La graine en fut ensuite portée en

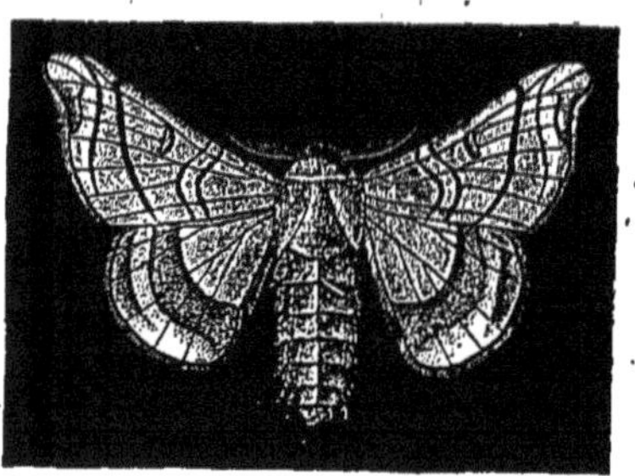

Fig. 437. — Bombyx du mûrier et sa chrysalide.

Italie vers l'époque des Croisades. On ne commença guère, en France, à cultiver l'espèce que vers le seizième siècle, et Sully, comprenant de quelles richesses cette industrie nouvelle pouvait être la source, l'encouragea vivement. Aujourd'hui, la *Sérici-*

*culture* est extrêmement florissante dans toute la région méditerranéenne. Nos départements du Midi produisent annuellement plus de 30 millions de kilogrammes de cocons, ce qui, en n'évaluant qu'à 5 francs le prix du kilogramme, représente un revenu total de 150 millions de francs.

Les établissements spéciaux où l'on cultive les Vers à soie ont reçu le nom de *magnaneries*. On y fait éclore de la *graine*, c'est-à-dire des œufs; dans ce but, on soumet ces œufs pendant plusieurs jours à une incubation artificielle. Une fois que les Vers sont éclos, on leur donne à manger la feuille du mûrier, arbre dont il existe de vastes plantations à l'entour des magnaneries. L'état larvaire dure environ trente-quatre jours, et pendant ce temps la Chenille subit quatre mues. Finalement, elle cesse de manger et grimpe sur des bruyères qu'on a mises à sa portée, et où elle ne tarde pas à tisser son cocon.

Le fil de soie dont est formé ce cocon est produit par deux glandes allongées qui sont situées dans l'intérieur du corps de l'animal, le long de la face ventrale. Ce fil n'est autre chose qu'une substance liquide qui se coagule et se durcit à l'air : il sort par un appareil spécial qu'on appelle la *filière*, et qui se trouve placé au voisinage de la lèvre inférieure. Le Ver attache d'abord quelques brins de soie aux objets voisins, pour s'assurer un point d'appui ; il file ensuite son cocon de manière à s'y emprisonner totalement, et c'est à l'abri de cette enveloppe qu'il se transformera en chrysalide.

Dans les magnaneries, on tue les chrysalides par la chaleur, avant qu'elles percent le cocon pour en sortir à l'état d'Insecte parfait. On dévide alors les cocons, qui sont constitués par l'enroulement d'un fil unique long de 4 à 500 mètres, et on obtient de la sorte la *soie grège* ou *soie écrue*. Cette soie est imprégnée d'une substance gélatineuse dont il importe de la débarrasser, par l'opération du *décreusage*, surtout si l'on se propose d'en faire des étoffes de choix.

Les Vers à soie sont sujets à quelques maladies qui causent

les plus grands ravages dans les magnaneries. L'une d'elles,
la *muscardine*, est due à l'invasion du corps de l'animal par
un petit Champignon microscopique ; elle semble favorisée par
l'humidité.

Une autre maladie bien plus grave, la *pébrine*, est due à la
présence dans les humeurs et dans tous les organes du Ver de

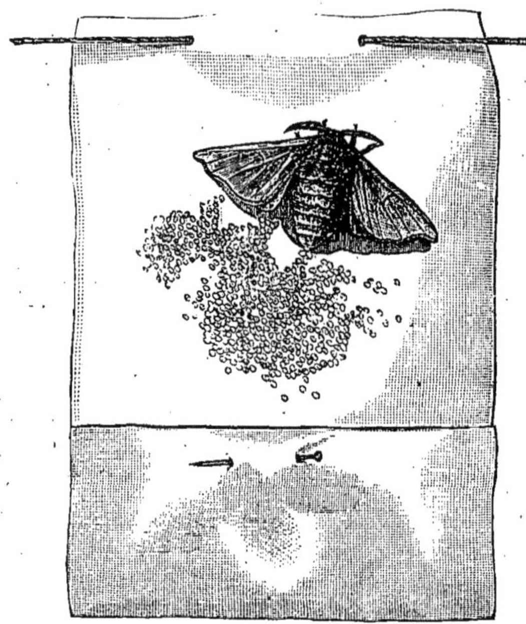

Fig. 458. — Papillon du Ver à soie pondant ses œufs.

corpuscules de très petite dimension et qui ne sont autre chose
que des animaux parasites très inférieurs. Ces animalcules,
appelés *Microsporidies* ou *Psorospermies des Insectes*, ont été
soigneusement étudiés par M. Balbiani, qui nous a fait connaître
leur curieuse histoire. Ils se rencontrent dans les œufs eux-
mêmes ; mais un examen attentif, pratiqué avec le secours
d'instruments grossissants, permet de les y reconnaître, et l'on

se met à coup sûr à l'abri de la maladie, en ne faisant éclore
que les œufs sans corpuscules. Les découvertes de M. Pasteur
sur ce sujet ont sauvé l'industrie de la soie, fort compromise
en Europe par le développement de la pébrine.

Le Bombyx du mûrier n'est point le seul Lépidoptère dont
la soie puisse être utilisée dans la confection des étoffes ; il est
vrai, néanmoins, que c'est lui qui fournit la matière première
de beaucoup la meilleure. Plusieurs essais furent entrepris
dans ce sens avec le *Bombyx du chêne*, celui de l'*Ailante*, et
les bons résultats obtenus pouvaient faire supposer qu'une
nouvelle industrie allait se développer : pourtant l'indifférence
la plus absolue accueillit ces tentatives, et on continua à ne
cultiver que le seul Bombyx du mûrier.

Parmi les Bombyx qui vivent dans notre pays, nous devons

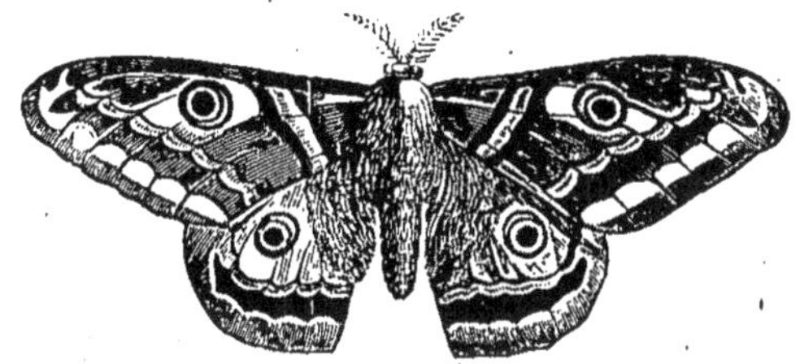

Fig. 439. — Bombyx petit Paon de nuit.

en signaler un qui vous est bien connu : c'est le *grand Paon
de nuit*. Son corps velu et ses ailes ornées en leur centre d'une

Fig. 440. — Processionnaire
du chêne.

tache noire le font aisément reconnaître. Sa Chenille, d'un vert-
pomme, vit sur la plupart des arbres
fruitiers, mais elle se trouve surtout en abondance sur les ormes.
Le *petit Paon de nuit* (fig. 439)
est une espèce voisine.

Une autre espèce fort curieuse
est le *Bombyx processionnaire*
(fig. 440). Ses Chenilles vivent sur le chêne : elles se réunissent

au nombre d'une centaine environ et filent en commun une toile, aux mailles lâches et irrégulières, sur laquelle elles demeurent tranquilles pendant toute la journée. Le soir, elles grimpent dans le feuillage pour manger, et leur migration se fait dans l'ordre suivant : une Chenille sort du nid et commence à grimper sur le tronc ; elle est immédiatement suivie par deux autres individus à la file, qui lui emboîtent, pour ainsi dire, le pas ; la troisième est suivie par un rang de trois ou quatre individus, qui est suivi à son tour par un rang plus nombreux et ainsi de suite. Les rangs vont d'abord en s'élargissant d'une façon régulière, mais le gros de la colonne finit par former une masse plus ou moins confuse. Après s'être repues, lorsque les processionnaires veulent regagner leur nid, elles effectuent leur descente exactement dans le même ordre. Si elles veulent changer d'arbre, la nourriture venant à leur manquer, elles le font encore suivant la même disposition.

La Chenille processionnaire, de même que la plupart des Chenilles, est un véritable fléau pour l'agriculture. Il n'est pas rare de voir des forêts, des vergers entièrement dévastés par elles. Aussi les combat-on avec acharnement. De nos jours, l'*échenillage*, réglé et ordonné par des arrêtés administratifs, est la pratique générale, mais il n'en a pas toujours été ainsi, et en des temps plus crédules on avait recours à de tout autres procédés pour conjurer le mal.

« Un historien du Dauphiné, Chorier, raconte que, vers le commencement du seizième siècle, les Chenilles s'étaient tellement multipliées dans cette province, que le procureur général crut devoir faire un réquisitoire pour *leur enjoindre de déguerpir et vider les lieux*. En 1543, un membre de la municipalité de Grenoble exposait au conseil que les Limaces et les Chenilles commettaient de grands ravages ; il demandait en conséquence « qu'on priât M. l'official de vouloir bien excommunier lesdites « bêtes, et procéder contre elles par voie de censure, pour obvier « aux dommages qu'elles faisaient journellement et qu'elles fe-

« raient à l'avenir. » Le conseil prit un arrêté conforme à cette demande. »

Nous passons sous silence un grand nombre de Papillons et de Chenilles qu'il serait pourtant intéressant de signaler, tant à cause de leurs mœurs que des pertes qu'elles nous font subir, et nous abordons maintenant l'étude d'un nouveau groupe qui renferme toute la masse des petits Lépidoptères : c'est le groupe des **microlépidoptères**. Ces Papillons, de fort petite taille, aux ailes larges relativement à la grosseur de leur corps, se cachent généralement pendant le jour. Ils sont répandus en nombre immense par le monde entier ; nous nous bornerons à vous signaler ceux d'entre eux qui nous intéressent le plus directement.

La *Pyrale de la vigne* (fig. 441) a causé, à différentes époques, des ravages incalculables et a porté la désolation dans les pays vignobles. Le Papillon a les ailes jaunes barrées de brun ; il se montre au mois de juillet et dépose ses œufs à la face supérieure des feuilles. Les Chenilles éclosent au mois d'août, mais ce n'est point à ce moment-là qu'elles produisent leurs ravages : elles se suspendent à un fil qu'elles tissent aussitôt après leur éclosion et attendent que le vent leur fasse atteindre le cep ou l'échalas. Cela fait, elles se cachent dans une

Fig. 441. — Pyrale de la vigne.

fissure et y demeurent, sans prendre de nourriture, jusqu'au printemps prochain. Lorsque la vigne commence à pousser, quand les bourgeons apparaissent, elles quittent leur retraite,

grimpent sur les jeunes pousses; enveloppent feuilles et
grappes d'un réseau soyeux au sein duquel elles se renferment
et commencent leur œuvre de destruction. En quelques jours
les vignes sont dévorées et la récolte est perdue. Heureuse-
ment que ce fléau est assez facile à détruire : il suffit de procéder pendant l'hiver à un échaudage des ceps et des échalas.

Les Vers que l'on rencontre si fréquemment dans l'intérieur
des poires, des pommes, des marrons, sont les Chenilles d'autres **Pyrales.**

Les **Teignes** sont les plus petits des Microlépidoptères. Plusieurs d'entre elles sont un véritable fléau dans nos habitations.
La *Teigne des tapisseries* (fig. 442) est l'une des plus redoutables. « La petite Chenille rongeant les étoffes de laine se
construit avec de petits brins, qu'elle tisse d'une manière fort
habile, un fourreau à peu près cylindrique. Obligée, par suite
de sa croissance, d'avoir une demeure plus spacieuse, elle

Fig. 442.
Teigne des tapisseries.

Fig. 443.
Teigne des pelleteries.

Fig. 444.
Teigne du crin.

l'allonge au moyen de fils ajoutés à chacun des bouts. Voulant
élargir le fourreau, elle le coupe dans toute sa longueur et y
adapte une pièce de la largeur convenable. Que l'on s'amuse
à prendre de jeunes Chenilles, et, à de courts intervalles, à les
transporter sur des morceaux de drap de différentes couleurs.
les Teignes auront bientôt un véritable habit d'arlequin, qui
permettra de suivre la façon dont s'exécute leur travail. Au
moment de la transformation, elles attachent leur fourreau par
une extrémité, et se retournent ensuite pour que les Papillons
trouvent une issue par le bout demeuré libre. Ceux-ci ont les
ailes brunes à la base, d'un blanc gris dans le reste de leur
étendue. »

La *Teigne des pelleteries* (fig. 443), celle des crins (fig. 444), dont vous connaissez les ravages, ont des mœurs analogues. On éloigne ces hôtes redoutables au moyen d'odeurs fortes, celle du poivre, du camphre, etc. Mais le plus sûr moyen de les éviter consiste à remuer souvent et à exposer à la lumière les objets que l'on tient à conserver.

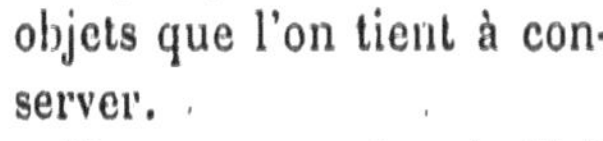

Une autre espèce, la *Teigne des blés*, est également fort à craindre : elle vit aux dépens du blé, de l'orge, du seigle amassés dans les greniers.

Fig. 445. — Ornéode.

A côté des Teignes viennent se ranger les **Ornéodes,** Papillons bien remarquables par leurs ailes profondément échancrées et divisées en branches barbues comme des plumes (fig. 445).

## ORDRE DES DIPTÈRES

Les Diptères (δύς, deux ; πτερὸν, aile) sont des Insectes caractérisés par la présence de deux ailes seulement, celles de la paire antérieure. Les ailes postérieures sont, comme je vous l'ai déjà dit, transformées en un petit organe auquel on a donné le nom de *balancier* et dont la fonction est très curieuse (fig. 446). Voyez, je viens d'attraper une grosse Mouche à viande. Avec une paire de ciseaux fins, je coupe les deux

Fig. 446. — Conops.

balanciers ; ceci fait, si je lâche l'animal, il tombe bientôt à terre en tourbillonnant ; ses ailes ne sont pas paralysées, et cependant il est incapable de voler.

La tête de ces Insectes est articulée et mobile. Elle porte

deux gros yeux à facettes et, d'ordinaire, trois ocelles. Le thorax et l'abdomen sont unis intimement entre eux. Les pièces de la bouche sont disposées pour sucer : les mandibules ont la forme de glaives et constituent des organes perforants, ainsi qu'un appendice impair, dépendant du labre.

Les Diptères subissent des métamorphoses complètes. Les larves, ordinairement vermiformes, sont placées dans des conditions telles qu'elles trouvent leur nourriture à leur portée; elles se meuvent aisément au moyen de mouvements de reptation. Elles subissent d'ordinaire une mue avant de passer à l'état de nymphes; quelquefois cependant, et c'est le cas des Mouches, elles ne muent point : la nymphe prend alors le nom de *pupe*.

Les **Cousins** appartiennent à l'ordre des Diptères. Ces Insectes, si désagréables à cause de la douloureuse piqûre qu'ils font au moyen de leur puissante armature buccale, abondent surtout dans les pays chauds, où on les connaît sous le nom de *Moustiques* (fig. 447). Les Cousins se rencontrent en foule dans les endroits marécageux. Leurs larves sont aquatiques et se

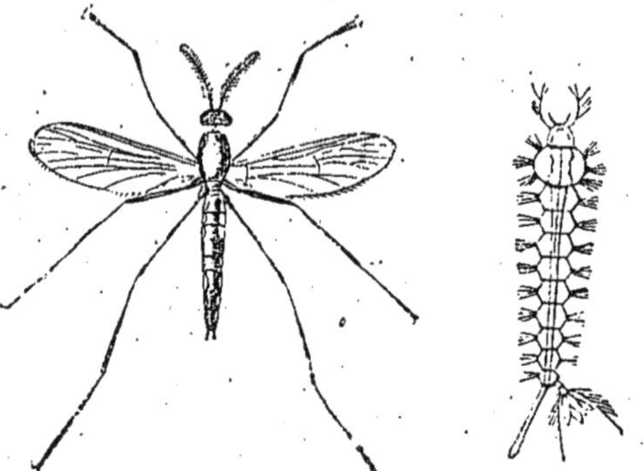

Fig. 447. — Cousin et sa larve.

développent dans les eaux stagnantes; ce sont elles qu'il est si fréquent de voir dans les tonneaux d'arrosage dont l'eau est un peu corrompue. Les nymphes sont également aquatiques. Lorsque arrive le moment de leur passage à l'état adulte, elles

viennent flotter à la surface de l'eau, immobiles, en sorte que
la peau de leur dos, exposée à l'air, ne tarde pas à se dessécher
et à se fendre au milieu. L'Insecte parfait se montre alors.
« Il dégage sa tête, puis une partie de son thorax ; il se soulève

Fig. 448. — Psithyres et Volucelles.

lentement sur ses longues pattes ; son enveloppe de nymphe
est devenue pour lui une nacelle, il paraît prendre d'infinies
précautions pour ne pas faire chavirer son frêle esquif. Peu
à peu il se dresse, ses ailes s'étendent, et quand il est raffermi,

ce qui arrive vite si la température est chaude, il s'envole : le voilà sauvé. Tout se passe sans accident, si l'air est calme ; mais qu'un jour d'éclosions l'air soit un peu agité, les naufrages sont nombreux : les Cousins, encore mal affermis, sont renversés ; les trop légères nacelles formées des dépouilles de nymphes sont chavirées, et l'Insecte qui a mouillé ses ailes est perdu. »

Les **Taons** (fig. 449), comme les Cousins, piquent et sucent le sang. L'espèce la plus redoutée, le *Taon des Bœufs*, au corps gris avec des bandes noires, aux yeux d'un vert éclatant, est un de nos plus gros Diptères. Les Bœufs qu'il atteint sont pour ainsi dire pris d'une folie subite, et bondissent en tous sens en beuglant. Le Cheval n'est point à l'abri des attaques

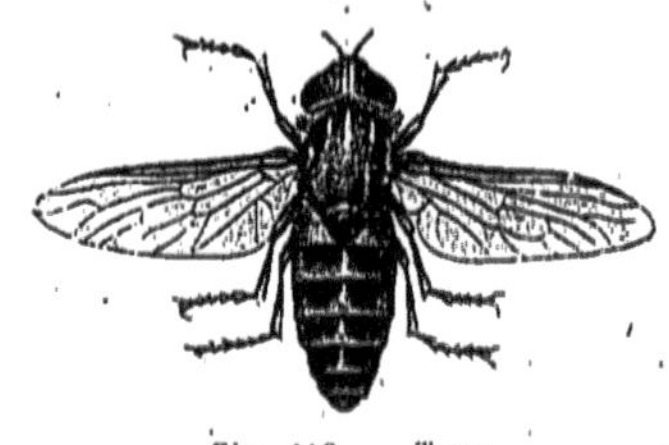
Fig. 449. — Taon.

de ce Taon : il se cabre et lance des ruades en sentant ses piqûres. Sa larve vermiforme vit dans la terre.

Les **Volucelles**, jolis Diptères aux instincts moins sanguinaires, aiment le miel des fleurs. Ce sont de grosses Mouches ayant de jolies couleurs noires et jaunes ou roussâtres et ressemblant plus ou moins à des Abeilles (fig. 448). Elles vont pondre leurs œufs dans le nid des Hyménoptères qui vivent en société, chez les Bourdons ou chez les Guêpes : leurs larves dévorent celles de leurs hôtes.

Les **Mouches**, répandues en nombre immense dans la nature, ont une physionomie bien particulière et sont facilement reconnaissables à leur grande trompe que contribuent à former toutes les pièces buccales réunies (fig. 450). Leurs larves sont ces Vers blancs que l'on connaît vulgairement sous le nom d'*Asticots*; leurs nymphes sont de simples pupes.

Les larves de Mouches se développent de préférence sur les substances animales en décomposition. Vous avez particulièrement remarqué bien souvent une grosse Mouche bleue, la

*Mouche à viande*, qui vient voleter en bourdonnant autour de la viande, dont l'odeur l'a attirée, et y déposer ses œufs.

Les **Œstres** sont de gros Diptères velus, à trompe rudimentaire. A l'état adulte, ils ne prennent aucune nourriture et vivent peu de temps; ils sont d'autre part incapables de piquer, bien qu'ils aient la réputation d'être fort dangereux (fig. 451). Une espèce fort commune bourdonne derrière les Chevaux,

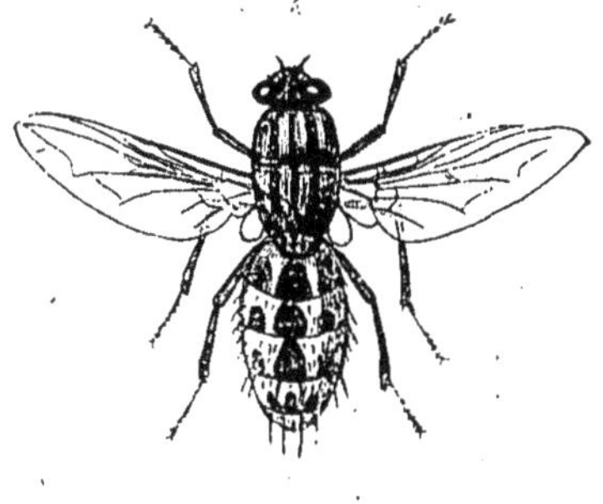

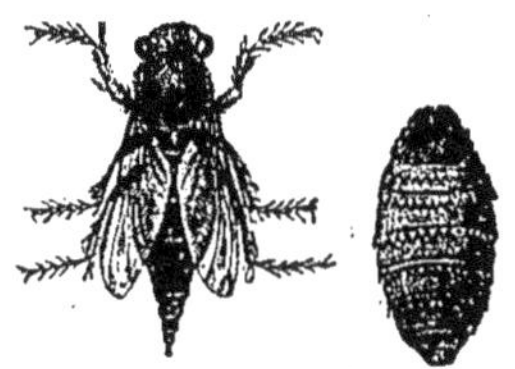

Fig. 450. — Mouche, A, et asticot, B.

Fig. 451. Œstre et sa larve.

qu'elle effraye, mais cette frayeur tient uniquement au bruit causé par l'Insecte, et nullement à une douleur quelconque provoquée par lui. L'Œstre poursuit ainsi le Cheval afin d'épier le moment favorable pour opérer sa ponte : il dépose ses œufs sur les poils des genoux, du poitrail, en un mot en des endroits

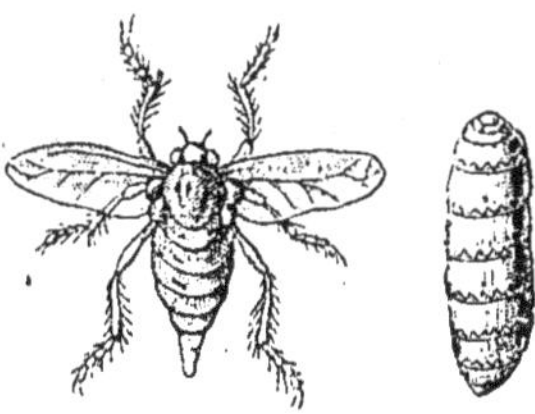

Fig. 452. — Œstre du Cheval et sa larve.

Fig. 453. — Œstre du Bœuf.

que l'animal a l'habitude de lécher (fig. 452). Les larves de l'Œstre éclosent : le Cheval se lèche, en avale, et les larves arrivent de la sorte dans l'estomac, où elles se fixent au moyen de leurs mandibules en crochet. Quand le moment de leur transformation en pupes est arrivé, elles se détachent, sortent par l'anus en même temps que les excréments, et leur métamorphose se produit.

Des espèces voisines de l'Œstre déposent leurs œufs sur d'autres animaux domestiques. Un *Hypoderme* pond sur le Bœuf (fig. 453) : ses larves pénètrent et se développent sous la peau, où elles déterminent des tumeurs. Un autre Hypoderme est de la même manière parasite du Chevreuil. Enfin, une autre espèce cause la terreur dans les troupeaux de Moutons : ses larves se développent dans les fosses nasales du Mouton, ou plutôt dans des cavités situées dans l'épaisseur des os du front et communiquant avec les fosses nasales.

D'autres Mouches, dont l'espèce la plus connue est la *Lucilia hominivorax* (fig. 454), pondent parfois leurs œufs dans

Fig. 454. — Lucilie.

les fosses nasales de l'Homme endormi. Les larves remontent jusque dans les sinus osseux du crâne et y occasionnent des désordres qui entraînent la mort.

Il est enfin certains Diptères totalement dépourvus d'ailes qui vivent tout à fait en parasites sur certains animaux : tels sont les **Mélophages**, dont une espèce vit sur les Moutons. Les **Lipoptènes** sont aussi dans ce cas : une espèce vit sur le Cerf.

On peut encore ranger parmi les Diptères, bien qu'étant *aptères* et formant un groupe aberrant, les **puces**, dont la bouche et les métamorphoses sont semblables à celles des Diptères (fig. 455). Tout le monde sait, pour en avoir fait l'expérience, comment les Puces sucent le sang et connaît

l'amplitude prodigieuse de leurs bonds; mais ce que l'on ignore
généralement, c'est que ces petits êtres se montrent particu-

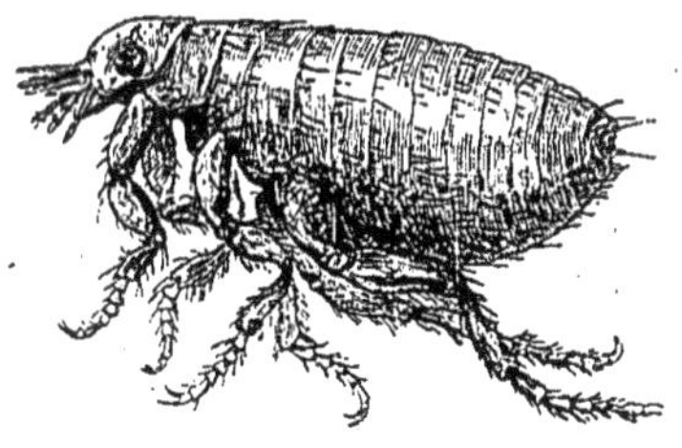

Fig. 455. — Puce.

lièrement intelligents dans
les soins qu'ils donnent à
leurs larves. Les œufs sont
déposés dans les interstices
des carreaux et des parquets,
au milieu de la poussière;
les larves, privées de pattes
et incapables de se déplacer,
périraient infailliblement si

la mère, après s'être gorgée de sang, n'allait les rejoindre
et ne leur dégorgeait une partie de la nourriture qu'elle a
puisée.

Les Puces vivent sur les animaux à sang chaud. Les Mammifères et les Oiseaux. Ces différentes Puces ne quittent pas
volontiers l'espèce sur laquelle elles ont accoutumé de vivre;
pourtant la Puce du Chien peut s'établir passagèrement sur
l'Homme.

La *Puce pénétrante* ou *Chique*, bien connue et très redoutée en Amérique, s'introduit sous la peau de l'Homme, et y
acquiert le volume d'un pois.

## ORDRE DES HÉMIPTÈRES

Cet ordre renferme des Insectes assez hétérogènes et dont
l'organisation présente des variétés nombreuses. Chez la plupart, les ailes, au nombre de deux paires, sont membraneuses,
avec des nervures en baguette plus ou moins ramifiées, mais
sans réticulation transversale. Elles offrent le plus souvent la
même consistance dans toute leur étendue, mais, dans certains
cas, la moitié basilaire peut être dure et coriace, l'autre portion étant membraneuse : de là le nom d'*Hémiptères* (ἥμισυς.
demi; πτερόν, aile). On a rangé enfin dans cet ordre tout un

groupe d'Insectes qui restent privés d'ailes pendant toute leur existence.

Les Hémiptères sont des animaux suceurs et leur appareil buccal est adapté à ce genre de vie : la lèvre inférieure est transformée en un tube ou *rostre* qui tient lieu de suçoir ; à l'état de repos, il est replié sous la tête et le thorax, de façon à ne gêner en rien les mouvements de l'animal. Ces Insectes percent l'écorce des plantes dont ils vont sucer le suc, ou la peau des animaux dont ils vont sucer le sang, au moyen d'un appareil perforant constitué par la transformation du labre, des mandibules et des mâchoires en stylets acérés, renfermés dans l'intérieur du rostre.

La piqûre de ces Insectes s'accompagne de l'émission d'un liquide irritant qui, chez l'homme et les animaux, détermine une douleur plus ou moins vive. Un grand nombre d'entre eux, notamment les Punaises, répandent une odeur forte et repoussante.

Ceux des Hémiptères qui sont privés d'ailes ne subissent aucune métamorphose : au sortir de l'œuf, ils sont déjà sem

blables à l'adulte et ils n'auront qu'à subir quelques mues pour le devenir à leur tour. Chez d'autres, la seule différence qu'il y ait entre la larve et l'Insecte parfait tient à ce que celui-ci a des ailes, tandis que la larve en est encore dépourvue.

Fig. 456. — Punaise grise.

La *Punaise grise* (fig. 456) et la *Punaise verte*, que vous avez rencontrées si souvent sur les arbustes dont vous vouliez cueillir les fruits ou les fleurs, appartiennent à la famille des **HÉMIPTÈRES PROPREMENT DITS**. Surmontez un instant la répugnance que vous inspirent ces Insectes à l'odeur infecte, et examinez leurs ailes antérieures : vous les verrez constituées, comme nous l'avons dit, de deux parties distinctes, l'une cornée, l'autre membraneuse.

Une autre espèce, de plus petite taille que les précédentes, offre sur tout son corps un mélange de rouge et de noir. Vous la connaissez bien aussi, pour l'avoir vue réunie par centaines sur les choux et autres plantes, qu'elle dévore en peu de temps (fig. 457).

La *Punaise des lits* (fig. 458) diffère notablement des espèces

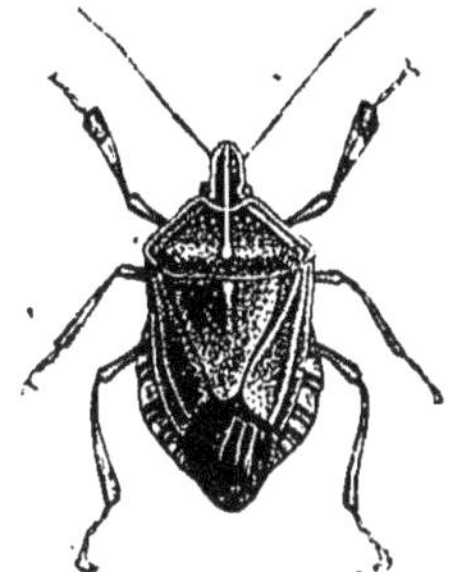

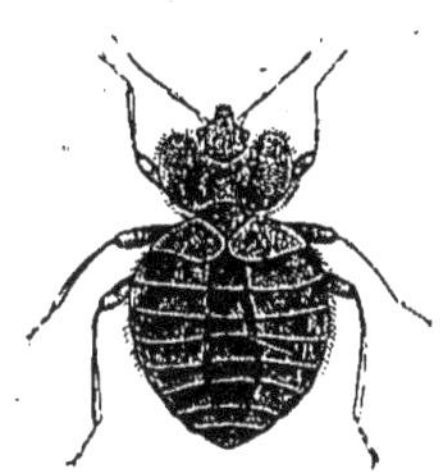

Fig. 457. — Punaise des bois.     Fig. 458. — Punaise des lits.

que nous venons d'examiner : elle n'a pas d'ailes. Cet horrible Insecte, un de nos pires ennemis, nous vient d'Amérique. Il s'est rapidement propagé dans toute l'Europe continentale, mais il n'aurait été introduit en Angleterre que pendant le dix-septième siècle. Il se nourrit exclusivement de sang humain. Pendant le jour, il se tient caché dans les fissures des parquets ou des murailles, sous les tentures, etc. La nuit venue, il sort à la recherche de ses victimes, qu'il atteint toujours, quelques précautions qu'on prenne.

La Punaise des lits a un ennemi mortel dans un autre Hémiptère, la *Réduve masquée*. Cet Insecte vit à l'état de larve dans les maisons mal tenues : il se dissimule alors en couvrant son corps de poussière et de détritus qui le rendent difficile à apercevoir. Parvenu à l'état adulte, il s'envole dans les campagnes, mais revient dans les habitations pour y pondre.

Vous avez vu fréquemment, et non certes sans un certain étonnement, des animaux au corps grêle, aux pattes maigres

et longues, qui marchaient à la surface des ruisseaux ou des
eaux stagnantes sans être submergés. Ces animaux bizarres
sont les **Hydromètres** (fig. 459) : n'ont-ils pas l'air, en effet,
de mesurer la surface des eaux?

Les **Nèpes** et les **Notonectes** (fig. 460 et 461) sont également
des Hémiptères aquatiques, mais qui vivent au sein des eaux
stagnantes et non plus à leur surface. La forme générale
des Notonectes (νῶτος, dos; νήκτης, nageur) est celle des Punaises

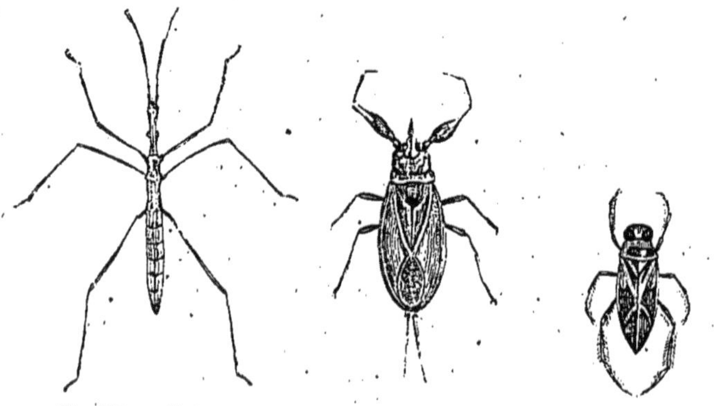

Fig. 459. — Hydromètre.        Fig. 460. — Nèpe.        Fig. 461. — Notonecte.

terrestres, et vous les reconnaîtrez facilement à ce qu'elles
nagent sur le dos. Certaines espèces de Notonectes, les *Corises*,
qui vivent en abondance dans les lacs du Mexique, attachent
leurs œufs aux plantes aquatiques. Les Aztèques, qui habitaient cette région du Nouveau Monde avant la conquête
espagnole, avaient l'habitude de récolter ces œufs pour en faire
une sorte de galette appelée *hautle*. Cette coutume s'est trans-
mise à la population actuelle du Mexique. N'est-ce pas le cas
de rappeler le proverbe : *De gustibus non est disputandum?*

Les **Cigales** sont bien différentes des espèces que nous
venons de passer en revue (fig. 462). Ce sont des Insectes de
grande taille, qu'on ne trouve guère en France que dans le
Midi; les mâles possèdent à la base de l'abdomen un appareil

musical qui produit un son strident et désagréable, quoi qu'en.
aiént dit les anciens poètes grecs et quoi qu'en disent encore
les félibres et les cigaliers ! Anciennement, on conservait ces Insectes dans des cages pour jouir de leur chant ; il en est de même

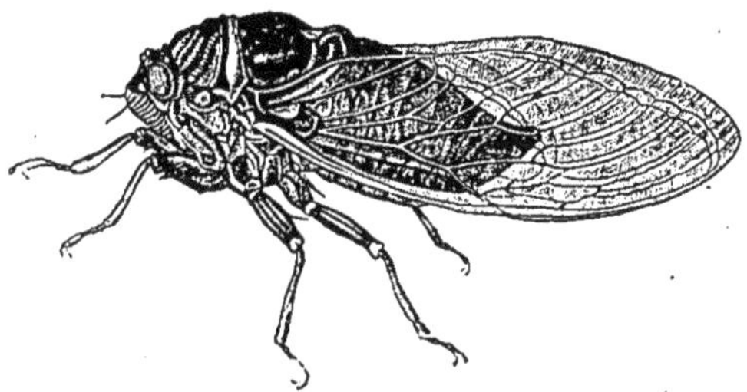

Fig. 462. — Cigale.

encore actuellement en Chine. Dans le midi de la France, on
trouve deux espèces de Cigales, l'une qui vit sur le frêne, l'autre
qui vit sur l'orme. La piqûre de cette dernière provoque l'écoulement d'un liquide doux qui, en se durcissant, forme la manne.

Les **Fulgores** sont également des Insectes de grande taille,
voisins des Cigales, mais dépourvus d'appareil musical. Ils
habitent les régions chaudes de l'Amérique et de l'Asie et sont
remarquables à cause de la propriété qu'ils ont d'être lumineux
pendant la nuit. Leur front se prolonge en une sorte de vessie
fort longue et aussi large que la tête : c'est cette partie qui
s'illumine d'un vif éclat.

Nous arrivons maintenant à des Insectes de très petite taille
et dont les mœurs sont des plus intéressantes : nous voulons
parler des **Pucerons** (fig. 463), dont nous vous avons montré
déjà les relations avec les Fourmis. « A l'automne, il est ordinaire de voir sur les plantes des Pucerons des deux sexes. A
cette époque, les femelles pondent et fixent leurs œufs sur les
tiges. Au printemps, les jeunes éclosent, tous sont des femelles ;
dans l'espace de dix à douze jours, ces femelles ont pris tout
leur accroissement, elles commencent à mettre au monde des
petits vivants. Chacune produit en moyenne quatre-vingt-dix

Pucerons; à raison de trois, quatre, cinq, six ou sept par jour.
Tous ces jeunes sont encore des femelles, qui deviennent
habiles à la reproduction aussi rapidement que leur mère. Neuf,
dix ou onze générations de Pucerons femelles se succèdent
ainsi pendant le cours de la belle saison; mais, lorsque
s'abaisse la température automnale, se trouvent des mâles et

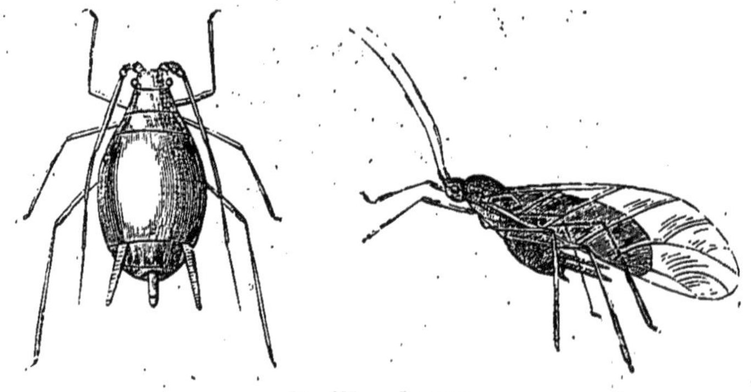

Fig. 463. — Pucerons.

des femelles, femelles ovipares.... On a vu avec quelle rapidité les Pucerons devenaient adultes, combien est grande la
fécondité de ces Insectes. Un auteur a calculé qu'un Puceron
était la souche annuelle d'un quintillion d'individus. Il est
donc aisé de comprendre l'extrême multiplication de ces Hémiptères sur une foule de plantes, où ils n'avaient pas d'abord
été remarqués. »

Nous venons de voir que les premières générations de Pucerons prennent naissance sans aucune fécondation préalable :
cet intéressant phénomène, observé tout d'abord chez les
Pucerons, mais constaté depuis chez d'autres animaux, a
reçu le nom de *parthénogénèse* (παρθένος, vierge; γένεσις,
naissance).

Les Pucerons vivent en groupes nombreux sur les racines,
les tiges ou les feuilles des végétaux, dont ils amènent le dépé-
rissement par leur succion. Ce sont, malgré leur taille fort

minime, des animaux extrêmement nuisibles. Une espèce tout

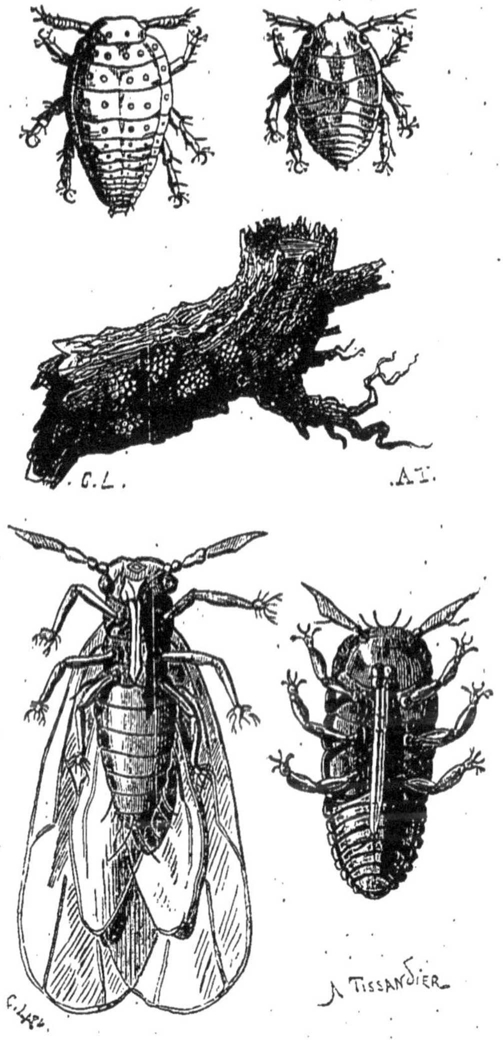

Fig. 464. — Phylloxéra et ses métamorphoses.

particulièrement redoutable et qui, dans l'espace de quelques années, a littéralement anéanti l'industrie vinicole dans une grande partie de notre pays, est le *Phylloxéra* (fig. 464). Ce terrible Insecte, qui nous est récemment venu d'Amérique, s'attaque aux racines de la vigne; il en suce le chevelu, sur lequel ses piqûres déterminent des nodosités; les racines n'absorbant plus, la plante dépérit et meurt en quelques années. Toutes les tentatives nombreuses qu'on a faites pour chercher à le détruire sont malheureusement demeurées jusqu'à présent sans résultat.

Les **Cochenilles** figurent dans l'ordre zoologique à côté des Pucerons. Les mâles, de fort petite taille, ont seuls des ailes; parvenus à l'état adulte, ils ne possèdent point de trompe et ne prennent aucune nourriture. Les femelles, plus grosses que les mâles, sont aptères; elles enfoncent leur trompe dans les feuilles et ne la retirent plus de

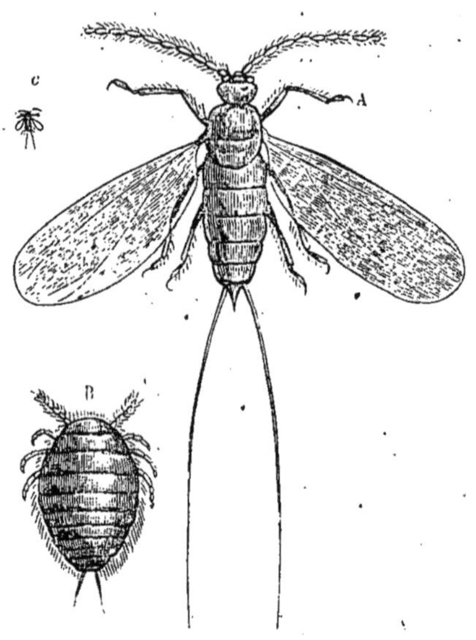

Fig. 465.— Cochenille à carmin.— A, mâle.—B, femelle. — c, mâle de grandeur naturelle.

l'endroit où elles l'ont fixée : elles demeurent immobiles, se nourrissent, pondent et meurent au même endroit. Ces Insectes sont fort nuisibles à la végétation, mais plusieurs d'entre eux nous fournissent des produits précieux.

La *Cochenille du Nopal* (fig. 465), originaire du Mexique, et introduite avec succès aux îles Canaries, nous donne le *carmin*; cette brillante matière tinctoriale, dont il était fait un si grand usage avant la découverte des couleurs d'aniline, dérivées de la houille, est produite par la femelle. En diverses parties de l'Amérique, et notamment aux Antilles, on cultive le Nopal sur de vastes étendues, dans l'unique but d'élever la Cochenille.

Le *Kermès vermillon*, qui vit sur certains Chênes de la région méditerranéenne, était autrefois connu sous le nom de *graine d'écarlate* et servait à teindre les étoffes; jusqu'à la découverte de l'Amérique, par conséquent avant l'introduction de la Cochenille du Nopal en Europe, il fut à peu près la seule substance employée pour la teinture de pourpre.

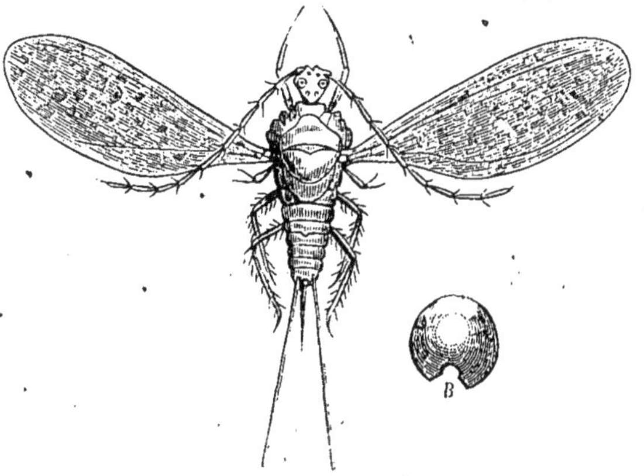


Fig. 466. — Ericère pe-la. — A, mâle. — B, femelle.

L'*Ericère pe-la* (fig. 466), originaire de la Chine, est l'objet d'un commerce considérable. Il vit sur certains Troènes, sur certains Frênes et quelques autres arbres. La femelle, atrophiée et rudimentaire pour ainsi dire, est sans utilité. Le mâle, au contraire, exsude en extrême abondance, par toute la surface de son corps, une cire des plus fines qui ne diffère que très peu par sa composition chimique de la cire des Abeilles : on la connaît dans le commerce sous le nom de *cire de Chine*.

La *Cartérie* se rencontre également en Chine et aux Indes, sur le Figuier des pagodes et sur quelques Mimosas. Les deux sexes exsudent en abondance une matière résineuse qui n'est autre que la gomme laque (fig. 467).

Enfin, la manne dont se nourrissaient les Hébreux, conduits par Moïse au travers du désert, est produite par la *Gossyparie*, Insecte qui se rencontre en Perse et en Arménie, sur le *Tamarix gallica*. Cette substance ne provient point du végétal, ainsi qu'on l'a cru pendant longtemps ; elle n'est autre chose qu'une sorte de *miellat* sécrété par l'Insecte lui-même.

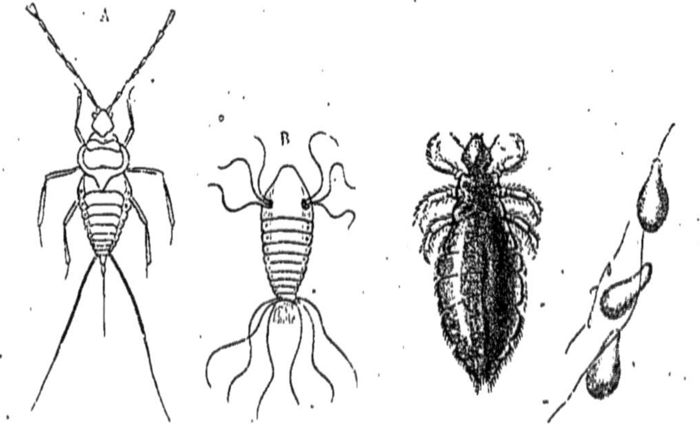

Fig. 467. — Cartérie. — A, mâle. — B, femelle.     Fig. 468.— Pou de la tête et ses lentes.

Nous avons dit que, parmi les Hémiptères, se trouvait tout un groupe d'animaux dépourvus d'ailes à toutes les périodes de leur vie : les **poux** en forment le type. Ces animaux vivent en parasites sur la peau des Mammifères et se nourrissent de leur sang : vous connaissez leur genre de vie et les démangeaisons qu'ils occasionnent. Le *Pou de la tête* est spécial à l'Homme, mais un grand nombre d'animaux ont leur espèce particulière (fig. 468).

On trouve chez les Oiseaux des parasites qui sont généralement confondus avec les Poux, mais qui sont néanmoins distincts de ceux-ci : ce sont les **Ricins**. Quelques espèces vivent également sur les Mammifères, notamment sur le Cochon d'Inde.

## ORDRE DES NÉVROPTÈRES

Les Névroptères (νεῦρον, corde; πτερὸν, aile) sont caractérisés par leurs ailes qui, au nombre de quatre, sont membraneuses et parcourues de nervures d'où part latéralement un réseau plus ou moins serré. D'ordinaire, les ailes sont grandes; les antérieures recouvrent celles de la seconde paire; celles-ci peuvent se replier ou non. La bouche, constituée pour broyer, présente à peu près la même conformation que chez les Coléoptères.

Les métamorphoses sont complètes. Les larves sont carnassières et pourvues de pinces ou tenailles provenant d'une transformation des mandibules et des mâchoires.

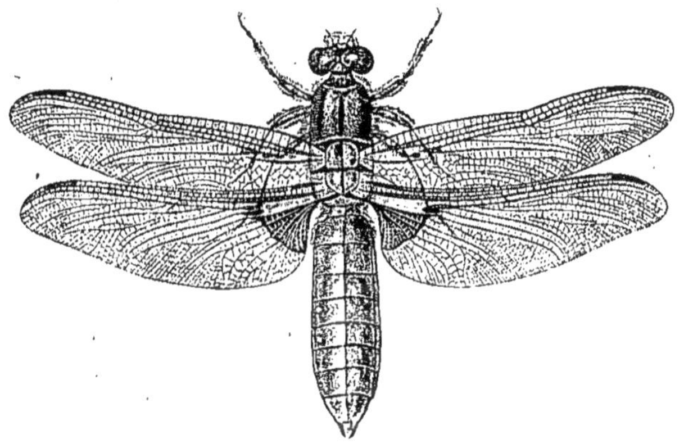

Fig. 469. — Libellule déprimée.

C'est chez les **Libellules** (fig. 469) que les caractères des Névroptères se montrent au plus haut degré. Ces Insectes élégants ont encore reçu le nom de *Demoiselles*, à cause de leur forme élancée, de leur vive allure, de leurs fraîches couleurs et de leurs ailes de gaze. Qui croirait que ces animaux si gracieux, qui pendant l'été volent sans cesse au bord des rivières, sont d'une férocité sans égale? Ils poursuivent les

Mouches, les Papillons et les déchirent en un clin d'œil, grâce
à leurs puissantes mandibules.

Leurs larves vivent dans l'eau et se font remarquer au contraire par la lenteur de leur allure, lenteur qui se trouve com-
pensée d'une curieuse façon : un ennemi la menace-t-il, la larve
expulse d'un jet saccadé toute l'eau contenue dans son intestin,
et cette expulsion la projette en avant avec une grande vigueur.
La nymphe, au moment de passer à l'état parfait,
grimpe hors de l'eau sur une plante aquatique :
sa peau se dessèche alors et se fend, et l'Insecte
ailé fait son apparition.

Fig. 470. — Éphémère et sa nymphe.

Les **Éphémères** (fig. 470) vivent dans les mêmes conditions
que les Libellules, tant à l'état larvaire qu'à l'état adulte,
mais ils s'en distinguent en ce que l'Insecte parfait ne prend
point de nourriture et meurt en un temps fort court, après
avoir assuré la propagation de l'espèce. Ces animaux se reconnaissent facilement à leurs deux longues antennes et aux deux
ou trois filets qui sont appendus à leur extrémité postérieure.
Leurs larves, carnivores comme celles des Libellules, nous
présentent un fait rare dans la classe des Insectes : elles
portent sur les côtés de l'abdomen 6 ou 7 paires de houppes
qui font l'office de branchies et leur permettent de respirer,
comme font les Poissons, l'air dissous dans l'eau où elles vivent.

Les Névroptères que nous avons examinés jusqu'ici ne possèdent ni industrie ni instincts particuliers. A côté d'eux, nous
rencontrons les **Termites** (fig. 471), qu'on appelle encore,
mais à tort, *Fourmis blanches*, à cause de leur genre de

vie, qui rappelle à beaucoup d'égards celui des Fourmis.

Ces intéressants, mais redoutables Insectes, forment des sociétés nombreuses, composées, outre les larves et les nym-

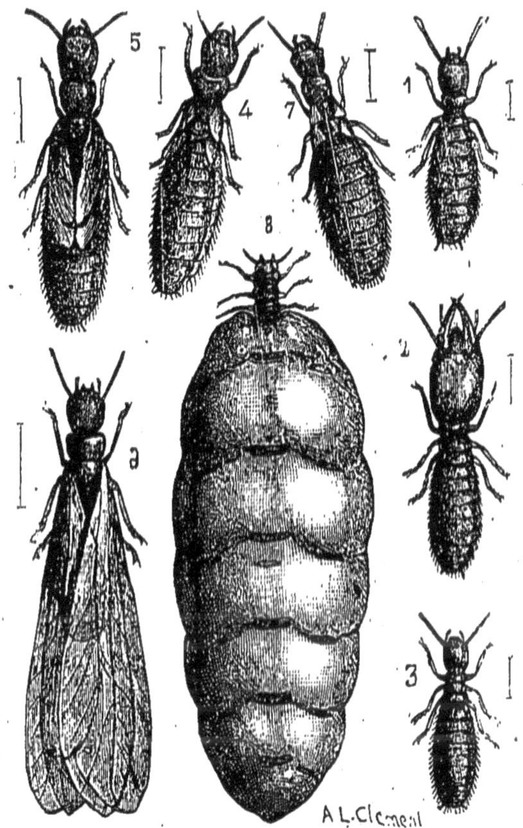

Fig. 471. — Termites. — 1, ouvrier. — 2, soldat. — 3, larve. — 4, nymphe à petits étuis. — 5, nymphe à grands étuis. — 6, mâle. — 7, petite femelle. — 8, grande femelle. — (Les traits verticaux indiquent les tailles vraies; le n° 8 est de grandeur naturelle.)

phes, de trois sortes d'individus : des mâles, des femelles, munis d'ailes, et des neutres aptères. Ces derniers se divisent en *soldats* ou individus chargés de la défense de la colonie, et en *ouvrières* ou individus auxquels incombent les soins domestiques ; les soldats et les ouvrières se distinguent aisément à la forme différente de leur tête.

Certains Termites s'établissent dans les troncs d'arbres, dans lesquels ils creusent, parallèlement à l'axe de l'arbre, des galeries plus ou moins compliquées, dont ils enduisent les parois

Fig. 472. — Nid de Termites.

de boue. De même que chez les Abeilles, il y a dans chaque société une *reine*, à laquelle une galerie spéciale peut être réservée. Quelquefois les galeries sont si rapprochées que le bois disparaît entièrement et qu'il ne reste plus que les minces cloisons de boue. A ce groupe appartient la seule espèce européenne, le *Termite lucifuge*, qui est commun dans le sud-ouest de la France. Dans les Landes de Gascogne, il mine les souches des vieux pins. Il a aussi envahi certaines villes, notamment la Rochelle, Rochefort, Saintes et même Bordeaux: il creuse les poutres des maisons, et son travail, toujours intérieur, passe assez souvent inaperçu : de là l'effondrement des toits et des accidents plus ou moins graves.

D'autres Termites creusent le sol, à la façon de certaines Fourmis. On assure qu'à Ceylan le tiers du pays plat est miné par ces Insectes.

Il est enfin des espèces qui construisent des monticules creusés, à l'intérieur, d'une multitude de chambres et de galeries, et d'une solidité telle que plusieurs personnes peuvent monter dessus sans parvenir à les ébranler. Ces édifices, hauts de trois à quatre mètres, larges en proportion et flanqués parfois de tourelles, ne sont attaquables qu'à la pioche : ils sont surtout l'œuvre des Termites habitant l'Afrique et l'Amérique tropicales (fig. 472).

Le *Fourmilion* (fig. 473) présente également des mœurs

Fig. 473. — Fourmilion.

curieuses, mais bien différentes de ce que nous venons de voir. Adulte, cet animal ressemble beaucoup aux Libellules et n'est pas autrement intéressant; mais sa larve a des habitudes bien surprenantes. Lourde et peu agile, cette larve ne se procurerait sa nourriture qu'avec une peine extrême; si elle n'avait recours à la ruse. Elle s'établit dans les endroits sablonneux, sur les monticules bien exposés au soleil, et creuse une cavité

en forme d'entonnoir (fig. 474), au fond de laquelle elle se
tient cachée entièrement sous le sable, et ne laisse passer
que ses deux longues mandibules. Une Fourmi marche-t-elle sur
le bord de l'entonnoir, le Fourmilion, avec sa tête large et

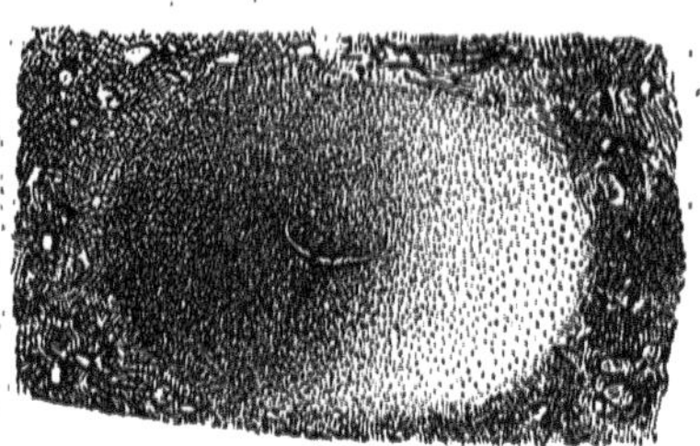

Fig. 474. —, Larve et piège du Fourmilion.

plate, lui lance des pelletées de sable qui la font rouler jusqu'au fond; la saisissant alors entre ses mandibules, qui
sont creusées d'un canal et propres à la succion, il la dévore
rapidement.

Vous avez dû souvent observer, dans les ruisseaux ou dans les
mares, ces singuliers animaux que dans certaines contrées on
désigne sous le nom de *Chalifrets* : ils se tiennent, comme les
Teignes, renfermés dans un étui composé par l'agglomération
de pailles, d'herbes, de graviers, de petites coquilles qu'ils
portent partout avec eux. Ce sont des larves de **Phryganes**,
Névroptères dont les pièces de la bouche sont molles et rudimentaires et qui, par leurs ailes velues et dépourvues de réticulation transversale, offrent certaines ressemblances avec les
Papillons.

## ORDRE DES ORTHOPTÈRES

Cet ordre, le dernier de la classe des Insectes, tire encore
son nom (ὀρθός, droit; πτερὸν, aile) de la conformation des ailes.
Ces organes sont au nombre de quatre : les antérieurs, différents des autres par leur texture et leur forme, sont semi-
coriaces et se croisent l'un sur l'autre pendant le repos; les

postérieurs, membraneux et parcourus par des nervures rectilignes, se plient dans le sens de la longueur, à la manière
des éventails, et c'est de ce caractère qu'est tirée l'appellation
du groupe entier. Toutefois, cette structure des ailes est loin
d'être générale parmi les Orthoptères, car, dans cet ordre composé d'individus disparates et hétérogènes, il est fréquent de
rencontrer des espèces qui n'ont jamais d'ailes.

La bouche, disposée pour broyer et pour mordre, diffère peu
de celle des Coléoptères. La tête porte deux gros yeux composés. L'abdomen est généralement segmenté, composé de dix
anneaux, et terminé par des appendices en forme de tenailles
et de stylets.

Les Orthoptères subissent des métamorphoses incomplètes.

Fig. 475. — Forficules. — 1, Forficule auriculaire. — 2, Labidoure géante. — 3, Chéli-
doure aptère.

Chez les espèces ailées, la larve ne diffère de l'animal adulte
que par sa plus petite taille et l'absence d'ailes : il lui suffira,
pour arriver à l'état parfait, de subir plusieurs mues et d'acquérir des ailes.

On peut diviser les Orthoptères en *coureurs*, *marcheurs* et *sauleurs*. Parmi les **coureurs**, nous rencontrons les **Forficules** (fig. 475) ou *Perce-oreilles*. Ces Insectes sont bien remarquables à cause de la pince peu redoutable, mais pourtant si redoutée, qui termine leur abdomen. Leur nom de Perce-oreilles repose sur une légende ridicule : on prétend qu'ils pénètrent dans l'oreille des personnes endormies et qu'à l'aide de leur tenaille ils peuvent s'introduire dans la tête. Les ailes sont fort courtes ; les antérieures sont cornées et constituent de véritables élytres. De même que la plupart des Orthoptères, ces animaux se nourrissent de matières végétales.

Fig. 476. — Blatte.

Les **Blattes** (fig. 476) ou *Cancrelats* vivent par troupes nombreuses dans les boulangeries, les magasins et la cale des navires, où elles exercent de grands ravages ; elles s'attaquent à toutes les substances animales ou végétales desséchées : les denrées coloniales, les viandes conservées, le cuir, tout leur est bon. Ces Insectes sont nocturnes ; pendant le jour, ils se tiennent cachés dans des endroits sombres, dans d'étroites fissures où il leur est facile d'entrer, grâce à l'aplatissement de leur corps.

Fig. 477. — Mante.

.Parmi les **orthoptères marcheurs**, nous vous citerons seulement les **Mantes** (fig. 477), Insectes carnassiers des pays chauds qui, en France, ne se rencontrent que dans le Midi. On les y connaît sous le nom provençal de *Prega-Diou*. Pendant des heures entières, elles se tiennent à l'affût sur les arbres dans une complète immobilité, les pattes de devant repliées : elles ont ainsi une attitude calme et méditative qui leur a valu leur nom. Les Mantes sont des Insectes de grande taille qui, grâce à leur coloration verte ou brune, peuvent se dissimuler

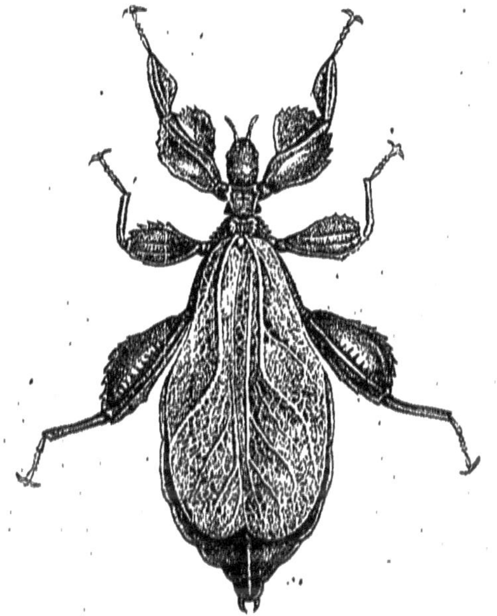

Fig. 478. — Phyllie feuille-sèche.

facilement dans le feuillage ou sur les branches et échapper ainsi aux regards des Mouches ou des autres animaux dont elles se nourrissent.

A côté des Mantes viennent se placer les **Phyllies** (fig. 478), curieux Insectes des îles Seychelles, qui jouissent encore à un bien plus haut degré de la faculté de se dissimuler dans les feuilles : leur corps est aplati et comme membraneux et leurs ailes antérieures sont parcourues de ner-

Fig. 479. — Kéraocrâne.

vures qui imitent à s'y méprendre la nervation d'une feuille.

532 

Des exemples de mimétisme peut-être encore plus curieux
s'observent chez les Phasmes, les Bacilles et d'autres Orthoptères au corps élancé : les plus grands qui soient connus, les
*Kéraocrânes* (fig. 479), originaires de la Nouvelle-Guinée, ont
20 centimètres de longueur. Tous ces Orthoptères vivent sur
des arbres ou des arbustes, au milieu desquels l'œil le plus
exercé a peine à les découvrir, tant leur corps allongé ressemble
aux branches sur lesquelles ils se fixent.

Les **Sauterelles** (fig. 480) appartiennent au groupe des
**ORTHOPTÈRES SAUTEURS**. Ces animaux en effet volent assez facilement, malgré le poids de
leur corps, mais la mar-
che leur est difficile, leurs
pattes de derrière, puis-
santes et vigoureuses,
étant notablement plus
longues que les autres pattes : aussi leur mode de
progression est-il presque
exclusivement le saut.

Les ailes antérieures
des Sauterelles sont de
véritables élytres. Chez le
mâle, elles se transfor-
ment en un instrument

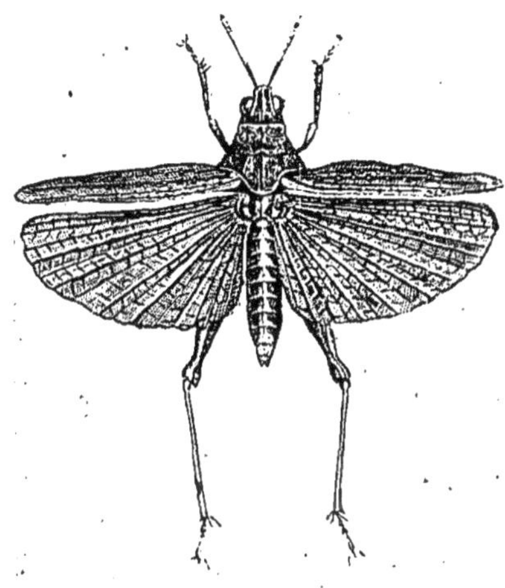

Fig. 480. — Sauterelle.

de musique qui produit le son monotone et strident que vous
connaissez : à la base des élytres, les nervures diversement contournées laissent entre elles un espace plus ou moins grand,
occupé par une mince membrane transparente bien tendue, que
l'on nomme le *miroir*. Si l'animal vient à frotter l'une contre
l'autre les deux élytres, il se produit un son qu'amplifie notablement le miroir.

Les femelles portent à l'extrémité de l'abdomen une *tarière*,
contournée en forme de yatagan, et qui leur sert à creuser en

terre des trous dans lesquels elles effectueront leur ponte.

Au Brésil, à Cayenne, à Surinam et dans toute l'Amérique équatoriale vivent des Insectes voisins des Sauterelles, les Ptérochrozes (fig. 481), qui ne sont pas moins remarquables

Fig. 481. — Ptérochrozes.

que les Phyllies et les Phasmes par la manière dont ils se dérobent à la vue de leurs ennemis. Ils passent leur existence au milieu des feuilles, dont leurs ailes, colorées d'une belle teinte verte, ont pris complètement l'aspect.

. Les **Grillons** (fig. 482) ont les plus grands rapports avec les Sauterelles et cependant leur aspect est bien différent. Leurs élytres sont pourvues d'un large appareil musical. De même que les Sauterelles, ils ont les pattes postérieures adaptées pour le saut; les femelles ont une tarière longue,

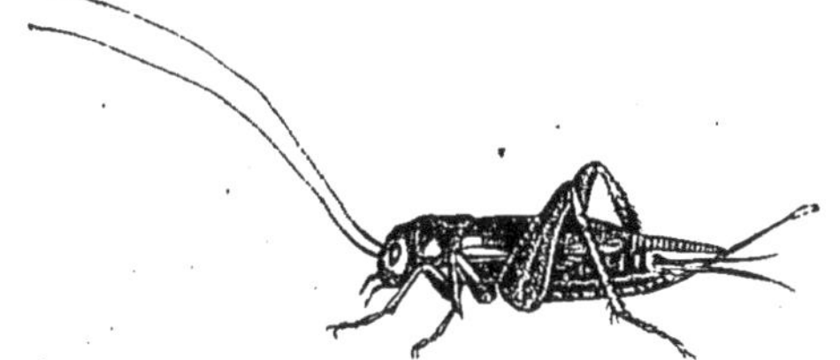

Fig. 482. — Grillon domestique.

mais frêle. A l'inverse des Sauterelles, les élytres sont plus courtes que les ailes de la seconde paire.

Les Grillons vivent solitaires dans les champs, cachés le jour dans des terriers qu'ils se sont creusés. Une espèce particulière, différente de celle des champs, habite nos maisons : elle

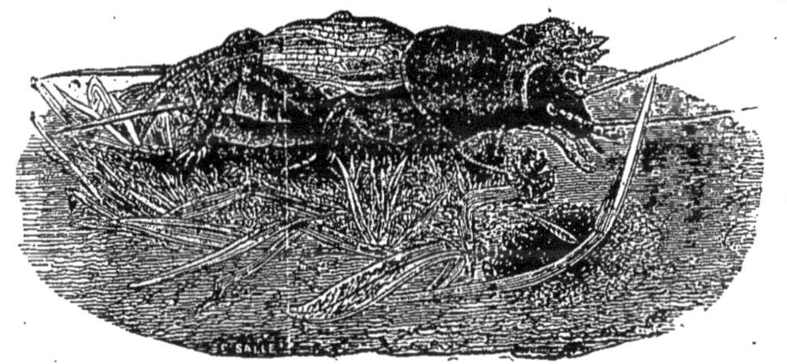

Fig. 483. — Courtilière.

se trouve surtout chez les boulangers et dans les maisons mal tenues; elle affectionne les cuisines et le voisinage du feu.

La **Courtilière** (fig. 483) ou *Taupe-Grillon* doit ce dernier nom à son genre de vie, souterrain comme celui de la Taupe, et aussi à ce que ses pattes antérieures, considérablement

élargies et épaissies, sont transformées en appareils fouisseurs.
Cet animal est beaucoup plus gros que le Grillon ; il s'établit
fréquemment dans les jardins et les potagers, où il coupe et
mange les racines et cause des pertes appréciables.

Les **Criquets** diffèrent des Sauterelles, entre autres caractères, parce que leurs élytres sont dépourvues d'appareil musical ; ils n'en sont pas moins des Insectes musiciens et tout
leur art consiste à se frotter la cuisse contre l'élytre, à la manière d'un archet qui frotte les cordes d'un violon (fig. 484).

Fig. 484. — Criquet migrateur et ses métamorphoses.

Les Criquets constituent une nombreuse famille : ils ne sont
guère représentés chez nous que par ces Insectes, fréquents
surtout dans les vignes et confondus généralement avec les
Sauterelles, qui montrent en s'envolant des ailes rouges ou
bleues. Mais dans les pays chauds, ce sont des espèces de très
grande taille, qui s'abattent parfois en quantités vraiment prodigieuses sur certaines régions. Les pays du nord de l'Afrique
et d'Orient sont surtout exposés à leurs invasions : ce sont eux
qui ont causé la huitième plaie d'Égypte dont il est question

dans la Bible, Véritable fléau en effet, car ces animaux détruisent toute la végétation d'une contrée, ruinent les récoltes,
les plantations et causent des dégâts inimaginables. L'Europe
même n'est point à l'abri de leurs attaques et les provinces
Danubiennes, notamment, ont été envahies par eux en 1747,
1748 et 1749.

En Algérie, les nuées de Sauterelles, semblables à d'immenses nuages d'où sort un bruissement caractéristique,
viennent du Sud; elles s'abattent sur les récoltes et en quelques jours y causent de grands dégâts. Mais cela n'est encore
rien : chaque femelle pond en terre une centaine d'œufs,
qui éclosent au bout de quelques semaines; les jeunes Criquets
aptères se réunissent alors en immenses colonnes, couvrant
quelquefois des kilomètres carrés, qui dévorent tout sur leur
passage, jusqu'à l'écorce des arbres.

Les **thysanoures** (θύσανοι, franges; οὐρά, queue) ont été longtemps considérés comme devant former un ordre à part, mais

Fig. 485. — Lépisme du sucre.

de nombreux caractères les rapprochent des Névroptères, et
particulièrement des Éphémères. Ils possèdent à l'extrémité de
l'abdomen des appendices filiformes, ordinairement repliés
sous le ventre, qui en se redressant font sauter l'animal : ces
appendices sont entièrement comparables à ceux que présentent
les Éphémères. D'autre part, la bouche est constituée comme
chez les Névroptères. Les Thysanoures ne subissent aucune
métamorphose : ce sont des Insectes de petite taille, totalement dépourvus d'ailes.

De ce groupe peu nombreux en espèces, nous ne vous en citerons que deux : l'une qui vous est familière, car vous

l'av.ez rencontrée fréquemment dans les buffets et les garde-
manger de nos maisons, est
le *Lépisme du sucre* (fig. 485);
sa couleur argentée est due à
des écailles microscopiques,
semblables à celles des Papillons. L'autre est la *Podu-*
*relle* (fig. 486), dont l'ab-

Fig. 486. — Podurelle.

domen se termine par une espèce de queue fourchue.

## CLASSE DES MYRIOPODES

Les Myriopodes (μύριοι, dix mille; ποῦς, ποδός, pied) ou *Mille-*
*pieds* constituent une seconde classe du grand groupe des Arthropodes. On les a longtemps réunis aux Insectes, dont ils se
rapprochent à beaucoup d'égards, notamment par l'organisation
du système nerveux et de la bouche, et par la disposition des
appareils de la circulation et de la respiration; mais ils en diffèrent par des caractères si tranchés que le rapprochement que
l'on établissait autrefois ne saurait actuellement se soutenir.

Les ailes font toujours défaut. La tête est distincte, mais le
thorax et l'abdomen ne se reconnaissent plus. Ils sont représentés par une série d'anneaux dont le nombre, jamais inférieur à 15, peut devenir plus considérable.

On peut comparer aux métamorphoses des Insectes l'acqui-
sition que font les Myriopodes, à leurs mues successives, d'un
nouvel anneau avec nouvelles pattes. Cet accroissement de
longueur a, vous le pensez bien, une limite; mais le nombre·
·des anneaux acquis de la sorte est plus que double, dans certaines·
taines espèces. Chacun des anneaux porte une paire de pattes.
Il y a donc au minimum 30 pattes, et au maximum environ
ron 150 : nous sommes loin des chiffres 1000 ou 10 000 qu'indiquent les noms de ces animaux; mais il faut reconnaître que
cette dénomination de Myriopodes ou de Mille-pieds n'a d'autre.

prétention que d'indiquer que le nombre des pattes est fort grand.

Chez certaines espèces, chaque anneau porte deux paires de pattes : c'est qu'alors les anneaux se sont soudés et confondus deux à deux. Cette distinction a permis d'établir deux ordres dans la classe des Myriopodes : ceux de ces animaux dont chaque anneau porte une seule paire de pattes ont reçu le nom collectif de *Chilopodes* (χεῖλος, lèvre ; πούς, ποδός, pied) ; ceux dont chaque anneau porte deux paires de pattes sont les *Chilognathes* (χεῖλος, lèvres ; γνάθος, mâchoires). Ces deux ordres sont représentés dans notre pays, mais par un très petit nombre d'espèces. Les Myriopodes du reste sont peu nombreux.

Il vous est certainement arrivé, en retournant des pierres dans un jardin, de rencontrer un animal d'un noir bleuâtre, au corps cylindrique, muni d'un très grand nombre de petites pattes, qui s'enroule sur lui-même quand on le surprend : c'est un **CHILOGNATHE,** auquel on a donné le nom d'*Iule terrestre* (fig. 487). Cet animal n'a pas plus de 3 à 4 centimètres de

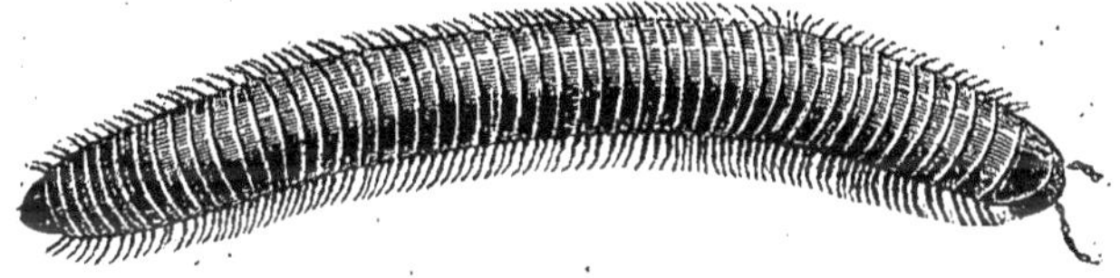

Fig. 487. — Iule.

longueur ; mais dans l'Amérique du Sud on rencontre des espèces voisines qui peuvent atteindre jusqu'à 35 ou 40 centimètres. L'Iule, dont les pièces buccales sont assez faibles, se nourrit de substances végétales en décomposition.

On trouve aussi sous les pierres ou sous l'écorce des arbres un animal aplati, de petite taille également, qui appartient à l'ordre des Chilopodes : c'est le *Lithobie fourchu*.

Les **CHILOPODES** sont représentés dans les pays chauds par les **Scolopendres** (fig. 488), animaux aussi grands que les grands Iules, et dont la morsure est venimeuse. Une seule espèce de Scolopendre habite la France : elle est confinée à la Provence.

Tous les Chilopodes sont carnassiers; leurs mâchoires sont

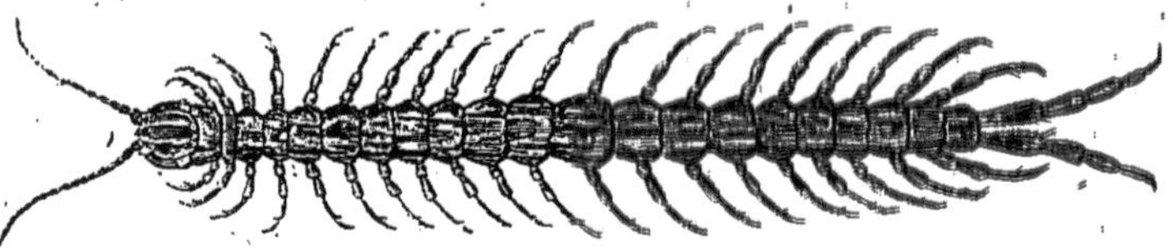

Fig. 488. — Scolopendre.

fortes et ont facilement raison de proies vivantes. Certains d'entre eux sont lumineux de nuit, à la façon des Vers luisants : tels les **Géophiles,** assez communs dans nos pays.

## CLASSE DES ARACHNIDES

Les ARACHNIDES (ἀράχνη, araignée; εἶδος, forme, apparence) constituent la troisième classe des animaux articulés : comme leur nom l'indique, leur type est l'Araignée. Mais à côté des Araignées, on a rangé dans cette classe une foule d'animaux qui diffèrent de celles-ci tant par la forme extérieure que par l'organisation ou le genre de vie. La classe des Arachnides est donc formée d'animaux fort disparates, en sorte qu'il devient difficile de leur assigner des caractères communs.

Les Arachnides n'ont jamais d'ailes. La tête et le thorax sont confondus en une masse unique, à laquelle on donne le nom de *Céphalothorax.* Les pièces buccales consistent en une paire de pattes-mâchoires, placées au niveau de la bouche, et dont l'article basilaire, en forme de lame, sert à la trituration et à la dilacération des aliments. Le céphalothorax porte encore en avant des appendices diversement conformés, qui correspondent aux antennes des Insectes : ces appendices sont, ou bien de simples griffes, comme chez les Araignées (fig. 489), ou bien des pinces, comme chez les Scorpions.

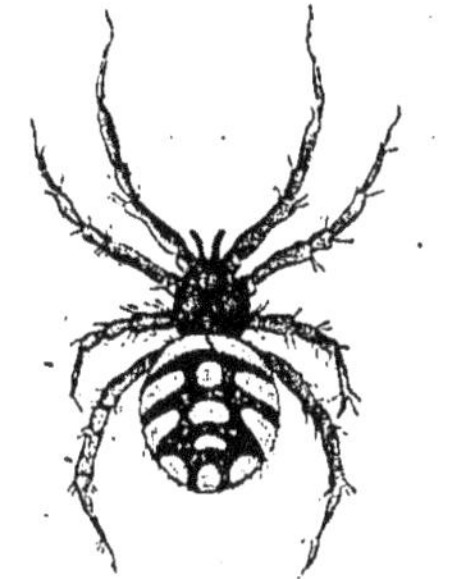

Fig. 489. — Araignée.

Les pattes, toujours portées par le céphalothorax, sont au nombre de huit : on a donné à leurs divers segments les noms de hanche, trochanter, cuisse ou fémur, jambe ou tibia, et tarse, comme chez les Insectes.

Ces pattes sont généralement fort longues, surtout chez les Araignées ; elles se cassent facilement, mais le moignon, après s'être cicatrisé, reproduit une nouvelle patte qui croît peu à peu et finit par être semblable à celle dont l'animal avait été privé.

Les yeux sont toujours simples : ils sont répartis symétriquement à la face supérieure du céphalothorax, au nombre de 2 à 12 (fig. 490). Les organes de l'audition sont encore inconnus.

Fig. 490.
Yeux d'araignée.

L'abdomen est globuleux et dépourvu de segmentation chez les Araignées ; chez les Scorpions, au contraire, on y observe une segmentation bien nette. Il est toujours dépourvu de membres. L'anus est terminal et, chez les espèces qui se tissent une toile, on voit à son voisinage les *filières*, orifices souvent situés au sommet de petits mamelons et par lesquels sortent les fils de soie au moyen desquels l'animal construit sa toile délicate.

La respiration des Arachnides est aérienne comme celle des Insectes. Chez les types inférieurs, elle se fait au moyen de trachées répandues par tout le corps, tandis que chez les supérieurs, notamment chez les Araignées et les Scorpions, l'appareil se modifie de manière à se localiser sur les côtés de l'abdomen et à constituer des organes auxquels on a donné le nom impropre de *poumons*.

La plupart des Arachnides sont ovipares ; les Scorpions sont

ovovivipares. Il arrive souvent que la mère enveloppe ses œufs
dans un cocon de soie. En général, le jeune animal ne subit
pas de métamorphose, et mue simplement plusieurs fois avant
de devenir adulte. Mais dans un groupe fort nombreux et fort
intéressant, celui des Acariens, le jeune naît avec deux ou trois
paires de pattes seulement; il n'aura ses dernières pattes que
plus tard, après avoir subi plusieurs mues.

Presque tous les Arachnides se nourrissent de proies vivantes,
dont ils sucent les parties liquides;
leurs pattes-mâchoires leur servent
simplement à broyer les matières
animales, de façon à les sucer plus
complètement. Les Araignées engourdissent ordinairement leurs victimes à l'aide de venins sécrétés par
des glandes qui viennent déboucher
à l'extrémité des griffes, analogues
à des antennes (fig. 491).

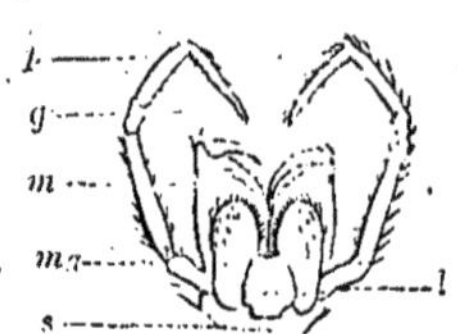

Fig. 491. — Appareil buccal d'une
Araignée. — *s*, sternum. — *l*, lèvres. — *ma*, mâchoires.—*p*, palpes des mâchoires. — *m*, mandibules. — *g*, crochets ou griffes
des mandibules.

Un préjugé ridicule fait considérer les **ARAIGNÉES** comme des
êtres malfaisants et dangereux. Ces animaux sont au contraire
d'une grande utilité pour nous, car ils détruisent une foule
d'Insectes nuisibles. D'autre part, l'immense majorité d'entre
eux est absolument inoffensive, et le venin que déversent leurs
griffes, nuisible pour les animaux de fort petite taille dont
les Araignées font leur proie, n'a presque aucune influence
sur l'Homme. Il faut aller dans les pays tropicaux pour rencontrer quelques rares espèces dont la piqûre soit véritablement à craindre.

Les **Mygales** (fig. 492), qui dans l'Amérique du Sud atteignent
une taille relativement énorme, sont représentées dans le midi
de l'Europe et même en France par de petites espèces. A l'aide
des crochets qui terminent leurs pattes, ces Araignées indus-
trieuses se creusent dans la terre un puits profond dont elles
tapissent les parois d'une tenture de soie fine. « La demeure

construite, une porte est nécessaire (fig. 493). Cette porte,
sorte de couvercle, est formée de couches de terre liées par de

Fig. 492. — Mygale.

la matière soyeuse; le disque, qui a une grande épaisseur, est

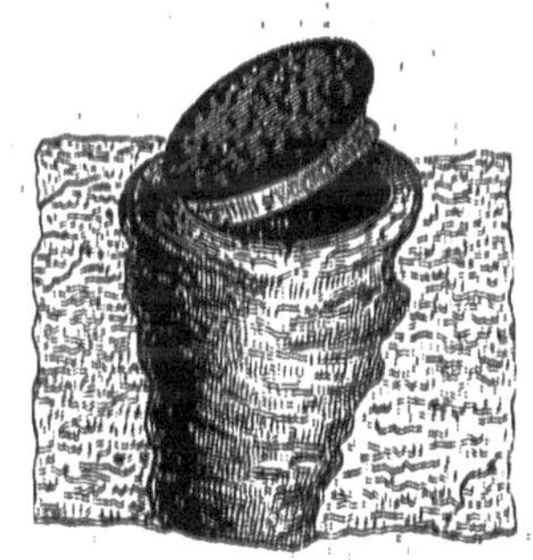

Fig. 493. — Nid de la Mygale.

élargi de bas en haut, de façon à emboîter exactement la
partie évasée du trou. A l'extérieur, la porte est toute rabo-
teuse, comme le sol environ-
nant, pour que rien ne trahisse
l'habitation; à l'intérieur, au
contraire, elle est garnie d'un
tissu de soie semblable à celui
qui garnit la muraille du logis. »

La *Tégénaire domestique* (fig. 494) est une grosse Araignée
noire qui se rencontre fréquemment dans les encoignures des
murailles. C'est elle qui tisse dans les étables sa grande toile
en nappe, maintenue comme un hamac par des cordages tendus

dans diverses directions. Outre cette toile, la Tégénaire construit à l'un des angles un tube soyeux, dans lequel elle se
tient blottie et d'où elle s'élance sur sa toile, dès qu'une
Mouche est venue s'y jeter. « A l'approche du moment de la
ponte, notre Araignée file un gros flocon de soie blanche,
l'entoure ensuite d'un sac de soie brune, le leste avec des
débris d'Insectes, quelquefois avec de petits cailloux, et l'at-

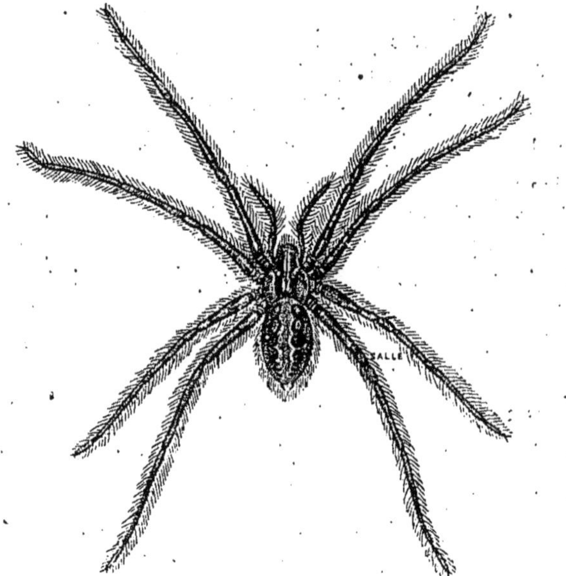

Fig. 494. — Tégénaire domestique.

tache au-dessus de sa toile. Elle fait sa ponte, loge ses œufs
dans un cocon de soie fine, et va cacher le cocon dans le sac,
au milieu du gros flocon blanc, pour ne plus quitter son dépôt.
Ne travaille-t-elle pas bien, cette mère toujours vigilante? »

Les **Épéires** tissent dans les jardins, entre les branchages,
leurs grandes toiles à rayons concentriques. A l'automne, il
est fréquent de rencontrer, bien campée au milieu de sa toile,
une belle Araignée ornée parfois de couleurs éclatantes : c'est

l'*Épéire diadème*, qui doit son nom aux ornements de son abdomen. « Au début de son travail, l'Épéire tire un fil, s'y suspend pour l'allonger, puis le laisse entraîner par le vent ; le voyant accroché à une branche, elle s'élance sur cette corde tendue et va l'assujettir ; revenant au milieu, elle descend avec un fil qu'elle maintient perpendiculairement, dispose ensuite les rayons, et établit enfin les cercles. L'Épéire, qu'il serait pour nous trop long de suivre dans tous les détails de son opération, répare avec une intelligence parfaite les déchirures faites à sa toile, sans jamais se donner plus de besogne qu'il n'en est besoin. Notre Araignée des jardins enferme ses œufs dans un cocon, et, comme elle doit périr aux approches de l'hiver, comme ses jeunes ne doivent naître qu'au printemps, de son mieux elle cache son cocon dans une cavité ou sous une pierre. »

Il est tout un groupe d'Araignées qui ne filent pas de toiles et qui n'ont point de demeures fixes ; ce sont des **Araignées chasseresses**, qui se retirent dans tous les endroits pouvant leur fournir des abris. Les espèces de ce groupe sont fort nombreuses : on les voit constamment errer par les chemins ou à travers champs. Nous ne vous en citerons qu'une, à cause de

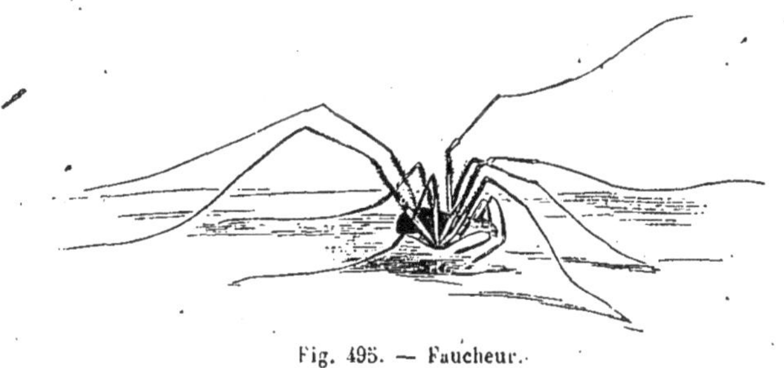

Fig. 495. — Faucheur.

la terreur qui s'attache à son nom : c'est la *Tarentule*, fréquente dans le midi de l'Italie. On croit généralement que la piqûre de cet animal est mortelle ; mais cette croyance est absolument fausse et il est hors de doute que la Tarentule est aussi inoffensive que les autres Araignées européennes.

Les **FAUCHEURS**, dont on a fait une famille spéciale, parce qu'ils respirent comme les Insectes par des trachées, sont des Chasseurs qui ne se construisent pas de toile. Ils doivent leur nom à leurs longues pattes (fig. 495).

Les **SCORPIONS** diffèrent notablement des Araignées par la constitution anatomique et la forme générale du corps. L'abdo-

Fig. 496. — Scorpion.

men se compose de deux parties bien distinctes : l'une, élargie, formée de 7 anneaux, se continue directement avec le céphalothorax ; l'autre, rétrécie, formant une sorte de queue, est composée de 6 anneaux. Le dernier anneau présente un crochet, au sommet duquel vient s'ouvrir une glande à venin dont le produit est fort redoutable. Il y a eu en effet mort d'homme à la suite de la piqûre de certaines grandes espèces de Scorpions (fig. 496).

Les pattes-antennes de ces animaux sont terminées par des

pinces. De même, chaque patte-mâchoire porte un palpe qui atteint de grandes proportions et qui se termine par une pince puissante. Au moyen de cet appareil, les Scorpions saisissent les animaux dont ils veulent faire leur proie, puis, redressant leur postabdomen, ils frappent leurs victimes de leur aiguillon et versent dans la blessure une goutte de venin qui les tue.

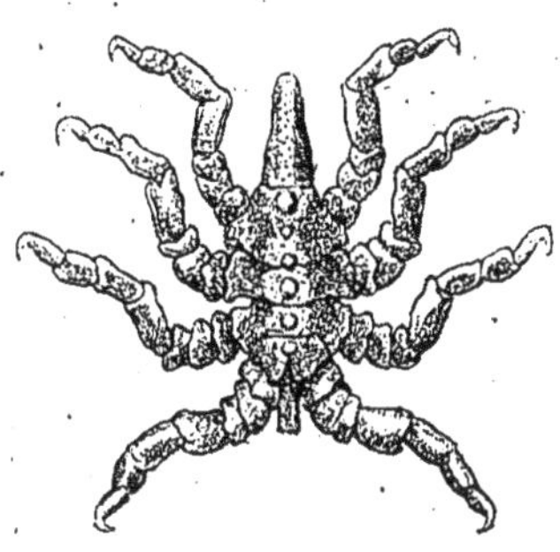

Fig. 497. — Pycnogonide.

Ces animaux redoutables sont communs dans les contrées chaudes des deux continents. Certaines espèces atteignent près de 20 centimètres de longueur. On rencontre dans le sud de l'Europe, en France, en Grèce, en Italie, en Espagne, de petites espèces dont la piqûre n'est guère à craindre.

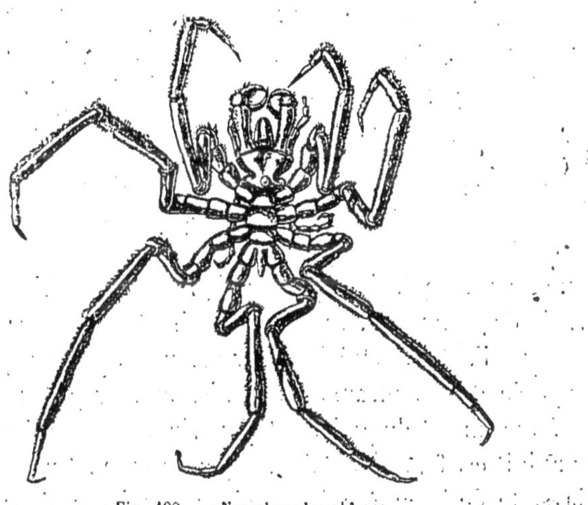

Fig. 498. — Nymphon des abîmes.

Les **Pantopodes** forment un curieux petit groupe d'Arachnides marins dont le corps est très-réduit, mais dont les pattes atteignent des dimensions considérables. Une paire de pattes supplémentaires, destinées à porter les œufs, caractérise ces animaux. Sur nos côtes, il n'est point rare de trouver des *Pycnogonides* (fig. 497), qui sont les plus petites espèces du groupe ; d'autres, tels que les *Nymphons* (fig. 498), vivent par des profondeurs de 4 à 500 brasses. Les explorations du *Travailleur* et du *Talisman* ont fait connaître toute une série de Pantopodes de taille gigantesque, vivant dans les grandes profondeurs de l'Océan.

Les **ACARIENS** ou *Mites* constituent dans la Classe des Arachnides un Ordre dans lequel se rencontrent une multitude d'espèces fort petites, vivant dans les conditions les plus variées. Un bon nombre de ces animaux sont parasites sur des animaux ou des plantes dont ils sucent les sucs : ce sont ceux-là surtout qui nous intéressent ; d'autres vivent en liberté, les uns dans l'eau, les autres sur la terre, et se nourrissent de petits animaux ; d'autres enfin alternativement mènent une vie libre et deviennent parasites, changeant ainsi de mode d'existence quand ils passent de la vie larvaire à l'âge adulte. Nous avons dit déjà plus haut que ces animaux subissent certaines métamorphoses et nous avons indiqué en quoi elles consistaient.

Parmi les Acariens, les **Ixodes** (fig. 499), en général assez gros, ont la bouche disposée pour piquer et sucer le sang. L'*Ixode ricin* ou *Pou de bois* vit sur le Chien. Le Chien n'est du reste point le seul animal sur lequel il puisse vivre, et il s'acclimate tout aussi bien sur le Cheval, le Bœuf, le Chat, le Mouton et même l'Homme.

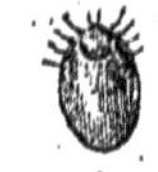

Fig. 499. — Ixode ricin.

Les **Gamases** vivent également en parasites, surtout sur les Oiseaux : les poulaillers en sont parfois infestés. Certains Rongeurs, tels que le Mulot et le Lapin, en nourrissent aussi quelques espèces.

Les **Sarcoptes** sont les animaux de la *gale* : ce sont eux qui, chez l'Homme, en s'insinuant dans l'épaisseur de l'épiderme, surtout dans l'intervalle des doigts, occasionnent les démangeaisons violentes qui caractérisent cette maladie. Le *Sarcopte de la gale* (fig. 500) de l'Homme est de si petite taille que c'est à peine s'il est visible à l'œil nu. On trouve chez divers animaux, notamment chez le Cheval, le Porc, le Renard, le Loup, la Chèvre, le Chameau et le Mouton, des Sarcoptes de la gale qui semblent n'être que des

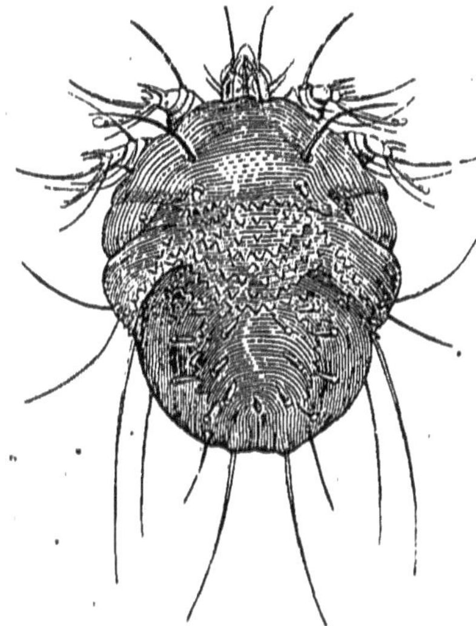

Fig. 500. — Sarcopte de la Gale.

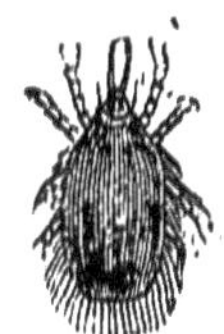

Fig. 501. — Acarus du fromage.

variétés de celui de l'Homme. La plupart de ces animaux ont du reste leurs espèces particulières. Les Sarcoptes sont aveugles ; leurs pattes ont le dernier article terminé par une ventouse.

Les petits animaux que l'on voit assez souvent courir au-dessous de la croûte du fromage durci, sont encore des Acariens (fig. 501). Ces petits animalcules sont pourvus d'une longue trompe et ont les pattes terminées par des griffes.

## CLASSE DES CRUSTACÉS.

Les Crustacés se distinguent des autres Articulés que nous avons étudiés jusqu'à présent, par leur genre de vie qui, à

très peu d'exceptions près, est exclusivement aquatique : nous
avons vu que les Insectes, les Myriopodes et les Arachnides
mènent au contraire une vie aérienne.

Leur nom de Crustacés vient de la dureté et de la grande
consistance de la peau encroûtée qui, chez ces animaux, constitue une véritable carapace : son épiderme renferme une
grande quantité de carbonate de chaux. L'animal est enserré
dans sa carapace comme dans une cuirasse inextensible et, s'il
n'était doué de la faculté de muer à certaines époques, de
se débarrasser de cette carapace, il conserverait toujours la
même taille et ne pourrait grandir. Mais, à des époques plus
ou moins rapprochées, la carapace se fend et s'ouvre suivant
une direction déterminée, et l'animal s'en dégage comme d'un
manteau devenu inutile. Il ne se montre pourtant point à nu,
car, au moment où il quitte l'ancienne, une carapace nouvelle
s'est déjà formée à la surface de son corps. Cette nouvelle
carapace, d'abord molle et extensible, s'encroûte de sels calcaires et se solidifie dans l'espace de quelques jours : aussi,
avant qu'elle soit devenue dure, l'animal présente-t-il une activité vitale considérable et, dans certains cas, pour ainsi dire,
il grandit à vue d'œil.

La forme et la constitution du corps sont des plus variables.
Quelques exemples vous le feront bien voir. Considérez un
Cloporte (fig. 502) : il vous sera facile de distinguer une tête,
à laquelle fait suite le thorax, composé
de sept anneaux ; vous trouverez enfin
un abdomen, composé également de
sept anneaux. Si maintenant vous portez
votre attention sur un Crabe (fig. 503), le
corps vous semblera tout d'abord réduit
à une masse plus ou moins circulaire,

Fig. 502. — Cloporte armadille.

portant cinq paires de pattes sur les côtés. Mais renversez
l'animal sur le dos, et vous verrez alors, replié sous le corps
et logé dans une dépression, un organe triangulaire composé

de sept anneaux bien distincts et qui n'est autre chose que
l'abdomen. La masse circulaire que vous distinguiez tout d'a-
bord constitue un véritable *céphalothorax :* vous chercheriez
en vain à séparer la tête du thorax. Examinez enfin une Langouste (fig. 514) ou une Écrevisse (fig. 504) : vous reconnaîtrez
encore un céphalothorax portant cinq paires de pattes et un
abdomen composé de cinq articles.

Le céphalothorax porte en avant deux yeux composés qui,

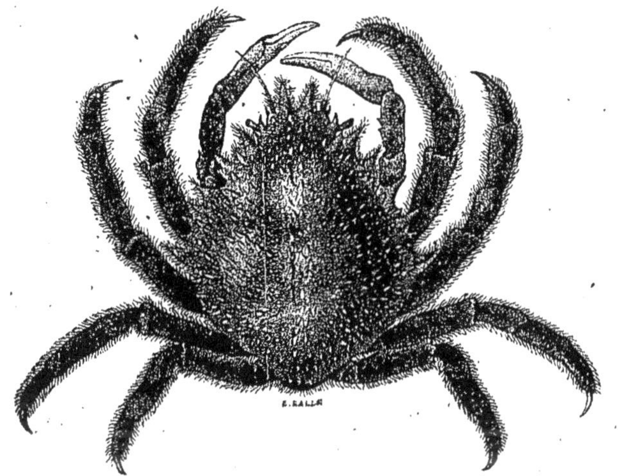

Fig. 505. — Crabe maïa.

chez les espèces supérieures, comme les Crabes, les Langoustes,
les Homards, les Écrevisses, les Crevettes, etc., sont placés à
l'extrémité d'un pédicule plus ou moins long : à cause de ce
caractère, on a réuni tous ces animaux sous la dénomination
commune de *Podophthalmes* (ποῦς, ποδός, pied; ὀφθαλμός, œil),
ou Crustacés à yeux pédiculés. Chez d'autres espèces moins
élevées en organisation, on trouve aussi des yeux composés et
parfois des yeux simples ou *stemmates* en nombre variable.

Les *antennes* se rencontrent encore à la partie antérieure
du céphalothorax. Elles sont de taille fort variable. Très

courtes chez les Crabes, elles atteignent chez l'Écrevisse et le Homard des dimensions considérables; toutefois la paire la plus interne reste relativement courte. Les antennes sont les organes du toucher. Les petites antennes ou *antennules* portent en outre à leur base un organe spécial qui, dit-on, représente l'oreille.

Les Crustacés dont nous nous occuperons le plus spécialement et auxquels nous avons emprunté la plupart des exemples

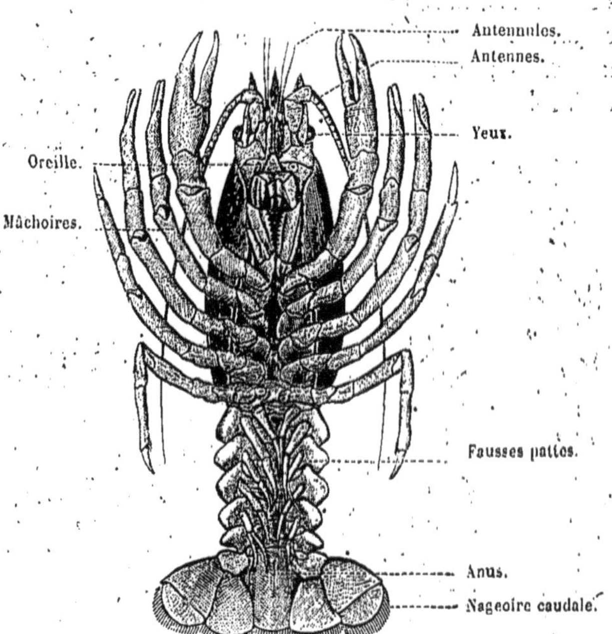


Fig. 504. — Écrevisse.

cités jusqu'à présent, portent, avons-nous dit, cinq paires d'appendices thoraciques : à cause de ce fait on les désigne collectivement sous le nom de DÉCAPODES (δέκα, dix; πούς, ποδός, pied).

Ces appendices servent à la marche. Ceux de la première

paire, constitués en manière de pince, sont souvent des organes de préhension. Qui de vous ne connaît la pince de l'Écrevisse (fig. 504), dont la morsure est assez énergique pour provoquer une vive douleur? Cette pince atteint chez le Homard un développement bien plus considérable. Elle ne se retrouve point chez la Langouste, et c'est là un des principaux caractères distinctifs de ces animaux d'ailleurs très voisins.

Les pattes présentent des variations assez grandes dans leur structure, suivant les conditions dans lesquelles vit l'animal : en un mot elles s'adaptent au genre de vie. Chez les Crabes, qui sont surtout marcheurs, elles sont fortes et bien articulées ; chez l'Écrevisse, qui est surtout nageuse, elles sont relativement beaucoup plus grêles ; chez d'autres espèces même, elles se transforment en organes foliacés, membraneux, et deviennent des rames absolument impropres à la marche.

Leur nombre est sujet aussi à certaines variations : chez les Décapodes, comme nous venons de le voir et comme le nom l'indique, on en trouve cinq paires. Chez les Cloportes, on en trouve sept paires ; il en est de même chez les petites Crevettes de nos ruisseaux.

En outre de ces appendices et en avant d'eux, le céphalothorax porte encore une à trois paires de pattes-mâchoires, destinées à broyer les aliments et entre lesquelles se trouve l'orifice buccal (fig. 505).

L'abdomen présente des différences de forme assez notables,

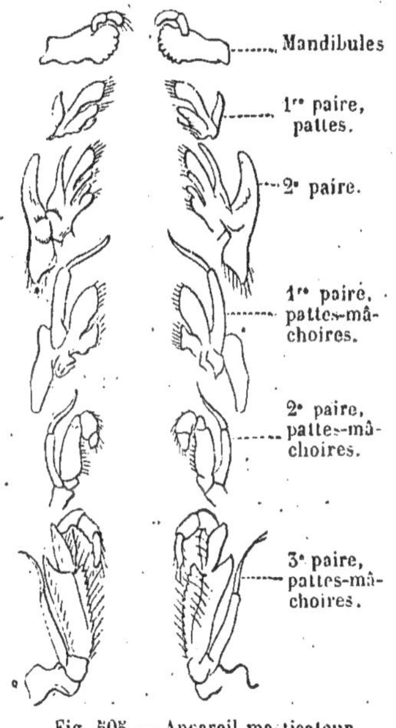


Fig. 505. — Appareil masticateur de l'Écrevisse.

suivant que l'animal est marcheur ou nageur. Comparez à cet égard le Crabe et l'Écrevisse. Chez le premier, animal marcheur, l'abdomen est considérablement réduit et constitue ce petit organe que nous vous avons signalé déjà, replié à la face inférieure du céphalothorax. Chez l'Écrevisse, — il en est de même pour le Homard, la Langouste, la Crevette, en un mot pour tous les Décapodes nageurs, — l'abdomen est au contraire très développé et se termine par un organe en éventail, qui a pour rôle d'aider à la locomotion en frappant l'eau à la manière d'une nageoire. De là la division des Décapodes en Décapodes à courte queue et en Décapodes à longue queue, en *Brachyures* (βραχύς, court; ούρά, queue) et en *Macroures* (μαχρός, long; ούρά, queue).

Les articles de l'abdomen portent des appendices qui, chez les Décapodes, n'ont d'autre utilité que de retenir les œufs ou les jeunes larves. Dans d'autres groupes, ils jouent un rôle bien plus important : ils se développent beaucoup, se transforment en branchies et servent ainsi à la respiration. Les Isopodes, parmi lesquels on rencontre les Cloportes, sont dans ce cas.

Lorsqu'on enlève la carapace d'une Écrevisse qui vient d'être tuée à l'instant, on voit encore battre le cœur.

Immédiatement en avant du cœur est placé l'estomac, gros sac arrondi à paroi transparente.

Nous ne pouvons entrer ici dans le détail de l'anatomie du tube digestif des Crustacés. Il importe néanmoins de vous signaler une particularité curieuse que présente leur estomac et qui a été depuis longtemps observée chez l'Écrevisse. Pendant l'été, immédiatement avant la mue, on trouve dans cet organe deux masses calcaires, surtout formées de carbonate et de phosphate de chaux, que l'on désigne bien improprement sous le nom d'*yeux d'Écrevisse*. Ces corps ont eu leur heure de célébrité : on les employait en médecine et on les faisait venir de fort loin, notamment d'Astrakan; aujourd'hui, on a com-

plètement renoncé à leur usage. Ces masses calcaires constituent pour l'Écrevisse une réserve précieuse, grâce à laquelle
la nouvelle carapace pourra se consolider et se durcir rapidement.

La préparation qui consiste à enlever la carapace pour mettre
à nu le cœur et l'estomac vous montre également, sur les côtés
du céphalothorax (fig. 506), les organes de la respiration.

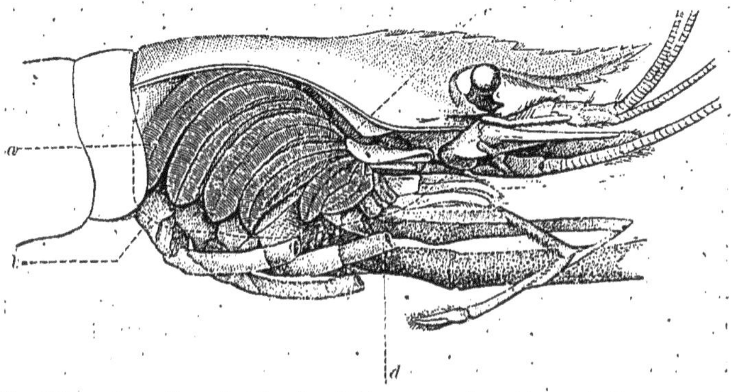



Fig. 506. — Appareil respiratoire d'un Palémon. — *a*, branchies. — *b*, ligne ponctuée
et bord inférieur de la portion de la carapace qui recouvre les branchies et qui a été
enlevée dans cette préparation. — *c*, canal efférent de la respiration. — *d*, valvule.

Ceux-ci sont constitués par des branchies ayant l'aspect de
plumes délicates, et qui par leur structure s'écartent assez profondément de celles des Poissons, bien que leur rôle fonctionnel
soit identique. La cavité qui renferme ces organes ou *chambre
branchiale* est tout à fait distincte de celle qui contient les
appareils de la digestion et de la circulation. Cette chambre
est ouverte en arrière, en avant et en dessous, pour livrer passage à l'eau : l'air que cette eau tient en dissolution vient revi-
vifier le sang. Il est du reste à remarquer qu'il n'est pas
nécessaire que les branchies baignent dans l'eau d'une façon
continue : l'Écrevisse peut vivre assez longtemps à terre et elle
pourrait même y vivre indéfiniment si elle se trouvait dans un
lieu suffisamment humide pour que ses branchies ne se dessé-

chassent pas complètement. Vous ne serez pas étonnés d'apprendre qu'il existe, dans les pays tropicaux et notamment aux Antilles, où on les connaît sous le nom de *Tourlourous*, des Crabes exclusivement terrestres : ce sont les *Gécarcins* (γῆ, terre; καρκίνος, crabe).

Dans un grand nombre de cas, les branchies, au lieu d'être placées dans le céphalothorax, au-dessous de la carapace, sont représentées par les fausses-pattes abdominales transformées. Nous avons cité déjà des exemples de ce fait, notamment chez le Cloporte. Vous l'observerez encore sur les *Ligies* (fig. 507),

animaux dont l'aspect rappelle assez celui des Cloportes, et qu'on rencontre en quantité parfois considérable sous les pierres ou les plantes du bord de la mer. Cette disposition n'est point particulière aux Isopodes : elle se montre également dans le grand groupe des Podophthalmes, et particulièrement chez les *Squilles*, qui habitent la Méditerranée et dont la taille tient le milieu entre celle de l'Écrevisse et celle du Homard (fig. 511).

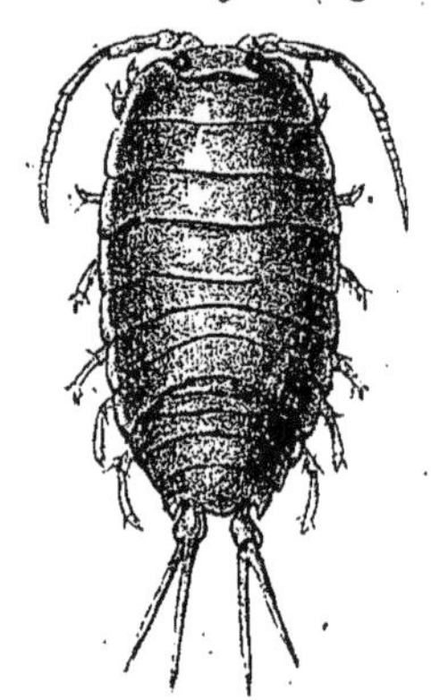

Fig. 507. — Ligie océanique.

Il est enfin des cas où toutes les pattes, thoraciques et abdominales, se transforment en branchies. Les *Apus* et les *Branchipes* en sont de curieux exemples.

Les œufs de l'Écrevisse sont revêtus au moment de la ponte d'une matière visqueuse qui s'attache aux poils dont sont garnies les fausses-pattes abdominales. Le développement se fait lentement et demande tout un hiver. A la fin du printemps ou au commencement de l'été, les jeunes brisent la mince coquille de l'œuf, et dès qu'ils sont éclos, présentent avec leurs parents une ressemblance générale.

Pendant quelque temps après l'éclosion, les jeunes Écre-

visses demeurent cramponnées, au moyen de leurs pinces, aux
pattes natatoires ou fausses-pattes abdominales de leur mère et
sont transportées à l'abri de son abdomen comme dans une
sorte de chambre d'incubation. Lorsque ces petits animaux ont
commencé à se mouvoir avec une certaine activité, si leur mère
vient à rester tranquille un moment, ils l'abandonnent pour
se traîner çà et là à une petite distance ; mais au moindre
danger, au moindre mouvement inusité qui agite l'eau, tous
reviennent promptement à leur asile, et la mère se retire en
lieu sûr aussi vite qu'elle le peut. Quelques jours plus tard
cependant, les jeunes l'abandonnent peu à peu.

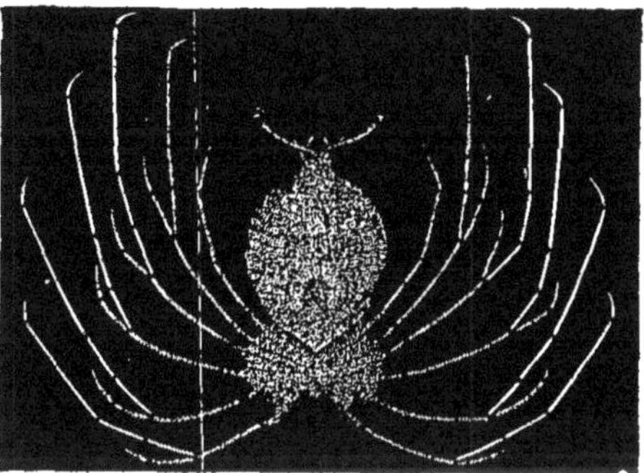

Fig. 508. — Phyllosome, larve de Langouste.

Avant de parvenir à l'état adulte, la jeune Écrevisse devra
subir un grand nombre de mues. Elle ne mue pas moins de
8 fois pendant les douze premiers mois. Pendant la deuxième
année de sa vie, l'Écrevisse mue 5 fois. La troisième année,
elle ne mue ordinairement que 2 fois. A un âge plus avancé,
la femelle ne mue qu'une fois par an, d'août à septembre,
tandis que le mâle mue 2 fois, la première en juin et juillet,
la deuxième en août et septembre.

Nous venons de voir que l'Écrevisse naissante, à part la
taille, ressemble aux adultes. Ce fait est l'exception dans la
classe des Crustacés : presque toujours on observe, au con-

traire, une métamorphose considérable. Chez les Crustacés inférieurs, tels que les Apus, les Branchipes, dont nous avons déjà
parlé, et chez une foule d'animaux appartenant aux ordres des
Copépodes, des Branchiopodes et des Cirripèdes, l'embryon
sort de l'œuf à l'état de *Nauplius*, c'est-à-dire sous la forme
d'un corps ovalaire, pourvu de 2 ou 5 paires d'appendices
qui, chez l'adulte, se convertissent en antennes et en organes
masticateurs.

Dans la grande division des Podophthalmaires et dans celle
des Isopodes, l'embryon éclôt dans un état d'organisation plus
avancée : il possède déjà 7 paires de membres, dépendant tous
de la région thoracique. Il reçoit alors le nom de *Zoé* (fig. 509).

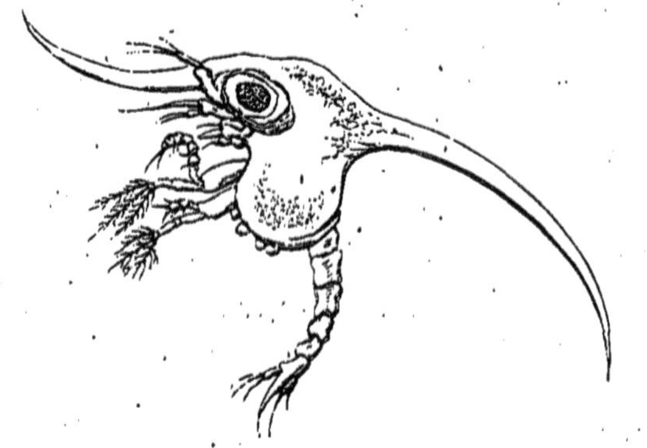

Fig. 509. — Zoé.

Presque tous les Crustacés sont carnassiers. Ceux qui sont
parasites ont la bouche constituée pour absorber les sucs des
animaux sur lesquels ils vivent. Une petite quantité enfin sont
phytophages, et les Gécarcins ou Tourlourous sont du nombre.

Les Crustacés peuvent être divisés en six ordres : 1° Podophthalmes, 2° Amphipodes, 3° Isopodes, 4° Branchiopodes,
5° Copépodes et 6° Cirripèdes.

L'ordre des **PODOPHTHALMES** (fig. 508), dont nous avons
par ce qui précède indiqué tous les caractères, comprend les

**DÉCAPODES** et les **STOMATOPODES** : cette dernière division renferme

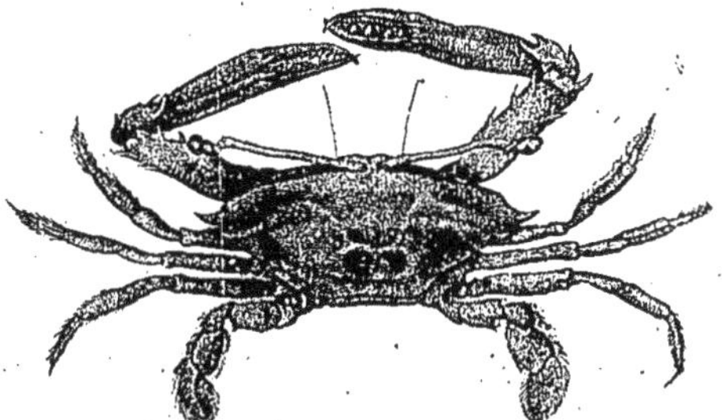

Fig. 510. — Podophthalme.

la *Squille* (fig. 511), dont nous avons déjà dit un mot. Les

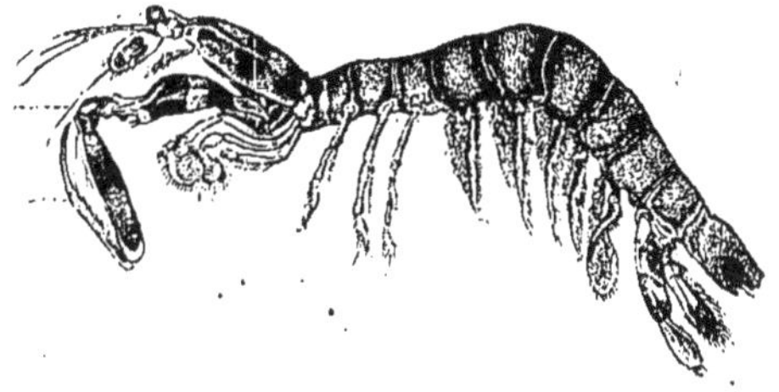

Fig. 511. — Squille.

Décapodes, comme nous l'avons indiqué encore, se subdivisent en Macroures et en Brachyures.

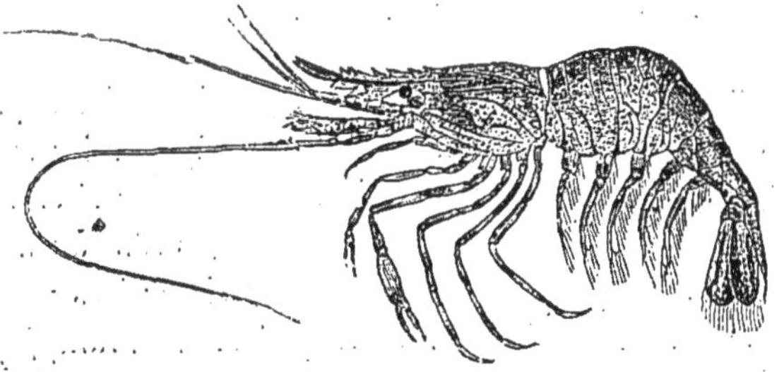

Fig. 512. — Palémon.

Les **MACROURES** sont pour la plupart des animaux comes-

tibles : vous savez quelle consommation on fait d'Écrevisses
(fig. 504), de Homards, de Langoustes (fig. 514), de Crevettes
(fig. 512) et d'une foule d'autres animaux voisins. On mange
encore le *Bernard-l'ermite* (fig. 512). Cet animal, bien connu

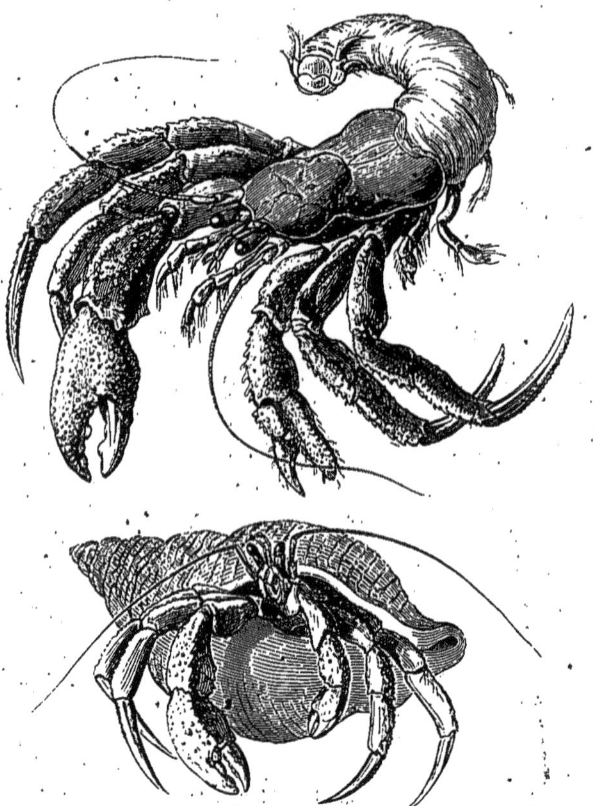

Fig. 513. — Bernard-l'ermite renfermé dans une coquille de Buccin et sorti de sa coquille.

de ceux qui habitent les bords de la mer, se blottit dans une
coquille vide et proportionnée à sa taille qu'il rencontre sur son
chemin : dès qu'il a trouvé logis à sa mesure, il ne le quitte plus
jusqu'à ce que, ayant grandi à la suite d'une mue, sa demeure

soit devenue trop étroite. Il va et vient traînant après lui la coquille dans laquelle il a élu domicile, et, abrité de la sorte, il doit être bien redoutable pour les Poissons ou autres animaux

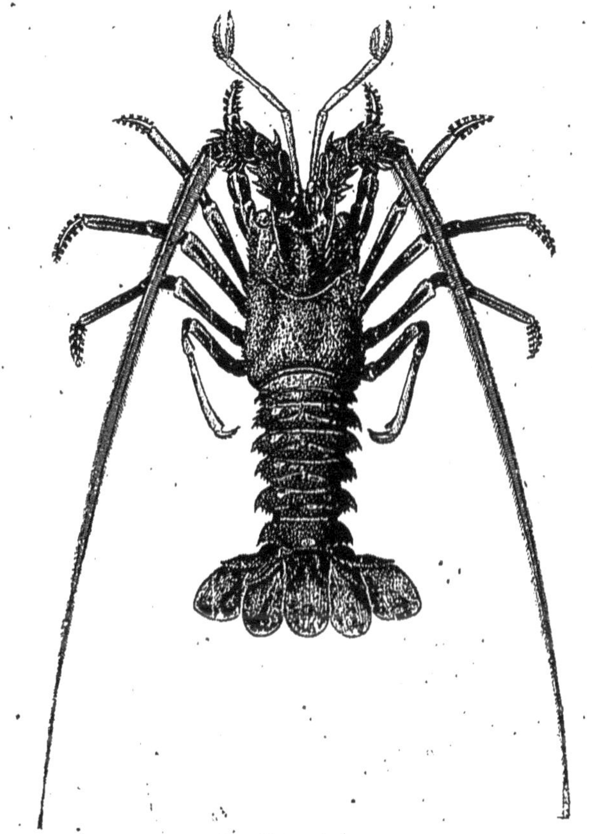

Fig. 514. — Langouste.

de petite taille dont il se nourrit, car il ne laisse passer par l'ouverture de la coquille que ses deux formidables pinces.

Parmi les Décapodes **brachyures**, en outre des Crabes et des Gécarcins, dont nous avons parlé déjà, on trouve encore les Maïas ou Araignées de mer (fig. 503). Les Crabes et les Maïas sont les seules espèces dont on se nourrisse, dans nos pays du moins.

Les **AMPHIPODES** comprennent un assez grand nombre de petites espèces dans le détail desquels il est impossible d'entrer. Dans le nombre nous vous signalerons simplement comme vous

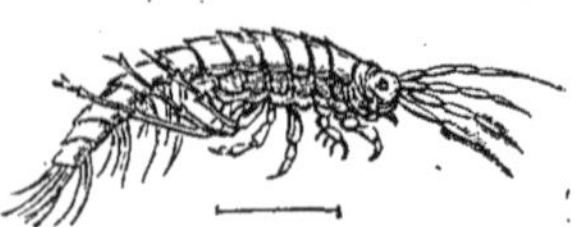

Fig. 515. — Crevettine.

étant bien connues les **Crevettines** (fig. 515), si communes dans les ruisseaux.

L'Ordre des **ISOPODES** est peu riche en espèces. C'est parmi eux que l'on rencontre les **Cloportes** (fig. 502), qui vous donnent une bonne idée de la forme et de l'organisation du groupe. Le Cloporte vit à terre, mais c'est une exception, même parmi les Isopodes, dont la plupart sont marins; les **Ligies**, si voisines des Cloportes, vivent dans l'eau de mer (fig. 507).

Les **BRANCHIOPODES** sont de petits Crustacés dont toutes les

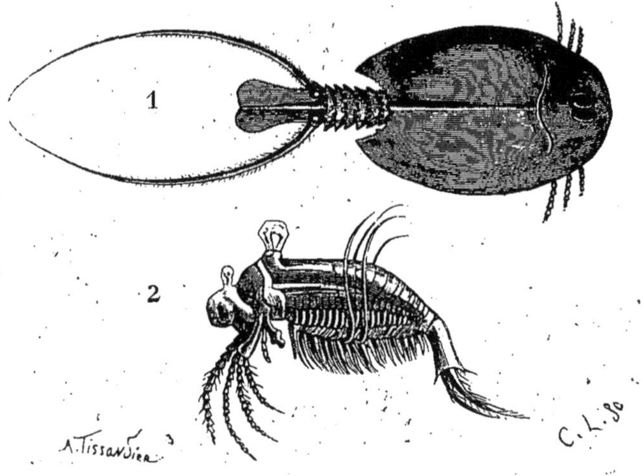

Fig. 516. — 1, Apus. — 2, Limnadie (grandeur naturelle).

pattes servent aussi bien à la respiration qu'à la natation. Les **Apus** (fig. 516) et les **Branchipes** (fig. 517), que nous vous avons déjà cités, appartiennent à cet ordre. Les Apus ont une carapace constituée par un bouclier qui recouvre simplement le corps et ne l'entoure point complètement.

Ces animaux apparaissent dans les eaux stagnantes provenant d'une pluie violente ou d'une inondation. On les trouve parfois

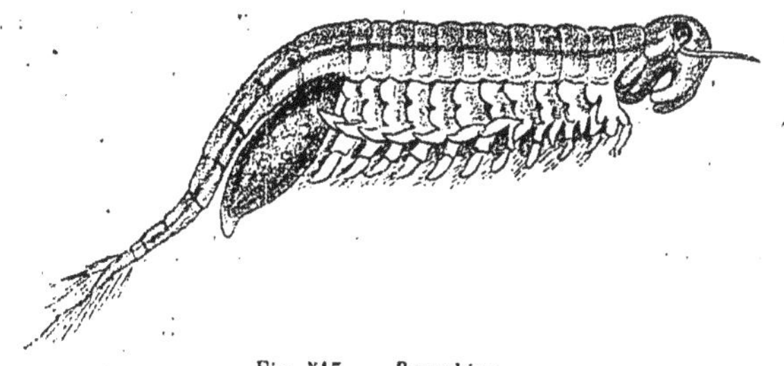

Fig. 517. — Branchipe.

dans les ornières des chemins peu fréquentés. Ce mode d'apparition en apparence inexplicable tient à ce que les œufs de ces animaux ont la propriété curieuse de garder toute leur vitalité, même après une dessiccation ayant duré plusieurs années. Une génération d'Apus ou de Branchipes a existé déjà, peut-être 5 ou 6 ans auparavant, dans l'endroit même où l'on rencontre ces animaux : leurs œufs, conservés dans la terre, ne se sont développés que lorsqu'ils ont trouvé un milieu favorable à leur éclosion, c'est-à-dire après avoir baigné dans l'eau pendant assez longtemps ; c'est la première fois que nous observons chez les animaux le phénomène de la *vie latente* : nous aurons l'occasion de l'étudier plusieurs fois encore, à mesure que nous descendrons l'échelle zoologique.

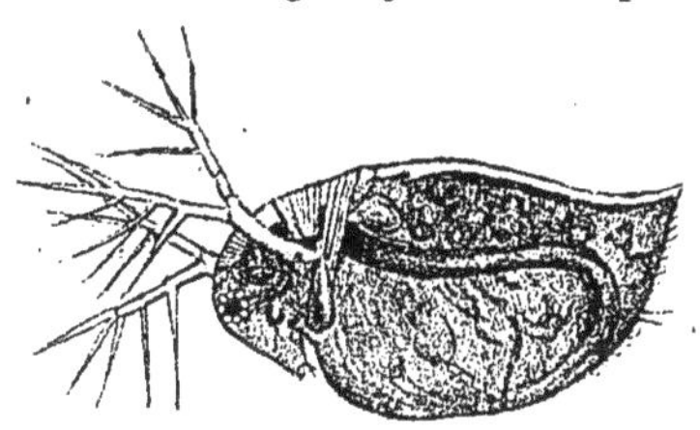

Fig. 518. Daphnie (très-grossie).

Les **Daphnies** ou *Puces d'eau* (fig. 518), infiniment plus petites que les espèces précédentes, pullulent dans les eaux stagnantes.

A l'ordre des Branchiopodes appartient encore un groupe

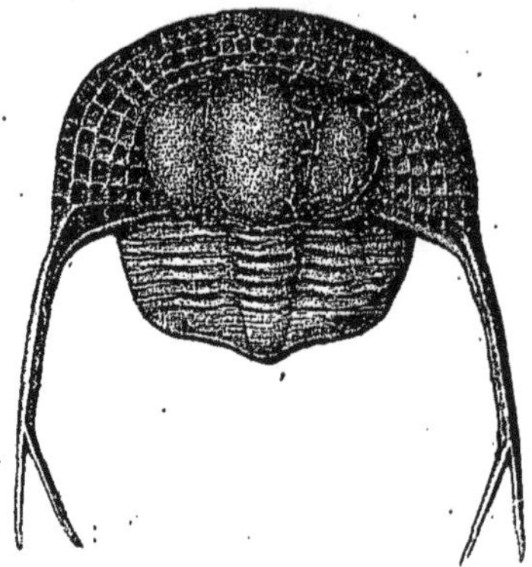

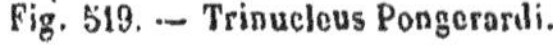

Fig. 519. — Trinucleus Pongerardi.

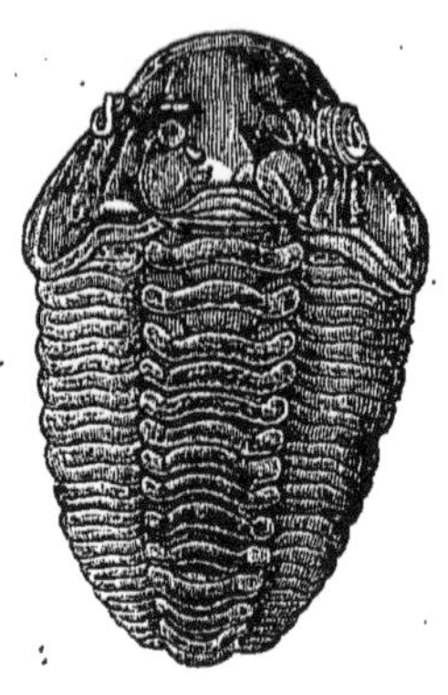

Fig. 520. — Calymene Blumenbachi.

important, celui des **trilobites**, Crustacés disparus aujourd'hui, mais qu'on retrouve à l'état fossile dans les terrains les plus anciens (fig. 519 et 520). A l'époque de la formation des terrains cambrien, silurien et dévonien, ils étaient extrêmement abondants ; le silurien surtout les renferme en quantités prodigieuses, et dans ce seul étage on en compte plus de seize cents espèces. Ces Crustacés s'éteignirent complètement lors de la formation du terrain carbonifère.

Dans les temps géologiques, lorsque les Trilobites disparurent, ils furent remplacés par une forme nouvelle de Branchiopodes, par les **limules** (fig. 521), dont on retrouve les premières traces dès l'époque

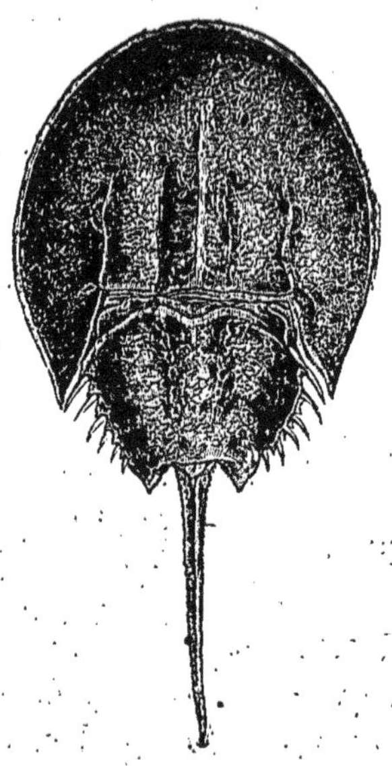

Fig. 521. — Limule.

carbonifère. Ces animaux bizarres vivent encore dans nos mers, mais ils semblent être sur le point de s'éteindre. Après avoir été représentés par un grand nombre de genres et d'espèces, il n'en existe plus actuellement qu'un seul genre, comprenant deux ou trois espèces ; on peut donc prévoir qu'ils ne tarderont pas à disparaître complètement.

Ces Crustacés sont connus sous le nom vulgaire de *Crabes des Moluques*. Ils habitent l'océan Indien et se rencontrent particulièrement à Batavia, au Japon et sur les côtes occidentales de l'Amérique du Nord. Ils se distinguent de tous les autres Branchiopodes par leur taille considérable, ainsi que par certains détails d'organisation qui les mettent bien à part et les rapprochent des Arachnides. Leur corps, recouvert d'un bouclier demi-circulaire qui rappelle celui des Apus, est terminé par une longue queue rigide, en forme d'épée.

Les **COPÉPODES** comprennent encore des animaux de fort petite taille. C'est parmi eux que l'on rencontre les **Cyclopes** (fig. 522 et 523), petits Crustacés qu'il faut regarder à la loupe,

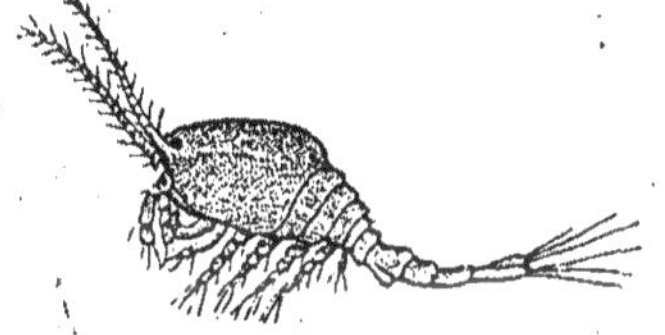

Fig. 522. — Cyclope.

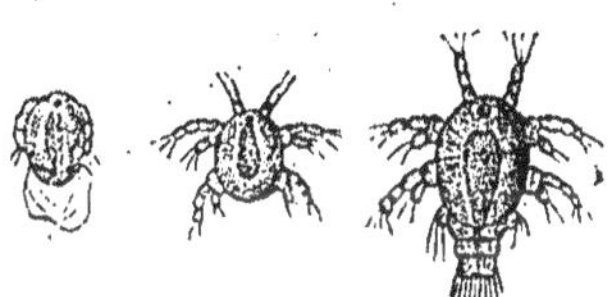

Fig. 523. — Larves du Cyclope.

et qu'on trouve répandus en grande abondance dans toutes les eaux stagnantes ; ils doivent leur nom à ce qu'ils ne possèdent qu'un seul œil, placé à la partie antérieure de la tête. Ils sont libres, mais à côté d'eux on rencontre un grand nombre de **Copépodes parasites**, qui vivent sur d'autres Crustacés ou sur des Poissons. La bouche se transforme alors en un organe apte à piquer et à sucer. Chose curieuse ! parmi ces Copépodes parasites, il en est dont le thorax porte des élytres à la face dorsale, établissant ainsi une sorte d'analogie avec les Insectes. Cet exemple ne montre-t-il pas d'une façon saisissante que les

types animaux, en se modifiant peu à peu, arrivent insensiblement à s'enchaîner étroitement les uns les autres?

L'ordre des **CIRRHIPÈDES** est le dernier de la classe des Crustacés. Ces animaux ne sont libres qu'à l'état larvaire; parvenus
à l'âge adulte, ils se fixent d'une façon définitive aux rochers
et aux corps sous-marins. Ils diffèrent notablement par leur
organisation des autres Crustacés, dont on les a longtemps
séparés, mais la larve est un *Nauplius*, comme pour tous les
Crustacés inférieurs, et ce caractère met hors de doute leur
parenté avec ceux-ci.

Les deux formes principales de Cirrhipèdes sont les Balanes
et les Anatifes. Les **BALANES** ou *Glands de mer* sont les animaux

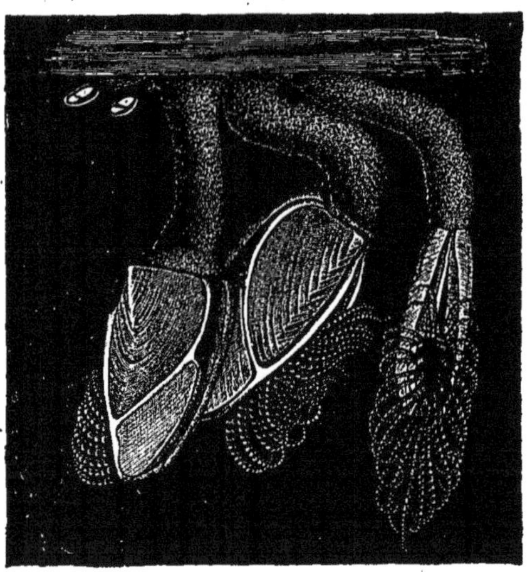

Fig. 524. — Anatifes.

que contiennent ces petites coquilles pyramidales, tronquées à
leur sommet et fermées en ce point par deux valves, qu'il est
si fréquent de rencontrer sur les rochers battus par la mer,
ainsi que sur une foule d'objets marins, notamment les coquilles
des Huîtres et des Moules. Quant aux **ANATIFES** (fig. 524), leur

corps est recouvert de cinq plaques calcaires séparées par de petits interstices membraneux, et porté par un pédoncule épais et plus ou moins long, qui se fixe aux rochers, aux quilles des navires ou aux morceaux de bois flottant à la surface de la mer. Ces animaux sont appelés communément *Pouce-pieds*.

# EMBRANCHEMENT DES VERS

Les Vers, dont la forme, la taille, le genre de vie et l'organisation varient à l'infini, ne présentent extérieurement qu'un seul caractère commun, celui d'être dépourvus de membres articulés. Ce n'est point à dire que tous les Vers soient dépourvus de membres, ainsi que nous le verrons bientôt, mais les organes locomoteurs, lorsqu'ils existent, ne sont jamais segmentés : ce fait sépare bien nettement les Vers des Arthropodes, auxquels on les réunissait jusqu'à Cuvier.

L'embranchement des Vers peut être divisé en cinq classes : *Annélides, Rotifères, Géphyriens, Némathelminthes, Platelminthes.*

## CLASSE DES ANNÉLIDES

Chez les Annélides, le corps se montre toujours divisé en une série de segments ou d'anneaux situés les uns derrière les autres et désignés par les naturalistes sous le nom de *zoonites* ou de *somites*. Examinez une Néréis, un Arénicole, un Lombric et une Sangsue et vous reconnaîtrez aisément cette disposition qui est le caractère essentiel de la Classe des Annélides.

Chacun des segments de ces animaux peut être considéré comme représentant une individualité distincte. Cette manière de voir se trouve confirmée par des expériences curieuses de Lyonnet, de Réaumur et de Dugès. Ces auteurs ont observé que les tronçons séparés artificiellement du corps des Lombrics et des Naïs peuvent continuer de vivre et même s'acroître. Pour les Lombricules, qui habitent la vase, le phénomène est bien curieux : on peut en effet couper, pour ainsi dire, indéfiniment ces Vers en morceaux : chaque tronçon reconstituera un animal complet.

Comparez maintenant entre elles les quatre espèces que nous venons de prendre comme types. Vous constaterez sans peine que ces animaux varient quant à leur forme : la Néréis (fig. 525), l'Arénicole (fig. 526 et 527) et le Lombric (fig. 532) sont arrondis, leur corps est hérissé par

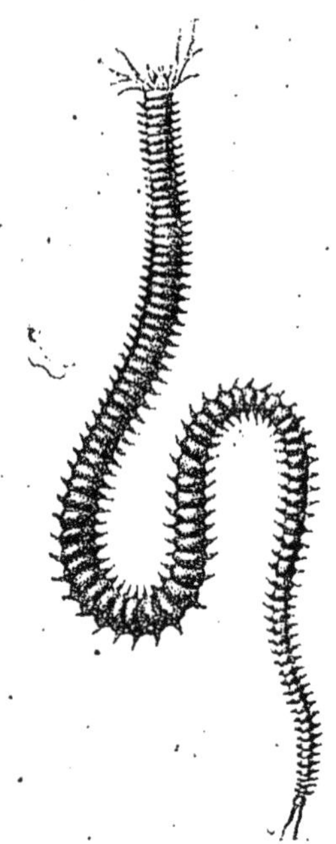

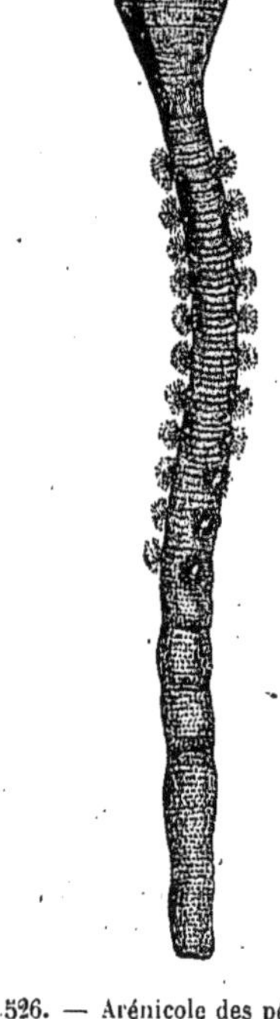

Fig. 525. — Néréis.

Fig. 526. — Arénicole des pêcheurs

places de poils rudes qui constituent de véritables organes locomoteurs ; la Sangsue (fig 533) est au contraire aplatie, la surface de son corps est dépourvue de soies, mais l'animal pro-

gresse au moyen de deux ventouses placées chacune à l'une des
extrémités du corps. Ces animaux sont donc assez différents
les uns des autres : aussi pouvons-nous les séparer en deux
groupes, les Annélides cylindriques et munies de poils formeront le groupe des *Chétopodes* (χαίτη, soie; πούς, ποδός, pied);
les Annélides telles que la Sangsue formeront l'ordre des Hirudinées (*Hirudo*, sangsue).

Poursuivez votre examen et considérez de plus près la Néréis,
l'Arénicole et le Lombric; vous trouverez bientôt entre eux
des différences importantes : Vous verrez notamment que chez
la Néréis et l'Arénicole les soies s'implantent sur des sortes
de pieds non articulés, placés par paire sur chaque segment;
ces soies sont en outre nombreuses. Pour le Lombric, rien de
semblable, et il faut une grande attention pour découvrir çà
et là quelques poils enfoncés dans des cryptes de la peau. Il
est donc permis, en raison de ces faits, de diviser les Chétopodes en deux groupes : ceux qui sont munis des faisceaux de
soies chitineuses constitueront l'ordre des *Polychètes* (πολύς,
nombreux; χαίτη, soie); ceux dont les poils sont moins nombreux et sont cachés dans des dépressions de la peau formeront
l'ordre des *Oligochètes* (ὀλίγος, peu nombreux; χαίτη, soie).
Nous verrons bientôt un certain nombre de caractères importants venir légitimer cette division.

Les soies des Annélides présentent les configurations les plus
diverses : tantôt elles ont la forme de lames courbes, de dards
barbelés, de scies, de tiges droites, de flèches, etc., et leurs
caractères sont si tranchés qu'on a pu les utiliser dans la détermination des nombreuses espèces que renferme cette classe.
Celles du Lombric sont un peu courbes, renflées en leur milieu, et rappellent l'aspect d'un cimeterre.

### ORDRE DES POLYCHÈTES

La *Néréis* et l'*Arénicole*, que nous venons de ranger parmi
les Polychètes, sont des animaux marins, de même que tous

les autres Vers de cet ordre. Ces deux êtres diffèrent l'un de l'autre bien plus profondément que nous ne l'avons indiqué jusqu'à présent. La Néréis en effet nage librement dans la mer : elle est le type des **ANNÉLIDES ERRANTES**; l'Arénicole se creuse au contraire dans le sable des tubes qu'il ne quitte pas : il est le type des **ANNÉLIDES SÉDENTAIRES OU TUBICOLES**.

Qu'ils soient errants ou sédentaires, les Polychètes présentent des caractères communs qui montrent bien leur parenté. Tous subissent des métamorphoses avant d'arriver à l'état adulte. On observe dans tous les cas une tête distincte, composée de deux zoonites transformés. Tous les autres anneaux peuvent être semblables entre eux et munis d'une paire de pieds couverts de soies, comme c'est le cas chez les Néréis.

En outre des pieds, il arrive fréquemment que le corps des Annélides porte des filaments charnus, plus ou moins développés, dans lesquels le sang vient circuler abondamment et qui fonctionnent à la façon de branchies. Ces branchies s'observent dans les deux groupes des

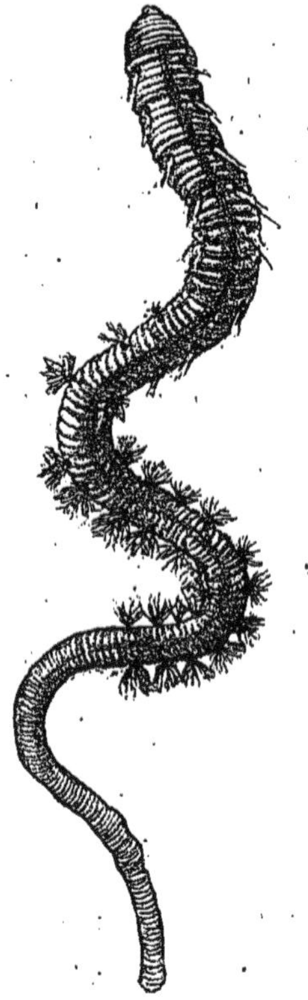

Fig. 527. — Arénicole des sables.

Polychètes : elles se rencontrent surtout dans la partie antérieure du corps, comme les **Sabellaires** (fig. 528) nous en offrent un exemple; parfois même, comme chez les **Serpules** (fig. 529), qui vivent dans des tubes membraneux ou calcaires et qui se rencontrent en grand nombre sur nos côtes, elles forment autour de la tête un panache très élégant.

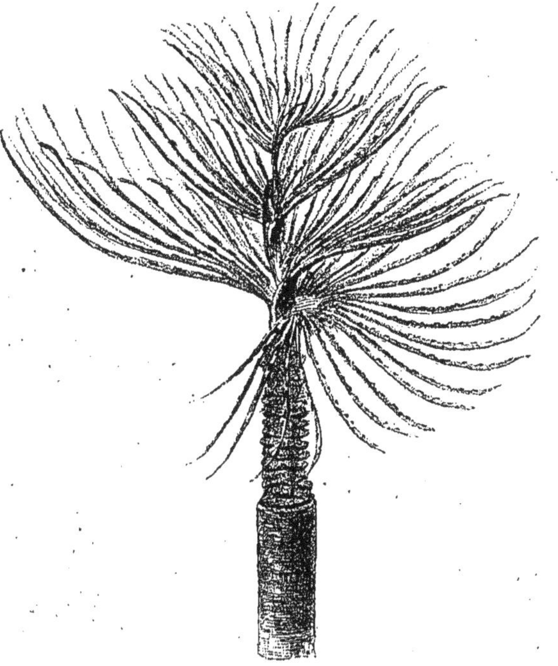

Fig. 528. — Sabelle à une spire.

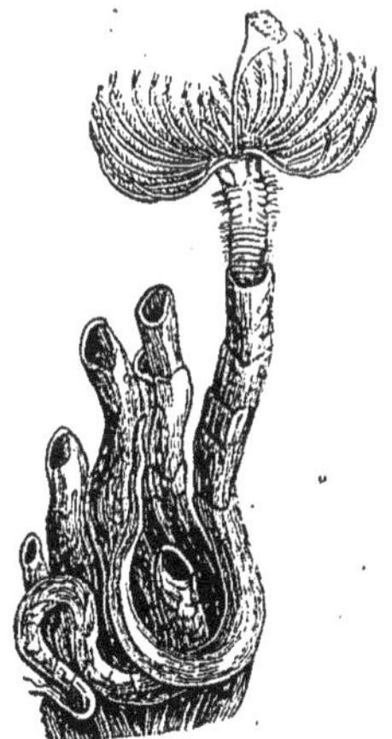

Fig. 529. — Serpule.

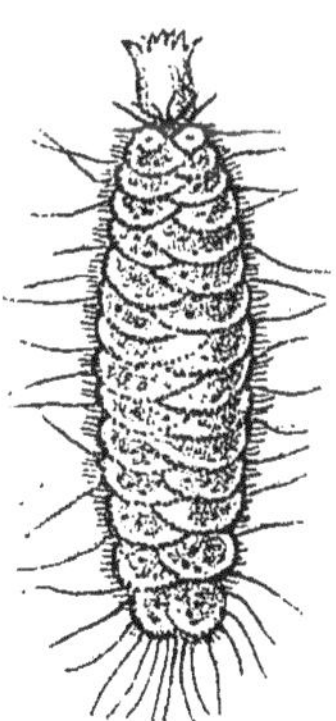

Fig. 530. — Polynoé.

Les branchies, lorsqu'elles existent, sont des appendices placés à la partie supérieure des zoonites. Chez les **Polynoés** (fig. 530), Annélides errantes fort répandues sur nos plages, ces appendices supérieurs se montrent particulièrement développés, mais au lieu de se transformer en branchies, ils s'épanouissent sous forme de plaques imbriquées que l'on désigne sous le nom d'*élytres*.

Chez la plupart des Polychètes, le sang est coloré en rouge par de l'hémoglobine, la substance colorante des globules rouges du sang des vertébrés, mais ici elle est simplement dissoute. La bouche est située sur le premier zoonite. L'anus s'ouvre à l'extrémité postérieure du corps et débouche ordinairement à la face dorsale de l'avant-dernier segment.

Les Polychètes sont extrêmement nombreux ; on les rencontre dans toutes les mers.

## ORDRE DES OLIGOCHÈTES

Les Annélides oligochètes diffèrent à première vue des précédentes par l'absence de pieds et par l'habitat : ce sont en effet des Vers d'eau douce, comme les **Naïs** (fig. 531) et les **Tubifex**, qui se rencontrent dans la vase des rivières et des étangs, ou des Vers terrestres, comme les **Lombrics** (fig. 532). Les Oligochètes sont en outre caractérisés par ce qu'ils ne subissent point de métamorphoses avant de devenir adultes. On ne trouve chez eux ni tentacules, ni branchies, ni yeux : leurs appendices ne sont jamais que de simples soies implantées au fond de dépressions de la peau.

Le *Lombric* ou *Ver de terre* mérite une mention toute spéciale.

Le corps de l'animal est très allongé, cylindrique dans sa partie moyenne et aminci à ses deux extrémités. L'extrémité la plus effilée débute par un anneau fort étroit, qui porte la bouche à sa face inférieure.

Le corps se compose d'environ 180 anneaux, tous à peu près

d'égale dimension. Passez le corps du Ver entre vos doigts et vous éprouverez une sensation très nette de grattement. Si maintenant vous examinez attentivement la surface de la peau, soit à l'œil nu, soit avec une loupe, vous constaterez sur elle quatre séries de petites dépressions, dont deux situées sur les côtés et deux placées sous le ventre. au voisinage de la ligne médiane. Chaque segment présente ainsi quatre dépressions. Au fond de chacune de ces fossettes vien-

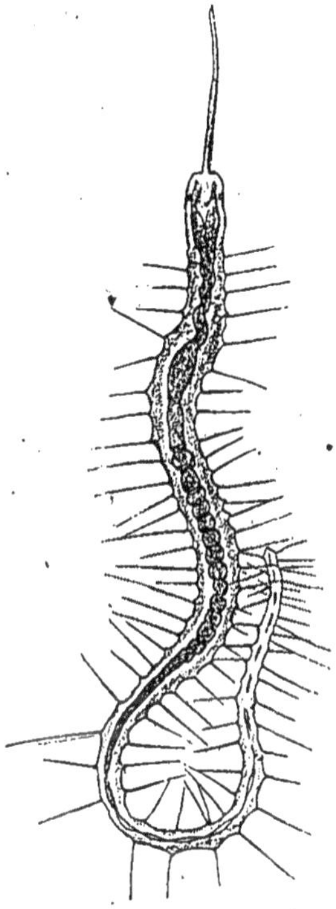

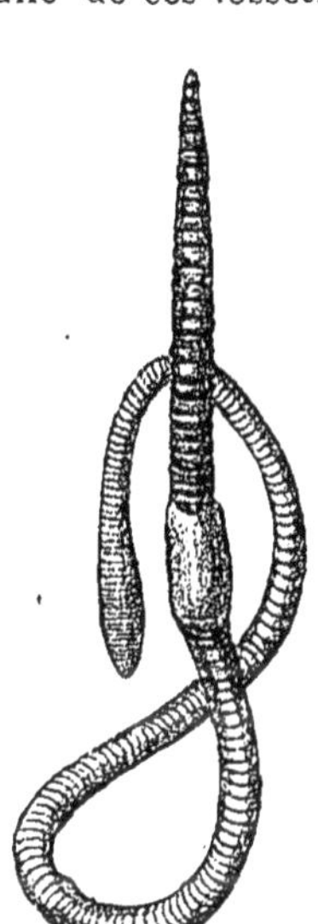

Fig. 531. — Naïs à trompe.

Fig. 532. — Lombric.

nent s'insérer deux petites soies, courtes, raides et brillantes, que l'animal peut faire saillir plus ou moins, à sa volonté.

On considère assez volontiers les Lombrics comme des ennemis de nos plantations; cette mauvaise réputation n'est aucunement justifiée. Bien au contraire, les Lombrics sont de précieux auxiliaires du jardinier. En effet, dans quelque circonstancc qu'on les examine, on ne trouvera jamais leur tube digestif rempli que d'humus, c'est-à-dire de terre renfermant des substances végétales en décomposition. En creusant ses galeries, le Ver avale la terre, et la nuit il sort de son trou pour venir rejeter à la surface du sol la terre qu'il a mangée de la sorte. Les excréments du Ver constituent ces tortillons de terre qu'il est si fréquent de rencontrer dans les jardins ou le long des fossés qui bordent les routes. En séchant, ces tortillons durcissent et finissent par se réduire en poussière; s'il pleut, ils se délayent et s'étalent sur le sol.

Vous comprendrez aisément la conséquence de ce simple fait. Les Vers prennent constamment la terre à quelques décimètres de profondeur et la ramènent à la surface du sol. Cette terre, qui a dû traverser leur tube digestif, est fine et ne contient pas de pierres. Les Vers préparent donc le sol d'une excellente manière pour la germination et la pénétration des racines des plantes. Ils mêlent le terreau à l'air, en écartent les pierres, le rendent propre à retenir l'humidité et les engrais; ils enterrent en outre les débris organiques de toute nature qui peuvent se trouver à la surface du sol, ils en facilitent par conséquent la décomposition et les mettent à portée des racines qui doivent les absorber.

Les Vers de terre sont bien réellement les principaux producteurs de la terre végétale, et l'expérience suivante suffit à le montrer. Placez du sable fin et humide sur des feuilles sèches et introduisez-y quelques Vers. Au bout d'un certain temps, les feuilles auront entièrement disparu, et le sable se trouvera recouvert d'une couche d'humus dans lequel les plantes pousseront avec la plus grande facilité.

### ORDRE DES HIRUDINÉES

La *Sangsue médicinale* (fig. 533) peut être prise pour type des animaux de l'ordre des Hirudinées. C'est un Ver aplati, chez lequel on reconnaît sans peine une face ventrale et une face dorsale. A la surface du corps, on ne trouve ni poils ni soies : le corps se montre simplement divisé en 95 anneaux.

Un caractère important des Hirudinées, c'est la présence de deux *ventouses*, l'une en avant, à la bouche, l'autre à l'extrémité postérieure du corps. Ces ventouses servent d'organes de fixation et de locomotion, et l'adhérence de la Sangsue est telle, lorsqu'elle fait jouer ses ventouses, qu'on a parfois une peine extrême à la détacher. La ventouse postérieure est formée d'un large disque qui termine le corps.

Fig. 555. — Sangsue.

Les Sangsues, comme leur nom l'indique, sont des animaux carnassiers qui se nourrissent de sang : elles vivent passagèrement en parasites sur les animaux aquatiques ou sur les animaux terrestres qui se rendent souvent à l'eau. Cette faculté qu'ont les Sangsues a été utilisée par les médecins, qui se servent fréquemment de ces animaux pour pratiquer des saignées locales.

La bouche des Sangsues est fort bien organisée pour percer la peau des animaux. Elle se présente sous l'aspect d'une fente étoilée, à trois branches : l'une de ces branches est supérieure, les deux autres sont inférieures. Pour faire fonctionner cet appareil, la Sangsue se fixe d'abord au moyen de sa ventouse postérieure, puis, relevant la tête, elle va à la recherche d'un point où la peau est facilement attaquable. Ce point trouvé, elle y applique sa bouche et fait une aspiration : la peau se soulève et vient d'elle-même se placer au-devant d'un appareil inciseur que renferme la cavité buccale. Cet appareil se compose de trois mâchoires très mobiles, en forme de demi-disques dont le bord convexe est, chez la Sangsue médicinale et quelques autres espèces, muni d'un très grand nombre de dents fines.

et acérées, qui coupent la peau avec la plus grande facilité.

La Sangsue attire alors le sang au moyen de succions répétées qu'elle exerce sur la plaie. Ce sang qu'elle absorbe va remplir son estomac; lorsqu'elle a avalé tout ce qu'elle peut contenir, elle tombe. Le sang n'en continue pas moins à couler par la plaie, aussi doit-on surveiller soigneusement les personnes auxquelles on a fait des applications de Sangsues. Une Sangsue absorbe environ 10 grammes de sang; la quantité de sang qui s'échappe de la plaie, après que l'animal a cessé de se gorger, peut encore être évaluée à 10 grammes environ : c'est donc un total de 20 grammes qu'une Sangsue peut soustraire à un Homme.

Le tube digestif, au lieu d'être un simple tube rectiligne, comme chez le Lombric, présente une série de larges culs-de-sac latéraux, dans lesquels le sang vient s'accumuler. L'anus est situé immédiatement au-dessus de la ventouse postérieure.

Au moment de la ponte, la Sangsue s'enfonce dans la terre, puis sa peau produit en abondance un liquide visqueux et spumeux, qui se dessèche rapidement à l'air et qui constitue un cocon dans lequel l'animal dépose ses œufs. Ceux-ci se développent dans le cocon et donnent naissance à des petits qui acquièrent les caractères et l'organisation de leurs parents sans subir aucune métamorphose.

La Sangsue médicinale est indigène de nos pays : elle y est devenue très rare à l'état de liberté, mais on la cultive et on l'élève dans certaines localités. A côté d'elle, il convient de citer l'*Hæmopis* ou *Sangsue de Cheval*; cet animal, répandu dans presque toute l'Europe, mais surtout abondant dans les ruisseaux du nord de l'Afrique, ne s'attaque point seulement à la peau, mais il s'introduit fréquemment dans la bouche ou les naseaux des animaux qui viennent boire, et peut de la sorte occasionner de graves accidents. L'Homme n'est pas à l'abri de ses atteintes et des soldats ont péri étouffés par une Sangsue fixée dans le larynx.

## CLASSE DES ROTIFÈRES

Dans les eaux stagnantes vivent en grand nombre de petits animalcules, pour la plupart microscopiques, que l'on a rangés pendant longtemps parmi les Infusoires. Mais un examen plus approfondi de leur structure a fait voir que, malgré leur extrême petitesse, leur organisation est fort compliquée et que la place qui leur convient dans les classifications est bien plutôt à côté des Annélides. Ces animalcules ont la bouche entourée d'une

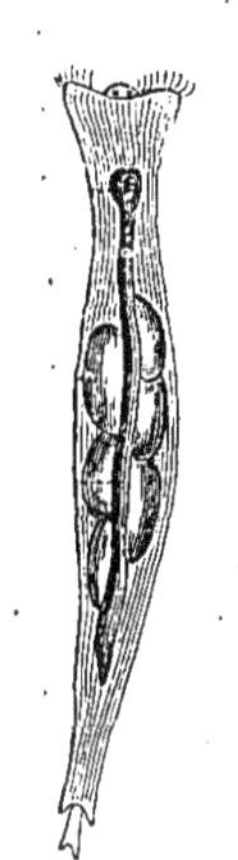

Fig. 534. — Rotifère.

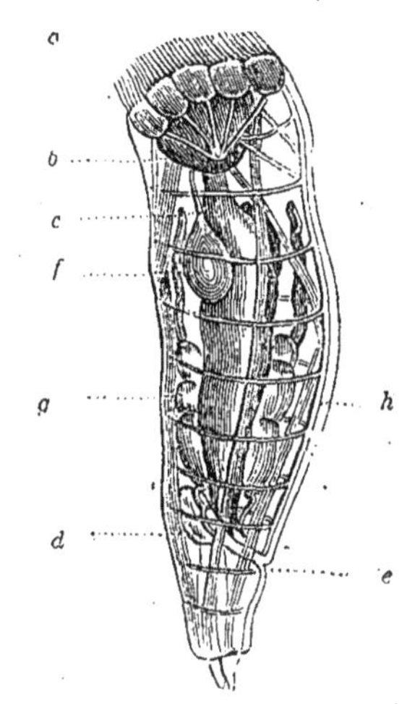

Fig. 535. — Hydatine (Rotifère) —*a*, cils vibratils. — *b*, masse charnue qui meut les mâchoires. — *c*, estomac. — *d*, cloaque. — *e*, anus.— *f*, glandes salivaires.— *g*, ovaires. — *h*, muscles.

couronne de cils vibratiles dont les mouvements incessants, qui donnent l'illusion d'une roue en mouvement, ont pour effet d'attirer les particules alimentaires; de là l'appellation de *Rotifères* (fig. 534 et 535).

Les Rotifères ont la surface du corps divisée en anneaux, comme les Annélides ; mais, à l'inverse de ce qui s'observe chez celles-ci, les anneaux cutanés ne correspondent à aucune segmentation interne. Le premier anneau porte la bouche ; le dernier est muni de deux appendices semblables aux mors d'une pince.

Nous ne vous aurions point signalé ces petits animaux si Spallanzani n'avait fait sur eux une expérience des plus curieuses. Il a vu que si l'on vient à les dessécher d'une façon convenable, ils perdent toute espèce de mouvement et, après être restés dans cet état pendant plusieurs années, peuvent recommencer à se mouvoir quand on leur rend un peu d'eau. Cette expérience, rien ne vous sera plus facile que de la répéter vous-même : enlevez un peu de cette mousse qui forme des touffes vertes sur les toitures et mettez-en un fragment dans quelques gouttes d'eau. Au moyen d'une forte loupe, vous verrez bientôt nager dans l'eau de petits animalcules. Laissez maintenant cette eau s'évaporer et les petits Rotifères vont s'immobiliser et se ramasser en boules. Ils semblent morts et pourront rester dans le même état pendant plusieurs mois ou plusieurs années, jusqu'à ce que vous les remettiez dans l'eau : la mort n'était donc qu'apparente. Ce curieux phénomène a reçu le nom de *réviviscence;* et l'état qui ressemble à la mort, mais qui pourtant n'est point la mort, s'appelle *vie latente.* C'est la première fois que nous rencontrons des animaux réviviscents; nous aurons l'occasion d'en observer d'autres, chemin faisant.

## CLASSE DES NÉMATODES

Les NÉMATODES (νῆμα, fil; εἶδος, image) sont des Vers ronds, dont le corps allongé s'effile vers les extrémités; ils ne présentent jamais la moindre trace de segmentation, et se montrent constamment dépourvus de membres.

La bouche est située à la partie antérieure du corps; elle est fort petite et se présente sous l'aspect d'une étoile à trois branches. A sa suite vient un tube digestif rectiligne, qui débouche au voisinage de l'extrémité postérieure du corps.

Les jeunes diffèrent toujours assez notablement des adultes ; avant d'arriver à l'état parfait, il leur faudra accomplir plusieurs mues.

Les Nématodes vivent le plus souvent en *parasites* chez les végétaux et surtout chez les animaux. Un certain nombre d'entre eux se rencontrent chez l'Homme; toutefois, dans certains cas, le parasitisme peut n'exister qu'à une époque déterminée de la vie, surtout pendant l'âge adulte. D'autres Nématodes ne sont jamais parasites et vivent librement pendant toute leur existence, dans l'eau douce ou dans l'eau salée, ou même dans la terre. Ces Vers libres sont bien plus élevés en organisation que les parasites ; chez eux le système nerveux et les organes des sens sont notamment plus développés.

La taille des Nématodes est des plus variables : on en trouve en effet qui mesurent 15 à 20 centimètres, comme l'*Ascaride lombricoïde*, 60 à 80 centimètres, comme la *Filaire de Médine*, ou même 80 centimètres à 1 mètre, comme le *Strongle géant*; un très grand nombre sont au contraire microscopiques. Certains de ces animaux, comme l'*Anguillule du blé niellé*, sont réviviscents.

La *nielle du blé* est due à une petite Anguillule qui s'est développée dans les grains de blé, et qui s'est desséchée en demeurant à l'état de larve. Les grains attaqués par ce parasite sont arrondis et noirâtres. Aussitôt qu'ils tombent, si la terre est humide, ils se ramollissent et commencent à se putréfier; en même temps, les larves reviennent à la vie[1] et se mettent à grimper le long de la tige de blé. Sont-elles saisies en route par la sécheresse, elles tombent de nouveau dans la vie latente et demeurent en cet état, cachées dans la gaine des feuilles, jusqu'à ce que la pluie vienne de nouveau les faire ressusciter.

---

[1] Des expériences ont montré que ces larves pouvaient être encore rappelées à la vie au bout de vingt-sept ans.

Finalement ces larves atteignent l'épi, pénètrent dans son épaisseur et deviennent adultes pendant qu'il fleurit et mûrit. Bientôt après, les Anguillules pondent des œufs, puis meurent ; les œufs donneront naissance à des larves qui parcourront à leur tour le cycle que nous venons d'indiquer.

Une autre Anguillule vit dans le vinaigre et dans la colle de pâte aigre. Une autre espèce, le *Rhabditis*, vit dans le poumon de la Grenouille. Une autre encore, le *Leptodère stercoral*, en raison de son accumulation en nombre immense dans l'intestin et jusque dans les canaux biliaires de l'Homme, cause une maladie grave, la diarrhée de Cochinchine.

La *Filaire de Médine* ou *Dragonneau*, que nous avons déjà citée à cause de la taille exceptionnelle qu'elle atteint, vit dans le corps de petits crustacés pendant sa période larvaire. Les pays où on la rencontre sont la côte occidentale d'Afrique, les bords de la mer Rouge et du golfe Persique, la Haute-Égypte, l'Abyssinie, les bords du Gange, certaines îles des Indes occidentales et même le Brésil, où l'ont introduite les nègres de Guinée. En buvant l'eau qui les renferme, l'Homme avale-t-il par mégarde quelques-uns de ces Crustacés, le Ver se trouve mis en liberté. Il pénètre alors dans les organes de l'Homme, devient adulte, puis finit par ramper au-dessous de la peau, où il provoque la production d'abcès douloureux, dans le pus desquels il vit pelotonné sur lui-même. Généralement l'abcès s'ouvre seul, et les malades procèdent alors à l'extraction du Ver en l'enroulant autour d'un petit bâton.

Une autre espèce, beaucoup plus petite que la précédente, vit dans les vaisseaux sanguins de l'Homme. Cette Filaire s'observe dans les pays tropicaux, aux Indes, dans l'Amérique du Sud et en Australie.

Bien qu'elle ne dépasse point un millimètre ou un millimètre et demi de longueur, la *Trichine spirale* (fig. 536 et 537) est un des parasites les plus redoutables pour l'Homme. La Trichine est fréquente en Allemagne et s'observe surtout dans l'Amérique du Nord, où l'on fait une énorme consommation de viande de Porc. On la trouve, à l'état larvaire, enkystée dans les muscles du Rat, c'est-à-dire enfermée dans des capsules ovalaires extrêmement petites, dans lesquelles elle

Fig. 536. — Trichine dans les muscles.  Fig. 537. — Trichine.

s'enroule en spirale. Le Porc la contracte en dévorant les Rats vivants ou les cadavres de Rats jetés sur les fumiers : parvenus dans l'intestin du Porc, les muscles du Rat se digèrent, les coques qui contiennent la Trichine se détruisent, et celle-ci, devenue libre, se trouve dans un milieu favorable à son développement : elle passe alors à l'état adulte et donne bientôt naissance à des jeunes qui perforent les parois intestinales et vont s'enkyster dans tout le système musculaire. La viande du Porc ainsi infesté de Trichine est-elle mangée sans avoir subi une cuisson suffisante, ces jeunes larves, mises en liberté dans l'intestin de l'Homme, vont y devenir adultes et donner naissance à une génération nouvelle qui se comportera chez celui-ci comme elle l'eût fait chez le Porc. La présence de la Trichine chez l'Homme produit la *trichinose*, maladie fort grave et souvent mortelle.

Le *Strongle géant* (fig. 538) mérite une mention spéciale, à cause de sa taille exceptionnelle : c'est lui le plus grand des Nématodes. La femelle atteint 1 mètre de longueur, mais le mâle ne dépasse jamais 20 à 30 centimètres. Cet animal se rencontre dans le rein de différents Carnivores, particulièrement chez ceux qui, comme le Phoque et la Loutre, se nourrissent de Poisson. Les œufs, expulsés avec l'urine, sont entraînés par les eaux et avalés par des Poissons; les larves se développent chez ceux-ci et ne deviennent adultes que si le Poisson qui les héberge devient à son tour la proie d'un Mammifère.

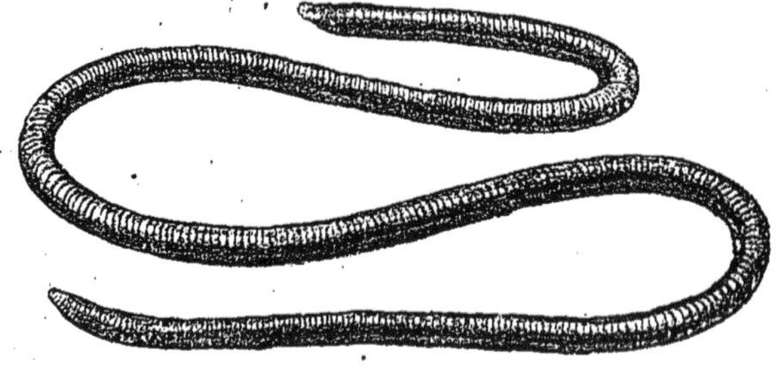

Fig. 538. — Strongle géant.

L'*Oxyure vermiculaire* habite en nombre immense la dernière partie du gros intestin de l'Homme; on l'observe surtout chez les enfants, et il existe dans tous les pays. Les œufs, émis avec les excréments, se développent dans l'eau; c'est donc par l'eau que les larves pénétreront dans l'intestin, où elles deviendront adultes. Ce Ver est long d'un centimètre à peine : les femelles sont infiniment plus nombreuses que les mâles.

Pour en finir avec l'étude des Nématodes, dont nous vous avons indiqué surtout les espèces parasites de l'Homme, il nous reste encore à signaler l'*Ascaride lombricoïde*, qui habite la première portion du petit intestin. Cet animal est fréquemment rendu par l'anus, mais peut être expulsé aussi par la bouche. Il ne se rencontre chez l'Homme qu'à l'état adulte : les migrations qu'il subit sont encore ignorées; il est probable néanmoins que les premières phases de son développement se passent dans l'eau. L'Ascaride lombricoïde présente d'ordinaire une longueur de 15 centimètres. Une espèce voisine, l'*Ascaride à grosse tête*, parasite du Cheval et du Bœuf, atteint jusqu'à 40 centimètres.

## CLASSE DES PLATHELMINTHES

Les PLATHELMINTHES sont les plus dégradés de tous les Vers. Leur corps, plat et plus ou moins allongé, est fréquemment dépourvu de toute segmentation; mais dans d'autres cas il est divisé en une série d'anneaux. Le système digestif peut faire complètement défaut, comme chez les Cestodes, parmi lesquels se rangent les Ténias. Ces animaux subissent généralement des métamorphoses compliquées. Un grand nombre d'entre eux sont armés de ventouses et de crochets qui servent d'organes de fixation. Ils vivent enfin pour la plupart en parasites dans le corps d'autres animaux, mais peuvent aussi vivre dans l'eau, dans la vase ou dans la terre humide.

En se basant sur la présence ou l'absence du tube digestif, sur la présence ou l'absence de ventouses et de crochets, etc., on peut diviser les Plathelminthes en trois ordres : les *Turbellariés*, les *Trématodes* et les *Cestodes*.

### ORDRE DES TURBELLARIÉS

Les animaux qui font partie de cet ordre ne sont jamais parasites; ils habitent l'eau douce ou l'eau salée ou même se trouvent sur la terre humide. Ils sont constamment dépourvus de crochets et de ventouses, mais ils ont une bouche et un tube digestif. Les plus petits d'entre eux sont microscopiques, tandis que les plus grands peuvent être longs de plus d'un mètre. Les uns sont larges, aplatis et discoïdes, les autres s'allongent extrêmement, tout en restant fort étroits. Leur corps ne se divise jamais en segments, et sa surface externe est garnie de cils vibratiles dans toute son étendue.

Les **némertiens** sont des Vers rubanés, à tube digestif rectiligne et terminé par un anus. Ils vivent principalement dans la mer, sous les pierres ou dans la boue. Leur vitalité est surprenante : des parties mutilées repoussent sans difficulté et de fragments du corps peuvent, dans certains cas, reproduire un animal entier. Les uns sont vivipares, et alors le développement est direct, c'est-à-dire que le jeune animal arrive à l'état adulte sans subir de métamorphoses ; les autres sont ovipares, auquel cas les jeunes passent par des métamorphoses avant de devenir adultes. Dans ce groupe nous citerons les **Polies**, les **Borlasies**, les **Némertes**, tous communs sur nos côtes ; certaines espèces de Némertes ont plus d'un mètre de longueur.

Les autres animaux de cette Classe n'ont pas d'anus ; quelques-uns ont le tube digestif fortement ramifié. Ces animaux sont en général marins, mais vivent aussi dans l'eau douce et sur la terre humide. Les **Planaires** sont les principaux animaux de ce groupe ; on trouve parmi elles des formes marines, qui subissent des métamorphoses, et des formes d'eau douce, chez lesquelles le développement est direct.

## ORDRE DES TRÉMATODES

Les Trématodes ($\tau\rho\tilde{\eta}\mu\alpha$, trou ; $\varepsilon\tilde{\iota}\delta o\varsigma$, image) sont des Vers plats dont le corps ne présente jamais la moindre trace de segmentation. Tous sont parasites, soit à l'extérieur, soit dans les organes internes d'autres animaux. Un grand nombre d'entre eux sont microscopiques, et aucun d'eux ne dépasse une longueur de 4 à 5 centimètres.

En raison de leur forme générale, il est facile de leur distinguer une face dorsale et une face ventrale. Cette dernière présente souvent une ventouse qui sert d'organe de fixation : d'autres ventouses analogues peuvent également s'observer soit à la bouche, soit à la queue. Le nombre et la situation de ces ventouses offrent d'excellents caractères pour la subdivision de l'ordre des Trématodes.

Ces animaux présentent en outre une bouche et un tube
digestif qui se divise bientôt en deux branches; celles-ci ne
tardent pas à se diviser à leur tour en un grand nombre de
ramifications se terminant toutes en cul-de-sac. Il n'existe
jamais d'anus : les résidus de la digestion doivent donc sortir
par la bouche, de même que chez les Cœlentérés, dont nous
parlerons bientôt.

L'œuf des Trématodes ne peut se développer que dans l'eau ;
dans ce milieu il donne naissance à un embryon en forme de
fer de lance, qui vit à l'état libre pendant quelque temps ; la
surface tout entière de son corps est couverte de cils vibratiles
extrêmement fins, et on ne constate la présence d'aucun orifice,
non plus que l'existence d'aucun organe. Si cet embryon rencontre un Mollusque, il pénètre dans l'intérieur de son corps
et se fixe entre ses branchies ou dans sa cavité pulmonaire.

A partir de ce moment, l'embryon subit d'intéressantes métamorphoses. Son épiderme ne tarde point à se déchirer et, à la
manière d'une chrysalide qui donne le jour à un Papillon, il
met à nu un animal de forme à peu près cylindrique, dépourvu
de cils, arrondi en avant et muni en arrière de trois saillies,
dont une médiane et deux latérales plus petites : on a donné à
cet être nouveau le nom de *Rhédie*.

La Rhédie présente une ventouse et possède déjà un tube digestif rudimentaire. On voit bientôt se former dans l'épaisseur
de son corps des amas de substance, qui se transforment en de
petits animaux ayant la forme de têtards et désignés sous le
nom de *Cercaires* : ceux-ci perforent les parois du corps de la
Rhédie et se trouvent de la sorte mis en liberté.

Le Cercaire, d'une organisation très simple et très rudimentaire, abandonne donc la Rhédie et quitte également l'animal
qui hébergeait cette dernière. Au moyen de sa queue, qui fonctionne comme une rame, il se déplace agilement dans l'eau.
Un Mollusque, un Ver, une larve d'Insecte, un Crustacé, un
Batracien ou un Poisson, en un mot un animal aquatique avale

le Cercaire : celui-ci résiste à la digestion, pénètre dans les tissus de son hôte, puis ne tarde pas à perdre sa queue, à se
ramasser sur lui-même et à s'*enkyster :* il reste dès lors immobile et ne se développe pas davantage. L'animal qui le renferme vient-il alors à être la proie d'un autre animal, surtout
d'un Vertébré, le Cercaire se trouve dans un milieu favorable à
son développement : il abandonne son kyste, et les organes
génitaux, qui lui manquaient encore, ne tardent point à se
montrer. Le Trématode, devenu adulte, se rend alors dans l'organe où il est destiné à passer le reste de son existence.

Ainsi nous voyons, dans une première génération, les œufs
donner naissance à des larves ciliées qui se transforment en
Rhédies. Celles-ci donnent naissance à leur tour, par une seconde génération, à des Cercaires qui se transforment finalement
en Trématodes parfaits, qui seront aptes à pondre des œufs.
Ces curieuses métamorphoses constituent ce qu'on appelle la
*génération alternante,* dont nous trouverons bientôt de nouveaux exemples.

Parmi les animaux qui appartiennent à l'ordre des Trématodes, nous vous signalerons tout particulièrement la *Douve du foie.* Cette espèce atteint jusqu'à 2 ou 3 centimètres de long et 1 centimètre
de large. Sa forme est celle d'une feuille de
myrte. Cet animal appartient au groupe important des DISTOMES (δίς, deux fois ; στόμα, bouche),
c'est-à-dire des Trématodes munis de deux
ventouses : en effet, à l'extrémité antérieure
du corps on voit facilement une ventouse, et il
est également aisé d'en découvrir une seconde,
à la face ventrale, un peu en arrière de la précédente.

Fig. 539. — Douve
du foie.

La Douve du foie (fig. 539) vit à l'état adulte dans les canaux
biliaires du foie du Mouton et d'autres animaux domestiques ;
elle se rencontre aussi, mais très rarement, chez l'Homme ; ses

œufs, amenés dans l'intestin par la bile, sont rejetés au dehors avec les excréments : ils ne peuvent se développer que dans. l'eau. Les Cercaires, avalés par un Mouton en même temps que l'eau, se fixent dans le corps de celui-ci et y subissent leur dernière transformation.

Un des plus curieux Trématodes est la *Bilharzie*, qui, en Égypte, est assez fréquente dans les veines de l'Homme; on ignore absolument comment elle peut s'y introduire.

Un grand nombre de Trématodes sont munis de plus de deux ventouses : ils forment le groupe des Polystomes (πολὺς, beaucoup; στόμα, bouche). Ils diffèrent encore des précédents en ce qu'ils se développent directement, sans génération alternante, et en ce qu'ils vivent en parasites sur le corps des autres animaux et non dans l'intérieur de leurs organes.

### ORDRE DES CESTODES

Les Cestodes (κεστός, ceinture; εἶδος, forme) sont des Vers plats qui, à l'état adulte, vivent en parasites dans le tube digestif des Vertébrés.

Pour nous faire une idée nette de l'organisation de ces êtres et pour bien comprendre leurs métamorphoses compliquées, prenons tout de suite un exemple et examinons une espèce qu'il est assez fréquent de rencontrer chez l'Homme, le *Tænia solium* ou *Ver solitaire*.

Cet animal vit à l'âge adulte dans l'intestin de l'Homme. Ses œufs, dont le nombre est immense, sont expulsés avec les excréments. En raison de leur grand nombre, il y a des chances pour que l'un d'entre eux soit avalé par un Porc, cet animal ayant l'habitude de fouiller du groin les tas d'ordures. Parvenu dans l'estomac du Porc, l'œuf, dans l'intérieur duquel l'embryon s'est déjà développé, ne tarde pas à subir des transformations : sa coque est détruite par les sucs digestifs et l'embryon est mis en liberté. Celui-ci est arrondi et présente à sa petite extrémité six crochets constitués chacun par une petite

baguette solide. A l'aide de ces crochets, il perfore la paroi
de l'estomac, puis chemine dans l'épaisseur des tissus ou bien
pénètre dans les vaisseaux et abandonne au courant sanguin le
soin de l'entraîner au loin. Finalement cet embryon s'arrête
dans divers organes. Il s'enkyste et augmente rapidement de
taille, tandis que les six crochets se détachent.

L'embryon, qui est à ce moment constitué par une simple
membrane distendue par du liquide, acquiert rapidement la
forme et le volume d'un gros haricot (fig. 540, e). Sa paroi se

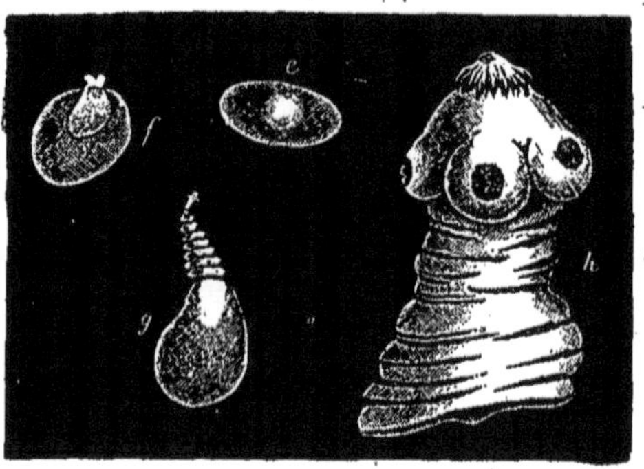



Fig. 540. — Cysticerques.

déprime alors en un point déterminé, et dans le fond de cette
dépression il est aisé de voir se former un petit bourgeon au-
dessous duquel se montre bientôt un étranglement qui constituera
le cou, le bourgeon lui-même devant être la tête, f. Celle-ci,
continuant à se développer, se creuse bientôt de quatre ventouses hémisphériques, au-dessus desquelles apparaissent en
outre deux couronnes de crochets cornés. En même temps,
le cou semble se segmenter : on voit apparaître à sa surface des
sillons transversaux qui lui donnent un aspect annelé, g, h.

Parvenu à cette période de son développement, le jeune Tænia
occasionne la ladrerie du Porc et reçoit le nom de *Cysticerque*.
Il peut rester en cet état pendant fort longtemps : tant qu'il
demeurera dans les organes du Porc, il ne subira aucune

transformation. Mais si la chair du Porc vient à être mangée crue ou insuffisamment cuite, des changements notables vont se produire. Le Cysticerque arrive dans l'intestin de l'Homme : dans ce milieu éminemment favorable à son développement, il

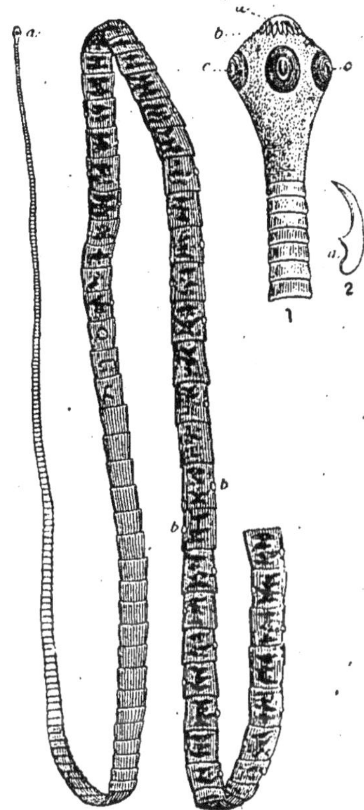

dégaine sa tête et son cou; se fixe à la paroi intestinale avec ses crochets et ses ventouses, et la poche remplie de liquide dans laquelle il était précédemment invaginé se détache finalement.

A partir de ce moment, le jeune animal va subir rapidement ses dernières transformations. Les derniers anneaux de son corps augmentent de taille et on y voit apparaître des organes génitaux, l'animal est désormais devenu adulte, le Cysticerque s'est définitivement transformé en Tænia (fig. 541).

Les œufs mûrissent vite et, aussitôt qu'ils sont mûrs, la fécondation a lieu. Pendant que ces phénomènes s'accomplissent, les derniers anneaux, qui sont toujours les plus avancés

Fig. 541. — Tænia solium. — 1, extrémité céphalique très grossie ; a, rostre ; b, couronne de crochets ; c, ventouses. — 2, crochet isolé ; a, manche. — 3, fragment d'un Tænia; a, tête ; b, pores génitaux.

en développement, grandissent beaucoup : finalement ils se détachent et, en raison de la forme sous laquelle ils se présentent quand ils sont isolés, on leur donne alors le nom de *cucurbi-*

*tains* (par comparaison avec une graine de Cucurbitacée). Ces cucurbitains sont expulsés en même temps que les excréments ; ils se putréfient bientôt et les œufs qu'ils renferment se trouvent de la sorte mis en liberté. Protégés par leur coque épaisse, ceux-ci résistent aisément aux influences extérieures : aussi, même au bout d'un temps fort long, peuvent-ils donner naissance à un embryon s'ils viennent à être avalés par un Porc. Cet embryon passera par toute la série des phénomènes que nous avons décrits.

Nous venons de voir que, au fur et à mesure de leur développement, les anneaux postérieurs se détachent. Ces anneaux apparaissent quand l'animal est encore à l'état de cysticerque : ils sont alors bien peu nombreux et l'animal ne tarderait pas être réduit à la seule tête, si celle-ci ne donnait naissance à de nouveaux anneaux, à mesure que ceux de l'autre extrémité du corps grandissent et se détachent. La production de nouveaux anneaux se fait même bien plus vite que la maturation des derniers, en sorte que le Tænia augmente considérablement de longueur. Ces animaux sont en effet, vous le savez, remarquables par leur extrême longueur, et il n'est point rare d'en rencontrer qui mesurent jusqu'à 7 ou 8 mètres et même davantage : ces immenses Vers rubanés (*Tænia*, ruban) proviennent pourtant toujours d'un œuf dont le diamètre ne dépasse pas 30 millièmes de millimètre !

D'après ce qui précède, il est évident que nous devrons trouver chez un même Tænia des anneaux à tous les degrés de développement. Ceux qui viennent immédiatement à la suite de la tête sont encore dépourvus d'organes reproducteurs ; ces mêmes organes ont au contraire atteint leur maximum de développement sur les anneaux situés à l'autre extrémité du corps. Dans les parties intermédiaires, on trouve toutes les transitions entre ces deux états extrêmes.

L'organisation des Cestodes est des plus simples. Ces Vers sont dépourvus d'organes des sens : toutefois on ne saurait refuser à la surface du corps une certaine sensibilité tactile. L'appareil digestif fait complètement défaut : ces animaux se tiennent dans des parties de l'intestin où affluent d'ordinaire les sucs élaborés par le travail de digestion; la surface de leur corps, plongeant dans ces sucs, les absorbe.

La tête, dont la forme varie avec les espèces, est à peu près hémisphérique chez le Tænia solium. Les dimensions en sont fort petites, puisqu'elle n'a qu'un demi-millimètre de largeur. Elle est surmontée d'une sorte de renflement conique connu sous le nom de *rostre*, à la base duquel on voit les deux couronnes formées chacune de 15 à 16 crochets, mais tellement rapprochées qu'elles semblent se confondre et n'en former qu'une seule. Les crochets ont la forme de petits poignards et l'on y décrit habituellement trois parties : la *poignée*, la *garde* et la *lame*. Grâce aux mouvements qu'ils peuvent accomplir, ils s'enfoncent dans les parois intestinales et contribuent de la sorte à la fixation du parasite. Au-dessus des crochets, la tête porte encore quatre ventouses hémisphériques, saillantes, déprimées au centre et munies de muscles qui, en rétractant le fond de la ventouse, déterminent une diminution de pression dans l'intérieur de celle-ci : il y a tendance au vide et la pression extérieure fait adhérer solidement l'animal à la paroi de l'intestin. C'est le même mécanisme que pour les ventouses des Sangsues et des Céphalopodes.

En outre du Tænia solium, un certain nombre d'autres Tænias peuvent se rencontrer chez l'Homme : je ne vous en citerai qu'un seul, le *Tænia inerme*, qui se distingue du précédent en ce que sa tête est dépourvue de crochets. En Angleterre, il est bien plus fréquent dans l'intestin de l'Homme que le Tænia solium ; il se rencontre dans les muscles du Bœuf à l'état de Cysticerque.

On trouve encore dans l'intestin de l'Homme, particulièrement en Suisse et dans le nord de la Russie, des Cestodes différents des Tænias et appartenant à la famille des **BOTHRIOCÉPHALES**.

Chez eux, la tête est dépourvue de crochets, et au lieu de quatre ventouses hémisphériques, n'en présente plus que deux allongées en forme de fentes profondes.

Les **ligules**, constamment dépourvues de ventouses, présentant ou non des crochets, vivent dans le tube digestif des Poissons et des Oiseaux aquatiques ; leur corps est marqué de sillons transversaux.

# EMBRANCHEMENT DES MOLLUSQUES

L'embranchement des Mollusques renferme un très grand nombre d'animaux dont la forme et la structure anatomique varient assez pour qu'il soit difficile d'indiquer d'une façon générale leurs caractères communs : aussi ce chapitre d'introduction sera-t-il forcément très bref. Ce n'est que quand nous passerons à l'étude des diverses classes de Mollusques que nous pourrons apprécier en quoi diffèrent ou se ressemblent les animaux de ce groupe.

Les Mollusques sont des animaux invertébrés, comme les Arthropodes, mais, à l'inverse de ce que nous avons vu chez ceux-ci, leur corps est toujours inarticulé ; de même, leurs appendices ne sont jamais articulés.

La forme générale des Mollusques est extrêmement variable. Le corps est mou, d'où leur nom [1]. La peau forme fréquemment des replis plus ou moins grands, que l'on désigne sous le nom de *manteau*, parce que le corps est entouré et enveloppé de ces replis exactement comme il le serait d'un habit. Le manteau donne fréquemment naissance à une production dure et pierreuse que l'on nomme la *coquille* et qui protège le corps à la manière d'une cuirasse.

La coquille présente des formes et des aspects divers, sur

---

[1] *Mollis*, mou. On les appelle encore *Malacozoaires* (μαλακός, mou ; ζῶον, animal), et la *malacologie* est l'étude des Mollusques.

lesquels nous aurons à revenir : comparez à cet égard la coquille de l'Huître et celle de l'Escargot, et vous pourrez juger déjà de sa diversité. Les formes de la coquille sont d'une grande valeur pour la classification, aussi le *conchyliologiste* leur attache-t-il une grande importance; il attribue encore une grande valeur aux colorations qu'elle peut présenter et qui, à part de légères variations individuelles, sont assez constantes dans une même espèce pour entrer en ligne de compte dans la classification. Ces colorations sont une sorte de teinture opérée par la peau de l'animal : celle-ci en effet se montre teinte d'une manière correspondante à celle de son enveloppe. Quand la coquille vient à se casser, si la lésion n'est pas trop vaste, l'animal continue à vivre et on voit se former et se consolider peu à peu un nouveau fragment de coquille qui vient combler la brèche.

Le carbonate de chaux qui imprègne la matière organique de la coquille se dépose plus abondamment à la surface interne de celle-ci; il en résulte en ce point une plus grande dureté et aussi une structure particulière; la coquille devient en effet vitreuse, chatoyante, et la couche de *nacre* peut même dans certaines espèces atteindre une grande épaisseur. La coquille, avons-nous dit, est une production du manteau : comme elle recouvre celui-ci, elle doit donc se développer par sa face profonde, en sorte que la plus externe des couches qui la composent est aussi la plus anciennement formée. Cette déduction se trouve confirmée par l'expérience, et nous en aurons la preuve quand nous parlerons des *perles:*

L'immense majorité des Mollusques sont organisés pour vivre dans l'eau et principalement dans la mer. Un petit nombre seulement sont terrestres, et ceux qui présentent ce genre de vie spécial recherchent toujours les endroits humides.

L'embranchement des Mollusques se compose de quatre classes principales : 1° Céphalopodes, 2° Gastéropodes, 3° Ptéropodes, 4° Acéphales.

# CLASSE DES CÉPHALOPODES

Les Mollusques· de cette classe sont des animaux bizarres, qui doivent leur nom (κεφαλὴ, tête; ποῦς, ποδός, pied) à ce que leur tête est surmontée par des appendices appelés *pieds* ou

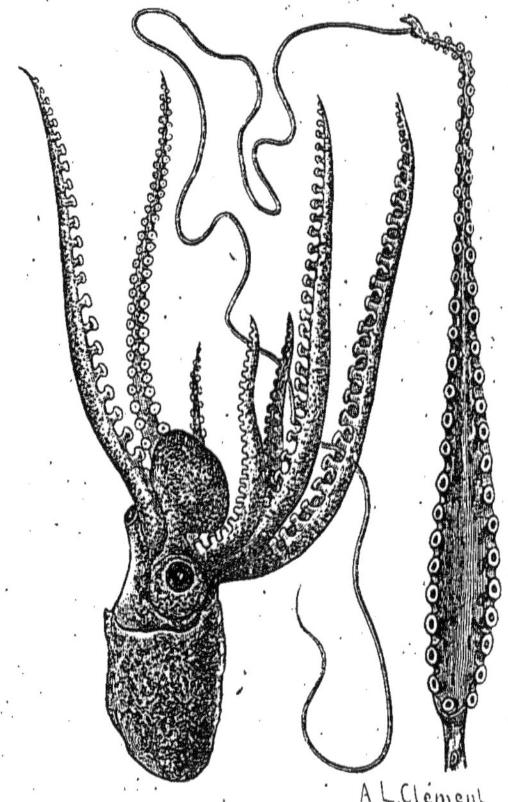



Fig. 542. — Poulpe violacé.

*bras* et qui servent à la locomotion et à la préhension. Ces bras sont couverts à leur face interne de deux rangées de *ven-*

*touses* au moyen desquelles l'animal peut se fixer solidement sur les rochers ou maintenir sa proie; ils sont au nombre de huit ou dix, suivant les cas.

. Les deux bras supplémentaires sont plus longs, plus grêles que les autres et constamment cachés dans des poches, situées sur les côtés de la tête. L'animal les déroule rapidement pour les lancer sur sa proie, qu'il saisit à l'aide des ventouses disposées à leur extrémité.

Les *Poulpes* (fig. 542) n'ont que huit bras; les Seiches (fig. 544), les Calmars (fig. 546 et 547) en ont dix.

Les Céphalopodes atteignent parfois une taille considérable, et leurs bras, qui grandissent en proportion, deviennent alors fort longs. Le Poulpe ou la *Pieuvre*, à cause de son aspect. désagréable et de la grande taille à laquelle il peut parvenir, a été accusé de toutes sortes de méfaits par les littérateurs et les poètes. Cet animal toutefois n'est point encore celui qui arrive aux plus grandes dimensions. On a vu des individus, appartenant à d'autres espèces, qui mesuraient plus de 3 mètres de longueur, et, chose vraiment surprenante, on conserve au Musée Britannique un bras de Céphalopode qui n'a pas moins de 10 mètres de longueur. Je vous ai déjà parlé de ces faits dans la classe de Huitième [1].

A la base des bras, se voit la tête : de chaque côté de celle-ci se trouve un œil volumineux dont la structure est à peu près la même que chez les Vertébrés; il présente des paupières qui peuvent se fermer. Le corps est globuleux chez le Poulpe, un peu allongé chez la Seiche, en forme de cornet chez le Calmar, d'où son nom vulgaire d'*Encornet*. La peau est marquée de taches irrégulières qui, si l'animal que vous observez est en bonne santé, changeront sans cesse de couleur en passant par des tons variables avec les espèces. Ces changements sont, comme ceux du Caméléon, dus à ce que des cellules colorées, très mobiles, se rapprochent ou s'éloignent de la surface de la peau.

---

[1] Voy. *Notions de Zoologie pour la classe de Huitième.*

Retournez maintenant l'animal, de façon que sa face inférieure devienne supérieure. Vous constaterez, à la partie de
son corps qui vous était d'abord cachée, la présence d'une
poche semblable à une poche de tablier : cette poche, formée
par un repli de la peau, n'est
autre chose que le manteau.
Fendez cette poche (fig. 543),
et dans son intérieur vous trouverez deux branchies, une de
chaque côté, G. Pour que la respiration puisse s'effectuer, il
est donc de toute nécessité que
l'eau pénètre dans la poche
abdominale : elle y arrive par
l'ouverture largement béante ;
mais lorsqu'elle doit en être
expulsée, la poche se ferme et
l'eau sort alors par un organe
conique et traversé d'un canal
dans le sens de sa longueur.
Cet organe a reçu le nom d'*entonnoir*, E : il est placé sur la
ligne médiane, au-dessus de la
poche.

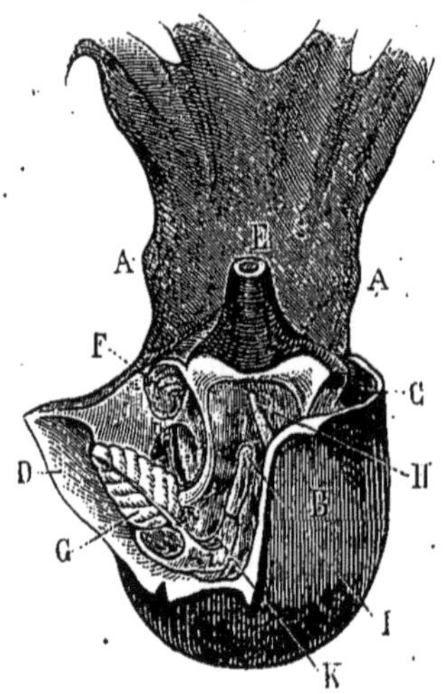

Fig. 543. — Organisation du Poulpe.
A, tête. — B, abdomen. — C, fente servant
d'orifice afférent de l'appareil respiratoire.
— D, chambre branchiale ouverte.— E, entonnoir. — F, valvule fermant l'orifice
afférent au moment de l'expiration et for-
çant l'eau expulsée à passer par l'entonnoir.—G, branchie.— H, anus. — I, orifice
de l'oviducte. — K, orifice des cellules
péritonéales.

Dans la poche viennent dé-
boucher en outre l'intestin, H, les reins, ainsi que les organes
génitaux, I. C'est là encore que se rend le canal excréteur de la
*poche à encre*, cet organe si curieux grâce auquel le Céphalopode peut se dérober aux regards de ses ennemis : menacé, le
Céphalopode vide brusquement le contenu de sa poche à encre ;
l'eau se trouble aussitôt, et l'animal profite de cet instant pour
fuir à la hâte et se retirer en lieu sûr. L'encre de la Seiche
est la base de la couleur connue sous le nom de *sépia*.

L'entonnoir, qui sert ainsi à divers usages, est encore utilisé

par l'animal pour la locomotion. L'expulsion violente de l'eau
de la poche produit un effet de recul qui permet au Céphalopode d'aller tantôt en avant, tantôt en arrière, suivant la direction qu'il donne à l'orifice de l'entonnoir.

La bouche est placée au milieu des bras. Les mâchoires sont
deux puissantes griffes cornées, rappelant assez exactement
l'aspect d'un bec de Perroquet. Dans l'intérieur de la bouche
se trouve une langue hérissée de dents disposées en rangées
symétriques, horizontales ou obliques. L'animal la promène à
la manière d'une lime sur les substances les plus dures et peut
de la sorte arriver à les user.

Les Céphalopodes ont un assez gros cerveau, entouré en
partie d'un squelette cartilagineux, dont l'analogue ne se retrouve point dans les autres classes de Mollusques. Un appareil auditif assez compliqué est logé dans ce crâne cartilagineux.

Les *Poulpes* n'ont point de coquille ni rien d'analogue, mais
la plupart des autres Céphalopodes possèdent une coquille
dont la forme et la situation répondent à deux grands types.

Chez les **Seiches** (fig. 544 et 545) et les **Calmars**, pour
examiner d'abord le cas le plus simple, la coquille est intérieure et se trouve placée dans l'épaisseur de la paroi dorsale
ou supérieure du corps. C'est un organe aplati, en forme de
plume ou lancéolé, dont la forme donne encore de bons caractères pour la classification (fig. 545). Tantôt simplement cornée
comme chez les Calmars, la coquille peut, dans d'autres cas,
s'encroûter de sels calcaires : l'*os de Seiche*, qui n'est autre
chose que la coquille de cet animal, en est un exemple remarquable. L'os de Seiche était autrefois employé en médecine;
on le suspend dans les cages et les Oiseaux vont s'y aiguiser
le bec.

Au bout de l'os de Seiche on voit une pointe de structure
assez compliquée. Cette pointe, beaucoup plus grosse chez certaines espèces fossiles, se trouve fréquemment dans les couches

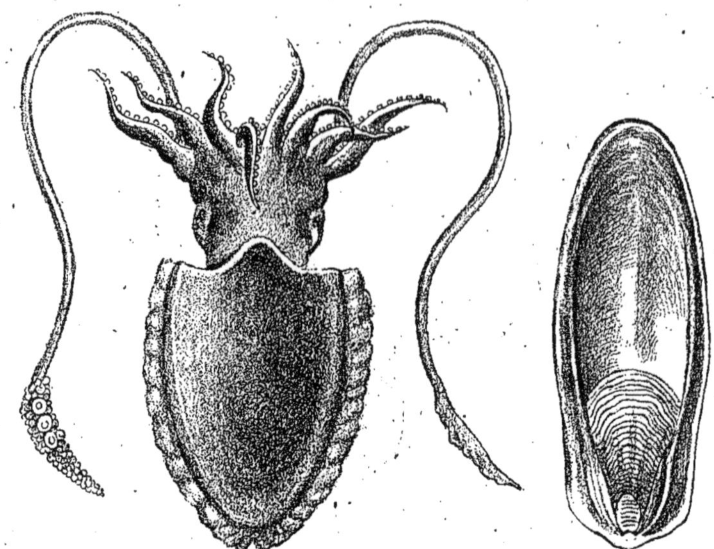

Fig. 544. — Seiche.

Fig. 545. — Os de Seiche.

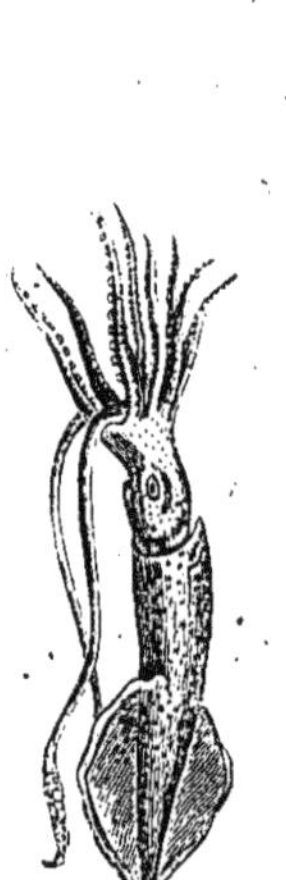

Fig. 546. — Calmar.

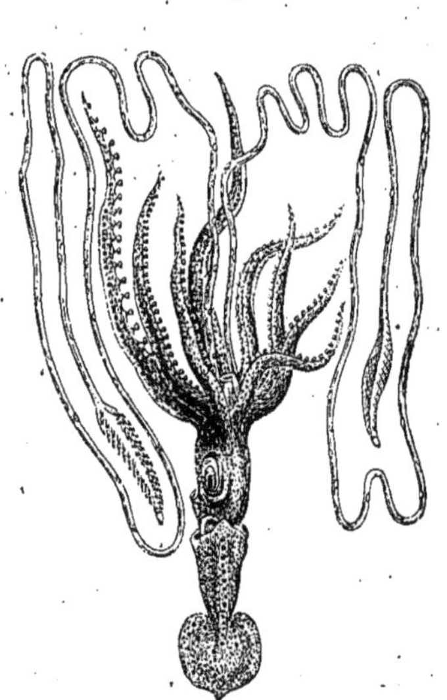

Fig. 547. — Calmaret

secondaires, où on la désigne sous le nom de *Bélemnite* (fig. 548).

Les coquilles du second type sont externes. Telle est celle des

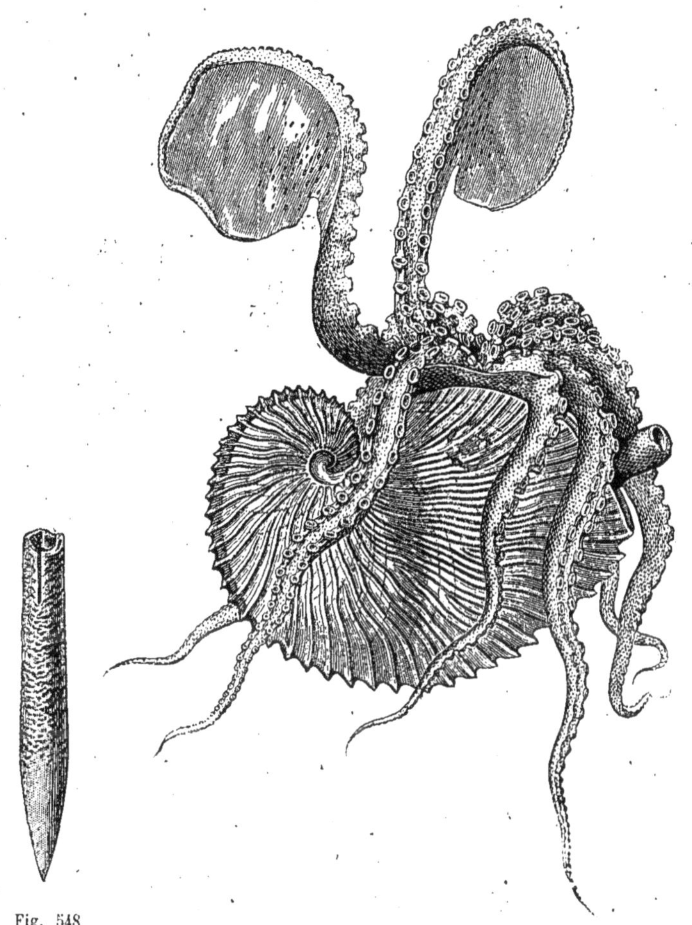

Fig. 548
Bélemnite.

Fig. 549. — Argonaute dans sa coquille.

**Argonautes** (fig. 549). Chez ces animaux, le mâle est dépourvu de coquille, mais la femelle s'abrite dans une coquille mince et en forme de nacelle. Cette coquille est tout à fait indépendante du corps, et l'animal s'y retient au moyen de deux bras très amincis, où des naturalistes fantaisistes ont cru voir des voiles et des rames.

Tous les Céphalopodes que nous avons passés jusqu'à présent en revue ne possèdent que deux branchies et huit ou dix tentacules autour de la bouche. On les réunit en un ordre des **CÉPHALOPODES DIBRANCHIAUX.**

Il nous reste à examiner encore un groupe intéressant de

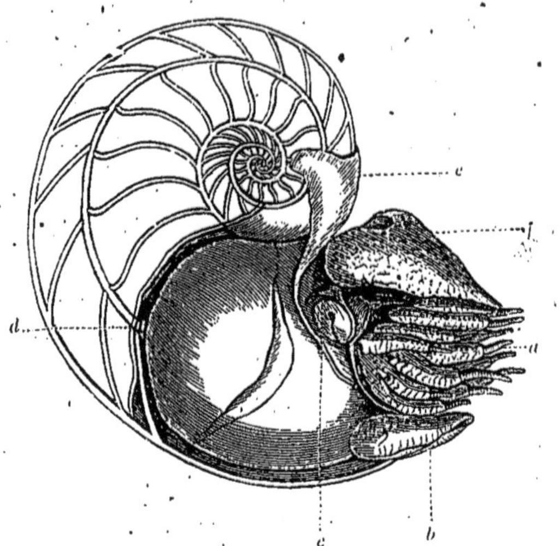

Fig. 550. — Nautile.— *a*, tentacules. — *b*, entonnoir. — *c*, œil. — *d*, siphon.
*e*, manteau. — *f*, capuchon céphalique.

Céphalopodes qui se distinguent des précédents par la présence de quatre branchies et de nombreux tentacules : ce sont les **CÉPHALOPODES TÉTRABRANCHIAUX.**

Cet ordre n'est plus actuellement représenté que par le seul genre **Nautile** (fig. 550), qui se rencontre dans la mer des Indes. Mais il comprenait autrefois un grand nombre de formes dont on retrouve les restes dans les différents terrains, depuis les plus anciens jusqu'au crétacé.

Chez tous ces animaux, la coquille est externe et divisée en

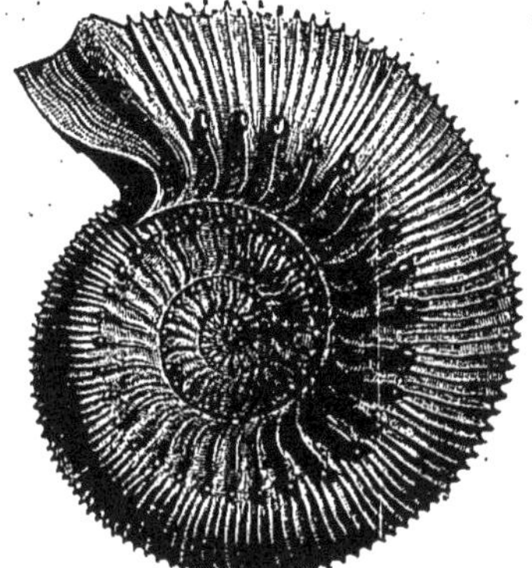

Fig. 551. — Ammonite.

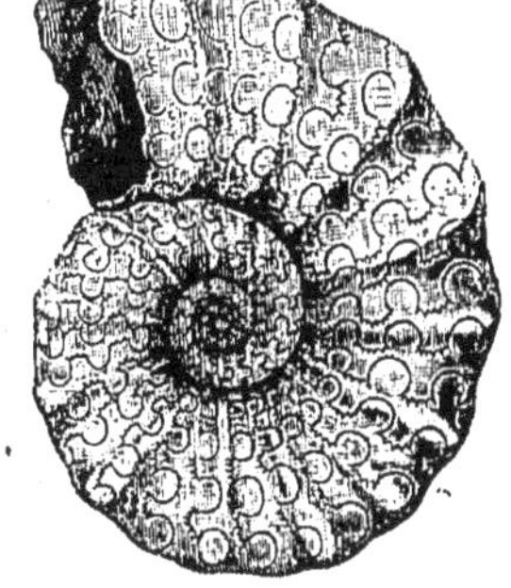

Fig. 552. — Cératite.

un grand nombre de loges par des cloisons transversales plus ou moins sinueuses. La chambre antérieure, comprise entre l'orifice de la coquille et la première cloison, est occupée par l'animal. Les autres chambres restent en communication avec la première par le *siphon*, sorte de tube qui traverse toutes les cloisons transversales et qui renferme un prolongement du corps de l'animal.

Fig. 553. — Turrilite.

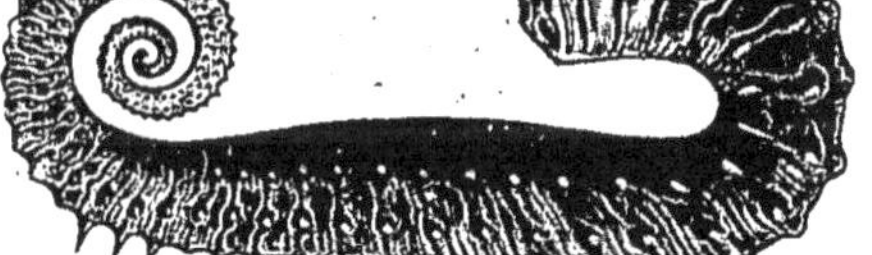

Fig. 554. — Ancylocéras.

La forme de cette coquille est extrémement variable. Chez

les **Nautiles** et les **Ammonites** (fig. 550 et 551), elle est enroulée sur elle-même, dans un même plan ; chez les **Turrilites** (fig. 553), elle est également enroulée, mais en spirale, en tire-bouchon ; chez les **Orthoceras**, au contraire, elle ne s'enroule point et reste absolument rectiligne.

Tous les Céphalopodes sont marins. Ces animaux sont extrêmement voraces et se nourrissent de la chair d'autres habitants de la mer. Eux-mêmes deviennent la proie des grands Oiseaux, des Poissons et surtout des Cétacés. Certaines espèces enfin sont comestibles : on en mange beaucoup sur les bords de la Méditerranée.

## CLASSE DES GASTÉROPODES

La Classe des Gastéropodes (γαστήρ, ventre ; πούς, ποδός, pied) comprend tous les Mollusques qui marchent en se traînant sur le ventre. Comme les caractères présentés par ces animaux sont assez variables, il est nécessaire de commencer par étudier l'un d'eux avec détails ; après, il nous sera facile de comprendre les différences d'organisation que présentent les autres animaux de ce groupe.

Vous connaissez tous l'*Arion roux* (fig. 555), si abondant dans

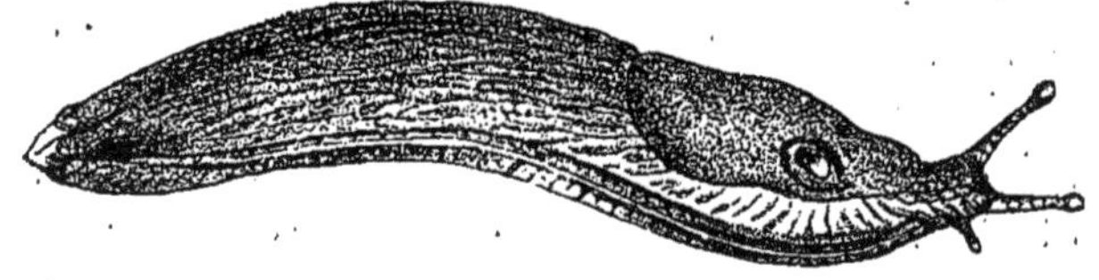

Fig. 555. — Arion roux.

les bois humides, les prés et les jardins. Quand on vient à le saisir, il se contracte fortement ; mais bientôt, si on l'a laissé en repos, il commence à s'étendre. Tout d'abord on voit apparaître la tête avec ses deux paires de tentacules. Ces tentacules ne sont point tous de même taille : on en distingue deux petits, qui servent d'organes du toucher, et deux grands qui portent chacun un œil à leur extrémité. Touchez l'un de ces tentacules, vous le verrez aussitôt se raccourcir et s'enfoncer dans la profondeur de la tête, à la façon d'un doigt de gant que l'on retournerait.

L'animal se traîne bien réellement sur son ventre et le nom de *Gastéropode* est donc bien justifié. On a donné le nom de *pied* à cet organe de progression, mais cette dénomination n'indique aucune analogie de structure ou d'aspect avec le pied des Vertébrés. Le pied de l'Arion est presque entièrement formé d'une épaisse couche musculaire, et c'est à la contraction de celle-ci que l'animal doit de se rétracter comme il le fait quand on le prend. Le pied renferme en outre, à sa partie postérieure, une glande volumineuse qui produit ces traînées brillantes que l'animal laisse derrière lui comme trace de son passage.

Le dos est divisé nettement en deux régions : la postérieure est reconnaissable aux nombreux plis longitudinaux qui la sillonnent; l'antérieure, légèrement bombée, n'est autre chose que le *manteau*. Le manteau n'est pour ainsi dire qu'un toit placé au-dessus du corps de l'animal, et n'est adhérent que par ses bords. Fendez-le avec précaution, et vous tomberez dans une cavité qui le sépare de la paroi véritable du corps. Cette cavité, remplie d'air, communique avec l'extérieur par un large orifice qui se trouve sur le côté droit de l'animal : c'est le *poumon*, et son orifice prend le nom d'*orifice respiratoire*.

L'Arion est donc un *Gastéropode pulmoné*. Ce point est important à retenir, car nous verrons qu'il est d'autres Gastéropodes qui respirent au moyen de branchies; il a même permis d'établir dans la classe des Gastéropodes deux grandes divisions sur lesquelles nous aurons à revenir.

Nous avons vu déjà que la coquille était une production du manteau. Chez l'Arion, elle fait complètement défaut; chez la *grande Limace grise* (fig. 556), elle existe, mais à l'état rudimentaire, et demeure cachée dans l'épaisseur du manteau ; chez la *Testacelle* (fig. 557), elle est encore fort petite, mais elle est extérieure et se voit à la partie postérieure du dos : enfin,

Fig. 556. — Limace.

chez le plus grand nombre des Gastéropodes, elle acquiert

Fig. 557. — Testacelle.

un grand développement : témoin l'*Escargot,* pour ne citer qu'un exemple.

Les coquilles assez développées pour que l'animal puisse s'y loger en entier peuvent être ramenées à deux formes principales, abstraction faite des appendices essentiellement variables dont elles sont ornées dans certains cas. Elles peuvent être consti-

Fig. 558. — Escargot (Hélice vigneronne).

tuées par un simple cône, comme chez la *Patelle,* ou bien ce cône s'enroule sur lui-même, et c'est le cas le plus général.

L'enroulement de la coquille se fait de façons diverses. Tantôt elle se contourne en une spirale dont tous les tours de spire se touchent et sont d'autant plus petits qu'ils s'éloignent davantage de l'ouverture. Les coquilles de ce genre ressemblent donc à un escalier circulaire dont tous les tours iraient en se rétrécissant, l'axe creux ou plein, autour duquel se fait l'enroulement de la coquille, correspondant à celui de l'escalier. Les **Escargots** (fig. 558), les **Paludines**, les **Buccins**, etc., vous offriront des coquilles conformées comme nous venons de le dire.

Dans d'autres cas, la coquille s'enroule encore sur elle-même, mais dans un même plan. Les **Planorbes**, si communs dans tous les étangs, vous en donneront un excellent exemple (fig. 561). Il serait facile de vous signaler encore un grand nombre de formes affectées par les coquilles, mais ce sont là les principales.

Chez certains Gastéropodes, la nacre qui se trouve à la face interne des coquilles est assez belle et assez pure pour pouvoir être travaillée par les artistes qui la gravent et en font des camées.

Quelquefois l'animal porte à la partie postérieure de son pied une plaque calcaire qui, lorsqu'il rentre dans sa coquille, vient en boucher exactement l'ouverture. Les **Escargots** n'ont point d'opercule, mais on en rencontre chez les **Cyclostomes** (fig. 559), petits Gastéropodes terrestres qui vivent dans la mousse, et chez les **Paludines**, communes dans nos marais.

Fig. 559.
Cyclostome.

Quand arrive le froid ou quand ils sont privés de nourriture, les Gastéropodes terrestres dépourvus d'opercule se rétractent dans leur coquille et en ferment l'ouverture avec une cloison plus ou moins épaisse qui n'est autre chose que du mucus desséché et consolidé, grâce à la grande proportion de parties calcaires qu'il contenait.

La bouche se trouve située à l'extrémité de la tête, un peu au-dessous des petits tentacules. A sa face supérieure et immédiatement en arrière d'un repli en forme de lèvre, elle est armée d'une sorte de mâchoire de consistance cornée, à l'aide de laquelle l'Arion coupe les substances végétales dont il se nourrit. Dans l'intérieur de la bouche, on trouve la langue dentée. La puissance de ces dents est vraiment remarquable, puisque c'est par leur seul usage que les Gastéropodes marins carnassiers parviennent à perforer les coquilles d'autres Mollusques dont ils recherchent la chair. L'intestin, qui est assez compliqué et dont nous ne pouvons étudier en détail la disposition, vient s'ouvrir au dehors par un orifice qui est placé à droite, en arrière et tout près de l'orifice respiratoire.

Nous avons vu déjà qu'on peut diviser les Gastéropodes en deux groupes, suivant qu'ils respirent par un poumon ou par des branchies.

Le groupe des **GASTÉROPODES PULMONÉS** comprend toutes les espèces terrestres et un certain nombre d'espèces d'eau

Fig. 560. — Limnée des étangs.          Fig. 561. — Planorbe.

douce. Les **Limnées** (fig. 560) et les **Planorbes** (fig. 561), que l'on trouve en abondance dans nos rivières et nos étangs, représentent les principales espèces aquatiques. Quant aux espèces terrestres, elles forment les genres **Limace**, **Arion**, **Testacelle**, **Hélice**. C'est à la famille extrêmement nombreuse des Hélices qu'appartiennent le gros *Escargot comestible* et les *Limaçons*, plus petits, mais aussi ornés de couleurs plus vives, que l'on rencontre si fréquemment dans les jardins.

Parmi les espèces d'eau douce, nous devons vous mentionner tout spécialement les **Paludines**, qui sont vivipares.

Près des Paludines viennent se placer les **Cérithes** (fig. 562). Ces animaux, que l'on rencontre encore dans les mers de la Nouvelle-Hollande, disparaissent rapidement de la surface du globe; ils sont actuellement peu nombreux et n'ont plus d'importance.

Nous ne vous les aurions pas cités, s'ils n'avaient joué un rôle considérable dans l'histoire de la terre : à l'époque où se formait le terrain tertiaire, ils étaient ex-

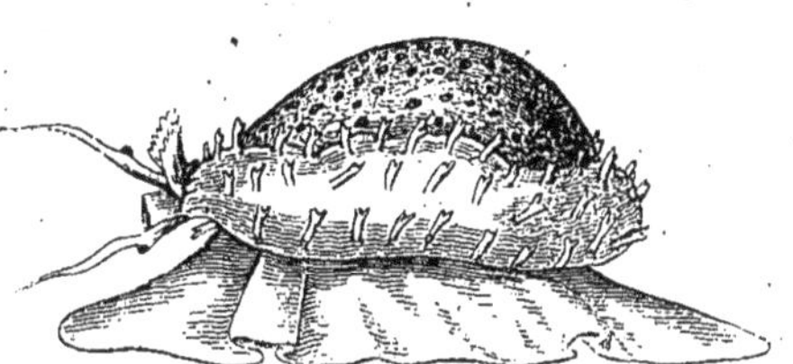

Fig. 562. — Cérithe.                    Fig. 563. — Porcelaine.

trêmement abondants, et l'on retrouve en grande quantité leurs restes fossilisés dans les diverses couches de ce terrain.

Citons encore, parmi les espèces marines, les **Porcelaines** (fig. 563), les **Tritons**, les **Cônes**, les **Olives** (fig. 564), les **Toupies**, les **Volutes** (fig. 565), les **Buccins**, les **Pourpres**, les **Murex**. Ces derniers animaux méritent de nous arrêter un instant. Dans la paroi de leur cavité palléale, on trouve une glande spéciale qui fournit une liqueur qui a été longtemps utilisée en teinturerie : c'est la *pourpre*; dont les anciens faisaient grand cas.

Les **Haliotides** (ἅλιος, marin; οὖς, ὠτός, oreille; εἶδος, ressemblance), qu'on appelle encore *Ormiers* ou *Oreilles de mer*, sont remarquables par la forme de leur coquille, qui rappelle en effet celle d'une oreille : la coquille présente en outre une rangée de trous sur l'un de ses bords.

Au bord de la mer on mange un assez grand nombre d'espèces de Gastéropodes. Parmi les espèces terrestres, on ne s'adresse guère qu'aux Hélices, et c'est l'*Hélice vigneronne* que l'on choisit de préférence. L'usage de ces animaux est fort ancien : les Romains en faisaient grand cas, et même ils avaient construit des parcs spéciaux ou *escargotières* [1]

Fig. 564. — Olive.     Fig. 565. — Volute.

où ils les engraissaient. Des navires venaient habituellement sur les côtes de la Ligurie chercher des quantités considérables d'Escargots pour la consommation de Rome.

A la fin du siècle dernier, on expédiait annuellement d'Ulm, par le Danube, plus de dix millions d'Escargots qu'on engraissait dans des jardins ou des escargotières, et qu'on envoyait ensuite, par tonneaux de dix mille, pour être consommés, pendant le carême, dans les couvents de l'Autriche. Un commerce

[1] Pline le Naturaliste écrit ceci : « *Cochlearum vivaria instituit Fulvius Hirpinus in Tarquiniensi, paulo ante civile bellum, quod cum Pompeio magno gestum est.* »

semblable avait lieu avant la Révolution sur les côtes de la Saintonge et de l'Aunis. On exportait tous les ans, en tonneaux, pour les Antilles, un nombre prodigieux d'Escargots. En 1825, ce commerce avait déjà beaucoup diminué ; de nos jours, il n'existe plus.

## CLASSE DES PTÉROPODES

Les Ptéropodes (πτερόν, aile ; πούς, ποδός, pied) constituent une classe peu nombreuse et peu intéressante de petits Mollusques marins. Ils doivent leur nom à deux expansions membraneuses en forme d'ailes ou de rames qu'ils présentent au voisinage de la tête. Quelques espèces se tiennent réunies par bancs. Les **Clios** et les **Limacines**, qui habitent les mers polaires, sont la proie des Baleines franches. Les autres espèces principales sont les **Hyales**

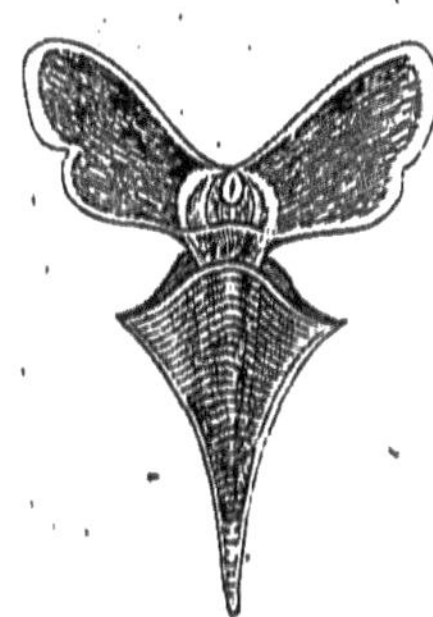

Fig. 566. — Hyale.

(fig. 566), les **Cuviéries**, les **Cléodores**.

## CLASSE DES ACÉPHALES

Tous les Mollusques étudiés jusqu'à présent présentaient une tête nettement différenciée : ceux dont nous devons maintenant nous occuper sont au contraire dépourvus de tête ; de là leur nom d'Acéphales (α, privatif ; κεφαλή, tête).

Ces animaux, parmi lesquels on rencontre les Huîtres et les Moules, sont tous protégés par une *coquille à deux valves*. La coquille peut être ornée de couleurs ou de stries, d'appendices plus ou moins développés. La forme n'est pas moins variable : les deux valves peuvent être identiques, comme chez la Moule, ou bien l'une est plate alors que l'autre est fortement bombée, comme dans la coquille de Saint-Jacques. De même, la coquille peut être plus ou moins circulaire comme dans l'Huître, ou bien s'allonger considérablement comme chez ces animaux que l'on désigne sous le nom de *couteaux*, et qu'il est si fréquent de rencontrer au bord de la mer.

A l'endroit où les deux valves se réunissent, à leur articulation, elles présentent chacune des dents, des éminences plus ou moins compliquées, dont les naturalistes tiennent grand compte pour la classification. Les deux valves sont en outre réunies par un ligament chitineux qui, lorsque rien ne vient contre-balancer son action, maintient la coquille entre-bâillée. Lorsque l'animal veut fermer sa coquille, il lui faut contracter fortement les muscles préposés à cet usage, aussi se lasse-t-il très vite.

Chez les Acéphales, le manteau est très développé. Entr'ouvrez une Moule, vous remarquerez une membrane qui tapisse, mais sans y adhérer bien fortement, toute la face interne de la coquille : cette membrane n'est autre chose que le manteau. Elle se termine par un bord festonné qui suit, bien qu'à une certaine distance, le bord de la coquille elle-même. Si vous cherchez à détacher le manteau, vous y réussirez sans peine jusqu'au voisinage de l'articulation des deux valves; mais en ce point, vous reconnaîtrez que l'adhérence est plus intime; vous constaterez en outre que le manteau, bien distinct du reste du corps en tout autre point, est au contraire, à ce même niveau de la charnière, intimement uni à la masse du corps. Le corps de la Moule peut donc être comparé en quelque sorte à un livre qui serait recouvert de deux reliures superposées : l'externe est représentée par la coquille, l'interne par le manteau.

Si vous avez eu soin d'entr'ouvrir votre Moule sous l'eau, de façon que les organes les plus délicats puissent flotter, vous remarquerez encore, en dedans de chacune des lames du manteau, deux rubans ou lamelles délicates, courant tout le long du corps de l'animal et ressemblant assez à une plume dont les barbes seraient fort ténues. Ces organes sont les branchies.

Entre les deux paires de branchies, vous observez enfin la

masse du corps. Mais ce qui attire tout d'abord vos regards, c'est un gros tubercule dont la coloration noire tranche fortement sur la teinte claire des autres organes. On connaît ce tubercule sous le nom de *pied*; c'est lui en effet qui est l'organe de la locomotion et de la fixation. De son sommet vous voyez partir un certain nombre de filaments dont l'extrémité se fixe fortement sur les corps auxquels la Moule adhère. Ce faisceau de filaments a reçu le nom de *byssus*. Il n'existe point chez tous les Acéphales : la Moule, par exemple, le possède, tandis que l'Huître en est dépourvue. Le pied lui-même est du reste absent aussi dans certains cas.

Les sens semblent être assez obtus chez les Acéphales. L'absence de tête entraîne l'absence d'yeux et d'oreilles caractérisés. Si l'on vient à toucher le manteau, on le voit se rétracter : preuve que la sensibilité tactile est néanmoins un peu développée.

La masse du corps comprend tous les organes de la circulation, de la digestion, ainsi que le système nerveux. Leur anatomie est trop délicate pour que nous y insistions. Nous appellerons simplement votre attention sur deux particularités qui nous permettront d'établir des divisions dans cette classe nombreuse des Mollusques acéphales.

Vous savez déjà, par ce que nous avons dit plus haut, que la coquille ne se ferme que grâce à la contraction de muscles puissants. Lorsqu'on veut ouvrir une Huître, on ne fait pas autre chose, après avoir ouvert l'articulation, que de chercher à couper les muscles qui vont d'une valve à l'autre, comme un pilier va du plancher au plafond d'une chambre. Votre Huître ouverte, le muscle se présente à vous sous l'aspect d'un gros organe charnu et nacré qui s'attache au centre même de chacune des valves et qui traverse de part en part le corps de l'animal : ici le muscle est très volumineux, mais unique. Si vous examinez maintenant une Moule, vous trouverez deux muscles au lieu d'un.

Une division plus importante, basée sur d'autres particularités anatomiques, est la suivante. Dans la Moule, que nous avons surtout étudiée jusqu'à présent, nous avons trouvé les bords du manteau absolument libres et non soudés. Si nous avions examiné une Praire ou une Palourde, nous aurions vu au contraire qu'ils sont soudés et réunis à l'une des extrémités de la coquille, de façon à constituer un cul-de-sac d'où partent deux tubes ou *siphons* (fig. 572); ceux-ci sortent au dehors lorsque l'animal entr'ouvre sa coquille, et l'eau amenée par l'un des siphons jusqu'aux branchies est ensuite expulsée par l'autre.

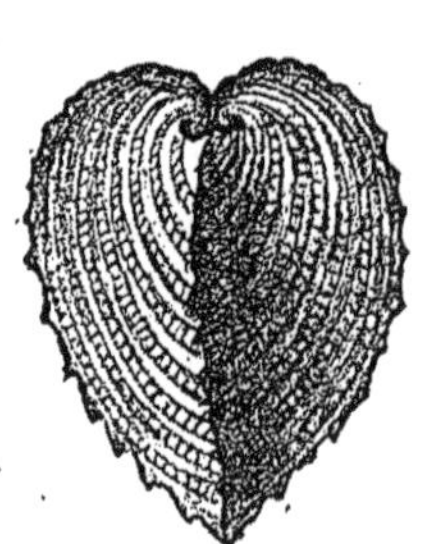

Fig. 567. — Bucarde cœur de Vénus.

Fig. 568. — Peigne.

La présence ou l'absence des siphons a permis de diviser les

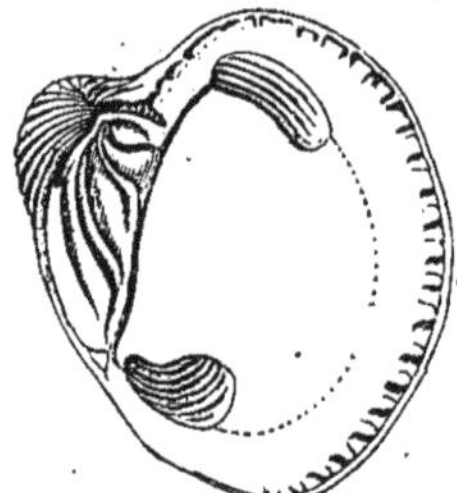

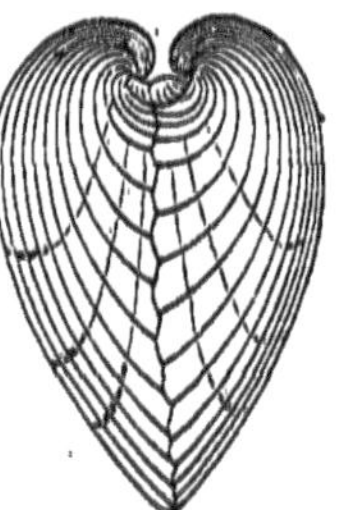

Fig. 569. — Cardite à côtes planes.

Acéphales en *Asiphoniens* et en *Siphoniens*. Les **ASIPHONIENS** sont les **Huîtres**, les **Peignes** (fig. 568), auxquels appartient la *coquille de Saint-Jacques*, les **Pintadines** ou *Huîtres per-*

*lières*, les **Moules**, les **Anodontes** et les **Unios**. Les Anodontes et les Unios sont appelées communément *Moules d'eau douce*, et, de toutes les espèces que nous venons de citer, seules elles ne sont point marines.

Le groupe des **SIPHONIENS**, beaucoup plus nombreux que le précédent, comprend les **Bucardes** (fig. 567), les **Praires**, les **Palourdes**, les **Myes**, les **Couteaux**, les **Arrosoirs**, les **Pholades**

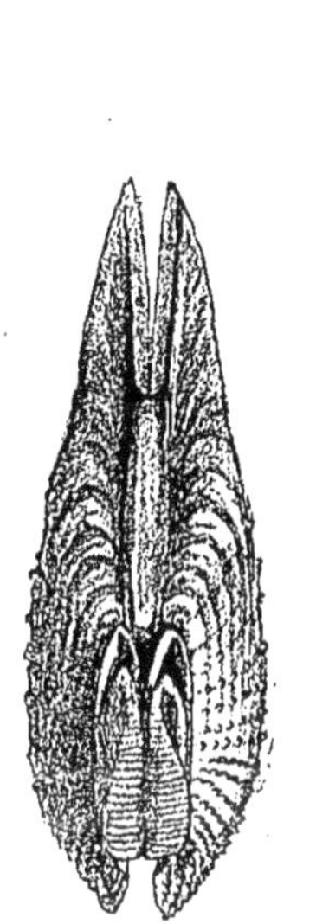

Fig. 570. — Pholade.

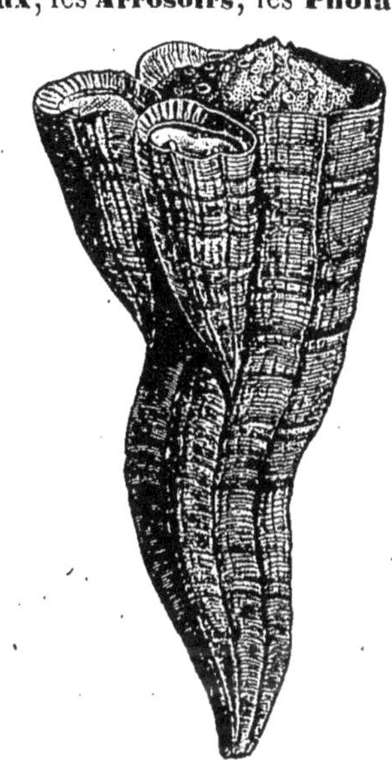

Fig. 571. — Hippurite.

(fig. 570), les **Tellines** (fig. 572), etc. A ce groupe se ratta-

Fig. 572. — Telline.

chent encore les **Hippurites** (fig. 571), aujourd'hui complètement anéantis, et dont les formes nombreuses se rencontrent en si grande abondance à l'état fossile dans le terrain crétacé.

**Ostréiculture.** — Un grand nombre d'Acéphales sont comestibles : nous les avons cités pour la plupart, mais les Huîtres et les Moules méritent une mention spéciale, et nous devons vous dire quelques mots de ces animaux et du commerce dont ils sont l'objet.

Les **Huîtres**, qui entrent pour une si grande part dans notre alimentation, semblent avoir été de tout temps un aliment de choix. Les Romains en faisaient une grande consommation et ils avaient trouvé le moyen de les cultiver comme ils cultivaient les Poissons. Toutefois, ils trouvaient aux Huîtres de l'Océan un goût plus fin et plus savoureux qu'à celles de la Méditerranée, et ils dépensaient des sommes considérables pour faire venir jusqu'à Rome celles des côtes d'Angleterre.

Depuis un temps assez court, l'*ostréiculture* a pris chez nous un grand développement, ainsi que dans certains autres pays d'Europe et d'Amérique, notamment en Italie, en Portugal, en Angleterre, en Belgique, en Hollande et aux États-Unis. En France, on trouve l'industrie huîtrière organisée sur un grand nombre de points du littoral, aussi bien de la Manche que de l'Océan ou de la Méditerranée. Toutefois, les bancs d'Huîtres les plus renommés sont ceux de Cancale, de Boulogne, de Granville, de Saint-Brieuc, de Brest, de la Rochelle, de Rochefort, de l'île de Ré, de l'île d'Oléron, de Marennes, de Toulon, de la Corse, etc. Les Huîtres qu'on y cultive sont toutes les variétés d'une même espèce, ayant acquis des caractères particuliers par suite de l'élevage. La différenciation est actuellement allée si loin que les diverses variétés diffèrent considérablement entre elles non seulement par la forme et la taille, mais encore par l'aspect et la saveur de la chair.

Toutefois, malgré la fécondité merveilleuse de ces Mollusques, les bancs d'Huîtres des côtes de France s'appauvrissent successivement ; mais il faut bien reconnaître que ce résultat fâcheux est dû en grande partie aux ostréiculteurs eux-mêmes, qui n'ont point su prendre peut-être toutes les précautions auxquelles ils auraient dû recourir.

L'Huître, en effet, est d'une culture facile : un fond solide, sableux ou rocailleux, et une eau claire lui suffisent. Mais si l'éleveur laisse envahir les bancs par la vase, les Huîtres, qui sont incapables de mouvement, ne tarderont point à être englouties et à périr.

Parmi les animaux, des ennemis de toutes sortes entourent les Huîtres et cherchent à en faire leur proie : ce sont les Crabes, les Oursins, les Astéries, les Éponges; ces dernières ne sont, pour ainsi dire, point des ennemis actifs, elles font périr les Huîtres simplement parce qu'elles sont venues se fixer sur leur coquille, comme elles l'eussent fait sur tout autre corps solide. Enfin, les Huîtres ne sont point à l'abri des attaques des autres Mollusques : il est certaines espèces de Murex, qu'on désigne ordinairement sous le nom de *Rocher* ou de *Bigorneau perceur*, dont la langue est assez puissante pour percer la coquille des Huîtres; la Nasse ou *Courmailleau* est tout aussi redoutable.

Les meilleurs fonds naturels pour l'ostréiculture sont ceux qui présentent une couche de sable fin peu épaisse et formée de débris de coquille pulvérisés par l'action du flux et du reflux; il faut encore que ce fond si propre soit parsemé, comme pavé de fragments plus gros de pierres et de coquillages sur lesquels les Huîtres puissent trouver un point d'appui. Une bordure voisine de rochers est encore une bonne condition, l'eau, par suite du battage incessant des flots, se chargeant d'une plus grande quantité d'air. Si enfin le banc est installé au voisinage d'une rivière dont l'eau douce vienne apporter à la mer le tribut de ses gras détritus, le banc ne pourra manquer de prospérer.

Les fonds sur lesquels sont installés les bancs d'Huîtres, du moins ceux de la Manche et de l'Océan, restent ordinairement plus ou moins à découvert lors de la marée basse. La culture et les diverses opérations qui s'y rapportent y sont beaucoup plus faciles que dans les cas où le banc est toujours immergé; d'autre part, les fonds toujours immergés s'envasent facilement et l'élevage s'y fait avec peu de succès, sauf dans les cas où, comme en certains points du littoral méditerranéen, de forts courants existent, qui s'opposent à l'envasement.

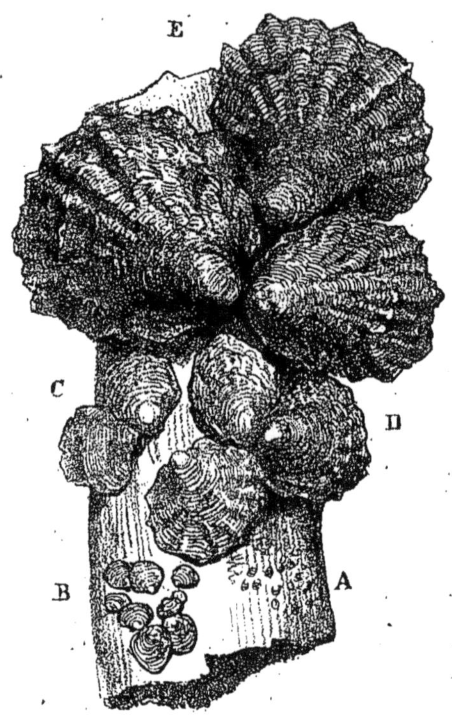

Fig. 573. — Huîtres de différents âges fixées à la fascine.

Ce ne sont point seulement les rivages qui peuvent servir à l'ostréiculture. Quand ils répondent aux conditions que nous avons énoncées, les étangs salés, tels que ceux de Cette et de Montpellier, semblent spécialement bien disposés pour l'élevage des Huîtres, et, de fait, les résultats excellents qu'on en a retirés déjà sont des plus encourageants.

Quand la culture doit se faire sur un point du littoral aménagé à cet effet par la main de l'Homme, dans un bassin naturel ne communiquant avec la mer que par un étroit canal, ou dans un bassin purement artificiel dans lequel on amène ou retient l'eau, suivant les besoins, à l'aide d'un système d'écluses, comment s'y prend-on pour peupler d'Huîtres ce parc qui en était primitivement dépourvu? Ce qu'on apporte dans ce parc, ce ne sont point des Huîtres déjà grandes, pêchées en mer sur un banc naturel difficile à exploiter, mais bien le *naissain*, c'est-à-dire les jeunes Huîtres qui viennent de sortir de l'œuf. On les pêche de la façon suivante : un fagot de bois est jeté dans la mer au niveau du banc dont on veut récolter les jeunes. Ceux-ci, dès qu'ils éclosent, sont d'abord errants, jusqu'à ce qu'ils aient trouvé pour se fixer un endroit convenable : ils rencontrent alors les branchages et se fixent sur eux (fig. 573). Lorsqu'au bout de quelques mois on retire la fascine, on la trouve couverte de jeunes Huîtres, mesurant déjà de 2 à 3 centimètres, et qu'il est facile de transporter dans le parc qu'on leur a préparé. Il est fréquent de récolter de la sorte jusqu'à 20 000 Huîtres sur une même fascine.

Comme moyen collecteur du naissain, on emploie encore des planchers formés de tuiles creuses ou de planches de sapin, et auxquelles on peut donner les dispositions les plus diverses. On a soin de ne jamais placer ces planches directement sur le sol, pour éviter leur envasement, mais on construit d'ordinaire pour les supporter des échafaudages plus ou moins compliqués.

L'ostréiculture n'a pris en France le grand développement qu'elle présente maintenant que sous l'impulsion de Coste, à qui, comme nous l'avons vu, nous devons également le renouveau et les progrès de la pisciculture. Cette industrie, en raison du peu de dépenses qu'elle occasionne et en raison aussi de la haute valeur qu'ont atteinte les Huîtres dans ces dernières années, est une des plus lucratives qui se puissent imaginer. On peut estimer que chaque hectare de parc rapporte annuellement un bénéfice net de 12 à 15 000 francs.

**Mytéliculture.** — Les **Moules** se trouvent en abondance dans toutes les eaux salées d'Europe, et surtout sur les côtes rocheuses de la Bretagne et de la Normandie. Toutefois elles n'y grossissent guère et engraissent encore moins : aussi n'est-ce point là qu'on a établi les parcs de culture. C'est sur les côtes vaseuses de l'Océan que l'engraissement a lieu.

Cette industrie a été imaginée, il y a environ huit siècles,

Fig. 574. — Bouchots.

par un naufragé irlandais du nom de Walton, qui s'était établi dans la petite baie de l'Aiguillon ; depuis, elle est restée localisée en ce seul endroit de nos côtes, malgré les bénéfices considérables qu'elle ne manquerait pas de rapporter si on l'introduisait en divers autres point du littoral, là où il y a des vasières.

Walton inventa les *bouchots* (fig. 574), c'est-à-dire qu'au niveau des basses marées il traça de grandes palissades convergentes vers la haute mer et semblables à la première lettre de son nom. Les côtés de ces W immenses se prolongent de 200 mètres au moins sur le rivage et s'écartent les uns des autres, sous un angle de 45°. Chacun des côtés de ces palissades est formé de pieux plantés à la distance d'un mètre les uns des autres, et dont les intervalles sont remplis de branchages entrelacés.

Les pieux des bouchots émergent d'environ 2 mètres 50 au-dessus de la vase. Le clayonnage s'arrête à environ $0^m,20$ au-dessus du sol, de manière à permettre à l'eau de circuler librement pendant les mouvements de la marée.

Les bouchots ainsi constitués ne sont jamais complètement submergés qu'à marée haute. Au moment du reflux, ils sont d'autant plus découverts qu'on s'élève davantage sur la plage. De là une division des bouchots en trois parties, établie par les éleveurs de Moules : la partie des bouchots qui s'éloigne le plus de la mer prend le nom de *bouchot d'amont*, la partie médiane celui de *bouchot bâtard* ou *milloin;* la dernière partie enfin, qui demeure toujours plus ou moins submergée, s'appelle *bouchot d'aval;* généralement le bouchot d'aval se compose simplement de pieux très rapprochés et ne supportant plus aucun clayonnage.

En février ou mars, lorsque les Moules qui vivent sur les rochers voisins et qu'on ne cultive pas, viennent à se débarrasser de leurs petits, ceux-ci, emportés par les vagues, se dispersent un peu à l'aventure ; ils rencontrent les bouchots et s'y fixent. Le *renouvelain* qui s'est arrêté sur les bouchots d'amont et sur le milloin ne tarde pas à périr, parce qu'il est trop faible pour résister aux assèchements qu'il doit continuellement subir ; celui qui s'est fixé sur les bouchots d'aval se développe au contraire et grandit avec rapidité.

Vers le mois de juillet, ce naissain présente déjà la taille d'un haricot : on le détache alors des bouchots d'aval et on le 

porte sur le clayonnage des bouchots bâtards : il s'y attache
bientôt solidement à l'aide de son byssus. A partir de ce moment, les Moules croissent rapidement.

Au bout d'un an, les Moules sont assez grosses pour pouvoir
être vendues : on les transporte alors sur les bouchots d'amont,
où elles demeurent jusqu'à ce que la consommation les ré-
clame.

Un bouchot bien peuplé fournit ordinairement, suivant la
longueur de ses ailes, de quatre cents à cinq cents charges de
Moules, c'est-à-dire une charge par mètre. La charge est de
150 kilogrammes et se vend 5 francs. Un seul bouchot porte
donc une récolte d'un poids de 60 à 75 000 kilogrammes, et
d'une valeur pécuniaire de 2000 à 2500 francs ; d'où il suit
que la récolte de tous les bouchots réunis s'élève au poids de
30 à 37 millions de kilogrammes qui, sur le marché, donnent
un revenu brut d'un million à douze cent mille francs. Ce
chiffre et l'abondante récolte dont il est le produit peuvent
donner une idée des ressources alimentaires et des bénéfices
considérables qu'il y aurait à tirer d'une pareille industrie, si,
au lieu de la restreindre à une por-
tion de la baie de l'Aiguillon, on l'é-
tendait à toute la vasière, et si, de
cette contrée où elle a pris naissance,
on l'importait sur tous les rivages et
dans les lacs salés où elle serait susceptible d'être pratiquée avec succès.

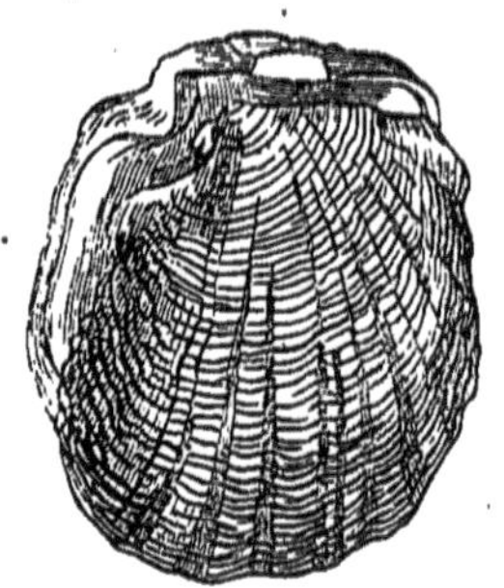

Fig. 575. — Huître perlière.

**Perles.** — Certains autres Acéphales doivent encore fixer votre
attention, et au premier rang se place
la *Pintadine* ou *Huître perlière* (fig. 575). Cette espèce habite
la mer des Indes et le golfe Persique, et se trouve aussi dans le
golfe du Mexique. Elle est l'objet d'une pêche active, faite le plus
souvent par des plongeurs *à cru*. On recherche ce Mollusque

avec tant d'ardeur à cause des perles qu'il est fréquent de rencontrer dans son intérieur, non que la production des perles lui soit particulière, mais il y est tout spécialement prédisposé, en raison de l'épaisseur exceptionnelle qu'atteint la couche nacrée de sa coquille.

On ne trouve guère de perles que dans les Huîtres adultes, surtout dans celles dont la coquille a été fracturée et qui sont mutilées ou malades. Lorsque les valves sont irrégulières, raboteuses, couvertes de cicatrices, ébréchées ou excoriées, on a des chances pour en rencontrer une ou plusieurs. Les perles sont donc produites par des animaux malades. Elles sont dues à une production exagérée de nacre par le manteau : cette nacre se dépose soit à l'intérieur, soit en dehors du manteau, sous forme de petites boules, qui sont libres ou bien retenues par un pédicule, creuses ou pleines. Le plus souvent la perle est creuse : elle a pris naissance alors par accumulation de nacre autour d'un petit corps mou, autour d'un œuf, par exemple, qui plus tard se sera desséché ou détruit. Tout corps étrangèr, introduit entre la coquille et le manteau, peut du reste servir de noyau à une perle.

Il est si vrai que les perles sont produites par des animaux malades, que les Chinois ont imaginé depuis longtemps de provoquer artificiellement la formation de ces précieux objets en blessant les Huîtres. Dans ce but, ils font au manteau une petite lésion, pour activer la production de la nacre, ou bien ils introduisent sous celui-ci de petits corps étrangers autour desquels la nacre viendra se déposer par couches concentriques, plus ou moins épaisses.

Les perles sont le plus souvent rondes, mais elles sont parfois ovoïdes, pisiformes ou étranglées. Leur taille varie entre la grosseur d'un grain de petit millet et celle d'un pois. Leur surface est lisse, rarement rugueuse ou tuberculeuse. Les plus communes présentent la couleur de la nacre; mais il y en a de jaunâtres, de verdâtres, de rosées, de blanchâtres, de grisâtres

ou enfumées, même de violacées et de noirâtres. Les plus estimées sont les plus blanches et les plus brillantes, surtout celles
qui ont un éclat légèrement azuré.

La production des perles, avons-nous dit, n'est point particulière à la Pintadine. C'est ainsi que parmi les Acéphales de
nos contrées il n'est point très rare d'en rencontrer chez les
Anodontes, et surtout chez les Unios; l'une des espèces d'Unios
ou de Mulettes est même désignée sous le nom de *Mulette perlière*, à cause de la fréquence avec laquelle on rencontre les
perles chez cet animal.

**Tarets.** — Il nous reste encore à dire quelques mots des
**Pholades**, dont le genre de vie est si important à connaître.
Ces animaux éminemment fouisseurs s'enfoncent dans la vase
et le sable, mais souvent aussi ils s'attaquent au bois et à la
pierre la plus dure, qu'ils perforent et minent en tous sens.
Ils peuvent de la sorte causer des dommages considérables aux
digues, aux vaisseaux, aux pilotis : il est de nombreux exemples
de vaisseaux qui ont sombré parce que ces redoutables Mollusques en avaient entièrement miné la coque. Un animal de ce

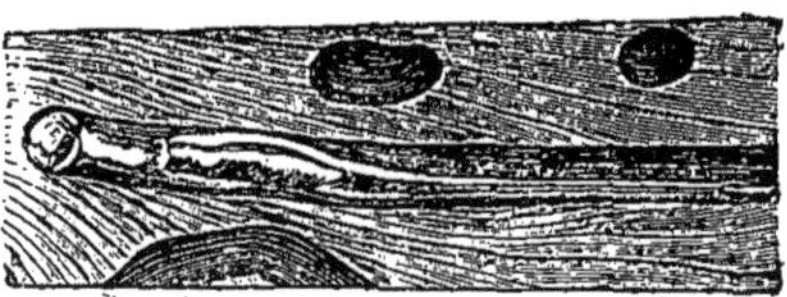

Fig. 576. — Taret creusant son trou.

groupe, le **Taret** (fig. 576), est particulièrement célèbre : peu à
peu il avait fini par creuser certaines des digues artificielles qui
protègent la Hollande contre les empiétements de la mer. Un
jour que la mer était un peu grosse, les digues furent empor-
tées et une immense étendue de terrain fut engloutie sous les
eaux.

# SOUS-EMBRANCHEMENT DES MOLLUSCOÏDES

On peut désigner sous le nom collectif de Molluscoïdes un certain nombre de groupes d'animaux intermédiaires par leur organisation entre les Mollusques et les Vers. Ces animaux peuvent intéresser vivement le zoologiste, mais leur étude est trop difficile et présente un intérêt trop secondaire pour nous arrêter bien longtemps.

## CLASSE DES BRACHIOPODES

Les animaux de cette classe sont assez peu importants pour nous, et nous les eussions passés sous silence s'ils n'offraient un exemple remarquable d'animaux en train de disparaître.

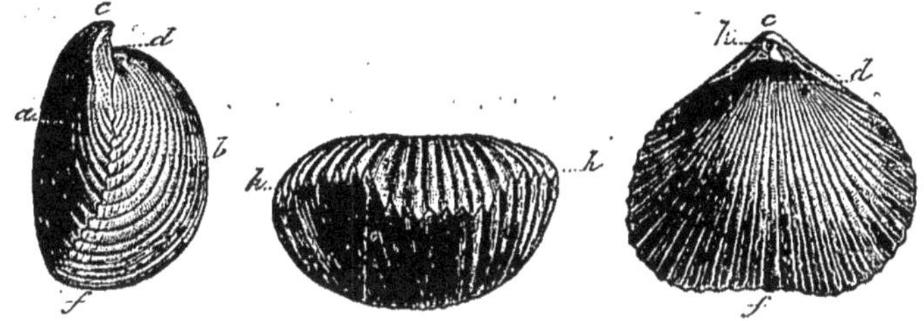

Fig. 577. — Rhynchonelle.

Fort abondants pendant toute la durée des temps géologiques, les Brachiopodes sont en effet actuellement très peu nombreux.

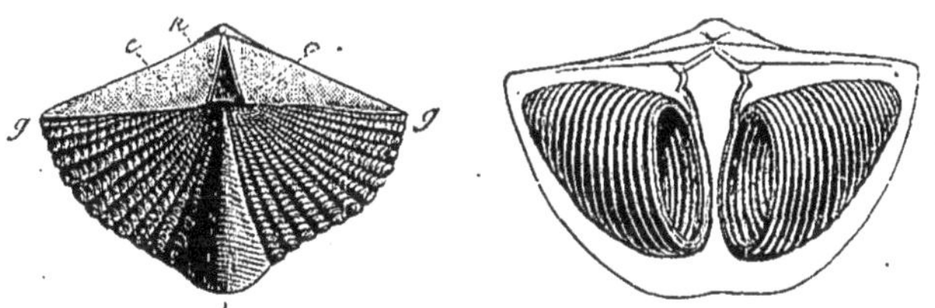

Fig. 578. — Spirifère.

Les Térébratules sont presque les seuls survivants aujourd'hui. Il est même des familles entières qui ont déjà totalement

disparu et qui ne se retrouvent plus qu'à l'état fossile : tels
sont les **Rhynchonelles** (fig. 577), les **Spirifères** (fig. 578),
si fréquents depuis le silurien jusque dans le jurassique.

Les Brachiopodes sont tous des animaux marins. Ils sont
protégés par une coquille bivalve, mais c'est à peu près là le
seul caractère qui les rapproche des Mollusques acéphales : ils
en diffèrent considérablement par leur organisation.

## CLASSE DES TUNICIERS

Les Tuniciers doivent leur nom à la consistance coriace de
leur enveloppe extérieure. Ce sont des animaux marins, isolés
ou en colonies, fixés ou nageurs, en forme de sac ou de ton-
nelet, présentant deux orifices analogues à ceux du siphon des
Mollusques acéphales : par l'un pénètrent l'eau aérée et les
matières alimentaires, tandis que l'autre est réservé à la sortie
de l'eau et des résidus de la digestion. Le corps a deux parois
emboîtées et réunies seulement au niveau des orifices dont il
vient d'être question : la paroi externe est seule résistante,
l'interne étant au contraire très délicate.

Les Ascidies (fig. 579), les Pyrosomes et les Salpes constituent
les principales familles de
Tuniciers. Les **ascidies**, fort
communes sur nos côtes,
vivent tantôt isolées, tantôt
en colonies. L'étude de leur
embryogénie a montré en-
tre elles et les Vertébrés des
rapports inattendus. Les
**pyrosomes** (πῦρ, feu ; σῶμα,
corps), réunis en colonies

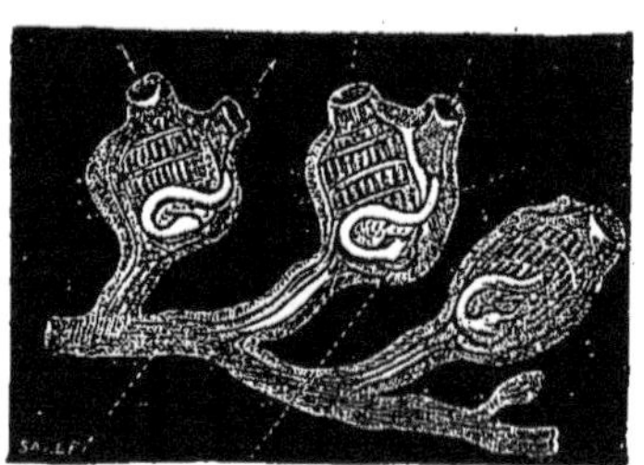
Fig. 579. — Ascidies sociales.

ayant la forme d'une pomme de pin creuse, produisent
pendant la nuit une belle phosphorescence. Quant aux **salpes**,
elles présentent un important phénomène, que nous avons

eu déjà l'occasion d'observer chez les Vers. Une Salpe solitaire (fig. 580) se met à bourgeonner, et chaque bourgeon devient
un individu nouveau : la Salpe donne donc de la sorte naissance à une véritable colonie. Chacun des individus de la co-

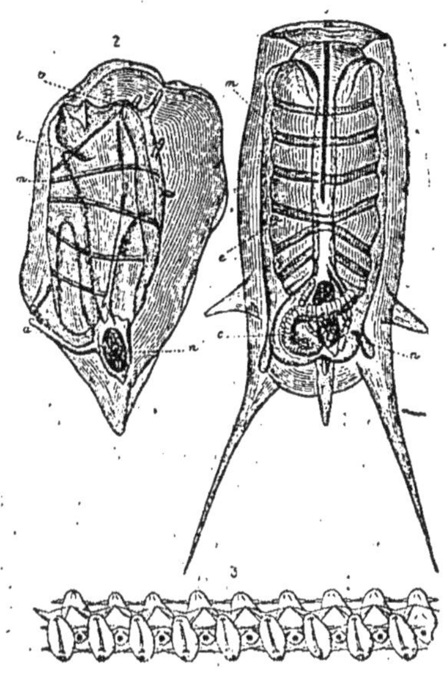

Fig. 580. — Salpes. — 1, forme solitaire, et 2, forme sociale de la même espèce.
3, chaîne de la même espèce.

lonie pond des œufs aux dépens desquels se développeront
des individus asexués qui reproduiront par bourgeonnement
une colonie d'individus sexués. C'est là un nouvel exemple de
génération alternante.

## CLASSE DES BRYOZOAIRES

Les animaux de cette Classe vivent presque toujours en colonies ramifiées ou lamelleuses, imitant des plantes et des
mousses, d'où leur nom (βρύον, mousse ; ζῶον, animal). Chaque
individu est renfermé dans une petite loge plus ou moins largement ouverte, parfois fermée d'un couvercle, parfois aussi

entourée de fines et longues baguettes. La charpente de la
colonie est de consistance cornée ou calcaire.

La bouche est surmontée d'une couronne de tentacules
dont le nombre peut varier, suivant les espèces, de 10 à 40.
Ces tentacules s'épanouissent et
s'agitent en tous sens, de façon
à déterminer dans l'eau des
tourbillons qui entraînent vers
la bouche de l'animal les particules dont celui-ci se nourrit :
le Bryozoaire ressemble alors à
une fleur épanouie, et lorsqu'on

Fig. 581 — Eschare.

l'observe au microscope, on reconnaît qu'il en a toute la grâce
et toute l'élégance. Vient-on à agiter l'eau légèrement, il se

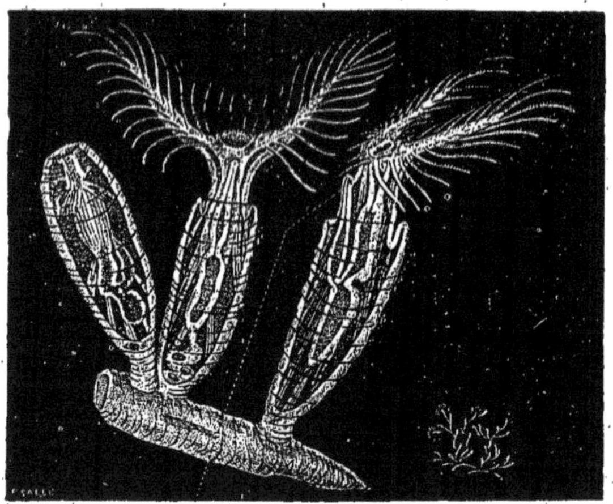

Fig. 582. — Plumatelles.

rétracte avec la rapidité de l'éclair, se blottit dans sa logette et,
si celle-ci est fermée par un opercule, ce dernier retombe de
lui-même, de manière à ce que l'animal soit encore plus en
sûreté.

Le plus grand nombre des Bryozoaires habitent la mer : les

**Tubulipores**, les **Vésiculaires**, les **Cellulaires**, les **Flustres**, les **Membranipores**, les **Eschares** (fig. 581) sont dans ce cas. Quelques espèces habitent aussi les eaux douces, spécialement l'eau dormante des étangs : telles sont les **Cristatelles** et les **Plumatelles** (fig. 582). Ces animaux ont dû apparaître de bonne heure à la surface du globe et vivre en grand nombre, pendant les anciennes époques de l'histoire de la Terre, car on retrouve en abondance leurs fossiles dans les différents terrains.

# EMBRANCHEMENT DES RAYONNÉS

Je vous ai indiqué, dans une de mes premières leçons, le caractère extérieur principal sur lequel a été établi l'Embranchement des Rayonnés, c'est-à-dire la disposition *radiaire*.

On pourrait le subdiviser en deux Sous-embranchements, suivant que la division radiaire se fait sur le type 5 ou sur les types 4 et 6.

Au premier appartiennent les Étoiles de mer et toute la Classe des Échinodermes. Au second, les Méduses, les Anémones de mer, et en général les animaux à qui leur apparence de fleurs avait fait donner le nom de *Zoophytes*; les naturalistes les désignent de nos jours sous le nom de *Cœlentérés* (κοῖλος, creux ; ἔντερον, intestin), parce que chez eux l'appareil digestif est représenté par une simple poche. La multiplicité des formes et des organisations a nécessité la division des Rayonnés en un assez grand nombre de Classes. Ce sont tous des animaux aquatiques.

## CLASSE DES ÉCHINODERMES

Les Échinodermes sont des animaux marins dont le corps se dispose fréquemment sous forme de rayons au nombre de cinq ou d'un multiple de cinq. Ils sont pourvus d'un squelette cutané incrusté de sels calcaires et formé de baguettes ou *spicules*, qui s'unissent de façon à constituer des plaques accolées

les unes aux autres. Dans ce groupe, nous rencontrons des animaux tels que les Holothuries, les Oursins, les Étoiles de mer,
et les Encrines.

Quand on y regarde de bien près, on voit qu'il est encore
possible de trouver chez les Échinodermes la trace d'une symétrie bilatérale.

D'abord, leurs larves ne sont jamais rayonnées et présentent
toujours une apparence binaire. Il y a, d'autre part, une série
d'Échinodermes, tels que les Holothuries, chez lesquels cette
disposition se conserve même à l'état adulte. Enfin, chez ceux
dont le corps est plus nettement rayonné, comme chez l'Oursin
et l'Astérie, il existe toujours des organes impairs, situés en
dehors de l'axe où viennent s'entrecroiser les rayons, et indiquant un plan suivant lequel l'animal peut être divisé en deux.

On distingue, dans la classe des Échinodermes, quatre ordres :
1° *Holothurides* ; 2° *Échinides* ; 3° *Astérides* ; 4° *Crinoïdes*.

## ORDRE DES HOLOTHURIDES

Les **holothuries**, vulgairement appelées *Concombres de mer*,
sont répandues dans toutes les mers. Dans la Méditerranée,
se trouve en abondance l'*Holothurie tubuleuse*, que nous pouvons considérer comme le type du groupe. Cet animal, long de
15 à 20 centimètres, est à peu près cylindrique et arrondi à ses
extrémités. Ses téguments ne forment point un test calcaire
solide, mais constituent une enveloppe résistante et coriace,
dans l'épaisseur de laquelle se montrent, disséminées çà et là,
des incrustations de carbonate de chaux, ressemblant à des
ancres, à des roues, à des hameçons. A l'extrémité antérieure
du corps on voit la bouche, orifice arrondi, en arrière duquel se
trouve un anneau complet, formé de dix plaques calcaires qui
constituent tout le squelette de l'animal.

La bouche est entourée d'une couronne de vingt tentacules
tubuleux. L'anus est situé à la partie postérieure du corps ; à
son voisinage, l'intestin présente deux poches tubuleuses très

ramifiées, dans les parois desquelles viennent se répandre de nombreux vaisseaux sanguins, et dont la cavité se trouve constamment remplie par de l'eau venue de l'extérieur : ces appendices ramifiés, ou *poumons*, servent sans nul doute à la respiration ; mais on les considère encore comme des organes excréteurs.

Les organes de la locomotion sont représentés par des appendices tubuleux et contractiles, appelés *ambulacres* ou *pieds ambulacraires*. Les ambulacres sont répartis à la surface du corps suivant cinq bandes longitudinales ; ils se terminent chacun par une ventouse et atteignent un développement exces-

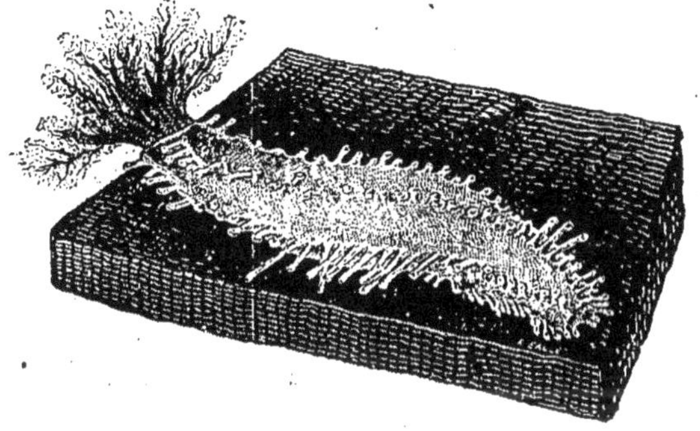

Fig. 585. — Holoturie.

sif sur l'une de ces bandes : celle-ci devient alors la face de reptation.

La plupart des Holothuries (fig. 583) sont des animaux nocturnes. Elles vivent ordinairement près des côtes ; mais quelques espèces, notamment dans les mers du Nord, se tiennent à de grandes profondeurs. Elles rampent lentement sur le fond de la mer et se nourrissent de petits animaux qu'elles attirent dans leur bouche, par le jeu de leurs tentacules. Dans leur cloaque vit fréquemment en parasite un petit Poisson, le *Fierasfer*, voisin des Morues.

## ORDRE DES ÉCHINIDES

A première vue, les ÉCHINIDES (*echinus*, oursin) ou *Oursins*
diffèrent notablement des Holothuries : au lieu d'être allongé,
leur corps est plus ou moins globuleux et sa surface entière se
montre hérissée de longues épines calcaires, mobiles par leur
base.

Étudions l'*Oursin livide*, si commun sur nos côtes. Les piquants qui le hérissent peuvent aisément s'arracher. Enlevons-
les sur une moitié de l'animal (fig. 584) : nous constaterons

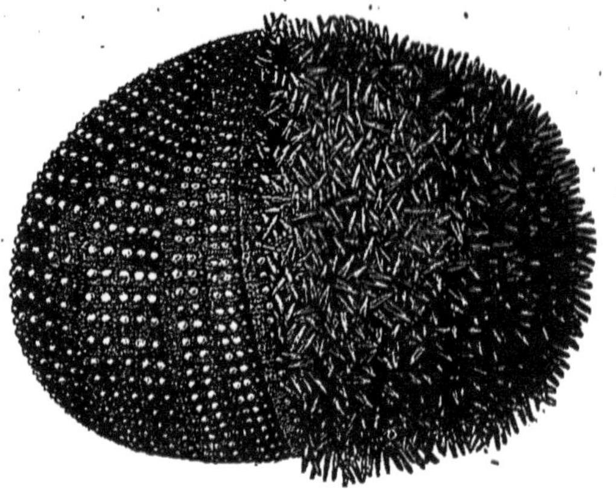

Fig. 584. — Oursin livide.

qu'ils s'implantent sur de petits tubercules coniques de la
surface du corps. Celui-ci présente un test dur et résistant,
non compressible, et formé de pièces distinctes, hexagonales,
solidement enchâssées les unes dans les autres à la manière
des pièces d'un parquet.

Sur un animal ainsi préparé, il est aisé de reconnaître que
les plaques calcaires qui constituent le test sont de deux sortes.
Les unes sont percées de trous très fins par lesquels passent
des ambulacres tout à fait analogues à ceux des Holothuries :
ce sont les *plaques ambulacraires*. Les autres pièces, dépour-

vues de pores, prennent le nom de *plaques interambula-craires*.

La forme générale du corps de l'Oursin est celle d'un hémi-sphère : la face inférieure, plate, présente en son centre un large orifice, qui correspond à la bouche; la face supérieure, convexe, est également percée d'un orifice, plus petit que le précédent, et qui est l'anus.

Le test des Oursins, de même que la coquille des Mollusques, est recouvert d'une mince membrane dont les piquants ne sont qu'une dépendance. Cette membrane porte encore les *pédicel-laires* : ces organes sont formés d'une tige calcaire que termine une sorte de tenaille à 2, 3 ou 4 mors; on les rencontre sur-tout au pourtour de la bouche et, grâce aux mouvements dont ils sont agités, ils peuvent jouer le rôle d'organes de préhen-sion. Ils sont toujours en activité et, de même que les personnes qui font la chaîne lors d'un incendie se passent les seaux d'eau de main en main, ils se passent constamment les petits corps étrangers qui viennent s'accumuler sur le test; ils amènent de la sorte ces objets jusqu'en un point de la surface du corps d'où ils peuvent être facilement entraînés par les courants d'eau. Les pédicellaires servent en outre à porter à la bouche les matières alimentaires, comme l'indique du reste leur abondance au voi-sinage de l'orifice buccal.

La bouche est entourée d'un appareil masticateur extrême-ment compliqué, qui a reçu le nom de *lanterne d'Aristote*.

Ces animaux, avant d'arriver à l'état adulte doivent subir des métamorphoses compliquées. Leur larve ou *Pluteus* a la forme d'une pyramide à trois faces soutenue par un squelette formé de bâtonnets calcaires.

L'Oursin livide, que nous avons pris comme exemple, est régulier; la bouche et l'anus sont au centre des deux faces. Les Spatangues et les Clypéasters sont au contraire irréguliers, la bouche ou l'anus étant excentriques.

Les Oursins vivent ordinairement sur les côtes; ils rampent

lentement sur le sol et se nourrissent de Mollusques et de petits animaux marins. Certains d'entre eux, comme les Spatangues, s'enfouissent profondément dans le sable et ne communiquent plus avec l'extérieur que par un étroit canal ; d'autres espèces se cachent dans des trous qu'elles ont creusés dans les roches même les plus dures : c'est ainsi que certains Oursins des côtes de Bretagne entament avec leurs dents des roches telles que le grès et le granite, et s'aident de leurs piquants pour rejeter au fur et à mesure les détritus qu'ils ont détachés.

Fig. 585. — *Acrocladie, Oursin à gros piquants, vu par sa face buccale.*

Dans certains pays, et particulièrement en Provence, les Oursins sont recherchés comme aliment. Dans nos mers, on ne trouve guère plus de 200 espèces d'Oursins actuellement vivantes ; le nombre des espèces fossiles est bien plus considérable, puisqu'il est d'au moins 1500. Ces êtres se sont montrés, peut-on dire, dès l'origine de la Terre : on les trouve déjà dans le terrain silurien ; mais ces Oursins de l'époque primaire différaient notablement des espèces actuelles. Les caractères propres à ces dernières ne se rencontrent pour la première fois que chez des Oursins de l'époque secondaire.

## ORDRE DES ASTÉRIDES

On trouve en abondance sur nos côtes un animal en forme d'étoile à cinq branches, d'un rouge violacé, brunâtre ou presque orangé sur la face dorsale, d'un blanc jaunâtre sur la face inférieure ou ventrale : c'est l'*Astérie rouge*, que

Fig. 586. — Astérie.

nous pouvons prendre pour type du groupe des **Astérides** (fig. 586) où *Étoiles de mer*.

Le corps de cet animal est composé d'une partie médiane, le *disque*, et de cinq *rayons* ou *bras* divergents, un peu renflés à leur origine.

La surface presque entière du corps est hérissée de piquants calcaires, infiniment plus courts que ceux des Oursins.

A la face inférieure du corps et au centre, on trouve la bouche, autour de laquelle on ne voit aucune armature comparable à la lanterne d'Aristote. Cet orifice débouche dans une vaste poche, l'estomac, que prolonge dans chaque bras un grand cul-de-sac appelé *cæcum radial;* celui-ci ne tarde pas à se subdiviser en deux conduits très longs, à chacun desquels

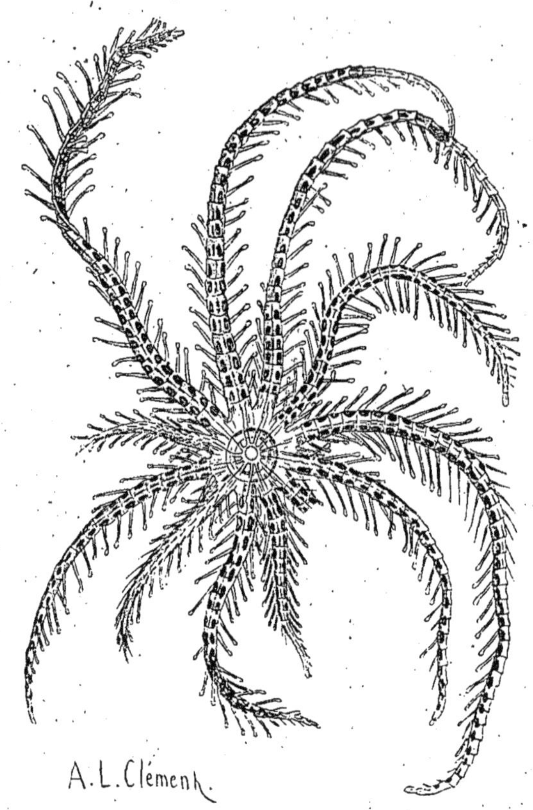



Fig. 587. — Hyménodisque d'Agassiz.

sont appendus de petits diverticulums glandulaires destinés à élaborer les sucs digestifs. L'estomac peut se retourner en dehors à la volonté de l'animal, et l'Astérie digère en quelque sorte *à l'extérieur* les débris d'animaux dont elle se nourrit.

Le corps tout entier est protégé, comme chez les Oursins, par un squelette calcaire incomplet, formé de plaques polygonales qui se disposent en séries rectilignes. Les plaques ambulacraires se montrent toutes à la face inférieure des bras et elles s'agencent de manière à former une gouttière qui court tout le long des bras et dans laquelle les ambulacres font saillie. Ces organes locomoteurs s'observent donc, chez l'Astérie, uniquement à la face ventrale du corps.

Les Astéries, sauf de rares exceptions, subissent des métamorphoses compliquées avant d'arriver à l'âge adulte ; leurs larves, appelées *Bipinnaria* et *Brachiolaria*, sont remarquables par leur symétrie bilatérale.

Ces animaux sont apparus sur le globe à une époque des plus reculées : on les trouve déjà dans le terrain silurien inférieur.

Les **Ophiures** (fig. 587) diffèrent assez notablement des Astéries. Leur corps est encore étoilé, mais les bras, cylindriques, flexibles et parfois ramifiés, sont nettement distincts du disque, dont il est très facile de les séparer. Ces bras ne renferment jamais de prolongements de l'estomac et les ambulacres, au lieu d'être situés à leur face inférieure, se montrent sur les côtés. Enfin, les Ophiures sont constamment dépourvues de pédicellaires et d'anus. Ces animaux se rencontrent dans toutes les mers ; on les trouve fréquemment sur nos côtes, aussi bien dans la Méditerranée que dans l'Océan. Ils subissent des métamorphoses et, comme les Oursins, passent par l'état de *Pluteus*. Ils apparaissent encore dès l'époque silurienne.

## ORDRE DES CRINOÏDES

Pour en finir avec les Échinodermes, il nous reste encore à signaler un groupe d'animaux remarquables non-seulement par leur forme étrange, mais encore par l'importance extrême qu'ils ont eue aux époques antérieures de l'histoire de notre globe.

« Les **crinoïdes** (fig. 588) étaient prodigieusement nombreux

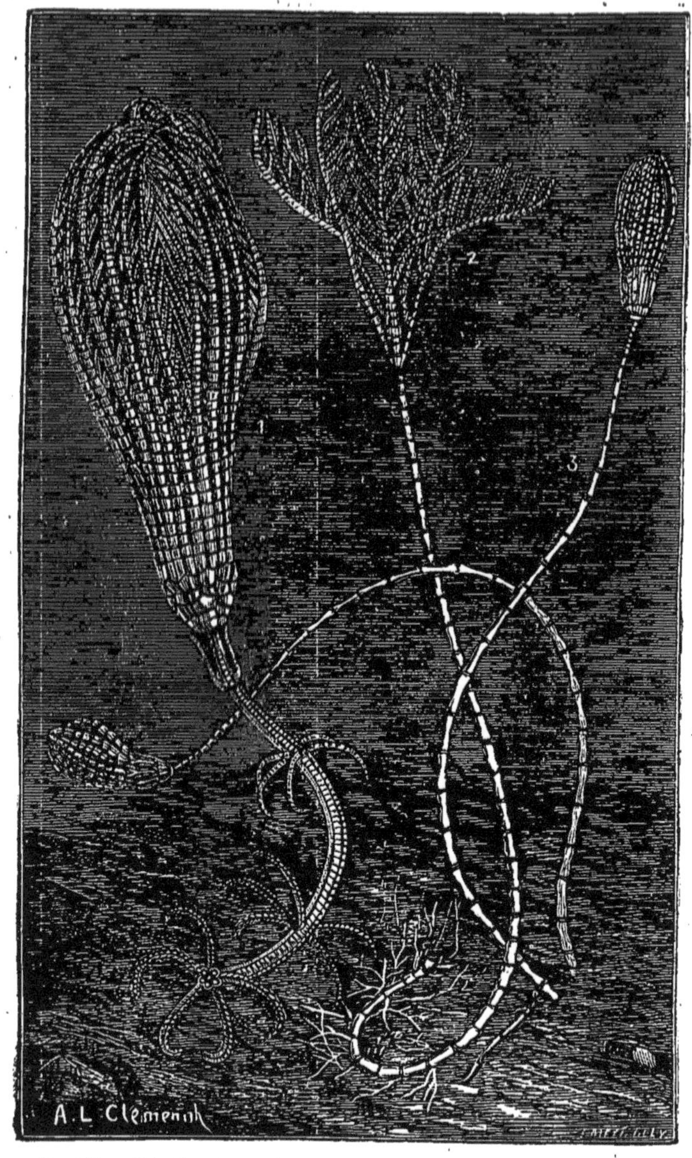



Fig. 588. — Crinoïdes des grandes profondeurs. — 1, Pentacrine. — 2, Rhizocrine.
3, Bathycrine.

dans les mers de l'époque secondaire : ils tapissaient leurs profondeurs de véritables prairies animées et présentaient alors une
immense variété de formes souvent d'une extrême élégance.
Presque tous les Crinoïdes de cette époque étaient fixés au sol :
une longue tige flexible, formée d'articles nombreux, suppor-
tait une touffe d'appendices également articulés, parfois ramifiés à l'infini et qui pouvaient s'étaler au-dessous de la tige
comme les feuilles jeunes de certains palmiers, ou se resserrer
frileusement les uns contre les autres, s'enroulant de mille
façons, comme les pétales d'une fleur durant son sommeil.
Quelques-uns de ces Crinoïdes avaient plus d'un mètre de

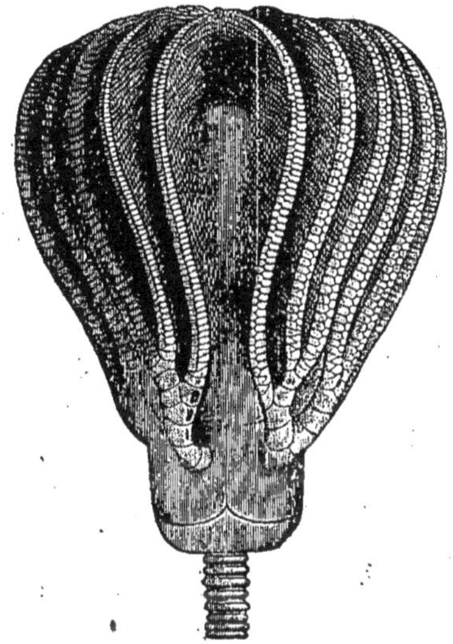

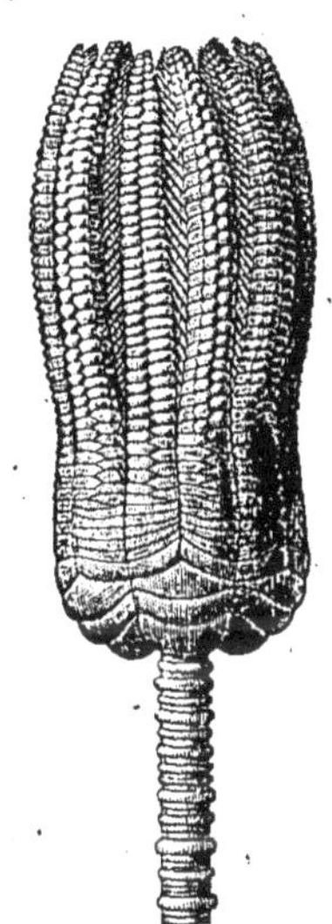

Fig. 589. — Platycrine.     Fig. 590. — Encrine entroque.

longueur, et la tige de certains d'entre eux dépassait cinquante pieds[1]. »

Après avoir eu une époque d'extraordinaire prospérité durant
la période secondaire, les Crinoïdes ont rapidement décliné

[1] Edm. Perrier, *Les colonies animales et la formation des organismes.*
Paris, 1881, p. 592.

dans les périodes suivantes; leurs espèces sont devenues infiniment moins nombreuses et infiniment moins bien représentées.

On a cru longtemps que les **Comatules** avaient seules persisté jusqu'à l'époque actuelle; il en existe dans toutes les

: Fig. 591. — Encrines.

mers, des deux pôles à l'équateur; elles remontent sur nos côtes à peu de distance des grèves que le reflux laisse à découvert et demeurent souvent à sec pendant quelques heures durant les marées d'équinoxe.

Au lieu d'être fixées comme la plupart des Crinoïdes anciens, les Comatules sont libres. A les voir gracieusement accrochées parmi les grands varechs, on dirait des touffes d'algues écarlates, ouvrant et fermant tour à tour leurs dix rameaux semblables à des plumes flexibles. Elles paraissent ne se plaire sur les algues flottantes que jusqu'à un certain âge: plus tard, elles quittent ces stations où leur corps fragile courrait trop de dangers, et viennent s'abriter sous les galets que la mer accumule sur certains récifs. Là, elles appliquent exactement, sur la pierre, leurs dix bras rayonnants, tandis que sur les varechs elles les tiennent ordinairement à demi relevés, plus ou moins enroulés au sommet, de manière à reproduire le profil d'une fleur de lis[1].

Qu'on vienne à les inquiéter, elles quittent aussitôt la place et se mettent à nager en imprimant à leurs bras de lentes ondulations. Ce sont probablement les seuls Échinodermes dont le corps soit suffisamment léger pour se prêter à ce mode de locomotion.

Les Comatules sont dépourvues de tige articulée lorsqu'elles ont atteint l'âge adulte; mais, pendant les premières périodes de leur vie, elles sont pédonculées à la façon des autres Crinoïdes. En outre des Comatules, on rencontre encore actuellement dans les profondeurs de l'Océan les dernier survivants des **Encrines** (fig. 591), des **Pentacrines** (fig. 588) et même des **Cystides** autrefois si abondants.

## CLASSE DES CTÉNOPHORES

Les CTÉNOPHORES sont des animaux marins dont le corps est sphérique ou cylindrique, mais peut quelquefois aussi s'aplatir comme un ruban. La surface de leur corps présente huit bandes de palettes ciliées, formant des plaques *pectiniformes* au moyen desquelles ces animaux nagent et auxquelles ils doivent d'ailleurs leur nom (κτείς, peigne; φέρω, je porte); ces bandes sont

[1] Le mot Encrine et celui de Crinoïde viennent en effet du mot grec κρίνον, qui signifie lis.

disposées longitudinalement, suivant des méridiens. En outre
ces animaux présentent généralement deux longs filaments
latéraux qui agissent comme organes de tact et qui peuvent se
retirer dans des poches spéciales.

Chacun de ces tentacules est chargé de *nématocystes* (νῆμα,
fil; 'κύστις, vessie), organes *urticants* qui provoquent sur la
peau, quand on vient à les toucher, une vive sensation de brû-
lure. Ces organes sont constitués par une petite capsule microscopique, renfermant un liquide irritant et un filament élas-
tique, enroulé en spirale, qui se projette vivement au dehors
et devient rigide dès que la capsule a subi le moindre contact.
Les nématocystes ne s'observent point seulement chez les Cténophores : on les rencontre encore chez les Méduses et d'autres animaux.

Les Cténophores sont d'élégants animaux au corps gélatineux,
incolore et complètement transparent : aussi est-il facile de
saisir à travers ses parois les détails de leur organisation.

Les Cténophores ne subissent aucune métamorphose. Ces animaux se rencontrent principalement dans les mers des régions
chaudes; on les voit souvent apparaître en grande quantité
à la surface; ils nagent en tournant la bouche en arrière.

La *Ceinture de Vénus*, originaire de la Méditerranée, se
fait remarquer par son corps fortement comprimé et présentant l'aspect d'un ruban. Les **Cydippes** habitent également la
Méditerranée, mais les **Pleurobrachies** s'observent dans la mer
du Nord : ce sont des animaux globuleux. Les **Béroés** sont des
animaux au corps ovalaire et dépourvus de tentacules.

## CLASSE DES HYDROMÉDUSES

### ORDRE DES HYDROÏDES

Il n'est pour ainsi dire pas de mare ou d'étang dans lequel
on ne puisse trouver, fixés sur les plantes aquatiques, de petits
êtres, longs au plus de 1 à 2 millimètres et dont le corps est

terminé par une couronne de filaments déliés, capables de se mouvoir en tous sens. Ces animaux sont des *Hydres d'eau douce* (fig. 592). Leur corps se compose d'une simple poche, fixée

Fig. 592. — Hydre d'eau douce.

aux herbes aquatiques par son extrémité en cul-de-sac; la cavité, qui fonctionne comme appareil digestif, communique avec l'extérieur par un orifice, tenant lieu tout à la fois de bouche et d'anus, et situé à la base des bras.

Ceux-ci sont ordinairement au nombre de 6, mais on peut en rencontrer 12 et même 18. Une disposition analogue s'ob-serve sur un grand nombre d'animaux dont nous aurons à

Fig. 593. — Hydre brune, ayant saisi deux Daphnies, portant deux œufs et entourée de ses grands nématocystes, grossie 15 fois. (Les vésicules des nématocystes qui restent normalement dans les tissus sont ici figurées libres pour montrer l'ensemble de ces organes).

parler par la suite, et c'est en raison de ce fait qu'on a donné autrefois à ceux-ci le nom collectif de *Polypes* (πολὺς, beaucoup ; πоῦς, pied). Ces bras sont couverts d'un très grand nombre de *nématocystes.* « Tantôt le Polype les étend autour de lui comme des rayons délicats qui vont se fixer aux objets voisins et demeurent longtemps immobiles, tantôt il s'en sert pour explorer l'eau qui l'entoure. Malheur aux animaux de petite taille qui viennent à les rencontrer. Aussitôt frappés de paralysie, ils demeurent adhérents au bras qu'ils ont touché. Celui-ci s'enroule autour d'eux et ne tarde pas à se recourber pour transporter sa proie dans la cavité même du Polype. »

L'Hydre d'eau douce a été observée pour la première fois en 1705 par un célèbre micrographe hollandais, Leeuwenhœk. En 1740, sans rien connaître des travaux antérieurs, Trembley, la découvrit à son tour. Ces petits êtres de couleur verte, assez semblables à des plantes, l'intriguèrent fort : il pensa tout d'abord que c'étaient des végétaux, mais les ayant vus se déplacer et se mouvoir, le doute germa dans son esprit et il entreprit, pour l'élucider, les plus curieuses expériences.

Élevons des Hydres dans un vase dont l'eau renferme en abondance des animalcules tels que les *Cyclopes* et les *Daphnies :* les Polypes, grâce à leur gloutonnerie, en avaleront un grand nombre et leur estomac se dilatera outre mesure. Prenons alors l'un d'eux avec un peu d'eau dans un verre de montre et, au moyen d'une soie de porc, refoulons lentement vers l'extérieur le fond du sac qui le constitue. Avec un peu de précaution, il est assez facile d'arriver à retourner l'animal à la façon d'un doigt de gant. Dans ces conditions, pensez-vous, l'Hydre ne pourra plus vivre? Le bouleversement apporté de la sorte dans son organisme ne suffit-il pas en effet à lui donner la mort? Pendant quelques heures, le Polype semble en effet mal à l'aise, il fait de grands efforts pour arriver à se *déretourner*, pour employer l'expression de Trembley. Mais ses tentatives demeurent très souvent infructueuses et, prenant bientôt son parti de cette situation nouvelle, il ne tarde pas à étendre de nouveau ses bras et à manger copieusement. Chose étrange!

la paroi de son nouvel estomac digère les aliments avec autant
de facilité que si rien d'anormal ne s'était produit; l'ancienne
muqueuse stomacale, devenue la peau, fonctionne à son tour
comme organe du tact.

Trembley découvrit encore d'autres faits tout aussi remarquables.

On peut faire avaler à une Hydre une autre Hydre, presque
aussi grande qu'elle. Coupons à la première l'extrémité de son
corps terminée en cul-de-sac : elle n'en continuera pas moins
d'avaler sa proie, et celle-ci, demeurée intacte, pourra dépasser
à ses deux extrémités le Polype extérieur qui la recouvre exactement à la manière d'un manchon. Le Polype intérieur ne
sera point digéré, mais s'efforcera, par ses contorsions,
d'échapper aux étreintes de son hôte : il parviendrait bientôt à
ses fins. Mais il est facile de l'en empêcher : il suffit pour cela
d'embrocher les deux Polypes au moyen d'une soie. L'Hydre
intérieure sera-t-elle alors digérée ? Pas davantage. Bien plus,
les deux animaux parviendront à se séparer l'un de l'autre,
mais au prix de quelles mutilations ! L'Hydre extérieure se
fend suivant toute sa longueur, et sa victime se trouve alors
mise en liberté; pour l'une et l'autre, se débarrasser de la soie
n'est plus que l'affaire d'un instant. Avec de semblables blessures voilà, pensez-vous, l'Hydre extérieure en grand danger
de mort? Point. Les deux bords de la plaie se rapprochent, se
soudent l'un à l'autre, le cul-de-sac se referme, et l'animal continue à vivre comme si de rien n'était.

Répétons cette expérience, mais en ayant soin de faire avaler
à un Polype demeuré normal un autre Polype préalablement
retourné en doigt de gant. Dans ces conditions nouvelles, les
deux Polypes, mis en contact par leurs surfaces digestives, vont,
au bout de quelques jours, se souder intimement l'un à l'autre :
le Polype retourné pourvoira à la nourriture de tous les deux,
et il est à remarquer que c'est par son ancienne peau qu'il
digérera ses aliments.

Les expériences dont je viens de vous parler sont d'une exécution fort délicate. Mais en voici de très faciles, et de non
moins remarquables.

Chez l'Hydre, toutes les parties du corps sont aptes non seulement à vivre séparées les unes des autres, mais encore à
reproduire dans ces conditions un organisme analogue à celui
de qui elles ont été détachées. « Une Hydre est-elle coupée en
deux moitiés dans le sens de sa longueur? Chacune des deux
moitiés ne met pas plus de vingt-quatre heures pour se refer-
mer de manière à constituer une Hydre nouvelle capable de
saisir une proie et de la digérer. Si l'on coupe une Hydre par
le travers, en deux jours la moitié antérieure s'est refait un pied
et la moitié postérieure a déjà poussé de nouveaux bras. Si, au
lieu de ne donner qu'un coup de ciseau, on en donne deux, de
manière à partager l'Hydre en trois morceaux, il ne faudra
pas plus de huit jours à chacun de ces tiers d'Hydres pour
redevenir une Hydre complète. Que l'on essaye de couper une
Hydre longitudinalement en deux moitiés, puis de diviser encore
par le travers chacune de ces moitiés en deux ; l'Hydre est alors
écartelée : mais en huit jours chacun des fragments a reconsti-
tué un Polype parfait. On peut découper l'Hydre en un nombre·
de rondelles superposées qui n'est limité que par l'impossibilité
de saisir avec des ciseaux un corps trop petit, chacune de ces
rondelles refait encore une Hydre. A la seule condition d'attendre que les parties en voie de restauration aient atteint une
taille suffisamment considérable, Trembley a réussi à tailler
dans une Hydre cinquante morceaux, et à fabriquer ainsi, aux
dépens d'un même individu, cinquante Hydres nouvelles. »

« Chaque partie de l'Hydre, artificiellement isolée, est capable, comme nous l'avons vu, de s'individualiser et de reproduire une Hydre; sans se séparer du reste de l'animal, chaque
partie de l'Hydre est aussi capable de s'individualiser et de
reproduire une Hydre nouvelle. C'est toutefois principalement
au point où le corps de l'Hydre commence à s'amincir pour

.. former le pied que se manifeste cette tendance à l'individuali-
sation. Il est impossible de conserver une Hydre quelques jours
en la nourrissant convenablement, sans voir se manifester dans
cette région du corps une ou deux petites bosselures (fig. 592).
Ce sont d'abord de simples boursouflures de la paroi dans lesquelles se prolonge la cavité digestive. Peu à peu ces boursouflures grandissent ; une ouverture se creuse à leur extrémité
libre, et des bras poussent autour de cette ouverture : une Hydre
nouvelle s'est formée sur la paroi du corps de la première. Sa
cavité digestive continue à communiquer largement avec la
cavité digestive de la mère. Chacun des deux animaux peut
chasser et engloutir sa proie pour son compte, mais par les
contractions du corps la masse alimentaire est portée alternativement d'une cavité digestive dans l'autre : de sorte que le
produit de la chasse profite également aux deux Polypes. C'est
le commencement d'une société nouvelle, d'une *colonie*, dans
laquelle deux individus de génération différente mettent en
commun toute leur activité physiologique. En général, chez les
Hydres d'eau douce, cette association, qui semble surtout avan-
tageuse à l'individu en voie de développement, n'est que de
faible durée.... Au bout d'un temps variable de deux jours
à cinq ou six semaines, suivant que la température est haute
ou basse, la communication s'oblitère entre la mère et son
rejeton, et celui-ci se détache pour vivre isolément.

« Il n'est pas rare de trouver des Hydres qui portent deux,
trois, quatre ou cinq petits à différents degrés de développement. La tendance à former des colonies s'accuse donc d'une
façon assez nette chez nos intéressants Polypes : on n'a pas
trouvé cependant d'Hydre vivant à l'état de liberté qui portât
plus de sept jeunes, ce qui est déjà respectable. En entretenant
des Polypes en captivité, il est possible d'aller beaucoup plus
loin... et Trembley a pu obtenir, par des soins convenables,
une Hydre qui ne portait pas moins de dix-neuf petits appartenant à trois générations différentes. »

En outre du mode de reproduction par *bourgeonnement*, l'Hydre d'eau douce peut se reproduire encore au moyen d'œufs. A la fin de la belle saison, on voit aux points mêmes du corps où se montrent les jeunes Polypes, se former des excroissances qui, au lieu de communiquer avec la cavité digestive, de se percer d'un orifice et de produire des bras, se transforment en petits sacs sphériques, dont quelques-uns donnent des œufs.

A marée basse, il n'est point rare de rencontrer, dans les flaques d'eau que la mer laisse en se retirant, des sortes de petites tiges ramifiées dont les diverses branches portent à leur extrémité d'élégantes cupules ; dans l'intérieur de celles-ci se trouve un Polype muni d'une couronne de tentacules. Ce qu'on a sous les yeux, ce sont des colonies de **Campanulaires**.

Ces colonies rapellent à première vue celle que constituerait une Hydre qui porterait encore les divers individus auxquels elle aurait donné naissance par bourgeonnement ; elles en diffèrent toutefois notablement. Mais leur histoire, dont les détails nous entraîneraient trop loin, est des plus curieuses comme des plus compliquées.

### ORDRE DES ACALÈPHES

Il n'est pas rare de voir dans la mer, lorsque l'eau est tranquille, des animaux plus ou moins transparents, et souvent ornés des plus vives couleurs, qui ressemblent à une coupe épaisse et renversée. Du centre et des bords de la coupe naissent des appendices très variés de formes, qui flottent verticalement. Ces animaux sont des **Méduses**.

Cuvier leur a donné le nom d'Acalèphes (ἀκαλήφη, ortie) à cause des nombreuses et puissantes capsules urticantes qui les hérissent de toutes parts. Les gens de mer ne touchent à certaines Méduses qu'avec les plus grandes précautions, car ils savent que leur contact produit une inflammation des plus vives.

Les Méduses proprement dites subissent des métamorphoses

extraordinairement curieuses. L'histoire vaut la peine d'en être contée, et nous en empruntons le récit à Perrier :

« Par tous leurs caractères, les Méduses s'élèvent bien au-dessus des Hydres dans l'échelle des organismes. Il semble qu'une distance énorme les sépare, que ce soient des êtres construits sur des types presque entièrement différents. Cuvier, et avec lui tous les naturalistes de son époque, ne manquèrent jamais de constituer dans leurs méthodes des groupes bien distincts pour les Polypes et les Acalèphes. Aussi quelle ne fut pas la surprise de tous les naturalistes lorsqu'en 1837 un naturaliste norvégien peu connu jusqu'alors, Michaël Sars, vint annoncer que les rapports les plus étroits unissaient les Méduses aux Hydres, que les Méduses étaient filles des Polypes ou, pour mieux dire, n'étaient que des Polypes modifiés !

« Sars était le fils d'un capitaine au long cours de Bergen. Habitué de bonne heure au spectacle de la mer, il s'était épris de ses merveilles et, afin de pouvoir consacrer à leur étude une grande partie de sa vie, il avait choisi pour carrière le ministère évangélique. Successivement pasteur à Kinn et à Manger, localités situées sur le bord de la mer, il en explorait avec une ardeur infatigable les grèves rocheuses, si admirablement disposées pour offrir aux animaux marins les circonstances variées, propres à assurer leur multiplication. Quelques publications remarquables par l'explication des descriptions qu'elles contenaient et par la précision des détails avaient déjà attiré l'attention sur ses recherches. Parmi les êtres qu'elles faisaient pour la première fois connaître aux naturalistes se trouvaient deux Polypes, l'un presque semblable aux Hydres d'eau douce, pour lequel Sars créait le genre *Scyphistome ;* l'autre plus grand, plus allongé, ayant un corps cylindrique régulièrement annelé, était le type du genre *Strobile.*

« Personne à cette époque n'aurait songé à une parenté entre le Scyphistome et le Strobile. Cependant Sars ne tarda pas à découvrir une foule de formes intermédiaires entre eux ;

il vit lui-même le Scyphistome se changer en Strobile sous ses
yeux : les deux genres devaient donc être réunis ; mais le pas-
teur-naturaliste n'était pas au bout de ses étonnements. Après
s'être marqués seulement par des étranglements successifs, les
segments du corps d'un Strobile prennent une forme très particulière. Ils deviennent concaves à leur partie supérieure et
augmentent graduellement d'épaisseur ; en même temps leurs
bords se découpent en huit lobes présentant eux-mêmes une
échancrure assez profonde. Le Strobile ressemble alors à une
pile d'assiettes creuses ou d'écuelles à contour également festonné. Le segment supérieur continue à porter les tentacules
du Polype tout en acquérant des lobes, comme ceux qui le
suivent. Au fond de l'échancrure des lobes de chaque segment
apparaît enfin une tache colorée, un œil. Sars ne pouvait s'y
méprendre ; à cet état, les divers segments d'un Strobile rappellent exactement certaines petites Méduses (fig. 594), abondantes précisément dans les eaux où vivent les Scyphistomes et
pour lesquelles on avait créé le genre *Ephyra*. Il n'hésita pas à
annoncer que les *Ephyra* n'étaient autre chose que les segments
détachés du corps du Strobile, vivant désormais librement,
d'une vie indépendante et vagabonde. Il eut d'ailleurs bientôt
la bonne fortune de constater directement que ses prévisions
étaient parfaitement exactes, il put voir les segments des Strobiles se séparer un à un dans ses aquariums et devenir autant
de petites Méduses. Les Acalèphes et les Polypes devaient donc
être désormais réunis comme il avait fallu réunir les Scyphistomes et les Strobiles ; mais ce n'étaient plus deux genres,
c'étaient cette fois deux classes qui se fondaient en une
seule.

« Ce n'est pas tout : les petites Méduses, les *Ephyra*, issues
des Strobiles, n'ont pas atteint leur forme définitive. Elles
grandissent et se transforment encore : leur ombrelle s'élargit,
se régularise, se frange sur ses bords de filaments grêles et délicats tombant autour d'elle de la plus gracieuse façon ; quatre

bras apparaissent autour de la bouche et s'allongent de plus en plus. L'*Ephyra* est devenue l'*Aurelia aurita*, l'une de nos plus

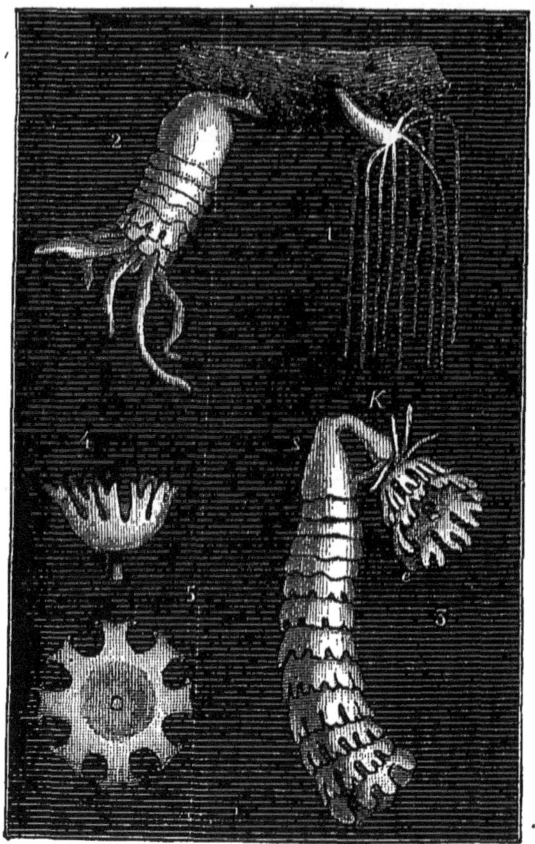

Fig. 594. — Développement d'une Méduse, la *Cyanée chevelue*. — 1, Scyphistome. — 2, Strobile né de ce Scyphistome et dont les tentacules commencent à s'atrophier. — 3, deux Strobiles ayant déjà donné naissance à plusieurs Méduses ; le premier article du Strobile de droite reproduit un Scyphistome. — 4, 5, petites Méduses (Ephyres) nées de ces Scyphistomes et destinées à se transformer en Cyanées chevelues.

charmantes Méduses (fig. 595, 2). D'autres Ephyres, provenant, bien entendu, de Scyphistomes et de Strobiles d'espèces distinctes, donnèrent encore à Sars une autre Méduse d'un type un peu différent, la *Cyaneà capillata*[1] » (fig. 594).

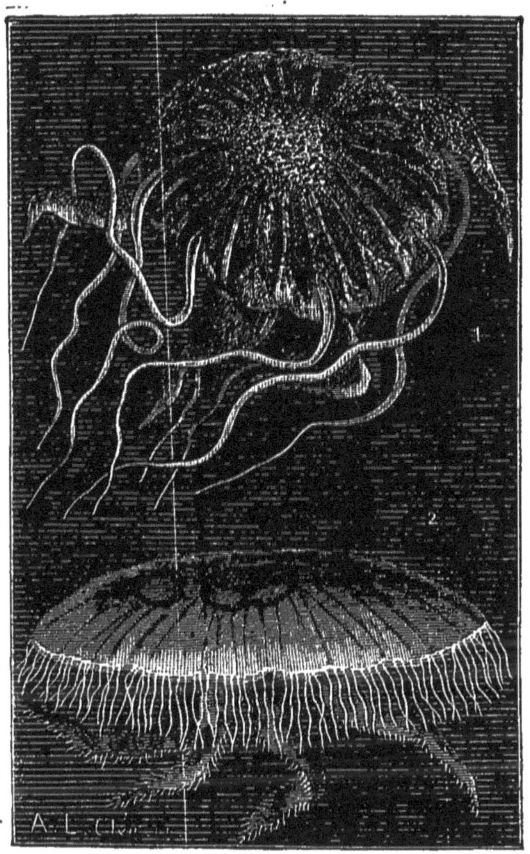

Fig. 595. — Méduses nées de Scyphistomes. — 1, Pélagie noctiluque. — 2, Aurélie oreillarde.

Reste maintenant à examiner comment ces curieux phénomènes de *génération alternante* prennent fin et comment les

<hr>

[1] E. Perrier, *Les Colonies animales et la formation des organismes*, p. 197.

espèces arrivent à se reproduire. Les **Aurélies** et les **Cyanées**, dont nous venons d'exposer les métamorphoses successives, sont des animaux adultes. Ils pondent des œufs aux dépens desquels se développe une petite larve ovoïde ciliée, qui nage d'abord çà et là, mais qui finalement se fixe et donne bientôt naissance à un Scyphistome ; celui-ci se transforme à son tour en Strobile et le cycle recommence.

Les Méduses ne se développent point toutes de la façon que nous venons de décrire. Les **Pélagides**, dont certaines espèces habitent la Méditerranée, subissent une simple métamorphose et ne présentent jamais les phénomènes si complexes de la *génération alternante*, mais c'est là une exception.

Quoi qu'il en soit, tous les Acalèphes présentent les caractères distinctifs suivants : leur corps est constitué par une ombrelle de consistance gélatineuse, transparente comme le cristal, irisée comme le diamant. Sa couleur est assez variable : tantôt d'un blanc laiteux comme chez l'*Aurélie à oreilles*, tantôt jaunâtre, avec ornements bruns ou pourprés, comme certaines Cyanées, tantôt d'un bleu d'azur, comme chez le *Rhizostome de Cuvier* (fig. 596). L'ombrelle est agitée de contractions incessantes : elle s'étale et se contracte tour à tour, à la façon d'un parapluie qu'on ouvre ou qu'on ferme, et grâce à ces contractions l'animal peut progresser au sein des eaux. Certaines espèces voyagent fréquemment par bandes nombreuses. Pendant la nuit, elles tracent dans la mer comme un sillage de feu : c'est qu'en effet beaucoup d'entre elles sont phosphorescentes, grâce à l'accumulation d'une matière graisseuse dans leur épiderme ou à la surface de quelques-uns de leurs organes : elles contribuent de la sorte à produire ce majestueux phénomène de la *phosphorescence de la mer*.

L'espèce de cloche formée pour le corps de la Méduse, porte à son centre un appendice, une sorte de battant, terminé par une ouverture qui est la bouche. Toutefois, chez les Rhizostomes, la bouche, à proprement parler, fait défaut ; l'appendice fort allongé se divise en un grand nombre de ramifications qui toutes se terminent par un petit trou et constituent autant de suçoirs au moyen desquels l'animal aspire sa nourriture ; d'où son nom de Rhizostome (ῥίζα, racine ; στόμα, bouche).

Ce n'est point tout. Le bord de l'ombrelle présente certains

Fig. 596. — Rhizostome de Cuvier.

organes qu'il importe d'étudier encore. Ce sont d'abord des filaments dont le nombre et la longueur sont sujets à de grandes variations (fig. 595). Ces tentacules ou *filaments pêcheurs* sont de véritables organes de préhension : grâce à eux, les Méduses peuvent saisir les Crustacés, les Poissons dont elles se nourrissent, et la capture de ces animaux devient facile à cause de l'engourdissement dans lequel les plonge le contact des néma-tocystes, si abondants le long de ces tentacules. De plus, à la base de ces derniers ou de certains d'entre eux, on peut constater la présence d'organes des sens rudimentaires, yeux ou capsules auditives fort simples, mais néanmoins en rapport avec des filets nerveux.

## ORDRE DES SIPHONOPHORES

Les Siphonophores revêtent les formes les plus étranges et

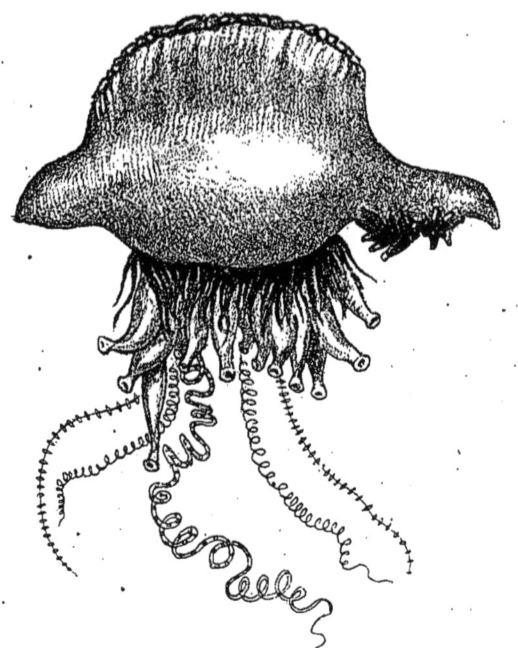

Fig. 507. — Physale.

les plus variées ; on les rencontre dans les mers chaudes et tempérées, et certains d'entre eux sont bien connus des navigateurs : de ce nombre est la Physale, que les marins appellent *Galère*.

La *Physale* (fig. 597) flotte à la surface des eaux et se laisse aller à la dérive, au gré des vents capricieux ; parfois cependant sa volonté se manifeste et elle change subitement de direction ou plonge au sein des flots. L'animal peut voguer de la sorte, grâce à un vaste ballon rempli d'air et présentant à peu près la forme d'une cornemuse ; au-dessous de ce réservoir à air, qui émerge hors de l'eau, on voit une forêt de tubes et de filaments qui, suivant le bon plaisir de l'animal, restent raccourcis et cachés au milieu d'autres organes appendus comme eux au ballon, ou au contraire s'allongent démesurément, pour aller au loin saisir les aliments.

Les Siphonophores sont tous extrêmement urticants ; les longs filaments de la Physale, par exemple, constituent de puissants instruments de défense ou d'attaque, en raison des nématocystes innombrables qui les hérissent de toutes parts. Si vous en rencontrez une sur les bords de la mer, gardez-vous bien d'y toucher : vous en souffririez cruellement. Dès qu'une proie passe à la portée de ces filaments, ils dardent sur elle leurs mille flèches empoisonnées, la paralysent, puis l'enveloppent de leurs inextricables replis et la maintiennent jusqu'à ce que les phénomènes digestifs puissent s'établir : la digestion se fait ainsi chez ces animaux à l'extérieur.

Chez les Physophores (fig. 598), assez abondants dans la Méditerranée, la vésicule aérifère au moyen de laquelle la colonie peut se maintenir à la surface des flots demeure toujours fort petite. Elle est en quelque sorte le bouton terminal d'une tige, le long de laquelle se dispose une double série de cloches contractiles, d'une transparence parfaite : ces organes ne sont autre chose que des Méduses réduites à leur ombrelle ; ce sont donc des Méduses transformées en *individus locomoteurs* ; en effet, ce sont elles qui, grâce à leurs mouvements de contraction, assurent les déplacements de la colonie.

Au-dessous de ces Méduses et à l'extrémité inférieure de la tige qui les supporte, on trouve, rangés circulairement, une couronne de longs tentacules mobiles, ne présentant ni orifices ni organes d'aucune sorte : là se forment les œufs. Plus bas se montrent des siphons ou *individus nourriciers*, semblables à ceux de la Physale et munis chacun d'un long filament pêcheur ; celui-ci porte à son tour, de distance en distance, des boutons d'un beau rouge, constitués par un amas considérable d'énormes nématocystes.

Il y a bien d'autres formes de Siphonophores. Mais les exemples de la Physale et du Physophore, suffisent pour nous montrer la variété d'aspect de ces animaux, la complication de leur structure, et la diversité des individus et des organes qui constituent ces colonies flottantes. J'ajoute, que s'ils soint des plus intéressants pour le naturaliste, ces êtres étranges font l'admiration de tous par la transparence de leur corps et l'éclat de leur couleur. On les trouve en abondance dans la Méditerranée.

Fig. 598. — Physophore.

## CLASSE DES ANTHOZOAIRES

Le nom d'Anthozoaires (ἄνθος, fleur ; ζῶον, animal), de *Zoan-thaires* ou d'*Animaux-fleurs* s'applique à un groupe d'êtres que pendant longtemps on a pris pour des végétaux ou qu'on a comparés à des végétaux, à cause de leurs tentacules étalés en forme de pétales. L'exemple du *Corail*, qui appartient précisément à ce groupe et dont je vous ai conté l'histoire dans le premier chapitre de ce livre, est là pour vous montrer quelles opinions erronées avaient cours relativement à ces singuliers animaux.

Un petit nombre d'Anthozoaires vivent à l'état isolé ; la plupart forment, comme le Corail, des colonies arborescentes sur lesquelles se montrent des polypes de distance en distance.

Ces polypes présentent une cavité digestive en cul-de-sac, sur les parois de laquelle se voient des *cloisons* verticales en nombre égal à celui des *tentacules* qui garnissent l'orifice.

A part les Actinies ou Anémones de mer et quelques autres formes, les Anthozoaires présentent des particules solides. Des corpuscules ou *spicules* cornés ou calcaires de formes diverses, fréquemment colorés, se déposent dans l'épaisseur de la substance commune aux divers polypes, soit au centre comme chez le Corail, soit à la périphérie comme chez les Madrépores.

Chez les Actinies, les Madrépores et un grand nombre d'animaux voisins, les tentacules qui entourent la bouche sont en général très nombreux : ils forment alors plusieurs *cycles* alternant entre eux, et leur nombre est toujours un multiple de 4 ou de 6. Ces animaux constituent l'ordre des *Actiniaires*. Chez d'autres animaux, tels que le Corail et les Alcyons, le nombre des tentacules n'est jamais que de 8 : c'est l'ordre des *Alcyonaires*.

### ORDRE DES ACTINIAIRES

Les **Actinies** ou *Anémones de mer* existent en grande quantité sur les rivages. Ces animaux aux riches couleurs ont la forme d'un court cylindre dont l'une des extrémités est solidement fixée sur les rochers sous-marins. A l'autre extrémité se trouve la bouche, entourée d'un grand nombre de tentacules. Au moindre contact, ces appendices se rétractent, disparaissent, et le corps lui-même se ratatine au point de prendre l'aspect d'une masse informe. Au début de la rétraction des tentacules, il est aisé de voir à l'extrémité de chacun d'eux sourdre un petit jet d'eau : ils sont donc perforés à leur pointe. De plus, ils sont bourrés de nématocystes, à l'aide desquels ils saisissent la proie et l'amènent au sac digestif.

Les Actinies vivent toujours fixées; mais il est des formes voisines chez lesquelles le pied, au lieu de se développer en un organe d'adhérence, se renfle de manière à former une bourse qui se remplit d'air et qui permet à l'animal de se laisser emporter par les vagues à la façon des Physales. Les **Minyas**, qui se rencontrent dans les mers du Sud, nous offrent un remarquable exemple de ce fait. D'autres fois, les tentacules. au lieu de demeurer simples comme chez les Actinies, acquièrent un développement inusité, se divisent, se découpent de mille manières. et forment d'élégantes arborescences.

Tous ces animaux vivent toujours isolés et ne présentent jamais qu'un corps mou, dépourvu de toute formation squelettique.

Il existe un grand nombre d'autres Zoanthaires qui constituent au contraire des colonies et chez lesquels se développ un squelette, corné ou calcaire suivant les cas : de là deux divisions, les *Actiniaires à squelette corné*, constituant le groupe des **ANTIPATHAIRES**, ceux à *squelette calcaire* prenant le nom de **MADRÉPORAIRES**.

L'*Antipathe*, que les pêcheurs connaissent sous le nom de *Corail noir*, a longtemps joui d'une singulière réputation : on le croyait un remède souverain contre toutes les douleurs, et c'est cette propriété, purement imaginaire, qui lui a valu son nom (ἀντὶ, contre; πάθος, douleur). Dans une colonie d'Antipathaires, les individus sont réunis en grand nombre autour d'un axe corné, simple ou ramifié. Chaque Polype ne présente ordinairement que 6 tentacules.

Les **MADRÉPORAIRES** ont joué et jouent encore un grand rôle dans la formation des couches terrestres.

Leur forme varie beaucoup, et elle dépend de la manière dont ces animaux se reproduisent par bourgeonnement autour du premier-né, du père de toute la colonie.

Tantôt il sont presque entièrement isolés, comme chez les **Dendrophyllies**, qui vivent dans la Méditerranée ; tantôt ils sont au contraire tellement pressés les uns contre les autres que leur corps perd sa forme circulaire et devient polygonal, comme

Fig. 599. — Astroïde.

chez les **Porites** et les **Astroïdes** (fig: 599) ; tantôt enfin, et c'est le cas des **Méandrines** et des **Dendrogyres**, les individus se fusionnent latéralement et se confondent à tel point qu'il est impossible de dire où commence et où finit chacun d'eux : ils forment alors à la surface du polypier de longues et tortueuses galeries.

Les Madréporaires, représentés dans nos mers par quelques espèces qui n'atteignent qu'un faible développement, abondent au contraire dans les mers chaudes. Leurs colonies, d'une immense étendue, jouent un rôle important dans la nature, car ce sont elles qui forment ce qu'on appelle à tort les *récifs de corail*. Les espèces qui prennent part à la formation de ces récifs sont toutes confinées-dans une zone relativement étroite de la surface du globe : on ne les trouve en effet qu'entre les lignes isothermes de 60 degrés, c'est-à-dire qu'elles ne dépas-sent guère de chaque côté de l'équateur le 30e degré de latitude.. Mais, dans cette zone, la distribution de ces êtres semble sin-gulièrement capricieuse; en effet, on n'en rencontre point sur la côte occidentale de l'Afrique, non plus que sur la côte orien-tale de l'Amérique du Nord, et il n'y en a que très peu sur la côte orientale de l'Amérique du Sud. Dans l'océan Indien, dans l'océan Pacifique et dans la mer des Antilles, ces Coraux sont au contraire extrêmement abondants et s'étendent sur des milliers de kilomètres carrés.

Les Actiniaires constructeurs de récifs ne vivent guère au delà d'une profondeur de 15 à 20 brasses. Une aussi faible profondeur ne se rencontre qu'à une petite distance de la terre ferme : c'est donc au voisinage immédiat des continents ou des îles que devront se développer les récifs.

Quelques-uns de ces récifs bordent la côte d'une sorte de terrasse plate recouverte au plus de quelques pieds d'eau, et terminés du côté de la mer par une crête à pic.

Les récifs de ce genre prennent le nom de *Récifs fran-geants*. Celui qui environne l'île Maurice en est le type; en Afrique, on en trouve également sur la côte nord-est de Mada-gascar.

La plus grande partie des récifs de l'océan Pacifique sont d'une tout autre nature. La côte nord-est de l'Australie, depuis le détroit de Torres jusqu'au cap Sandy, est bordée par une série ininterrompue de récifs dont la distance du rivage varie de 4 à 40 lieues et qui opposent aux flots une barrière infran-chissable. A quelques centaines de mètres au delà du récif, la mer a déjà plus d'un millier de brasses de profondeur; entre le récif et la terre, il est rare au contraire que le fond descende à plus de 30 brasses. Le récif est donc séparé de la terre ferme par une lagune ou un canal peu profond, mais il offre d'autre part à la mer une paroi presque perpendiculaire, qui s'enfonce à une énorme profondeur. Les récifs de ce genre sont les *récifs en barrières*.

Il peut se faire enfin qu'un récif circulaire, ordinairement ouvert du côté sous le vent, émerge du sein de la mer, sans qu'on trouve aucune trace d'île en son centre. Ces récifs ont reçu le nom d'*Atolls;* ils ne se relient en apparence avec aucune autre terre. Les Atolls sont extrèmement répandus dans l'océan Indien et surtout dans l'océan Pacifique[1].

Les Madréporaires, dont nous venons de voir l'importance exceptionnelle, sont apparus de bonne heure à la surface du globe : dès les premiers âges de la terre, à l'époque silurienne, les mers renfermaient déjà un nombre immense de ces êtres, et ils paraissent avoir abondé alors sous nos propres latitudes. Ils se comportaient exactement comme ils le font maintenant, et ils ont activement contribué à la formation de certains terrains de nature calcaire.

## ORDRE DES ALCYONAIRES

Les ALCYONAIRES sont aisément reconnaissables à leurs tentacules régulièrement frangés sur les bords, et dont le nombre n'est jamais que de 8 : de là le nom d'*Octoactiniaires,* sous lequel on les désigne quelquefois, par opposition aux animaux de l'ordre précédent, ou Hexactiniaires. Chez un grand nombre d'espèces, parmi lesquelles le *Corail,* les tentacules sont bien creusés d'une cavité en rapport avec la loge correspondante, mais ils ne sont point percés d'un petit orifice à leur extrémité.

Les Alcyonaires vivent toujours en colonies : on n'en connaît point qui restent isolés, comme les Actinies, pendant leur vie entière.

[1] Voir *Premières notions de zoologie,* p. 219, fig. 344.

Le plus connu des Octoactiniaires est le *Corail rouge* (fig. 600).
Il habite la Méditerranée. On le pêche sur les côtes d'Italie, autour
de la Corse et de la Sardaigne, et sur la côte d'Afrique, de Bône
à Tunis. Les colonies qu'il forme poussent comme une plante,
et il se présente sous l'aspect d'un petit arbre branchu, haut de
30 à 35 centimètres. Il se rencontre par des profondeurs qui
varient de 3 à 300 mètres. Il s'attache aux corps durs sous-

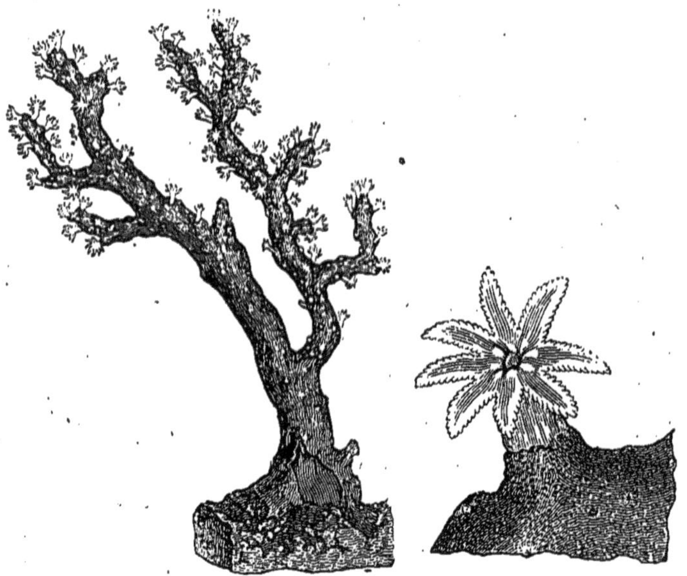

Fig. 600. — Corail.

marins, mais il se fixe toujours la tête en bas, pour ainsi dire,
au-dessous des aspérités des rochers et c'est là une condition
qui contribue beaucoup à rendre sa pêche pénible et difficile. Il
présente d'ordinaire une couleur rouge vif, mais sa teinte peut
varier beaucoup, depuis le blanc jusqu'au noir, en passant par
différentes nuances de rouge : le plus estimé est le rose, auquel
les pêcheurs italiens donnent le nom de *peau d'ange*, et qui
provient surtout de Dalmatie.

La pêche du Corail sur les côtes d'Afrique remonte déjà à une époque lointaine : elle date de la fin du seizième siècle. C'est en effet en 1561 que deux marchands marseillais fondèrent, un peu à l'est de Bône, une station de pêche qu'ils appelèrent Bastion de France, et s'établirent également à la Calle, avec l'autorisation spéciale du Grand Seigneur et le consentement de la population arabe. Plus tard, sous le règne de Louis XIII, des concessions furent faites encore, moyennant des redevances annuelles, à des compagnies qui s'établirent au cap Rose, au cap Negro, à Bône et à Alger. Des traités passés à différentes époques assurèrent à peu près à la France le monopole du commerce et de la pêche du Corail. Quand vint la Révolution, les graves événements politiques qui se déroulaient en France firent négliger l'exploitation des privilèges et, à la suite de l'expédition d'Égypte, le dey d'Alger et le bey de Tunis s'emparèrent des concessions, et notre commerce en Afrique fut ruiné. Les Italiens et les Anglais nous supplantèrent, et ce n'est qu'en 1817 que la Calle nous fut rendue, moyennant une redevance annuelle de 60 000 francs, qui fut bientôt après portée à 200 000 francs. Cette concession en amena bientôt d'autres. Néanmoins nos nationaux étaient en butte à des vexations sans nombre qui contribuèrent beaucoup à la déclaration de guerre dont la prise d'Alger fut la conséquence.

Depuis l'annexion de l'Algérie, contrairement à ce qui aurait dû avoir lieu, la pêche du Corail a diminué d'importance, au moins pour nos nationaux. Un décret de 1864 permet aux étrangers de pêcher moyennant une faible redevance, à moins qu'ils ne résident en Algérie depuis un certain temps. Depuis la promulgation de ce décret, les bateaux corailleurs italiens augmentent tous les ans de nombre, alors que les bateaux français deviennent de plus en plus rares. Ces bateaux, en majorité napolitains, sont des tartanes jaugeant de 15 à 16 tonneaux, montées par un équipage de 10 à 12 hommes. Dans les eaux algériennes et au voisinage de la Calle, qui est toujours resté le centre des opérations, il vient tous les ans environ 250 à 300 bateaux, montés par 1500 à 1600 hommes. La quantité totale de Corail pêchée annuellement est de 30 000 à 33 000 kilogrammes, représentant une somme de 2 millions et demi à l'état brut; après avoir été travaillé, sa valeur sera de 12 à 15 millions. Une fois pêché, le Corail est expédié à Naples, à Livourne, à Gênes, dont les manufactures ont remplacé presque entièrement celles de Marseille. On le taille encore à Alger et dans quelques autres villes algériennes.

L'engin dont on se sert pour pêcher le Corail se compose de deux barres de bois placées en croix; au-dessous d'elles, à leur point de jonction, est attachée une grosse pierre ou une pièce de fer, qui sert de lest. Au bout de chacun des bras de la croix, une corde longue de 7 à 8 mètres porte un paquet de filets à mailles larges et lâchement nouées, disposés de façon à s'étaler dans l'eau. De plus, au-dessous de la pierre qui sert de lest pend une corde portant d'autres filets.

On a tenté à différentes reprises de pêcher le Corail à l'aide du scaphandre. Ce procédé présente des avantages incontestables quand il s'agit d'opérer sur un fond de 30 à 40 mètres au plus. Mais il est rare que le Corail se rencontre à ces faibles profondeurs; aussi l'emploi du scaphandre n'est-il applicable qu'à des cas tout à fait particuliers.

Il suffit d'examiner une branche de Corail qui vient d'être pêchée pour se convaincre qu'elle se compose de deux parties distinctes : à la surface se montre une partie charnue, percée d'une multitude de petites cellules où se logent des polypes que leurs huit tentacules épanouis avaient fait prendre à Marsigli pour des fleurs. Elle revêt de toutes parts une sorte de tige centrale, dure, cassante, pierreuse qui est le *polypier*.

Si l'on casse l'extrémité d'un rameau vivant, on voit s'écouler un liquide blanc, miscible à l'eau et d'apparence laiteuse : on le connaît depuis bien longtemps sous le nom de *lait du Corail*. Ce liquide contient tout à la fois les produits de la digestion et les œufs, et il est à remarquer que ceux-ci ne sont expulsés au dehors qu'après avoir subi une partie de leur développement.

De distance en distance, on voit, à la surface de la couche animale, des petits mamelons coniques, au sommet desquels se montrent les polypes, sous forme de tubes blancs, surmontés chacun d'une couronne de huit tentacules barbelés. A la moindre agitation de l'eau, le polype se rétracte, ses tentacules et son corps lui-même s'invaginent et on ne voit plus à la surface du mamelon qu'un orifice étroit.

Le polypier, ou partie centrale, dure, cassante et pierreuse de tout rameau, est constitué par du carbonate de chaux coloré par de l'oxyde de fer. Il présente toujours à sa face des sillons ou cannelures longitudinales, rarement signalées, mais toujours parallèles entre elles.

Le polypier est la partie du corail que l'on utilise en bijouterie : pour cela, on lui fait subir certaines préparations qui ont principalement pour but de le polir et de faire disparaître les côtes de sa surface. La poussière qui s'en détache alors est employée pour la fabrication de certaines poudres dentifrices rouges.

Dans ce même ordre des Octoactiniaires viennent se ranger un certain nombre d'espèces qui diffèrent du Corail par la forme et la nature des polypiers. En première ligne nous vous signalerons les **Alcyons**, chez lesquels le polypier est représenté simplement par une substance molle, incrustée de spicules ; ceux-ci n'ont jamais la même forme d'une espèce à l'autre. Les Alcyons étalent sur les rochers sous-marins leurs croûtes charnues ; ils se fixent souvent sur la coquille des grands Mollusques, et il n'est point rare, en particulier, de les voir, sur les côtes de Bretagne, fixés à l'une des valves de la *coquille de Saint-Jacques*. Au lieu de se ramifier à la façon d'un arbre, comme le fait le corail, ils s'épanouissent sous forme de digitations : de là le nom de « doigts d'hommes morts » que leur donnent les Anglais.

Les animaux les plus·élégants de ce groupe sont assurément les **Pennatules** (fig. 601), qui habitent la Méditerranée et qui ont la taille et l'aspect d'une belle plume d'Autruche. La base

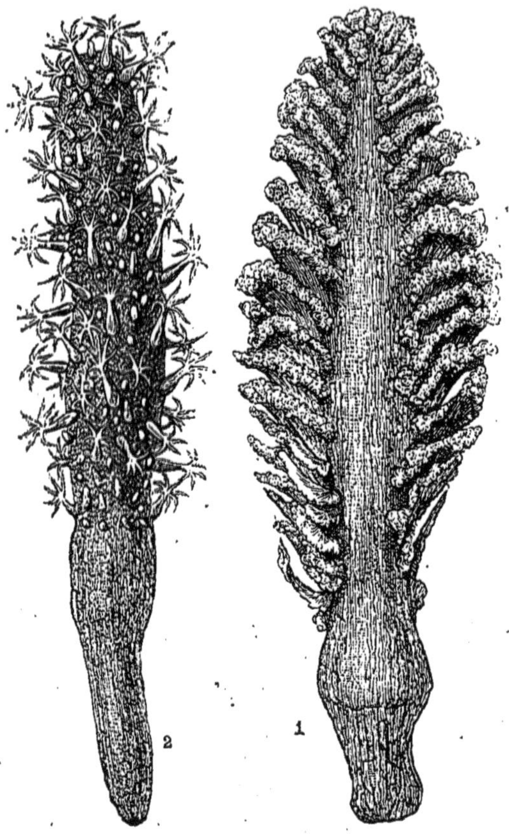

Fig. 601. — 1, Pennatulé. — 2, Vérétille.

de la colonie, au lieu d'adhérer fortement aux rochers, comme dans les espèces précédentes, est formée d'une simple tige cornée, qui s'enfonce plus ou moins dans le sable et qui porte à son extrémité supérieure des branches latérales sur lesquelles se

trouvent les polypes. Ces animaux se font souvent remarquer
par une vive phosphorescence.

## CLASSE DES SPONGIAIRES

Il n'est actuellement personne qui doute de la nature animale des *Éponges*, mais, il n'y a pas bien longtemps encore, on
se demandait si ces êtres n'appartenaient point au règne végétal.

Les **spongiaires** constituent le plus souvent des colonies
dont les formes peuvent varier à l'infini et dans l'épaisseur
desquelles il est habituel de rencontrer un squelette.

Il est un petit groupe, celui des **halisarcines**, dans lequel la
charpente solide fait toujours défaut : les Éponges qui rentrent
dans cette catégorie sont désignées sous le nom collectif
d'*Éponges muqueuses*.

A part cette exception, il est de règle, disons-nous, de trouver
un squelette dans l'épaisseur de ces êtres. Ce squelette peut être

Fig. 602. — Spicules d'Éponges fortement grossis.

composé de fibres cornées, comme dans les Éponges dont on
se sert pour les usages domestiques, de spicules siliceux, comme
chez la Spongille, qui est une des rares espèces d'eau douce,
ou enfin de spicules calcaires (fig. 602). Il y a donc des Éponges
*fibreuses, siliceuses* et *calcaires*.

Tous les Spongiaires se reproduisent par œufs et par bourgeonnement.

Pour nous faire une idée de leur organisation, étudions d'abord une forme des plus simples et choisissons un exemple parmi le groupe des ÉPONGES CALCAIRES, qui a été mieux étudié que les autres.

Lorsque le développement de l'œuf est achevé et que le jeune individu est constitué, celui-ci se présente sous la forme d'une sorte de petite urne, attachée au rocher par un pied rétréci, et creusée à son sommet d'une cavité centrale qui s'ouvre au dehors par un orifice élargi, qui est l'*oscule*. Les minces parois du corps, rendues rigides par une accumulation de spicules calcaires à trois branches, sont percées de trous que l'on appelle *pores inhalants*. La paroi du corps se compose elle-même de deux couches superposées, dont l'intérieure est tapissée de cils vibratiles sur toute son étendue : nous ne tarderons pas à voir l'importance de ce fait.

L'Éponge est alors formée. Dans un certain nombre de cas, l'animal demeurera en cet état pendant son existence entière : il restera donc toujours isolé. D'autres fois, il ne tardera pas à pousser un bourgeon en un point donné de sa surface : celui-ci se développera et se creusera d'une cavité, tout en acquérant les dimensions et en prenant plus ou moins la forme de l'individu primitif qui lui a donné naissance. Nous assistons dès lors à la formation d'une colonie (fig. 603) et le phénomène que nous venons de constater est une véritable reproduction par bourgeonnement. En effet, ce deuxième individu, de son côté, donnera naissance, par voie de bourgeonnement, à un troisième qui restera uni aux deux premiers et qui leur sera semblable : la colonie se compliquera donc de plus en plus. Mais sa complication marchera bien plus vite que nous ne l'indiquons, car le phénomène de bourgeonnement que nous avions supposé, pour plus de simplicité, ne se produire qu'en un seul point de l'individu primitif, se produit au contraire en plusieurs points à

la fois, en sorte que cet individu primitif devient le centre
d'un actif mouvement d'extension qui se manifeste simultanément dans toutes les directions.

Ainsi constituée, la colonie s'offre à nous sous l'aspect d'une

Fig. 603. — Colonie arborescente d'*Ascandra pinus*, Éponge calcaire.

masse de forme très variable, présentant à sa surface un
nombre restreint d'*oscules* ou pores par lesquels sort l'eau, et un
nombre beaucoup plus considérable de *pores inhalants* par où
entre l'eau. Les uns et les autres de ces orifices communiquent
avec un système de canaux qui sillonnent en tous sens les parties profondes de la colonie. Enfin la substance même de

l'Éponge renferme dans son épaisseur une quantité considérable de spicules.

Toutes les Éponges sont marines, sauf quelques rares espèces telles que la *Spongille d'eau douce*, très commune dans nos régions. On la rencontre sur le bord des bassins, des canaux des rivières, fixée d'ordinaire à la surface du bois flotté : elle forme d'épaisses masses incrustantes d'une coloration verte. Ses spicules siliceux, fort simples, ont l'aspect d'aiguilles pointues à chaque extrémité et creusées d'un fin canal dans toute leur longueur. Chez cet animal, l'individualité est à peine marquée ; une Spongille peut se diviser spontanément en deux ou plusieurs portions qui continueront de vivre chacune de leur côté ; si au contraire deux Spongilles sont mises en contact l'une avec l'autre, elles ne tardent pas à s'unir et à se fusionner en une seule.

Certaines Éponges de ce groupe présentent les formes les plus gracieuses et les plus élégantes. L'*Euplectelle* des îles Philippines se fait remarquer entre toutes : elle attire et charme le regard par l'enchevêtrement extrême des longs filaments siliceux qui constituent son squelette et qui, malgré leur grande complication, conservent néanmoins une disposition géométrique des plus régulières.

Les Éponges fibreuses ont une forme bien moins élégante, mais elles n'en sont pas moins fort intéressantes : c'est parmi elles en effet que doivent être rangées les espèces dont le squelette est pour nous d'un usage journalier.

Le golfe du Mexique, les bancs de Bahama, la mer Rouge et une foule d'autres points fournissent des Éponges de grande taille, mais en général assez grossières et qu'on ne peut guère employer que pour laver les parquets ou pour des usages de ce genre. Les fines Éponges de toilette sont plus petites : elles proviennent des mers tempérées et sont particulièrement de la Méditerranée. C'est surtout dans l'Adriatique et dans l'Archipel, sur les côtes de Caramanie et de Syrie, qu'on se livre à leur pêche. Là où la mer est peu profonde, des hommes plongent au fond de l'eau et, à l'aide d'un fort couteau dont ils se sont munis, coupent le pied par lequel l'Éponge adhère aux rochers. Par des fonds que, sous peine d'accidents graves, l'homme ne peut pas songer à atteindre, soit en plongeant *à nu*, soit en employant le scaphandre, c'est-à-dire au-dessous de 30 à 40 mètres, on se sert de la drague; mais les Éponges que cet instrument ramène sont souvent déchirées et ont par conséquent moins de valeur que les autres. La pêche ne peut guère se faire que pendant une moitié de l'année. Sur les côtes de Croatie seulement, les revenus de cette pêche pour une demi-année varient entre 150 000 et 300 000 francs.

# EMBRANCHEMENT DES PROTOZOAIRES

Les Protozoaires, extrêmement répandus dans la nature, sont des habitants des eaux : le nombre des formes d'eau douce est considérable, mais celui des espèces marines semble être plus grand encore. Quelques espèces vivent cependant hors de l'eau, soit qu'elles errent dans la terre humide, soit, ce qui est bien plus fréquent, qu'elles habitent en parasites dans l'intérieur du corps des animaux.

Tous sont remarquables par leur organisation rudimentaire et c'est pour cette raison qu'on leur a donné le nom de *Protozoaires* ou *animaux primitifs*. Ce sont bien en effet des êtres primitifs, non seulement à cause de leur organisation si simple, mais encore parce que, lors de l'apparition de la vie sur la terre, ils furent les premiers à se montrer.

L'étude des Protozoaires offre donc un grand intérêt. Mais ces êtres se présentent sous des aspects si divers que nous devrons forcément nous borner à ne passer en revue qu'un petit nombre d'entre eux : nous ne vous signalerons que ceux qui ont une réelle importance, soit à cause du rôle qu'ils jouent, soit à cause des données générales qui découlent de leur observation.

On a cru pendant longtemps à une distinction absolue entre le règne animal et le règne végétal. Mais en étudiant les Protozoaires d'une part, et, d'autre part, les végétaux inférieurs, c'est-à-dire les Champignons et les Algues, on se convainc aisément que la barrière qu'on avait voulu élever entre les deux règnes n'est point aussi nette qu'on le supposait. Bien plus, on peut constater que, à leurs derniers degrés, les deux règnes se confondent à tel point qu'il est impossible de dire d'une façon précise où ils commencent et où ils finissent. Il est en effet un grand nombre d'êtres que les observateurs rangent les uns parmi les animaux, les autres parmi les plantes : des discussions passionnées se sont élevées à cet égard et elles dureront sans doute longtemps encore. Pour tourner la difficulté, des savants de mérite ont songé à constituer un nouveau règne, intermédiaire entre le règne végétal et le règne animal, et dans lequel on ferait rentrer tous les êtres douteux dont il vient d'être question : c'est ainsi que, dès 1825, le naturaliste français Bory de Saint-Vincent avait établi le *Règne Psychodiaire*. L'idée a été reprise récemment, et certains philosophes rangent dans un *règne des Protistes*, tous les Protozoaires et un certain nombre d'Algues et de Champignons.

## CLASSE DES INFUSOIRES

Primitivement, on désignait sous le nom d'INFUSOIRES tous les petits animaux qui vivent dans les eaux stagnantes et qu'on ne peut voir qu'avec le secours du microscope. Comprise de la sorte, cette dénomination s'appliquait, non seulement à tous les Protozoaires microscopiques, mais encore à d'autres animaux de fort petite taille, comme les Rotateurs, les Cercaires, les Anguillules, et beaucoup d'Algues. Peu à peu, ce nom d'Infusoires s'est spécialisé et il s'applique maintenant à un groupe bien défini de Protozoaires.

Les Infusoires ont été découverts par Leeuwenhœk, naturaliste hollandais qui vivait à la fin du dix-septième siècle. Qu'on place une substance végétale, une feuille, un fragment de tige, et mieux quelques brins de foin, dans une quantité d'eau suffisante pour que la putréfaction ne se produise point, et l'on trouvera au bout de quelques jours, allant et venant sans cesse dans le liquide, des milliers d'animalcules dont le microscope seul peut nous révéler l'existence. Ces êtres sont nés dans l'infusion que nous avons faite : de là leur nom d'*Infusoires*.

On rencontre fréquemment, attachés à la face inférieure des *Lentilles d'eau* par un long pédicule, des animaux fort simples, que l'on connaît sous le nom d'**Acinètes**. Leur corps se compose d'un petit globule transparent entouré d'une sorte de carapace claire et hyaline, et dans l'intérieur duquel se voit une partie plus ou moins globuleuse qui a reçu le nom de *noyau*. A son extrémité libre, l'Acinète porte deux faisceaux d'appendices filiformes, d'une ténuité extrême et terminés chacun par un petit renflement. Un Infusoire mobile vient-il à passer à proximité de l'Acinète, celui-ci applique sur lui ses tentacules qui, formant ventouse, absorbent peu à peu la substance du corps de la victime : les tentacules sont donc de véritables suçoirs et c'est par eux que l'animal se nourrit.

Les Acinètes appartiennent au groupe assez restreint des **INFUSOIRES TENTACULIFÈRES**.

Celui des **INFUSOIRES CILIÉS** est bien plus considérable. Il se subdivise, suivant la façon dont les cils vibratiles, organes de locomotion, sont disposés à la surface du corps. Je vous dirai quelques mots de ceux de ces animaux qui sont le plus remarquables et qu'on rencontre le plus fréquemment.

Les **Vorticelles** (fig. 604), si abondantes dans les ruisseaux et les étangs ressemblent à de petites fleurs en forme de clochette, dressées à l'extrémité d'un *pédicule* commun : celui-ci se ramifie de façon à porter un être au sommet de chacune de ses divisions. Le pédicule est éminemment contractile : ordinairement la Vorticelle l'étend pour chercher sa nourriture aux alentours de son point de fixation; mais si un Infusoire plus gros qu'elle, et dont elle redoute l'attaque, vient à se montrer, soudain elle se contracte, et le pédicule s'enroule sur lui-même comme un

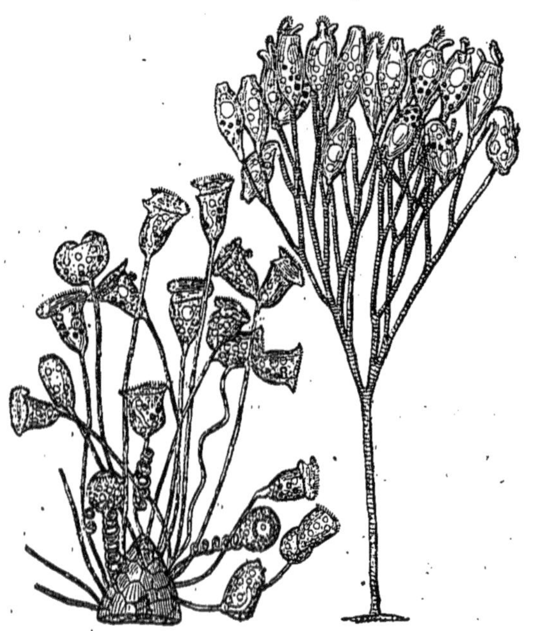

Fig. 604. — Vorticelles.

ressort à boudin : l'animal s'applique alors contre l'objet sur lequel il s'est fixé et demeure immobile jusqu'à ce que tout danger ait disparu.

L'extrémité libre du corps de la Vorticelle est entourée d'une couronne de *cils* qu'anime un mouvement ondulatoire incessant. Ce mouvement a pour but d'amener sans cesse au contact de l'animal de l'eau fraîche et de la nourriture : celle-ci est attirée par une sorte de tourbillon jusque dans l'intérieur du cercle de tentacules; dans le fond de ce vestibule se trouve une bouche, à laquelle fait suite un estomac tubuleux qui se'termine en cul-de-sac. Les aliments introduits dans cet estomac y sont digérés rapidement; lorsque le moment est venu d'expulser le résidu de la digestion, on voit se creuser, au milieu de la substance qui constitue le corps de la Vorticelle, un canal qui n'existait point auparavant et qui aboutit à un orifice de sortie dont l'existence est également éphémère.

Le corps des Vorticelles renferme encore une partie centrale qui est le *noyau* : celui-ci est allongé en forme de boudin. A côté de lui, on voit une vacuole remplie de liquide, dont la paroi, constituée simplement par la substance même du corps, se contracte rhythmiquement, de façon à chasser en différentes directions le liquide transparent et aqueux que l'on observe à son intérieur. Cette *vésicule contractile* se rencontre chez la plupart des Infusoires; il est même des espèces qui en possèdent plusieurs.

Les **Paramécies** (fig. 605), que l'on trouve en grande masse dans les infusions végétales, ont le corps recouvert de cils tous semblables entre eux.

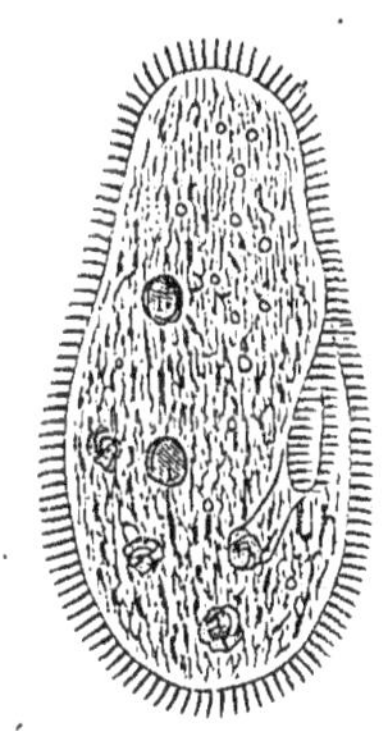

Fig. 605. — *Paramecium aurelia.*

Si on délaye dans une petite quantité d'eau le contenu de l'intestin d'une Grenouille, il n'est point rare d'y rencontrer, nageant au milieu des débris d'excréments, des Infusoires assez grands pour qu'on puisse les voir à l'œil nu : ce sont des **Opalines**. Ces animaux, au corps très aplati et à peu près elliptique, présentent des noyaux multiples, dont le nombre va en augmentant avec l'âge de l'individu. Ils sont en outre dépourvus de bouche et d'anus, ce qui s'explique suffisamment par leur genre de vie exclusivement parasitaire : dans l'intestin qu'ils habitent, ces animaux trouvent en effet des aliments liquides tout préparés et directement absorbables par simple diffusion.

Le dernier groupe des Infusoires est celui des **flagellés**. Chez ces êtres, les *cils vibratiles* ou bien font complètement défaut, ou bien sont trop peu nombreux pour jouer un rôle actif dans les phénomènes de locomotion. Les organes locomoteurs sont représentés par un ou plusieurs *flagellums*, filaments déliés au moyen desquels l'animal frappe l'eau avec vigueur, de façon à progresser rapidement (fig. 606).

Les **Monades**, fort abondantes dans les infusions végétales et dans les eaux croupissantes, ne sont munies que d'un seul flagellum. De très petites dimensions et fort difficiles à observer, même avec un puissant microscope, elles n'ont point de bouche et les aliments sont absorbés par un point quelconque de la surface.

D'autres Flagellés possèdent une bouche. Parmi eux, l'*Euglène verte* mérite une mention spéciale. Ce Flagellé, qui se trouve en grande abondance à la surface des flaques d'eau stagnante, est remarquable en ce qu'il est teinté uniformément en vert par la *Chlorophylle*, substance colorante des feuilles des végétaux.

L'*Euglène rouge*, espèce voisine de la précédente, pullule tellement dans certaines mares que celles-ci prennent une coloration rouge-sang qui a donné naissance aux légendes de *pluie de sang* et à de nombreux procès de sorcellerie.

Le majestueux phénomène de la *phosphorescence de la mer*, qui s'observe à la belle saison, est dû le plus souvent aux **Noctiluques** qui surnagent en nombre immense à la surface des flots. Ces Flagellés sont assez gros pour être visibles à l'œil nu; ils sont globuleux. A côté de la bouche s'implantent deux appendices : l'un d'eux est un flagellum; l'autre, deux ou trois fois plus long et beaucoup plus gros, est un tentacule qui ne se meut que lentement et qui bien certainement ne sert en rien à la locomotion de l'animal.

Les Noctiluques se maintiennent à peu près immobiles
à la surface de la mer : elles sont agitées tout au plus de
légers mouvements de balancement déterminés par le tenta-

Fig. 608 — 1, 2, 3, Infusoires flagellifères. — 4, Infusoires ciliés.

cule. Mais pour qu'elles se montrent à la surface, il faut que
certaines conditions de chaleur soient réalisées, il faut en outre
le calme le plus absolu. Elles sont parfois tellement abondantes
que la mer présente une couleur rouge assez intense et acquiert

la consistance du tapioca. Il est à remarquer que la phosphorescence de la mer s'observe surtout dans les points où les vagues se brisent et viennent frapper le rivage; d'autre part, une eau obscure auparavant devient tout d'un coup phosphorescente, si l'on y jette une pierre. Ces faits s'expliquent aisément, si l'on sait que la lumière, émise par les Noctiluques ne se produit que lorsque celles-ci sont soumises à une excitation quelconque, exemple, lorsqu'elles viennent à se heurter les unes les autres. On peut déterminer la phosphorescence dans une eau chargée de Noctiluques en la faisant traverser par un courant électrique.

## CLASSE DES GRÉGARINES

On trouve fréquemment dans le tube digestif et dans la cavité viscérale des Invertébrés, particulièrement des Vers et des Arthropodes, des animaux microscopiques de structure fort simple, auxquels on a donné le nom de GRÉGARINES.

La *Grégarine géante* se trouve dans l'intestin du Homard. Elle atteint jusqu'à un centimètre et demi de longueur, mais, malgré cette grande taille, elle n'est jamais constituée que par un simple amas de matière uniforme, granuleuse, renfermant un noyau et entourée d'une membrane d'enveloppe. Ce corps, fort allongé, présente à son extrémité antérieure une sorte de petit renflement qui simule une tête; l'extrémité postérieure s'effile au contraire. L'animal n'a ni bouche ni orifice quelconque : il se nourrit simplement en absorbant les aliments qu'il trouve tout préparés dans l'intestin de son hôte.

A côté des Grégarines, il convient de placer d'autres animalcules qui vivent en parasites chez divers animaux et même chez l'Homme. Les plus importants sont les Psorospermies des Insectes, qui occasionnent la redoutable maladie du Ver à soie nommée la *pébrine*. Malgré leur fort petite taille, ces animaux sont presque tous des parasites dangereux.

# CLASSE DES RHIZOPODES

Dans tout le reste du monde organique, il est impossible de rencontrer un aussi grand nombre de formes élégantes et étranges que dans la Classe des Rhizopodes. Ces animaux curieux sont aquatiques, et c'est dans la mer qu'on observe les espèces les plus belles et les plus variées.

Les Rhizopodes doivent leur nom aux prolongements qui sortent incessamment de leur corps, comme des racines (ῥίζός, racine; ποῦς, ποδός, pied), pour y rentrer bientôt, en telle sorte que la forme extérieure de l'animal change continuellement. Quelques-uns sont absolument nus, comme les Actinophrys (fig. 607), qui abondent dans la vase des étangs. Les autres sont enveloppés d'une carapace de nature variée. Chez les Gromies, elle est cornée; chez les Rhizopodes, qui forment le groupe des Radiolaires, elle est de nature siliceuse; chez ceux qu'on a nommés Foraminifères, elle est composée de carbonate de chaux.

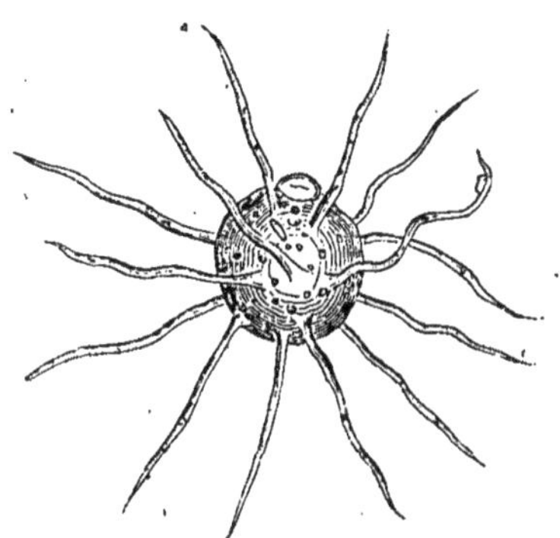

Fig.607. — Actinophrys sol.

L'aspect du squelette siliceux des RADIOLAIRES (fig. 608) varie à l'infini. Toutes les formes géométriques les plus gracieuses et les plus compliquées se trouvent ici réalisées : ces êtres d'organisation si simple sont en réalité de merveilleux architectes et, avec la silice qu'ils trouvent dissoute dans l'eau de mer, ils se construisent des carapaces d'une incomparable élégance.

Chez certains d'entre eux (fig. 608) la carapace siliceuse a la forme d'une sphère treillissée, dont la surface donne souvent naissance à de longues aiguilles. Chez d'autres (fig. 609), plusieurs sphères sont même concentriquement emboîtées les unes dans les autres et reliées entre elles par des barres radiales : l'ensemble rappelle alors certains objets d'une grande délicatesse que les Chinois excellent à sculpter avec l'ivoire.

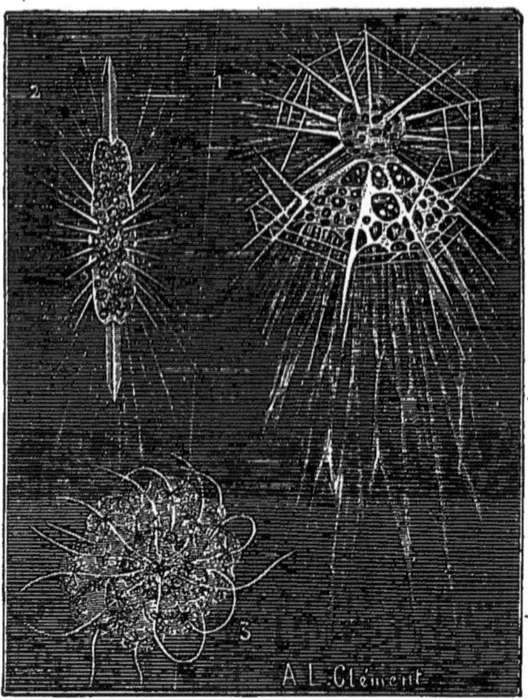



Fig. 608. — Divers genres de Radiolaires. — 1, Arachnocorys. — 2, Amphilonche. 3, Acanthomètre.

D'autres fois, le squelette consiste encore en une sphère, mais autour de celle-ci se montre un plexus spongieux de matière siliceuse. Les **Cystides** se construisent une carapace ayant la forme d'un casque, d'un bonnet ou d'un corbillon dont la paroi serait criblée de nombreuses ouvertures. Les **Astromures** ont l'aspect d'une croix d'ordre, les **Diplocones** ressemblent à un sablier, etc. En un mot, l'aspect sous lequel se présentent ces intéressants organismes varie pour ainsi dire à l'infini et ce serait entreprendre une longue tâche que d'essayer d'en donner la description.

Les Radiolaires nous intéressent peut-être davantage encore à un tout autre point de vue. Ces animaux vivent à la surface de la mer ou à une faible distance de la surface. Quand ils meurent, leurs squelettes tombent au fond de l'eau et, en s'accumulant pendant une longue période, ils finissent par exhausser le fond de l'Océan. Ils jouent donc un rôle dans la formation de certaines couches terrestres.

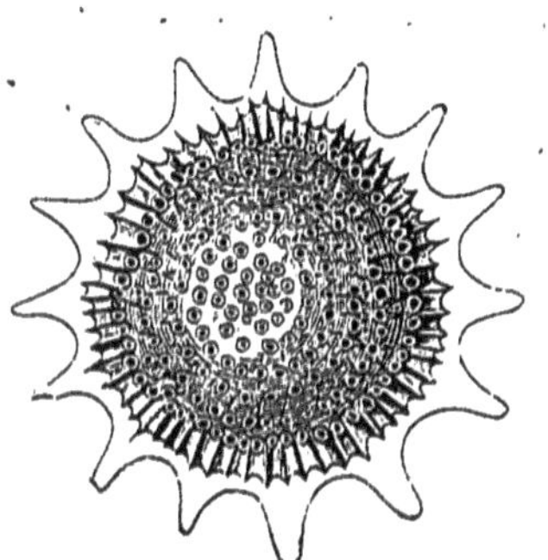

Fig. 609. — *Haliomma Humboldti.*

Ce fait peut être mis aisément en évidence : il suffit pour le constater d'examiner au microscope des échantillons de sables marins provenant de grandes profondeurs ; à côté des débris innombrables de *Diatomées*, Algues munies également d'un squelette siliceux, et des débris de Foraminifères, on trouvera en nombre immense des squelettes de Radiolaires. On peut donc dire qu'actuellement, les Radiolaires, en venant s'accumuler au fond des eaux, contribuent à former des roches nouvelles et à changer peu à peu la nature du sol sous-marin.

Cette action curieuse n'est point spéciale à notre époque. Aux époques anciennes de l'histoire de la terre, les Radiolaires étaient aussi fort abondants dans les mers, et il est des roches entières qui ne sont formées que de leurs débris : certains terrains des environs d'Oran, certaines roches puissantes des Barbades et de Nicobar en sont presque exclusivement formées. Dans les marnes crétacées de quelques points du littoral méditerranéen, on trouve également un nombre immense de Radiolaires fossiles.

La variété de forme et de structure des **FORAMINIFÈRES** n'est
pas moins grande que celle des Radiolaires. Leur test est
tantôt à une, tantôt à plusieurs loges. Enfin, tantôt il n'a qu'une
ouverture, tantôt il est criblé de petits trous, par où sortent les

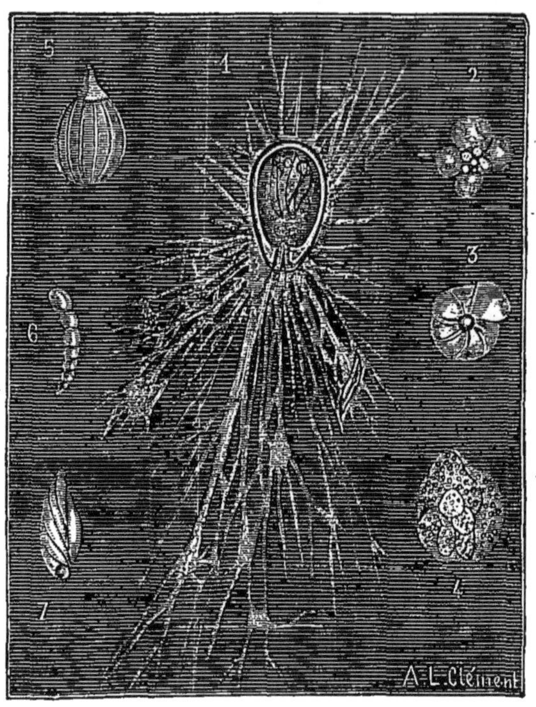



Fig. 610. — Divers genres de Foraminifères. — 1, Gromie. — 2, Globigérine. — 3, Ano-
maline. — 4, Rosaline. — 5, Lagenuline. — 6, Dentaline. — 7, Cristallaire.

*rhizopodes* et qui ont mérité son nom au groupe des Foraminifères (*foramen*, trou).

Les parties solides des Foraminifères (fig. 610, 611) affectent les formes les plus variées et se disposent de façons très
diverses; elles présentent parfois une complication telle qu'on
serait tenté de croire que ces êtres sont eux-mêmes fort com-

pliqués, malgré leur taille exiguë : et de fait, certains naturalistes de grande valeur ont soutenu une semblable opinion.
Les chambres successives qui se montrent chez les Nummulites
et quelques autres genres s'enroulent parfois à la façon de la
coquille des Céphalopodes : on partait de là pour rapprocher
ces êtres des Nautiles et des Ammonites et pour considérer
les Foraminifères en général comme des Céphalopodes microscopiques.

Ces animaux, avons-nous dit, sont tous microscopiques.
Cette assertion est vraie en ce qui concerne les espèces actuellement vivantes. On trouve pourtant encore, vivant à de grandes
profondeurs dans les mers de la Sonde, un Foraminifère gigantesque, le *Cycloclypeus*, qui a l'aspect d'un disque biconvexe

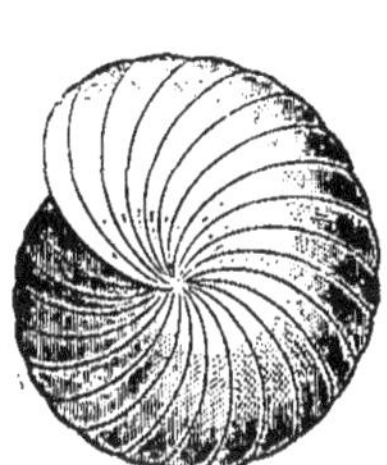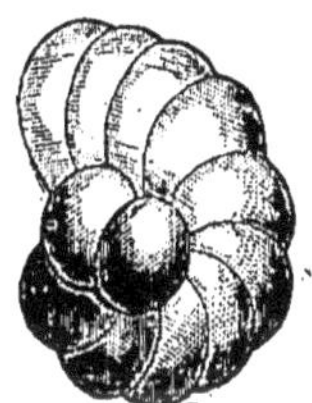

Fig. 611. — Nummulites.

de 5 centimètres de diamètre. Dans la nature actuelle, c'est à
peu près là le seul exemple de ce genre, mais dans les terrains anciens il est fréquent de rencontrer les restes fossiles de Foraminifères, c'est-à-dire ayant 1 ou 2 centimètres de
diamètre : témoin les **Parkeria** et les nombreuses espèces de
**Nummulites** (fig. 611).

Lorsque les Foraminifères viennent à mourir, leur coquille,
en raison de sa pesanteur, tombe au fond. En s'accumulant
sans cesse dans les profondeurs de la mer, ces élégantes carapaces constituent une couche épaisse qui formera finalement
une roche calcaire compacte : il est possible de constater actuel-

lement des phénomènes de ce genre entre le 60e degré latitude nord et le 60e degré latitude sud.

Ces animaux ont été des premiers à se montrer, lors de
l'apparition de la vie sur la terre : le rôle considérable qu'ils
jouent dans la formation de notre globe, ils ont donc pu le
jouer déjà aux époques les plus anciennes. En effet, les
coquilles de Foraminifères, amoncelées en amas prodigieux au
fond des océans, depuis des millions d'années, ont contribué
de la façon la plus active à la formation des roches. Les terrains
de sédiment déposés le plus anciennement par la mer, comme
les couches cambrienne et silurienne, renferment de nombreux
tests de Foraminifères et en sont sans doute en grande partie
formés. Cependant ce n'est que plus tard, à la période crétacée
et pendant l'époque tertiaire, que ces animaux atteignirent leur
développement complet.

« A l'époque des terrains carbonifères, dit Alc. d'Orbigny,
une seule espèce du genre *Fusalina* a formé, en Russie, des
bancs énormes de calcaire. Les terrains crétacés en montrent
une immense quantité dans la craie blanche, depuis la Champagne jusqu'en Angleterre. Les terrains tertiaires plus que
tous les autres viendront nous en donner la preuve évidente,
témoin les Nummulites, dont est bâtie la plus grande des
pyramides d'Égypte, le nombre prodigieux des Foraminifères,
des bassins tertiaires de la Gironde, de l'Autriche, de l'Italie
et surtout les *calcaires grossiers* du vaste bassin parisien.
Ces couches, dans certaines parties, en sont tellement pé-
tries, que 27 millimètres cubes des carrières de Gentilly
nous en ont offert plus de 58 000, et cela dans des couches
d'une grande puissance, résultat qui fait supposer par mètre cube à peu près 3 milliards. On peut donc en conclure
sans exagération que la capitale de la France est presque
bâtie avec des Foraminifères, ainsi que les villes et les villages de quelques-uns des départements qui l'avoisinent.
Ainsi ces coquilles, à peine saisissables à la vue simple, chan-

gent aujourd'hui la profondeur des eaux de la mer et ont,
aux diverses époques géologiques, comblé des bassins d'une
étendue considérable. »

## CLASSE DES AMIBES

Les Amibes (fig. 612), très abondantes dans les eaux douces et
salées de nos climats, sont des animaux fort simples : une gouttelette de substance granuleuse renfermant un noyau, voilà uniquement de quoi elles se composent! Et l'être ainsi constitué vit,
se déplace, se nourrit, est sensible, est doué de volonté! Lorsqu'il rampe, il émet, d'un point quelconque de la surface de
son corps, des prolongements appelés *pseudopodes* : la masse
du corps s'écoule peu à peu dans leur intérieur, et l'animal

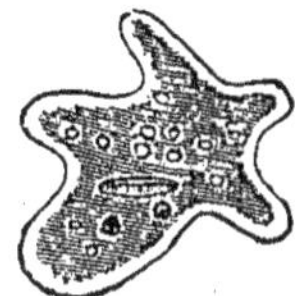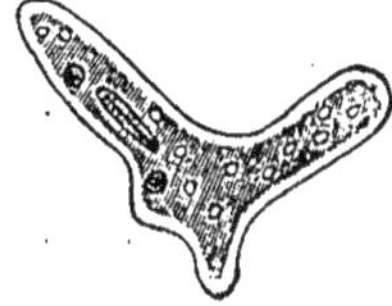

Fig. 612. — Amibes.

progresse de la sorte ; ce mode particulier de progression est
connu sous le nom de *mouvement amiboide*. Les pseudopodes
ont la même origine que les rhizopodes des animaux de la
classe précédente; ils en diffèrent néanmoins en ce qu'ils sont
moins nombreux et notablement plus volumineux. L'Amibe
rencontre-t-elle par hasard un corpuscule dont elle puisse se
nourrir, elle étend ses pseudopodes à l'entour, englobe finalement l'objet et le fait de la sorte pénétrer dans son corps : le
corpuscule se digère; puis lorsque la digestion est achevée et
qu'il s'agit d'en expulser le résidu, l'Amibe le fait tout aussi
aisément.

Ces animaux, toujours microscopiques, ne semblent pas pouvoir dépasser une certaine taille : lorsqu'ils ont atteint la

limite, on les voit spontanément se diviser, suivant un plan qui passe par le milieu du noyau. Il se forme de la sorte deux individus qui, à leur tour, se comporteront comme celui qui leur a donné naissance.

## CLASSE DES MONÈRES

Avec les **Monères** (fig. 613) nous arrivons aux êtres les plus

Fig. 613 — Monères. — En haut, le *Myxastrum radians*.
En bas, reproduction du *Protamœba primitiva*.

simples qui existent dans la nature. Le corps, réduit à une simple masse, n'a même plus le *noyau* des Amibes : nous nous trouvons ici en présence de la matière vivante à l'état le plus simple.

On trouve dans la Méditerranée un être singulier, le *Protogenes primordialis*. De la surface entière de son corps partent en tous sens des rhizopodes fort délicats et fort longs, qui s'anastomosent fréquemment les uns avec les autres et dont l'aspect et les fonctions sont les mêmes que chez les Foraminifères. Il est fréquent de voir dans son intérieur des petits Infusoires, des Algues microspiques, etc., qu'il a absorbés et qu'il est en train de digérer. Pour se reproduire, cet être rétracte ses pseudopodes, puis se divise en deux.

Le *Protogenes* n'est point la seule Monère connue : on en a trouvé un certain nombre d'autres, habitant surtout les eaux salées. Il n'est point rare néanmoins de trouver au fond des eaux douces des êtres tout à fait comparables aux précédents : ce sont les **Protamibes** (fig. 613). Elles s'emparent encore de leur proie en poussant des pseudopodes, mais ceux-ci, au lieu d'être délicats et filiformes, sont au contraire lobés, comme ceux des Amibes.

Il ne semble guère possible d'admettre l'existence d'êtres plus simples que ceux dont nous venons de parler. Néanmoins, la taille à laquelle ils peuvent atteindre est limitée, et on les voit se diviser dès qu'ils ont atteint leur maximum de croissance. On peut donc imaginer des êtres encore plus primitifs, chez lesquels ce caractère ne se retrouve point, et dont la taille puisse augmenter indéfiniment.

Des êtres de ce genre existent-ils en effet? En 1857, lors de la pose du câble transatlantique, des dragages pratiqués à 400 mètres de profondeur ramenèrent du fond de l'Océan un limon grisâtre qui fut conservé dans l'alcool et dont l'examen microscopique fut pratiqué onze ans plus tard, en 1868, par un naturaliste anglais, M. Huxley. Cet observateur découvrit dans ce limon des masses informes, qui en constituaient la plus grande partie. Ces masses étaient de toute grandeur, les unes visibles à l'œil nu, les autres excessivement ténues. Un ensemble de caractères importants permirent à Huxley de déclarer que c'était bien là un être vivant, une Monère, à laquelle il donna le nom de *Bathybius* (βαθύς, profond ; βίος, vie). Mais les naturalistes ne sont pas encore d'accord sur la nature de ces limons gélatineux, et je n'ose rien affirmer.

Quoi qu'il en soit, nous sommes arrivés à la limite inférieure des êtres organisés. Vous pouvez entrevoir dès maintenant de quelle importance est l'étude de ces êtres inférieurs. Ce sont eux vraisemblablement qui sont apparus les premiers sur notre globe. Mais comment sont-ils apparus? Sont-ils ensuite, par voie de transformation lente et progressive, devenus la souche des êtres plus compliqués? Voilà de graves questions, dont il serait prématuré de vous entretenir aujourd'hui. Nous les retrouverons quand vous serez arrivés dans la Classe de Philosophie.

# TABLE DES MATIÈRES

6556. — Imprimerie A. Lahure, 9, rue de Fleurus, à Paris.

9 782016 154038

PUBLICATIONS DU *PROGRÈS MÉDICAL*

# MANUEL PRATIQUE

## DE LA

# GARDE-MALADE

## ET DE

# L'INFIRMIÈRE

### PUBLIÉ PAR LE

## D<sup>r</sup> BOURNEVILLE

Rédacteur en chef du *Progrès Médical*, Médecin de Bicêtre
Directeur des Écoles municipales d'infirmières, Député de la Seine, etc.

### AVEC LA COLLABORATION DE

MM. BLONDEAU, DE BOYER, ED. BRISSAUD, BUDIN, H. DURET, P. KERAVAL, G. MAUNOURY, MEROD, POIRIER, CH.-H. PETIT-VENDOL, PINON, P. REGNARD, SEVESTRE, SOLLIER & P. YVON.

## TOME III

# PANSEMENTS

### 4<sup>e</sup> ÉDITION REVUE ET AUGMENTÉE

## PARIS

## AUX BUREAUX DU *PROGRÈS MÉDICAL*

14, RUE DES CARMES, 14

### 1889

# POUGUES-Sᵗ-LÉGER

Pougues-les-Eaux est une station de chemin de fer de Paris à Lyon, ligne du Bourbonnais, à 5 heures de Paris par le rapide et à 9 heures de Lyon.

C'est un charmant village, tout caché sous de riants ombrages; le climat y est doux et tempéré et la vie y est calme et facile.

Bureau de poste et de télégraphe. — A chaque train, la voiture du **Splendid-Hôtel** attend les voyageurs qui, 6 minutes après, arrivent à ce superbe établissement.

A Pougues, la saison des Eaux dure réellement du 15 mai au 15 septembre. Les malades qui sont envoyés à l'Etablissement Thermal peuvent suivre le traitement sous tous ses modes. Eau bue à la source même, bains d'eau minérale douches, massage, hydrothérapie complète. Un parc immense entoure l'établissement, et les bienfaisantes promenades que peuvent faire les baigneurs dans ses détours ombreux sont des éléments importants de guérison rapide. — Casino. — Théâtres. — Concerts, etc.

---

**Les Eaux de Pougues, de la Source Saint-Léger**, ne sont pas seulement précieuses pour le traitement de toutes les voies digestives, mais elles jouissent encore d'une légitime réputation comme toniques et reconstituantes ; pour les convalescents, c'est l'eau de régime tout indiquée : les sommités médicales la recommandent, d'ailleurs, très expressément.

Voici ce qu'en dit VINTRAS :

« **Les Eaux de Pougues Saint-Léger** par les sels de chaux et de fer » qu'elles contiennent, *agissent merveilleusement dans la* « *reconstitution de l'organisme*, dans les cas de chlorose et d'anémie « ainsi que contre les symptômes leucorrhéiques et dysménor- « rhéiques, qui accompagnent si souvent ces affections. » (*Medical* *Guide to the mineral Waters of France*. — Londres, 1883, p. 97.)

Citons aussi E. BOUCHUT :

« Dans la pratique, un des avantages de l'**Eau de Pougues** pour « les malades, c'est qu'elle n'est pas irritante et nuisible comme « l'eau de Vichy et que l'on est sûr, en la conseillant, de ne pas « aggraver le mal. Elle a une action certaine, que ne donne pas « l'usage des autres eaux alcalinisées, et l'emploi comparatif « que j'en ai fait m'autorise à lui donner la préférence » (*Paris-Médical* du 10 février 1885.)

*Pour tous les renseignements, commandes, etc., S'adresser au siège de la Compagnie* des **Eaux minérales de Pougues.** à Paris, 2. Chaussée d'Antin.